U0877247

高等教育精品教材

机械工程基础

（2023 修订）

主编　苏　猛　王春华　李凤平

中国矿业大学出版社

徐·州

内 容 简 介

本书主要内容包括：物体的受力分析与平衡、物件受力变形及其应力分析、常用工程材料与钢的热处理、热加工基础、常用机构、常用机械传动、常用机械零部件、金属切削基础知识、金属切削机床与常用加工方法、特种加工简介、机械加工工艺规程、机械装配工艺基础、先进制造技术等，每章后均附有复习思考题。

本书注重工程应用，以“少而精，浅而广”为原则，突出系统性、实用性。

本书是高等院校非机类和近机类专业教学用书，也可供相关电大、高职、函授等学校有关专业选用，还可供工程技术人员参考。

图书在版编目(CIP)数据

机械工程基础/苏猛，王春华，李凤平主编．—徐州：中国矿业大学出版社，2010.3(2023.5 重印)

ISBN 978-7-5646-0609-1

Ⅰ.①机… Ⅱ.①苏… ②王… ③李… Ⅲ.①机械工程—高等学校—教材 Ⅳ.①TH

中国版本图书馆 CIP 数据核字(2010)第 027930 号

书　　名　机械工程基础
主　　编　苏　猛　王春华　李凤平
责任编辑　潘俊成　陈红梅
出版发行　中国矿业大学出版社有限责任公司
　　　　　　(江苏省徐州市解放南路　邮编 221008)
营销热线　(0516)83884103　83885105
出版服务　(0516)83995789　83884920
网　　址　http://www.cumtp.com　**E-mail**：cumtpvip@cumtp.com
印　　刷　徐州中矿大印发科技有限公司
开　　本　787 mm×1092 mm　1/16　**印张** 21　**字数** 524 千字
版次印次　2010 年 3 月第 1 版　2023 年 5 月第 2 次印刷
定　　价　49.00 元
(图书出现印装质量问题，本社负责调换)

前　言

"机械工程基础"是高等工科院校非机类和近机类专业的一门技术基础课。

随着科学技术的高速发展和人类社会的不断进步，现代工程教育已经把创新教育和素质教育提到极为重要的位置，以适应21世纪人才培养的需要。通过多年来对非机类机械基础系列新课程体系的教学内容改革与教学实践的研究总结，并吸收了国内外先进经验而编写了本书。

本书以开拓专业知识，培养知识面宽、一专多能的复合型人才为目的，并注意学科间互相渗透与融合，使学生掌握具备常用机构和通用零件设计及制造方面的基本知识，了解机械产品设计及制造方法，掌握各种常用机构及零部件的特点、应用及某些机械制造技术的要求。

本书注重工程应用，不强调理论分析，淡化公式推导，以少而精、浅而广为原则，突出系统性、实用性。全书采用国际单位制，并采用最新国家标准。

本书的内容是按60～80学时要求编写的，供高等工科院校非机类和近机类专业学生使用，也可作为电大、高职、职大、函授等学校有关专业的教学用书，还可供工程技术人员参考。

参加本书编写工作的有苏猛（绪论、第六章）、张东升（第一、二章）、丁飞（第三、四章）、王春华（第五、七章）、魏晓华（第八、九章）、师建国（第十章至第十三章），李凤平插图校对。

本书由苏猛、王春华、李凤平担任主编，李贵轩教授担任主审。本书在编写过程中参考了一些国内同类著作，在此特向有关作者和单位表示感谢。

由于编写水平所限，书中难免有不妥之处，敬请广大读者批评指正。

编　者

2009年12月

目　录

第三篇 机械设计基础

第四篇 机械制造技术基础

绪　论

一、机器在国民经济建设中的作用及发展趋向

物质资料的生产，是人们赖以生存和发展的基础。在古代，人类通过长期的生产实践活动，创造了各种劳动工具和机械，增强了同大自然斗争的本领，发展了生产力，推动了社会进步。自18世纪60年代工业革命以来，世界各国先后大量采用机器生产，生产力得到迅速发展。现代化的机器生产，是生产力高度发展的重要标志。

机械工业与国民经济建设有密切的关系，是为国民经济各行业提供机器装备的主导工业，被称为"工业的心脏"。在国民经济建设和人们的日常生活中机械无处不在，从人们生活中使用的缝纫机、洗衣机到工业生产、交通运输业使用的汽车、飞机、轮船、起重机、机床、矿山机械等各行各业都离不开机器。我国还拥有自己的核能技术、航天技术，发射了载人宇宙飞船等，如果没有我们机械工业的雄厚实力，这些成就是不可能取得的。我国已经能制造国民经济各行各业以及国防和科学研究所需要的各种机械设备。采用先进的技术，广泛使用机器进行大批量生产，并对生产进行严格的分工与科学管理，有利于实现产品的标准化、系列化、通用化，有利于实现生产的高度机械化、电气化和自动化，有利于进一步促进国民经济的繁荣，并增强综合国力。

简而言之，机械工业起到了为国民经济各部门、为国防和科学研究提供技术装备和促进技术进步的重要作用，是促进国民经济发展和实现四个现代化的基础。

现代化生产和科学技术的日益发展，对于机器无论在产品的品种、数量和质量上都不断地提出更高的要求，促使机械学科向高、精、端方向发展，出现了许多新的分支，一些边缘学科（交叉学科）相继产生和应用。智能控制系统、信息技术、成组技术、CIMS、加工中心等应用到机械领域，为机械工业的发展创造了更好的条件，开辟了更广阔的途径，标志着我国机械制造业已发展到一个崭新的水平。现代机械产品的发展趋势如图0-1所示。

二、"机械工程基础"课程研究的内容

"机械工程基础"是传授机械产品设计、制造方法的一门综合性技术基础课，是对机器生产实践经验的概括和总结，它具有两个显著特点：一是实践性和实用性，即与生产实践紧密结合，是一门应用学科；二是综合性和广泛性，即涉及的知识领域面广并综合应用。任何一台机器，都是由许多零部件装配而成的，都是按设计要求加工制造的。机械产品从设计、选材、制造到装配出厂全过程如图0-2所示。

本课程主要内容包括以下四大部分：

① 工程力学基础，主要介绍物体在力的作用下的平衡问题、物件的受力变形及应力分

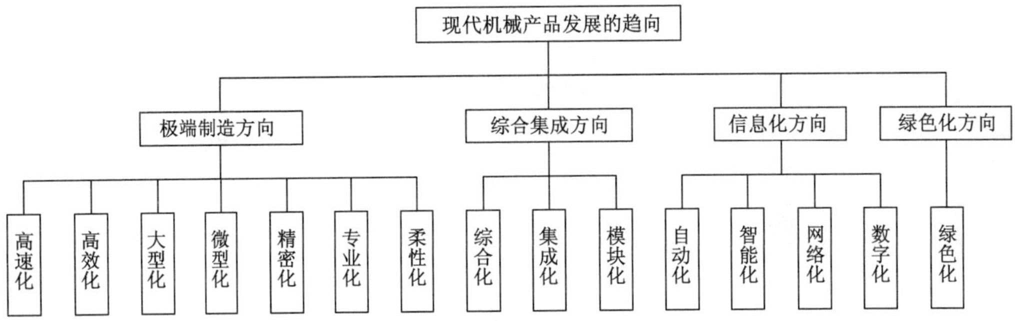

图 0-1 现代机械产品发展趋向

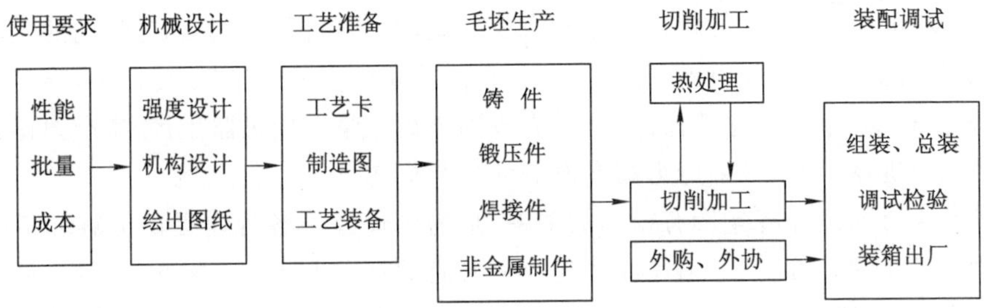

图 0-2 机械产品制造流程图

析，即为机器的零部件确定合理的材料、截面形状和尺寸。

② 工程材料及热加工基础，主要介绍常用的工程材料、钢的热处理方法和热加工基础知识。

③ 机械设计基础，主要介绍常用机构、常用机械传动和常用零部件。

④ 机械制造技术基础，主要介绍机械零部件的制造工艺及设备和机械产品的装配技术，还简单介绍了特种加工和先进制造技术。

本课程所研究的内容都是机械方面的基础知识，在工程技术中，它们是一个不可分割的整体。

三、“机械工程基础”课程的学习目的

对于非机械类专业的学生来说，学习本课程非常必要。

第一，为学习专业课奠定基础，为从事专业工作创造必要的条件。如前所述，各行各业都离不开机器，各种机械电气设备、精密机械、工业自动化装置和许多仪器仪表都是由不同的机构组成的，具有必要的机械方面的基础知识将有助于学生更好地学习和掌握专业课中的相关内容，有助于学好专业课。

第二，学习“机械工程基础”课程有助于培养学生的科学思维方法，提高分析问题和解决问题的能力，提升学生的综合素质。本课程实践性强，非常贴近生产实际，在应用所学习的理论知识去解决生产中的实际问题时，必须具体情况具体分析，需要严密的逻辑思维、推理和判断。

第三，在科学技术高速发展的今天，对生产一线的技术人员和管理人员的知识结构要求越来越高，各专业之间的联系也越来越密切。因此，对于生产一线的非机械类专业的应用性技术人员和管理人员来说，具备一定的机械方面的基础知识，将有助于技术人员更好地使用、维护生产设备，提高产品的质量，有助于管理人员更有效地实施生产管理，在所从事的工作中大有作为。

四、“机械工程基础”课程的学习方法

鉴于本课程的特点，在学习本课程时，要认真理解基本概念、基本理论和基本方法，并通过例题、思考题和习题予以巩固，以掌握基本的分析问题和解决问题的方法，提高分析问题和解决问题的能力。在学习过程中还要注意在学习本课程的同时，适时复习先修课程的相关内容和本课程已学过的内容，使学习内容前后融会贯通。最后，要善于做好学习内容的阶段总结，总结就是对学习复习、归纳、提高的过程。只要这样做，就能有较大的收获。金工实习也为本课程的学习提供了一定的条件，有助于我们增加必要的感性认识。

第一篇 工程力学基础

工程力学基础主要包括静力学和材料力学的基础知识，即研究物体在力系作用下的平衡和构件在外力作用下的受力、变形和破坏规律，为构件的合理设计提供必要的理论基础和计算方法。

机器和工程结构都是由许多构件(泛指机器的零部件，结构的元件等)所组成。这些构件相互连接并分别按一定的运动规律运动或保持静止状态。为了保证机器或结构件的正常工作，设计时必须分析各构件的受力情况，研究其平衡条件，进而确定作用在构件上的未知力，使构件处于平衡状态。所谓平衡，是指物体相对参考系处于静止或做匀速直线运动的状态。

任何构件在外力作用下都将不同程度地发生变形和尺寸的改变。如果构件的形状、尺寸设计不合理或材料选用不当，则构件在一定载荷的作用下会发生过度的变形或破坏。为了保证机械和工程结构的正常工作，在载荷的作用下，构件应该具有足够的承受载荷的能力，即构件必须具有足够的强度、刚度和稳定性。这些基本要求不仅与构件的截面形状和尺寸有关，而且还与材料的力学性能有关。因此，如何合理地选择构件的材料，以及如何正确地确定构件的截面形状，使构件满足使用要求，是构件设计中的一个十分重要的问题。

第一章 物体的受力分析与平衡

第一节　物体的受力分析

一、基本概念

（1）力和力系

力是物体间的相互作用。力对物体的效应是使物体的运动状态发生变化和使物体发生变形。前者称为力的运动效应，后者称为力的变形效应。

由实践可知，力对物体的效应取决于力的大小、方向和作用点，即力的三要素。显然，力是矢量。如图 1-1 所示，通常用有向线段表示力，线段 AB 的长度按比例表示力的大小，箭头表示力的指向，A 或 B 表示力的作用点。通过力的作用点沿力的指向的直线称为力的作用线，用黑体字母 $\boldsymbol{F}$ 表示力的矢量，而力的大小则用普通字母 F 表示。

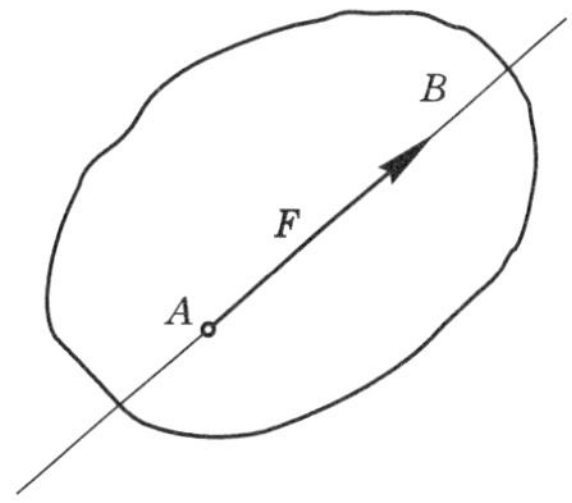

图 1-1　力的表示法

力的国际制单位是牛顿（N）或千牛顿（kN），1 kN＝1 000 N。

作用在物体上的一组力称为力系，物体平衡时的力系称为平衡力系。如果两个力系分别对同一个物体的运动效应相同，则这两个力系彼此称为等效力系；如果一个力与一个力系等效，则称这个力是该力系的合力，而该力系中的每个力是合力的分力。

（2）刚体的概念

所谓刚体是指在力作用下不变形的物体。实际上，任何物体在力作用下或多或少都会产生变形。如果物体变形不大或变形对所研究的问题没有影响，则可将物体抽象为刚体。

但是，如果在所研究的问题中，物体的变形成为主要因素时，就不能再将物体看作刚体，而要看作变形体。本章所研究的物体只限于刚体。

二、力的性质

实践证明，力具有下列性质：

性质 1　作用于刚体的两个力，使刚体处于平衡的充分必要条件是：两个力大小相等、方向相反，且作用在同一直线上，称为二力平衡条件。

此条件对非刚体是不充分的。例如，绳索的两端受到一对等值、反向、共线的压力作用时，并不能保持平衡。

只受两个力作用而平衡的刚体称为二力体。如果刚体是杆件，则称为二力杆。二力体所受的两个力必沿着作用点的连线。例如，棘轮机构中棘爪(图 1-2)，在 A 点受到圆柱形销钉所给的力 $\boldsymbol{F}_A$，在爪尖 B 点受到棘轮给的力 $\boldsymbol{F}_B$，棘爪重量很小可略去不计，此时棘爪平衡，所以棘爪是二力体。根据二力平衡条件，$\boldsymbol{F}_A$ 和 $\boldsymbol{F}_B$ 必须等值、反向，作用线沿着 A、B 两点的连线。

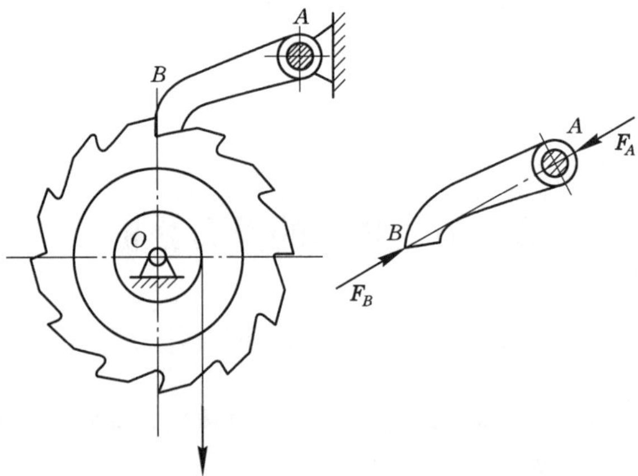

图 1-2　二力杆示意图

性质 2　作用在刚体上的力，可沿力的作用线任意移动作用点，而不改变它对刚体的效应，这称为力对刚体的可传性。

如图 1-3 所示，作用于小车后 A 点的力 $\boldsymbol{F}$，沿其作用线移到车前 B 点，变推车为拉车、小车的运动状态并不改变，即效果相同。

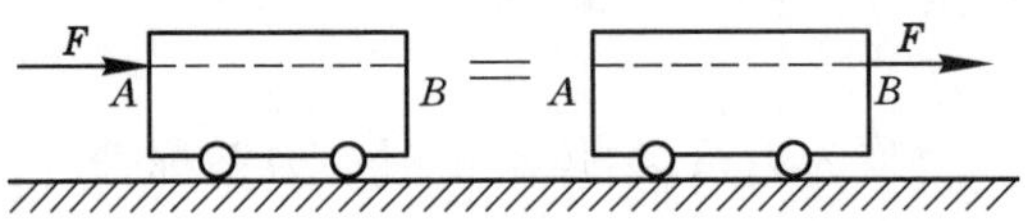

图 1-3　力的可传性

必须指出，力的可传性只适用于刚体，而不适用于变形体。

性质 3　作用在物体上同一点的两个力，可以合成为一个合力，合力的大小和方向由这两力为边构成的平行四边形的对角线来表示[图 1-4(a)]，这就是力的平行四边形法则。这种合成力的方法称为矢量加法，合力称为这两力的矢量和。可用公式表示为：

$$\boldsymbol{F} = \boldsymbol{F}_1 + \boldsymbol{F}_2 \tag{1-1}$$

为了作图方便，在求两共点力的合力时，只要画出平行四边形的 1/2，即三角形即可。其方法是自共力点 A 先画一力 $\boldsymbol{F}_1$，然后再由 $\boldsymbol{F}_1$ 终端 B 画一矢量 $\boldsymbol{F}_2$(仅表示 $\boldsymbol{F}_2$ 的大小和方向)，最后由 A 点至矢量 $\boldsymbol{F}_2$ 的终端 C 作一矢量 $\boldsymbol{F}$，它就是 $\boldsymbol{F}_1$、$\boldsymbol{F}_2$ 的合力[图 1-4(b)]。这种作图法称为力的三角形法则。显然，调换 $\boldsymbol{F}_1$、$\boldsymbol{F}_2$ 的顺序，其结果不变。

利用力的平行四边形法则也可以将一力分解为相交的两个分力。工程上常将一力沿两

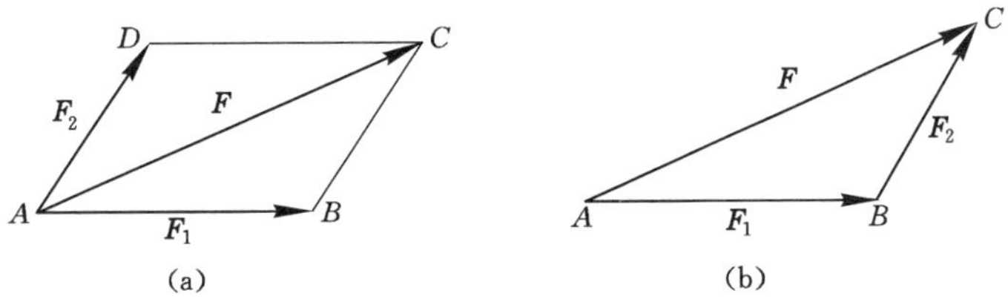

图 1-4　力的合成

个互相垂直的方向分解。如图 1-5 所示，车刀对加工工件的总切削力 $\boldsymbol{F}$ 可分解为切向力 $\boldsymbol{F}_\tau$ 和径向力 $\boldsymbol{F}_n$。这种分解称为正交分解。

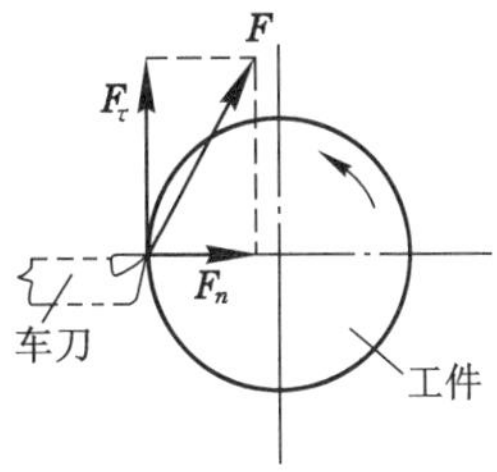

图 1-5　力的分解

性质 4　任意两个相互作用物体之间的作用力和反作用力，总是大小相等，方向相反，沿同一直线，分别作用在两个物体上，这称为作用和反作用定律。

该定律表明：力都是成对同时产生的，有作用力必有反作用力，单方面的作用是不存在的。在研究由几个物体构成的系统——物系的受力关系时，通常使用该定律。

应当注意，作用与反作用定律中的一对力，和二力平衡条件中的一对力是有区别的。作用力和反作用力分别作用在不同的物体上，而二力平衡条件中的两个力则作用在同一个刚体上。

三、约束和约束反力

在空间能做任意运动的物体称为自由体。当物体受到其他物体的限制，不能沿某些方向运动时，这样的物体称为非自由体。如图 1-6 所示，冲头滑块受到滑道的限制只能沿铅垂直方向移动，曲柄轴受到轴承的限制只能转动。又如图 1-7 所示的桥梁桁架，受到左右支座的限制。

对非自由体的某些运动起限制作用的周围物体称为约束。例如，图 1-6 中滑道是冲头滑块的约束，轴承是曲柄轴的约束；图 1-7 中支座是桥梁的约束。

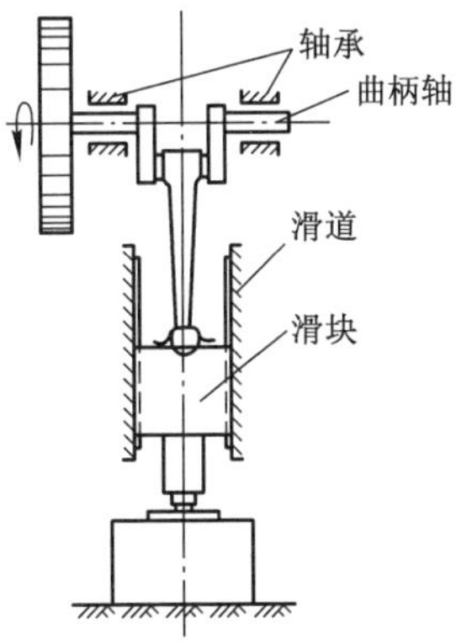

图 1-6　曲柄压床

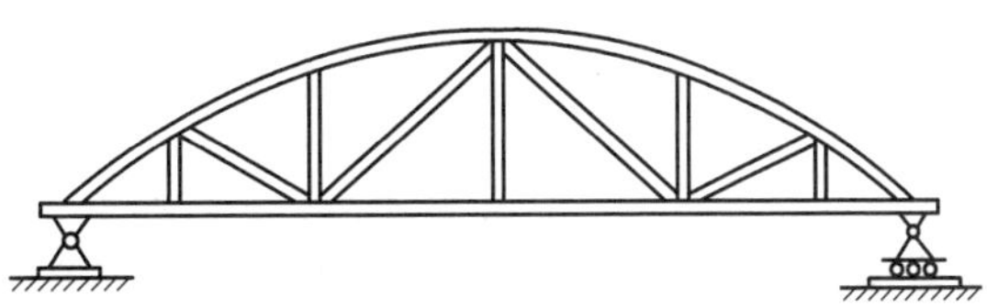

图 1-7　桥梁桁架

约束施加于被约束物体的力称为约束反力，简称反力。反力的方向总是与约束所能限制运动的方向相反，这是确定约束反力方向的准则。反力的大小，可由平衡条件求出。为了区别于反力，把只能主动引起物体运动或使物体有运动趋势的力称为主动力。一般情况下，主动力是已知的。反力是由主动力的作用而引起的，所以又称为被动力，它随主动力的改变而改变。下面介绍几种工程上常见的约束类型及反力方向的确定。

(1) 柔性体约束

绳索、链条和带等可以构成这种约束。如图 1-8(a)所示的链条，只能限制物体沿其中心线离开的运动，而不能限制其他方向的运动。因此，链条的约束反力方向应沿着它的中心线而背离物体；反力作用在物体与链条的连接处[图 1-8(b)]。

(2) 光滑面约束

若物体接触面上的摩擦力与其他力相比很小，则可以忽略不计，这样的接触面就认为是光滑的。光滑接触面不能限制物体沿接触面切线方向的运动，而只能限制物体沿接触面公法线指向约束的运动。因此，光滑面反力的方向为过接触点的公法线且指向物体，如图 1-9 所示。这种约束反力也称为法向反力。机械中常见的啮合齿轮的齿面约束(图 1-10)、凸轮曲面对顶杆的约束(图 1-11)等，均可视为光滑面约束。

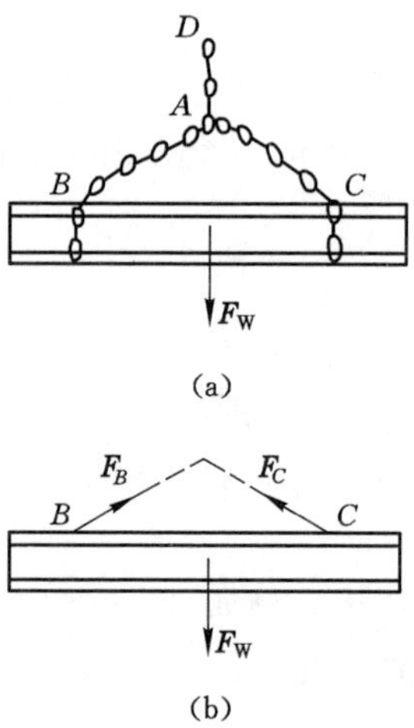

图 1-8　链条约束

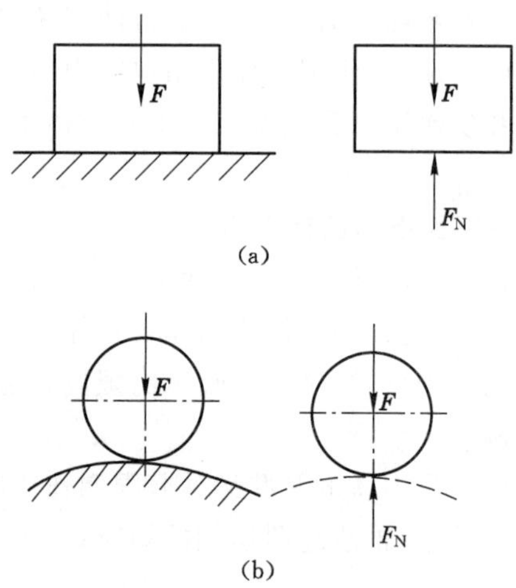

图 1-9　光滑面约束

(3) 光滑圆柱铰链约束

将两个构件在连接处钻圆孔，用圆柱销连接起来便构成此约束。若不计摩擦阻力，则此结构可视为光滑圆柱铰链约束。物体受这种约束，彼此只能绕圆柱销的轴线转动。如果其中一个物体固定于地面或机架上，则称为固定铰链支座[图 1-12(a)]，其简图如图 1-12(e)所示。因不计摩擦阻力，铰链中的圆柱销与物体的圆孔间的接触是两个光滑圆柱面的接触[图 1-12(b)]。按照光滑面约束反力的性质，可知圆柱销给物体的反力 $\boldsymbol{F}$ 应沿圆柱面上接触点 K 的公法线，并通过铰链中心 O，如图 1-12(c)所示。因接触点 K 的位置可以是孔的圆周上任意点，所以约束反力 $\boldsymbol{F}$ 的方向不能预先确定。用通过铰链中心的两个正交分力 $\boldsymbol{F}_y$ 和 $\boldsymbol{F}_x$ 来表示，如图 1-12(d)所示。

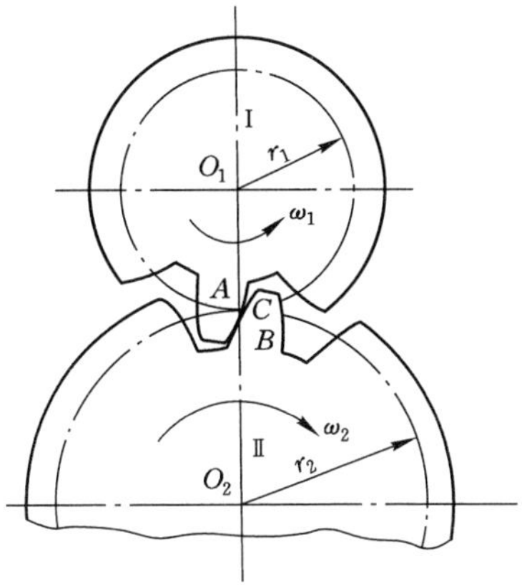

图 1-10　啮合齿轮的齿面约束

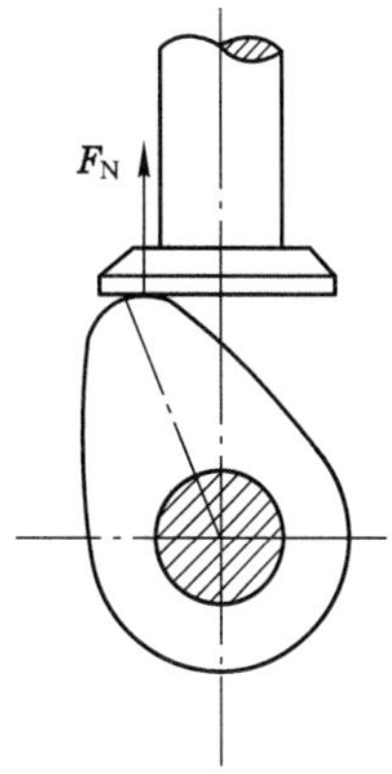

图 1-11　凸轮曲面对顶杆的约束

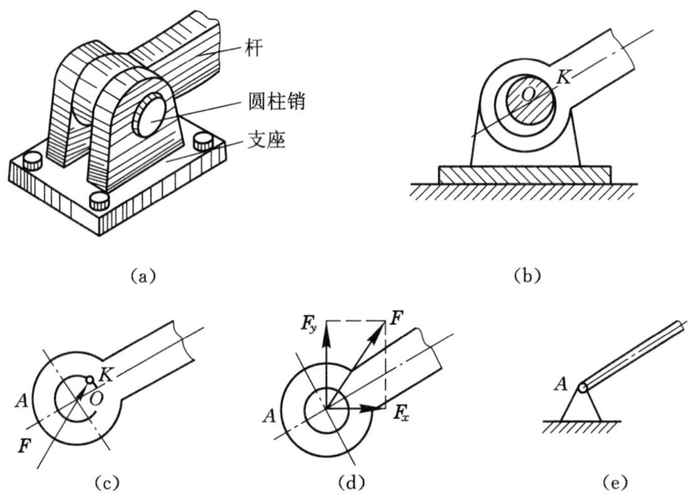

图 1-12　固定铰链支座

图 1-13(a)、图 1-13(b)所示为中间铰链，其圆柱销对物体的约束反力与上述相同，通常也表示为两个正交的分力[图 1-13(c)]。

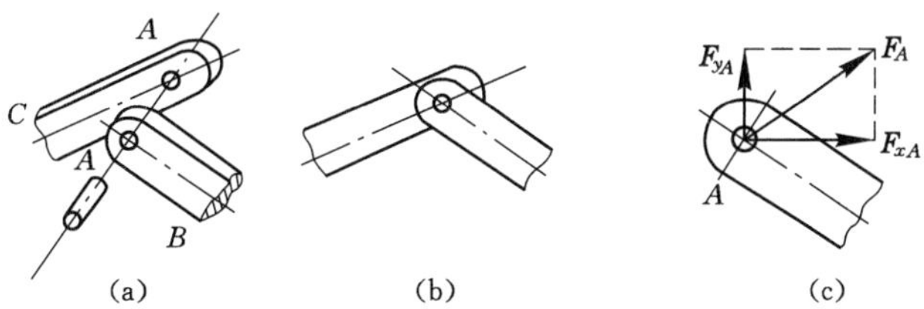

图 1-13　中间铰链

(4) 辊轴约束

将物体的铰链支座用几个辊轴支承在光滑平面上，就成为辊轴支座[图 1-14(a)]，又称活动铰链支座。辊轴约束只能限制物体在垂直于支承面方向的运动，不能限制物体沿支承面的运动和绕圆柱销的转动。因此辊轴支座的反力通过铰链中心，垂直于支承面，它的指向不定。图 1-14(b)所示为辊轴支座的简图，图 1-14(c)所示是其约束反力的表示法。轴承对轴的约束反力的分析方法与铰链相同，建议读者自行分析。

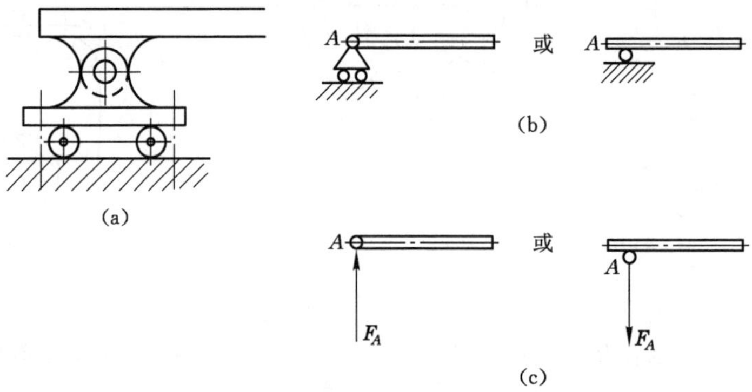

图 1-14　辊轴约束

四、物体的受力分析及受力图

要对物体进行受力分析，必须将所要研究的物体（称为研究对象），从与它相联系的周围物体中分离出来，单独画出其图形，这一过程称为取分离体。

在分离体的图形上，画出所有的主动力和周围物体对它的约束反力。这种图称为受力图。

确定研究对象，取分离体，分析受力并画出受力图，这一全过程称为受力分析。它是解决平衡问题的第一步工作，并将直接关系到以后的计算结果的正确与否。下面举例说明受力图的画法。

【例 1-1】 高炉上料车如图 1-15(a)所示，由绞车通过钢丝绳牵引，在倾角为 α 的斜桥钢轨上运动。已知料车连同物料共重 $\boldsymbol{F}_{\mathrm{P}}$，试画出料车的受力图。

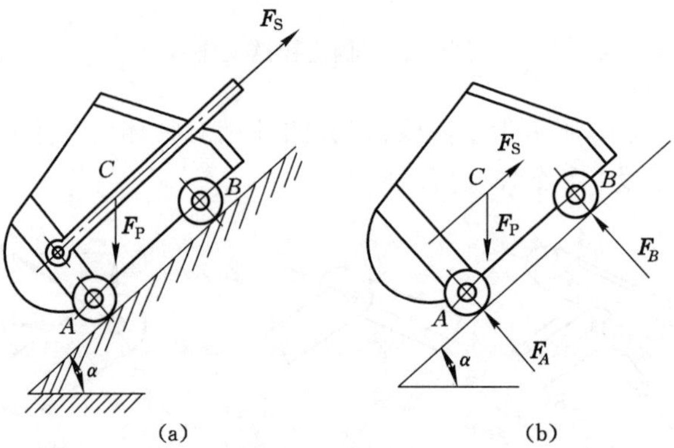

图 1-15　高炉上料车受力图

解：取上料车为研究对象。把上料车从钢丝绳和斜桥钢轨的约束中分离出来，画出上料车的轮廓图。作用于上料车的主动力为重力 $\boldsymbol{F}_{\mathrm{P}}$，铅垂向下。根据约束的性质，画出约束反力。钢丝绳的约束反力为 $\boldsymbol{F}_{\mathrm{S}}$，沿绳的中心线背离上料车。斜桥钢轨为光滑面约束，故其约

束反力 $\boldsymbol{F}_A$，$\boldsymbol{F}_B$ 过车轮的接触点沿轨面的法线方向，指向上料车，其的受力如图 1-15(b)所示。

【例 1-2】 水平放置的 AB 杆如图 1-16(a)所示，在 D 点受一铅垂向下的力 $\boldsymbol{F}$ 作用，杆的重量略去不计，试画出 AB 杆的受力图。

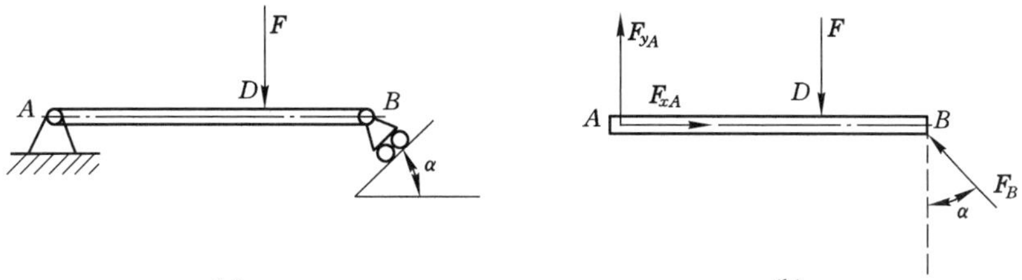

图 1-16　AB 杆受力图

解:取 AB 杆为研究对象，把 AB 杆从约束中分离出来。作用在杆上 D 点的是已知的主动力 F，方向铅垂向下。杆 A 端的约束为固定铰链支座，所以约束反力通过铰链中心，因其方向不能确定，通常用正交的两个分力 $\boldsymbol{F}_{xA}$、$\boldsymbol{F}_{yA}$ 来表示。杆 B 端约束为辊轴支座，约束反力 $\boldsymbol{F}_B$ 过铰链中心而垂直支承面，其指向可以假设向左上方(也可以假设向右下方)。AB 杆的受力如图 1-16(b)所示。

【例 1-3】 图 1-17(a)所示为厂房中常见的管子托架。A、B、C 三处均为铰链连接，水平杆 AB 和支杆 BC 的重量略去不计，试画出支杆 BC 和水平杆 AB 的受力图。

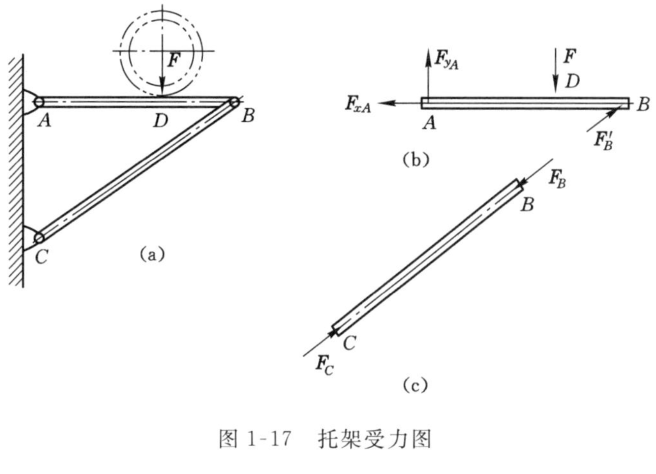

图 1-17　托架受力图

解:取支杆 BC 为研究对象。由于杆的两端为铰链连接，因此在 B、C 两点所受的约束反力通过铰链中心，但方向不能确定。根据题意，杆重不计，支杆只在两端受力，在力 $\boldsymbol{F}_B$ 和 $\boldsymbol{F}_C$ 的作用下平衡，所以 BC 杆是二力杆。由二力平衡条件知，这两个力一定等值、反向，作用线沿 B,C 两点的连线，至于力 $\boldsymbol{F}_B$ 和 $\boldsymbol{F}_C$ 的指向，可假设 BC 杆受压，也可假设 BC 杆受拉(由经验判断，此处应为压力)。支杆 BC 的受力如图 1-17(c)所示。

再取水平杆 AB 为研究对象。作用在杆上 D 点的为主动力 $\boldsymbol{F}$，铅垂向下。还有支杆 BC 对它的作用力 $\boldsymbol{F}_B{}'$，力 $\boldsymbol{F}_B{}'$和 $\boldsymbol{F}_B$ 是作用力和反作用力的关系，故二者等值、反向、共线。杆的

A 端为铰链连接，其约束反力一定通过铰链中心 A，但方向不能预先确定，可以用通过 A 点的两个正交分力 $\boldsymbol{F}_{xA}$ 和 $\boldsymbol{F}_{yA}$ 表示。水平杆 AB 受力如图 1-17(b)所示。

从以上例题可以看出，画受力图的步骤和注意事项如下：

① 根据题意确定研究对象，画出其图形。

② 先画出作用在研究对象上的主动力。

③ 在解除约束处，画出相应的约束反力，约束反力的方向应根据约束的类型确定。对于铰链约束，通常用两个正交分力来表示其反力。

④ 在分析两物体间的相互作用时，要注意作用力与反作用力的关系，若作用力方向暂时已定，则反作用力的方向就与它相反。

⑤ 画受力图时，通常应先找出二力体，画出它的受力图，然后再画其他物体的受力图。

第二节　力矩和平面力偶系

一、力矩

1. 力矩的概念

日常生活及工程中常用扳手拧螺母(图 1-18)。经验表明，作用于扳手一端的力 **F** 使扳手绕 O 点转动的效应，不仅与力 **F** 的大小有关，而且与 O 点到力 **F** 的作用线的垂直距离 d 有关。因此，可用乘积 Fd 并冠以适当的“±”号，来度量力 **F** 使物体绕 O 点的转动效应，称为力 **F** 对 O 点之矩，简称力矩，以符号 $\boldsymbol{m}_0(\boldsymbol{F})$ 表示，即：

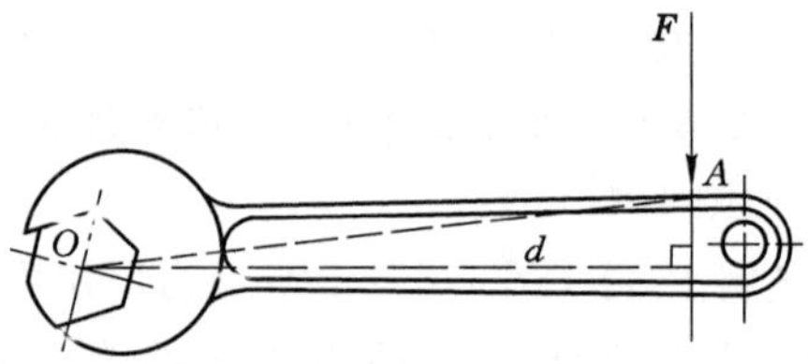

图 1-18　扳手拧螺母

$$\boldsymbol{m}_0(\boldsymbol{F}) = \pm Fd \tag{1-2}$$

O 点称为矩心。O 点到力 **F** 作用线的垂直距离 d 称为力臂。通常规定，力使物体绕矩心作逆时针转动时，力矩取“+”号；作顺时针转动时取“−”号。力矩的单位是牛·米(N·m)或千牛·米(kN·m)。

由力矩的定义可知：

① 力 **F** 对 O 点之矩不仅取决于力 F 的大小，同时还与矩心的位置有关。

② 力沿其作用线的移动不会改变它对某点的力矩。

③ 力 **F** 等于 0 或力的作用线通过矩心时，力矩为 0。

④ 互成平衡的二力对同一点力矩的代数和等于 0。

应当指出，前面是由力使物体绕固定点转动而引出了力矩的概念。实际上，作用于物体上的力可以对任意点取力矩。

2. 合力矩定理

设有平面汇交力系 $\boldsymbol{F}_1,\boldsymbol{F}_2,\cdots,\boldsymbol{F}_0$，A 点为汇交点，合力为 **F**(图 1-19)。合力 **F** 对 O 点的力矩与各力对 O 点的力矩之间存在如下关系：

$$\boldsymbol{m}_0(\boldsymbol{F}) = \sum \boldsymbol{m}_0(\boldsymbol{F}_i) \tag{1-3}$$

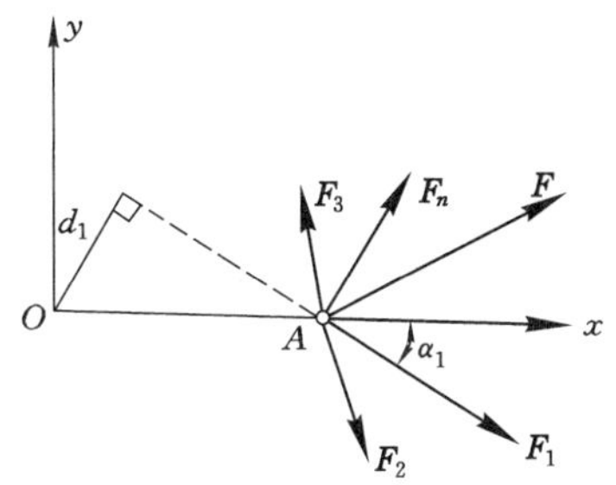

图 1-19　合力矩定理

上式表明，平面汇交力系的合力对平面内任意点的力矩等于力系中各力对该点力矩的代数和，这就是合力矩定理。

二、平面力偶系

1. 力偶和力偶矩

工程上常见到用丝锥攻螺纹、汽车司机双手转动方向盘(图 1-20)。为了使丝锥扳手和方向盘转动，需要对它们作用一对等值反向的平行力 $\boldsymbol{F}$ 和 $\boldsymbol{F}'$。这种由两个大小相等、方向相反、作用线平行但不共线的力所组成的力系称为力偶，记作($\boldsymbol{F},\boldsymbol{F}'$)。力偶中两力所在的平面称为力偶作用面。两力作用线间的垂直距离 d 称为力偶臂(图 1-21)。

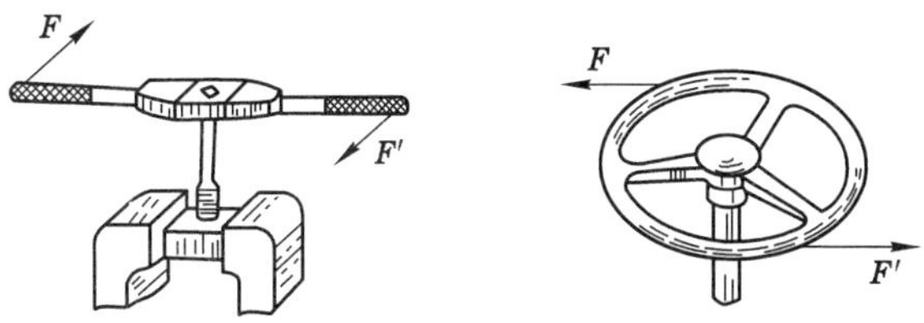

图 1-20　转动丝锥和方向盘的施力

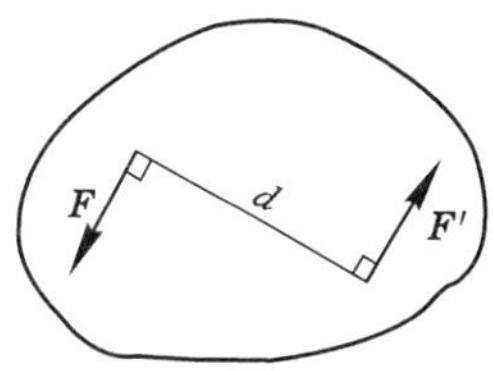

图 1-21　力偶臂

由经验可知，在力偶作用下物体只产生转动。而一个力作用在物体上，则会使物体移动或既有移动又有转动。所以，力偶不能用一个力来等效代替，即力偶不能简化为一个力。

如前所述，力使物体绕某点的转动效应用力矩来度量。同理，力偶对物体的转动效应，亦可用组成力偶的两力对某点的矩的代数和来度量。

设物体上作用有力偶($\boldsymbol{F},\boldsymbol{F}'$)，如图 1-22 所示。在力偶作用面内任取一点 O，由式(1-2)可得：

$$\boldsymbol{m}_0(\boldsymbol{F}) = -\boldsymbol{F}x \quad 和 \quad \boldsymbol{m}_0(\boldsymbol{F}') = \boldsymbol{F}'(x+d)$$

因为 $\boldsymbol{F}'=\boldsymbol{F}$，所以 $\boldsymbol{m}_0(\boldsymbol{F}')=\boldsymbol{F}(x+d)$，故力偶($\boldsymbol{F},\boldsymbol{F}'$)对矩心 O 的矩为：

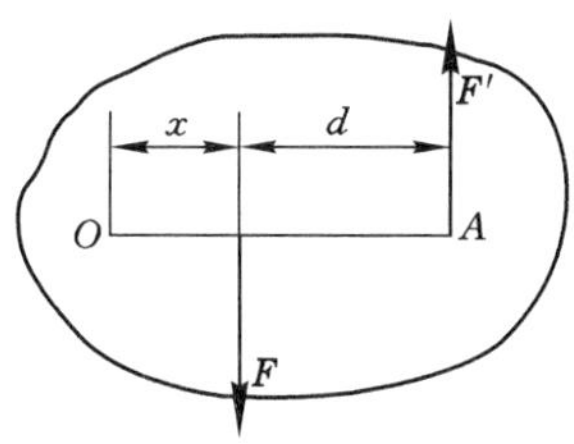

图 1-22　力偶矩

$$\boldsymbol{m}_0(\boldsymbol{F}) + \boldsymbol{m}_0(\boldsymbol{F}') = -\boldsymbol{F}x + \boldsymbol{F}(x+d) = \boldsymbol{F}d$$

由此可知，力偶对矩心的力矩仅与力 $\boldsymbol{F}$ 和力偶臂 d 的大小有关，而与矩心位置无关，即力偶对物体的转动效应只取决于力偶中力的大小和二力之间的垂直距离(力偶臂)。因此，用乘积 Fd 并冠以适当的正负号来度量力偶对物体的转动效应，称为力偶矩，以 $\boldsymbol{m}$ 表示，即：

$$\boldsymbol{m} = \pm \boldsymbol{F}d \tag{1-4}$$

它是一个代数量，其"±"号的规定是：当力偶逆时针方向转动时为正，顺时针方向转动时为负。力偶矩的单位与力矩单位相同。

2. 力的性质

① 力偶在任意轴上投影的代数和等于 0。因力偶中两个力等值、反向、平行但不共线，所以这两个力在任意轴上投影的代数和等于 0(图1-23)。这个性质说明力偶没有合力。

② 平面力偶的等效性质。力偶不能与一个力等效，而只能与另一个力偶等效。同一平

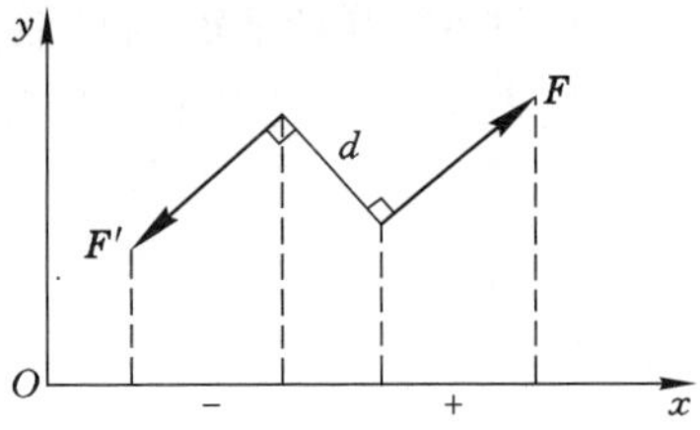

图 1-23　力偶在轴上的投影

面的两个力偶，只要它们的力偶矩大小相等，转动方向相同，则两力偶必等效。

③ 力偶的可移性。力偶在其作用面内的位置，可以任意搬动，而不改变它对物体的作用效果。此性质称为力偶的可移性。

④ 只要力偶矩的大小和转动方向不变，可同时改变力的大小和力偶臂的长短，而不改变力偶对物体的作用效果。

由于力偶对物体的作用完全取决于力偶矩的大小和转向，因此力偶可用一带有箭头的弧线来表示(图 1-24)。

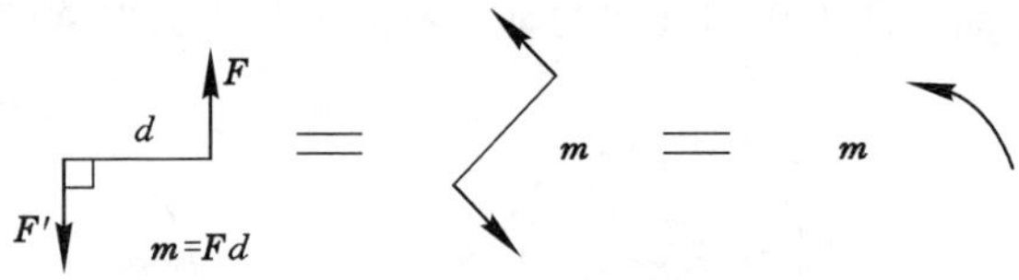

图 1-24　力偶的表示法

3. 平面力偶系的合成与平衡

作用于物体同一平面内的一组力偶称为平面力偶系。可以证明，平面力偶系可以合成为一个合力偶，此合力偶之矩等于原力偶系中各力偶之矩的代数和。用 M 表示合力偶矩，则合力偶矩的代数式为：

$$M = m_1 + m_2 + \cdots + m_n = \sum m_i \tag{1-5}$$

当平面力偶系的合力偶矩等于 0 时，则力偶系对物体的转动效应为 0，物体处于平衡状态。因此，平面力偶系平衡的充要条件是力偶系中各力偶矩的代数和等于 0，即：

$$\sum m_i = 0 \tag{1-6}$$

【例 1-4】 如图 1-25 所示，联轴器上有 4 个均匀分布在同一圆周上的螺栓 A、B、C、D，该圆的直径 $AC=BD=150$ mm，电动机传给联轴器的力偶矩 $m=2.5$ kN·m，试求每个螺栓的受力。

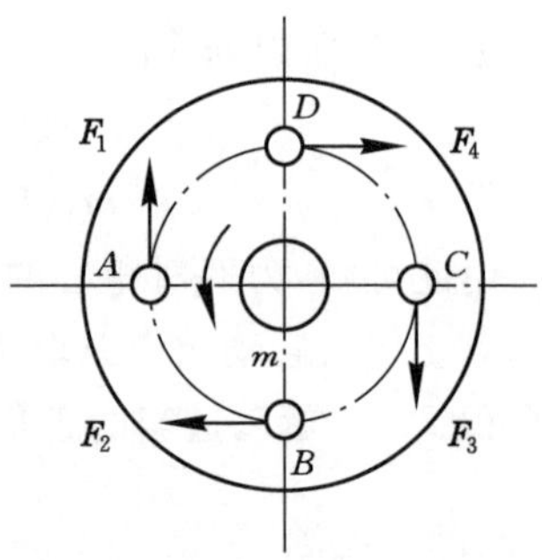

图 1-25　联轴器受力图

解：(1) 作用在联轴器上的力为电动机施加的力偶，每个螺栓反力的方向如图示。假设 4 个螺栓受力均匀，即 $\boldsymbol{F}_1=\boldsymbol{F}_2=\boldsymbol{F}_3=\boldsymbol{F}_4=\boldsymbol{F}$，它们组成两个力偶(平面力偶系)。联轴器等速转动时，平面力偶系平衡。

(2) 列平衡方程：

$$\sum m = 0\text{，即 } m - F \times AC - F \times BD = 0$$

因 $AB=BD$，故：

$$F = m/2AC = 2.5/2 \times 0.15 = 8.33\ (\text{kN})$$

每个螺栓受力均为 8.33 kN，其方向分别与 F_1、F_2、F_3、F_4 的方向相反。

第三节　平面力系的平衡

一、概述

按照力系中各力的作用线是否在同一平面内，可将力系分为平面力系和空间力系。若各力作用线都在同一平面内且汇交于一点的力系，称为平面汇交力系。若作用于物体上的各力作用线在同一平面内，且任意分布，则该力系称为平面任意力系（简称平面力系）。例如，悬臂吊车的横梁 AB（图 1-26）受载荷 $\boldsymbol{F}_{Q}$，重力 $\boldsymbol{F}_{P}$，支座反力 $\boldsymbol{F}_{xA}$、$\boldsymbol{F}_{yA}$ 和拉力 $\boldsymbol{F}$ 的作用，显然这些力构成一个平面力系。有些构件虽不是受平面力系的作用，但当构件有一个对称平面，而且作用于构件的力系也对称于该平面时，则可以把它简化为对称平面内的平面力系。如高炉加料小车上的受力，就可简化为料车对称平面内的平面力系（图 1-27）。平面力系是工程中最常见的力系，因此研究平面力系具有重要意义。

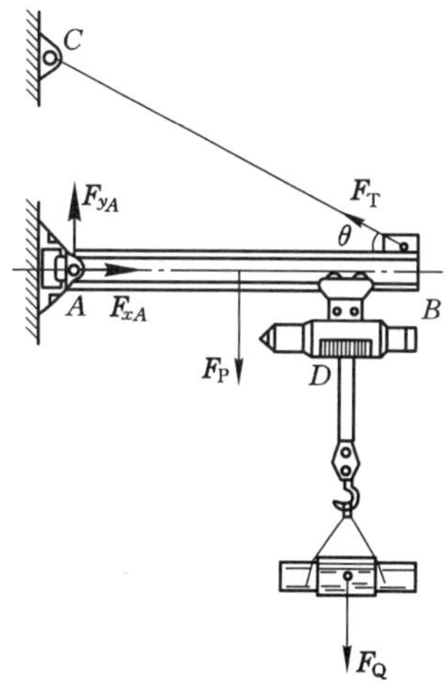

图 1-26　悬臂吊车横梁受力图

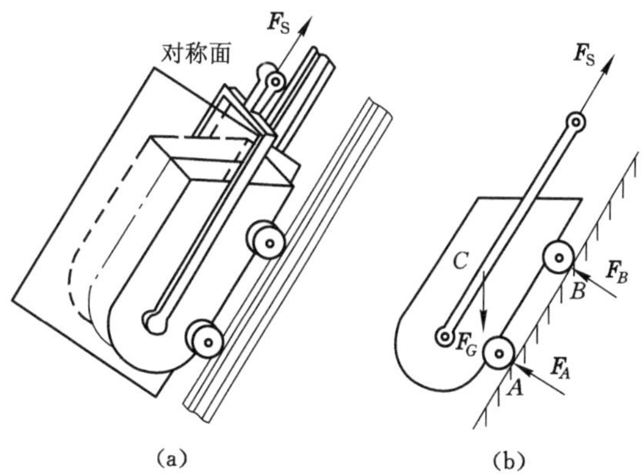

图 1-27　加料小车受力简图

二、力的投影

1. 力在坐标轴上的投影

用有向线段 AB 表示力 $\boldsymbol{F}$，在力 $\boldsymbol{F}$ 作用线所在的平面内任取一直角坐标 xOy（图 1-28）。从力 $\boldsymbol{F}$ 的起点 A 和终点 B，分别向 Ox 轴做垂线，得垂足 a，b 则线段 ab，称为力 $\boldsymbol{F}$ 在 x 轴上的投影，以 X 表示。同样，力 $\boldsymbol{F}$ 在 y 轴上的投影为 Y。设 $\boldsymbol{F}$ 与 x、y 轴正向的夹角分别为 α 和 β，称为方向角。由图可知：

$$\begin{cases} X = F\cos\alpha \\ Y = F\cos\beta \end{cases} \tag{1-7}$$

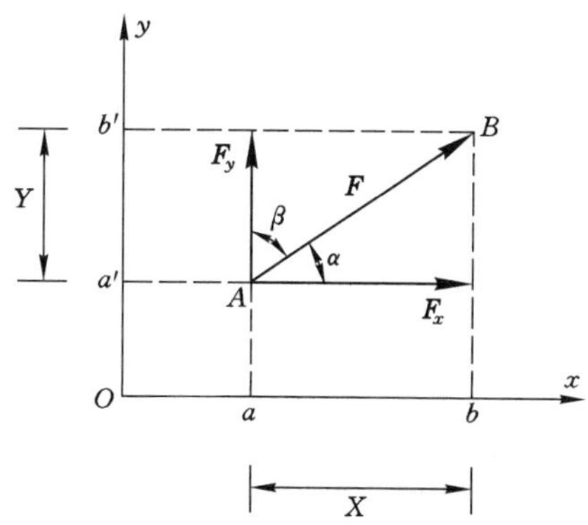

图 1-28　力在坐标轴上的投影

因为 $0\leqslant\alpha\leqslant\pi$，$0\leqslant\beta\leqslant\pi$，所以力在坐标轴上的投影 X，Y 是代数量。如果把力 $\boldsymbol{F}$ 沿 x、y 轴分

解,可得到两个正交分力 $\boldsymbol{F}_x$,$\boldsymbol{F}_y$。显然,投影 X、Y 的绝对值分别等于分力 $\boldsymbol{F}_x$,$\boldsymbol{F}_y$ 的大小。但分力为矢量,二者不可混淆。需要指出的是,空间的一个力在任意平面上的投影均为矢量。

为了便于计算,通常采用力 F 与坐标轴所夹的锐角计算余弦,并且规定:当力的投影从始端 a 到末端 b 的指向,与坐标轴 x(或 y)正向相同时,投影值为正值,反之为负值。

当已知力 F 在 x 轴和 y 轴的投影 X 和 Y 时,由几何关系可求出 F 的大小和方向:

$$\begin{cases} F = \sqrt{X^2 + Y^2} \\ \tan\alpha = \left|\dfrac{Y}{X}\right| \end{cases} \tag{1-8}$$

式中 α——力 $\boldsymbol{F}$ 与 x 轴所夹的锐角,力 $\boldsymbol{F}$ 的指向由 X、Y 的正负号确定。

2. 平面汇交力系合成的解析法

有一平面汇交力系($\boldsymbol{F}_1$,$\boldsymbol{F}_2$,$\boldsymbol{F}_3$),汇交点为 A,力系的合力为 $\boldsymbol{F}$。在平面内取直角坐标系 xOy,将合力 F 和各分力 F_1,F_2,F_3 分别向轴投影,得其在 x 轴上的投影为 X 和 X_1,X_2,X_3(图 1-29),即 $X=ag$,$X_1=ab$,$X_2=ac$,$X_3=-ad$。由图可知 $ag=ab+be-eg$。又因 $AC=BE$,$AD=EG$,所以,$be=ac$,$eg=ad$,故得 $ag=ab+ac-ad$。

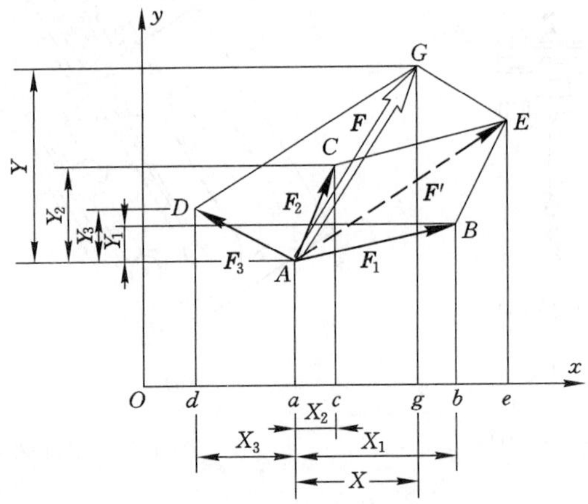

图 1-29 合力投影定理

即
$$\boldsymbol{X}=\boldsymbol{X}_1+\boldsymbol{X}_2+\boldsymbol{X}_3$$

若 $\boldsymbol{Y}$ 和 $\boldsymbol{Y}_1$,$\boldsymbol{Y}_2$,$\boldsymbol{Y}_3$ 分别为合力 $\boldsymbol{F}$ 和分力 $\boldsymbol{F}_1$,$\boldsymbol{F}_2$,$\boldsymbol{F}_3$ 在 y 轴上的投影,同理可得:

$$\boldsymbol{Y}=\boldsymbol{Y}_1+\boldsymbol{Y}_2+\boldsymbol{Y}_3$$

将上述关系式推广到任意多个力的情况,可得:

$$\begin{cases} X = X_1 + X_2 + \cdots + X_n = \sum X_i \\ Y = Y_1 + Y_2 + \cdots + Y_n = \sum Y_i \end{cases} \tag{1-9}$$

即合力在某轴上的投影等于各分力在同一轴上投影的代数和,这就是合力投影定理。

算得合力的投影 X,Y 后,就可按下式求出合力的大小和方向,即:

$$\begin{cases} F = \sqrt{X^2 + Y^2} = \sqrt{(\sum X_i)^2 + (\sum Y_i)^2} \\ \tan\alpha = \left|\dfrac{Y}{X}\right| = \left|\dfrac{\sum Y_i}{\sum X_i}\right| \end{cases} \tag{1-10}$$

式中　α——合力 **F** 与 x 轴所夹的锐角。合力指向由 X,Y 的正负号判定。

运用式(1-10)计算合力 **F** 的大小和方向的方法,称为平面汇交力系合成的解析法。

三、平面力系向一点的简化

平面力系的简化,通常是利用力的平移定理,将力系向一点简化。

1. 力的平移定理

设力 **F** 作用于刚体的 A 点,另任选一点 B,它与力 **F** 作用线的距离为 d(图 1-30)。在 B 点加上一对平衡力 **F**′和 **F**″,且 $\boldsymbol{F}' = -\boldsymbol{F}'' = \boldsymbol{F}$,则 **F**,**F**′和 **F**″所组成的力系与力 **F** 等效。而力 **F**″与力 **F** 等值、反向且作用线平行,构成力偶(**F**,**F**″),于是作用在 A 点的力 **F** 就与作用于 B 点的力 **F**′和力偶(**F**′,**F**″)等效,力偶(**F**,**F**″)之矩等于力 **F** 对 B 点之矩,即:

$$\boldsymbol{m} = \boldsymbol{m}_B(\boldsymbol{F}) \tag{1-11}$$

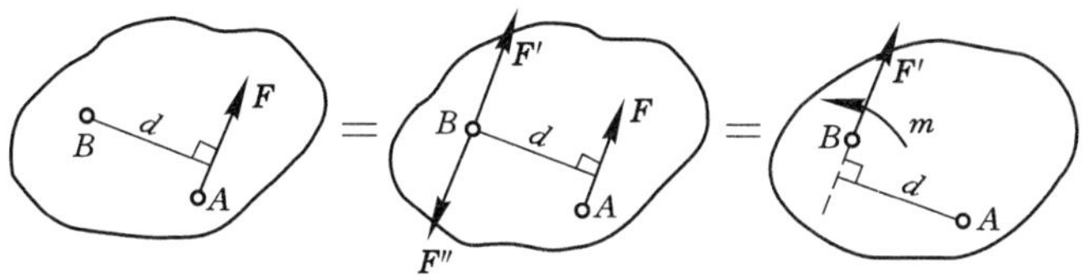

图 1-30　力的平移

可见,作用于刚体上的力 **F** 可平移到刚体上的任意点,但必须附加一个力偶,此力偶之矩等于原来的力 **F** 对平移点之矩,这就是力的平移定理。

力的平移定理也是分析力对物体作用效果的一个重要方法。例如,图 1-31(a)中转轴上大齿轮受到力 **F** 的作用。为了分析力 **F** 对转轴的作用效应,可将力 **F** 向轴心 O 点平移。根据力的平移定理,力 **F** 平移到 O 点时,要附加一力偶[图 1-31(b)]。设齿轮节圆半径为 r,则附加力偶矩为 $\boldsymbol{m}=\boldsymbol{F}r$。由此可见,力 **F** 对转轴的作用,相当于在轴上作用一力 **F**′和一力偶。这力偶使轴转动,力 **F**′使轴弯曲,并使轴颈和轴承压紧,引起轴承压力。

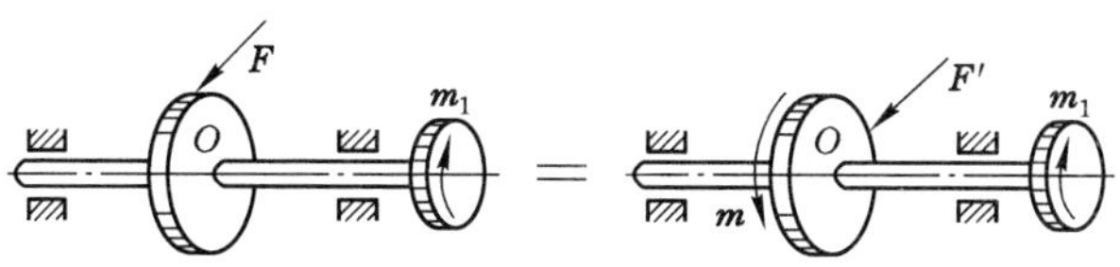

图 1-31　齿轮受力向轴心的平移

2. 平面力系向一点的简化

设刚体上作用一平面力系 $\boldsymbol{F}_1$,$\boldsymbol{F}_2$,…,$\boldsymbol{F}_n$[图 1-32(a)],将力系中各力向平面内任意一点 O(称为简化中心)平移,按力的平移定理得到一个汇交于 O 点的平面汇交力系 $\boldsymbol{F}_1'$,$\boldsymbol{F}_2'$,…,$\boldsymbol{F}_n'$和一个附加的平面力偶系 $\boldsymbol{m}_1$,$\boldsymbol{m}_2$,…,$\boldsymbol{m}_3$[图 1-32(b)]。平面汇交力系可以合成为作用于简化中心 O 点的一个合力 **F**′,矢量 **F**′等于力 $\boldsymbol{F}_1'$,$\boldsymbol{F}_2'$,…,$\boldsymbol{F}_n'$的矢量和。由于 $\boldsymbol{F}_1'$,

F_2',…,F_n'分别与原力系中F_1,F_2,…,F_n各力的大小相等,方向相同,所以有:

$$F' = F_1 + F_2 + \cdots + F_n = \sum m_i$$

矢量F'称为原力系的主矢[图 1-32(c)]。

平面附加力偶系可以合成为一个力偶,此力偶的矩M_O等于各附加力偶矩的代数和,即:

$$M_O = m_1 + m_2 + \cdots + m_n = \sum m_i$$

而各附加力偶矩分别等于原力系中相应各力对简化中心O点的矩,即:

$$m_1 = m_O(F_1), m_2 = m_O(F_2), \cdots, m_n = m_O(F_n)$$

所以:

$$M_O = \sum m_O(F) \tag{1-12}$$

M_O称为原力系的主矩[图 1-32(c)]。

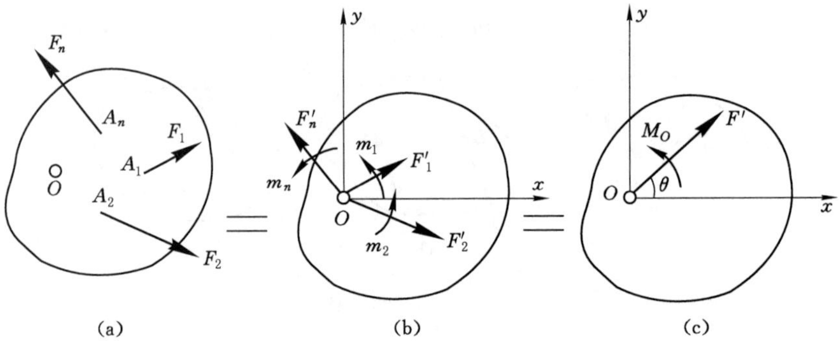

图 1-32　平面力系向一点的简化

于是可得结论如下:平面力系向平面内任一点简化,得到一个力和一个力偶。此力称为该力系的主矢,等于力系中各力的矢量和,作用于简化中心。此力偶的矩称为该力系对简化中心的主矩,等于力系中各力对简化中心之矩的代数和。

应当指出,主矢F'是原力系的矢量和,所以它与简化中心的选择无关。显然,主矩M_O与简化中心的选择有关。选取不同的简化中心,可得不同的主矩(各力矩的力臂及转向变化)。所以凡提到主矩,必须指明其相应的简化中心。

为了求主矢F'的大小和方向,建立直角坐标系xOy[图 1-32(c)]。根据合力投影定理得:

$$X' = X_1 + X_2 + \cdots + X_n = \sum X_i$$

$$Y' = Y_1 + Y_2 + \cdots + Y_n = \sum Y_i$$

于是主矢F'的大小和方向可由下式确定:

$$F' = \sqrt{(X')^2 + (Y')^2} = \sqrt{(\sum X_i)^2 + (\sum Y_i)^2}$$

$$\tan\theta = \left|\frac{\sum Y_i}{\sum X_i}\right| \tag{1-13}$$

式中,θ为F'与x轴所夹的锐角,F'的指向由X',Y'的正负号判定。

下面应用平面力系的上述简化结论，分析固定端约束及其约束反力的特点。所谓固定端约束，就是物体受约束的一端既不能向任何方向移动，也不能转动。以一端插入墙内的杆为例[图 1-33(a)]，在主动力 F 的作用下，杆插入墙内部分与墙接触的各点都受到约束反力的作用，组成一平面力系[图 1-33(b)]。该力系向 A 点简化，得一约束反力 F_{RA}（通常用正交的两分力 F_{xA}、F_{yA} 表示）和一个力偶矩为 m_A 的约束反力偶。图 1-33(c)所示即为固定端约束反力的画法。约束反力限制了杆件在约束处沿任意方向的移动，约束反力偶限制了杆件的转动。

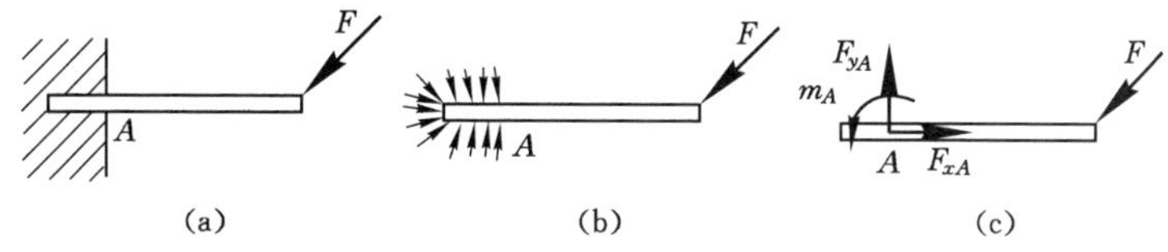

图 1-33　固定端约束反力分析

3. 平面力系简化结果的讨论——合力矩定理

由上述可知，平面力系向一点简化，可得一个主矢 $\boldsymbol{F}'$ 和一个主矩 $\boldsymbol{M}_O$。

① 若 $\boldsymbol{F}'=0$，$\boldsymbol{M}_O\neq0$，则原力系简化为一个力偶，其力偶矩等于原力系对简化中心的主矩。由于力偶对其平面内任一点的矩恒等于力偶矩，所以在这种情况下，力系的主矩与简化中心的选择无关。

② 若 $\boldsymbol{F}'\neq0$，$\boldsymbol{M}_O=0$，则 $\boldsymbol{F}'$ 就是原力系的合力 $\boldsymbol{F}$，通过简化中心。

③ 若 $\boldsymbol{F}'\neq0$，$\boldsymbol{M}_O\neq0$[图 1-34(a)]，则力系仍可以简化为一个合力。为此，只要将简化所得的力偶（力偶矩等于主矩）等效变换，使其力的大小等于主矢 $\boldsymbol{F}'$ 的大小，力偶臂 $d=M_O/\boldsymbol{F}'$，然后转移此力偶，使其中一力 $\boldsymbol{F}''$ 作用于简化中心，并与主矢 $\boldsymbol{F}'$ 取相反方向[图 1-34(b)]，于是 $\boldsymbol{F}'$ 和 $\boldsymbol{F}''$ 抵消，而只剩下作用在 O 点的力 $\boldsymbol{F}$，这就是原力系的合力[图 1-34(c)]。合力 $\boldsymbol{F}$ 的大小和方向与主矢 $\boldsymbol{F}'$ 相同，而合力的作用线与简化中心的距离为：

$$d=\frac{M_O}{F'}=\frac{M_O}{F} \tag{1-14}$$

合力作用线在 O 点的哪一边，可以由主矩 $\boldsymbol{M}_O$ 的正负号来决定。

从上面的讨论可得平面力系的合力矩定理。由图 1-34(c)可知，平面力系的合力 $\boldsymbol{F}$ 对 O 点的矩为：

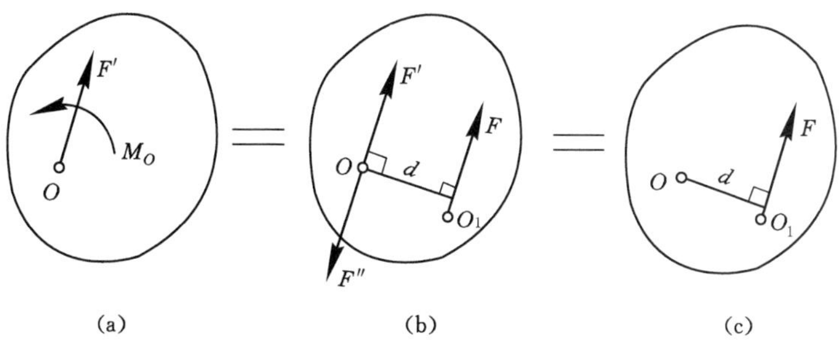

图 1-34　主矢和主矩的等效变换

$$m_O(\boldsymbol{F}) = \boldsymbol{F}d = \boldsymbol{M}_O$$

因主矩 $\boldsymbol{M}_O$ 又等于力系中各力对 O 点之矩的代数和，即 $\boldsymbol{M}_O = \sum \boldsymbol{m}_O(\boldsymbol{F}_i)$，故：

$$\boldsymbol{m}_O(\boldsymbol{F}) = \sum \boldsymbol{m}_O(\boldsymbol{F}_i) \tag{1-15}$$

由于简化中心 O 是任意选取的，故上述结论适用于任一矩心。合力矩定理可表述如下：平面力系的合力对作用面内任一点的矩，等于力系中各力对同一点之矩的代数和。

四、平面力系的平衡方程及应用

由上述可知，平面力系向一点简化后，若主矢 $\boldsymbol{F}'$ 和主矩 $\boldsymbol{M}_0$ 不全为零，原力系便可简化为一个力或一个力偶，原力系便不可能保持平衡。可见，平面力系平衡的充要条件是：力系的主矢 $\boldsymbol{F}'$ 和力系对平面内任意点主矩 $\boldsymbol{M}_0$ 都等于零。由式(1-11)和式(1-12)得平面力系平衡的解析条件为：

$$\begin{cases} \sum \boldsymbol{X}_i = 0 \\ \sum \boldsymbol{Y}_i = 0 \\ \sum \boldsymbol{m}_0(\boldsymbol{F}_i) = 0 \end{cases} \tag{1-16}$$

即力系中各力在两个任选的直角坐标轴上投影的代数和分别等于 0，且各力对平面内任意点之矩的代数和也等于 0。式(1-16)称为平面力系的平衡方程，它包括两个投影方程和一个力矩方程，在求解实际问题时，为了便于计算，通常选取未知力的交点为矩心，投影轴则尽可能与该力系中多个力的作用线垂直或平行。

应当指出，对于同一个平面力系来说，最多只能列出 3 个独立的方程，因而只能求出 3 个未知量。

【例 1-5】 如图 1-35(a)所示，水平托架承受两个管子，管重 $\boldsymbol{F}_{G_2} = \boldsymbol{F}_{G2} = 300$ N，A，B，C 处均为铰链连接 $b = 1$ m，不计杆的重量，试求 A 处的约束反力及支杆 B，C 受的力。

解：(1)取水平杆 AB 为研究对象作用于水平杆上的力有管子的压力 $\boldsymbol{F}_1$，$\boldsymbol{F}_2$，它们大小分别等于管子重量 F_{G1}，F_{G2}，铅垂向下；因杆重不计，故 BC 杆是二力杆，水平杆 B 处的约束反力 $\boldsymbol{F}_B$ 沿 BC 杆轴线，指向暂假设；铰链支座 A 处的约束反力方向未知，故用两正交分力 $\boldsymbol{F}_{xA}$，$\boldsymbol{F}_{yA}$ 表示，水平杆的受力如图 1-35(b)所示。显然，这是一个平面力系，而且平衡。

(2) 列平衡方程建立直角坐标系 xAy，根据式(1-16)有：

$$\sum \boldsymbol{X}_i = 0, \boldsymbol{F}_{xA} + \boldsymbol{F}_B \cos 30^\circ = 0 \tag{a}$$

$$\sum \boldsymbol{Y}_i = 0, \boldsymbol{F}_{yA} - \boldsymbol{F}_1 - \boldsymbol{F}_2 + \boldsymbol{F}_B \sin 30^\circ = 0 \tag{b}$$

$$\sum \boldsymbol{m}_A(\boldsymbol{F}) = 0, -\boldsymbol{F}_1 b - \boldsymbol{F}_2 3b + \boldsymbol{F}_B 2b\sin 30^\circ = 0 \tag{c}$$

由式(c)解得：

$$\boldsymbol{F}_B = \frac{\boldsymbol{F}_2 b + \boldsymbol{F}_2 3b}{2b\sin 30^\circ} = \frac{\boldsymbol{F}_{G1} b + \boldsymbol{F}_{G2} 3b}{2b\sin 30^\circ} = \frac{300 + 300 \times 3}{2 \times 0.5} = 1\ 200\ (\text{N})$$

将 $\boldsymbol{F}_B$ 值代入式(a)得：

$$\boldsymbol{F}_{xA} = -\boldsymbol{F}_b \cos 30^\circ = 1\ 200 \times 0.866 = -1\ 039\ (\text{N})$$

将 $\boldsymbol{F}_B$ 值代入式(b)得：

$$\boldsymbol{F}_{yA} = \boldsymbol{F}_1 + \boldsymbol{F}_2 - \boldsymbol{F}_B \sin 30^\circ = 300 + 300 - 1\ 200 \times 0.5 = 0$$

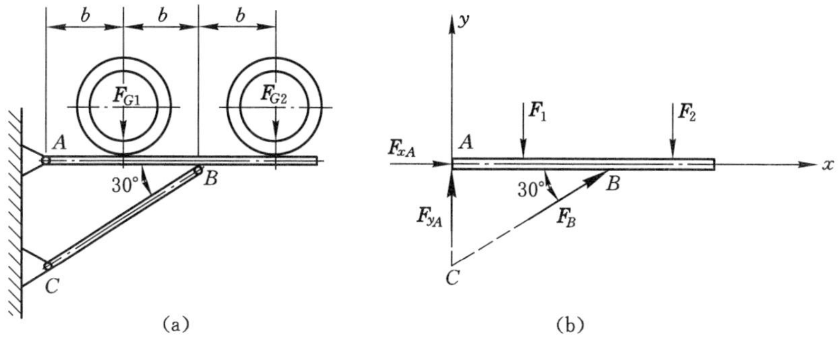

图 1-35　例 1-5 图

上述的计算结果中，$\boldsymbol{F}_B$ 为正值，表示假设的指向就是实际指向；$\boldsymbol{F}_{xA}$ 为负值，说明假设的指向与实际指向相反，即 $\boldsymbol{F}_{xA}$ 的实际指向为水平向左。

【例 1-6】　图 1-36(a)所示悬臂梁 AB 作用有集度为 $q=4$ kN/m 的均布载荷及集中载荷 $\boldsymbol{F}=5$ kN。已知，$l=3$ m，求固定端 A 的约束反力。

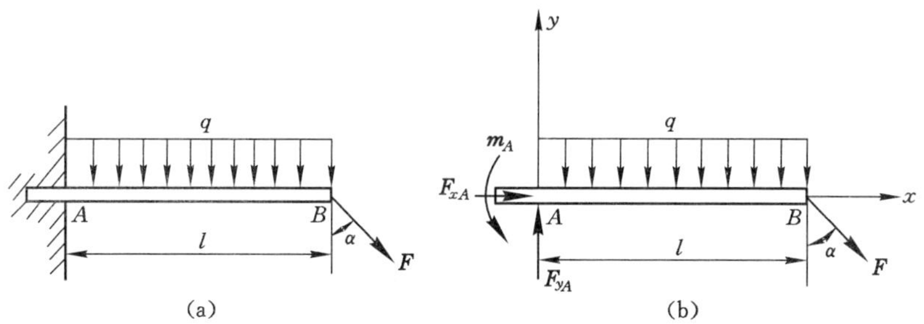

图 1-36　例 1-6 图

解：(1) 取梁 AB 为研究对象梁上作用有均布载荷 q；集中载荷 $\boldsymbol{F}$ 及固定端约束反力 $\boldsymbol{F}_{xA}$，$\boldsymbol{F}_{yA}$，$\boldsymbol{m}_A$。其受力如图 1-36(b)所示，这是一个平衡的平面力系。

(2) 建立直角坐标系 xAy，列平衡方程：

$$\sum X_i = 0, F_{xA} + F\sin\alpha = 0 \tag{a}$$

$$\sum Y_i = 0, F_{yA} - F\cos\alpha - ql = 0 \tag{b}$$

$$\sum m_A(F) = 0, m_A - Fl\cos\alpha - ql\left(\frac{1}{2}l\right) = 0 \tag{c}$$

由式(a)得 $\boldsymbol{F}_{xA}=-\boldsymbol{F}\sin\alpha=-5\times\sin 25^\circ=-2.113$ (kN)

由式(b)得 $\boldsymbol{F}_{yA}=\boldsymbol{F}\cos\alpha+ql=5\times\cos 25^\circ+4\times3=16.53$ (kN)

由式(c)得 $\boldsymbol{m}_A=\boldsymbol{F}l\cos\alpha+ql\dfrac{1}{2}l=5\times3\times\cos 25^\circ+4\times3\times\dfrac{3}{2}=31.59$ (kN·m)

其中，$\boldsymbol{F}_{xA}$ 为负值，表示 $\boldsymbol{F}_{xA}$ 假设的指向与实际指向相反。

五、平面平行力系的平衡方程

各力的作用线在同一平面内且互相平行，则称为平面平行力系。

设物体受平面平行力系 $\boldsymbol{F}_1, \boldsymbol{F}_2, \cdots, \boldsymbol{F}_n$ 的作用(图 1-37)。建立直角坐标系 xOy,使 x 轴与各力垂直,则不论平面平行力系是否平衡,各力在 x 轴上的投影恒等于 0,即 $\sum X_i = 0$。作为平面力系的特殊情况,由式(1-13)得平面平行力系的平衡方程为:

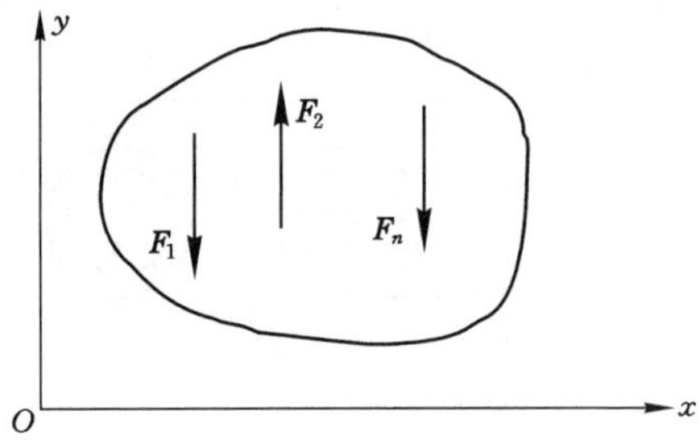

图 1-37　平面平行力系

$$\begin{cases} \sum \boldsymbol{Y}_i = 0 \\ \sum \boldsymbol{m}_0(\boldsymbol{F}_i) = 0 \end{cases} \tag{1-17}$$

平面平行力系的平衡方程有两力矩式,即:

$$\begin{cases} \sum \boldsymbol{m}_A(\boldsymbol{F}_i) = 0 \\ \sum \boldsymbol{m}_B(\boldsymbol{F}_i) = 0 \end{cases} \tag{1-18}$$

式中,A,B 两点的连线不能与各力的作用线平行。

由于平面平行力系只有两个平衡方程,因此只能求出两个未知量。

【例 1-7】 水平外伸梁如图 1-38(a)所示,已知均布载荷 q=20 kN/m,集中载荷 F=20 kN,力偶矩 m=16 kN·m,a=0.8 m,求支座 A,B 的反力。

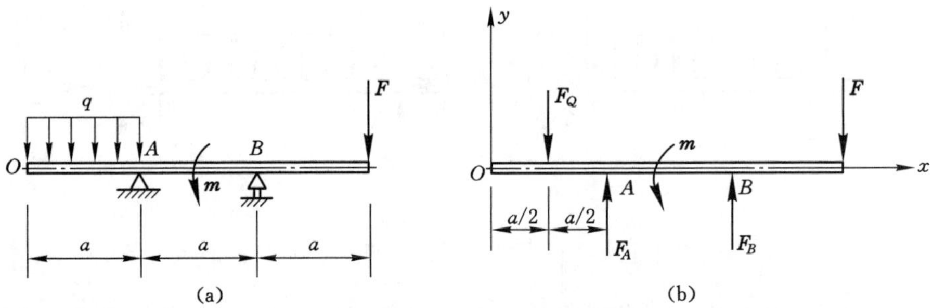

图 1-38　例 1-7 图

解:(1) 取梁为研究对象作用在梁上有集中载荷 $\boldsymbol{F}$,均布载荷(以合力 $\boldsymbol{F}_Q$ 等效代替,$\boldsymbol{F}_Q = qa$作用在梁 OA 段中点),以及力矩为 $\boldsymbol{m}$ 的力偶和支座反力 $\boldsymbol{F}_A$,$\boldsymbol{F}_B$。梁 AB 受力如图 1-38(b)所示,这是一个平衡的平面平行力系。

(2) 建立坐标系 xOy,列平衡方程有:

$$\sum Y = 0, -F_Q - F + F_A + F_B = 0 \tag{a}$$

$$\sum m_A(F_i) = 0, m + F_Q \frac{a}{2} - F2a + F_B a = 0 \tag{b}$$

由式(b)得:

$$\boldsymbol{F}_B = -\frac{\boldsymbol{m}}{a} - \frac{\boldsymbol{F}_Q}{2} + 2\boldsymbol{F} = -\frac{16}{0.8} - \frac{20 \times 0.8}{2} + 2 \times 20 = 12\ (\text{kN})$$

将 F_B 值代入式(a)得:

$$\boldsymbol{F}_A = \boldsymbol{F}_Q + \boldsymbol{F} - \boldsymbol{F}_B = 20 \times 0.8 + 20 - 12 = 24\ (\text{kN})$$

此题也可根据式(1-18)列平衡方程求解,请读者自行解之。

复习思考题

1. 分别画出图 1-39 中各物体的受力图。

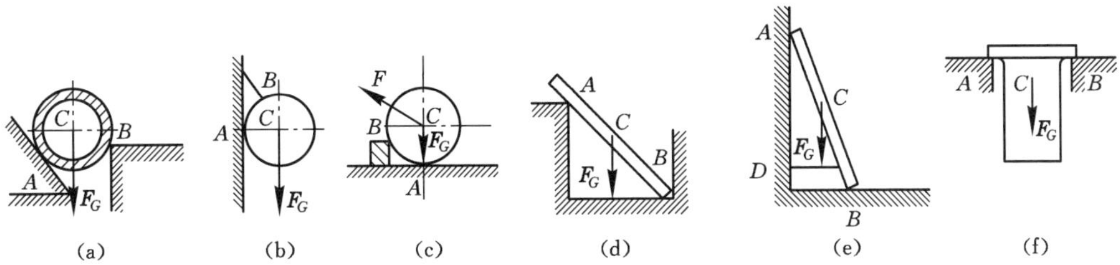

图 1-39　题 1 图

2. 分别画出图 1-40 中每个物体的受力图。

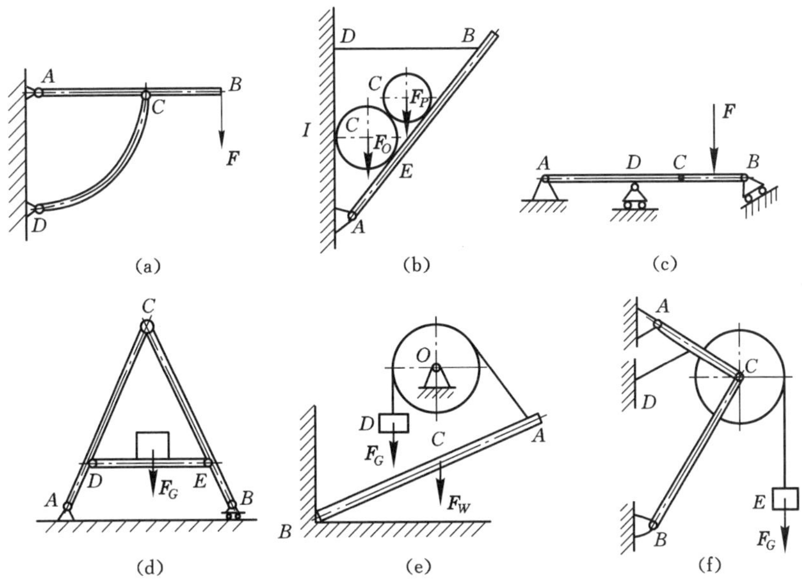

图 1-40　题 2 图

3. 分别画出图 1-41 中杆 AB 的受力图。

4. 若已知力 $\boldsymbol{F}$ 的投影 $\boldsymbol{X}=-173$ N,$\boldsymbol{Y}=100$ N,力 $\boldsymbol{F}$ 从坐标原点画出时,其作用线在第几象限,与 x 轴所夹锐角多大?

5. 已知力 $\boldsymbol{F}_2,\boldsymbol{F}_2,\boldsymbol{F}_3,\boldsymbol{F}_4$ 作用于 O 点,$\boldsymbol{F}_1=500$ N,$\boldsymbol{F}_2=300$ N,$\boldsymbol{F}_3=600$ N,$\boldsymbol{F}_4=1\ 000$ N,各力方向如图 1-42 示。试求它们的合力的大小和方向,并在图中画出。

6. 如图 1-43 所示,起重机架 ABC 在铰链 A 处装有滑轮,由绞车 H 引出的钢索经过滑轮 A 起吊重量 $\boldsymbol{F}_W=20$ kN 的物体,滑轮的尺寸忽略不计,试求杆 AB 和 AC 所受的力。

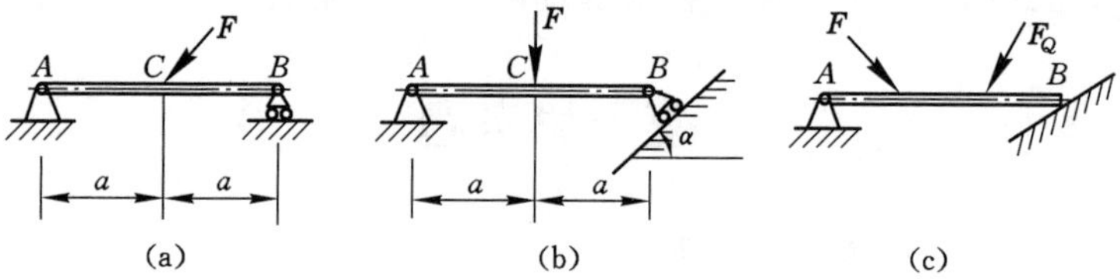

图 1-41 题 3 图

7. 液压式夹紧机构如图 1-44 所示。D 为固定铰链支座，B，C，E 为中间铰，力 $\boldsymbol{F}$ 及 α 已知，各杆重量忽略不计，试求加于工件 H 上的夹紧力。

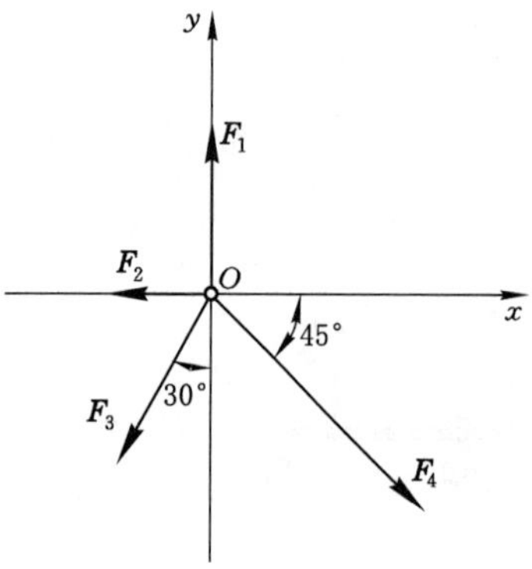

图 1-42 题 5 图

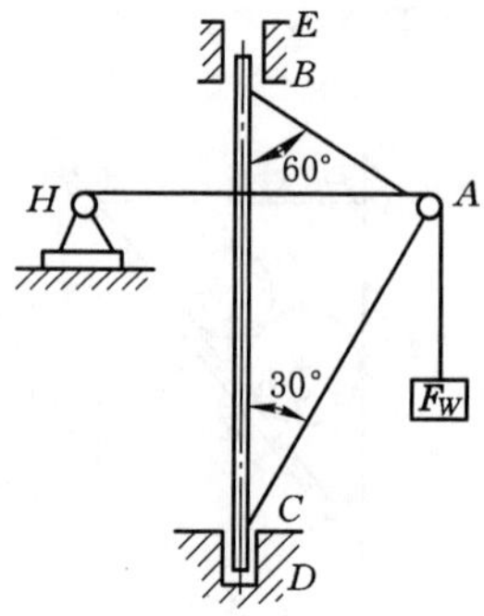

图 1-43 题 6 图

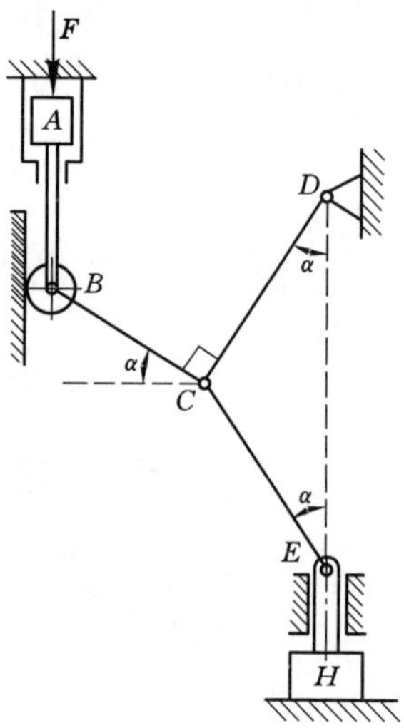

图 1-44 题 7 图

8. 试分别计算图 1-45 所示各种情况下力 $\boldsymbol{F}$ 对 O 点的力矩。

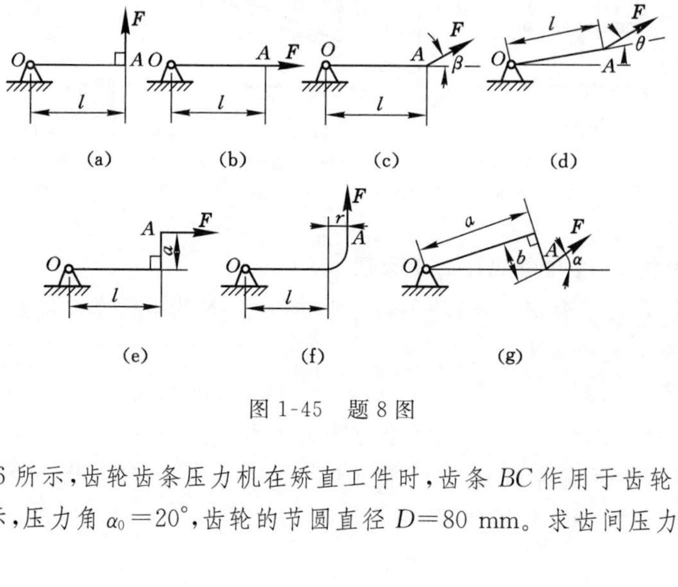

图 1-45 题 8 图

9. 如图 1-46 所示，齿轮齿条压力机在矫直工件时，齿条 BC 作用于齿轮 O 上的力 $\boldsymbol{F}_n=2$ kN，方向如图所示，压力角 $\alpha_0=20°$，齿轮的节圆直径 $D=80$ mm。求齿间压力 $\boldsymbol{F}_n$ 对轮心 O 点的力矩。

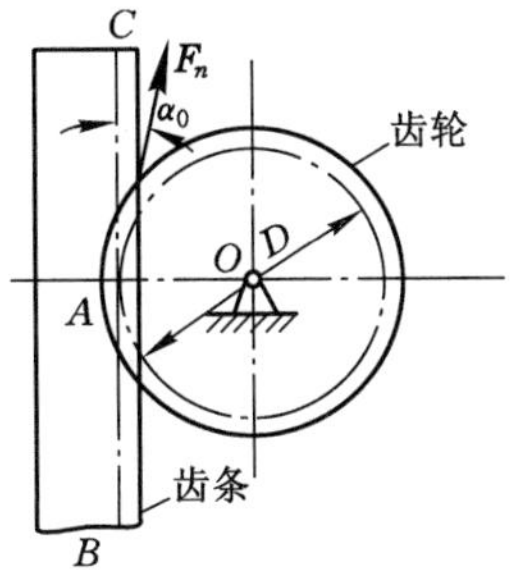

图 1-46　题 9 图

10. 如图 1-47 所示，车间有一矩形钢板，边长 $a=4$ m，$b=2$ m，为使钢板转一角度，顺着长边加两个力 $\boldsymbol{F}$ 及 $\boldsymbol{F}'$。设能够转动钢板时所需的力 $\boldsymbol{F}=\boldsymbol{F}'=200$ N，试考虑如何加力可使所费的力最小，并求出这个最小的力的大小。

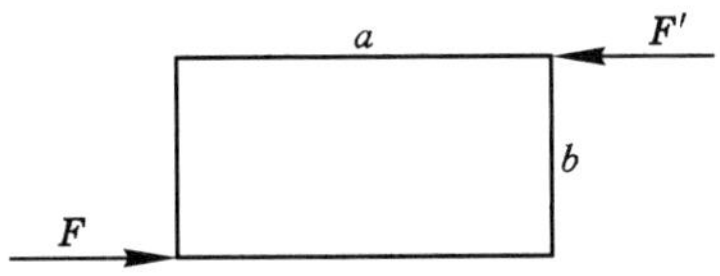

图 1-47　题 10 图

11. 如图 1-48 所示，梁 AB 长 l，在其上作用一力偶，如不计梁的重量，求 A、B 两点的反力。

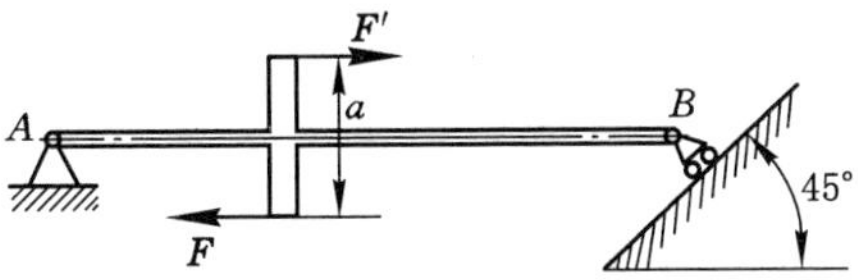

图 1-48　题 11 图

第二章 构件受力变形及其应力分析

第一节 概　　述

一、构件正常工作的基本要求

为了保证机器或结构物的正常工作，构件必须具有足够的承受载荷的能力（简称承载能力）。为此，构件必须满足下列基本要求：

1. 足够的强度

例如，起重机的钢丝绳，在起吊不超过额定重量时不应断裂。齿轮的轮齿正常工作时不应折断等。可见，所谓足够的强度是指构件具有足够的抵抗破坏的能力。它是构件首先应满足的基本要求。

2. 足够的刚度

在某些情况下，构件受载后虽未破裂，但由于变形过量，也会使机械或结构物不能正常工作。如图 2-1 所示的传动轴，由于变形过大，将使轴上齿轮啮合不良，轴颈和轴承产生局部磨损，从而引起振动和噪声，影响传动精度。因此，所谓足够的刚度是指构件具有足够的抵抗弹性变形的能力。

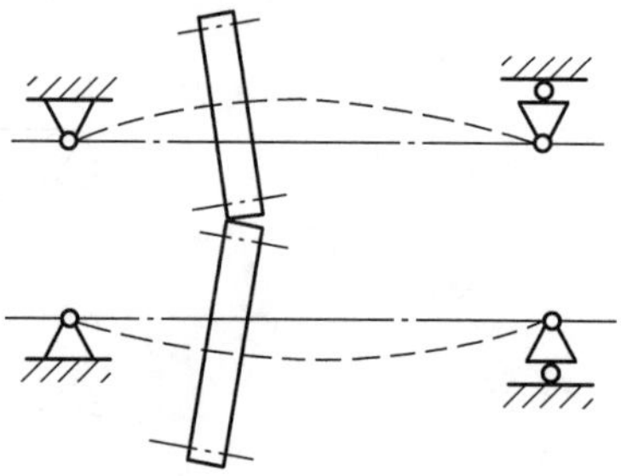
图 2-1　构件刚度不够产生的影响

应当指出，也有某些构件反而要求有一定的弹性变形能力，如弹簧、仪表中的弹性元件等。

3. 足够的稳定性

例如千斤顶中的螺杆一类的细长直杆，工作时当压力较小时，螺杆保持直线的平衡形式；当压力增大到某一数值时，螺杆就会突然变弯。这种突然改变原有平衡形式的现象称为失稳。因此，所谓足够的稳定性，是指构件具有足够的保持原有平衡形式的能力。

上述的基本要求均与构件的材料、结构、截面形状和尺寸等有关。所以，设计时在保证构件正常工作的前提下，还应合理地选择构件的材料和热处理方法，并尽量减小构件的尺寸，以做到材尽其用，减轻重量和降低成本。

二、变形固体及其基本假设

自然界中的一切物体，在外力作用下或多或少总要产生变形。在本章中，只是由于物体产生的变形对所研究的问题影响不大，所以在该章中把所有物体均视为刚体。而在图 2-1 中，如果轴上任意横截面的形心，其径向位移只要达到 0.000 5l（l 为轴的支承间的距离），尽管此时构件变形很小，但该轴已失去了正常工作的条件。由于这微小变形是影响构件能否正常工作的主要因素，因此本章所研究的一切物体都是变形固体。

在对构件进行强度、刚度和稳定性的计算时，为了便于分析和简化计算，常略去变形固体的一些影响不大的次要性质。为此，就需对变形固体作如下的假设：

(1) 均匀连续假设

认为构成变形固体的物质毫无空隙地充满其整个几何容积，并且各处具有相同的性质。

(2) 各向同性假设

认为材料在各个不同的方向具有相同的力学性能。

实践证明，根据上述假设所建立的理论和计算的精度是符合工程要求的，即使将上述假设用于或有条件地用于某些具有方向性的材料（如轧钢、木材等），也可得到令人满意的结果。

三、杆件变形的基本形式

在机器或结构物中，构件的形式是多种多样的，若构件的长度远大于横截面的尺寸，则该构件称为杆件或杆。轴线（横截面形心的连线）是直线的杆称为直杆[图 2-2(a)]；轴线是曲线的杆称为曲杆[图 2-2(b)]。各横截面的形状、尺寸完全相同的杆称为等截面杆[图 2-2(a)]，否则为变截面杆[图 2-2(b)]。工程上比较常见的是等截面直杆，简称等直杆，如传动轴、销钉、拉紧的钢丝绳、立柱和梁等。本章以等直杆为主要研究对象。

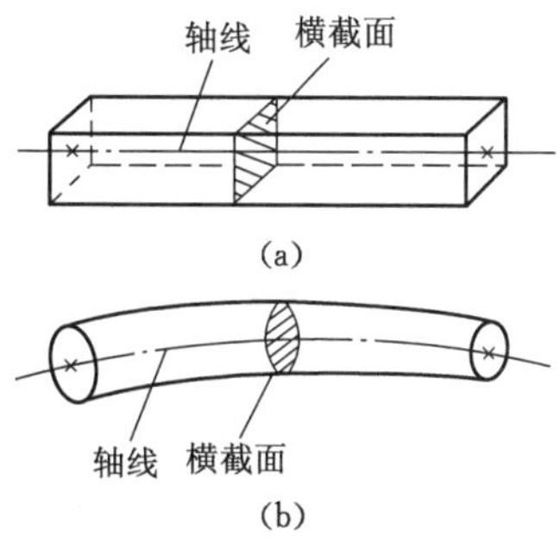

图 2-2 杆件

杆件在不同形式外力作用下将产生不同形式的变形，其中轴向拉伸[图 2-3(a)]或压缩[图 2-3(b)]，剪切[图 2-3(c)]、扭转[图 2-3(d)]与弯曲[图 2-3(e)]是变形的 4 种基本形式。其他比较复杂的变形，都是上述几种基本变形的组合。

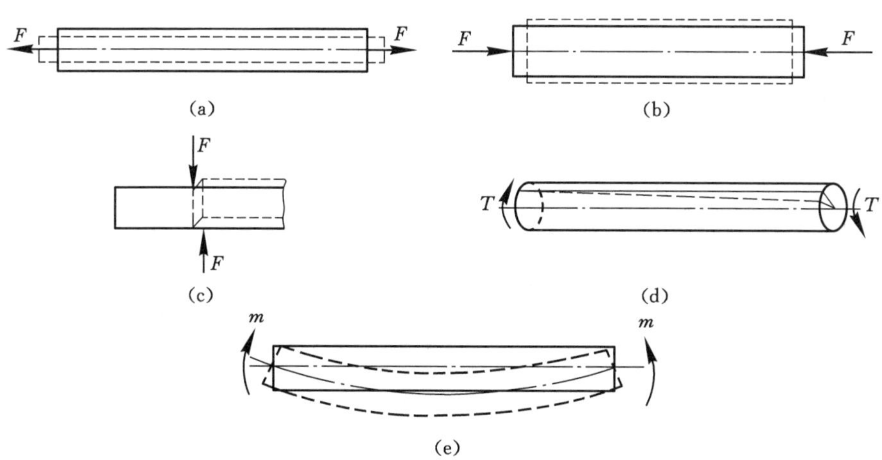

图 2-3 杆件变形的基本形式

第二节　轴向拉伸与压缩

一、轴向拉伸与压缩的概念

机器和结构物中，很多构件受到拉伸或压缩的作用。例如，图 2-4 所示悬臂吊车的拉杆和图 2-5 所示内燃机的连杆，即是杆件受拉伸或压缩的实例。

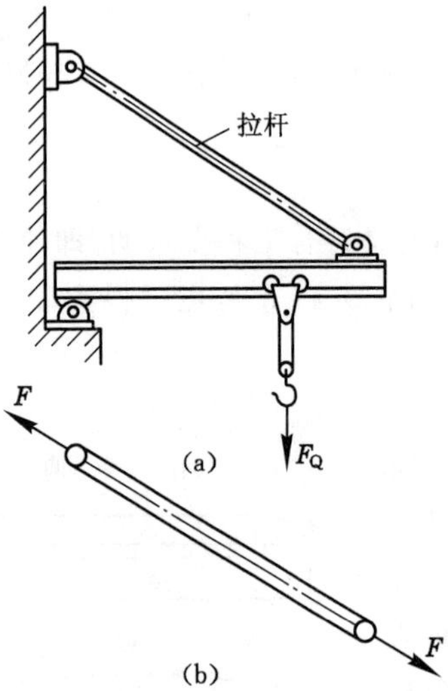

图 2-4　悬臂吊车

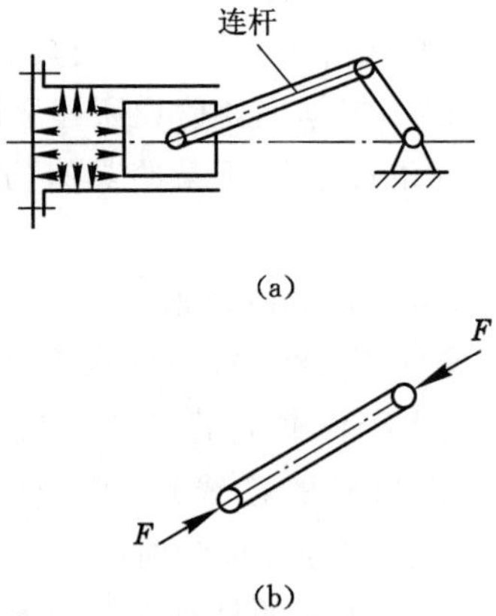

图 2-5　内燃机

这些受力构件的共同特点是：外力(或外力的合力)的作用线与杆的轴线重合。其主要变形为轴向伸长或缩短[图 2-3(a)，(b)]，这种变形形式称为轴向拉伸或压缩，此类杆件称为拉(压)杆。

二、拉伸和压缩时的内力、截面法和轴力

1. 内力的概念

对于所研究的构件来说，其他构件或物体作用于其上的力均为外力。

构件在外力作用下而变形时，其内部各质点之间的相互作用力发生了改变。这种因外力作用而引起的构件内各质点之间的相互作用力的改变量，称为附加内力，简称为内力。

在一定限度内，内力随外力的增大而增加。若内力超过了这一限度，则构件将被破坏。因此，为使构件安全正常地工作，必须研究构件的内力。

2. 截面法和轴力

图 2-6 所示为一拉杆。为了确定任意横截面 $m—m$ 上的内力，假想沿该截面将杆截开成两段。若弃去右段，保留左段来研究[图 2-6(b)]。这时，由于左段仍保持平衡，所以在截面 $m—m$ 上必然有一个力 $\boldsymbol{F}_N$(连续分布内力的合力)的作用，它是杆件右段对左段的作用力，是一个内力。由平衡条件可得：

$$\boldsymbol{F}_N = \boldsymbol{F}$$

若取杆件右段来研究[图 2-6(c)]，其结果相同。若杆件为压杆，仍可得出上述结论。轴向拉伸或压缩时，横截面上的内力 $\boldsymbol{F}_N$ 是一个沿杆件轴线的力，故称为轴力。显然，轴力可

以是拉力(图 2-6),也可以是压力。为便于区别,规定拉力以"+"号表示,压力以"-"号表示。

综上所述,应用截面法求内力的步骤是:

① 在欲求内力的截面处,假想地将杆件截成两段。

② 留下任意段,在截面上加上内力,以代替弃去部分对它的作用。

③ 运用平衡条件确定内力的大小和方向。

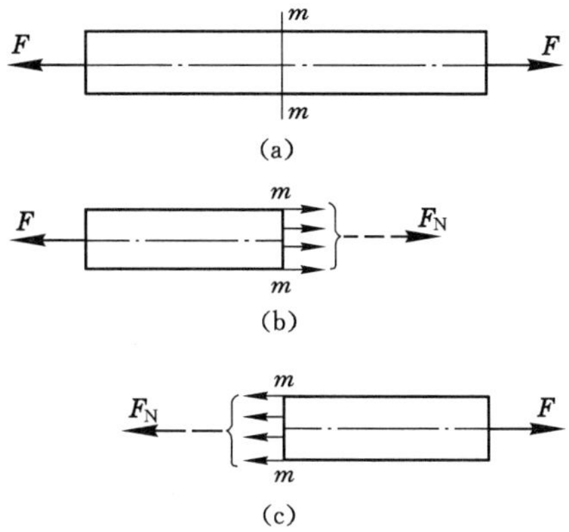

图 2-6　截面法求轴力

【例 2-1】　图 2-7(a)所示为一杆沿轴线同时受力 $\boldsymbol{F}_1$,$\boldsymbol{F}_2$,$\boldsymbol{F}_3$ 的作用,其作用点分别为 A,C,B,求杆各段的轴力。

解:由于杆上有 3 个外力,因此在 AC 段和 BC 段的横截面上将有不同的轴力。

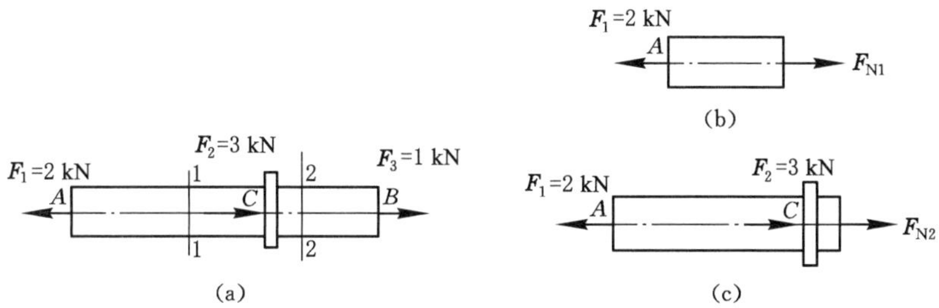

图 2-7　例 3-1 图

① 在 AC 段内任意横截面 1—1 处将杆截成两段,取左段研究,将右段对左段的作用以内力 $\boldsymbol{F}_{N1}$ 代替[图 2-7(b)]。由平衡条件知 $\boldsymbol{F}_{N1}$ 必沿杆的轴线,方向与 $\boldsymbol{F}_1$ 相反,为拉力。并由平衡方程:

$$\sum \boldsymbol{X} = 0, \boldsymbol{F}_{N1} - \boldsymbol{F}_1 = 0$$

得:

$$\boldsymbol{F}_{N1} = \boldsymbol{F}_1 = 2\ \text{kN}$$

这就是 AC 段内任意横截面上的内力。

② 在 CB 段内任意横截面 2—2 处将杆截开,仍取左段研究。此时因截面 2—2 上内力 $\boldsymbol{F}_{N2}$ 的方向一时不易确定,可将 $\boldsymbol{F}_{N2}$ 先设为拉力,如图 2-7(c)所示,再由平衡方程:

$$\sum \boldsymbol{X} = 0, \boldsymbol{F}_{N2} - \boldsymbol{F}_1 + \boldsymbol{F}_2 = 0$$

得

$$\boldsymbol{F}_{N2} = \boldsymbol{F}_1 - \boldsymbol{F}_2 = 2 - 3 = -1\ \text{kN}$$

结果中的"-"号说明,该截面上的轴力方向应与原设的方向相反,即 $\boldsymbol{F}_{N2}$ 为压力,其值为 1 kN,此即 CB 段内任意横截面上的内力。

以上的计算都是选取左段研究,如果选取右段为研究对象,可得到同样的结果。

三、应力的概念、拉(压)杆横截面上的应力

1. 应力概念

在确定了拉(压)杆的内力后,还无法判断杆件的强度是否足够。例如,两根材料相同而粗细不同的拉杆,在同样拉力的作用下,它们的内力相同。但当拉力逐渐增大时,细杆先被

拉断。这说明杆件的强度不仅与内力有关，而且还与截面的面积有关。因此，就需要引入应力的概念。

应力用来描述杆件截面上的分布内力集度，即内力分布的强弱。如果内力在截面上均匀分布，则单位面积上的内力称为应力。应力的单位为帕[斯卡]，符号为 Pa（1 Pa＝1 N/m^2）。由于此单位较小，常用兆帕（MPa）或吉帕（GPa），1 MPa＝10^6 Pa，1 GPa＝10^9 Pa。

2. 拉（压）杆横截面上的应力

为了研究拉（压）杆横截面上的应力，可先观察实验现象。现取一等直杆，在其表面画出许多与轴线平行的纵线和与它垂直的横线[图 2-8(a)]。在两端施加一对轴向拉力 $\boldsymbol{F}$ 之后，可以发现所有纵向线的伸长都相等，而横向线仍保持为直线，并仍与纵向线垂直[图 2-8(b)]。据此现象可设想杆件由无数纵向纤维所组成，且每根纵向纤维都受到同样的拉伸。由此可知：杆件在轴向拉伸时横截面仍保持为平面，内力在横截面上是均匀分布的，它的方向与横截面垂直。即横截面上各点的应力大小相等、方向均垂直于横截面[图 2-8(c)]。垂直于截面的应力称为正应力，以 σ 表示。

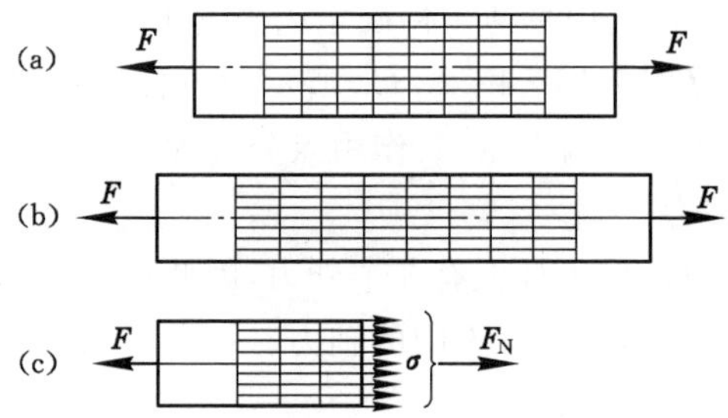

图 2-8　拉伸应力

若拉杆的横截面积为 A，则由以上分析可知，拉杆横截面上的正应力为：

$$\boldsymbol{\sigma} = \boldsymbol{F}_N / A \tag{2-1}$$

式中　$\boldsymbol{F}_N$——横截面上的作用力，N；

A——横截面上的作用力，m^2。

对于轴向压缩的杆件，上式同样适用。由于前面规定了轴力的正负号，正应力也随轴力 $\boldsymbol{F}_N$ 而有正负之别：拉应力为正值，压应力为负值。

四、材料在拉伸和压缩时的力学性质

由经验可知，两根粗细相同、受同样拉力的钢丝和铜丝，钢丝不易拉断，而铜丝易拉断。这说明不同的材料抵抗破坏的能力是不同的。因此，构件的强度与材料的力学性质有关。所以，除了要分析构件受力时的应力外，还应了解材料受力时的力学性质。所谓力学性质，主要是指材料在外力作用下，变形与所受外力之间的关系。它必须通过各种实验来测定。下面介绍材料在常温、静载条件下拉伸和压缩时的力学性质。这里的常温、静载，是指在室温下载荷由零逐渐缓慢地增加。

1. 拉伸试验和应力—应变曲线

拉伸试验是研究材料力学性质最常用、最基本的试验。为了使不同材料的试验结果便于比较，必须将材料按国家标准制成标准试件（图 2-9）。试件的两端为装夹部分，标记 m，n 之间的等截面杆段为试验段，其长度 L 称为标距，对圆截面试件规定为 $L=10\,d$ 或 $L=5\,d$。d 为试件的直径。

试验时缓慢加载，随着轴向载荷 $\boldsymbol{F}$ 的增加，试件被逐渐拉长，试验段的伸长量用 L 表示，试验进行到试件断裂为止。在试验机上一般都有自动绘图装置，能自动绘出载荷 $\boldsymbol{F}$ 与

伸长 ΔL 间的关系曲线（F—ΔL 曲线），称为试件的拉伸图。低碳钢的拉伸图如图 2-10 所示。

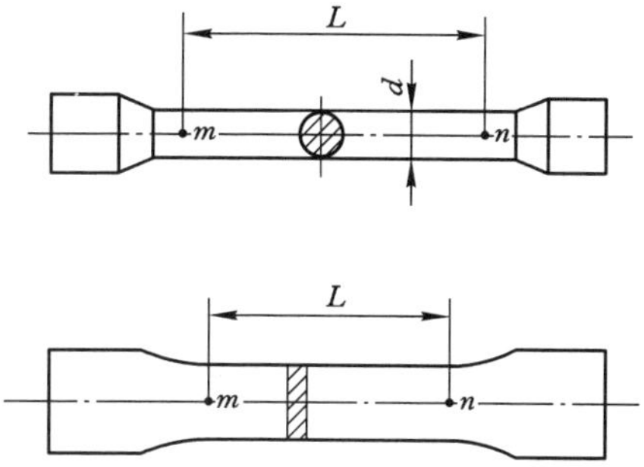

图 2-9　拉伸试件

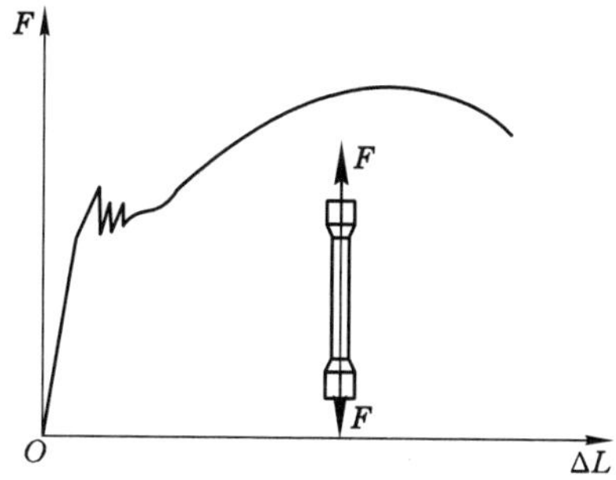

图 2-10　低碳钢拉伸图

拉伸图既与材料的力学性质有关，又与试件的几何尺寸有关。例如，如果试件做得粗一些，产生相同的伸长所需的拉力就大一些；如果试件的标距长一些，则在同样的拉力作用下，伸长也会大一些。为了消除试件尺寸的影响，使试验结果能反映材料的性质，将拉力 $\boldsymbol{F}$ 除以试件的原横截面积 A，以应力 $\boldsymbol{\sigma}=\boldsymbol{F}/A$ 来衡量材料的受力情况；将标距的伸长 ΔL 除以标距的原有长度 L，以单位长度的变形（$\Delta L/L$）来衡量材料的变形情况。

单位长度的变形称为正应变或线应变，用 ε 表示，即：

$$\varepsilon=\frac{\Delta L}{L} \tag{2-2}$$

正应变是两个长度的比值，为无量纲量。

这样就将试件的拉伸图改为以正应力和正应变为坐标的曲线，称为应力—应变曲线或 σ—ε 曲线。低碳钢的 σ—ε 曲线如图 2-11 所示，形状与拉伸图（图 2-10）相似。

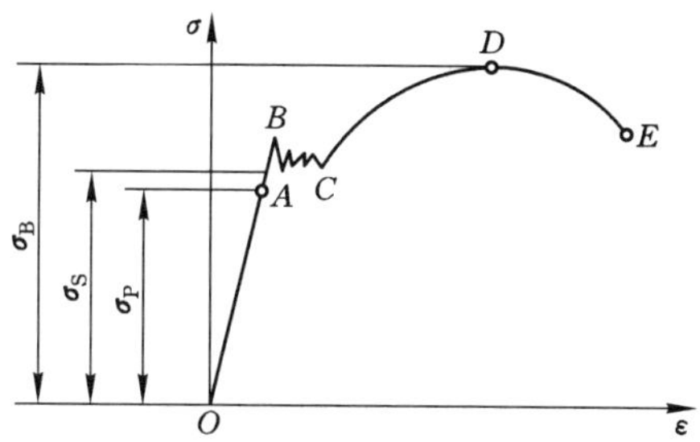

图 2-11　Q235 钢的 σ—ε 曲线

2. 低碳钢在拉伸时的力学性质

(1) 拉伸试验过程的几个阶段

低碳钢在工程上应用比较广泛，且拉伸试验时表现出来的力学性质比较典型。图 2-11 Q235 钢的 σ—ε 曲线，从图中可以看出拉伸过程大致分为 4 个阶段。

① 弹性阶段：在 OA 段内材料的变形是弹性的。在该阶段内若将载荷卸掉，使正应力 $\boldsymbol{\sigma}$ 逐渐减小到 0，相应的应变 ε 也随之完全消失。卸掉载荷后能完全消失的变形称为弹性变形，故称这一阶段为弹性阶段。OA 为一直线，说明在该阶段内正应力 $\boldsymbol{\sigma}$ 和正应变 ε 成正比。

A 点所对应的应力称为材料的比例极限，以 $\boldsymbol{\sigma}_p$ 表示。Q235 钢的比例极限 $\boldsymbol{\sigma}_p \approx 196$ MPa。

② 屈服阶段：超过比例极限后，在一个极小阶段内（AB 段），虽然材料的变形仍然是弹性的，但是应力与应变不再保持线性关系。超过 B 点后，图线出现一段接近水平线的小锯齿形线段（ BC 段），此时应力几乎不增加，而应变却急剧增大，说明材料暂时失去了抵抗变形的能力。这种现象称为屈服。BC 段称为屈服阶段。屈服阶段内的最低应力称为屈服极限，用 $\boldsymbol{\sigma}_S$ 表示。Q235 钢的屈服极限 $\boldsymbol{\sigma}_S = 235$ MPa。材料屈服时，试件表面出现与试件轴线约成 45°的线纹，称为滑移线，如图 2-12 所示。

③ 强化阶段：经过屈服阶段后，曲线又开始上升，表明使材料继续变形需增大拉力，这种现象称为强化。强化阶段的最高点 D 所对应的应力，称为材料的强度极限，用 $\boldsymbol{\sigma}_B$ 表示，它是材料所能承受的最大应力。Q235 钢的强度极限 $\boldsymbol{\sigma}_B = 380$ MPa。

④ 局部变形阶段：曲线过了 D 点又向下弯曲，这是由于从 D 点开始，在试件某一局部范围内，横截面显著收缩，产生所谓缩颈现象（图 2-13），使试件继续伸长所需的拉力逐渐变小的缘故，直到 E 点试件被拉断。

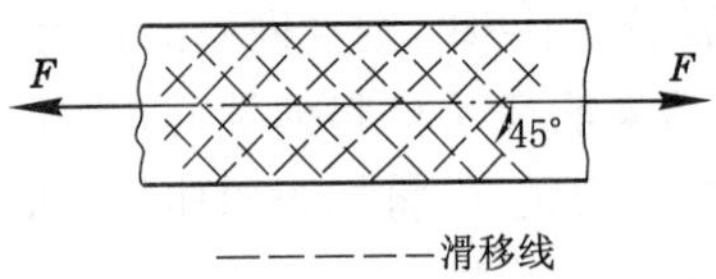

图 2-12　滑移线

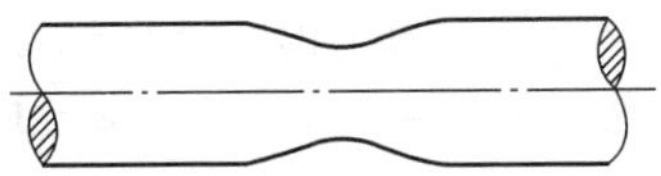

图 2-13　缩颈现象

综上所述，在拉伸过程中，材料经过了弹性、屈服、强化和局部变形 4 个阶段，存在 3 个特征点，其相应的应力依次为比例极限、屈服极限和强度极限。

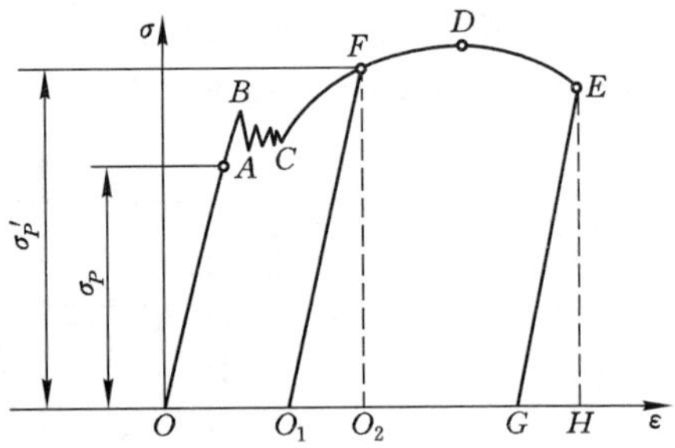

图 2-14　冷作硬化

如果将试件拉伸使其应力超过比例极限，如在强化阶段某一点 F 逐渐卸载，此时应力应变关系将沿着与直线 OA 近乎平行的直线 FO_1 回到 O_1（图 2-14）。这说明材料的变形已不能全部消失，其中一部分变形（弹性变形）消失了，残留下来的变形称为塑性变形。在应变坐标中 O_1O_2 表示材料的弹性应变，OO_1 表示材料的塑性应变。如果卸载后再重新加载，则应力和应变关系将沿着 O_1FDE 曲线变化直至断裂。与同样材料但未经卸载的应力—应变曲线相比，材料的比例极限将得到提高（$\boldsymbol{\sigma}_p' > \boldsymbol{\sigma}_p$），而断裂时的残余变形则减小，这种现象称为冷变形强化或冷作硬化。工程上常利用冷作硬化来提高构件（如钢筋、钢丝绳等）在弹性范围内所能承受的最大载荷。

（2）材料的塑性

材料能产生塑性变形的性质称为塑性。工程上常用下列两个指标来衡量材料的塑性。

① 伸长率 δ：以试件拉断后的相对伸长来表示，即：

$$\delta = \frac{L_1 - L}{L} \times 100\% \tag{2-3}$$

式中，L，L_1 为试件标距的原长和拉断后的长度。

② 断面收缩率 φ：以试件拉断后断面面积的相对收缩来表示，即：

$$\varphi=\frac{A-A_1}{A}\times 100\% \tag{2-4}$$

式中，A，A_1 分别为试件的原横截面积和断裂处面积。

δ 和 φ 的数值越大，说明材料的塑性越好。工程上，通常将 $\delta\geqslant 5\%$ 的材料称为塑性材料，如低合金钢、碳素钢和铜、铝等；将 $\delta\leqslant 5\%$ 的材料称为脆性材料，如铸铁、混凝土、石料等。Q235 钢的 $\delta=20\%\sim 30\%$，$\varphi=60\%$。

3. 其他材料拉伸时的力学性质

其他塑性材料拉伸时的 σ—ε 曲线与低碳钢有类似之处，但也有显著的区别：有些塑性材料（如锰钢、硬铝、退火球墨铸铁等）不像低碳钢有明显的屈服阶段。对这些没有明显屈服阶段的塑性材料，国家标准规定，取对应于试件产生 0.2% 的塑性应变时的应力值为其名义屈服极限，以 $\sigma_{0.2}$ 表示。

脆性材料如铸铁和玻璃钢，受拉时直到断裂，变形都很小，没有屈服阶段和颈缩现象，故没有屈服极限，而只有强度极限。其 σ—ε 曲线如图 2-15 所示。由图中可以看出铸铁的 σ—ε 曲线没有直线部分，不过在实用的应力范围内，曲线的曲率很小，常用直线（图中虚线）代替曲线，即应力与应变近似成正比。

4. 材料压缩时的力学性质

为了避免试验时被压弯，金属材料压缩试件制成短圆柱形。低碳钢压缩时的 σ—ε 曲线如图 2-16 所示，在屈服阶段以前，压缩曲线和拉伸曲线（图中虚线）基本重合，压缩时的屈服极限与拉伸时的屈服极限基本相同。但是，随着载荷的增大，试件越压越"扁"，产生很大的塑性变形而不破裂，故测不出压缩时的强度极限。

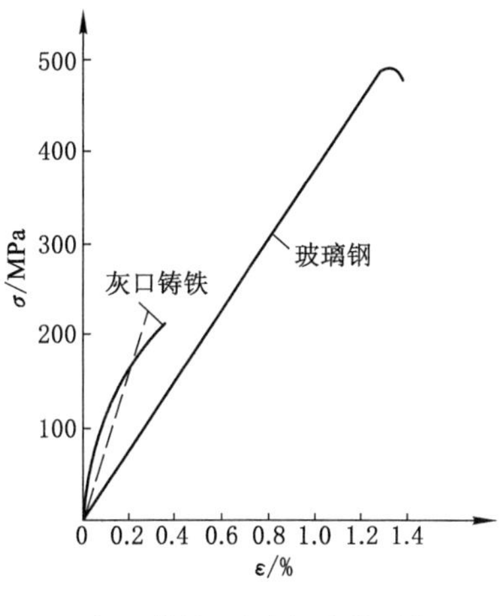

图 2-15　灰口铸铁、玻璃钢拉伸时的 σ—ε 曲线

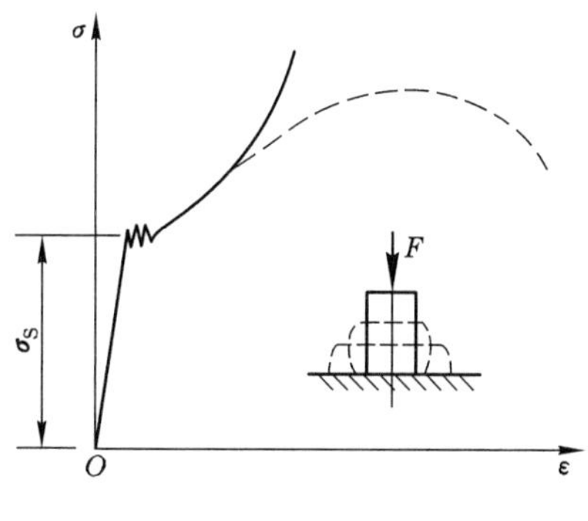

图 2-16　低碳钢压缩 σ—ε 曲线

铸铁压缩时的 曲线如图 2-17 所示，与拉伸时的 曲线类似，但其强度极限远高于拉伸时的强度极限（为 3～4 倍），所以脆性材料宜用作受压构件。铸铁压缩时的破裂断口与轴线约成 。

各种材料在拉伸和压缩时的力学性质，可查阅有关手册。

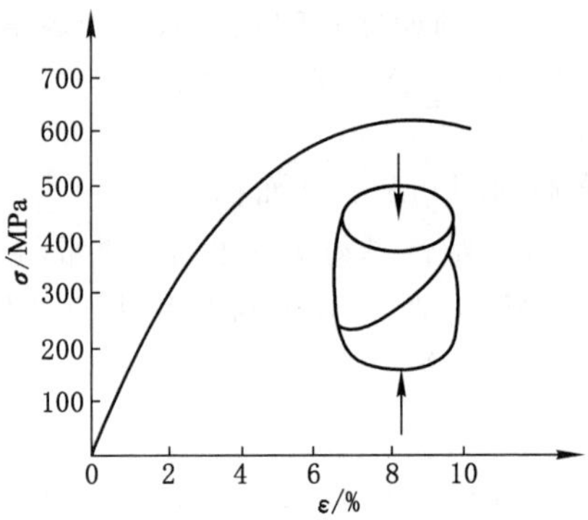

图 2-17　铸铁压缩 σ—ε 曲线

五、拉(压)杆的强度计算

1. 许用应力和安全系数

由前述的试验知道：当应力达到强度极限 $\boldsymbol{\sigma}_B$ 时，会引起断裂；当应力达到屈服极限 $\boldsymbol{\sigma}_S$ 时，将出现显著的塑性变形。显然，构件工作时发生断裂或显著的塑性变形一般都是不允许的。所以 $\boldsymbol{\sigma}_B$ 和 $\boldsymbol{\sigma}_S$ 统称为材料的极限应力。对于脆性材料，因没有屈服阶段，断裂时无明显变形，故以强度极限 $\boldsymbol{\sigma}_B$ 为极限应力；对于塑性材料，因 $\boldsymbol{\sigma}_S<\boldsymbol{\sigma}_B$，则通常以屈服极限 $\boldsymbol{\sigma}_S$ 为极限应力。

为了保证构件安全可靠地工作，应使其工作应力，即构件工作时由载荷引起的应力，要低于材料的极限应力，而且还要留有充分的余地。这是因为载荷的估计难以准确；计算公式带有一定的近似性；材料也并不像假设的那样绝对均匀等因素的影响。此外，构件工作时可能遇到意外的超载情况或其他不利的工作条件，要求构件需有必要的强度储备以保证正常工作。一般将极限应力除以大于 1 的系数 n，作为构件工作时所允许的最大应力，称为许用应力，以$[\sigma]$表示，系数 n 称为安全系数。对应于屈服极限 $\boldsymbol{\sigma}_S$ 的安全系数用 $\boldsymbol{m}_S$ 表示；对应于强度极限 $\boldsymbol{\sigma}_B$ 的安全系数用 $\boldsymbol{n}_B$ 表示。因此，拉(压)杆的许用应力可由下列两式表示：

塑性材料　　$[\sigma]=\boldsymbol{\sigma}_S/n_S$　　(2-5)

脆性材料　　$[\sigma]=\boldsymbol{\sigma}_B/n_B$　　(2-6)

应该注意，脆性材料在拉伸和压缩时的强度极限是不相等的，故其许用拉应力和许用压应力也是不相等的。

安全系数取得过小，则构件的强度储备很小，构件工作的安全可靠程度低；若安全系数取得过大，构件工作时安全可靠程度高，但设计出来的构件尺寸过大，这不仅浪费材料，还会造成机器或结构物粗笨。安全系数的确定取决于诸多因素，如构件的工作条件、制造工艺、载荷和应力计算的准确程度、材料的均匀性等。各种材料在不同工作条件下的安全系数或许用应力值，可从有关规范或设计手册中查到。一般取 $n_S=1.5\sim2.0$；$n_B=2.5\sim3.0$。

2. 拉(压)杆的强度条件

为了保证拉(压)杆安全可靠地工作，杆内的实际工作应力不得超过材料的许用应力，即：

$$\boldsymbol{\sigma}=F_N/A\leqslant[\sigma] \tag{2-7}$$

称为拉(压)杆的强度条件。应用此条件，可以进行下述三方面的强度计算。

① 强度校核。已知杆件的材料、截面尺寸及所承受的载荷，应用式(2-7)可校核杆件是否满足强度要求：若 $\boldsymbol{\sigma} \leqslant [\sigma]$，则强度足够；$\boldsymbol{\sigma} > [\sigma]$，则强度不够。

② 设计截面尺寸。已知杆件承受的载荷及材料的许用应力，把强度条件式(2-7)改写成：

$$A \geqslant F_N/[\sigma]$$

由此可确定杆件所需的横截面面积，然后确定截面尺寸。

③ 确定许用载荷。已知杆件的截面尺寸和材料的许用应力，可按式(2-7)计算杆件所允许的轴力为：

$$\boldsymbol{F}_N \leqslant A[\sigma]$$

从而确定构件或结构的许用载荷。

【例 2-2】　图 2-18(a)所示发动机连杆用 40 MnB 制成，$[\sigma]=200$ MPa，A—A 截面面积最小。其值为 218.9 mm^2，$F=38$ kN，试校核连杆的强度。

解：应用截面法和平衡条件求得 A—A 截面上的轴力(压力)为：

$$\boldsymbol{F}_N = \boldsymbol{F} = 38 \text{ kN}$$

因连杆各横截面上的轴力相同，所以最大应力发生在横截面面积最小的 A—A 截面，根据式(2-1)其值为：

$$\boldsymbol{\sigma} = \frac{\boldsymbol{F}_N}{A} = \frac{38 \times 10^3}{218.9 \times 10^{-6}} = 173.6 \times 10^6 = 173.6 \text{ MPa} < [\sigma]$$

所以，连杆强度足够。

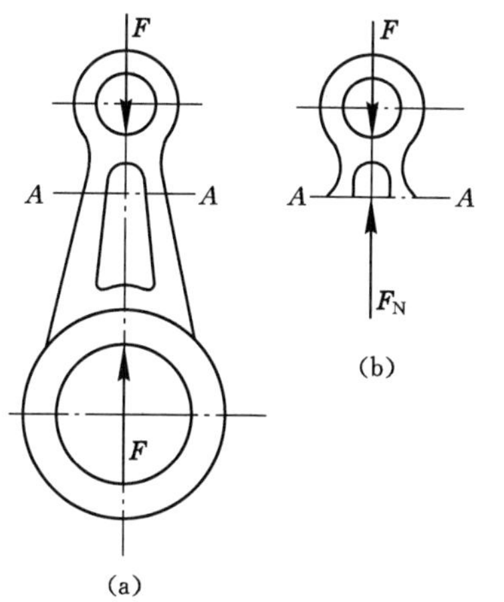

图 2-18　例 2-2 图

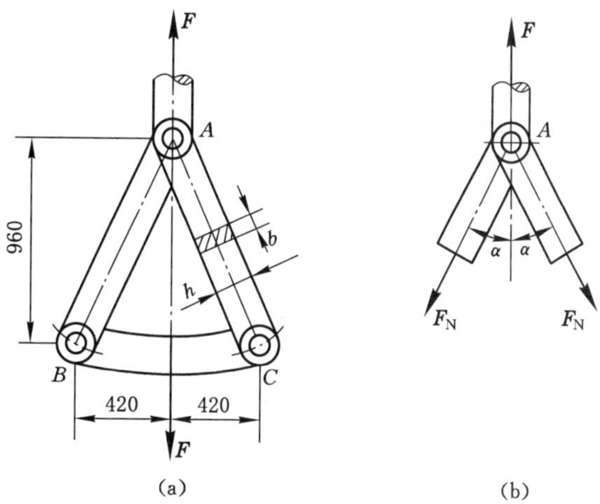

图 2-19　例 2-3 图

【例 2-3】　图 2-19(a)所示为一起重用吊环，其侧臂 AB 和 AC 各由一矩形截面的锻钢杆制成，截面尺寸 $h/b=3$，材料的许用应力$[\sigma]=80$ MPa，吊环的最大起重量 1 200 kN。试确定锻钢杆的尺寸 h，b。

解：用截面法沿两侧臂的横截面假想截开，取上部分研究，其受力如图 2-19(b)所示。由于对称关系，二侧臂轴力相等，设为 $\boldsymbol{F}_N$，则由平衡方程：

$$\sum \boldsymbol{Y} = 0, \boldsymbol{F} - 2\boldsymbol{F}_N \cos\alpha = 0$$

得
$$F_N=\frac{F}{2\cos\alpha}$$

式中
$$\cos\alpha=\frac{960}{\sqrt{960^2+420^2}}=0.916\ 2$$

故
$$F_2=\frac{1\ 200}{2\times0.916\ 2}=655\ (\text{kN})$$

由式(2-7)得$A\geqslant\frac{F_N}{[\sigma]}=\frac{655\times10^3\ \text{N}}{80\times10^6\ \text{N/m}^2}=8\ 188\times10^{-6}\ \text{m}^2=8\ 188\ \text{mm}^2$

因 $A=hb=3b^2$，故 $3b^2\geqslant8\ 188\ \text{mm}^2$，则：

$$b\geqslant52\ \text{mm}$$

取 $b=52$ mm，则 $h=3b=156$ mm。

【例 2-4】 图 2-20(a)所示支架，在节点 B 处受铅垂载荷 $\boldsymbol{F}$ 作用，试计算 $\boldsymbol{F}$ 的最大允许值$[F]$。已知杆 AB,BC 的横截面积均为 $A=100\ \text{mm}^2$，许用拉应力$[\sigma_+]=200$ MPa，许用压应力$[\sigma_-]=150$ MPa。

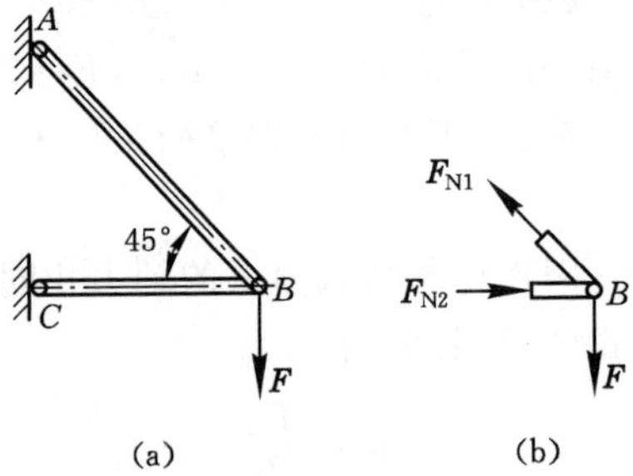

图 2-20　例 2-4 图

解：(1) 取节点 B 为研究对象并画出受力图[图 2-20(b)]，由平衡方程：

$$\sum X=0,F_{N2}-F_{N1}\cos45^\circ=0$$

$$\sum Y=0,F_{N1}\sin45^\circ-F=0$$

解得杆 AB,BC 的轴力为：

$$F_{N1}=\sqrt{2}F(\text{拉力}),F_{N2}=F(\text{压力})$$

(2) 确定 $\boldsymbol{F}$ 的最大允许值。根据式(2-7)可知：

$$F_{N1}\leqslant A[\sigma_+]$$

将 F_{N1} 代入上式得：
$$\sqrt{2}F\leqslant A[\sigma_+]$$

故
$$F\leqslant\frac{A[\sigma_+]}{\sqrt{2}}=\frac{100\times10^{-6}\times200\times10^6}{\sqrt{2}}=14.14\times10^3(\text{N})$$

同理，可得：

$$F=F_{N2}\leqslant A[\sigma_-]=100\times10^{-6}\times150\times10^6=15\times10^3(\text{N})$$

在求得的许用载荷的两个数值中，应该取较小值，所以支架的许用载荷$[F]=14.14$ kN。

六、拉(压)杆的变形

杆件在轴向拉伸或压缩时，沿轴线方向伸长或缩短；与此同时，横向尺寸还会缩小或增大，前者称为纵向变形，后者称为横向变形。如图 2-21 所示，设杆件原长为 L，横向尺寸为 b，轴向受力后，杆长变为 L_1，横向尺寸变为 b_1，则杆的纵向绝对变形为：

$$\Delta L=L_1-L$$

横向绝对变形为：

$$\Delta b=b_1-b$$

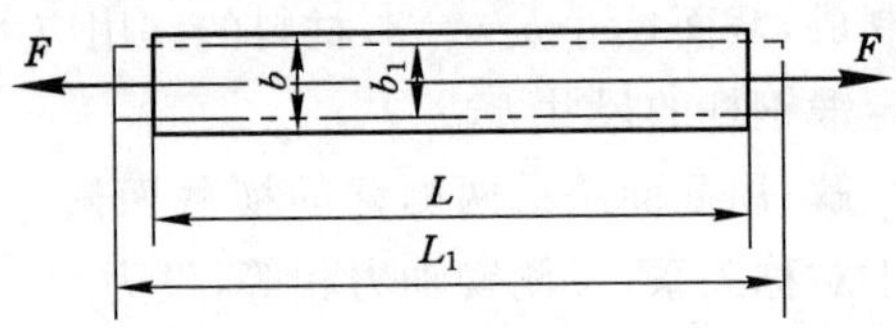

图 2-21　拉伸变形

下面主要研究纵向变形的规律。

由前面的实验可知：在比例极限内，正应力与正应变成正比，即：

$$\sigma \propto \varepsilon$$

引进比例系数 E，则：

$$\sigma = E\varepsilon \tag{2-8}$$

此关系式称为虎克定律。比例系数 E 称为材料的弹性模量，其值随材料而异。因正应变 ε 是一无量纲量，所以弹性模量 E 与正应力 σ 有相同的量纲。E 的常用单位为 GPa 或 MPa。

式(2-8)同样适用于轴向压缩。由于 $\sigma=F_N/A, \varepsilon=\Delta L/L$，所以式(2-8)又可写成：

$$\Delta L = \frac{F_N L}{EA} \tag{2-9}$$

此式为虎克定律的变形形式。

由式(2-9)可以看出，弹性模量 E 越大，杆的变形越小。所以，弹性模量是衡量材料抵抗弹性变形能力的一个指标。还可以看出，对长度相等、受力相同的杆，EA 越大，杆的变形越小，所以 EA 代表杆件抵抗拉伸(或压缩)的能力，称为杆件的抗拉(压)刚度。

【例 2-5】 图 2-22 所示杆件，材料的弹性模量 $E=200$ GPa，已知 $\boldsymbol{F}_1=2$ kN、$\boldsymbol{F}_2=3$ kN，$L_2=2.5$ m，$L_2=2$ m，横截面积均为 $A=10\ \text{cm}^2$，试求杆的总伸长。

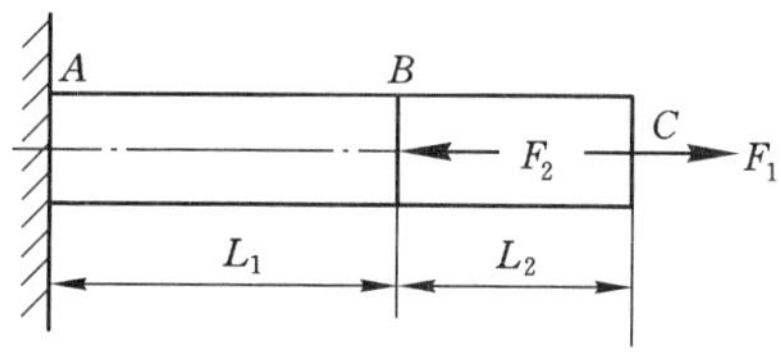

图 2-22　例 2-5 图

解：AB 段和 BC 段的轴力分别为：

$$\boldsymbol{F}_{N1} = -1\ \text{kN}, \boldsymbol{F}_{N2} = 2\ \text{kN}$$

由于杆两段的轴力不同，为了计算杆件的总伸长，需先求出每段杆的轴向变形。

根据式(2-9)可知，AB 与 BC 段的轴向变形分别为：

$$\Delta L_{AB} = \frac{\boldsymbol{F}_{N1} L_1}{EA}, \Delta L_{BC} = \frac{\boldsymbol{F}_{N2} L_2}{EA}$$

所以，杆 AC 的总伸长为：

$$\Delta L = \Delta L_{AB} + \Delta L_{AB} = \frac{\boldsymbol{F}_{N1} L_1}{EA} + \frac{\boldsymbol{F}_{N2} L_2}{EA} = \frac{\boldsymbol{F}_{N1} L_1 + \boldsymbol{F}_{N2} L_2}{EA}$$

$$= \frac{-1\times 10^2 \times 2.5 + 10^3 \times 2}{200\times 10^9 \times 10 \times 10^{-4}} = 75\times 10^{-7} = 7.5\times 10^{-3}(\text{mm})$$

第三节　剪切和挤压

一、剪切的概念

工程上一些连接件，如常用的销(图 2-23)、螺栓(图 2-24)、平键(图 2-29)等都是主要发生剪切变形的构件，称为剪切构件。这类构件的受力和变形情况可概括为如图 3-25 所示的简图。其受力特点是：作用于构件两侧面上的横向外力的合力，大小相等，方向相反，作用线相距很近。在这样外力作用下，其变形特点是：两力间的横截面发生相对错动，这种变形形式称为剪切。发生相对错动的截面称为剪切面。

二、剪切的实用计算

为了对构件进行剪切强度计算，必须先计算剪切面上的内力。现以图 2-24(a)所示的

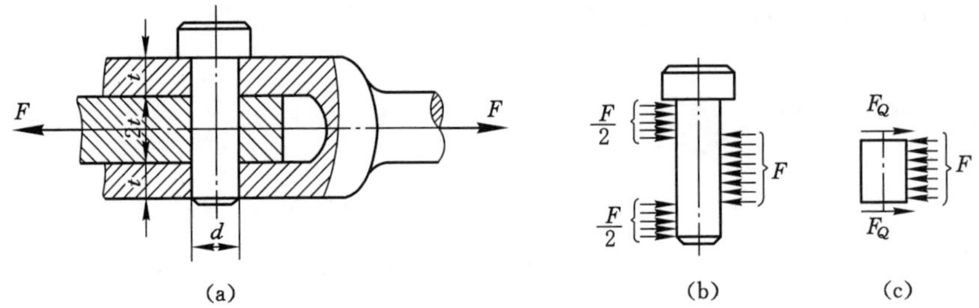

图 2-23　销的受力情况

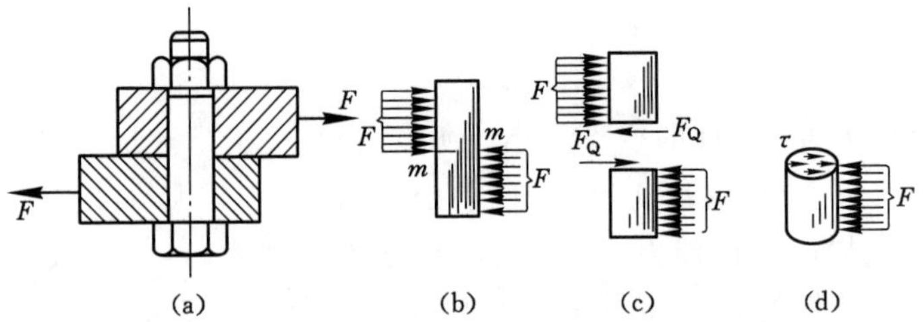

图 2-24　螺栓受力情况

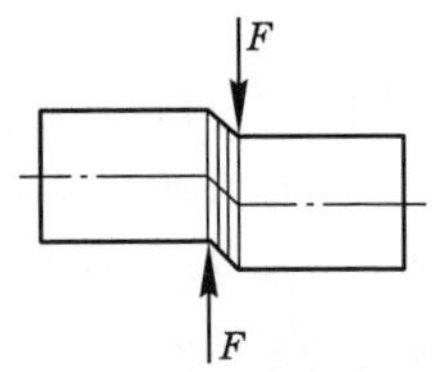

图 2-25　剪切

螺栓为例进行分析。当两块钢板受拉时，螺栓的受力如图 2-24(b)所示。若力 $\boldsymbol{F}$ 过大，螺栓可能沿剪切面 $m—m$ 被剪断。为了求得剪切面上的内力，运用截面法将螺栓沿剪切面假想截开[图 2-24(c)]，并取其中任意部分研究。由于任意部分均保持平衡，故在剪切面内必然有与外力 F 大小相等、方向相反的内力存在，这个内力称为剪力，以 F_Q 表示。它是剪切面上分布内力的合力。由平衡方程式 $\sum F = 0$ 得：

$$F_Q = F$$

剪力在剪切面上的分布情况是比较复杂的，工程上通常采用以实验、经验为基础的"实用计算法"。在实用计算中，假定剪力在剪切面上均匀分布。前面轴向拉伸和压缩一节中，曾用正应力 σ 表示单位面积上垂直于截面的内力；同样，对剪切构件也可以用单位面积上平行截面的内力来衡量内力的聚集程度，称为剪应力，以 τ 表示，其单位与正应力一样。按假定算出的平均剪应力称为名义剪应力，一般简称剪应力，剪应力在剪切面上的分布如图 3-24(d)所示。所以，剪切构件的剪应力可按下式计算，即：

$$\tau = F_Q/A \tag{2-10}$$

式中　A——剪切面面积，m^2。

为了保证螺栓安全可靠地工作，要求其工作时的剪应力不得超过某一许用值。因此，螺栓的剪切强度条件为：

$$\tau = F_Q/A \leqslant [\tau] \tag{2-11}$$

式中　$[\tau]$——材料许用剪应力，Pa。

式(2-11)虽然是以螺栓为例得出的，但也适用于其他剪切构件。

实验表明，一般情况下，材料的许用剪应力$[\tau]$和许用拉应力$[\sigma]$有如下关系：

塑性材料：$[\tau]=(0.6\sim0.8)[\sigma]$；

脆性材料：$[\tau]=(0.8\sim1.0)[\sigma]$。

三、剪应变、剪切虎克定律

在构件的受剪部位，围绕 A 点取一直角六面体[图 2-26(a)]，将它放大如图 2-26(b)所示。剪切变形时，直角六面体左、右两侧面发生相对平行错动，直角六面体变成平行六面体，如图 2-26(b)虚线所示，原来的直角改变了一微小角度 γ，这个直角的改变量 γ 称为剪应变，其单位一般为弧度(rad)。

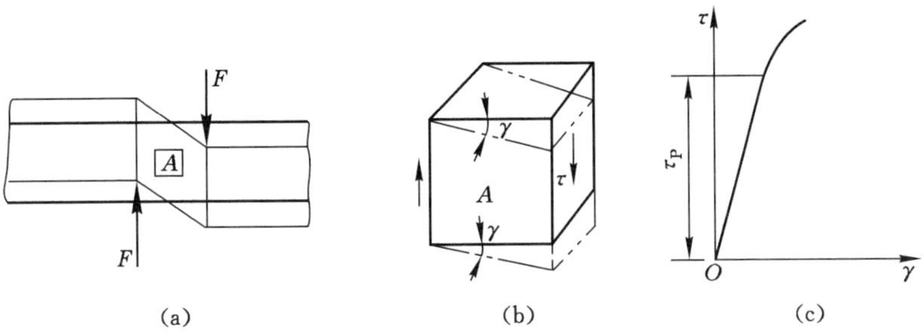

图 2-26　剪应变，剪切虎克定律

实验证明：当剪应力不超过材料的剪切比例极限 τ_p 时，剪应力 τ 与剪应变 γ 成正比[图 2-26(c)]，即：

$$\tau = G\gamma \tag{2-12}$$

这就是剪切虎克定律。式中，比例系数 G 称为剪切弹性模量，它表示材料抵抗剪切变形的能力，其单位与 τ 的单位相同。一般钢材的剪切弹性模量 $G=80$ GPa。

四、挤压概念及实用计算

构件在受到剪切作用的同时，往往还伴随着挤压作用。例如图 2-24(a)中的下层钢板，由于与螺栓圆柱面的相互压紧，在接触面上产生较大的压力，致使接触处的局部区域产生塑性变形(图 2-27)，这种现象称为挤压。此外，连接件的接触表面上也有类似现象。构件上产生挤压变形的接触面称为挤压面；作用于挤压面上的压力称为挤压力，用 F_j 表示；挤压面上的压强习惯上称为挤压应力，以 σ_j 表示。挤压应力只存在于挤压面附近的区域，故其分布比较复杂。工程上为简化计算，同样也假设挤压应力在挤压面上均匀分布，于是有：

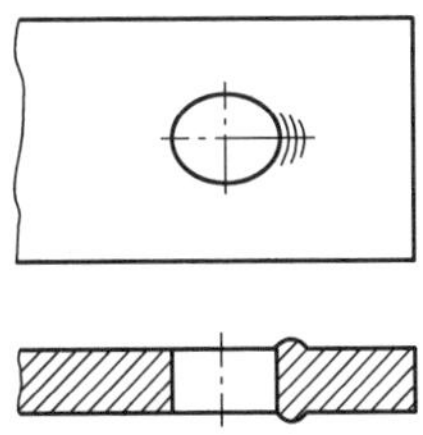

图 2-27　挤压破坏

$$\sigma_j = \frac{F_j}{A_j} \tag{2-13}$$

式中　F_j——挤压力，N；

A_j——挤压面积，m^2。

对于螺栓、铆钉等连接件，挤压时接触面为半圆柱面[图 2-28(a)]。但在计算挤压应力时，挤压面积采用实际接触面在垂直于挤压力方向的平面上的投影面积，如图 2-28(c)所示的 $ABCD$ 面积。从理论分析得知，在半圆柱挤压面上，挤压应力分布如图 2-28(b)所示，最大挤压应力在半圆弧的中点处，其值与按正投影面积计算结果相近。

为了保证构件安全正常地工作，则构件的挤压应力 σ_j 不得超过许用挤压应力$[\sigma_j]$，因此挤压强度条件为：

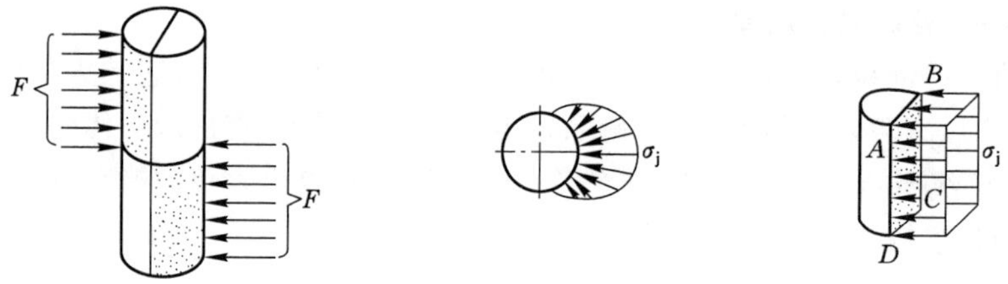

(a)　　(b)　　(c)

图 2-28　挤压面积

$$\sigma_j = \frac{F_j}{A_j} \leqslant [\sigma_j] \tag{2-14}$$

许用挤压应力可从有关规范中查得。根据实验，材料的许用挤压应力$[\sigma_j]$与许用拉应力$[\sigma]$有如下关系：

塑性材料：$[\sigma_j]=(1.5\sim2.0)[\sigma]$；

脆性材料：$[\sigma_j]=(0.9\sim1.5)[\sigma]$。

如果两个接触构件的材料不同，应以抵抗挤压能力弱的构件来进行挤压强度计算。

【例 2-6】 图 2-23(a)所示为拖车挂钩用的销钉连接。已知挂钩部分钢板厚 $t=8$ mm，销钉的材料为 20 钢，许用剪切应力$[\tau]=60$ MPa，许用挤压应力$[\sigma_j]=100$ MPa，又知拖车的拉力 $F=15$ kN，试设计销钉的直径。

解：(1) 剪切强度计算以销钉为研究对象，其受力如图 2-23(b)所示。销钉上有两个剪切面，用截面法将销钉沿剪切面假想地截开[图 2-23(c)]，由平衡条件可知，销钉剪切面上的剪力为：

$$F_Q = F/2 = 7.5 \text{ kN}$$

剪切面面积为：

$$A = \pi d^2/4$$

将上述二式代入式(2-11)得：

$$\tau = \frac{F_Q}{A} = \frac{F_Q}{\pi d^2/4} \leqslant [\tau]$$

故
$$d \geqslant \sqrt{\frac{4F_Q}{\pi[\tau]}} = \sqrt{\frac{4\times7\ 500}{3.14\times60\times10^6}} = 0.013\ (\text{m})$$

(2) 挤压强度计算销钉所受的挤压力 $F_j=F/2$，挤压面积 $A_j=dt$，代入式(2-14)得：

$$\sigma_j = \frac{F_j}{A_j} = \frac{F/2}{dt} \leqslant [\sigma_j]$$

故
$$d \geqslant \frac{F}{2t[\sigma_j]} = \frac{15\ 000}{2\times8\times10^{-3}\times100\times10^6} = 0.009\ (\text{m})$$

综合考虑剪切和挤压强度，并根据标准直径选取销钉直径为 14 mm。

【例 2-7】 铸铁带轮用平键与轴连接，如图 2-29(a)所示。传递的力偶矩 $T=350$ N/m，轴的直径 $d=40$ mm，平键尺寸 $b\times h=12$ mm$\times$8 mm，初步确定键长 $l=35$ mm，键的材料为 45 钢，许用剪切应力$[\tau]=60$ MPa，许用挤压应力$[\sigma_j]=100$ MPa，铸铁的许用挤压应力，试校核键连接的强度。

解：以轴(包括平键)为研究对象，其受力如图 2-29(b)所示，根据平衡条件可得：

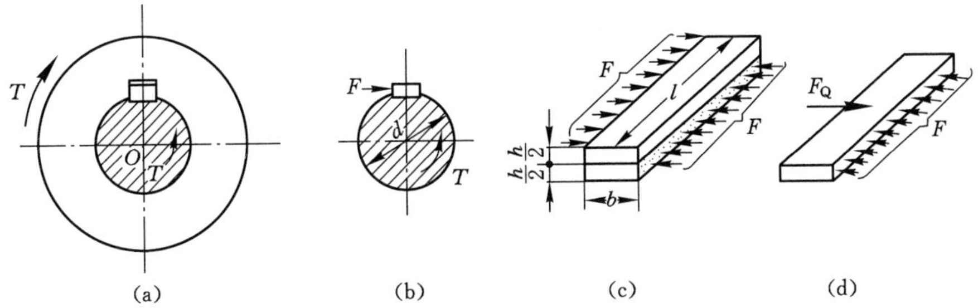

图 2-29　例 3-7 图

$$\sum m_0 = 0, T - F(d/2) = 0$$

故
$$F=\frac{2T}{6}=\frac{2\times 350}{0.04}=17.5\times 10^3(\mathrm{N})$$

(1) 校核键的剪切强度

平键的受力情况如图 2-29(c)所示，此时剪切面上的剪力[图 2-29(d)]为：

$$F_Q = F = 17.5 \times 10^3(\mathrm{N})$$

剪切面面积为：

$$A = b \times l = 12 \times 35 = 420\ (\mathrm{mm}^2)$$

所以，平键的工作剪应力为：

$$\tau = \frac{F_Q}{A} = \frac{17.5 \times 10^3}{420 \times 10^{-6}}\mathrm{Pa} = 41.7 \times 10^6\ \mathrm{Pa} = 41.7\ \mathrm{MPa} < [\tau]$$

满足剪切强度条件。

(2) 校核挤压强度

由于铸铁的许用挤压应力小，所以取铸铁的许用挤压应力作为核算的依据。带轮挤压面上的挤压力为

$$F_j = F = 17.5 \times 10^3(\mathrm{N})$$

带轮的挤压面积与键的挤压面积相同，设带轮与键的接触高度为 $h/2$，则挤压面面积为：

$$A_j = lh/2 = 35 \times 8/2 = 140\ (\mathrm{mm}^2)$$

故带轮的挤压应力为：

$$\sigma_j = \frac{F_j}{A_j} = \frac{17.5 \times 10^3}{140 \times 10^{-6}}\mathrm{Pa} = 125 \times 10^6\ \mathrm{Pa} = 125\ \mathrm{MPa} > [\sigma_j]$$

不满足挤压强度条件。现需根据挤压强度条件重新确定键的长度。根据式(3-14)有：

$$A_j \geqslant F_j/[\sigma_j]$$

即
$$\frac{h}{2}l \geqslant \frac{F_j}{[\sigma_j]}$$

得键的长度为：

$$l \geqslant \frac{2F_j}{[\sigma_j]h} = \frac{2\times 17.5\times 10^3}{80\times 10^6\times 0.008} = 54.7\times 10^{-3}(\mathrm{m})$$

最后确定键的长度为 55 mm。

第四节 扭 转

一、扭转的概念

工程上有许多构件承受扭转变形，如汽车方向盘的转向轴(图 2-30)、丝锥(图 2-31)、传动轴等。把这些构件的受力情况抽象为一个共同的力学模型，如图 2-32 所示。从图可以看出，构件扭转时的受力特点是：作用在直杆两端的一对力偶，大小相等，转向相反，且力偶作用面垂直于杆的轴线。其变形特点是：杆件的轴线保持不变，各横截面绕轴线做相对转动。工程中常把以扭转变形为主要变形的构件称为轴。圆轴扭转时的变形，以横截面间绕轴线相对转过的角度即扭转角来表示。如图 2-32 中的 φ 角，即为 B 截面相对 A 截面的扭转角。

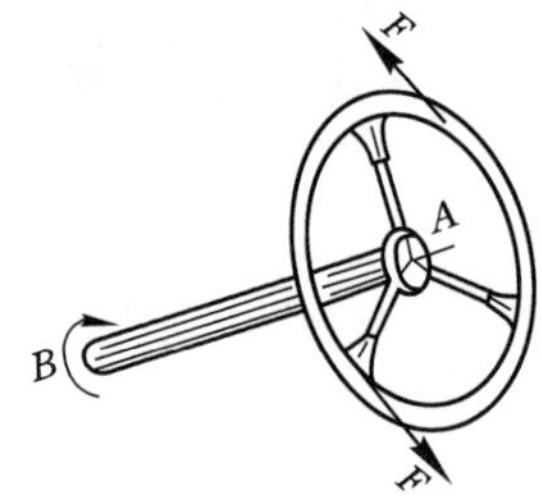

图 2-30 转向轴受力

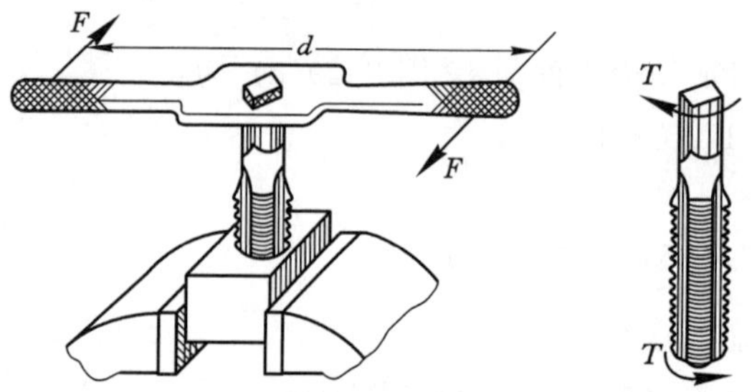

图 2-31 丝锥受力情况

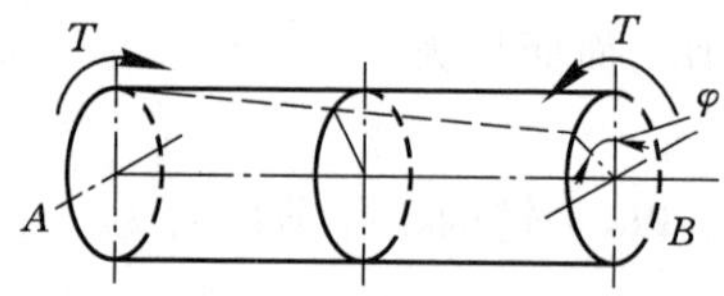

图 2-32 扭转变形

二、外力偶矩、扭矩和扭矩图

1. 外力偶矩的计算

工程上作用于轴上的外力偶矩很少直接给出，而往往给出轴的转速 n 和轴所传递的功率 P，通过功率的有关公式及推导，得出下列计算外力偶矩(又称为转矩)的公式为：

$$T = 9\ 550\ \frac{P}{n} \tag{2-15}$$

式中，T 的单位为 N/m，P 的单位为 kW，n 的单位为 r/min。

2. 扭矩和扭矩图

如同拉(压)和剪切一样，构件扭转时，也是用截面法求内力，再研究应力的分布和计算，从而推导出强度条件这样一个思路进行分析和研究的。现研究扭转时轴横截面上的内力：设一轴在一对大小相等、转向相反的外力偶作用下产生扭转变形，如图 2-33(a)所示。在轴的任意横截面 n—n 处将轴假想截开[图 2-33(b)、图 2-33(c)]。由于整个轴是平衡的，所以每一段轴都处于平衡状态，这就使得 n—n 截面上的分布内力必然构成一个力偶，并以横截面为其作用面，这个内力偶矩称为扭矩，以 M_n 表示。

根据左段或右段的平衡条件，均可得 n—n 截面上的扭矩为：

$$M_n = T$$

但由左、右两段所求得扭矩的转向相反，这是因为它们是作用与反作用的关系。

为使无论取左段还是取右段所求得的扭矩不但在数值上相等而且符号也一样，对扭矩符号作如下规定：用右手螺旋法则，即以右手四指沿着扭矩的转向，若拇指的指向离开截面，则扭矩为正，反之为负，如图 2-34 所示。由图可以看出，无论扭矩为正或为负，截面左、右两段扭转变形的转向是一致的。按此法则规定，图 2-34(a)中所示扭矩为正；图 2-34(b)中扭矩为负。

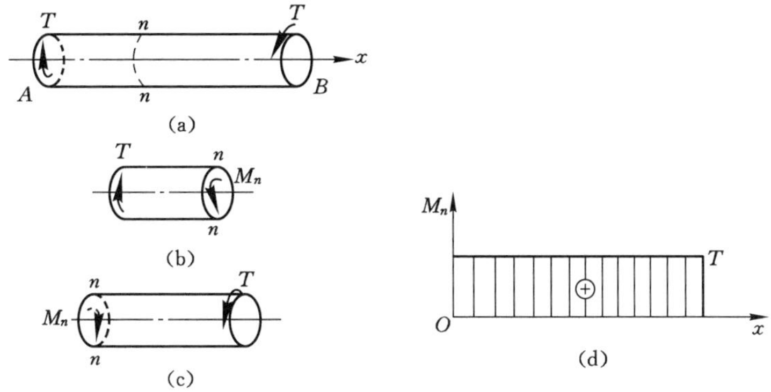

图 2-33　截面法求扭矩

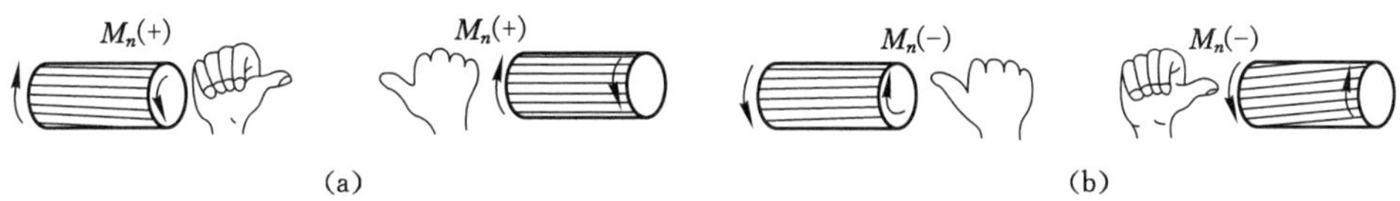

图 2-34　扭矩符号规定

当轴上作用有多个外力偶矩时，须以外力偶作用的截面将轴划分几个自然段，逐段求出其扭矩。为了确定轴上最大扭矩的位置，找出危险截面，常用一种图形表示各横截面的扭矩随截面位置变化的规律，这种图形称为扭矩图。作图时，以平行于轴线的坐标表示各横截面的位置，垂直于轴线的坐标表示扭矩的大小。图 2-33(d)所示，即为 AB 轴的扭矩图。

【例 2-8】　一等圆传动轴如图 3-35(a)所示，其转速 $n=300$ r/min，主动轮 A 的输入功率，从动轮 B,C 的输出功率分别为 $P_B=148$ kW，$P_C=73$ kW。试求轴上各截面的扭矩，并画出扭矩图。

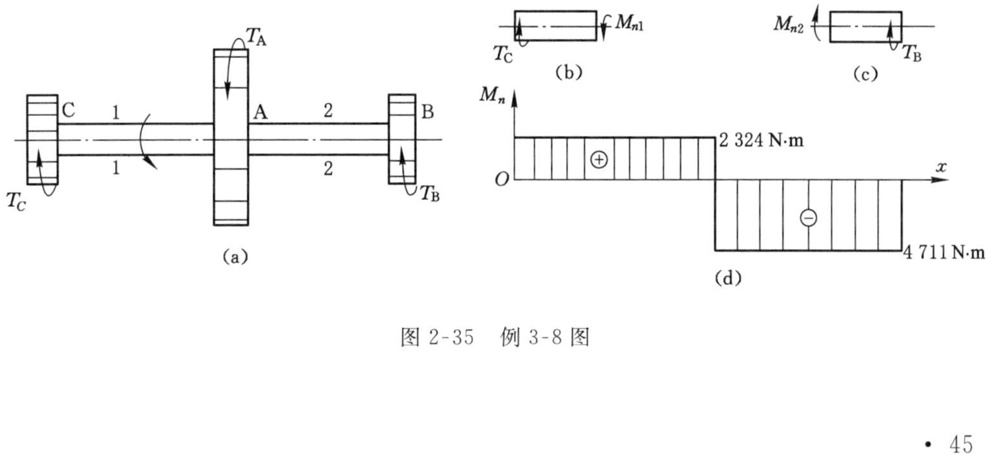

图 2-35　例 3-8 图

解:(1) 计算外力偶矩

由式(2-15)可知,作用在 A、B、C 轮上的外力偶矩分别为:

$$T_A = 9\ 550\frac{P_A}{n} = 9\ 550\times\frac{221}{300} = 7\ 035\ (\mathrm{N/m})$$

$$T_B = 9\ 550\frac{P_B}{n} = 9\ 550\times\frac{148}{300} = 4\ 711\ (\mathrm{N/m})$$

$$T_C = 9\ 550\frac{P_C}{n} = 9\ 550\times\frac{73}{300} = 2\ 324\ (\mathrm{N/m})$$

其中,T_A 的转向和轴的转向相同;T_B,T_C 的转向和轴的转向相反。

(2) 计算扭矩

在轴 AC 段的任意横截面 1—1 处将轴切开,取左段为研究对象[图 2-35(b)],以 M_{n1} 表示截面的扭矩,并假想其转向为正,根据平衡条件得:

$$\sum m_x = 0, T_c - M_{N1} = 0$$

$$M_{n1} = T_c = 2\ 324\ \mathrm{N/m}$$

同理,在 AB 段的任意横截面 2—2 将轴截开,以 表示截面的扭矩,假设其转向为正,取右段为研究对象[图 2-35(c)],由平衡条件得:

$$\sum m_x = 0, T_B + M_{N2} = 0$$

$$M_{n2} = - T_B = - 4\ 711\ (\mathrm{N/m})$$

负号说明截面的扭矩为负。

(3) 画扭矩图

根据所得扭矩作扭矩图[图 2-34(d)],可见:

$$|M_n|_{max} = 4\ 711\ (\mathrm{N/m})$$

三、圆轴扭转时横截面上的应力

圆轴扭转时,在确定了横截面上的扭矩后,还应进一步研究横截面上内力分布的规律,以便求得横截面上的应力。

实验表明,圆轴扭转时横截面上只有垂直于半径方向的剪应力,而没有正应力。其剪应力在横截面上的分布规律为:截面上各点剪应力的大小,与该点到圆心的距离成正比。在圆心处的剪应力为 0;圆周边缘上各点的剪应力最大[图 2-36(a)]。空心圆轴横截面上剪应力的分布,如图 2-36(b)所示。

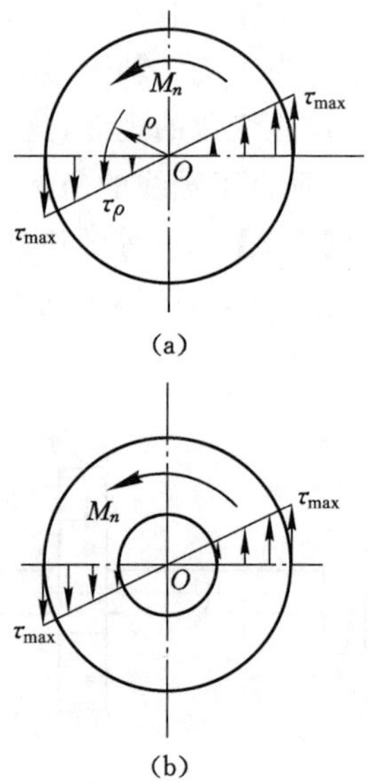

图 2-36 圆轴扭转时横截面上剪应力分布

圆轴扭转时横截面上距离圆心为 ρ 处的剪应力 τ 的一般公式为:

$$\tau_\rho = \frac{M_n}{I_P}\rho$$

式中 M_n——扭矩,N·mm;

I_P——截面的极惯性矩,mm^4 或 cm^4。$I_P = \int \rho^2 \mathrm{d}A$,

它是只与截面形状和尺寸有关的量。

在距截面圆心最远处($\rho=\rho_{\max}$)有最大的剪应力 $\tau_{\max}$,可得公式为:

$$\tau_{\max}=\frac{M_n\rho_{\max}}{I_P} \tag{2-16}$$

为了计算方便,可以将截面的两个几何量 I_P 和 $\rho_{\max}$ 归并为一个几何量 W_P,即:

$$W_P=\frac{I_P}{\rho_{\max}}$$

因此,式(2-16)可写成:

$$\tau_{\max}=\frac{M_n}{W_P} \tag{2-17}$$

由式(2-17)可以看出,W_P 越大,则最大剪应力 $\tau_{\max}$ 越小,它是表示圆轴抵抗扭转破坏能力的截面几何量,称为抗扭截面模量,其单位为 mm^3 或 cm^3。

上述公式只适用于最大剪应力 $\tau_{\max}$ 不超过材料剪切比例极限的实心圆轴和空心圆轴。

四、极惯性矩和抗扭截面模量的计算

首先来计算圆形截面的极惯性矩 I_P 和抗扭截面模量 W_P。在图 2-37 所示的直径为 d 的圆截面中,在距圆心为 ρ 处,取厚为 $d\rho$ 的微分圆环,其面积 $dA=2\pi\rho d\rho$,从而可得圆截面的极惯性矩为:

$$I_P=\int_A\rho^2\,dA=\int_0^{\frac{d}{2}}\rho^2 2\pi\rho\ d\rho=\frac{\pi d^4}{32}\approx 0.1d^4 \tag{2-18}$$

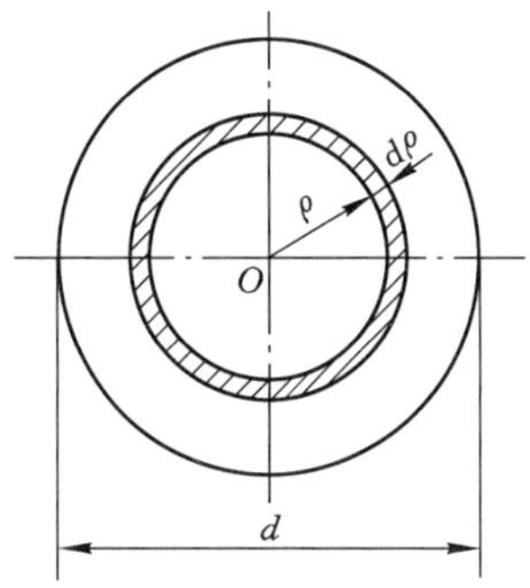

图 2-37　圆截面极惯性矩的计算

而其抗扭截面模量为:

$$W_P=\frac{I_P}{\rho_{\max}}=\frac{\pi d^4/32}{d/2}=\frac{\pi d^3}{16}\approx 0.2d^3 \tag{2-19}$$

用类似的方法可以计算出内径为 d 外径为 D 的空心圆截面的极惯性矩 I_P 和抗扭截面模量分别为:

$$I_P=\frac{\pi D^4}{32}(1-\alpha^4) \tag{2-20}$$

$$W_P=\frac{\pi D^3}{16}(1-\alpha^4) \tag{2-21}$$

式中,$\alpha=d/D$ 代表空心圆轴内外径之比。

五、圆轴扭转时的强度条件

为保证圆轴扭转时具有足够的强度而不破坏,必须限制轴的最大剪应力不得超过材料的扭转许用剪应力。对于等截面圆轴,其最大剪应力发生在扭矩值最大的横截面(称为危险截面)的外缘处,故圆轴扭转的强度条件为:

$$\tau_{\max}\frac{|M_n|_{\max}}{W_P}\leqslant[\tau] \tag{2-22}$$

式中,扭转许用剪应力$[\tau]$,是根据扭转试验,并考虑安全系数确定的。在静载荷条件下,它与许用拉应力$[\sigma]$有如下关系:

塑性材料:$[\tau]=(0.5\sim0.6)[\sigma]$;

脆性材料：$[\tau]=(0.8\sim1.0)[\sigma]$。

与拉压强度问题相似，式(2-22)可以解决强度校核、设计截面尺寸和确定许用载荷等三类扭转强度问题。

【例 2-9】 汽车传动轴由 45 钢无缝钢管制成，外径 $D=90$ mm，壁厚 $t=2.5$ mm，$[\tau]=60$ MPa，其所承受的最大外力偶矩为 1.5 kN·m，试校核其强度。若在 τ_{max} 不变的条件下改用实心轴，试确定圆轴的直径 D，并计算空心轴与实心轴的重量比。

解：(1)校核空心轴的扭转强度

轴工作时横截面上的扭矩 M_n 均为 1.5×10^3 N·m，轴的内外径之比 $\alpha=d/D=85/90=0.944$，根据式(3-17)知，轴的最大剪应力为：

$$\tau_{max}=\frac{M_n}{W_P}=\frac{1.5\times10^3}{\frac{\pi\times90^3\times10^{-9}(1-0.944^4)}{16}}=50.9\times10^6(\text{Pa})=50.9\ \text{MPa}<[\tau]$$

所以，轴的扭转强度足够。

(2) 确定实心圆轴直径

根据实心轴与空心轴最大剪应力相等的条件：

$$\tau_{max}=\frac{M_n}{W_P}=\frac{M_n}{\frac{\pi D^3}{16}}=50.9\ \text{MPa}$$

得实心轴的直径为：

$$D=\sqrt[3]{\frac{19M_n}{\pi50.9\times10^6}}=\sqrt[3]{\frac{16\times1.5\times10^3}{\pi\times50.9\times10^6}}\text{m}=53.1\times10^{-3}\ \text{m}=53.1\ \text{mm}$$

(3) 计算空心轴与实心轴重量之比

在两轴长度相等、材料相同的条件下，其重量比等于横截面积之比，所以有：

$$\frac{A_{空}}{A_{实}}=\frac{\frac{\pi}{4}90^2-85^2}{\frac{\pi}{4}\times53.1^2}0.31$$

计算结果表明，空心轴的重量只有实心轴的 31%，所以采用空心轴可以节省大量材料。

【例 2-10】 一阶梯圆轴如图 2-38(a)所示，已知扭转许用剪应力$[\tau]=300$ MPa，求许用外力偶矩 T。

解：(1) 做阶梯轴的扭矩图

如图 2-38(b)所示，AB 段轴的扭矩比 BC 段轴的扭矩大，但其直径也比 BC 段的直径大，因而两段轴的强度都要考虑。

(2) 确定许用外力偶矩 T

考虑 AB 段的扭转强度，根据式(2-22)有：

$$\tau_{max}=\frac{M_{n1}}{W_P}=\frac{2T}{\frac{\pi D_1^3}{16}}\leqslant[\tau]$$

则有

$$T\leqslant[\tau]\frac{\pi D_1^3}{32}=300\times16^6\times\frac{\pi\times22^3\times10^{-9}}{32}=314\ (\text{N}\cdot\text{m})$$

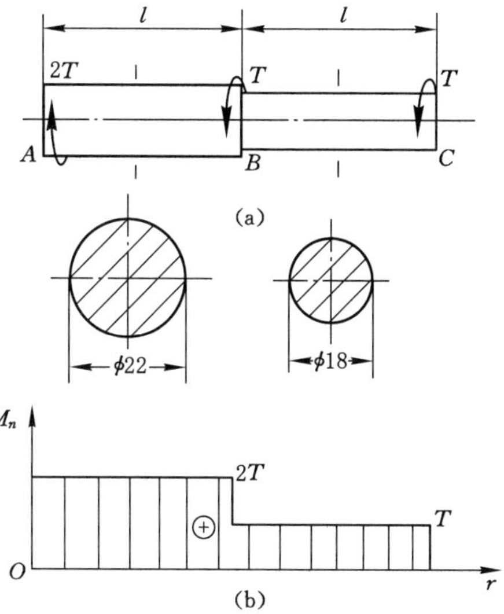

图 2-38　阶梯轴的扭矩图

考虑 BC 段的扭转强度，根据式(2-22) $\tau_{\max}=\dfrac{M_{n2}}{W_P}=\dfrac{T}{\dfrac{\pi D_2^3}{16}}\leqslant[\tau]$，则有：

$$T\leqslant[\tau]\frac{\pi D_2^3}{16}=300\times16^6\times\frac{\pi\times18^3\times10^{-9}}{16}=344\ (\mathrm{N\cdot m})$$

要使轴不被扭坏，即 AB 段和 BC 段都不被扭坏，许用外力偶矩 $[T]=314\ \mathrm{N\cdot m}$。

六、圆轴扭转时的变形和刚度计算

如前所述，圆轴扭转时的变形是用扭转角来度量的。扭转角就是圆轴扭转时横截面绕轴线相对转过的角度 ϕ。扭转角的计算公式为：

$$\phi=\frac{M_n l}{GI_P} \tag{2-23}$$

从式(2-23)可以看出，扭转角的大小与扭矩的大小及圆轴上产生该(相对)扭转角的两截面之间的距离(即该段圆轴的长度)成正比；与乘积 GI_P，成反比。GI_P 越大，则扭转角 ϕ 越小；GI_P 越小，则 ϕ 越大。GI_P 的大小表示了圆轴抵抗扭转变形的能力，故称其为抗扭刚度。为了消除轴的长度对扭转角的影响，可采用单位长度内的扭转角 θ 来度量轴的扭转变形，即：

$$\theta=\frac{\phi}{l}=\frac{M_n}{GI_P} \tag{2-24}$$

轴类零件工作时，除应满足强度条件外，经常还有刚度要求，即不允许有较大的扭转变形。通常以下列表达式为其刚度条件：

$$\theta_{\max}=\frac{M_{n,\max}}{GI_P}\leqslant[\theta] \tag{2-25}$$

式中　$\theta_{\max}$——最大单位长度扭转角，rad/m；

$M_{n,\max}$——圆轴上的最大扭矩，N·m；

$[\theta]$——许用单位长度扭转角，习惯上以度/米[记为(°)/m]为其单位，故在使用式

(2-25)时,要将 $\theta_{\max}$ 的单位换算成(°)/m,则式(2-25)将变为:

$$\theta_{\max}=\frac{M_{n,\max}}{GI_{\mathrm{P}}}\times\frac{180}{\pi}\leqslant[\theta] \tag{2-26}$$

精密机械的轴,$[\theta]=(0.25°\sim0.5°)/\mathrm{m}$;一般传动轴,$[\theta]=(0.5°\sim1.0°)/\mathrm{m}$;精度较低的轴,$[\theta]=(1.0°\sim2.5°)/\mathrm{m}$。

【例 2-11】 在例 2-9 中的传动轴,若已知许用单位长度扭转角 $[\theta]=2°/\mathrm{m}$,剪切弹性模量 $G=80\ \mathrm{GPa}$,试校核轴的刚度。

解:

$$\theta=\frac{M_n}{GI_{\mathrm{P}}}\times\frac{180}{\pi}=\frac{1.5\times10^3}{80\times10^9\times0.1\times(90\times10^{-3})^4\times[1-(0.944)^4]}\frac{180°/\mathrm{m}}{\pi}$$

$$=0.80°/\mathrm{m}<[\theta]$$

所以,轴的刚度足够。

第五节　弯　　曲

一、平面弯曲的概念

1. 弯曲的概念

构件的弯曲变形是工程上最常见的一种基本变形。例如,桥式吊车的横梁[图 2-39(a)]、摇臂钻床的摇臂[图 2-40(a)]、火车的车轮轴[图 2-41(a)]等,均为弯曲变形的构件。这些构件受力的共同特点是:所受外力都是垂直于杆轴线的横向力,在这些力的作用下,轴线由直线变为曲线,这种变形称为弯曲。发生弯曲或以弯曲为主要变形的构件,通常称为梁。

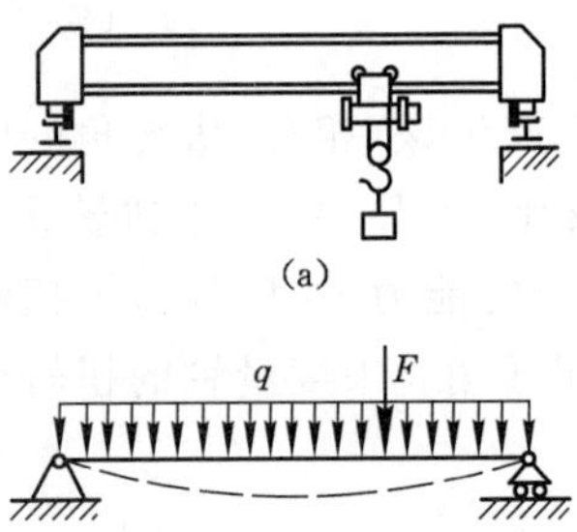

图 2-39　吊车梁的弯曲

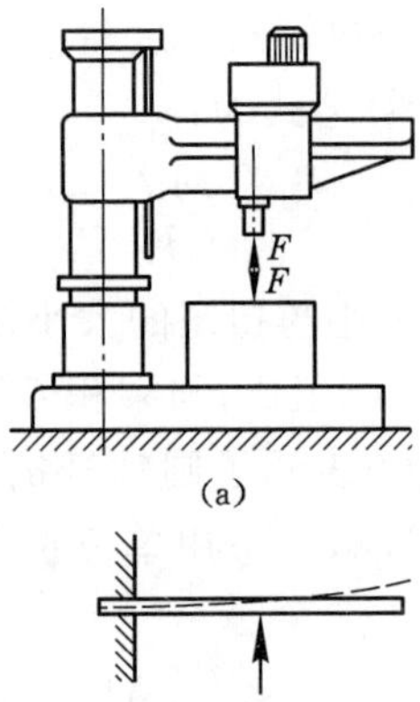

图 2-40　摇臂的弯曲

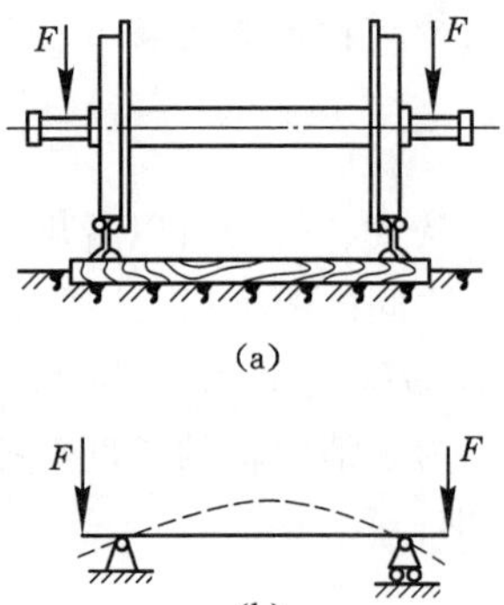

图 2-41　车轴的弯曲

为了便于分析和计算,需将梁进行简化,即以梁的轴线表示梁;将作用在梁上的载荷简化为集中力 F 或集中力偶 m 或均布载荷 q;梁的约束(支承情况)可简化为固定铰支座或活动铰支座或固定端。通过简化得到的图形称为计算简图。图 2-39(b)、图 2-40(b)和图 2-41(b)分别为吊车梁、摇臂和车轴的计算简图。

根据支承情况可将梁分为简支梁(梁的一端为固定铰支座,另一端为辊轴支座)、外伸梁(支座同简支梁,但梁的一端或两端伸出支座之外)、悬臂梁(梁的一端固定,另一端自由)。所以,上述吊车梁为简支梁、摇臂为悬臂梁,而车轴为外伸梁。

2. 平面弯曲

工程上大多数梁的横截面都有一个对称轴,如图 2-42 所示。通过梁的轴线和截面对称轴的平面,叫做纵向对称面。当梁上的横向外力均作用在纵向对称面内时,梁的轴线则在纵向对称面内弯曲成一条平面曲线(图 2-43),这种弯曲变形称为平面弯曲,我们所研究的将限于平面弯曲问题。

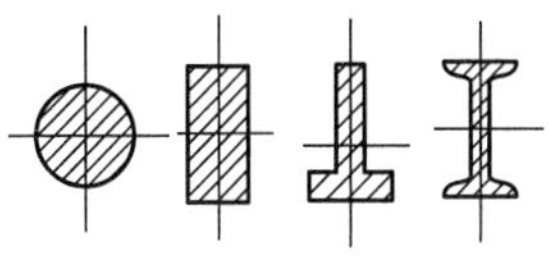

图 2-42　梁的常见截面形状

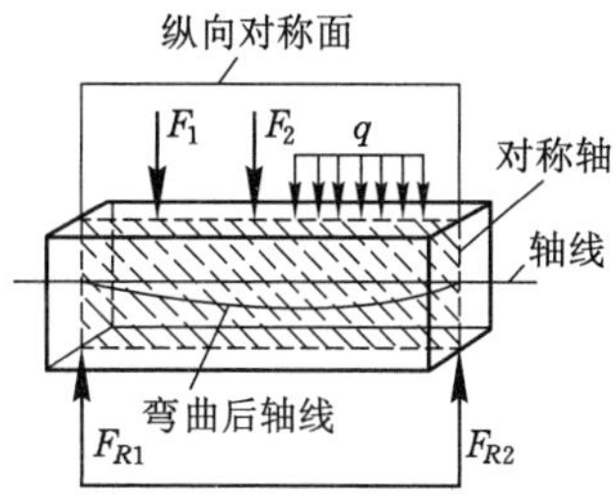

图 2-43　平面弯曲

二、梁的内力、弯矩图

1. 梁的内力——弯矩和剪力

如同研究拉压等基本变形一样,要导出弯曲变形时的强度和刚度条件,也需从用截面法研究梁横截面上的内力入手。

图 2-44(a)所示的简支梁 AB 上作用有集中力 F_1 和 F_2,现在来确定其横截面上的内力。

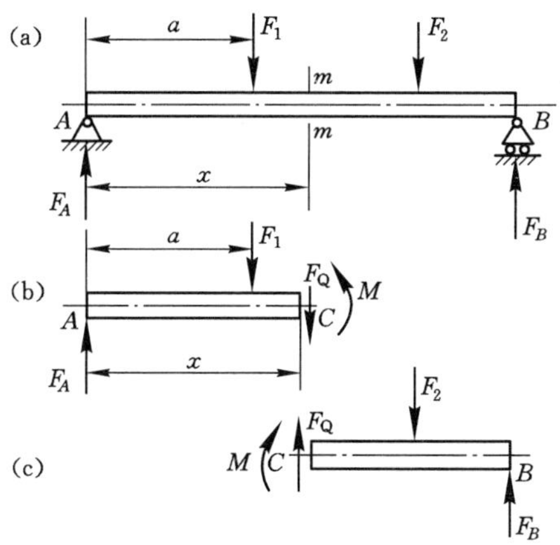

图 2-44　用截面法求梁的内力

首先用平衡方程式求出支座反力 F_A 和 F_B;其次,在距支座 A 为 x 处取截面 $m—m$,并将梁在该处假想截开;然后任取一段,例如取左段梁为研究对象[图 2-44(b)]。该段梁受到外力 F_A 和 F_1 的作用,一般来说 $F_A \neq F_1$,设 $F_A > F_1$,则外力有使左段梁向上移动和顺时针转动的趋势。为了保持左段梁的平衡,在截面 $m—m$ 上有一个与截面相切的向下的内力

F_Q,和一个作用于纵向对称面内的逆时针转向的内力偶 M。F_Q 称为剪力,M 称为弯矩。

梁弯曲时横截面上的内力,一般包含剪力和弯矩这两个内力分量。虽然这二者都影响梁的强度,但是对于跨度与横截面高度之比较大的非薄壁截面梁$\left(\frac{l}{h}>5\right)$,剪力的影响是很小的,一般均略去不计。梁的弯矩可用静力平衡方程求得(以截面 $m—m$ 的形心 C 为矩心),即:

$$\sum m_C(F)=0, M+F_1(x-a)-F_Ax=0$$

故

$$M=F_Ax-F_1(x-a)$$

上式表明,截面上的弯矩在数值上等于所研究的一段梁上各外力对该截面形心力矩的代数和。

若取截面 $m—m$ 的右段梁为研究对象[图 2-44(c)],并根据其平衡方程计算截面 $m—m$ 上的弯矩,将得到与上述同样的计算结果。由于左、右两段梁在同一截面上是作用与反作用的关系,因此它们必然是大小相等,转向相反。为使从左、右段梁上求得同一截面内的弯矩具有相同的符号,故对弯矩的正、负号进行如下规定:在所截的横截面的内侧取一微段,凡使该微段弯曲凹面向上的弯矩为正值(图 2-45);反之为负值(图中未画出)。

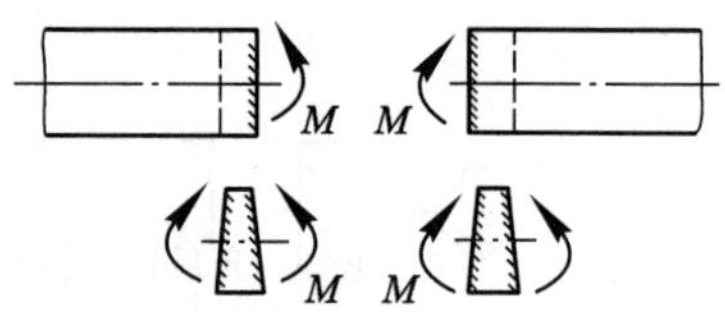

图 2-45 弯矩的符号规定

【例 2-12】 求简支梁[图 2-46(a)]$n—n$ 截面的弯矩。

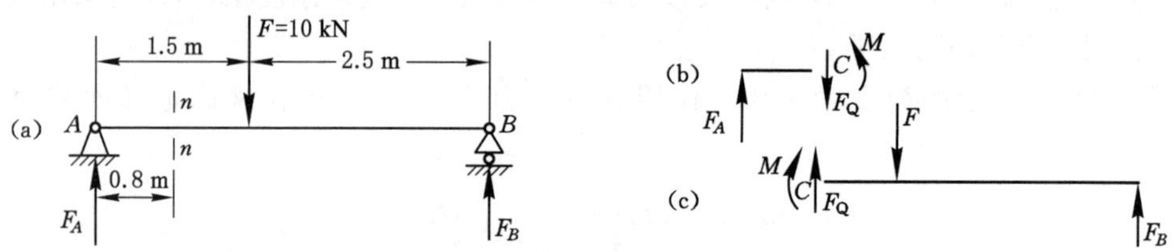

图 2-46 例 2-12 图

解:(1) 求支反力

根据梁的平衡条件可得:

$$F_A=\frac{2.5}{4}F=\frac{2.5}{4}\times 10=6.25\ (\text{kN})$$

$$F_B=\frac{1.5}{4}F=\frac{1.5}{4}\times 10=37.5\ (\text{kN})$$

(2) 计算 $n—n$ 截面上的弯矩

先取左段为研究对象[图 2-46(b)],设弯矩 M 的转向为正,由平衡方程:

$$\sum m_C(F)=0, M-F_A\times 0.8\ \text{m}=0$$

$$M=F_A\times 0.8\ \text{m}=5\ \text{kN}\cdot\text{m}$$

或者以右段为研究对象[图 2-46(c)],设弯矩 M 的转向为正,由平衡方程:

$$\sum m_C(F)=0, F_B\times 3.2\ \text{m}-M-F\times 0.7\ \text{m}=0$$

$$M = F_B \times 3.2\ \text{m} - F \times 0.7\ \text{m} = 5\ \text{kN} \cdot \text{m}$$

从以上计算可知，无论取左、右哪一段梁为研究对象，截面 $n—n$ 上的弯矩均为 5 kN·m，表示 M 的转向与原设的一致；同时可以看出，取截面左部分研究计算简单。

从例 2-12 解题过程可得如下结论：计算弯矩时，截面左侧梁上的外力对截面形心的力矩顺时针转向取正值，逆时针转向取负值；截面右侧梁上的外力对截面形心的力矩逆时针转向取正值，顺时针转向取负值。这样，在实际计算中就可以不必截取研究对象通过平衡方程去求弯矩了，而可以直接根据截面左侧或右侧梁上的外力来求横截面上的弯矩。

2. 弯矩图

梁横截面上的弯矩一般是随着截面位置而变化的。为了描述其变化规律，用坐标 x 表示横截面沿梁轴线的位置，将梁各横截面上的弯矩表示为坐标 x 的函数，即：

$$M = M(x)$$

这个函数表达式称为弯矩方程，其图线称为弯矩图。弯矩图可以清楚地表示出弯矩随截面位置的变化规律。其绘制方法：以平行于梁轴线的坐标 x 表示横截面的位置，以垂直于梁轴线的坐标表示相应横截面上的弯矩，根据弯矩方程画出对应的函数图线。

【例 2-13】 图 2-47(a)所示简支梁 AB，在梁的全长受均布载荷 q 的作用，试画出梁的弯矩图。

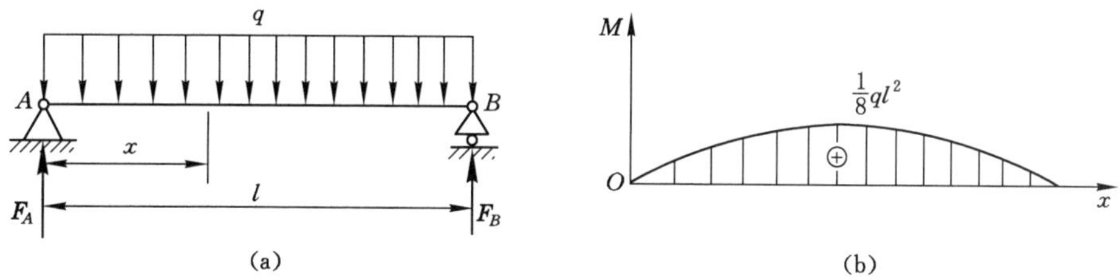

图 2-47　例 2-13 图

解：(1) 求支反力

全梁受均布载荷作用，其合力为 ql，作用在梁的中点，由此得：

$$F_A = F_B = \frac{1}{2}ql$$

(2) 列弯矩方程

计算距左端(A 为坐标原点)x 处横截面弯矩。该截面左侧梁上的外力有支反力和均布载荷 q，支反力 F_A 对截面形心之矩为 $F_A x$，顺时针转向，由它引起的弯矩为正值；均布载荷的合力 qx，方向向下，作用在距该截面 $x/2$ 处，它对截面形心的力矩为 $qx \cdot x/2$，逆时针转向，由它引起的弯矩为负值，所以梁的弯矩方程为：

$$M(x) = F_A(x) - qx\,\frac{x}{2} = \frac{1}{2}qlx - \frac{1}{2}qx^2 (0 \leqslant x \leqslant l)$$

(3) 画弯矩图

由弯矩方程知弯矩图为二次抛物线，在 $x=0$ 和 $x=l$ 处(即梁的 A、B 端面上)，$M=0$，当 x 在 O 和 l 之间时，M 为正值。为求 M 的最大值，可令$\frac{\mathrm{d}M}{\mathrm{d}x}$，即：

$$\frac{1}{2}ql - qx = 0, x = \frac{1}{2}$$

即在梁的中点 M 值最大，其值为：

$$M_{\max}=M\left(\frac{1}{2}\right)=\frac{1}{8}ql^2$$

再适当确定几点后，选合适比例即可画出弯矩图[图 2-47(b)]。

【例 2-14】 如图 2-48(a)所示为一长度为 l 的简支梁，在 C 点处受集中力 F 的作用，试画该梁的弯矩图。

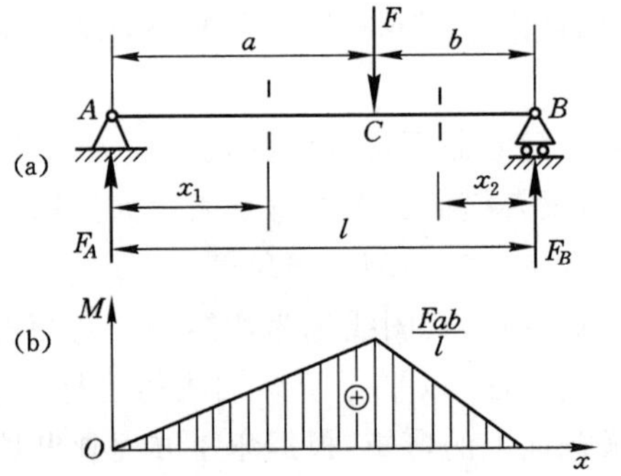

图 2-48　例 2-14 图

解：(1) 求梁的支反力

$$F_A=\frac{b}{l}F;F_B=\frac{a}{l}F$$

(2) 列弯矩方程

由于在截面 C 处作用有集中力 F，故应将梁分为 AC 和 BC 两段，分段列弯矩方程，并分段画弯矩图。

对于 AC 段，以 A 点为原点，并用 x_1 表示横截面的位置，则弯矩方程为：

$$M_1=F_Ax_1=\frac{b}{l}(0\leqslant x_1\leqslant a) \tag{a}$$

对于 CB 段，为计算方便，选 B 点为原点，用坐标 表示横截面的位置，CB 段的弯矩方程为：

$$M_1=F_Bx_1=\frac{a}{l}Fx_2(0\leqslant x_2\leqslant b) \tag{b}$$

(3) 画弯矩图

由式(a)可知，在 AC 段内弯矩 M 是 x 的一次函数，弯矩图为一斜直线，已知直线上两点即可确定这条直线。因 $x=0$ 处 $M=0$，$x=a$ 处 $M=Fab/l$，故连接这两点就得到 AC 段内的弯矩图[图 2-48(b)]；同理，由式(b)可作出 CB 段内的弯矩图(仍为斜直线)。由图可见，C 截面上弯矩最大，其值为：

$$M_{\max}=\frac{Fab}{l}$$

【例 2-15】 图 2-49(a)所示为一简支梁，在 C 点处受到矩为 M_0 的集中力偶作用，试画该梁的弯矩图。

解：(1) 求支反力

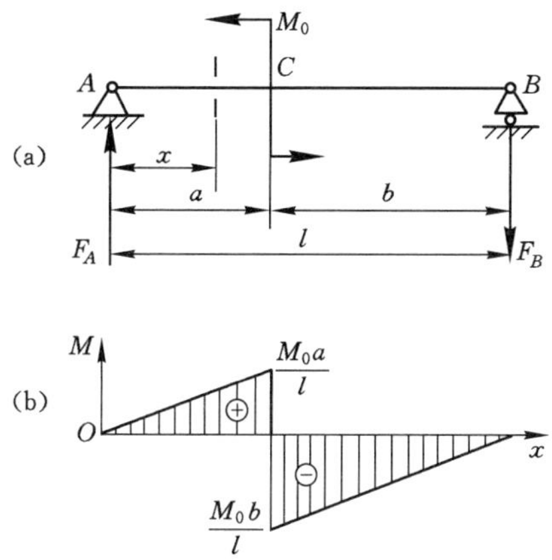

图 2-49　简支梁受力偶作用时的弯曲矩图

$$\sum m_B = 0, F_A = \frac{M_0}{l}$$

$$\sum m_A = 0, F_B = \frac{M_0}{l} \qquad \text{(a)}$$

（2）列弯矩方程

由于在截面 C 处作用有集中力偶，应分别列出 AC 和 CB 两段上的弯矩方程，并均以 A 点为坐标原点，则有：

AC 段　　$M=\frac{M_0}{l}\quad x(0\leqslant x<a)$

CB 段　　$M=\frac{M_0}{l}x-M_0\quad (a<x\leqslant l)$　　(b)

（3）画弯矩图

根据上述弯矩方程作弯矩图[图 2-49(b)]，若 $a<b$，则最大弯矩值为：

$$|M|_{\max}=\frac{M_0 b}{l}$$

三、梁弯曲时的正应力

在确定了弯曲梁横截面上的弯矩和剪力后，还应进一步研究其横截面上的应力分布规律，以便求得横截面上的应力。

实验和理论均已证实，在一般弯曲梁的横截面上同时有正应力和剪应力，其中正应力是强度计算的主要依据。因此，这里只介绍弯曲正应力的计算。

取一矩形截面梁，在梁的侧面划上平行于轴线和垂直于轴线的直线，形成许多正方形的网格[图 2-50(a)]；然后在梁两端施加一对力偶（力偶矩为 M），使之产生弯曲变形，其变形如图 2-50(b)所示。从弯曲变形后的梁上可以看到：各纵向线弯曲成彼此平行的圆弧，内凹一侧的原纵向线缩短，而外凸一侧的原纵向线伸长。各横向线仍然为直线，只是相对转过了一个角度，但仍与纵向线垂直。

由于变形的连续性，在伸长纤维和缩短纤维之间必然存在一层既不伸长，也不缩短的纤维层，这一纵向纤维层称为中性层。中性层与横截面的交线称为中性轴（图 2-51）。横截面上位于中性轴两侧的各点分别承受拉应力和压应力，中性轴上各点的应力为 0。经分析可证明，中性轴必然通过横截面的形心。

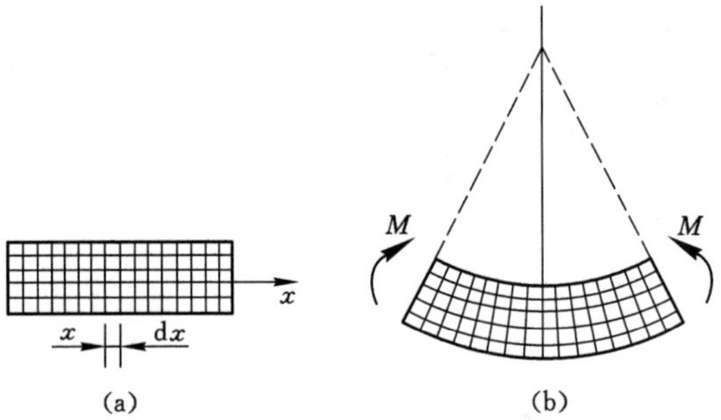

图 2-50　梁弯曲时的变形

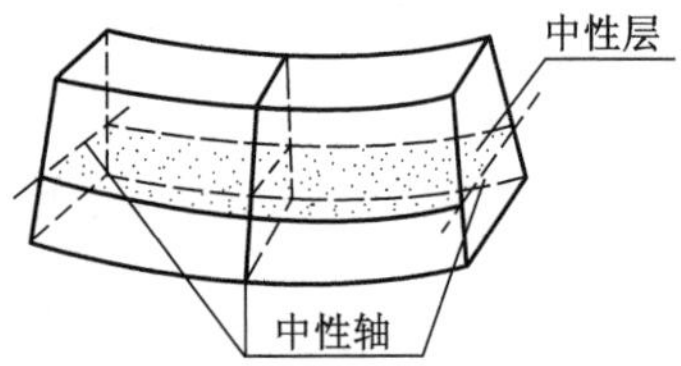

图 2-51　中性层和中性轴

由梁弯曲时的变形，可导出梁横截面上任意点（距中性轴的距离为 y）的正应力 σ 的计算公式为：

$$\sigma = \frac{M}{I_Z}y$$

式中　M——弯矩，N・m；

I_Z——横截面对中性轴的轴惯性矩，m^4 或 cm^4。$I_Z = \int_A y^2 dA$，它是一个仅与截面形状和尺寸有关的几何量。

上式表明，横截面上任意点的正应力与该点到中性轴的距离成正比，在距中性轴等远处各点的正应力相等。正应力的分布如图 2-52 所示。

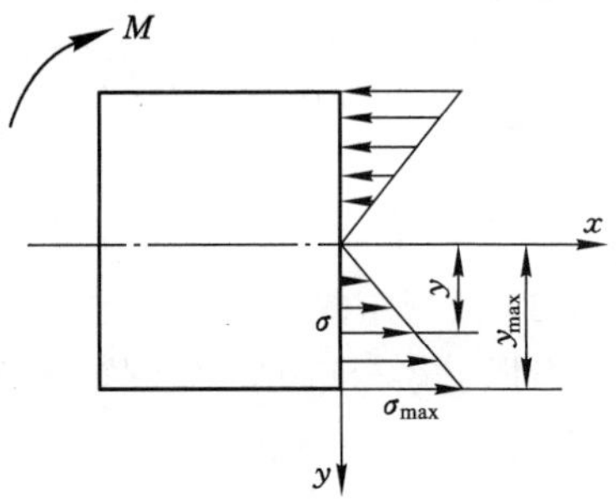

图 2-52　弯曲时正应力的分布

在中性轴（$y=0$ 处）上各点的正应力为 0；在中性轴的两侧，其各点的应力分别为拉应力和压应力。在离中性轴最远处（$y=y_{max}$），产生最大正应力 σ_{max}，即：

$$\sigma_{max} = \frac{My_{max}}{I_Z} \tag{2-27}$$

对于各种几何形状的截面，对中性轴的轴惯性矩计算公式系采用与扭转中极惯性矩公式类似的推导方法得出，此处从略。常用的梁截面的轴惯性矩公式如表 2-1 所示。

表 2-1　　常用梁截面的形心位置、轴惯性矩和抗弯截面模量

图　形	形心位置	轴惯性矩	抗弯截面模量
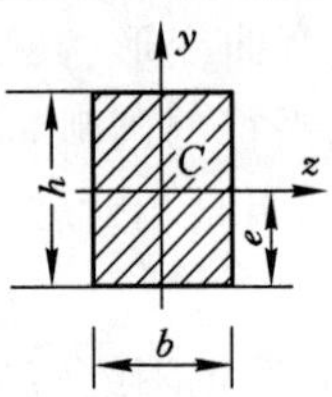	$e=\frac{h}{2}$	$I_Z=\frac{bh^3}{12}$ $I_y=\frac{hb^3}{12}$	$W_Z=\frac{bh^2}{6}$ $W_y=\frac{hb^2}{6}$

续表 2-1

图　形	形心位置	轴惯性矩	抗弯截面模量
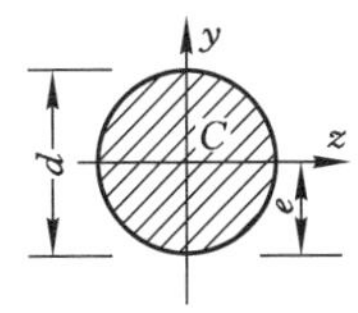	$e=\frac{d}{2}$	$I_Z=I_y=\frac{\pi d^4}{64}$	$W_Z=\frac{\pi d_3}{21}$
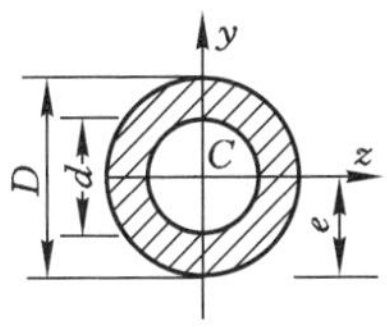	$e=\frac{D}{2}$	$I_Z=I_y=\frac{\pi(D^4-d^4)}{64}$	$W_Z=\frac{\pi d^3}{32}(1-\alpha^4)$ $\alpha=d/D$

四、梁弯曲时的强度计算

等截面直梁弯曲时，弯矩绝对值最大的横截面是危险截面。全梁最大正应力 σ_{max} 发生在危险截面上离中性轴最远处。其计算式为：

$$\sigma_{max}=\frac{|M|_{max}y_{max}}{I_Z} \tag{2-28}$$

式中，I_Z 和 y_{max} 都是只与截面形状和尺寸有关的几何量，令：

$$W_Z=\frac{I_Z}{y_{max}} \tag{2-29}$$

W_Z 称为抗弯截面模量，其值与横截面形状和尺寸有关，单位为 m^3 或 cm^3。常用截面图形的抗弯截面模量计算公式见表 2-1。

各种型钢的抗弯截面模量可从型钢表中查得。

将式(2-29)代入式(2-28)得：

$$\sigma_{max}=\frac{|M|_{max}}{W_Z} \tag{2-30}$$

为了保证梁安全工作，其最大工作应力 σ_{max}，不得超过材料的弯曲许用应力$[\sigma]$，即：

$$\sigma_{max}=\frac{|M|_{max}}{W_Z}\leqslant[\sigma] \tag{2-31}$$

许用弯曲应力$[\sigma]$的数值，可从有关规范中查得。

应该指出，式(2-31)只适用抗拉和抗压强度相等的材料。对于像铸铁等脆性材料制成的梁，因材料的抗压强度远高于抗拉强度，其相应强度条件为：

$$\begin{cases}\sigma_{max}^{+}\leqslant[\sigma_{+}]\\ \sigma_{max}^{-}\leqslant[\sigma_{-}]\end{cases} \tag{2-32}$$

式中　σ_{max}^{+}，σ_{max}^{-}——分别为梁的最大弯曲拉应力和最大弯曲压应力。

应用强度条件，可以进行三方面的强度计算，即校核梁的强度、设计梁的截面尺寸和确定梁的许用载荷。

【例 2-16】　图 2-53(a)所示的车轴，已知 $a=310$ mm，$l=1\ 440$ mm，$F=15.15$ kN，$[\sigma]$

=100 MPa,若车轴的横截面为圆环形,外径 $D=100$ mm,内径 $d=80$ mm,试校核车轴的强度。

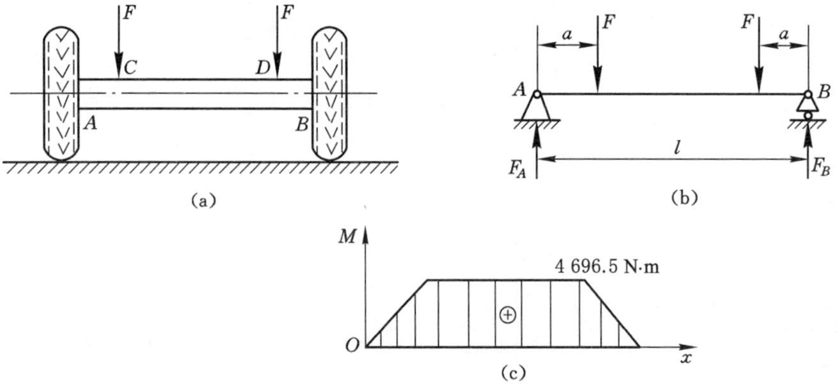

图 2-53　例 2-16 图

解:由于梁所受载荷左、右对称,所以支座反力:

$$F_A = F_B = F = 15.15\ \text{kN}$$

绘制作车轴的弯矩图如图 2-53(c)所示,最大弯矩发生在 CD 段,其大小为:

$$M_{max} = 4\ 696.5\ \text{N} \cdot \text{m}$$

危险截面的抗弯截面模量为:

$$W_Z = \frac{\pi D^3}{32}(1-\alpha^4) = \frac{\pi \times 0.1^3}{32}\left[1-\left(\frac{80}{100}\right)^4\right]\ \text{m}^3 = 58 \times 10^{-6}\ \text{m}^3$$

则车轴的最大正应力为:

$$\sigma_{max} = \frac{W_{max}}{W_Z} = \frac{4\ 696.5}{50 \times 10^{-6}} = 81 \times 10^6\ \text{Pa} = 81\ \text{MPa} < [\sigma]$$

所以,车轴的强度足够。

【例 2-17】　图 2-54(a)所示螺旋压板装置,已知 $a=50$ mm,压板的许用弯曲应力$[\sigma]=140$ MPa,试计算压板给工件的最大允许压紧力 F。

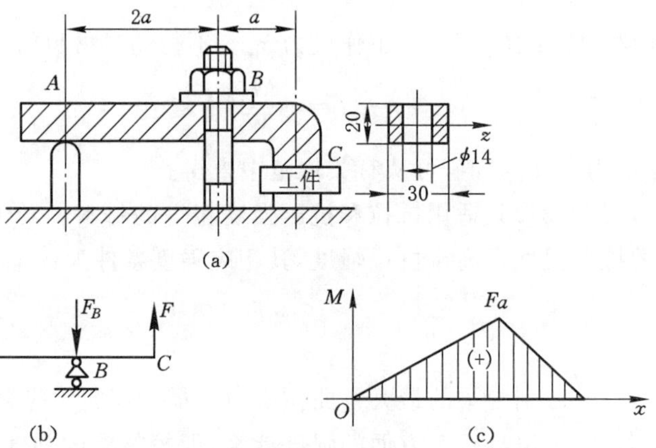

图 2-54　例 2-17 图

解:将压板简化为外伸梁,受力如图 2-54(b)所示。绘制压板的弯矩图,如图 2-54(c)所示。从弯矩图可知,最大弯矩发生在 B 截面上,其值为:

$$M_{max}=Fa$$

B 截面的抗弯截面模量 W_Z 为:

$$W_Z=\frac{I_Z}{y_{max}}=\frac{\left(\frac{30\times 20^3}{12}-\frac{14\times 20^3}{12}\right)\times 10^{-12}}{10\times 10^{-3}}=1.07\times 10^6(m^3)$$

根据压板的强度条件,由式(2-31)可得:

$$M_{max}\leqslant[\sigma]W_Z$$

故:

$$Fa\leqslant[\sigma]W_Z$$

$$F\leqslant\frac{[\sigma]W_Z}{a}=\frac{14\times 10^6 1.07\times 10^{-6}}{50\times 10^{-3}}=2\ 996\ (N)$$

压板给工件的最大压紧力不得超过 2 996 N,其方向与 F 相反。

五、梁的刚度概念

梁在载荷作用下,除应满足强度条件以防止发生破坏外,还应满足刚度条件,即弹性变形不得超过一定的限度,以保证机器和结构物的正常工作。

设梁 AB 在 xAy 平面内受载荷 F 作用发生弯曲变形,如图 2-55 所示,梁轴线则由原来的直线变成一条连续的平面曲线,此曲线称为梁的挠曲线。

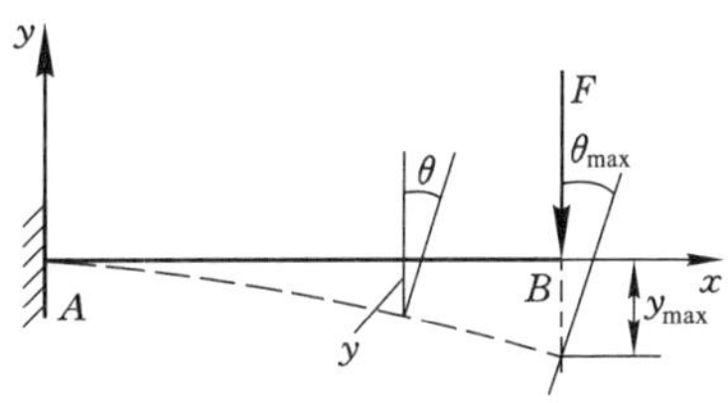

图 2-55　挠度和转角

由图可见,梁的各横截面将在该平面内同时发生线位移和角位移。

梁上任意横截面的形心在垂直于原来梁轴线方向的线位移,称为梁在该截面的挠度,以 y 表示;同时,横截面绕其中性轴转过一个角度,称为该截面的转角,以 θ 表示。挠度 y 和转角 θ 是量度梁弯曲变形的两个基本量。

梁的挠度和转角一般是随着横截面的位置而变化的。在工程上,根据工作要求,常对挠度和转角加以限制而进行梁的刚度计算,梁的刚度条件为:

$$y_{max}\leqslant[y] \tag{2-33}$$

$$\theta_{max}\leqslant[\theta] \tag{2-34}$$

式中　y_{max}——梁的最大挠度值,m;

θ_{max}——梁横截面的最大转角,rad;

$[y]$——梁的许用挠度,m;

$[\theta]$——梁的横截面的许用转角,rad。

许用挠度和许用转角的数值可由有关规范中查得。常用的几种梁的最大挠度和最大转角的计算公式可由手册查得,这里不再介绍。

复习思考题

1. 试判别图 2-56 所示构件哪些属于轴向拉伸或轴向压缩。

2. 用截面法求图 2-57 所示各杆指定截面的内力。

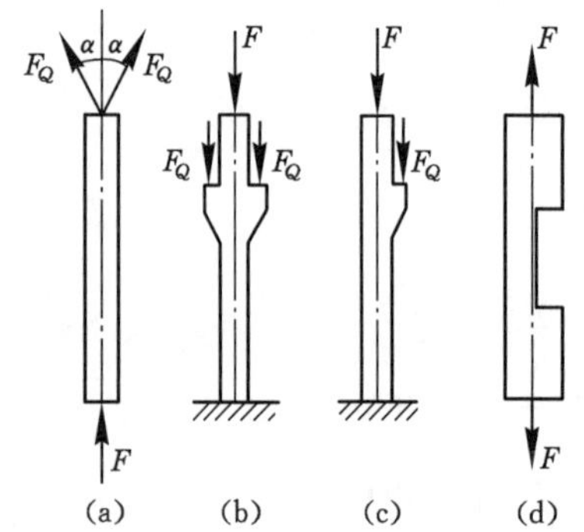

图 2-56　题 1 图

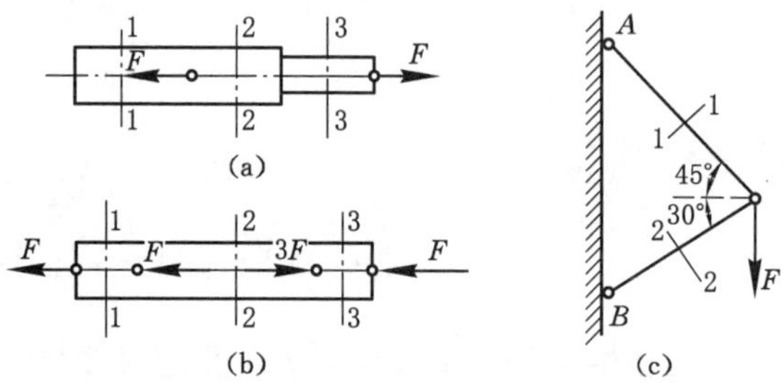

图 2-57　题 2 图

3. 试求图 2-58 所示圆截面钢杆的总伸长。已知 $d_1=4$ cm，$d_2=2$ cm，钢的弹性模量 $E=200$ GPa。

4. 如图 2-59 所示，铆接钢板的宽度 $b=80$ mm，厚度 $t=10$ mm，铆钉的直径 $d=16$ mm，钢板和铆钉的材料相同。许用应力 $[\sigma]=160$ MPa，许用剪应力 $[\tau]=120$ MPa，许用挤压应力 $[\sigma_j]=340$ MPa，$F=80$ kN。试校核该接头是否安全。

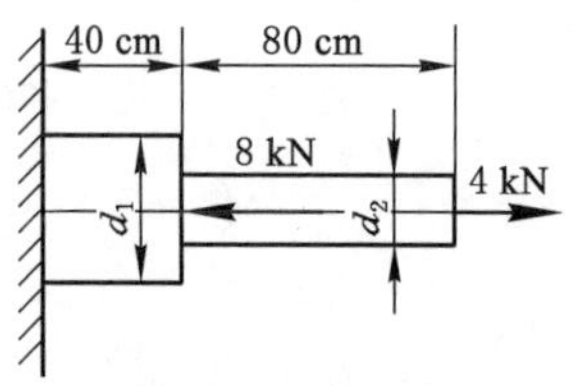

图 2-58　题 3 图

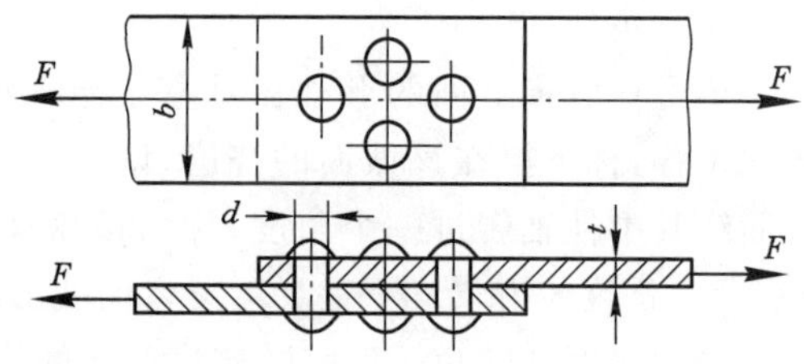

图 2-59　题 4 图

5. 一传动轴如图 2-60 所示，已知 $T_A=130$ N·cm，$T_B=300$ N·cm，$T_C=100$ N·cm，$T_D=70$ N·cm；各段轴的直径分别为 $d_{AB}=5$ cm，$d_{BC}=7.5$ cm，$d_{CD}=5$ cm，试画出该轴的扭矩图并求 1—1，2—2，3—3 截面的最大剪应力。

6. 如图 2-61 所示，实心圆轴的直径 $d=100$ mm，$l=7$ m，两端受力偶作用，其力偶矩 $T=14$ kN·m，材料的剪切弹性模量 $G=80$ GPa，试求：(1) 最大剪应力 τ_{max} 及两端面间的扭转角 ϕ；(2) 横截面上 A，B，C 三点处的剪应力的大小并标出其方向。

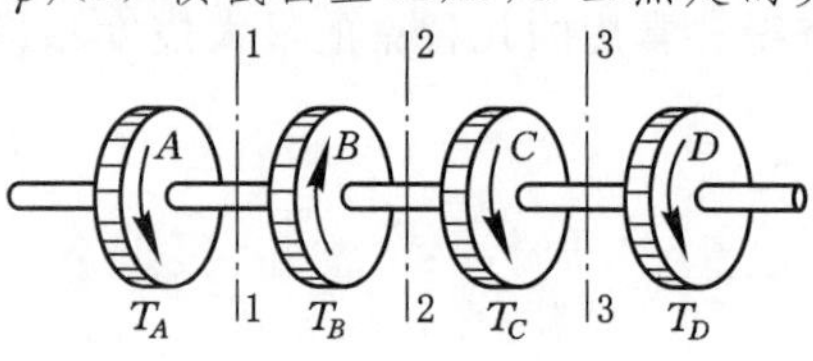

图 2-60　题 5 图

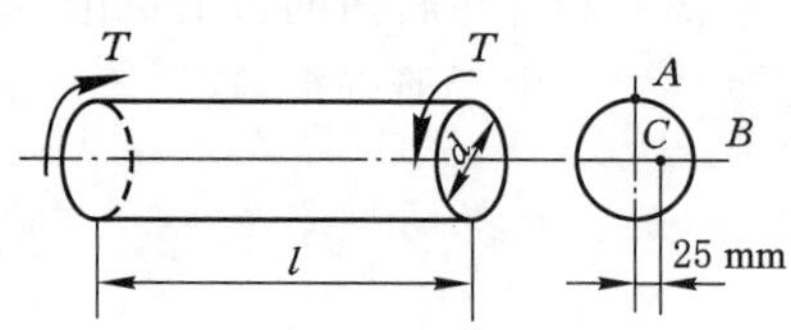

图 2-61　题 6 图

第二篇　工程材料及热加工基础

材料是人类用来制作各种产品的物质，材料的利用和发展构成了人类文明发展史的里程碑。目前，能源、信息和新材料已成为现代科学技术和现代文明的三大支柱，而在这三者之间，新材料又是最重要的基础。历史证明，每一次重大新技术的发现，往往都依赖于新材料的发展。

正是由于材料科学对人类社会的文明和经济的发展所起到的不可估量的巨大作用，世界各国都非常重视对材料科学研究。材料的种类、数量和质量已是衡量一个国家科学技术、国民经济水平以及社会文明的重要标志之一。

机械制造技术需要解决的主要问题是如何选材和如何加工，本篇介绍常用的工程材料和金属的热加工基础知识。

第三章
常用工程材料与钢的热处理

工程材料的力学性能是指材料在外力(载荷)作用时表现出来的性能。力学性能指标是用来反映工程材料在各种形式外力作用下抵抗变形或破坏的能力,它不仅取决于材料本身的化学成分,还与加工工艺、载荷性质及环境温度等有密切关系,是选用和检测工程材料的重要依据。

本章将介绍常用的工程材料,包括金属材料、高分子材料、陶瓷材料、复合材料和现代结构材料。但由于金属材料是应用最广泛、最重要的工程材料,因此本章将进行重点介绍。

钢的热处理是将钢在固态下进行加热、保温和冷却,以改变其组织,并获得所需性能的工艺方法。绝大多数机械零件都要通过热处理来提高力学性能,充分发挥材料性能潜力,延长使用寿命。此外,热处理还可以改善零件的工艺性能,提高加工质量,减少刀具磨损,满足机械零件在加工和使用过程中对材料性能的要求。因此,热处理在机械制造业占有十分重要的地位。

第一节　工程材料的性能及类型

一、工程材料的性能

为了正确使用和加工材料,必须了解材料的性能。材料的性能一般包括力学性能、物理性能、化学性能和加工工艺性能。不论是在一般机器、装置、电气设备中,还是在精密机械及仪器中,选择材料都是以其性能作为依据的。

材料的力学性能是指材料在外力作用下表现出来的性能,主要有强度、硬度、塑性、弹性、刚度、冲击韧度、疲劳强度等;物理性能有密度、熔点、导电性、导热性、磁性等;化学性能有抗腐蚀性、抗氧化性等。

多数机械零件是在常温、常压、非强烈腐蚀介质中工作,且在使用过程中各机械零件将承受不同的力的作用,所以一般机械制造中选用材料和鉴定材料工艺质量时,常以力学性能指标为主要依据。这里我们重点介绍几种常用的力学性能指标。

1. 强度

强度是指材料在外力作用下抵抗变形和破坏的能力。抵抗变形和破坏的能力越大,则强度越高。根据受力状况的不同,材料的强度可分为抗拉、抗压、抗弯、抗扭和抗剪强度等。一般以抗拉强度作为最基本的强度指标。

材料的强度指标广泛采用拉伸试验来进行测定。拉伸试验是将按国家标准规定的形状和尺寸制作的金属试棒[图 3-1(a)]装夹在拉伸试验机上，对其两端慢慢增加轴向静拉力，试棒的标距长度将逐渐增加，直至被拉断[图 3-1 (b)]。

图 3-2 所示为低碳钢试验的拉伸曲线(由拉伸试验机自动绘出)。曲线说明：当载荷 F 小于 F_e 时，变形与载荷成正比的线性关系，此时，若去除载荷，变形立即完全消失，试棒恢复原长，这种载荷去除后能自行恢复的变形称为弹性变形；当载荷大于 F_e 后，试棒除发生弹性变形外，还发生部分不能消失的永久变形，称为塑性变形；当载荷继续增大到 F_s 时，曲线出现水平(或波动)线段，这种现象称“屈服”，F_s 称为屈服载荷。试棒屈服后，随载荷的增大，塑性变形急剧增加；当载荷增大到 F_b 后，试棒的某一部分急剧变细，此现象称为“颈缩”，最后在颈缩处断裂。

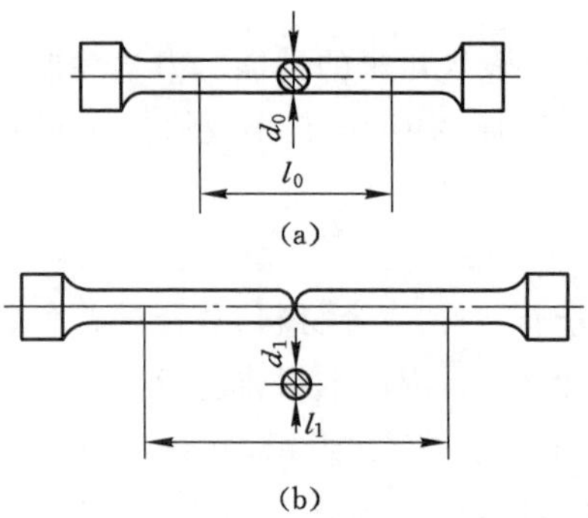

图 3-1　拉伸试验

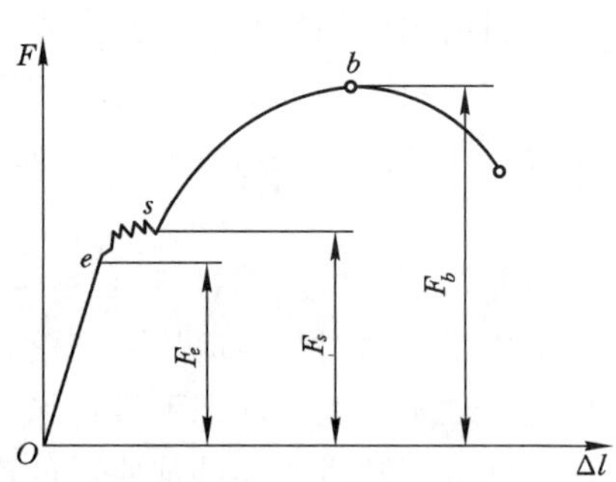

图 3-2　低碳钢试验的拉伸曲线

应该强调，屈服标志着金属材料在外力的作用下发生明显的塑性变形，F_s 是材料出现明显塑性变形前所承受的最大载荷；颈缩预示着金属材料将要发生断裂，F_b 是材料在断裂前所承受的最大载荷。

利用拉伸曲线可以求得金属材料的强度指标。为了对不同的材料的强度进行比较，强度指标以应力表示。当材料受载荷作用而不被破坏时，其内部相应产生与载荷相平衡的抵抗力，称为内力，其数值大小与载荷大小相等。单位横截面积上所承受的内力称为应力，即：

$$\sigma = \frac{F}{A} \tag{3-1}$$

式中　σ——应力，N/mm^2 或 MPa；

F——载荷，N；

A——试棒的横截面积，mm^2。

拉伸曲线对应于 F_s，F_b 的应力分别称为材料的屈服强度和抗拉强度，常作为金属材料的强度指标。

(1) 屈服强度

屈服强度是指金属材料开始产生屈服时的应力，即拉伸曲线 s 点的应力，用 σ_s 表示。

$$\sigma_s = \frac{F_s}{A_0} \tag{3-2}$$

式中　A_0——试棒的原始横截面积，mm^2。

有些金属材料没有明显的屈服现象，也不产生颈缩现象，它们的屈服强度很难测量。按 GB 228—87 要求，用试棒产生 0.2%的残余伸长率时的应力 $\sigma_{0.2}$ 来表示，称为规定残余伸长应力,其计算公式与 σ_s 类同。

机械零部件或构件在使用过程中一般不允许发生塑性变形,所以材料的屈服强度是评价材料承载能力的重要力学性能指标。

(2) 抗拉强度

抗拉强度是指金属材料在断裂前所能承受的最大拉应力,即拉伸曲线中的 b 点的应力,用 σ_b 表示,即:

$$\sigma_b = \frac{F_b}{A_0} \tag{3-3}$$

抗拉强度是零部件设计和评定材料时的重要强度指标。尤其是对于脆性材料,由于拉伸时没有明显的屈服现象,这时一般用抗拉强度指标作为设计依据。

屈服强度和抗拉强度是机械设计、选择材料的重要依据。如果材料工作时的应力大于 σ_s,零件会产生塑性变形而失效;如果材料工作时的应力大于 σ_b,则将导致零件的断裂破坏。

2. 塑性

塑性是材料在外力(静载)作用下产生永久变形而不被破坏的能力。常用的塑性指标有伸长率和断面收缩率,分别用 δ 和 ϕ 表示。其计算公式如下:

$$\delta = \frac{l_1 - l_0}{l_0} \times 100\%$$

$$\phi = \frac{A_0 - A_1}{A_0} \times 100\% \tag{3-4}$$

式中 δ,ϕ——分别为伸长率和断面收缩率,%;

l_0,l_1——分别为试棒原始标定长度和拉断后的标定长度,mm;

A_0,A_1——分别为试棒原始横截面积和拉断后的横截面积,mm^2。

标准试棒:$l_0=5d_0$(短试棒),用 δ_5 表示;$l_0=10d_0$(长试棒),用 δ_{10} 表示。

断面收缩率的数值不受试样尺寸的影响,用断面收缩率表示塑性更能接近材料的真实应变。

δ 和 ϕ 越大,说明材料的塑性越好,也就是在外力作用下更容易产生永久变形。良好的塑性是材料进行压力加工的必要条件,可以提高零件工作的可靠性,防止突然断裂,保证零件的安全工作。

低碳钢塑性好,利用压力加工实现塑性变形,达到成型加工的目的,如锻造、拉伸等。铸铁塑性差,脆性大,不能采用压力加工。

3. 硬度

硬度是材料最常见的性能指标之一,是指材料抵抗其他硬物体压入其表面的能力,是衡量材料软硬程度的指标。一般情况下,硬度越高,材料耐磨性越好。

硬度试验方法比较简单快捷,而且材料的硬度与其他的力学性能如强度、耐磨性以及工艺性能,如切削加工性、可焊性等之间存在着一定的对应关系,所以在一些零件图样上,硬度是检验产品质量的重要指标之一。

工程上常用的硬度指标有布氏硬度(HB)、洛氏硬度(HR)和维氏硬度(HV)。不同测量方法得到的硬度值不能直接比较,必须进行硬度换算。

(1) 布氏硬度(HB)

布氏硬度试验是用载荷为 F 的力把直径为 D 的淬火钢球或硬质合金球压入试样的表

面(如图 3-3),保持一定时间后卸掉载荷,此时试样表面出现直径为 d 的压痕。用载荷 F 除以压痕表面积所得的商,作为被测材料的布氏硬度值。材料越软,压痕的直径越大,则布氏硬度越低。

布氏硬度的单位为 MPa,但习惯上不标单位。

用淬火钢球作为压头,测定值用 HBS 表示,测量布氏硬度值在 450 HBS 以下的金属材料;用硬质合金球作为压头,测定值用 HBW 表示,用于测定布氏硬度值在 450 以上的较硬金属材料,如 210～240 HBS,480～520 HBW。

布氏硬度试验的优点是测量结果准确,缺点是压痕大,不适合成品检验。

(2) 洛氏硬度(HR)

洛氏硬度测试原理如图 3-4 所示。用一个顶角为 120°的金刚石圆锥体或直径为 1.588 mm 的淬火钢球作为压头,先施加一个初载荷以消除表面不平而引起的误差,然后在规定的主载荷作用下将压头压入被测材料的表面。卸除主载荷后,根据压痕的深度 $h=h_1-h_0$,确定被测材料的洛氏硬度,该值可以直接从硬度计上的显示器上读出。

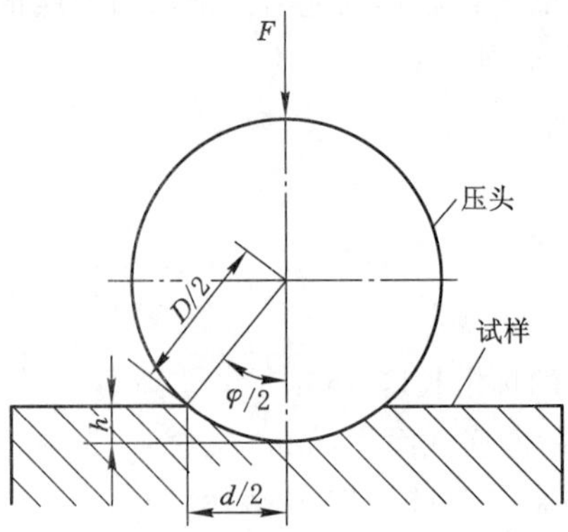

图 3-3　布氏硬度试验示意图

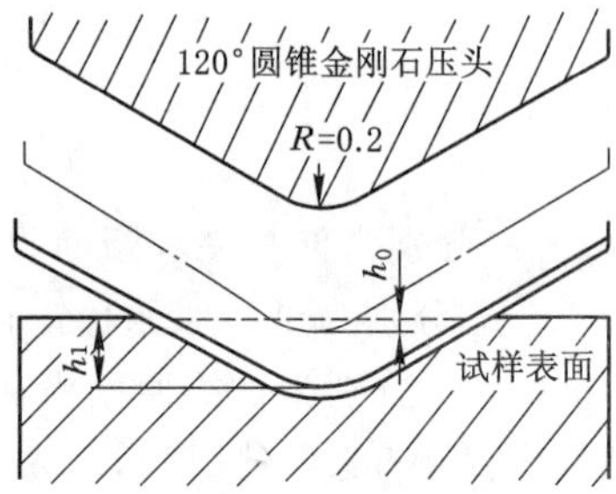

图 3-4　洛氏硬度试验示意图

根据压头和载荷的不同,试验机刻度盘上有 A,B,C 三种标尺,分别代表不同的硬度大小,见表 3-1。

表 3-1　　常用洛氏硬度规范(摘自 GB/T 230—91)

标尺种类	硬度符号	压头类型	总试验力/N	硬度值有效范围	应用举例
A	HRA	120°金刚石圆锥体	588.4	60～85 HRA	硬质合金、表面淬火钢等
B	HRB	ϕ1.588 淬火钢球	980.7	25～100 HRB	软钢、退火钢、铜合金等
C	HRC	120°金刚石圆锥体	1 471.0	20～67 HRC	一般淬火钢件

注:洛氏硬度无单位,但要表明硬度符号,如 50～55 HRC。

三种洛氏硬度中,以 HRC 应用得最多。

洛氏硬度测量迅速简便,压痕小,可在成品零件上检测,也可测定较薄工件或表面有较薄硬化层的硬度。但由于压痕比较小,易受材料微区不均匀的影响,因而数据的重复性比较差。

(3) 维氏硬度(HV)

维氏硬度测定原理基本上与布氏硬度相同，也是根据压痕凹陷单位面积上的力为硬度值，但使用的是锥面夹角为 136°的金刚石正四棱锥体，压痕是四方锥形(图 3-5)。测量压痕两对角线的平均长度 d，计算压痕的面积 A_V，用 HV 表示维氏硬度。维氏硬度的单位为 MPa，一般不标。

维氏硬度所用载荷小，压痕深度浅，硬度测量精确度高于布氏硬度和洛氏硬度，适用于测量较薄的材料或表面硬化层、金属镀层的硬度。由于维氏硬度的压头是金刚石角锥，载荷可调范围大，所以维氏硬度可用于测量从软到硬的各种工程材料，测定范围 0～1 000 HV。

为了测量一些特殊性能和特殊形状材料的硬度，也可以选择其他的硬度试验方法。如显微硬度法可用于测量一些薄的镀层、渗层或显微组织中的不同相的硬度；肖氏硬度适合在现场对大型试件(如机床床身、大型齿轮等)进行硬度测量。莫氏硬度用于测量陶瓷和矿物的硬度。

由于各种硬度的试验条件不同，所以它们之间没有直接的换算关系。标注某种材料的硬度值时必须说明它的硬度测试方法。

在工程图样上正确标注材料硬度的方法是硬度值加硬度测试方法代号，如“洛氏硬度 60”的书写格式为“60 HRC”。

4. 冲击韧度

以上讨论的是静载荷下的力学性能指标，但机器中有很多零件要承受冲击载荷，不能用材料在静载荷下的性能来衡量其抵抗冲击的能力，冲击载荷比静载荷的破坏能力要大得多。

冲击韧度是指材料在冲击载荷的作用下，材料抵抗变形和断裂的能力，用 α_k 表示，通常采用摆锤冲击试验进行测定(图 3-6)。

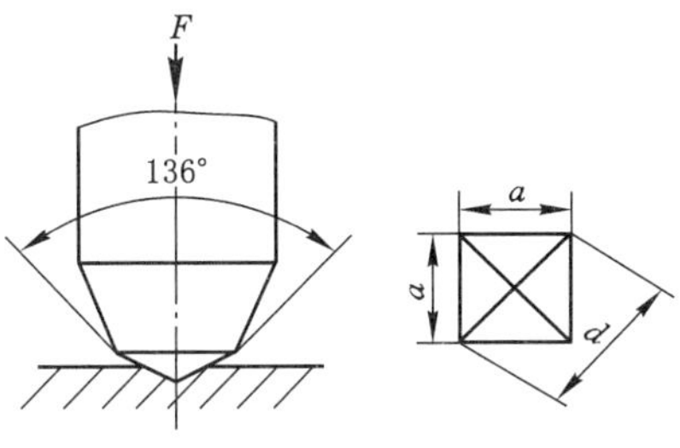

图 3-5　维氏硬度试验示意图

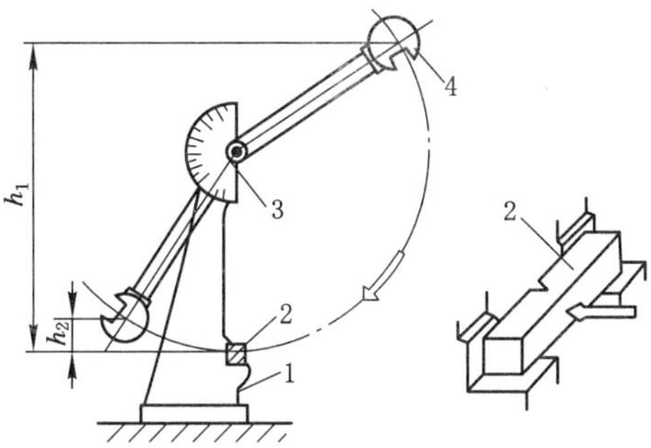

图 3-6　冲击试验示意图

1——支座；2——试样；3——指针；4——摆锤

试验原理：将带有缺口的试样安放在支座上，让摆锤(重量为 G)从一定高度 h_1 落下，将试样冲断，随后摆锤继续上升至 h_2，显然所消耗的功为 $A_k=G(h_1-h_2)$，则冲击韧度为试样单位截面积所消耗的冲击吸收功。该值可从试验机的刻度盘上直接读出。

$$\alpha_k = A_k/S \tag{3-5}$$

式中　S——缺口处横截面积，cm^2。

α_k——越大，材料的冲击韧性越好，受冲击越不易断裂，J/cm^2。

5. 疲劳强度

许多机器零件，如轴、齿轮等，在工作中承受的载荷不是静态的，而是反复改变大小或同时改变大小和方向的交变载荷。在这种载荷作用下，虽然零件所受的应力小于材料的抗拉强度，甚至低于屈服强度，但使用一段时间后，零件会突然断裂。这种现象称为疲劳破坏。研究表明，疲劳破坏的原因是在零件的应力集中部位或内部某一薄弱部位首先产生裂纹，随后在应力循环作用下，裂纹不断地向纵深扩展，使零件有效的承载截面不断减少，当其减少到不能承受外加载荷的作用时，便突然断裂。疲劳断裂的断口如图 3-7 所示。

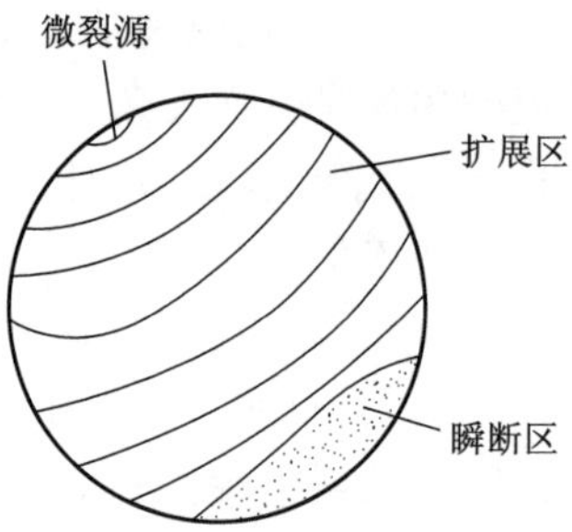

图 3-7　疲劳断口示意图

材料在无限次交变应力作用下而不被破坏的最大应力称为材料的疲劳强度。当应力是对称循环时，疲劳强度用 σ_{-1} 来表示。实际上，各种材料不可能进行无限次重复试验，所以，工程上规定：钢在经受 10^7 次，有色金属在经受 10^8 次交变应力的作用下而不发生破坏的能力作为材料的疲劳强度。

二、工程材料的类型及其特征

1. 工程材料的分类

工程材料种类繁多，据粗略统计，目前世界上的材料已达 40 余万种，并且每年约以 5% 的速率增加。材料有许多不同的分类方法，机械工程中使用的材料常按化学成分组成的不同分为 4 大类，如图 3-8 所示。

- 工程材料
  - 金属材料
    - 黑色金属
      - 铸铁
      - 碳钢
      - 合金钢
    - 有色金属
      - 轻有色金属（如铝、镁等）
      - 重有色金属（如铜、铅等）
      - 稀有金属（如稀土等）
  - 高分子材料
    - 塑料
    - 合成橡胶
    - 合成纤维
  - 陶瓷材料
    - 硅酸盐材料，如玻璃、水泥、陶瓷、耐火材料（传统陶瓷）
    - 新型陶瓷，除 SiO_2 以外的其他氧化物、碳化物、氮化物材料（特种陶瓷）
  - 复合材料
    - 纤维增强复合材料
    - 粒子增强复合材料
    - 层叠复合材料

图 3-8　工程材料的分类

按材料的使用性能可将其分为结构材料和功能材料。机械工程中大量使用各类结构材料和功能材料。

用于制造实现运动和传递动力的零件的材料称为结构材料。零件是以材料强度、刚度、塑性、韧性、硬度、疲劳强度、耐磨性等力学性能指标，来完成承受载荷、实现运动、传递动力的功能。

用于制造实现其他功能的零件的材料称为功能材料。零件利用材料在声、光、电、磁、热等物理性能指标来实现各种功能。功能材料是利用物质的各种物理和化学特性及其对外界环境敏感的反应，从而实现各种信息处理和能量转换，主要有弹性材料、膨胀材料、形状记忆合金、磁性材料、传感器材料、超导材料、储氢材料等。

纳米材料是 20 世纪 80 年代后发展起来的新材料，它具有奇特的性能和广阔的应用前景，被誉为跨世纪的新材料。

2. 各类工程材料的特征

(1) 金属材料的特征

金属材料具有良好的导电性、导热性、塑性和工艺性能等。因此，它在工业中获得广泛的应用。金属中有自由电子存在，只要在金属两端施加很小的电压，就可使自由电子向正极流动，从而形成电流，这便是金属具有高导电性的原因，同样理由也使金属具有良好的导热性。金属能在一定外力作用下发生一定的永久变形而不致破裂，这就是金属具有高塑性的原因。

(2) 高分子材料的特征

高分子材料是以相对分子质量大于 5 000 的高分子化合物为主要组分的材料，其中每个分子可含几千、几万、甚至几十万个原子。高分子材料又分为有机高分子材料和无机高分子材料。

有机高分子材料由相对分子质量大于 10 000 的以碳、氢元素为主的有机化合物组成(如塑料、橡胶、合成纤维等)，具有高弹性、耐磨性、绝缘性、抗腐蚀性及质量轻等优良性能，而且易于成型，原料来源丰富，在机械、仪表、电机和电气等工业中得到广泛应用。有机高分子化合物是由低分子化合物聚合而成的，故又称为高聚物。

(3) 陶瓷材料的特征

陶瓷是一种无机非金属材料，是由金属和非金属元素形成的化合物。由于它的熔点高、硬度高、化学稳定性高，具有耐高温、耐腐蚀、耐磨损、绝缘等优点，在现代工业中已得到越来越广泛的应用。在有些情况下，陶瓷为唯一可选用的材料，如内燃机的火花塞，引爆时瞬间温度可达 2 500 ℃，并要求绝缘和耐化学腐蚀，显然金属材料和高分子材料都不能满足要求，只有陶瓷最为合适。

(4) 复合材料的特征

复合材料是由两种及以上材料复合而成的一种多相材料，它们保留了组成材料各自的优点，从而获得单一材料无法具备的优良综合性质，是一种很有发展前途的材料。

第二节　常用工程材料

一、金属材料

1. 工业用钢

工业用钢按化学成分可分为碳素钢和合金钢两大类。碳钢是指碳的质量分数为 0.218%～2.11%的铁碳合金。钢中除含有铁、碳之外，还含有少量的锰、硅、硫、磷等杂质。由于碳钢价格低廉，容易获得与加工，具有较好的力学性能，因此得到了广泛的应用。但是，随着现代工业和科学技术的发展，对钢的力学性能和物理、化学性能提出了更高的要求，从而发展了合金钢。

（1）钢的分类与编号

① 按用途分类——按用途可把钢分为结构钢、工具钢、轴承钢和特殊性能钢。通常将这种分类与按成分分类结合使用，如图 3-9 所示。

- 钢
  - 结构钢
    - 非合金结构钢
      - 碳素结构钢
      - 优质碳素结构钢
      - 其他非合金结构钢
    - 低合金结构钢：低合金高强度钢
    - 合金结构钢
      - 工程结构用合金钢
        - 一般工程结构用合金钢
        - 合金钢筋钢
        - 压力容器用合金钢
        - 地质石油钻探用合金钢
      - 机械结构用合金钢
        - 合金渗碳钢
        - 合金调质钢
        - 合金弹簧钢
    - 其他结构钢
      - 铸钢
      - 易切钢
  - 工具钢
    - 碳素工具钢
    - 合金工具钢
      - 量具刃具用钢
      - 耐冲击工具钢
      - 冷作模具钢
      - 热作模具钢
      - 无磁模具钢
      - 塑料模具钢
    - 高速工具钢
  - 轴承钢
    - 高碳铬轴承钢
    - 渗碳轴承钢
    - 不锈轴承钢
    - 高温轴承钢
  - 特殊性能钢
    - 不锈钢
    - 耐酸钢
    - 抗氧化钢
    - 热强钢

图 3-9　按钢的用途分类

② 按化学成分分类——按钢的化学成分可将钢分为碳素钢及合金钢。碳素钢又按含碳量分为低碳钢($w_C \leqslant 0.25\%$)、中碳钢($w_C = 0.25\% \sim 0.60\%$)、高碳钢($w_C \geqslant 0.60\%$)。合金钢按合金元素总含量分为低合金钢($w_{Me} < 5\%$)、中合金钢($w_{Me} = 5\% \sim 10\%$)、高合金钢($w_{Me} > 10\%$)。另外，根据钢中所含主要合金元素种类不同，也可分为锰钢、铬钢、铬钼钢、铬锰钛钢等。

③ 按质量分类——按钢中的有害杂质磷、硫含量来分类，可分为普通钢($w_P \leqslant 0.045\%$，$w_S \leqslant 0.05\%$)、优质钢(w_P，w_S 均$\leqslant 0.035\%$)、高级优质钢(w_P，w_S 均$\leqslant 0.025\%$)、特级优质钢($w_P \leqslant 0.025\%$，$w_S \leqslant 0.015\%$)。

(2) 结构钢

结构钢是各种工程构件(如建筑物 T 梁、桥梁、车辆构件等)和机器零件(如轴、齿轮等)用钢。一般分为碳素结构钢(普通碳素结构钢、低合金高强度钢)、优质碳素结构钢、其他结构钢(铸钢和易切钢)。

① 碳素结构钢——该类钢中的普通结构钢与低合金高强度钢牌号表示方法相同，是由代表屈服强度的字母(Q)、屈服强度数值、质量等级符号(A,B,C,D)及脱氧方法符号(F,b,Z,TZ)等 4 部分按顺序组成。如 Q235—AF，表示屈服强度为 235 MPa 的 A 级沸腾钢。质量等级符号反映碳素结构钢中磷、硫含量的多少，A,B,C,D 质量等级依次增高。

② 优质碳素结构钢——该类钢的牌号用钢中平均含碳量的两位数字表示，单位为万分之一。如钢号 45，表示平均碳质量分数为 0.45%的钢。

对于含锰量较高的钢，须将锰元素标出。即指 $w_C > 0.6\%$，$w_{Mn} = 0.9\% \sim 1.2\%$者，以及 $w_C < 0.6\%$、$w_{Mn} = 0.7\% \sim 1.0\%$者，数字后面附加“Mn”。如钢号 25 Mn，表示平均 $w_C = 0.25\%$，$w_{Mn} = 0.7\% \sim 1.0\%$的钢。

沸腾钢、半镇静钢以及专门用途的优质碳素结构钢，应在钢号后特别标出，如 15 g 即指平均碳质量分数为 0.15%的锅炉钢。

③ 合金结构钢——该类钢的牌号由“数字＋元素＋数字”3 部分组成。前两位数字表示平均含碳量的万分之几，合金元素以汉字或化学元素符号表示，合金元素后面的数字表示该元素的近似平均含量，单位是百分之几。如果合金元素平均质量分数低于 1.5%时，则不标明其含量。如为高级优质钢，在钢号后面应加“A”。如 36Mn2Si 表示平均 $w_C = 0.36\%$，平均 $w_{Mn} = 2\%$，$w_{Si} < 1.5\%$的钢。

④ 铸钢——铸钢的牌号前面是“ZG”二字，后面第一组数字表示屈服强度，第二组数字表示抗拉强度。如“ZG 200—400”表示屈服强度 $\sigma_s = 200$ MPa，抗拉强度为 $\sigma_b = 400$ MPa 的铸钢。

⑤ 易切钢——易切钢的牌号前是“Y”，后面两位数字表示平均含碳量的万分之几，合金元素以汉字或化学元素符号表示。如“Y12Pb”表示 $w_C = 0.12\%$，“Pb”表示铅的含量较高。

常用结构钢的种类、牌号、热处理及用途见表 3-2。

表 3-2　常用结构钢的种类、牌号、热处理及用途

钢种		常用牌号	热处理	用途
碳素结构钢	普通碳素结构钢	Q195	无需热处理	易于冶炼，价格便宜，性能基本满足一般工程结构的要求，大量用于制造各种金属结构和要求不高的机器零件，是目前产量最大，使用最多的一类钢
		Q215		
		Q235—A		
		Q275		
	低合金高强度钢	Q295		在上述钢种基础上加入少量的合金元素形成的，其强度等级较高，加工工艺性良好，一般用于桥梁、车辆、高压容器、输油管道等大型重要的钢结构
		Q345		
		Q390		
		Q420		
		Q460		
优质碳素结构钢		08F	渗碳＋淬火低温回火（当零件表面要求硬度高而耐磨时进行）	低碳钢。该类钢具有良好的塑韧性，强度和硬度较低，压力加工性和焊接性能优良，主要用于制造冲压件、焊接件和对强度要求不高的机器零件
		08		
		15		
		20		
		25		
		35	调　质	中碳钢。该类钢具有较高的强度、硬度和较好的塑性、韧性，主要用于制造受力较大的机器零件
		40		
		45		
		50		
		60	淬火＋中温回火	高碳钢。该类钢强度、硬度较上述更高，弹性很好，但塑韧性较差，用于制造弹性零件及弹簧
		65		
		70		
合金结构钢		20Cr	渗碳＋淬火低温回火	渗碳钢。该类钢经渗碳处理后具有心部坚韧，表面硬而耐磨的特点，主要用于制造各种变速齿轮及凸轮轴等在工作中承受交变冲击载荷及剧烈摩擦的重要零件
		20MnV		
		20CrMnTi		
		18Cr2Ni4WA		
		40Cr	调质；调质＋表面淬火	调质钢。该类钢具有较好的综合力学性能，主要用于制造承受各种载荷，受力复杂的零件，如机床主轴、连杆、汽车半轴、齿轮等
		40MnB		
		40CrMnMo		
		55Si2Mn	淬火＋中温回火	弹簧钢。该类钢具有高的抗拉强度，良好的塑韧性，用于制作弹性零件（如弹簧夹头）及弹簧
		50CrVA		
		60Si2CrVA		
		38CrMoAlA	调质＋渗氮	渗氮钢。该类钢表面具有很高的硬度和耐磨性，抗疲劳性能好，抗蚀能力强，变形小，用于精密齿轮、镗杆、磨床主轴等

续表 3-2

钢种		常用牌号	热处理	用途	
其他结构钢	铸钢	ZG200－400	无需热处理	铸造碳钢	用于制造结构复杂的结构件，如机座、箱体
		ZG270－500			
		ZG340－570			
		ZGMn13	调质；调质＋表面淬火	铸造合金钢	
		ZG20SiMn			
		ZG 40Cr			
	易切钢	Y12	无需热处理	用于制造受力小，强度要求不高，但尺寸要求高，表面粗糙度低且大批生产的零件，如螺栓等。	
		Y20			
		Y30			
		Y45Ca	调质		

(3) 工具钢

用于制造各种工具的钢称为工具钢。按化学成分的不同又分为碳素工具钢、合金工具钢和高速工具钢；根据用途又分为刀具钢、模具钢、量具钢。

① 碳素工具钢——碳素工具钢是在牌号前加“T”表示，其后跟以表示钢中平均含碳量的千分之几的数字。如平均碳质量分数为 0.8% 的该类钢，记为“T8”。含锰量较高者必须注出。高级优质钢则在钢号末端加“A”，如“T10A”。

② 合金工具钢——该类钢编号前用一位数字表示平均含碳量的千分之几。当 $w_C \geqslant 1.0\%$ 时，不标出含碳量。其余同合金结构钢。如“9Mn2V”钢的平均 $w_C = 0.9\%$，而“CrMn”钢中的平均 $w_C \geqslant 1.0\%(=1.3\% \sim 1.5\%)$。

③ 高速钢——高速钢的钢号，一般不标出含碳量，仅标出合金元素的含量，如“W6Mo5Cr4V2”，表示 $w_W = 6\%$、$w_{Mo} = 5\%$、$w_{Cr} = 4\%$、$w_V = 2\%(w_C = 0.8\% \sim 0.9\%)$。

各种常用工具钢的种类、牌号、热处理及用途见表 3-3。

表 3-3　常用工具钢的种类、牌号、热处理及用途

钢种	常用牌号	热处理	用途
碳素工具钢	T8/T8A	淬火＋低温回火	硬度高，耐磨性能好，塑性较低，用于制造低速工具，如冲子、手锤、锯片等
	T10/T10A		
	T12/T12A		
合金工具钢	9SiCr	淬火＋低温回火	量具、刀具用钢：用于制作板牙、丝锥、钻头、齿轮铣刀等
	Cr2		
	9Mn2V		冷作模具钢：用于制作冷冲模冲头、拉丝模、冷切剪刀、木工切削工具、切边模等
	CrWMn		
	Cr12		
	Cr12MoV		
	5CrMnMo	淬火＋中温回火	热作模具钢：用于制作大型锻模、压铸模、热压模等
	5CrNiMo		

续表 3-3

钢　种	常用牌号	热处理	用　途
高速钢	CW6Mo5Cr4V2	淬火＋低温回火	具有很高的硬度、耐磨性和良好的热硬性。当切削温度达到 600 ℃左右仍能保持硬度无明显下降，具有足够的强度和韧性、良好热处理性能及制造工艺性能，广泛用于制造中低速切削加工的刀具及复杂刀具
	W6Mo5Cr4V2		
	W6Mo5Cr4V3		
	W18Cr4V2Co8		
	W6Mo5Cr4VAl		

(4) 轴承钢

滚动轴承钢是指主要用于制造各类滚动轴承的内圈、外圈及滚动体的专用合金结构钢，简称轴承钢。滚动轴承钢应具有高的抗压强度和接触疲劳强度、高的硬度和耐磨性，同时应具有一定的韧性和抗腐蚀性。

滚动轴承钢的牌号如 GCr15，前面的“G”代表钢的种类，后面的数字表示合金元素的平均千分含量，即含铬 1.5%，该钢种 w_C＝0.95%～1.05%，在牌号中不标出。钢的种类主要有高碳铬轴承钢、渗碳轴承钢、不锈轴承钢和高温轴承钢，高碳铬轴承钢常用牌号有 GGr9，GCr9SiMn，GCr15，GCr15SiMn，其中 GCr15 最为常用，主要用于制造中小型滚动轴承的内、外套圈及滚动体。由于 GCr15 的成分特点和性能特点与工具钢相似，也常用于制造量具和冷作模具，均在淬火＋低温回火状态下使用。

(5) 不锈钢与耐热钢

这两类钢钢号前面的数字表示含碳量的千分之几，如“9Cr18”表示该钢平均 w_C＝0.9%。但碳的质量分数小于或等于 0.03%及 0.08%者，在钢号前分别冠以“00”及“0”，如“00Cr18Ni10”。

不锈钢是具有良好的耐蚀不锈性能，其主要合金元素是铬和镍，适用于制造化工设备、医疗器械等。常用的不锈钢有 1Cr13，2Cr13，1Cr18Ni9Ti，1Cr18Ni9 等。

耐热钢是在高温下不发生氧化并具有较高强度的钢，适用于制造高温条件下工作的零件，如内燃机气阀等。常用的耐热钢有 4Cr10Si2Mo，4Cr14Ni14W2Mo 等。

2. 铸铁

在铁碳合金中，碳以化合态(如 Fe_3C)和游离态(石墨)的方式存在。根据 C 的存在方式和石墨的形状，铸铁可分为 5 类。

(1) 白口铸铁

碳主要以 Fe_3C 的形式存在，断面呈白色，故称为白口铸铁。一般不用来制作机械零件，主要用作炼钢原料。

(2) 灰铸铁

游离态的 C 主要以片状石墨形式存在，断面呈灰色，故称灰铸铁。其价格低廉，切削加工性能好，应用广泛。

灰铸铁牌号中“HT”表示“灰铁”二字的汉语拼音的字头，“HT”后面的数字表示最低抗拉强度值。

(3) 可锻铸铁

游离态的 C 主要以团絮状石墨方式存在，与灰铸铁相比，具有较高的塑韧性，但实际上不能锻造。

可锻铸铁牌号中"KT"表示"可铁"二字的汉语拼音的字头，"KTH"表示黑心可锻铸铁，"KTZ"表示珠光体可锻铸铁，后面的两组数字分别表示最低抗拉强度和最小伸长率。例如，KTH300—06，表示黑心可锻铸铁，其最低抗拉强度 $\sigma_b=300$ MPa，最低伸长率 $\delta=6\%$。

(4) 球墨铸铁

游离态的C主要以球状石墨方式存在，其力学性能好，在一定条件下可代替钢来制造重要零件，实现以铸代钢。

球墨铸铁牌号中的"QT"，是"球铁"二字汉语拼音的字头，后面两组数字分别表示其抗拉强度和伸长率的最小值。

(5) 蠕墨铸铁

游离态的C主要以蠕虫状石墨方式存在。蠕墨铸铁较球墨铸铁在性能上的优越性在于具有优良的抗热疲劳性能以及优良的导热性能；此外，铸造性能、减振能力也优于球铁。

蠕墨铸铁的牌号用"蠕铁"二字的汉语拼音字母"RuT"加数字表示，其中数字代表最低抗拉强度值。如RuT420，表示最小抗拉强度为420 MPa的蠕墨铸铁。

各类铸铁的分类、牌号及用途见表3-4。

表3-4　各类铸铁的分类、牌号及用途

种　类	常用牌号	用　途
灰铸铁	HT150	承受较大载荷和较重要的零件，如汽缸、齿轮、底座、飞轮、床身等
	HT200	
	HT250	
	HT350	
可锻铸铁	KTH300—06	制造负荷较高的耐磨零件，如曲轴、连杆、齿轮、凸轮轴等薄壁小铸件
	KTZ450—06	
	KTZ550—06	
球墨铸铁	QT600—03	承受冲击振动的零件，如曲轴、蜗杆等
	QT450—10	
	QT400—15	
蠕墨铸铁	RuT340	制造大截面复杂铸件，主要用来代替高强度灰铸铁、合金铸铁
	RuT420	

3. 有色金属及其合金

通常将钢铁材料称为黑色金属，把钢铁以外的金属及合金称为有色金属，同时把密度低于 4.5×10^3 kg/m^3 的金属称为轻金属。有色金属具有不同于钢铁的特性，如铝、镁、钛及其合金密度小，铜、铝及其合金导电性好，镍、钼及其合金能耐高温等。因此，在机械、电器、仪表、航空、航天、航海和国防等工业部门，除大量使用黑色金属外，有色金属也得到广泛的应用。下面仅简单介绍工业常用的铝和铝合金、铜和铜合金、钛合金和轴承合金。

(1) 铝和铝合金

铝作为一种金属材料，具有三大优点，使得它在有色金属中占据非常重要的地位。

① 质量轻，比强度高。铝的密度为 2.7×10^3 kg/m^3，除了镁和铍以外，它是工程金属中最轻的。虽然其强度很低(为 80～100 MPa)，合金化以后的强度也不及钢，弹性模量只有钢的 1/3，但就比强度、比刚度而言，铝合金较钢有更大的优势。因此，飞机的主框架要选用铝合金。

② 具有良好的导电、导热性。其导电率约为铜的 60%，如果按单位质量计，铝的电导率则超过了铜，在远距离输送的电缆中常代替铜线。

③ 耐腐蚀性好。铝可与大气中的氧迅速作用，在表面生成一层 Al_2O_3 薄膜，保护内部的材料不受环境侵害。

铝具有极好的塑性，适于冷热加工成型。

工业纯铝的强度虽可经过加工硬化予以提高，但终因强度和硬度都很低，难以作为工程结构材料使用。一般可用于制作铝箔、导线及配制合金。

在铝中加入适量的硅、铜、镁、锰等合金元素，配制成各种成分的铝合金，再经过冷变形加工或热处理，是提高纯铝强度的有效途径。目前，工业上使用的某些铝合金强度已高达 600 MPa 以上，且仍保持着密度小、耐蚀性好的特点。

根据合金成分和工艺特点的不同，铝合金可分为形变铝合金和铸造铝合金两大类。

形变铝合金又分为防锈铝合金、硬铝合金、超硬铝合金和锻铝合金等，主要用作各类型材和结构件，如各式容器、发动机机架、飞机的大梁等。

铸造铝合金又分为铝硅合金、铝铜合金、铝镁合金、铝锌合金及铝和若干其他金属元素的合金等，主要用于各种轻型铸件，如活塞、汽缸体、泵壳、支架等。

(2) 铜和铜合金

与其他金属不同，铜在自然界中既以矿石的形式存在，又以纯金属的形式存在。其应用以纯铜为主。据统计，在铜及其合金的产品中，约 80%是以纯铜被加工成各种形状供应使用的。

纯铜呈紫红色，又称为紫铜，密度为 8.9×10^3 kg/m^3，属重金属范畴。因它是用电解法制得的，故又称电解铜。纯铜具有很高的导电性、导热性和耐蚀性，并具有良好的塑性，但其强度较低，主要用于各种导电材料和配制铜合金。

机械制造生产中广泛使用铜合金。按合金成分不同，铜合金可分为黄铜、白铜和青铜 3 大类。机械制造业中应用较广的是黄铜和青铜。

黄铜是铜和锌为主的合金，如 H62($w_{Cu}=62\%$)，主要用于制造散热器、弹簧、垫片、衬套及耐蚀零件等。

青铜是铜合金中综合性能最好的合金，主要用于制造轴瓦、蜗轮及耐磨、耐蚀零件等。按主加元素的不同，又分为锡青铜(Cu-Sn 合金)、铝青铜(Cu-Al 合金)、铍青铜(Cu-Be 合金)硅青铜(Cu-Si 合金)等。

(3) 钛及钛合金

钛在地壳中的含量约为 1%，钛及其合金由于具有比强度高、耐热性好、耐蚀性能优异等突出优点，自 1952 年正式作为结构材料使用以来发展极为迅速，目前在航空工业和化工工业中得到了广泛的应用。我国研发的第三代重型歼击机中央翼下壁板、机尾整流罩、发动机防护隔栏等钛合金用量达全机重量的 15%。但钛的化学性质十分活泼，因此钛及其合金的熔铸、焊接和部分热处理均要在真空或惰性气体中进行，致使生产成本高，价格较其他金属材料贵得多。

纯钛是一种银白色的金属，密度小(4.5×10^3 kg/m^3)、熔点高(1 668 ℃)，有较高的比强度和比刚度，较高的高温强度，这使得在航空工业上钛合金的用量逐渐扩大并部分取代了铝合金。钛的导热性差，热膨胀系数很小，在加热和冷却过程中产生的热应力较小。在空气中表面很容易形成薄而致密的惰性氧化膜，耐蚀性比大多数不锈钢更为优良，在海水、硝酸、硫酸、盐酸以及碱溶液和大多数有机酸等介质中具有极高的耐蚀性(但氢氟酸对钛有很大的腐蚀作用)。

工业纯钛塑性高，具有优良的焊接性能和耐蚀性能，长期工作温度可达 300 ℃，可制成板材、棒材、线材、带材、管材和锻件等。它的板材、棒材具有较高的强度，可直接用于飞机、船舶、化工等行业，以及制造各种耐蚀并在 300 ℃以下工作且强度要求不高的零件，如热交换器、制盐厂的管道，石油工业中的阀门等。

在钛中加入合金元素形成钛合金，可以使工业纯钛的强度获得明显提高。

(4) 轴承合金

滑动轴承是汽车、拖拉机、机床及其他机器中的重要部件。轴承合金是制造滑动轴承中的轴瓦及内衬的材料。轴承支撑着轴，当轴旋转时，轴瓦和轴发生强烈的摩擦，并承受轴颈传给的周期性载荷。因此，轴承合金应具有以下性能。

① 足够的强度和硬度，以承受轴颈较大的单位压力。

② 足够的塑性和韧性，高的疲劳强度，以承受轴颈的周期性载荷，并抵抗冲击和振动。

③ 良好的磨合能力，使其与轴能较快地紧密配合。

④ 高的耐磨性，与轴的摩擦因数小，并能保留润滑油，减轻磨损。

⑤ 良好的耐蚀性、导热性，较小的膨胀系数，防止因摩擦升温而发生咬合。

为了满足上述提出的性能要求，轴承合金的组织最好是在软基体上分布着硬质点。这样，当轴在轴瓦中转动时，软基体(或软质点)被磨损而凹陷，硬的质点(或硬基体)耐磨相对凸起。凹陷部分可保持润滑油，凸起部分可支持轴的压力，并使轴与轴瓦的接触面积减小，从而保证了近乎理想的摩擦条件和极低的摩擦因数。另外，软基体(或软质点)还能起到嵌藏外来硬质点的作用，以免划伤轴颈。

按照化学成分，常用的轴承合金可分为锡基、铅基、铝基、铜基和铁基等数种。使用最多的是锡基与铅基轴承合金，它们又称为巴氏合金。

除巴氏合金外，还有 ZCuPb30 及 ZCuSn10P1 两类青铜常用作轴承材料。它们又称为铜基轴承合金，具有硬基体软质点的组织特征，有着比巴氏合金高的承载能力、疲劳强度及耐磨性，可直接用作高速、高载荷下的发动机轴承。

4. 粉末冶金材料

粉末冶金材料是由几种金属粉末与非金属粉末经混合、压制成型和烧结而获得的材料。用粉末冶金方法制造的零件可以不切削或少切削，从而节约金属、降低能耗和生产成本。

粉末冶金材料的应用非常广泛。按粉末冶金材料的特性和用途可分为 7 个方面。

① 机械材料和零件：包括减摩材料(如多孔含油轴承、金属—塑料复合材料)、摩擦材料(如刹车片材料)和结构零件。

② 多孔材料及制品：包括金属过滤器、热交换(冷却)材料和泡沫金属。

③ 硬质工具材料：包括硬质合金、复合工具材料、粉末高速钢和钢结硬质合金。

④ 电接触材料:包括电触头材料和集电材料。

⑤ 粉末磁性材料:包括烧结软磁体、烧结硬磁体和铁氧体材料。

⑥ 耐热材料:包括难熔金属及其合金、氧化物弥散强化材料、粉末高温合金、难熔化合物基金属陶瓷和纤维强化材料。

⑦ 原子能工程材料:包括核燃料、中子减速材料、屏蔽材料和反射材料。

二、高分子材料

高分子材料是以高分子化合物为主要成分的材料,主要有塑料、橡胶、合成纤维、胶黏剂、涂料等。高分子材料以其特有的性能:重量轻、比强度高、耐蚀性能好、绝缘性好,被大量应用于工程结构中。

1. 塑料

工程塑料是以合成树脂为主要成分,加入适量的添加剂组成的高分子有机化合物,它具有重量轻、摩擦系数小、耐磨、吸振、耐腐蚀、绝缘、可以着色、易于加工成型等优点,因此得到广泛的应用。树脂的种类、性质以及它在塑料中所占的比例大小,对塑料的性能起着决定性的作用,因此绝大多数塑料就是以所用树脂命名的。

按树脂受热时的行为特性,工程塑料可分为热固性塑料和热塑性塑料两大类。热固性塑料可在常温或受热后起化学反应,固化成型,再加热时不可能恢复成型前的化学结构,也就是说不可回收再生。热塑性塑料受热后软化、熔融,冷却后固化,可以多次反复而化学结构基本不变。

塑料的成型工艺形式多样,主要有注射成型、压制成型、浇铸成型、抗压成型、吹塑成型和真空成型等。成型后的塑料进行二次加工的方法有机械加工、连接和表面处理等。

常用的塑料及其性能见表 3-5。

表 3-5　　常用塑料及其性能和用途

塑料名称	代号	性能特点	用　途
聚乙烯	PE	热塑性塑料:低压 PE 有良好的耐磨性、耐蚀性、绝缘性、无毒	一般机械构件、化工管道、电缆电线包皮、茶杯、奶瓶、食品袋等
聚氯乙烯	PVC	热塑性塑料:力学性能好且有良好的耐蚀性	耐蚀构件、一般绝缘薄膜、泡沫塑料。
聚丙烯	PP	热塑性塑料:力学性能优于 PE,且有良好的耐热性	医疗器械、一般机械零件、高频绝缘件
聚苯乙烯	PS	热塑性塑料:耐蚀性,高频绝缘性好,耐冲击及耐热性差,易燃、易脆、无色、透明	高频绝缘件、耐蚀件及日用装饰品、食品盒、泡沫 PS 可用作隔声、包装等材料
ABS 塑料	ABS	热塑性塑料。具有良好的综合性能,冲击强度和低温强度高,表面硬度和耐磨性好	一般构件,减摩、耐磨的齿轮、叶轮,一般化工装置,管道、容器等
聚酰胺	PA	即尼龙或棉纶,热塑性塑料:力学性能好	轴套、齿轮、蜗轮、导轨贴面、密封圈等
聚甲醛	POM	热塑性塑料:高密度和高结晶性,性能优于尼龙。	轴承、齿轮、凸轮及仪表外壳、表盘等

续表 3-5

塑料名称	代号	性能特点	用　途
聚碳酸酯	PC	热塑性塑料：抗拉、抗弯、冲击韧度高，有良好的耐热、耐寒性，耐疲劳性不及 PA 和 POM	耐磨、受力、受冲击的机械和仪表零件，透光性好，可用作飞机驾驶室防护玻璃等
聚四氟乙烯	F—4，PTFE	热塑性塑料：化学稳定性极好，亦称为塑料王、特氟隆，加工成型性差，流动性差，只能采用粉末模压	耐蚀件、耐磨件、密封件、高温绝缘件
酚醛塑料	PF	热固性塑料：亦称电木，强度、刚度大，变形小，耐热性、耐蚀性好，电性能好	一般构件、水润滑轴承、绝缘件、耐蚀衬里等，用作复合材料
环氧塑料	EP	热固性塑料：强度高，韧度好，化学稳定性好，绝缘性、耐热、耐寒性好	塑料模具、精密模具、仪表构件，金属涂覆、包封、修补，用作复合材料
聚　砜	PSF	热固性塑料：强度高，弹性模量大，耐热性好，尺寸稳定性好，良好的可电镀性，耐溶剂性差	精密齿轮、凸轮、真空泵叶片，仪表壳体、印刷线路板
聚甲基丙烯酸甲酯	PMMA	热塑性塑料：亦称有机玻璃，高透光率，高强度，高韧性，不易破碎，耐紫外线，易加工，耐磨性差，耐热性差	飞机座舱盖、汽车风挡、仪器仪表防护罩、光学镜片
氨基塑料	MF，UF	热固性塑料：亦称电玉，耐电弧性和电绝缘性良好，耐水、耐热性较好，颜色鲜艳，半透明如玉	适于压缩成型，制作耐电弧的电工零件和防爆电器绝缘件、装饰品、开关、灯座等

2. 橡胶

橡胶是指在使用温度范围内处于高弹态的高分子化合物，具有良好的伸缩性、储能能力、耐磨、隔声和电气绝缘性能，常用于制造高弹性、密封、减振、防振零件。

(1) 橡胶的组成

橡胶是以生胶为原料，加入适量的配合剂，经硫化后形成的高分子弹性体。生胶的来源为天然橡胶和合成橡胶，合成橡胶是将单体聚合而成的高聚物。

(2) 橡胶的主要性能特点

① 高弹性。橡胶网状的分子链互相缠绕，当受拉伸时分子链就伸展，外力去除后，恢复卷曲，这就是高弹性的微观原因。它的弹性模量仅几个兆帕，变形可达 100%～1 000%，而且变形快速可逆。

② 耐磨性。指橡胶抵抗磨损的能力。强度越高，耐磨性越好。

③ 老化。橡胶老化的主要表现是由于大分子链的交联引起的变脆、龟裂或变软。

常用的橡胶性能、特点及应用见表 3-6。

表 3-6 常用橡胶及其性能和用途

类型	橡胶名称	性能特点	用途
通用橡胶	天然橡胶	高的强度和弹性，伸长率为 650%～900%，使用温度为 -50～120 ℃，耐油、耐溶胶性差	轮胎、胶管、胶带，各种日用品
	丁苯橡胶(SBR)	苯乙烯与丁二烯形成的共聚物，性能接近于天然橡胶，耐老化、耐热性优于天然橡胶，使用温度为-50～140 ℃，强度低，粘接性差	轮胎、胶布、胶板等通用橡胶件
	顺丁橡胶(BR)	顺式聚丁二烯橡胶：优异的弹性、耐磨性和耐寒性，使用温度不超过 120 ℃	V 形胶带、轮胎、耐寒运输带等
	丁腈橡胶(NBR)	丁二烯和丙烯腈的共聚物。耐油性、气密性好，较好的耐热性，使用温度为 -35～175 ℃，耐臭氧性、耐寒性较差	输油管，耐油的垫圈、胶辊、皮碗、密封圈
特种橡胶	硅橡胶	一种缩聚物，主链由硅氧原子组成，侧链是碳氢化合物。耐高低温、耐辐射、耐臭氧老化，优异的电绝缘性能，机械强度较低，无毒、无味。使用温度为-70～275 ℃	高温使用的垫圈、密封件，食品及医疗用制品，绝缘制品
	氟橡胶(FPM)	由含氟的单体共聚而成，耐高温，使用温度可达 300 ℃，耐油、耐腐蚀介质	耐蚀件、高级密封件，高真空橡胶制品，特种电线电缆护套等
	聚氨酯橡胶(UR)	氨基甲酸酯的聚合物，高的弹性、耐磨性和强度	胶辊，实芯轮胎，同步齿形带，特种垫圈等

3. 合成纤维

凡能保持长度比本身直径大 100 倍的均匀条状或丝状的高分子材料均称纤维。它可分为天然纤维和化学纤维。化学纤维又可分为人造纤维和合成纤维。人造纤维是用自然界的纤维加工制成，如称“人造丝”、“人造棉”的粘胶纤维和硝化纤维、醋酸纤维等。合成纤维是以石油、煤、天然气为原料制成的，它发展很快，产量最多的有如下 6 大品种(占 90%)：

① 涤纶(的确良)：具有高强度、耐磨、耐蚀，易洗快干等优点，是很好的衣料纤维。

② 尼龙(棉纶)：其强度大、耐磨性好、弹性好，但耐光性差。

③ 腈纶(奥纶、开米司纶)：柔软、轻盈、保暖，有人造羊毛之称。

④ 维纶：原料易得，成本低，性能与棉花相似且强度高，但是弹性较差，织物易皱。

⑤ 丙纶：后起之秀，发展快，纤维以轻、牢、耐磨著称，但可染性差，且晒后易老化。

⑥ 氯纶：难燃、保暖、耐晒、耐磨，弹性也好，由于染色性差，热收缩大，限制了它的应用。

三、陶瓷材料

广义的陶瓷材料应包括陶器、瓷器、玻璃、搪瓷、耐火材料等，而传统上说的陶瓷则是陶器和瓷器的总称。陶瓷材料性能的一般特点是：硬度高，抗压强度大，耐磨性优良；塑性、韧性低，脆性大。陶瓷有许多优良的物理、化学性能，如抗氧化、耐腐蚀、耐高温等。此外，某些陶瓷材料还具有能量转换的功能,可用于压电、电光、激光等方面。

陶瓷一般可分为传统陶瓷和特种陶瓷两大类。

传统陶瓷也称普通陶瓷,是采用天然原料如黏土、高岭土、长石和石英等烧结而成,这类陶瓷质地坚硬、不会氧化生锈、不导电,能耐 1 200 ℃高温,加工成型性好,成本低廉,但强度低,高温下易软化。这类陶瓷产量大,广泛应用于电气、化工、建筑、纺织等工业部门,用来制作日用器皿、工作温度低于 200 ℃的耐蚀器皿和容器、反应塔管道、供电系统的绝缘子、纺织机械中的导纱零件等。

特种陶瓷是指各种新型陶瓷,它是以人工化合物为原料制成的,具有某种独特的力学性能、物理性能和化学性能,主要供给特殊工程的需要。例如:高温陶瓷具有高温下强度高、蠕变小、抗氧化、耐磨损等特性,可用于卫星的端头帽、航天器中大热流部件、切削刀具等;功能陶瓷具有机、电、声、热、磁、弹性之间的相互转换和耦合的功能,是现代信息、自动化等工业的基础材料。根据原料成分的不同,可将特种陶瓷分为氧化物陶瓷、氮化物陶瓷、碳化物陶瓷和硼化物陶瓷。

20 世纪初粉末冶金技术的发展使得陶瓷技术与冶金技术有机结合起来,产生一种新型陶瓷材料一金属陶瓷,兼有金属材料与陶瓷材料的特点。硬质合金即是金属陶瓷的一种,它硬度高、耐磨性好、热硬性高、耐蚀性与抗氧化性好、热膨胀率低,一般用来制作切削刀具。

在结构陶瓷发展的同时,种类繁多、性能各异的功能陶瓷也不断涌现。导电陶瓷、压电陶瓷、快离子导体陶瓷、光学陶瓷(如光导纤维、激光材料)、敏感陶瓷(如光敏、气敏、压敏、热敏、湿敏陶瓷)、激光陶瓷、超导陶瓷、陶瓷集成等陶瓷材料在各个领域中正发挥着巨大的作用。

四、复合材料

所谓复合材料,是指由两种及以上不同性质的材料,通过不同的工艺方法人工合成的,各组分间有明显界面且性能优于各组成材料的多相材料。复合材料可以是非金属与金属的复合,也可以是非金属与非金属的复合或金属与金属的复合。复合材料充分发挥组成材料的特点,克服或改善了单一材料的性能缺点,使其既保持组成材料的最佳特性,同时又具有组合后的新性能,使其成为单一材料无法具备的具有特殊性能的工程材料。有些性能往往超过各组成材料的性能的总和,从而充分地发挥了材料的性能潜力。"复合"已成为改善材料性能的一种手段,复合材料已引起人们的重视,新型复合材料的研制和应用也越来越广泛。

1. 复合材料的性能特点

① 比强度、比刚度高。复合材料的比强度、比刚度是各类材料中最高的。如钢的比强度(σ_b/ρ)为 129,比刚度(E/ρ)为 26×10^3,而硼纤维—铝复合材料分别为 370 和 74×10^3。

② 破损安全性好。复合材料过载时,开始只是部分纤维断裂,应力重新分配的结果是使未断纤维将载荷承担起来,零件不至于发生瞬间的断裂。

③ 减振性能好。零件的自振频率与比刚度的平方根成正比。复合材料的比刚度大,使其自振频率很高,故在一般的加载速度或频率下不易发生共振引起的快速断裂。另外,基体的大阻尼、界面对振动的吸收和反射,使其减振性能好。

④ 高温性能好。铝合金在 400 ℃时,其强度仅为室温时的 10%以下;而用碳纤维或硼纤维增强铝,在 400 ℃时强度与弹性模量几乎与室温时相同。

⑤ 成型工艺简单。如玻璃钢用手糊成型时，在模具上（木模或树脂模等）边涂刷树脂边铺放玻璃纤维，然后即可固化成型。

⑥ 耐磨性优良。如 SiC、Al_2O_3 颗粒增强复合材料具有很好的耐磨性。

2. 复合材料的种类

（1）按照基体材料分

① 非金属基复合材料。它又可分为：无机非金属基复合材料，如陶瓷基、水泥基复合材料等；有机非金属材料基复合材料，如塑料基、橡胶基复合材料。

② 金属基复合材料。如铝基、铜基、镍基、钛基复合材料等。

（2）按照增强材料分

① 纤维增强复合材料。纤维增强复合材料是以玻璃纤维、碳纤维、硼纤维等为增强剂，以树脂、金属、陶瓷、橡胶等为基体组成的复合材料，是复合材料中最重要、应用最广泛的一类。纤维增强复合材料的性能主要取决于增强纤维的特性、含量和排布方式。表 3-7 所列为常见的几种纤维增强复合材料的性能特点与应用举例。

表 3-7　纤维增强复合材料的性能特点与用途

名　称	基　体	性能特点	用　途
玻璃纤维复合材料	热固性树脂	俗称玻璃钢，抗拉、抗弯、抗压强度高，冲击韧度高，收缩性小	一般零件，如齿轮、汽车仪表盘，空调器叶片
	热塑性树脂	抗拉、抗弯、抗压、蠕变强度高，密度小，冲击韧度下降，耐热性不高，耐蚀	轻型船体，汽车车身，直升机旋翼，密封元件等
碳纤维复合材料	合成树脂	密度比铝小，抗拉强度比钢高，弹性模量高，摩擦系数小，耐水	叶片、齿轮、轴承，人造卫星与火箭的机架壳体，密封元件
	碳或石墨	耐磨性高，刚度高，强度高，冲击韧度高，化学稳定性与尺寸稳定性好	高温技术材料，导弹鼻锥，飞船前缘，超音速飞机材料
	陶　瓷	高温强度高、弹性模量高、抗弯强度高，可在 1 200～1 500 ℃下长期工作	喷气飞机涡轮叶片等高温材料
	金属（铝、铝锡合金）	弹性模量高、耐磨性好，比强度高	高质量轴承，旋转发动机壳体
硼纤维复合材料	环氧树脂	强度高，硬度与弹性模量高，耐蚀耐水，导热性好，导电性好	航空航天材料，如压气机叶片、直升机螺旋桨叶片等
	金属铝等	400～500 ℃时的高温强度高	航空、火箭技术材料，如推进器、涡轮机等
碳化硅纤维复合材料	合成树脂	强度极高，高温化学稳定性好，使用温度可达 1 370 ℃	航空航天材料，如涡轮机叶片

② 层叠复合材料。层叠复合材料由两层或多层不同材料层叠复合而成。层叠复合材料可使强度、刚度、耐磨、耐蚀、绝热、隔声、密度等性能得到改善。

典型的双金属复合材料是以碳钢为基层、不锈钢为覆层的不锈复合钢板，基层的碳钢有良好的机械性能，覆层的不锈钢有良好的耐蚀性，广泛用于制作化工设备。另外，也可以用塑料作为覆层代替不锈钢，制成复合钢板，从而使设备的造价大大降低。用钢作为基体，塑料作为覆层，在中间夹以青铜则可制成高强度、高耐磨性的耐磨材料，可制作无油或少油润滑的轴承、垫片、球头座等磨损件。

③ 细粒增强复合材料。在基体材料中均匀分布一种或多种大小适宜的增强粒子所获得的高强度材料称为细粒增强复合材料。细粒增强复合材料的基体可以是金属，也可以是非金属；增强粒子有金属粒子也有非金属粒子，增强的效果取决于增强粒子的尺寸。一般来说，粒子的尺寸越小，增强效果越明显。粒子直径在 0.01～0.1 μm 的称为弥散强化材料，粒子直径在 1～50 μm 的称为颗粒增强材料。

将陶瓷微粉散于金属基体中制得的金属陶瓷具有强度高、耐磨损、耐腐蚀、耐高温的特性，克服了一般金属材料高温强度低的弱点，是优良的工具材料。如氧化铝金属陶瓷，用作高速切削刀具材料和高温耐磨材料；钴基碳化钨金属陶瓷（硬质合金）用作刀具材料、拉丝模、阀门件等。

将石墨粉散于铝合金液体中浇注而成的复合材料、铅粉加于氟塑料中制成的复合材料都有密度小、减磨性好和减振性好的特性，是新型的轴瓦材料。

④ 骨架复合材料。骨架复合材料有多孔浸渍材料和夹层结构材料两类。以多孔材料为骨架，浸渍油脂或氟塑料制成的骨架复合材料可用于制作轴承；夹层结构材料是用两层薄而强的面板，其间夹一层轻而弱的芯子构成的，芯子连接两层面并保持两板间的距离。面板的材料可以是纸、木材、金属、塑料等，芯子的材料可以是纸、棉布、石棉布、金属箔等。面板与芯子一般用胶黏剂黏结。夹层结构材料具有质轻、比强度和比刚度高、表面光滑等特点。如用泡沫塑料作为芯子材料具有良好的绝热、隔音等性能；如用石棉蜂窝结构的芯子，则具有耐高温、防火等性能。所以，夹层结构材料主要用作运输容器、发动机罩、防火隔板、隔声板等的材料。

在上述 4 类增强材料中，以纤维增强复合材料发展最快、应用最广。

五、现代结构材料

1. 功能材料

功能材料是指具有特殊的电、磁、光、热、声、力、化学性能和理化效应的各种新材料，用以对信息和能量的感受、计测、传导、输运、屏蔽、绝缘、吸收、控制、记忆、存储、显示、发射、转化和变换的目的。功能材料是现代高新技术发展的先导和物质基础。

按材料的功能特点，功能材料可分为力功能材料、声功能材料、热功能材料、光功能材料、电功能材料、磁功能材料、化学功能材料、核功能材料、生物医学功能材料等。

（1）传感器用敏感材料

传感器通常由敏感元件和转换元件所组成。敏感材料按物理、化学和结构特性可分为半导体、陶瓷、有机聚合物、金属、复合材料等；按功能可分为力敏材料、热敏材料、气敏材料、湿敏材料、声敏材料、磁敏材料、电化学材料、电压敏材料、生物敏感材料等。

（2）电功能材料

电功能材料是指主要利用材料的电学性能和各种电效应的材料，包括导电材料、超导电材料、电阻材料、电接点材料、电绝缘材料、电容器材料、电压材料、热释电材料和光导电材料等。电功能材料广泛用于电气工程、电子技术和仪器仪表等领域。

（3）磁功能材料

磁功能材料主要利用材料的磁性能和磁效应，实现对能量和信息的转换、传递、调制、存储、检测等功能。按其化学成分，通常分为金属磁性材料(包括金属间、化合物)和铁氧体(氧化物磁性材料)两大类。在工程技术中，常按材料的磁性能、功能和用途将磁功能材料大致分类为软磁材料(如变压器磁芯、电感磁芯、磁头磁芯等)、磁记录材料、磁记忆材料、热磁效应、磁致伸缩、磁光效应、永磁材料等，它们广泛用于机械、电力、电子、电信、仪器、仪表等领域。

(4) 能源材料

新能源材料是指在开发、利用新能源(如太阳能、地热能、潮汐能、原子能等)和提高传统能源利用率的技术中起关键作用的材料，包括各种能量转换材料、储能材料、能量运输材料等。

(5) 光学功能材料

光学功能材料的发展与信息技术密切结合，主要功能有光的发射和传输、光信息转换、存储、显示、计算和光的吸收。光学晶体已成为光信息转换、存储及光计算领域的重要功能材料。光传递的信息容量是同轴电缆的 10 万倍。一束激光可传输 100 亿路电话或 1 000 万套电视节目。光导纤维已达到传光 2 000 km 时功率损耗只有 4.2 dB 的水平。世界上第一条长达 6 684 km 的跨大西洋海底光缆(TAT-8 工程)业已完工，最多可同时通 4 万条话路。光导材料是高纯度石英玻璃与磷或锗的掺杂物，其中继距离是几百千米，2000 年后已达到 2 500 km。光记录材料具有容量大、密度高、存取快速、可存储数字和图像信息的特点，在计算机领域发展迅速。显示显像材料以可见方式显示信息。光吸收材料最重要的应用是隐身材料，雷达吸波材料用于减少雷达对飞行器等的可探测性，达到隐身目的。红外隐身、可见光隐身、声隐身等材料均在发展。

(6) 热功能材料

具有独特热物理性能和热效应的材料称为热功能材料，用于制作发热、制冷、感温元件，或作为蓄热、传热、绝热介质，应用于各技术领域。当材料同时兼有优良的热传导、电导和适当的热膨胀特性和强度性能时，又可用来制作集成电路、电子元器件等的基板、引线框架、谐振腔、双金属片等。

(7) 力学、声学功能材料

力学、声学功能材料是指主要利用物质的弹性、超弹性、内耗性、形状记忆效应、磁致伸缩效应、电致伸缩效应等，制造弹性元件、发声发振元件、形状记忆元件、智能元件、减振和吸声装置等。力学、声学功能材料包括弹性合金、减振合金、吸声材料、乐器材料、电声材料、超声材料、形状记忆材料等，广泛应用于仪器仪表、机械制造、声学工程等各领域。

2. 纳米材料

纳米(nanometer)是一个长度单位，单位符号为 nm，1 nm＝10^{-9} m。纳米科学技术是 20 世纪 80 年代末诞生并蓬勃发展的一种高新技术。它是在纳米尺寸范围内通过直接操纵和安排原子、分子而创造新物质。纳米技术是一门多学科交叉的、与基础研究和应用开发紧密联系的高新技术，如纳米生物学、纳米电子学、纳米化学、纳米材料学和纳米机械学等新学科。纳米不仅是一个空间尺度上的概念，而且是一种新的思维方式，即生产过程越来越细，以至于在纳米尺度上直接由原子分子的排布制造具有特定功能的产品。

纳米材料分为两个层次，即纳米超微粒子与纳米固体材料。纳米超微粒子，指的是粒子尺寸为 1～100 nm 的超微粒子：纳米固体材料，指的是由纳米超微粒子制成的固体材料，通常人们把组成相或结构控制在 100 nm 以下长度尺寸的材料称为纳米材料。纳米超微粒子是介于原子、分子与块体材料之间的尚未被人们充分认识的新领域。纳米材料是纳米科技的重要组成部分。

纳米材料按其结构可以分为 4 类：具有原子簇和原子束结构的称为零维纳米材料；具有纤维结构的称为一维纳米材料；具有层状结构的称为二维纳米材料；晶粒尺寸至少一个方向在几个纳米范围内的称为三维纳米材料；还有就是以上各种形式的复合材料。

纳米材料的应用前景非常广阔，世界各国先后对这种新型材料给予了极大的关注，在世界范围内出现了一门全新的科学技术，即纳米技术，它包括纳米材料、纳米生物学、纳米电子学、纳米机械学，从而使其在机械、电子、冶金、宇航、化工、生物及医学领域得到了应用。如利用纳米 Al_2O_3 的高强度和高硬度将其作为耐磨材料、刀具材料以及纳米复合材料的增强体；在化工领域，纳米粒子加人化纤制品以防静电；在医学领域，数层纳米粒子包裹的智能药物进入人体主动搜索癌细胞，修补损伤组织，纳米诊断仪通过少量血流中的蛋白质及 DNA 诊断疾病，纳米 Al_2O_3、纳米 ZrO_2 由于生物相容性好、耐磨损、强高度、韧性比常规材料高等特性，可用来制作人工关节、人工骨、人工齿根等；在超导材料领域，有些纳米金属（如 Nb，Ti 等）和合金（如 Nb-Zr，Nb-Ti 等）具有超导性（超导临界温度最高只有 23 K），而纳米氧化物超导材料的临界温度可达 100 K 以上。在材料科学领域，抗辐射的纳米材料加人纤维可制成防紫外线电磁波的纳米服装；应用纳米技术与纳米材料制成的抗菌、保暖及保健产品也已面世。

第三节　钢的热处理

钢的热处理是改善钢的使用性能和加工工艺性能的一种非常重要的工艺。选择正确先进的热处理工艺，对提高产品质量、延长机器和仪器的工作寿命等具有重要的意义。

所谓钢的热处理，是指将钢在固态范围内加热到给定的温度，经过保温，然后按照选定的速度冷却，以改变其内部组织，从而获得所要求的性能的工艺过程。热处理一般不改变零件的形状和尺寸，并且除表面化学热处理外，也不改变零件的化学成分，而主要是通过改变钢的内部组织，来获得所需要的性能。各种热处理的工艺过程都是由加热、保温、冷却 3 个阶段组成。热处理可分为 3 种类型：整体热处理、表面热处理和化学热处理。

热处理可以是中间工序，也可以是最终工序。

一、整体热处理

所谓钢的整体热处理工艺，是指对零件进行穿透性加热，以改善零件的整体组织和性能。

1. 退火

退火是将零件加热到适当的温度，经保温一段时间后，随炉缓慢冷却至室温的热处理工艺。

退火的目的主要有以下几点：

① 降低钢的硬度，有利于切削加工，提高塑性，有利于冷变形加工。

② 细化晶粒，消除因铸、锻、焊引起的组织缺陷，均匀钢的组织及成分，改善钢的性能或为以后的热处理做准备。

③ 消除钢中的内应力，防止变形和开裂。

根据退火的工艺特点和目的的不同，常用的退火工艺有完全退火、等温退火、球化退火、去应力退火和均匀化退火等。

(1) 完全退火

完全退火又称重结晶退火，是指将钢加热到 Ac_3 +(30～50)℃，保温一定时间，然后随炉缓慢冷却，获得接近平衡组织的退火工艺。

完全退火一般用于亚共析钢的锻件、铸件、热轧型材及焊接件等，主要目的是降低钢的硬度，有利于切削加工；消除内应力，防止变形和开裂，细化晶粒，改善组织，提高钢的力学性能，为最终热处理做组织准备。对于一些不重要的零件，也可作为最终热处理。

(2) 球化退火

球化退火是指将钢材加热到 Ac_3 +(20～30)℃，保温一定时间，然后缓慢冷却，使钢中碳化物球状化的退火工艺。其主要适用于共析钢和过共析钢，如碳素工具钢、合金工具钢、轴承钢等，主要目的是降低硬度，改善切削加工性能，并为淬火做组织准备。

球化退火的组织是在铁素体的基体上均匀分布着球状或颗粒状碳化物，称为球状珠光体。与片状珠光体相比，不但硬度低，便于切削加工，而且在淬火加热时，奥氏体晶粒不易粗大，冷却时工件变形和开裂倾向小。

如过共析钢有网状碳化物存在，则必须在球化退火前先行正火，将其消除，才能保证球化退火正常进行。另外，对于一些需要进行冷塑性变形(如冲压、冷镦等)的亚共析钢，有时也可采用球化退火。

(3) 等温退火

等温退火是将钢加热到 Ac_3 +(30～50)℃(亚共析钢)或 Ac_1 +(30～50)℃(过共析钢)，保温一段时间，以较快速度冷却到珠光体转变温度区间内的某一温度，经等温保持使奥氏体转变为珠光体组织，然后出炉空冷的退火工艺。

等温退火主要用于高碳钢、高合金钢及合金工具钢等，目的与完全退火或球化退火基本相同，但退火后组织粗细均匀，性能一致，生产周期短，效率高。

(4) 去应力退火

去应力退火是指将钢加热到 Ac_1 以下某一温度(一般为 500～650 ℃)，经适当保温后，缓冷到 300 ℃以下出炉空冷的退火工艺。由于加热温度低于 Ac_1，因此在整个处理过程中不发生组织转变。其主要目的是为了消除由于塑性变形、焊接、铸造、切削加工等所产生的残余应力。

(5) 均匀化退火

均匀化退火又称为扩散退火，是指将钢加热到熔点以下 100～200 ℃(通常为 1 050～1 150 ℃)，保温 10～15 h，然后进行缓慢冷却的退火工艺。其主要目的是为了消除或减少成分或组织不均匀，一般用于质量要求较高的钢锭、铸件或锻件的退火。由于加热温度高、时间长，晶粒必然粗大，因此必须再进行完全退火或正火，使组织重新细化。

2. 正火

正火是将零件加热到临界温度以上，经保温一段时间后，从炉内取出后在空气中冷却至室温的热处理工艺，又称为常化处理。亚共析钢的正火加热温度为 Ac_3 +(30～50)℃；而过共析钢的正火加热温度则为 Ac_{cm} +(30～50)℃。

正火主要应用于以下几个方面。

(1) 消除网状二次渗碳体

所有的钢铁材料通过正火，均可使晶粒细化。而原始组织中存在网状二次渗碳体的过共析钢，经正火处理后可消除对性能不利的网状二次渗碳体，以保证球化退火质量。

(2) 作为最终热处理

对于力学性能要求不高的结构钢零件，经正火后所获得的性能即可满足使用要求，可用正火作为最终热处理。

(3) 改善切削加工性能

对于低碳钢或低碳合金钢，由于完全退火后硬度太低，一般在 170 HB 以下，切削加工性能不好。而用正火，则可提高其硬度，从而改善切削加工性能。所以，对于低碳钢和低碳合金钢，通常采用正火来代替完全退火，作为预备热处理。

退火与正火二者在工艺上的主要区别是：前者一般随炉冷却，后者一般在空气中冷却。退火处理和正火处理的主要目的在于降低零件的硬度，消除零件在前一工序中产生的内应力，提高塑性和韧性，为下一道工序做好组织与性能的准备等。所以，退火与正火是一种先行工艺，具有承上启下的作用，又被称为预备热处理。由于正火处理是在空气中冷却，冷却速度比退火处理要快，因此同一零件经正火处理后，比退火处理后的晶粒要细，强度和硬度要高，而且钢的含碳量越高差别越大。低碳钢退火后硬度偏低，切削加工表面粗糙，而正火后可获得合适的硬度，改善了切削性能。正火处理冷却时不需占用设备，故生产率高，所以低碳钢多采用正火处理代替退火处理。

3. 淬火

淬火是将钢加热到 Ac_3 或 Ac_1 以上的某一温度，保温一定时间，然后在介质（水、碱水、盐水、油等）中急速冷却，以获得马氏体或下贝氏体等高硬度组织的热处理工艺。淬火的目的主要是提高零件的硬度，是钢的最重要的强化方法。水的冷却能力较强，一般非合金钢多采用水淬火，称为水淬；油的冷却能力较低，合金钢多采用油淬火，称为油淬。

(1) 淬火加热温度

淬火加热温度主要是根据钢的化学成分和临界点来确定的碳钢的淬火加热温度。

亚共析钢淬火加热温度一般在 $Ac_3+(30\sim50)$℃，淬火后可获得细小的马氏体组织。

共析钢和过共析钢淬火加热温度一般在 $Ac_1+(30\sim50)$℃。淬火后可获得细小马氏体和粒状渗碳体，残余奥氏体较少。这种组织硬度高、耐磨性好，而且脆性也较小。

(2) 淬火保温时间

为了使工件内外各部分均完成组织转变、碳化物溶解及奥氏体的均匀化，必须在淬火加热温度保温一定的时间。在实际生产条件下。工件保温时间应根据工件的有效厚度来确定. 并用加热系数来综合的表述钢的化学成分、原始组织、工件的尺寸形状、加热设备及介质等多种因素的影响

(3) 淬火冷却介质

淬火冷却的目的是为了得到马氏体，因此淬火冷却速度必须大于临界冷却速度。但冷却速度过快时，零件内部会产生很大的内应力。由于容易造成变形开裂，因此必须选择合适的淬火冷却介质。

理想的淬火介质应该是工件既能淬火得到马氏体，又不致引起太大的淬火应力。目前，

生产中常用的淬火冷却介质有水、盐或碱水溶液、油、熔盐和熔碱等。

① 水。水的冷却能力较大，且来源广、价格低、成分稳定不易变质.是应用最为广泛的淬火冷却介质。其主要适用于截面尺寸不大、形状简单的碳钢工件的淬火冷却。

盐水和碱水。在水中加入 5%～10%的 NaCl 或 NaOH，可以提高介质在高温区的冷却能力，但在 200～300 ℃范围的冷速仍很快，而且介质的腐蚀性大。因此，盐水和碱水一般只能用于截面尺寸较大、形状简单的碳钢工件，淬火后应及时清洗并进行防锈处理。

② 油。油也是一种在生产中应用广泛的淬火冷却介质，一般采用各种矿物油作为淬火介质，如机油、变压器油和柴油等。油在 200～300 ℃范围的冷却速度较低，有利于减少零件的变形和开裂；但在 500～600 ℃范围的冷却能力不足。因此，油主要适用于合金钢和截面尺寸较小的零件的淬火。淬火时油温不能过高，以免起火，一般控制在 40～80 ℃。

③ 熔盐和熔碱。熔盐和熔碱在高温区间冷却能力较强，而在接近介质温度时冷却速度迅速降低，可大大减少零件的变形和开裂，适用于形状复杂、变形要求较严格、尺寸较小的零件。因此，熔盐和熔碱一般用作分级淬火和等温淬火的冷却介质。

近年来又有聚二醇、三硝水溶液等新的淬火冷却介质在生产中得到应用，取得了良好的效果，但目前还没有找到完全理想的淬火介质。

(4) 淬火方法

根据冷却方式的不同，淬火方法主要有单液淬火、双液淬火、分级淬火和等温淬火等。

① 单液淬火。单液淬火就是将钢件奥氏体化后，在单一淬火介质中一直冷却到室温的淬火方法。常用介质有水和油。单液淬火操作简单有利于实现机械化和自动化。一般情况下，碳钢在水中淬火，合金钢在油中淬火。

② 双液淬火。双液淬火就是将钢件奥氏体化后，先浸入一种冷却能力强的介质，当接近 Ms 温度时，迅速转入另一种冷却能力弱的介质中进行马氏体转变的淬火方法，如先水后油、先水后空气等。双液淬火的关键是控制好在第一种介质中的冷却时间，但在生产中往往依靠工人经验把握，人为因素影响较大，质量不易控制。主要用于形状复杂的高碳钢和尺寸较大的合金钢零件

③ 分级淬火。分级淬火就是将钢件奥氏体化后，先浸入温度稍高或稍低于 *Ms* 温度的液态介质(盐浴或碱浴)中，保持适当时间，待钢件整体达到介质温度后取出空冷，以获得马氏体组织的淬火方法，又称为马氏体分级淬火。分级淬火能有效地减小工件淬火的变形、开裂倾向。这种淬火方式适用于变形要求高的合金钢和高合金钢工件，也可用于截面尺寸不大、形状复杂的碳钢工件。

④ 等温淬火。等温淬火就是将钢件奥氏体化后，快速冷却到贝氏体转变温度区间(260～400 ℃)等温保持，使奥氏体转变为下贝氏体，然后取出空冷的淬火方法，又称贝氏体等温淬火。等温淬火后，零件强度高，韧性、塑性较好，应力和变形都很小，不会出现淬火裂纹，常用于变形要求严格并要求具有良好强韧性的精密零件和小型工模具。

4. 回火

回火是将淬火钢加热到 Ac_1 以下的某一温度，保温一定的时间，然后冷却到室温的热处理工艺。

(1) 回火的目的

① 降低脆性，降低或消除内应力。淬火后必须及时回火以防止工件变形和开裂。

② 调整力学性能，使工件满足使用要求。工件淬火后其有较高的硬度，但塑性和韧性较差，为了满足各种工件的不同要求，可通过适当的回火，获得所需的力学性能。

③ 稳定组织和尺寸。淬火马氏体和残余奥氏体都是不稳定的组织，通过回火使其转变为稳定的回火组织，使工件在使用过程中不发生组织转变，从而保证下件的形状、尺寸不再变化。

（2）回火的分类及应用

按加热温度的不同，回火可分为低温、中温和高温回火 3 类。

① 低温回火。回火温度在 150～250 ℃，回火后的组织为回火马氏体，其硬度一般为 58～64 HRC(低碳钢除外)。由于回火马氏体具有高的硬度和耐磨性以及高强度，同时经低温回火能适当降低淬火应力，减小脆性，因此低温回火主要用于高碳钢制工件(如刀具、量具、冷变形模具、滚动轴承件)以及渗碳件和高频淬火件等。

② 中温回火。回火温度在 300～500 ℃，回火后组织为回火托氏体，其硬度一般为 35～15 HRC。淬火钢经中温回火后除了保持较高的硬度和强度以及足够的韧性外，其弹性极限也达到了极大值。因此，中温回火广泛地应用于各类弹簧件，也可用于某些模具(如塑料模等)以及要求较高强度的轴、轴套和刀杆等。

③ 高温回火。回火温度在 500～650 ℃。回火后的组织是回火索氏体，其硬度一般为 23～35 HRC。回火索氏体组织既具有一定的硬度、强度，也具有良好的塑性和韧性，即有好的综合力学性能，广泛用于各种重要的结构零件，尤其是在交变载荷下工作的零件，如汽车、拖拉机、机床上的连杆、连杆螺钉、齿轮和轴类零件等。

生产中通常把钢件淬火＋高温回火的热处理工艺称为调质。与正火相比，钢件经调质处理后，不仅强度较高，塑性和韧性也明显提高。这是由于回火索氏体中的渗碳体含有粒状，可起到一定的弥散强化作用；而正火得到的索氏体中的渗碳体呈片状，对塑性变形产生不利影响。因此，重要的结构零件均进行调质而不是正火。

回火冷却一般在空气中进行，操作简便。

二、表面淬火

在交变载荷或冲击载荷作用下工作的零件，要求表层具有高的强度和硬度，而心部则具有一定的韧性。表面淬火是将零件的表层快速加热到一定的温度，待热量还没传导到零件心部时，快速冷却到室温，而其心部仍保持未淬火状态的一种热处理工艺。表面淬火的目的在于获得高硬度的表面层，有利于残余应力的分布，以提高零件的耐磨性和疲劳强度。表面淬火采用的快速加热方式很多，目前应用较多的是火焰加热、电感应加热和激光加热。

三、化学热处理

化学热处理是将零件放置在活性介质中加热到一定温度并保温，介质分解出一种或几种元素渗入零件的表层，以改变其表层的化学成分、组织和性能的热处理工艺。化学热处理的目的，一般都是使零件表层获得高的硬度和疲劳极限，提高耐磨性及防腐蚀性能等。

零件渗入元素不同，可使其具有不同的性能。如渗碳或碳氮共渗可以提高零件表面的硬度、耐磨性及疲劳极限(适用于含碳量 0.10%～0.25%的非合金钢或合金钢零件)；渗氮、渗硼可使零件的表面硬度很高，显著提高零件的耐磨性和耐腐蚀性能；渗硫可提高减摩性；渗硅可以提高耐酸性等。此外，还可以硫氮共渗，也可以三元共渗，如碳、氮、硼共渗。

为使零件表层具有高性能，也可以向非合金钢或低合金钢零件的表层渗入金属元素(如

Al,Cr,Zn,Ti,V,W,Mn,Sb,Be,Ni 等)的活性原子(由含有渗入金属的介质分解产生),然后由于扩散作用逐渐向零件的内部渗入,使其表面层合金化,从而具有特殊的高性能。

四、热处理新技术

1. 真空热处理

真空热处理是目前热处理技术发展的热点。真空热处理包括真空淬火、真空回火、真空退火和真空化学热处理(如真空渗碳、真空渗氮等),它具有表面不氧化、不脱碳、真空脱气、脱脂、表面光洁、变形小、环保、自动化程度高等优点。

2. 可控气氛热处理

热处理炉内的气体混合物的成分可控制在预定范围内时称为可控气氛。控制炉内的气体混合物的成分,可达到渗碳、碳氮共渗、防止氧化脱碳、光亮淬火等目的。

3. 离子注入

离子注入是将被注入元素的原子利用离子注入机电离成正离子,经高压电场作用后强行注入材料表面,使其产生力学、化学性能的优化的工艺方法。由于注入过程是依赖于离子的高运动能量而不是热能渗入到工件表面,故其最大优点是处理温度低,不存在变形问题,即使是精密零件,其几何尺寸一般都无变化。离子注入层相对于基体没有突变界面,不存在剥落问题。只改变材料的表面特性,而不改变材料基体内部组织和性能。

离子注入已应用于模具、刀具、轴承、人工关节等的表面处理,可使使用寿命提高几倍到几十倍。

4. 激光热处理

激光热处理是利用激光器发出能量密度极高的激光,以扫描方式快速加热工件表面而达到淬火的目的。由于加热体积很小,可以靠工件本身传热自冷淬火,因而不需要另用淬火介质。又由于激光加热层薄,速度快,因而变形也非常小。目前,国内主要用于需增加表面耐磨性的工件热处理。

复习思考题

1. 什么是材料的强度、硬度、塑性?它们各有哪些主要指标?
2. 什么是材料的冲击韧度?怎样衡量其大小?
3. 说明下列金属材料牌号的含义及主要用途。

   Q235　QT600—03　45　T10　40Cr　RuT420　ZG270—500　HT250
4. 退火和正火的主要区别是什么?
5. 什么是淬火?淬火后的工件性能发生什么变化?
6. 什么是调质处理?调质后的工件在力学性能上有何特点?

第四章
热加工基础

铸造、锻压、焊接等材料成型工艺通常被称为热加工工艺，它不仅为机械零件提供了毛坯，而且决定了材质的内在质量，是机械制造工艺过程中的一个重要环节，所以掌握一定的热加工知识是非常必要的。

本章主要介绍铸造、锻压、焊接等热加工工艺的工艺特点、主要设备、适用范围等。

第一节　铸造生产

一、概述

机械设备都是由符合技术要求的零件或部件组装的，而所有零件或部件则都直接来源于毛坯或毛坯加工的产品。毛坯生产在整个机器制造过程中处于极为重要的环节。

根据零件的工作条件及技术经济要求，毛坯主要可以通过 4 类不同的生产方法来制造，即：铸造（液态成型）、压力加工（塑性成型）、焊接、粉末冶金。

将液态金属浇注到与零件的形状和尺寸相适应的铸型空腔中，待其冷却凝固，以获得毛坯或零件的生产方法，称为铸造。用于铸造的金属统称为铸造合金。铸造在机械制造中的应用十分广泛，铸造获得的毛坯或零件称为铸件，铸件一般需经机加工后才能使用。铸造方法包括两大类：砂型铸造和特种铸造。其中砂型铸造是最常用的方法。

1. 铸造的优点

① 成型方便。铸造成型方法对工件的尺寸形状几乎没有任何限制，可以制成形状复杂、特别是具有复杂内腔的毛坯。因此，形状复杂或大型机械零件一般采用铸造方法初步成型，在各种批量的生产中，铸造都是重要的成型方法。

② 适应性强。工业中常用的金属材料，如碳素钢、合金钢、各种铸铁、铸钢、青铜、黄铜、铝合金、高分子材料和陶瓷材料等，都可以用于铸造。

③ 成本较低。铸造所用的原材料来源广泛，价格低廉，设备投资小，铸件成本较低。

因此，铸造方法是最常用的毛坯生产手段之一，广泛应用于机器制造业中。现代各种类型的机器设备中，铸件仍占很大比重。例如，在机床、内燃机中，铸件占机器总重量的 70%～80%；在农机中占 40%～70%。

2. 铸造的缺点

① 铸造生产过程较复杂，工序多，影响铸件质量的因素较多，所以废品率较高。特别是手工造型，劳动强度大，生产率低，铸件质量不够稳定。

② 由于铸件质量问题不仅涉及铸型工艺，还与铸型材料、模具、合金种类、合金熔炼及浇注等因素密切相关，而这些因素在生产过程中较难综合、精确地控制，所以铸件一般较容易出现成分和组织不太均匀、晶粒较粗、缩孔、缩松、气孔、夹渣、砂眼等缺陷，使铸件的力学性能一般不如锻件高。因此，受力不大或承受静载荷的机械零件，如箱体、床身、支架等零件常采用铸造毛坯。

随着铸造技术的不断发展，只要控制好每个生产环节和正确选择相关的铸造方法，这些问题已经或正在逐步得到改善和解决。

3. 铸造分类

铸造的工艺方法很多，一般习惯将其分为砂型铸造和特种铸造两大类。

① 砂型铸造。当直接形成铸型的原材料主要为型砂，且液态金属完全靠重力充满整个型腔时，这种铸造方法称为砂型铸造。砂型铸造一般可分为手工砂型铸造和机器砂型铸造，前者主要适用于单件小批生产及大型铸件生产，后者主要用于中小型铸件成批大量生产。

② 特种铸造。凡与砂型铸造不同的所有铸造方法，统称为特种铸造。如金属型铸造、压力铸造、离心铸造、熔模铸造、低压铸造等。

二、合金的铸造性能

合金在铸造过程中所表现出来的性能统称为合金的铸造性能，主要是指流动性、收缩性、偏析和吸气性等。

（1）流动性

合金的流动性是指液态合金的流动能力。液态合金的流动性好，充型能力强，能浇出形状复杂、壁薄的铸件，避免产生浇注不足、冷隔等缺陷；有利于金属液中气体和夹杂物的上浮和排除，可减少气孔、砂眼等缺陷；铸件在凝固及收缩过程中，可得到来自冒口的液态金属的补充，可防止铸件产生缩孔、缩松等缺陷。

影响流动性的因素很多，主要有合金成分和浇注条件等。

① 合金成分。不同成分的合金具有不同的结晶特点，其流动性不同。凝固温度范围小的合金流动性较好，共晶成分的合金流动性最好；常用的铸造合金中，铸铁的流动性好，而铸钢的流动性较差。

② 浇注温度。浇注温度越高，保持液态的时间就越长，液态合金的黏度也越小，其流动性也就越好。因此，适当地提高浇注温度，是防止铸件产生浇注不足、冷隔的有效方法之一。

③ 浇注压力。浇注时液态金属所受的压力大，流速大，则流动性好。

④ 铸型。铸型中凡能增加合金液态流动阻力，降低流速和增加冷却速度的因素，均降低合金的流动性。如内浇道横截面小、型腔表面粗糙、铸型材料导热快，铸型排气条件不良等均会使流动性下降。

（2）收缩性

合金在冷却凝固过程中，其体积和尺寸减小的现象称为收缩。合金从浇注温度冷却到室温要经过液态收缩、凝固收缩和固态收缩三个阶段。液态收缩和凝固收缩是铸件产生缩孔的基本原因，固态收缩是产生铸造应力、变形和裂纹的基本原因。

影响收缩的因素主要有以下三方面：

① 化学成分。铸钢随碳的质量分数增加，收缩率增大；灰口铸铁随着碳和硅的质量分数增加，石墨含量增加，收缩率下降。

② 浇注温度。浇注温度升高，收缩率增大。

③ 铸件结构和铸型条件。当铸件在收缩时未受到型砂或型芯阻碍，则易实现自由收缩，收缩率较大。

铸件在凝固过程中，由于补缩不良而产生的孔洞称为缩孔，缩孔的形成过程如图 4-1 所示。液态合金填满型腔后由于铸型的吸热，铸件首先凝结成一层外壳，随后进行的液态收缩和凝固收缩使液面下降。随着温度的降低，凝固外壳逐渐加厚，最后凝固的金属由于得不到液态金属的补缩，在凝固结束后，在铸件的上部形成缩孔。

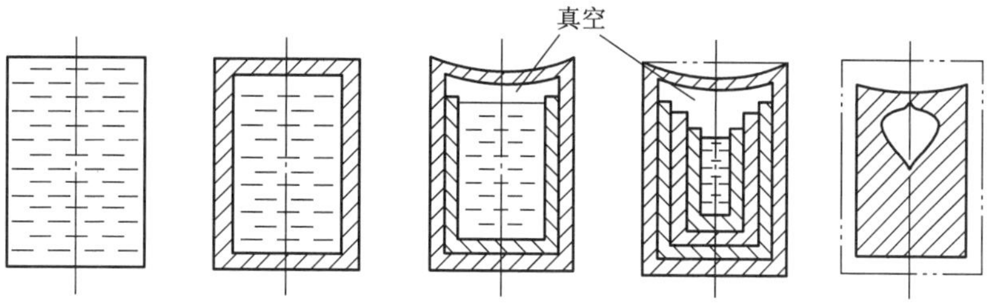

图 4-1　缩孔的形成过程

(a) 充满；(b) 形成硬壳；(c) 形成真空；(d) 真空增大；(e) 形成缩孔

缩松是铸件某一区域中分散、细小的缩孔，缩松的形成过程如图 4-2 所示。

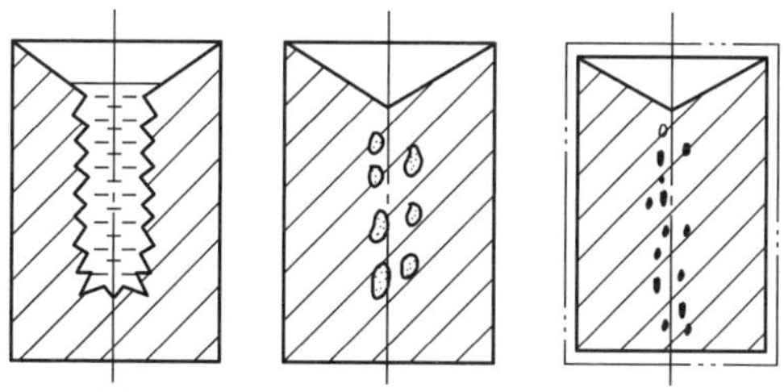

图 4-2　缩松的形成过程

(a) 锯齿形凝固前沿；(b) 形成液体小区；(c) 形成缩松

缩孔、缩松都是由于液态收缩和凝固收缩未得到外来的金属液及时补充所致。缩孔和缩松均使铸件的力学性能降低，缩松还使铸件的致密度下降。

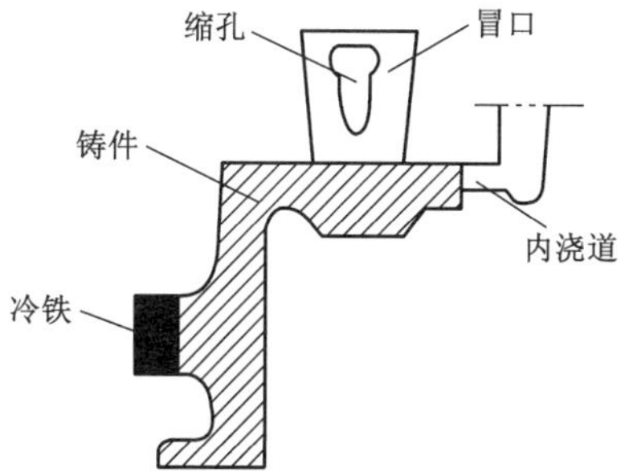

图 4-3　冒口和冷铁

为防止缩孔、缩松的产生，应合理设计铸件的结构，力求避免铸件上有局部金属积聚；在铸型中合理地开设浇注系统、设置冒口和冷铁；对铸件凝固过程进行控制，使之实现顺序凝固。所谓顺序凝固，是指使铸件的凝固按“薄壁—厚壁—冒口”的顺序进行，让缩孔转移到冒口中去，从而获得致密的铸件。图 4-3 所示为冒口和冷铁设置的示意图。冷铁是用铸铁制成的金属块，嵌在铸型中，其作用是使铸件厚壁部位的冷却速度增大，避免缩孔、缩松的产生，冷铁本身并不起补缩作用。

铸造应力。铸件固态收缩受到阻碍而引起的内应力称为铸造应力。按产生的原因，铸造应力分为热应力和机械应力。热应力是由于铸件各部分冷却、收缩不均而引起的，如图4-4 所示；机械应力是由于铸型、型芯等机械阻碍铸件收缩引起的内应力。图 4-5 所示为型芯阻碍铸件收缩的示意，型芯的退让性差，对铸件收缩阻碍较大，使铸件产生内应力。

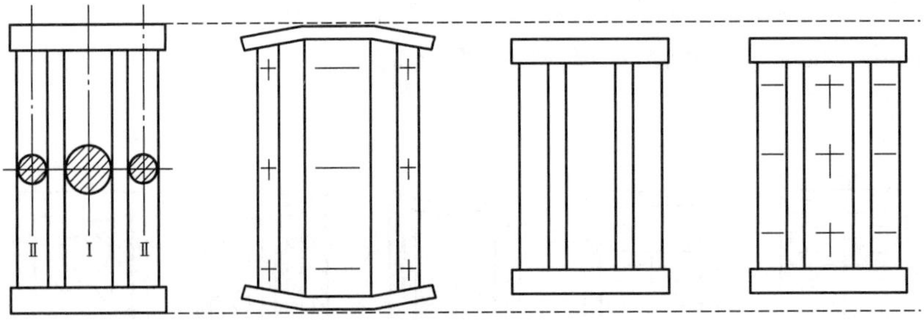

图 4-4　热应力形成过程示意图

铸件变形。对于厚薄不均，截面不对称及细长结构的铸件，当残留铸造应力超过铸件材料的屈服强度时，往往会引起铸件的翘曲变形。

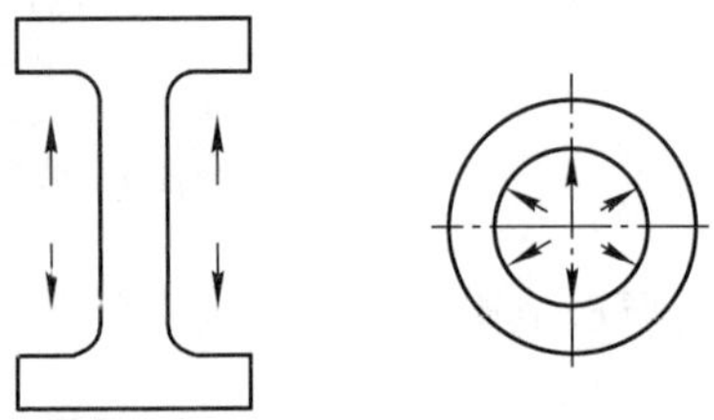

图 4-5　机械应力形成过程示意图

三、砂型铸造

1. 工艺过程

砂型铸造是以型砂为造型材料，用人工或机器在砂箱内造出所需的型腔及必要的浇注系统的一类历史悠久、应用最为广泛的铸造方法。这种铸造方法适用于各种形状、尺寸及各类合金的铸件生产，目前 90%以上的铸件是用砂型铸造方法生产的。图 4-6 为砂型铸造工艺过程示意图。图 4-7 为套筒的砂型铸造过程。

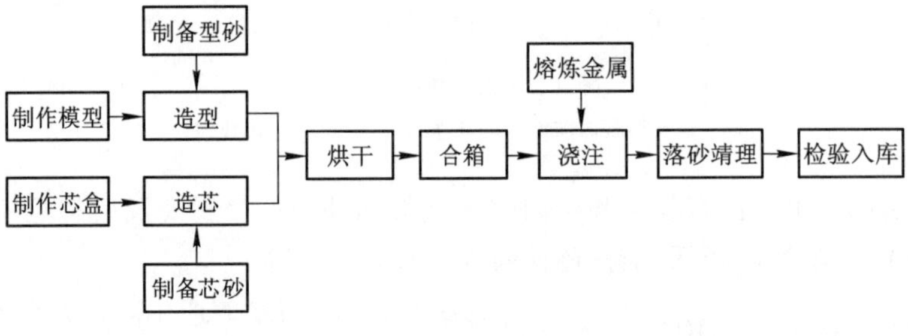

图 4-6　砂型铸造的工艺过程

2. 造型材料

制造铸型和型芯用的材料统称为造型材料，主要指型砂和芯砂，它由砂、黏结剂（黏土、膨润土、合脂）和附加物等组成。造型材料须经混砂机混制才能成为型砂和芯砂。

型砂用于造型，芯砂用于造芯。型砂和芯砂质量的好坏直接影响铸件质量。铸件中出现的气孔、砂眼、黏砂、夹砂、裂纹等缺陷都可能使铸件变为废品，其中 50%以上的废品都与造型材料有关。因此，铸造生产过程必须严格控制型砂和芯砂的质量。

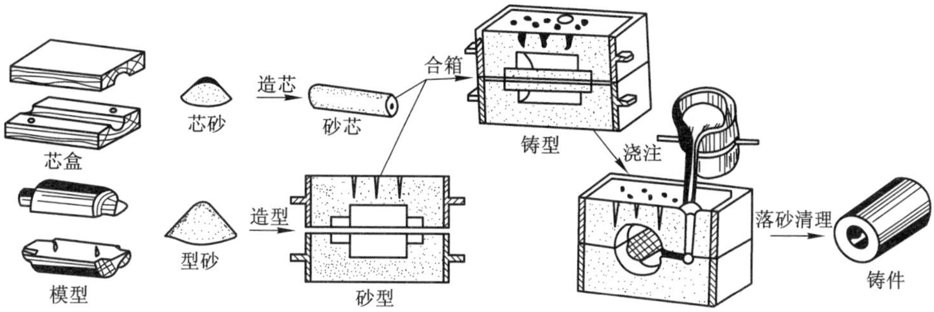

图 4-7　套筒的砂型铸造过程

① 强度。型砂在铸型中承受外力作用而不变形、不破坏的能力称为强度。强度值太低,在铸造、搬运过程中铸型容易损坏和变形;但强度值太高,又会使铸型太硬,透气性和退让性较差,从而阻碍铸件的收缩,并使铸件产生气孔、较大的内应力和裂纹等缺陷。型砂的强度随黏土含量和紧实度的增加而增加,砂的粒度越细强度越高。型砂的含水量对强度也有很大的影响,过多或过少均使强度变低。

② 透气性。砂型在紧实后能使气体通过的能力称为透气性。当金属溶液浇入铸型后,在高温的作用下,砂型中产生大量的气体,金属溶液内部也会分离出气体。如果透气性差,部分气体就留在金属溶液内不能排除,铸件便会产生气孔等缺陷。

③ 耐火性。型砂在高温液态金属作用下,不软化、不溶化烧结及不粘附在铸件表面上的性能称为耐火性。耐火性差会造成铸件表面粘砂,增加清理和切削加工的难度,甚至使铸件报废。

④ 退让性。当铸件冷却和凝固收缩时,型砂被压溃且不阻碍铸件收缩的能力称为退让性。退让性不足,会使铸件的收缩受阻,产生内应力、变形和裂纹等缺陷。在型砂中加入一些附加物(如锯木屑、焦炭粒等)可提高退让性。

⑤ 流动性。型砂在自重和外力的作用下,砂粒之间相互位移的能力称为流动性。流动性好的型砂,容易充满模型周围的空间,且容易舂紧,从而获得松紧度均匀、轮廓清晰的型腔,并可减少舂砂的劳动强度,提高生产率(尤其是手工造型)。

⑥ 可塑性。型砂在外力的作用下产生变形,当去除外力时仍能保持此变形的性能称为可塑性。型砂的可塑性好,则较柔软、易变形,起模性能也好,易于获得型腔清晰的铸型,从而保证铸件的轮廓尺寸。起模时通常在模型周围刷水,就是为了增加局部型砂的水分,以便提高其可塑性。

型芯(砂芯)往往处于高温金属液包围之中,工作条件十分恶劣,极易产生铸件缺陷。所以,对芯砂除上述各项性能要求比型砂更高些外,芯砂还应具有发气性小、出砂性好、吸湿性小等特点,以便保证型芯(砂芯)质量。

3. 造型方法

砂型铸造的方法很多,可分为手工造型和机器造型两大类。

① 手工造型。手工造型是指全部用手工或手动工具完成的造型工序,手工造型按起模特点分为整模造型、挖砂造型、分模造型、活块造型、三箱造型等方法。

手工造型方法比较灵活,适应性强,生产准备时间短,但生产率低,劳动强度大,铸件质量较差。因此，手工造型多用于单件小批生产和大型铸件。在大批量生产中，普遍采用机器造型方法。

② 机器造型。机器造型是指用机器完成全部或至少完成紧砂操作的造型工序。机器造型生产率高，铸件质量稳定，便于组织流水线生产，但设备投资大，只能实现两箱造型，主要用于中小型铸件的成批、大量生产。

四、特种铸造

随着科学技术的发展和生产水平的提高，对铸件质量、生产率、劳动强度及成本等有进一步的要求，传统的制作工艺也因此有了长足的进步。所谓特种铸造，是指有别于砂型铸造方法的其他铸造工艺，主要有金属型铸造、压力铸造、低压铸造、离心铸造和熔模铸造等，目前特种铸造方法已发展到几十种。每一种特种铸造方法在提高铸件精度和表面质量、改善铸件力学性能、提高生产效率、改善劳动条件、降低成本等方面各有其优越之处。近年来，特种铸造在我国发展相当迅速，其地位和作用日益提高。常用的特种铸造方法、特点及适用范围见表 4-1。

表 4-1　常用的特种铸造方法、特点及适用范围

名　称	铸造特点	适用范围
金属型铸造	用铸铁、碳钢或低合金钢等材料制成铸型，铸型可反复使用，又称为永久铸型。铸件组织致密，力学性能好，精度和表面质量较好，IT12 级，$Ra=812.5\sim6.3\ \mu m$，液态金属耗用量少，劳动条件好	适用于大批量生产有色金属铸件，如铝合金活塞、汽缸体、油泵壳体、铜合金轴瓦等
压力铸造	将液态金属在高压下迅速注入金属铸型，并在压力下凝固而获得铸件的铸造方法。其基本特点是：高压高速；铸件有较高的尺寸精度和表面质量，IT13～IT11 级；强度和硬度也较高；尺寸稳定性好；生产率高	适用于大批量生产有色金属的小型、薄壁、复杂铸件，广泛用于汽车、仪表、航空、电器及日用品铸件，以铝、镁、锌等材料为主
低压铸造	它是介于一般重力铸造和压力铸造之间的一种铸造方法。浇注时压力和速度可人为控制，故可适用于各种不同铸型；充型压力及时间易于控制。所以，充型平稳；铸件在压力下结晶，自上而下的定向凝固，铸件致密，精度为 IT11 级；金属利用率高，废品率低	适用于致密性要求高的铸件，如汽油机缸体、汽缸盖、叶片等
离心铸造	将金属液浇人旋转的铸型中，使其在离心力的作用下成型并凝固的铸造方法。铸件致密，无缩孔、缩松、气孔、夹渣等缺陷，力学性能好；铸造中空铸件时可不用型芯和浇注系统；简化了生产过程，节约了金属材料	适宜于流动性较差的合金、薄壁铸件和双金属铸件，如铸铁管、铜套、缸套、双金属盘套等管、盘及套类零件
熔模铸造	用易熔材料（蜡或塑料等）制成精确的可溶性模样，并涂以若干层耐火涂料，经干燥、硬化成整体型壳，加热型壳熔失模样，经高温烧结成耐火型壳，在型壳中浇注铸件。铸件尺寸精度高，可达 IT12～IT9 级，表面粗糙度 $Ra=12.5\sim1.6\ \mu m$，但生产工序繁多，生产周期长，铸件不能太大。熔模铸造是无切削加工的重要方法之一	适用于各种铸造合金和各种批量、难加工材料、形状复杂的小型（质量在 25 kg 以下）铸件，如切削刀具、涡轮叶片、枪支零件、风动工具等

第二节　锻压生产

一、概述

锻压是利用金属的塑性变形的特点对坯料施加外力，以改变坯料的尺寸和形状，并改善其内部组织和力学性能，从而获得所需毛坯或零件的加工方法。

锻压包括锻造和板料冲压，属于金属压力加工的一部分。用于锻压的材料应具有良好的塑性，以保证在锻压加工时能产生较大的塑性变形而不被破坏。常用金属材料中，铸铁塑性很差，在通常条件下不能锻压；低碳钢和大多数有色金属如铜、铝等塑性良好，可以锻压。

锻造是将钢件加热到高温状态后进行加工。经锻造后的金属材料成分更加均匀，内部组织更加致密，承载能力（强度）及耐冲击能力（冲击韧度）都有所提高。故承受重载及冲击载荷的重要零件，如机器的主轴、重要齿轮、连杆、炮管等，多以锻件为毛坯，再经切削加工而制成。

板料冲压是在常温下利用冲床、冲模对板材进行加工。冲压生产的制件具有强度高、刚度高、结构轻等优点。广泛用于汽车制造、电器、仪表及日用品工业等方面。一般常用的金属型材、板材、管材和线材等原材料，大都是通过轧制、挤压、拉拔等方法制成的。

锻压生产有如下特点：

① 改善金属组织，提高其力学性能。锻压可以压合铸造组织中的内部缺陷，使组织致密，从而显著提高金属的力学性能。

② 可以形成并控制金属的纤维方向使其沿零件轮廓合理分布，提高零件的使用性能。

③ 可以节省金属材料和切削加工工时，提高材料的利用率和经济效益。用锻压加工坯料，再经切削加工成为零件，要比直接用坯料进行切削加工省材和省时。

④ 锻压加工的适应性很强。锻压件可以是小到几克的表针、大到几百吨的大轴；可单件小批生产，也可成批生产。

⑤ 相对于铸件而言，锻件毛坯形状较简单，形状复杂的工件难以锻造成型。

综上所述，锻压不仅是零件成型的一种加工方法，还是改善材料组织性能的一种加工手段。在机械制造业中，许多重要零件（如轴类、齿轮、连杆、切削刀具等）都是采用锻压的方法成型的。

二、锻造

在冲击力或静压力的作用下，使热锭或热坯产生局部或全部的塑性变形，从而获得所需形状、尺寸和性能的加工方法称为锻造。锻造分为自由锻、模锻及胎模锻。

1. 自由锻

自由锻造简称自由锻，是利用工具或直接在锻造设备的上、下砧铁间使坯料变形获得锻件的加工方法。由于锻造时金属在变形过程中只有部分表面受工具限制，其余表面为自由变形，故称为自由锻。

锻件的形状和尺寸靠锻工翻动坯料及控制机器对坯料施加压力来保证。自由锻的原材料可以是轧材（中、小型锻件）或钢锭（大型锻件）。自由锻具有较大通用性，能够锻造各种大小的锻件。但金属损耗大，常用于生产形状简单批量小的锻件，也是特大型锻件的唯一生产方法，对于大型锻件（如冷轧辊、水轮机主轴、多拐曲轴等）只能采用自由锻，以获得好的力学性能。因此,自由锻在重型机器制造中占有重要地位。

不足之处是锻件精度较低、生产率低,劳动条件相对较差。

(1) 自由锻的主要设备

自由锻的设备有锻锤和液压机两大类。锻锤是以冲击力使坯料变形的,设备规格以落下部分的质量来表示。常用的有空气锤和蒸汽—空气锤。空气锤的吨位较小,只有65～750 kg,用于锻造小型锻件;蒸汽—空气锤吨位较大,可达1.5 t,用于锻造中型锻件。液压机是以液体产生的静压力使坯料变形的,设备规格以最大压力来表示。常用的有油压机和水压机。水压机的压力大,可达5～150 MN,是锻造大型锻件的主要设备。

(2) 自由锻的基本工序

自由锻的基本工序是指锻造过程中直接改变坯料的形状和尺寸的工艺过程,主要包括镦粗、拔长、弯曲、冲孔、扭转、错移等,其中最常用的是镦粗、拔长和冲孔。

① 镦粗。镦粗是减小坯料高度,增大其横截面积的工序,有整体镦粗和局部镦粗之分,如图4-8所示。镦粗的变形程度用坯料变形前后的高度比值表示,称为镦粗锻造比。镦粗时应注意:坯料的高度与直径之比应小于2.5,以免镦弯;坯料两端面要平整且垂直于轴线;坯料加热要均匀,且锻打时应经常绕自身轴线旋转,以使变形均匀。镦粗主要用于制造高度小、截面大的圆盘类工件,如齿轮、圆盘等。

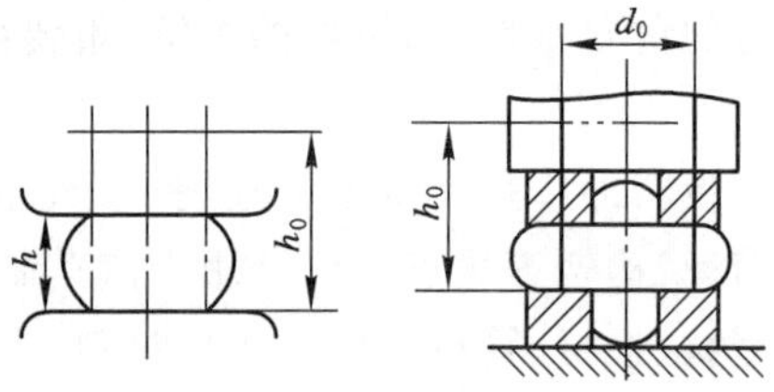

图4-8 镦粗

② 拔长。拔长是减小坯料的横截面积、增加其长度的工序,常用来生产具有长轴线的锻件,如光轴、阶梯轴、拉杆、连杆等。如图4-9所示,可以在平砧上拔长,也可在型砧上拔长,型砧拔长比平砧拔长效率高。拔长的变形程度用变形前后的断面积之比值表示,称为拔长锻造比,一般在2.5～3。操作时应注意:坯料在平砧上拔长时应反复做90°翻转,使其变形均匀;应选用适当的送进量t以提高拔长的效率,一般取$t=(0.4\sim0.8)B$,其中B为砧宽;为防止翻转时横截面产生弯曲现象,横截面高度与宽度之比应小于2.5。为减少空心坯料的壁厚和外径,增加其长度,可采用芯棒拔长方式。

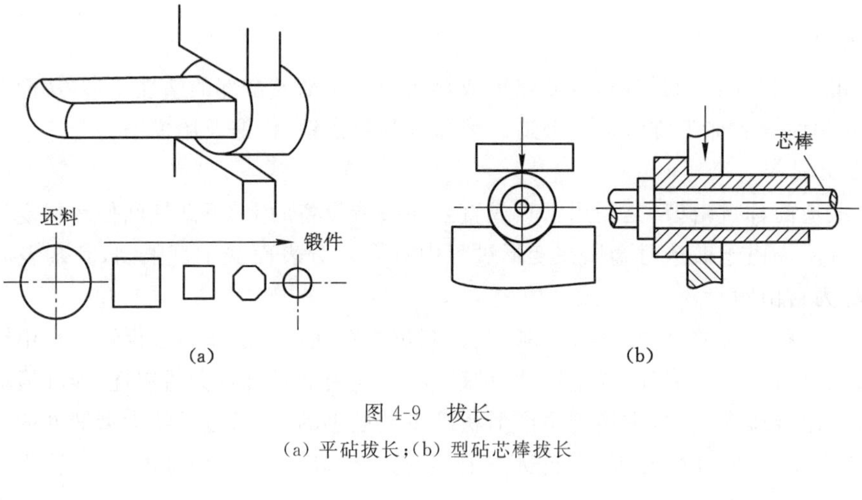

(a) (b)

图4-9 拔长

(a) 平砧拔长;(b) 型砧芯棒拔长

③ 冲孔。冲孔是用冲子在坯料上冲出通孔或盲孔的锻造工序。冲孔时先镦平端面。较厚的锻件可采用双面冲孔，较薄的锻件采用单面冲孔，通孔一般采用双面冲。根据冲头形式的不同，可分为实心冲头冲孔(孔径小于 450 mm)及空心冲头冲孔(孔径大于 450 mm)，如图4-10所示。冲孔主要用于锻造空心工件，如齿轮坯、圆环、套筒等。

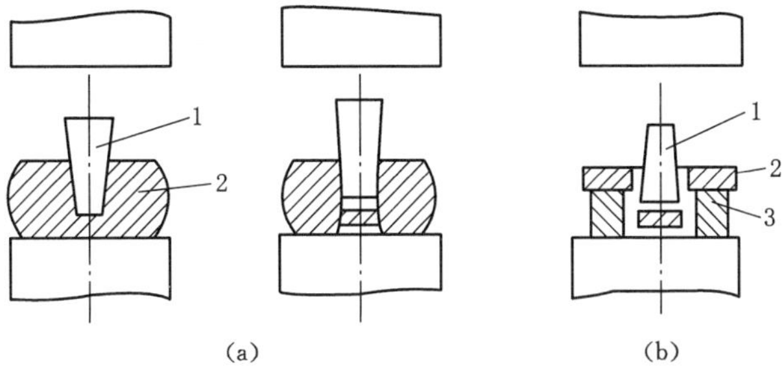

图 4-10　冲孔

(a) 厚料冲孔；(b) 薄料冲孔

1——冲头；2——工件；3——漏盘

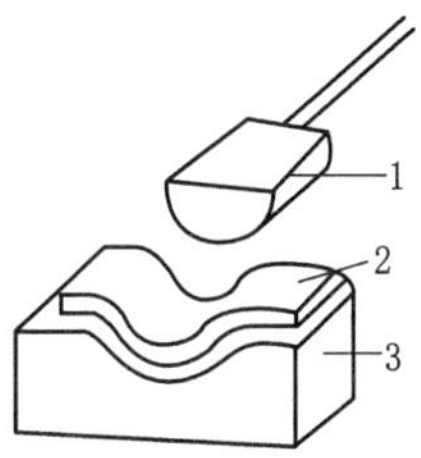

图 4-11　弯曲

1——模芯；2——坯料；3——胎模

④ 弯曲。弯曲是采用一定的工模具，将锻件弯制成所需形状的变形工序，适用于锻造吊钩、弯板和角尺等零件，如图 4-11 所示。

⑤ 切断。切断是用剁子将坯料或工件切断或部分割开的锻造工序，常用于切除锻件的料头、分段、劈缝或切割成所需的形状等。对于截面尺寸较小的坯料，切断面较平整；对于截面尺寸较大的坯料，可从两面进行切断，如图 4-12 所示。

⑥ 错移。错移是在保持坯料轴线平行的前提下，将其一部分相对另一部分平移错开的锻造工序，常用于曲轴类零件的锻造，如图 4-13 所示。

⑦ 扭转 扭转是将坯料的一部分相对于另一部分绕其轴线旋转

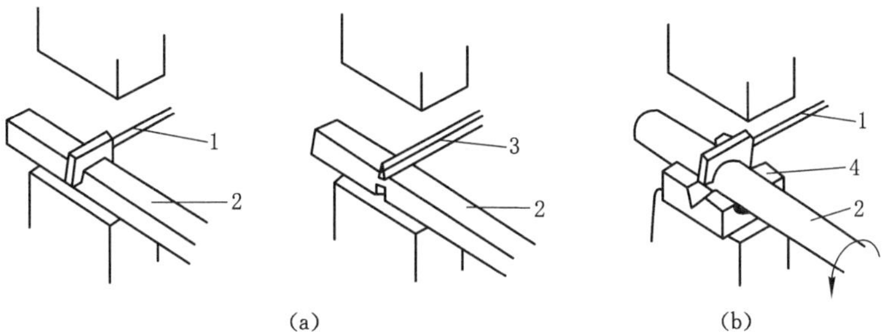

图 4-12　切断

(a) 方料的切断；(b) 圆料的切断

1——剁刀；2——工件；3——克棍；4 一剁垫

一定的角度的锻造工序，主要用于制造小型曲轴、连杆等零件，如图 4-14 示。

自由锻除基本工序外，还有辅助工序和整修工序。辅助工序是为基本工序操作方便而进行的预先变形，如切痕、压肩等。整修工序用以减少锻件表面缺陷如凹凸不平及整形等，

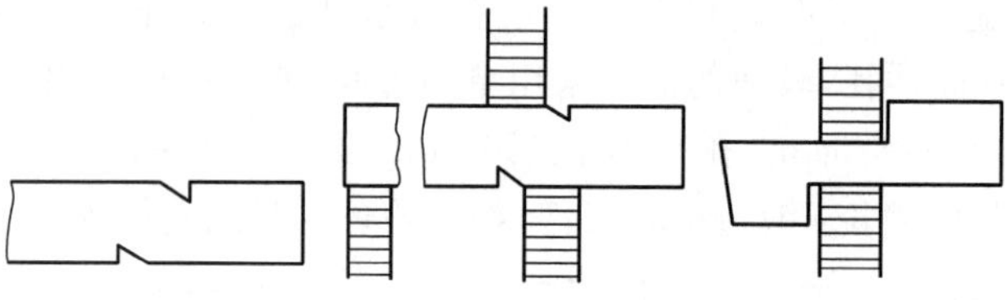

图 4-13 错移

(a) 压肩;(b) 锻打;(c) 整修

包括摔光、校直、打圆、打平、倒棱等。工件锻好后需进行整修,其目的是使锻件尺寸准确、表面光洁。

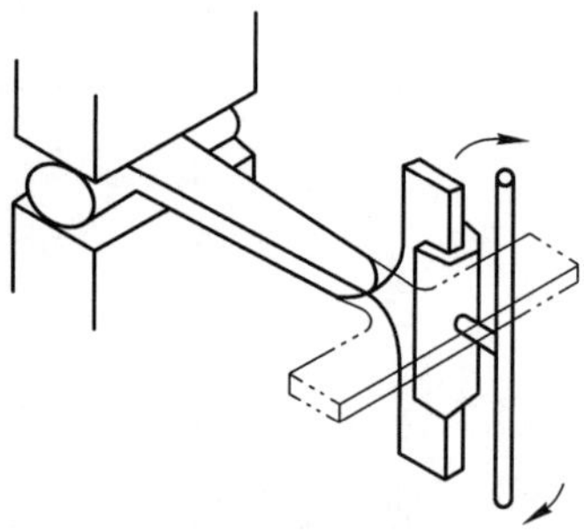

图 4-14 扭转

2. 模锻

模锻是把金属坯料放在具有一定形状的锻模型腔内,受压并作有限制的变形,从而获得锻件的加工方法。锻模是用高强度金属制造的成型锻件的模具,其上有与锻件形状一致的模膛,使坯料在模内受压变形。在变形过程中由于模膛对金属坯料流动的限制,因而锻造终了时能得到和模膛形状一致的锻件。

(1) 模锻的特点

与自由锻比较模锻有如下特点:

① 生产率高。金属变形是在模膛内进行,锻件成型快。

② 模锻件尺寸相对精确,加工余量小。

③ 可以锻出形状比较复杂的锻件,如图 4-15 所示。这些零件如果用自由锻成型,则必须加上大量的敷料,以简化形状。

④ 比自由锻节省材料,减少切削加工工作量,有利于降低成本。

⑤ 操作简单,易于实现机械化和自动化生产。

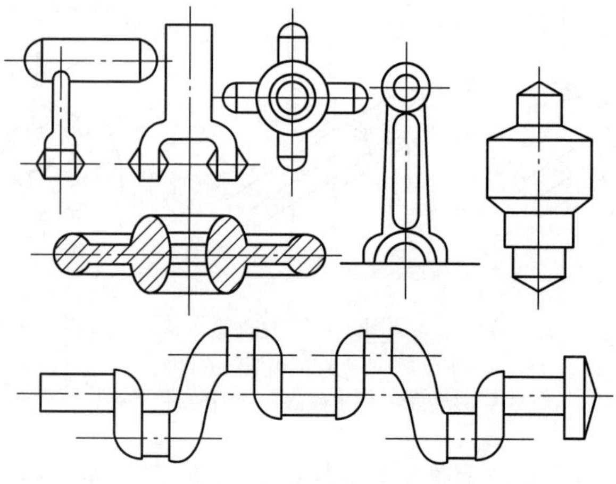

图 4-15 典型模锻零件

模锻的不足之处在于坯料整体变形，变形抗力较大，而且锻模制造的成本很高，同时由于模锻生产受模锻设备吨位的限制，锻件质量不能太大，通常在 150 kg 以下。因为制造锻模成本较高，所以只有在大批量生产时其优越性才能表现出来，适合中、小型锻件的大批量生产。

由于模锻的上述特点，模锻生产越来越广泛地应用在国防工业和机械制造业中，如飞机、坦克、汽车、拖拉机、轴承等。

(2) 模锻设备

由于模锻时坯料在三向压应力下变形，变形抗力较大，因而模锻需采用锻造能力大的模锻专用设备和价格昂贵的锻模。模锻所用的专用设备可分为两大类，即锤上模锻和压力机模锻。它们的原理都是一样的，都是通过塑性变形，迫使坯料在锻模型槽内成型。锤上模锻工艺通用性强，能完成多种变形工步，生产各种类型的锻件，是我国模锻生产中应用最多的一种模锻方法，常用的设备有蒸汽—空气锤、无砧座锤、高速锤等。多数企业中主要使用的是蒸汽—空气锤，与自由锻锤一样，模锻锤的设备规格也是以锤头落下部分的质量来表示，其吨位有 1～16 t，可锻制 0.5～150 kg 的锻件，锤上模锻在锻造过程中有噪声高、振动大、蒸汽效率低、能源消耗多、工人劳动条件差等无法克服的缺点。近年来，大吨位的模锻锤有被压力机取代的趋势，压力机上模锻常用的设备有热模锻压力机、摩擦压力机、平锻机及模锻水压机等。

(3) 锻模

锤上模锻用的锻模由上模和下模两部分构成。下模部分通过燕尾和楔铁与锻锤工作台的模垫相连接，固定于工作台上。上模部分通过燕尾和楔铁与设备的锤头相连接，随锤头上、下往复运动锤击金属坯料。锻模上有使坯料成型的型腔，称之为模膛。具有一个模膛的锻模为单模膛锻模，具有两个以上模膛的锻模为多模膛锻模。

根据模锻件复杂程度的不同，变形所需要的模膛数量各异，可将锻模设计成单模膛形式，也可设计成多模膛形式。如齿轮坯模锻件就可设计为单模膛锻模(图 4-16)，直接将圆柱形坯料放入锻模中成型。复杂的锻件则需要在多模膛的锻模中完成。如连杆的锻造，参见图 4-17。

(4) 胎模锻

胎模锻是在自由锻的设备上使用可移动的简单模具生产锻件的锻造方法。胎模锻一般先采用自由锻制坯，然后在胎模中终锻成型。锻件的形状和尺寸主要靠胎模的型槽来保证。胎模不固定在设备上，锻造时用工具夹持着进行锻打。

与自由锻相比，胎模锻生产率较高，锻件的加工余量较小；与模锻相比，胎模制造简单，使用方便，成本较低，又不需要昂贵的设备。因此，胎模锻曾广泛地用于中、小型锻件的中、小批量生产，但胎模锻的劳动强度大，辅助操作多，模具寿命短，在现代工业中已逐渐被淘汰。

三、冲压

冲压是建立在金属塑性变形基础上的压力加工方法，它利用模具和冲压设备，在常温下对金属或非金属施加压力，使其产生塑性变形或分离，从而获得制件的加工方法。板料冲压是在常温下进行的，所以又称为冷冲压。用于冲压的材料必须具有良好的塑性，常用的材料有低碳钢、高塑性合金钢、铝及铝合金、铜和铜合金、皮革、塑料、胶木等。

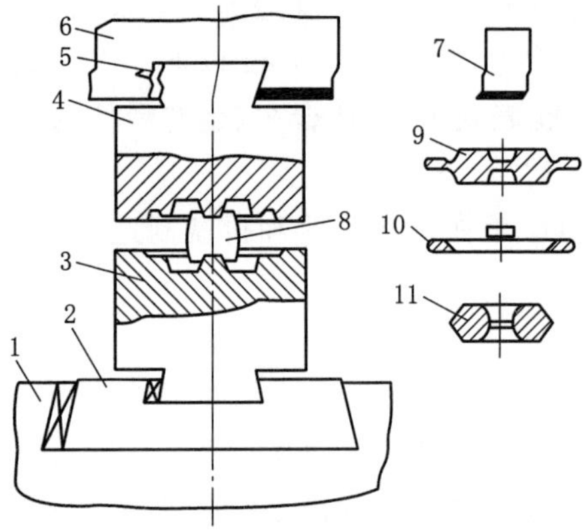

图 4-16 单模膛锻模

1——工作台；2——模轮；3——下模；4——上模；5——紧固楔铁；6——锤头；7，8——坯料；9——带飞边和连皮的锻件；10——飞边；11——模锻件

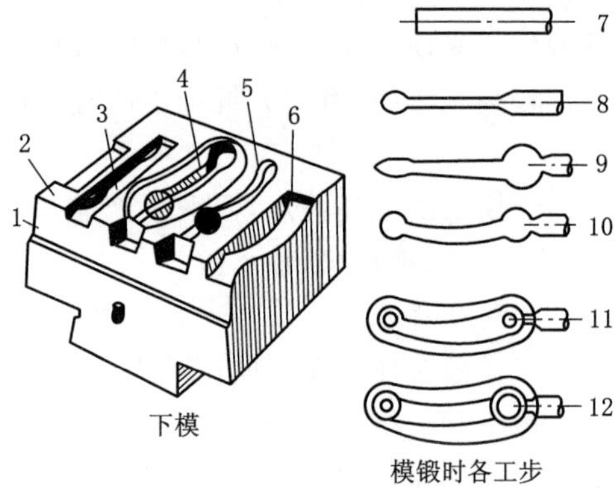

图 4-17 多模膛锻模

1——检验角；2——拔长模膛；3——滚压模膛；4——终锻模膛；5——预锻模膛；6——弯曲模膛；7——原坯料；8——拔长；9——滚压；10——弯曲；11——预锻；12——终锻

板料冲压的特点是生产率高，尺寸精度高且尺寸稳定，互换性好，成品的形状复杂，表面质量好，工件质量轻，刚性好，强度高，无需切削加工，材料利用率高，适用性广，大到汽车覆盖件，小到钟表及仪器仪表元器件，都可以用冷冲压的方法来得到。板料冲压件在现代汽车、航空、电机电器、仪器仪表、国防及日用产品等中、大批量生产中得到广泛应用。

1. 基本工序

(1) 落料与冲孔

落料和冲孔是使坯料按封闭轮廓分离的工序，二者的变形过程和模具结构都是一样的，只是要求和用途不同。落料时被分离的部分是成品，周边是废料或余料，如图 4-18 (a)所示；冲孔时被分离的部分是废料，而周边是成品，如图 4-18 (b)所示。落料和冲孔习惯上统称为冲裁。

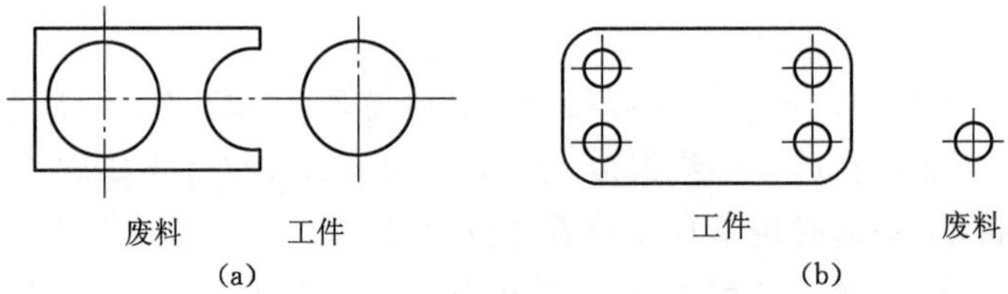

图 4-18 落料与冲孔

(a) 落料；(b) 冲孔

(2) 弯曲

弯曲包括压弯和卷边两个工序。压弯是将材料压成各种角度或曲率，以获得一定形状的冲压工序，如图 4-19 所示；卷边是将条料或坯料的端部弯曲成接近封闭的圆筒形的冲压工序，如图 4-20 所示。

(3) 拉深

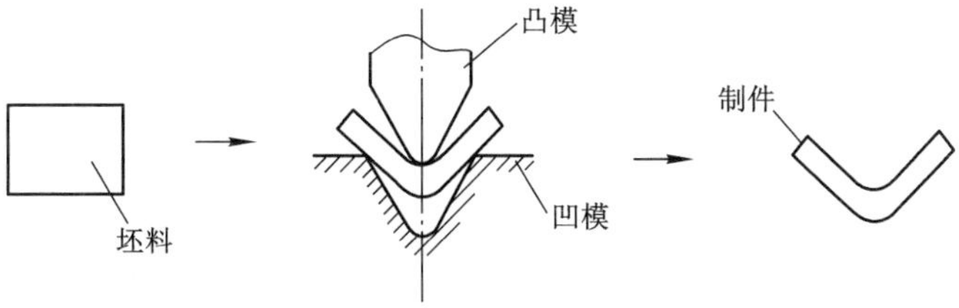

图 4-19　压弯

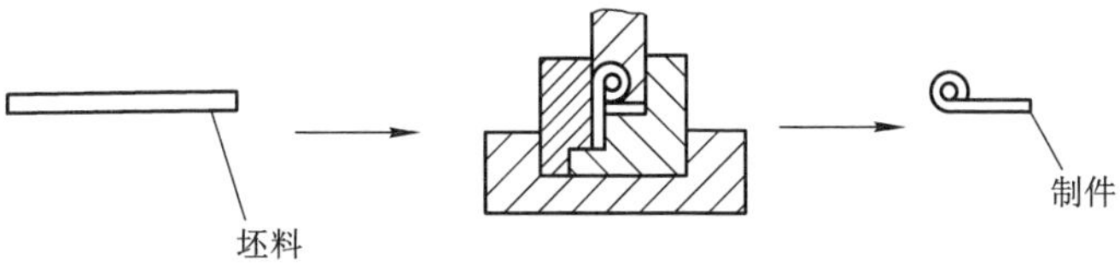

图 4-20　卷边

拉深是利用模具将坯料冲压成各种开口的空心零件，如图 4-21 所示。

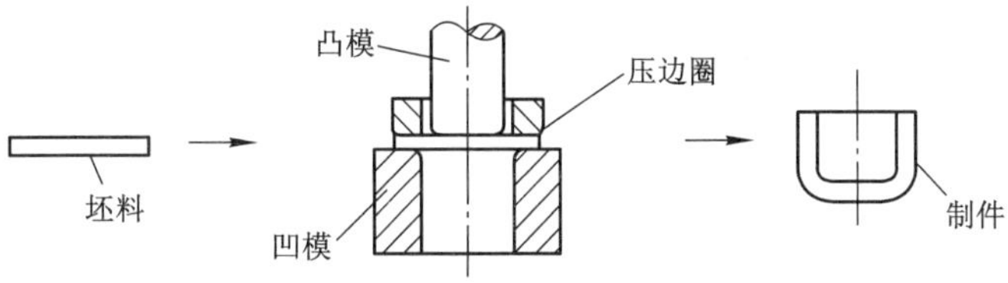

图 4-21　拉深

2. 冲压设备和冲模

(1) 冲压设备

冲压设备有剪床和冲床两大类。剪床用来把板料切成定宽的条料，为下一步的冲压备料；冲床用来完成冲压的各道工序。

(2) 冲模

冲模是实现坯料分离和变形的工艺装备。按照冲模完成的工序性质，可分为冲孔模、落料模、弯曲模、拉深模等；按其工序的组合程度，又可分为简单模、复合模和连续模等。

① 简单模。简单模就是在冲床的一次冲程中，只完成一个冲压工序的冲模，也称为单工序模。如图 4-22 所示的冲模，凹模 2 用压板 7 固定在下模座 4 上，下模座用螺钉固定在冲床工作台上；凸模 1 用压板 6 固定在上模座 3 上，上模座通过模柄 5 与冲床的滑块连接，凸模可随滑块上、下运动，为了保证凸模在向下运动时能对准凹模孔，所以模具上设有导柱 12 和导套 11，板料送入模具后，由导料板 9 导向，定位销 10 定位，凸模向下冲压时，冲下的零件(或废料)进入凹模孔，而板料箍在凸模上，随凸模向上运动，板料碰到固定在凹模上的卸料板 8 时，从凸模上被推下，然后继续往前送进，重复上述动作，完成第二个零件的冲压。这类模具结构简单，便于制造，但生产效率低，适合于小批量、低精度的冲压件的生产。

② 复合模。只有一个工位，冲床的一次冲程中，模具在该工位上完成两个及以上冲压工序的模具，称为复合模。图 4-23 所示为一落料拉深复合模，其中的凸凹模 3 兼起落料凸模和拉深凹模的双重作用。模具开始工作时，滑块带动凸凹模 3 向下运动，板料先在凸凹模

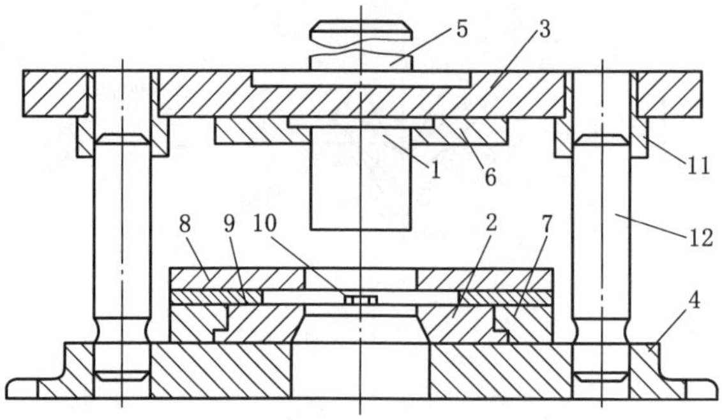

图 4-22　简单模

1——凸模；2——凹模；3——上模座；4——下模座；5——模柄；6——压板

7——压板；8——卸板；9——导料板；10——定位销；11——导套；12——导柱

3 和落料凹模 2 作用下完成落料工序，然后落料件被拉深凸模 4 顶住，凸凹模 3 继续向下运动，工件在凸凹模 3 和拉深凸模 4 的作用下完成拉深工序，推件板 1 和顶板 5 在滑块的回程中，将拉深件推出模具。复合模生产效率高，模具结构较复杂。通常用于冲孔与落料或者落料与拉深等少量工序的复合。

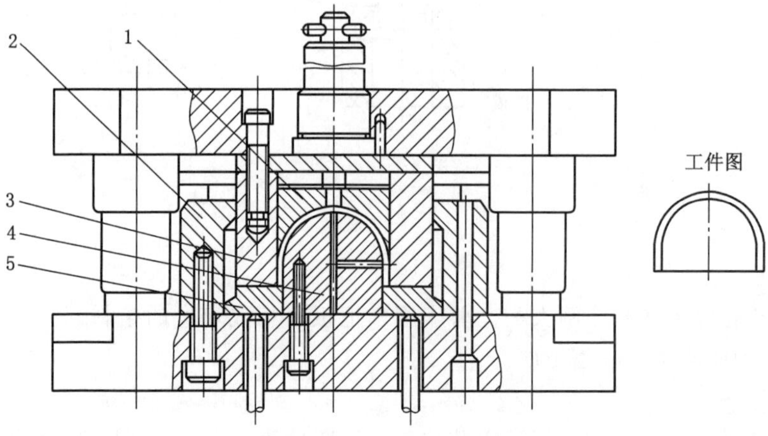

图 4-23　落料拉深复合模

1——推件板；2——落料凹模；3——凸凹模；4——拉深凸模；5——顶板

③ 连续模。有两个及以上的工位，冲床的一次冲程中，模具在各工位上，同时完成两个及以上冲压工序的模具，称为连续模，也叫做级进模，如图 4-24 所示。工作时由导板导向，用临时挡料销做初始定位；上模向下运动，在凸模 1 的工位上冲孔，在凸模 2 的工位上进行落料，从而得到成品零件 8。当上模回程时，导板 3 兼作卸料板，从凸模上刮下坯料，这时将坯料向前送进一个工位，进行第二次冲裁。循环上述过程，每次送进距离由挡料销 7 控制。连续模生产率高，操作方便安全，易于实现机械化和自动化，适合于小冲压件的大批量生产。

四、锻压新工艺简介

科技的进步使古老的锻压加工方法也有了突破性的发展，锻压新工艺、新技术为锻压制件在精度、复杂度及锻压材料的适应性方面提供了广泛的应用前景。

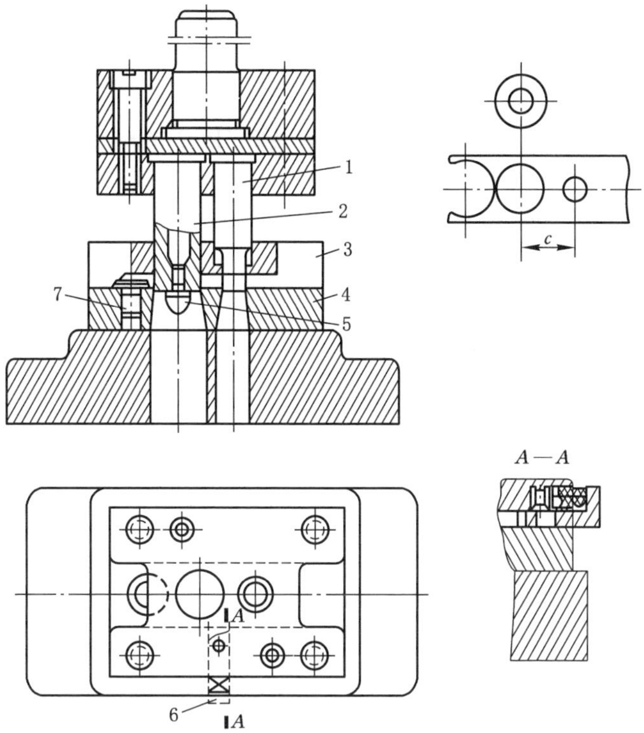

图 4-24　落料冲孔连续模

1——冲孔凸模 2——落料凸模 3——导板 4——凹模 5——导正销 6——临时挡料销 7——挡料销

1. 粉末锻造

粉末锻造是将各种粉末压制成的预成型坯加热烧结后再进行模锻，从而得到尺寸精度高、表面质量好、内部组织致密的锻件，它是传统的粉末冶金与精密模锻相结合的一种新工艺，它既保持了粉末冶金少、无切削加工的优点，又发挥了锻造成型的特点，使粉末冶金件的力学性能达到甚至超过普通锻件的水平。因此，在现代工业尤其是汽车制造中得到了广泛的应用。

2. 超塑性成型

超塑性（细微晶粒超塑性）是指当材料具有晶粒度为 0.2～5 μm 的超细等轴晶粒，并在 $T=(0.5\sim0.7)T_{熔}$ 的成型温度范围和 $\varepsilon=(10^{-2}\sim10^{-4})$ /s（ε 为应变速率）的低应变速率下变形时，某些金属或合金呈超高的塑性和极低的变形抗力的现象。超塑性成型就是对超塑性状态的坯料进行锻造、冲压、挤压等加工，以制出高质量、高精度的复杂零件的方法，常用的超塑性材料主要有锌合金、铝合金、铜合金、铁合金、镁合金、不锈钢及高温合金等。超塑性模锻已成功地应用于军工、仪表及模具行业中。

3. 液态模锻

将熔融金属直接浇注进金属模腔内，然后以一定的压力作用于固态或半固态的金属上，使之在压力下流动充型和结晶并产生一定的塑性变形，从而获得锻件的方法称为液态模锻。液态模锻是铸造与模锻相结合的新工艺，它具有铸造工艺简单、制件形状复杂、生产成本低的优点，又有模锻产品内部质量好，充型精度高的特点，且能耗较普通模锻大大降低，因而适用于大批量生产各种金属、非金属及复合材料的形状复杂且强度要求高、致密性好的中小型零件，如油泵壳、仪表壳、衬套等。

第三节 焊接生产

一、概述

在现代工业生产中，常常需要将几个零件或材料连接在一起。常用的连接方法有键连接、螺栓连接、铆接、焊接、胶接等。前两种连接方式属于可拆卸连接；后三种连接方式属于不可拆卸连接。连接技术是人类文明发展的一个重要因素，而焊接则在所有连接方法中占有最为重要的地位。

焊接技术不仅广泛应用于造船、锅炉、压力容器、管道、重型机械、冶金设备、桥梁和金属结构等传统制造工业部门，而且迅速扩大应用于大型建筑结构、仪器加工机械、医药、医疗器械、家用电器、半导体和微电子等新兴加工行业。近年来，焊接新方法、新设备、新材料、新工艺层出不穷，焊接技术的先进水平已作为衡量一个国家工业发达程度的重要标志，它对国民经济的发展起到了越来越重要的促进作用。

焊接是通过加热或加压，或二者并用，并且用或不用填充材料使焊件达到原子结合的一种加工方法。

焊接过程中被连接的两个物体(如构件、零件等)，可以是各种同类或不同类的金属、非金属(如石墨、陶瓷、玻璃、塑料等)，也可以是一种金属与一种非金属。

由于金属连接在现代工业中具有很重要的意义，因此讨论焊接过程也主要介绍金属的焊接。金属焊接过程中，可不加填充金属，也可根据需要添加合适的填充金属。

1. 焊接的分类

焊接方法很多，按照所使用的能源及焊接过程的特点，一般可将焊接可分为 3 大类。

① 熔焊，也称熔化焊。在焊接过程中，将焊件接头加热至熔化状态，经冷却结晶后，使分离的工件连接成整体的焊件方法。

② 压焊，也称压力焊。在焊接过程中，必须对焊件施加压力(加热或不加热)，以完成焊接的方法。

③ 钎焊，采用比焊件熔点低的钎料和焊件一起加热，使钎料熔化，焊件不熔化，钎料熔化后填充到与焊件连接处的间隙，待钎料凝固后，两焊件就被连接成整体的方法，如锡焊、铜焊等。

常用金属的焊接方法分类如图 4-25 所示。

2. 焊接的特点

焊接结构与铆接结构相比具有如下特点：

① 可以节省材料和制造工时，接头密封性好，力学性能高。

② 能以大化小、以小拼大，如铸焊、锻焊等大型结构件，不仅简化工艺，减轻结构质量，同时也降低了制造成本。

③ 可以制造双金属结构，如切削刀具的切削部分(刀片)与夹固部分(刀体)可用不同材料制造后焊接成整体。

④ 生产效率高，易实现机械化和自动化。但是，焊接也有不足之处。由于焊接过程是

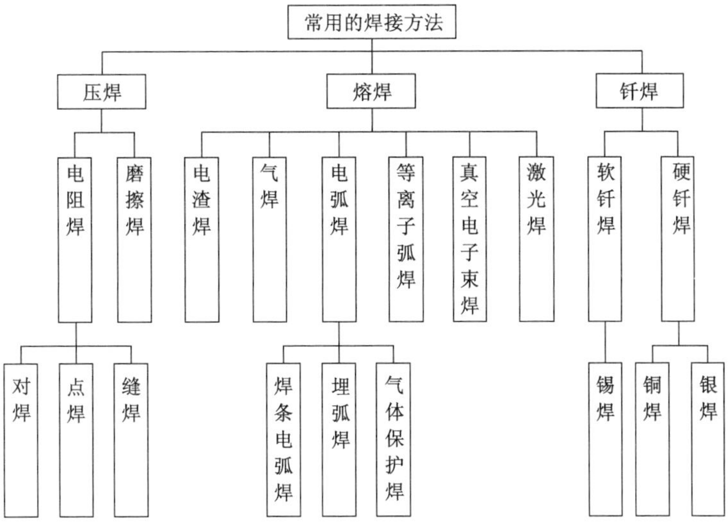

图 4-25 常用金属的焊接方法分类

不均匀加热和冷却，因此会引起焊接接头组织、性能的变化，同时焊件还会产生较大的应力和变形，所以在焊接过程中，必须采取一定的措施，控制接头组织、性能的不均匀程度，减小焊接应力和变形。

焊接技术在生产中占有很重要的地位，常用于制造各种金属结构件，也可用于制造机器零件(或毛坯)以及修复损坏零件和焊补铸件、锻件的缺陷等。

二、焊条电弧焊

焊条电弧焊是利用电弧热作为热源，并用手工操纵焊条进行焊接的一种方法。它使用的设备简单，操作灵活方便，适应各种条件下的焊接，在工业生产中应用极为广泛。

1. 焊缝的形成

焊条电弧焊的焊接过程如图 4-26 所示。焊接时，首先将焊条夹在焊钳上，把焊件同电焊机相连接。引弧时，使电焊条与焊件相互接触而造成短路，随即提起焊条 2～4 mm，在焊条端部和焊件之间产生电弧，电弧产生的热量将焊条、焊件局部加热到熔化状态，焊条端部熔化后形成的熔滴和熔化的母材融合在一起，形成熔池，随着电弧的向前移动，新的熔池开始形成，原来的熔池随着温度的降低开始凝固，从而形成连续的焊缝。

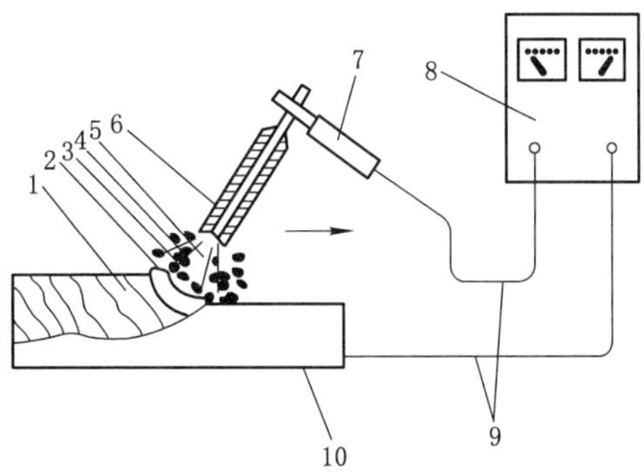

图 4-26 焊条电弧焊焊接过程示意图

1——焊缝；2——熔池；3——保护气体；4——电弧；5——熔滴；6——焊条；7——焊钳；8——焊机；9——焊接电缆；10——焊件

2. 焊接电弧

电弧是一种气体导电现象，气体在一般情况下是不导电的，要使气体导电，必须将两个电极之间的气体电离，亦即将中性气体粒子分解为带电粒子，并在两电极间加上一定的电压，使这些电离子在电场作用下做定向运动，两个电极间的气体中能连续不断地通过很大的电流，从而形成电弧。电极间的带电粒子可以通过阴极的电子发射与电极间气体的不断电离得到补充。电弧导电时，产生大量的热量，同时发出强烈的弧光。电弧焊就是利用电弧的热量熔化熔池和焊条进行焊接。焊接电弧的基本构造如图 4-27 所示。

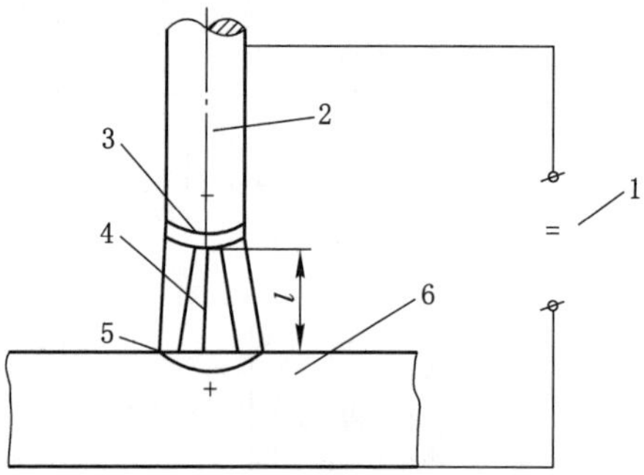

图 4-27　焊接电弧的基本构造

1——直流电源；2——焊条；3——阴极区；4——弧柱；5——阳极区；6——工件

3. 焊条

焊条除了影响电弧的稳定性外，还对焊缝金属的化学成分及力学性能有直接的影响。因此，焊条的优劣是决定手工电弧焊质量的主要因素。

电焊条由焊芯与药皮两部分组成。

(1) 焊芯

焊芯是一根具有一定长度和直径的钢丝，除了作为电极起导电作用外，还作为填充金属，与熔化的母材共同组成焊缝金属。另外，还可起向焊缝添加合金元素的作用。由于焊芯成分直接影响焊缝质量，所以焊芯用的钢丝都需经过特殊冶炼，有专门的牌号。这种焊接专用钢丝称为焊丝，如 H08A 等。焊条的直径就是焊芯的直径。结构钢焊条直径从 ϕ1.6～ϕ8，共分 8 种规格。焊条长度是指焊芯的长度，一般均在 200～550 mm。

(2) 药皮

焊条药皮的组成相当复杂，一种焊条药皮的配方中，组成物一般有七八种之多，焊条药皮原材料有稳弧剂、造气剂、造渣剂、脱氧剂、合金剂、稀渣剂、黏结剂等。

一般情况下，焊条的质量和性能主要取决于药皮的成分。焊接过程中，药皮主要起到以下三方面的作用：

① 改善焊接工艺性。药皮某些成分可提高电弧导电性，使引弧容易，燃烧稳定。由于在药皮中加入了一定量的稳弧剂和造渣剂，可提高焊条的焊接工艺性，如飞溅小、脱渣容易、成型美观及适用各种空间位置焊接等。

② 机械保护作用。利用药皮熔化时形成的熔渣和一些气体造成气—渣联合保护，机械地隔绝空气，防止有害气体侵入焊接区。

③ 冶金作用。通过药皮的冶金作用，最大限度地去除有害杂质，如硫、磷、氧、氢，并保护或添加有益的合金元素，使焊缝金属获得符合要求的化学成分和力学性能。

(3) 焊条的选用

焊条按用途可分为碳钢焊条、低合金钢焊条、不锈钢焊条、铸铁焊条、堆焊焊条、镍合金焊条、铜合金焊条、铝合金焊条等；按熔渣的性质，焊条可分为酸性焊条和碱性焊条。熔渣的组成物如果主要以酸性氧化物为主，则对应的焊条为酸性焊条；如果主要以碱性氧化物和萤石为主，则对应的焊条为碱性焊条。

由于碱性焊条在焊接时会产生氟化物，阻碍电离，因此通常选用直流手工电弧焊机，并将工件接到焊机的负极，以使电弧稳定，这种接线法称为直流反接，反之称为直流正接。酸性焊条既可以用直流焊机，也可以用交流焊机。酸性焊条用直流反接时，工件热量较小，适宜焊接薄板；用直流正接时，工件的热量较大，适宜焊接厚板。

碳钢焊条的牌号是按焊缝金属抗拉强度、药皮类型和焊接电源种类确定的，用J××表示。“J”表示结构钢焊条，前两位数字表示焊缝金属抗拉强度等级，第三位数字表示药皮类型和使用的焊接电源种类。

焊条的选用原则是要求焊缝和母材具有相同的使用性能。结构钢焊条的选用，一般是根据母材的抗拉强度选择相同强度等级的焊条。例如，20 钢的 σ_b 为 420 MPa，因此选用 J420 的电焊条。焊接重要的结构（如压力容器、桥梁等）或所焊对象的焊接性能较差、结构刚度大、工件厚度大易产生裂缝时，应该选用碱性焊条；焊接一般结构可选用酸性焊条。

4. 焊条电弧焊工艺

(1) 焊接接头

焊条电弧焊接头的基本形式如图 4-28 所示。

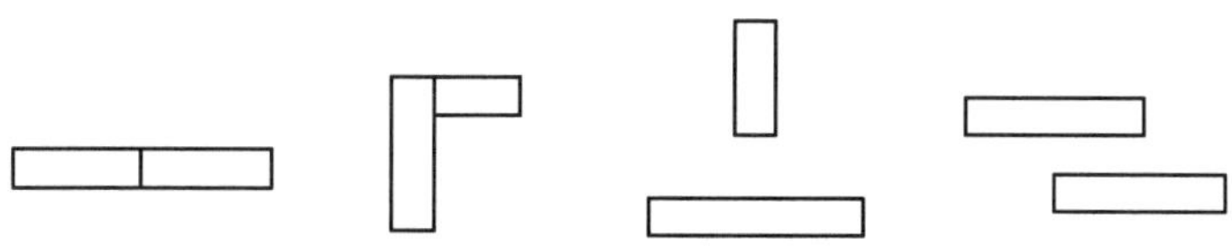

(a)　(b)　(c)　(d)

图 4-28　焊条电弧焊接头的基本形式

(a) 对接；(b) 角接；(c) T 形接；(d) 搭接

① 对接接头：焊接结构应用最多的接头形式，其接头受力比较均匀，检验方便，接头质量也容易保证，适用于重要的受力焊缝，如锅炉、压力容器等结构。

② T 形接头与角接接头：二者受力情况比对接接头复杂，当接头结构要求呈直角时采用。

③ 搭接接头：因两焊接不在同一个平面内，受力时产生附加弯矩，减低接头的强度。一般应避免采用，但搭接接头不用开坡口，备料、装配较容易。对某些受力不大的平面连接（桥梁、屋架等）采用搭接接头可节省工时。

(2) 坡口形式

将焊件的待焊部位加工出一定形状的沟槽称为坡口。为了保证将焊件焊透，并减少母材在焊缝中的比例，焊透电弧焊在焊接时钢板的厚度大于 6 mm 时需要开坡口（重要结构钢板厚度大于 3 mm 时需开坡口）。焊透电弧焊坡口的形式有 I 形坡口、V 形坡口、X 形坡口、U 形坡口等，对接接头的坡口形式如图 4-29 所示。其中，X 形坡口适用于钢板厚度 12～60 mm 以及要求焊后变形较小的结构；U 形坡口适用于钢板厚度 20～60 mm 较重要的焊接结构；V 形坡口加工容易，但焊后变形大，适用于钢板厚度 3～26 mm 的一般结构。

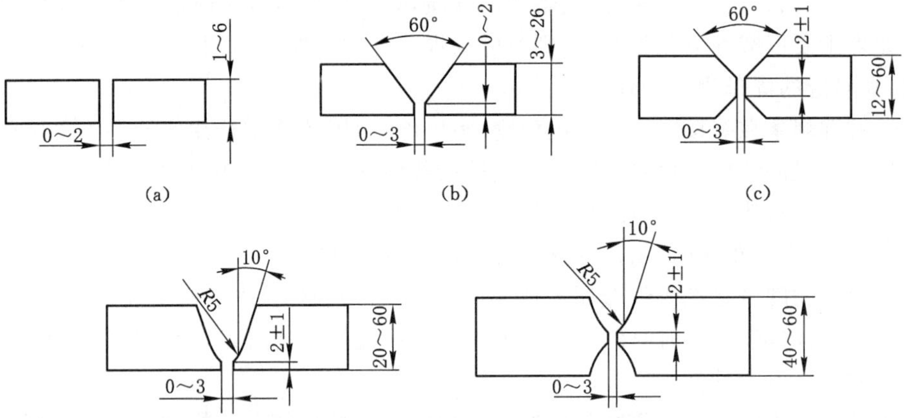

(a) (b) (c) (d) (e)

图 4-29 对接接头的坡口形式

(a) I 形坡口;(b) V 形坡口;(c) X 形坡口;(d) U 形坡口;(e) 双 U 形坡口

(3) 焊缝的空间位置

根据焊接操作时焊缝在空间位置的不同,可分为平焊、横焊、立焊和仰焊,如图 4-30 所示。其中平焊最方便,焊缝质量易保证,生产率高.所以焊接时尽量使焊缝处于平焊位置。

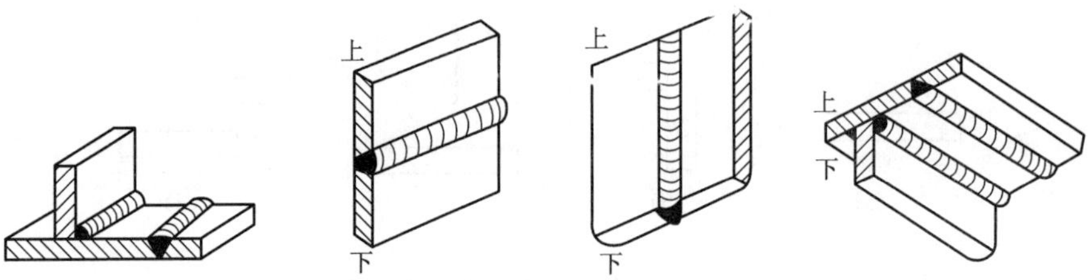

(a) (b) (c) (d)

图 4-30 各种空间位置的焊缝

(a) 平焊;(b) 横焊;(c) 立焊;(d) 仰焊

三、其他焊接工艺

1. 气焊和气割

利用可燃气体和助燃气体混合点燃后产生的高温火焰(热源),来熔化待焊部位和焊丝,使被熔化的金属形成一共有熔池,随着热源不断前移,熔池随之凝固,最后形成连续的焊缝,这种工艺方法称之为气焊。

气焊和电弧焊相比,它的优点是火焰温度较低(最高约为 3 300 ℃)、设备简单、移动方便、通用性较大。最适于流动作业和没有电力供应野外施工的场合。其缺点是热量不集中、热影响区大、焊件变形大、接头性能较差、生产率较低。

气焊可应用于各种位置的焊接,特别是薄板结构、管道安装等。在堆焊和钎焊中,气焊亦有广泛的应用。气焊所能焊接的材料为碳素结构钢、低合金钢、有色金属和铸铁等。

气割又称为氧气切割,是广泛应用的下料方法。气割过程是通过对金属的预热、燃烧和吹渣分离 3 个阶段实现的:用气体火焰将切割处的金属加热到燃点温度后,喷出高速切割氧气流,使金属产生剧烈燃烧,而形成熔渣;并借助于高压氧气流把熔渣吹出,形成切口;金属燃烧析出的热量同时亦对待割部位进行加热，使切割过程可以连续进行下去。因此，气割实质上是金属在氧气中燃烧的过程。含碳量超过1%的钢一般难以气割，铸铁和铜、铝等材料都不能气割。

气割与机械切割相比具有设备简单、成本低、操作灵活方便、机动性强和效率高等优点。其缺点是劳动强度大、薄板切割的变形大，而且仅适合燃点比熔点低、氧化物熔点低及导热性较差的材料(如低碳钢、中碳钢和低合金钢)的切割。

气焊用的设备包括氧气瓶、乙炔发生器(或溶解乙炔瓶)或其他可燃气体的气瓶、回火保险器等。其所用的工具包括焊炬(图4-31)、降压器及橡胶管等。

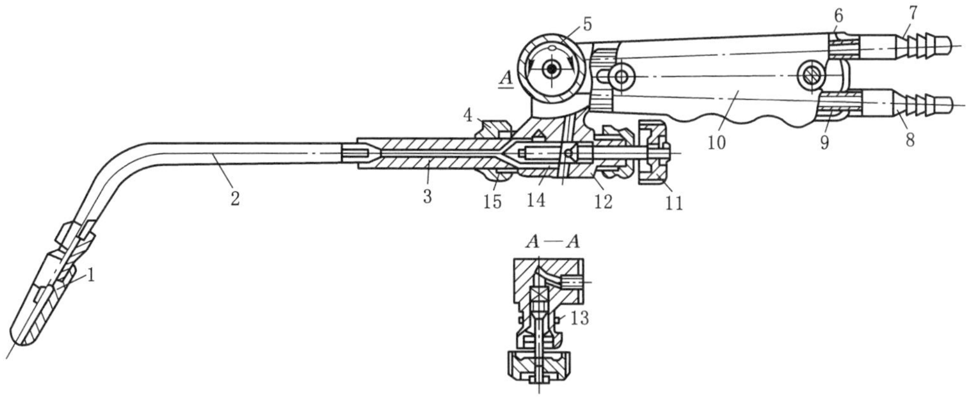

图4-31　H01-6型焊炬的构造

1——焊嘴；2——混合气管；3——射吸管；4——射吸管螺母；5——乙炔调节阀；6——乙炔进气管；7——乙炔管接头；8——氧气管接头；9——氧气进气管；10——手柄；11——氧气调节阀；12——本体；13——乙炔针阀；14——氧气针阀；15——喷嘴

气割用的设备和工具除割炬(图4-32)与焊炬不同外，其余的都与气焊相同。

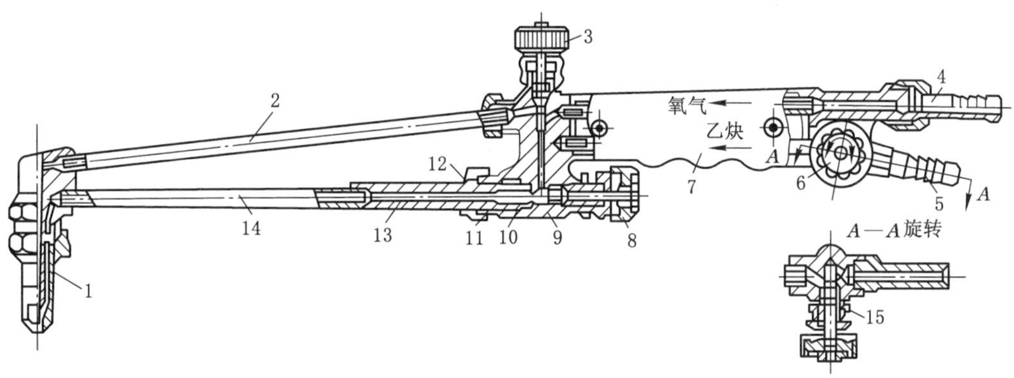

图4-32　G01-30型射吸式割炬的构造

1——割嘴；2——切割氧气管；3——切割氧调节阀；4——氧气管接头；5——乙炔管接头；6——乙炔调节阀；7——手柄；8——预热氧调节阀；9——主体；10——氧气针阀；11——喷嘴；12——射吸管螺母；13——射吸管；14——混合气管；15——乙炔阀针

2. 埋弧自动焊

埋弧自动焊是指电弧在焊剂层下燃烧进行焊接，其引弧、焊丝送进、电弧移动及收弧等动作均由焊机完成的焊接方法，又称焊剂层下自动电弧焊，是当今生产率较高的机械化焊接方法之一，如图 4-33 所示。

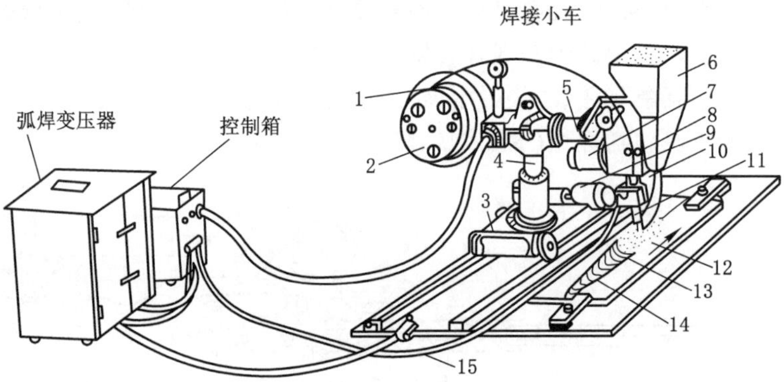

图 4-33　埋弧自动焊示意图

1——焊丝盘；2——操纵盘；3——车架；4——立柱；5——横梁；6——焊剂漏斗
7——送丝电动机；8——送丝滚轮；9——小车电动机；10——机头
11——导电嘴；12——焊剂；13——渣壳；14——焊缝；15——焊接电缆

埋弧自动焊焊接过程中，工件被焊处覆盖着一层 30～50 mm 厚的颗粒状焊剂，焊丝连续送进，并在焊剂层下产生电弧。电弧的热量使焊丝、工件和焊剂都熔化，形成金属熔池和熔渣。液态熔渣构成的弹性膜包围着电弧和熔池，使它们和空气隔绝，并与熔化金属产生物理化学反应，改善焊缝金属的成分及性能。随着焊丝自动向前移动，电弧不断地熔化前方的母材金属、焊丝和焊剂，熔池后面的金属冷却形成焊缝，液态熔池随后也凝固形成渣壳。

埋弧自动焊可采用较大的焊接电流，热量集中，熔深大，对 14 mm 以内的对接焊缝可以不开坡口、不留间隙一次焊成，故其生产率高；焊接时焊剂层对焊接区保护良好，焊接金属杂质较少，容易获得稳定高质的焊缝。焊接时电弧在焊剂层下燃烧，无飞溅，避免了弧光、烟尘对焊工的危害，降低了焊工的劳动强度。

与焊条电弧焊相比，其最大的优点是：焊缝质量好，焊接速度高。因此，它特别适用于焊接大型构件的直缝和环缝。

埋弧焊的缺点是：适应性差，通常是适合于水平位置焊接直缝和环缝，不能焊接空间位置焊缝和不规则焊缝，对坡口加工、清理和装配质量要求较高。

埋弧焊通常用于碳钢、低合金结构钢、不锈钢和耐热钢等中厚板结构的长直缝、直径大于 300 mm 环缝的平焊。此外，它还可用于耐磨、耐腐蚀的合金堆焊、大型球墨铸铁曲轴，以及锌合金、铜合金等焊接。

为了进一步提高埋弧焊效率和保证焊接质量，目前工业上采用了多种不同的埋弧焊技术。如单面焊双面成型、双丝（或三丝）埋弧焊、多头埋弧焊、填加铁粉（在坡口中）埋弧焊、预热焊丝埋弧焊、带极埋弧焊及窄间隙埋弧焊等。

3. 电渣焊

电渣焊焊接时将工件分开一定的距离，用两块水冷滑块和工件一起构成熔渣池和金属熔池。电流通过液态熔渣时产生电阻热，熔化焊丝和母材而形成焊缝，如图 4-34 所示。电渣焊主要用于焊接厚度 40 mm 以上的厚钢板，适合于重型机器制造。

4. 钨极气体保护氩弧焊

这是一种不熔化极气体保护电弧焊，是利用钨极和工件之间的电弧使金属熔化而形成焊缝。焊接过程中钨极不熔化，只起电极的作用，同时由焊枪的喷嘴送进氩气或氦气作为保护。还可根据需要另外添加填充金属，在国际上通称 TIG 焊，图 4-35 所示为 TIG 焊示意图。

钨极气体保护焊由于能很好地控制热输入，所以它是一种极好的连接薄板金属和打底焊的方法。这种方法几乎可用于所有金属连接，尤其适用于焊接铝、镁这些能形成难熔氧化物的金属以及像钛和锆这些活泼金属。这种焊接方法的焊缝质量高，但与其他电弧焊相比，其焊接速度较慢。

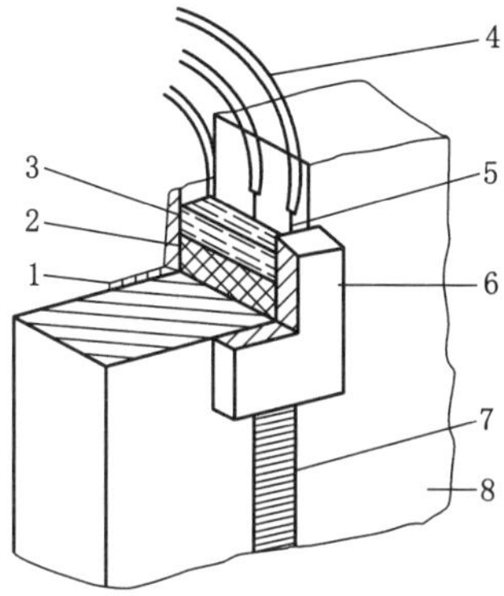

图 4-34　电渣焊示意图

1——已凝固的焊缝金属；2——金属熔池；3——熔渣池；4——导电嘴；5——焊丝；6——水冷滑块；7——焊缝；8——母材

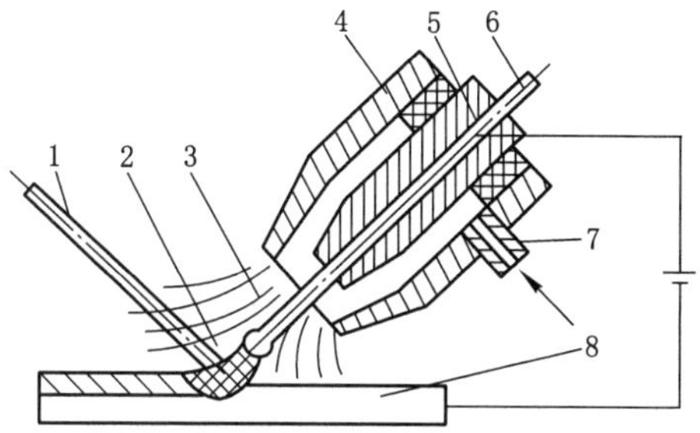

图 4-35　TIG 焊示意图

1——填充金属丝；2——电弧；3——氩气流；4——喷嘴；5——导电嘴；6——钨极；7——进气管；8——焊件

5. 熔化极气体保护电弧焊

熔化极气体保护电弧焊是利用连续送进的焊丝与工件之间燃烧的电弧作为热源，用焊枪喷嘴喷出的气体保护电弧来进行焊接的。熔化极气体保护电弧焊常用的气体有氩气、氦气、CO_2 或这些气体的混合气。以氩气或氦气为保护气时，称为熔化极惰性气体保护电弧焊（国际上称为 MIG 焊）；以惰性气体与氧化气体（O_2，CO_2）混合气作为保护气或以 CO_2 气体或 CO_2 与 O_2 混合气为保护气，统称为熔化极活性气体保护电弧焊（国际上称为 MAG 焊）。

熔化极气体保护电弧焊的主要优点是可以方便地进行各种位置的焊接，同时也具有焊接速度快、熔敷率较高等优点。熔化极活性气体保护电弧焊可适用于大部分金属，包括碳钢、合金钢；熔化极惰性气体保护电弧焊适用焊接中、厚板，主要用于不锈钢、铝、镁、钛、铜及镍合金。图 4-36 所示为熔化极气体保护焊原理示意图。

6. 电阻焊

电阻焊是在焊件装配好后，通过电极施加压力，并利用电流通过接头接触面及临近区域产生的电阻热，将其加热到塑性或熔化状态，在外力作用下使两焊件连接起来的焊接方法。

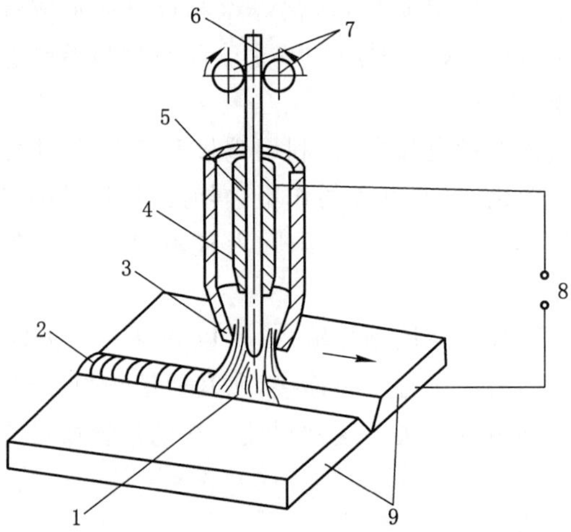

图 4-36　熔化极气体保护焊原理示意图

1——电弧；2——焊缝；3——喷嘴；4——保护气体；5——导电嘴；
6——焊丝；7——送丝轮；8——焊接电源；9——工件

其优点是焊接电流大，生产率高；焊缝表面平整光洁，质量好；焊接过程简单，易于实现机械化和自动化；焊接变形小，不需填充金属，劳动条件好。不足之处是设备复杂，能耗大，对工件的厚度和接头形式有一定限制。按接头形式，电阻焊可分为点焊、缝焊、凸焊和对焊 4 种，按焊接电流波形特征可分为交流焊、直流焊和脉冲焊 3 种。图 4-37 为按接头形式分类的示意图。

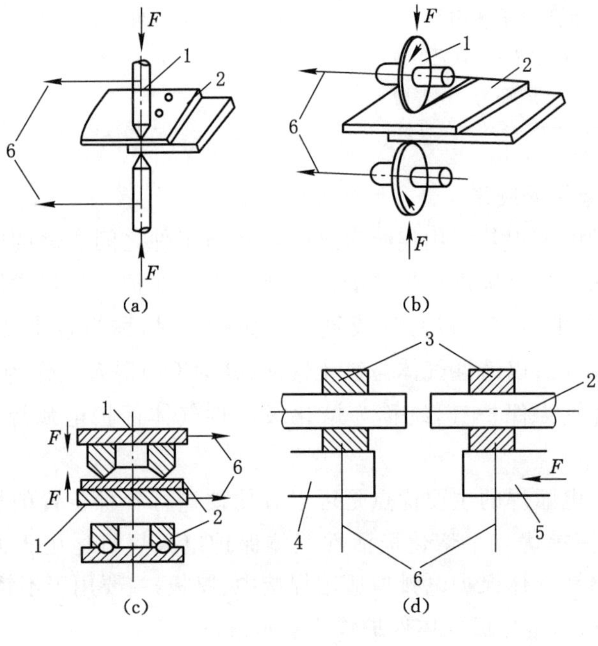

图 4-37　电阻焊示意图

(a) 点焊；(b) 缝焊；(c) 凸焊；(d) 对焊

1——电极；2——工件；3——电极夹具；4——固定座板；5——活动座板；6——接焊接电阻

（1）点焊

点焊是在被焊工件接触面之间形成局部熔化的焊点而将两工件接在一起的焊接方法。其过程是：首先将已清理好的工件放在上下电极之间预压夹紧，使接触处能紧密接触，然后接通电流，使接触处产生电阻热，将该处金属加热到熔化状态而形成熔核。熔核周围的金属则被加热到塑性状态，在压力状态下形成一紧密封闭的塑性金属环，围住熔核，使其不致外溢。这时切断电流，使熔核金属在压力作用下冷却结晶，即获得组织致密的焊点。

点焊的焊件，由于熔化金属不与外界空气接触，故焊点强度高，且工件表面光滑，焊件变形小。

点焊可用来焊接低碳钢、不锈钢、铜、铝、钦及其合金，以及覆层钢、电镀钢等。钢材点焊可焊的最大厚度为 20～30 mm，铝材点焊的厚度为 0.1～8 mm。

点焊广泛用于汽车、航空、航天、钢筋构件、家具等产品的制造。在汽车制造业中，点焊机器人是应用最早和最著名的焊接机器人。

（2）缝焊

缝焊又称为滚焊，是将焊件装配成搭接接头或对接接头后置于两滚轮之间，滚轮加压于焊件并转动，连续或断续送电，形成焊缝的电阻焊方法，可以认为是连续点焊过程，不同之处是缝焊用转动的圆盘状电极来代替点焊用的圆柱状电极。当压紧焊件的圆盘电极转动并通电时，工件从两圆盘电极之间通电，两工件接触面间就形成许多连续而彼此重叠的焊点，从而获得紧密的焊缝。

缝焊接工件不仅表面光滑平整，而且焊缝具有较高的强度和气密性，因此常用来焊接要求密封的薄壁容器，广泛用于汽车、飞机、家用电器制造业中。

缝焊可以焊接低碳钢、合金钢、铝及铝合金，以及覆层钢、电镀钢等材料。钢板最大可焊厚度为 3.5 mm，焊铝的厚度为 0.05～3 mm。

（3）对焊

对焊是利用电阻热使两个被焊工件沿整个接触面焊合的电阻焊方法，按工艺不同有电阻对焊和闪光对焊之分。对焊过程中，两个被焊工件沿整个接触面产生连接。

该法操作简便，端头挤出的金属少并易除去，接头外形较匀称。但是，焊前对被焊工件表面的清理要求较高，否则易引起加热不均匀，局部氧化或夹渣。另外，这种方法由于焊后接合表面上有残留氧化物夹渣和晶粒粗大等，故接头强度较低。

电阻对焊适用于断面简单和紧凑（如圆形、方形等）的管材、棒材和线材。可用于焊接碳钢、不锈钢、铝、铜及其合金等金属材料。钢材电阻对焊范围为 0.5～20 mm，对铝材的焊接则仅用于较细的线材。

（4）凸焊

凸焊是在一个焊件上预先加工一个或多个突起点，使其与另一个焊件表面接触，并通电加热，使突起点压塌而形成焊点的电阻焊方法。

由于凸焊时是凸点接触，可提高单位面积上的压力和电流，有利于板件表面氧化膜的破裂与热量集中，可用于厚度比超过 1∶6 的零件焊接，多点凸焊可提高生产率，降低接头变形，且布点不受点距限制。凸焊采用大面积电极，其磨损较小，并可减轻焊件表面压痕。

凸焊主要用于冲压件、螺母、螺钉类、线材交叉、筛网等零件的焊接。钢材凸焊时，其厚度可为 0.5～8 mm，相对较硬的铝合金为 3 mm。

7. 摩擦焊

摩擦焊的热能来源于焊接端面的摩擦热。其焊接过程如下：工件 1 高速旋转→工件 2 向工件 1 移动→两工件接触时减慢移动速度，加压→摩擦发热→接头被加热到一定温度→工件 1 迅速停止旋转→进一步加压工件 2→保压→形成接头，如图 4-38 所示。

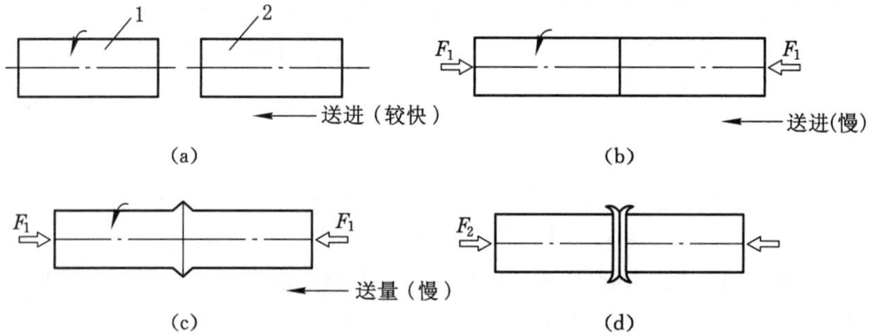

图 4-38 摩擦焊示意

(a) 焊接准备；(b) 摩擦加热开始；(c) 摩擦加热终了；(d) 顶锻焊接

在摩擦过程中，工件接触表面的氧化膜和杂质被清除，摩擦热和轴向压力的共同作用促进了金属原子的扩散，并产生“顶锻”现象，使得焊缝的组织为锻造组织，故摩擦焊的接头质量好。此外，摩擦焊的废品率很少，生产率高，适用于单件或批量生产，在发动机、石油钻杆等产品的轴类零件中广泛应用。

8. 等离子弧焊接

用等离子弧作为热源进行焊接的方法称为等离子弧焊接。为了加强保护，多在喷嘴外围再加上氩气保护。电极一般用钨极，可根据需要添加填充焊丝。

等离子弧焊接采用陡降或垂直下降特性的直流电源，纯氩气作为离子气时，空载电压为 65～80 V；用氩气加氢气时，空载电压需 110～120 V。

等离子弧焊可分为微束等离子弧焊接和大电流等离子弧焊接。微束等离子弧焊接时，其电流小于 15 A，即使电流小至 0.1 A，等离子弧仍十分稳定，适于薄板及 0.025～1 mm 的箔材焊接。

大电流等离子弧焊有几种不同的形式，一种是穿孔型等离子弧焊，常用于 2.5～13 mm 的材料。在焊接过程中，等离子流在熔池前方穿透一个小孔，等离子流从小孔排出。熔池中的熔化金属被排挤在小孔周围。小孔前端的熔化金属从小孔两旁流向熔池后方，逐渐填满小孔，其正面和反面同时凝结。与此同时，在前方又形成新的小孔，重复上述过程则在板材正面和反面都形成焊缝，即实现单面焊双面成型。大电流等离子弧焊接多采用这一形式。另一种是熔入型等离子弧焊，当等离子气流量减少，小孔现象消失，此时焊接过程与一般钨极氩弧焊相似。

9. 电子束焊

电子束焊属于高能密度焊接方法，如图 4-39 所示。其特点是焊接时的能量密度大，可以焊出宽度小、深度大的焊缝，热影响区以及焊接变形很小。电子束焊在真空中进行，焊缝受到充分保护，能保证焊缝金属的高纯度。电子束焊以前多用于航空航天、核工业等部门，焊接活性材料及难熔材料。现已应用在汽车制造、工具制造等工业，如焊接汽车大梁及双金属锯条等。

10. 激光焊

激光焊也属于高能密度焊接方法，如图 4-40 所示。焊接时的能量密度很高，热影响区以及焊接变形很小。激光焊可以用反射镜、偏转棱镜或光导纤维引到一般焊炬难以到达的部位进行焊接，甚至可以透过玻璃进行焊接。激光焊常用于微电子工业与仪器仪表工业，如焊接集成电路的内外引线等。激光焊在其他部门的应用也日益广泛，如焊接汽车底板与外壳，焊接食品罐等。

使用激光焊焊接汽车齿轮，焊后无需机械加工，可直接装配。

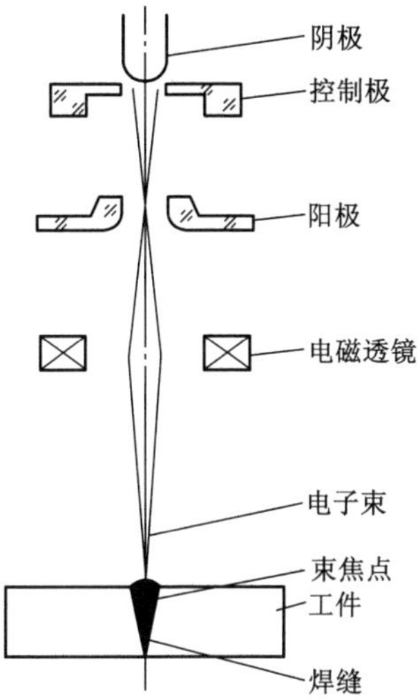

图 4-39　电子束焊原理图

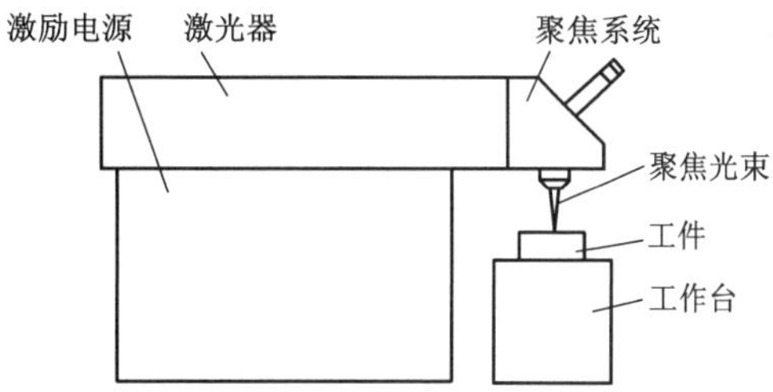

图 4-40　激光焊原理图

复习思考题

1. 什么是铸造生产？它有哪些特点？
2. 常见的铸造缺陷有哪些？
3. 型砂应具备哪些基本性能？
4. 特种铸造的方法主要有哪几种？各有什么特点？适用范围如何？
5. 比较自由锻与模锻的优缺点。
6. 自由锻的基本工序有哪些？为什么大锻件常用自由锻生产？
7. 板料冲压的基本工序有哪些？简述冲孔与落料的异同点。
8. 何谓简单模、连续模、复合模？分别适用于何种场合？
9. 什么是金属的焊接，焊接时的加热与加压各有什么作用？
10. 焊接分为哪几类？每个焊接方法各有什么特点？
11. 电焊条由哪些部分组成？各有何作用？
12. 简述摩擦焊的焊接过程。
13. 与焊条电弧焊相比，埋弧自动焊有何特点？埋弧自动焊一般应用于什么场合？

第三篇　机械设计基础

机构和机器总称为机械。日常生产生活中，机械无处不在，如缝纫机、洗衣机、起重机、飞机、轮船等都是机械。机械的种类繁多，其结构、性能和用途等各不相同，但它们却有着相同的特征。一个机器是由许多部分组成的，每一部分由工厂加工制造，然后组装而成，其中制造的最小单元称为零件。运动的最小单元称为构件，构件是由一个或若干个零件组成。机构是构件组合体，各构件间有确定的相对运动。机器是由一个或若干个机构组成的执行运动的装置，用来变换或传递能量、物料与信息，以减轻人的体力或脑力劳动。

机械设计就是为生产机械所必须进行的技术决策活动，最终结果要以图和文字的形式表示，以作为机械制造依据，机械设计泛指整个机器或机器一部分的设计。

机械设计基础主要研究机械中的常用机构和通用零件的工作原理、结构特点、基本的设计理论、计算方法。

第五章
常用机构

尽管机器的种类、结构、性能及用途等各不相同，但它们都是由一个或多个机构组成。机构是具有确定相对运动的构件组合体。本章主要介绍机构自由度计算、连杆机构、凸轮机构及间歇机构的类型、特性等。

第一节　平面机构的自由度

一、平面机构组成

1. 构件

下面以内燃机为例介绍零件、构件、机构和机器的含义。如图 5-1 所示，内燃机由汽缸 11、活塞 10、连杆 3、曲柄 4、齿轮 1 与 18、凸轮 7 以及气阀推杆 8 与 9(进气和排气阀)组成。燃气的热能推动着活塞、通过连杆转换为曲柄的转动，代替人们的劳动而做功；再经过相互啮合的齿轮带动凸轮不断地交替打开和关闭进气和排气阀，实现输入燃气和排出废气的工作。经过四冲程把燃气的热能转化为曲柄轴输出的机械能，它是机器。图 5-2 为内燃机的中的连杆，连杆在内燃机中是作为一个整体运动的，所以它是一个构件。它分别由连杆头 1，螺母 2，螺栓 3，连杆体 4 等组成的。而连杆头 1，螺母 2，螺栓 3，连杆体 4 分别是制造的最小单元，称为零件。零件分为两大类：一类是通用零件，如轴、齿轮；另一类是专用零件，如汽车中的曲轴、内燃机中的活塞等。而构件 11,10,3 和 4；11,1 和 8；11,7 和 8(9)组成了常用的曲柄滑块机构、齿轮机构、凸轮机构，它们具有确定的运动。

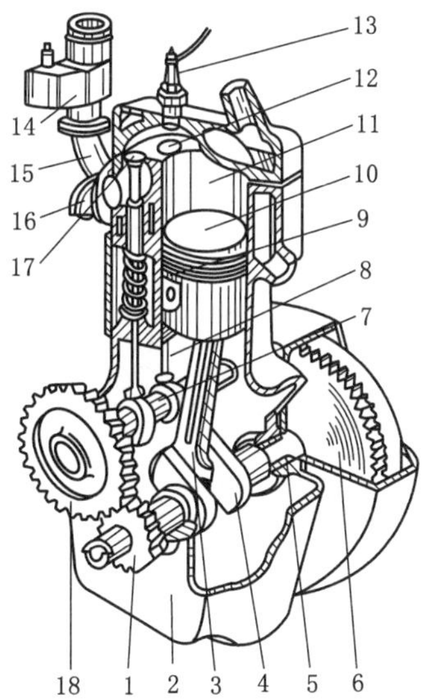

图 5-1　内燃机

通过以上例子可看出零件是制造的最小单元，构件是机械中独立的运动单元。构件可以是若干个零件(机械中不可拆卸的基本单元)的刚性组合，也可以是一个单独的刚性零件。

2. 运动副及类型

机械中的各构件彼此都不是孤立的，而是以一定方式互相连接，但这种连接不应是刚性的，而应保证它们之间仍能产生某种相对运动。凡使两个构件直接接触而又能有一定相对运动的连接称为运动副，如图 5-3～图 5-5 所示。

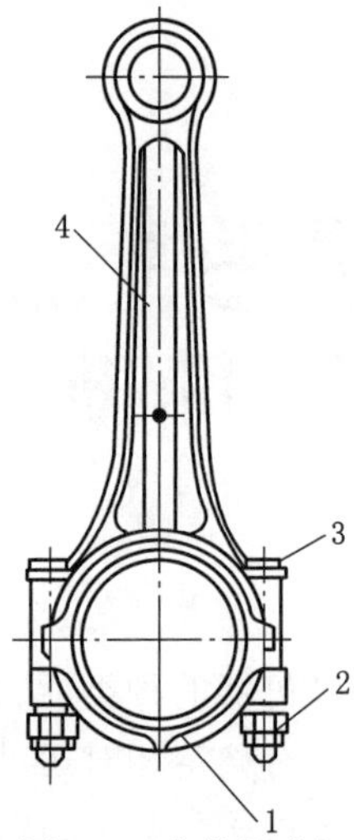

图 5-2　内燃机连杆

构成运动副时，两构件上参与接触的部分（点、线或面），称为运动副的元素。

运动副的类型很多，按构件间相互接触方式不同可分为高副和低副。两构件组成面接触的运动副，称为低副，如图 5-3、图 5-4 中的 1 和 2 构件组成的运动副。两构件组成点或线接触的运动副，称为高副，如图 5-5 中的 1 和 2 构件组成的运动副 。平面低副按其相对运动形式分为回转副和移动副。只能使构件做相对转动的低副称为回转副，如图 5-3 中的 1 和 2 构件组成的运动副。只能使构件做相对移动的低副称为移动副，如图 5-4 中的 1 和 2 构件组成的运动副。

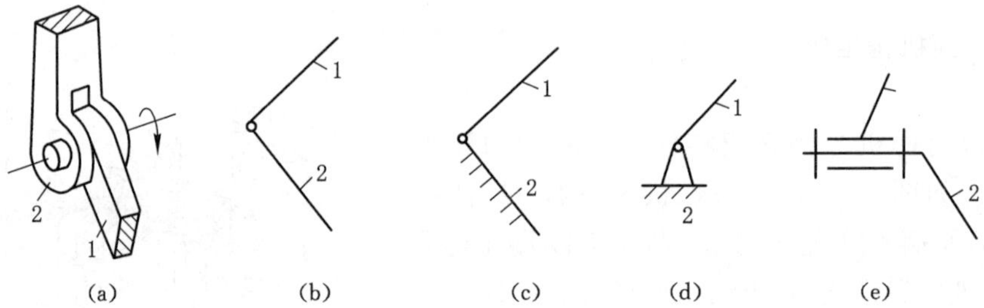

图 5-3　回转副及表示符号

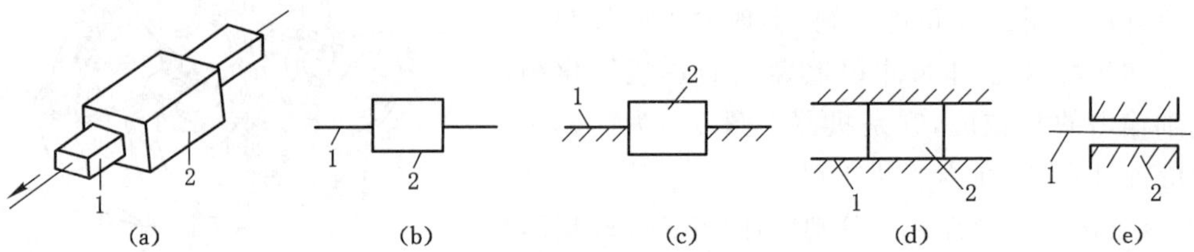

图 5-4　移动副及表示符号

3. 运动链

由两个以上的构件通过运动副的连接所构成的系统称为运动链。如果运动链的各构件构成首末封闭的系统，如图 5-6(a)、图 5-6(b)所示，则称为闭式运动链或简称为闭链。闭链中只有一个封闭形的链，如图 5-6(a)所示，称为单环闭链；有两个封闭形的链，如图 5-6(b)所示，则称为双环闭链，依此类推。如果运动链的各构件没有构成首末封闭的系统，如图 5-6(c)所示，则称为开式运动链或简称为开链。

在各种机构中，一般多采用闭链。开链多用于机械手或机器人的传动中。

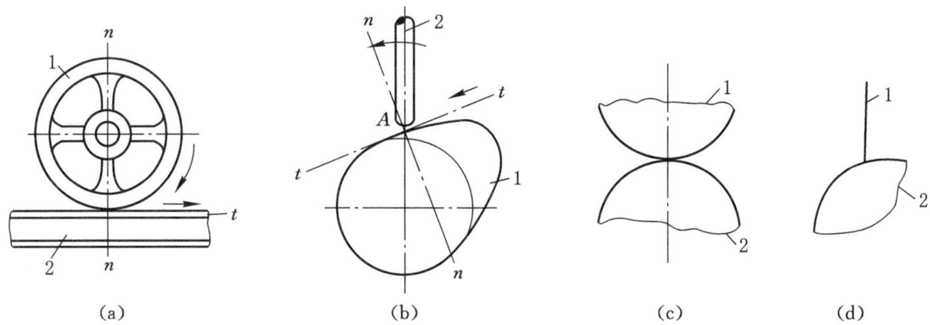

图 5-5 高副及表示符号

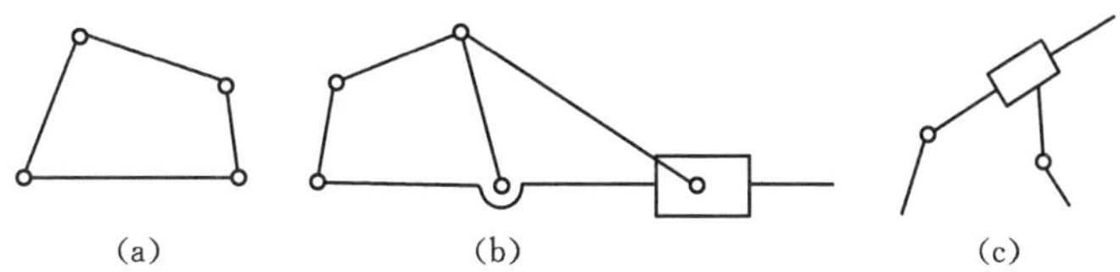

图 5-6 运动链

4. 平面机构的组成

在运动链中，如果将某一构件加以固定而成为机架，而且当其另一构件(或几个构件)按给定的已知运动规律相对于机架独立运动时，其余构件也均随之做确定的运动，则这种运动链便成了机构。一般情况下，机构安装在地面上，那么机架相对于地面是固定不动的；如果机构是安装在运动的物体(如车、船、飞机等)上，那么机架相对于该运动物体是固定不动的，而相对地面可能是运动的。机构中按给定的已知运动规律独立运动的构件称为原动件，而某余运动构件称为从动件。从动件的运动规律取决于原动件的运动规律和机构的结构。

由此可见，任何机构都是由若干个构件通过运动副相连接而组成的，而且必定有一个固定构件作为机架；有一个(或几个)原动件，从而使其余各个构件之间都能产生完全确定的相对运动。

按照组成机构的各构件之间的相对运动为平面运动或空间运动，可以将机构分为平面机构和空间机构两大类。平面机构是指各构件均在互相平行的平面内运动的机构。常用机构大多数为这类机构，因此我们只讨论平面机构的有关问题。

二、平面机构运动简图

所谓机构运动简图，就是用一些简单的线条和规定的符号表达复杂的机构运动的图形，该图形具有确定的比例，能反映机构组成和相对运动关系。机构运动简图所要表示的主要内容是：运动副的类型和数目；构件的类型、数目；运动尺寸(和构件运动有关的尺寸)。机构运动简图用于对机构进行分析和研究。运动副、构件以及常用机构的代表符号参见表 5-1。

绘制机构运动简图步骤为：① 分析机构的组成：判断机构的原动件、从动件，各构件的运动尺寸及运动副的类型。② 分析机构运动：判断机构中原动件运动方向，运动传递路径。③ 恰当地选择投影面：以能够简明地把机械的结构及运动情况表示清楚为原则选绘制平面。④ 选择适当的比例尺：用简单的线条和各种运动副的代号将机构运动简图在选定的平面上画出来。

表 5-1　　运动简图中的常用符号

名称	简　图
活动构件	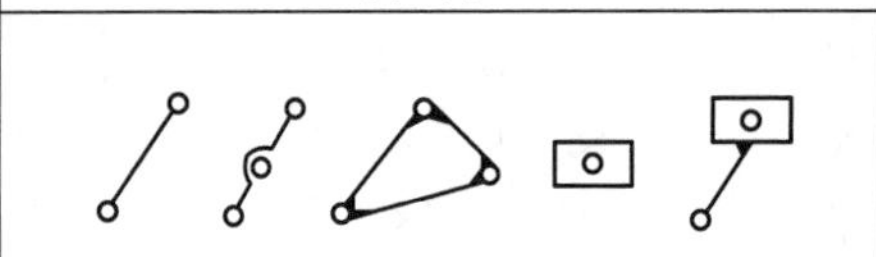
固定构件	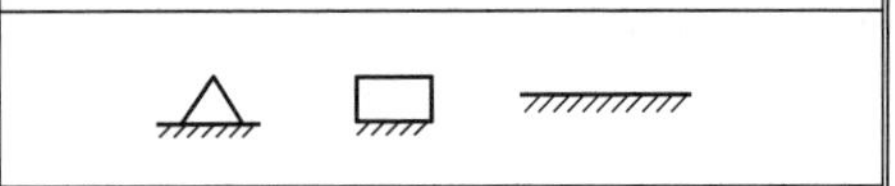
回转副	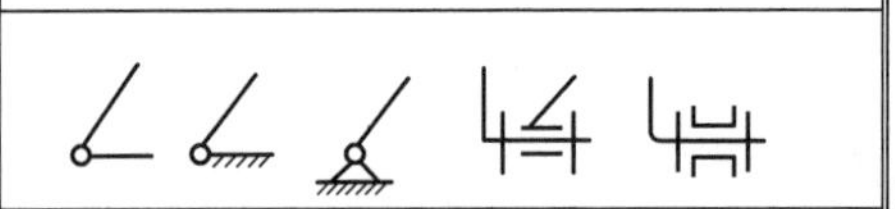
移动副	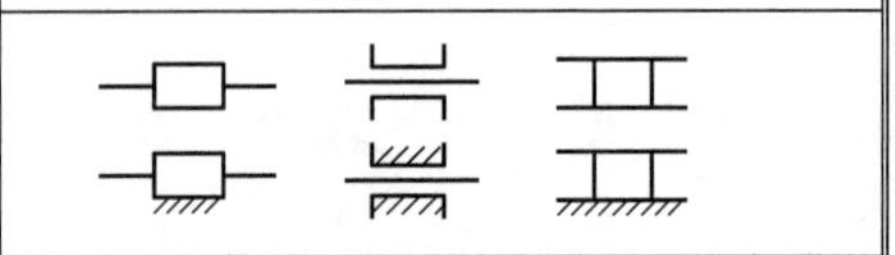
球面副	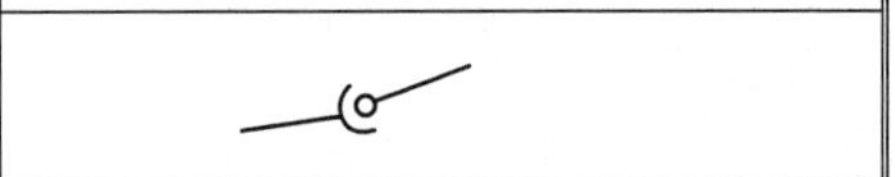
螺旋副	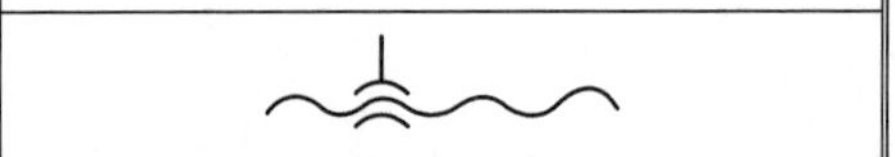
零件与轴联系	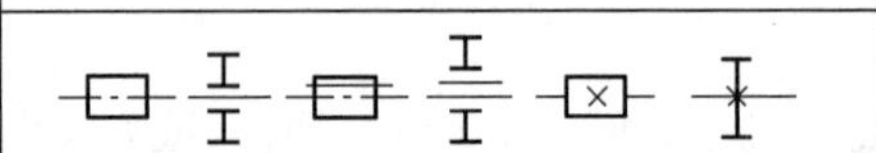 活套联接　导键联接　固定联接
凸轮与从动件	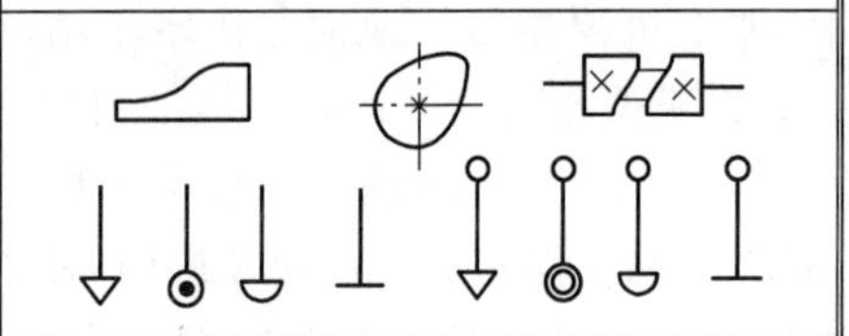
槽轮传动	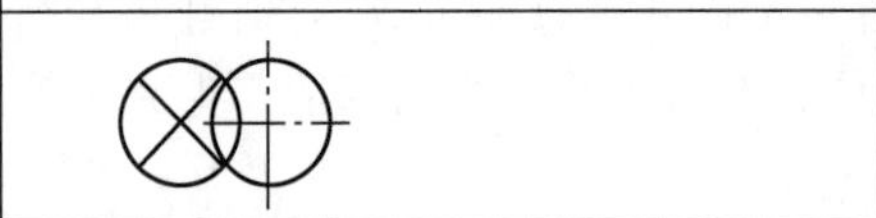
棘轮传动	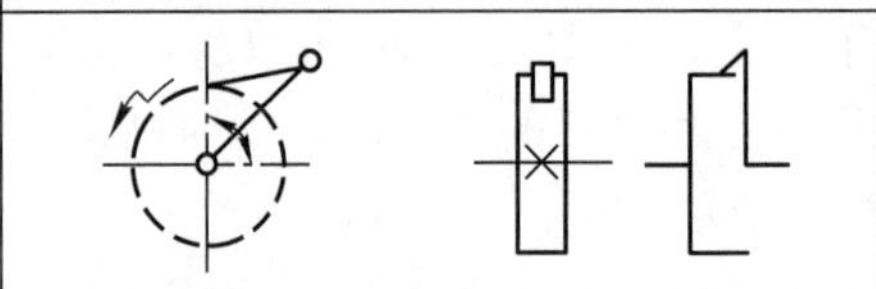
带传动	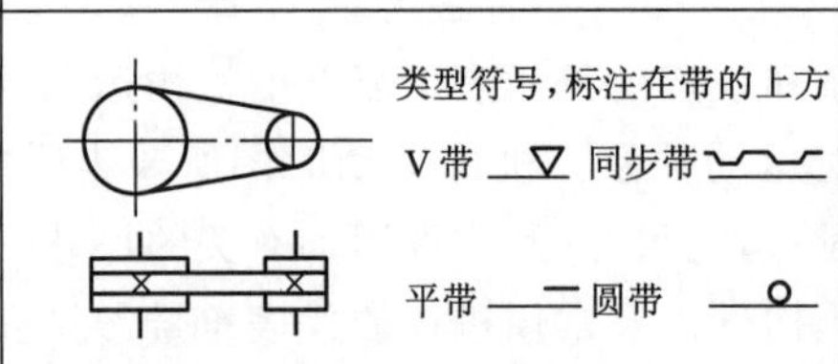 类型符号，标注在带的上方　V带　同步带　平带　圆带
链传动	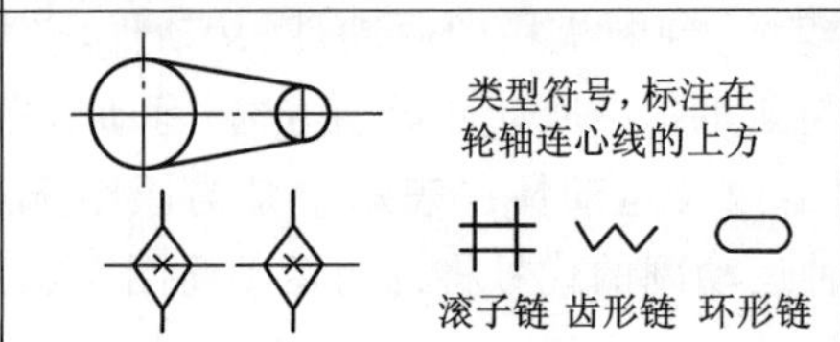 类型符号，标注在轮轴连心线的上方　滚子链　齿形链　环形链

名称		简　图
齿轮传动	圆柱齿轮	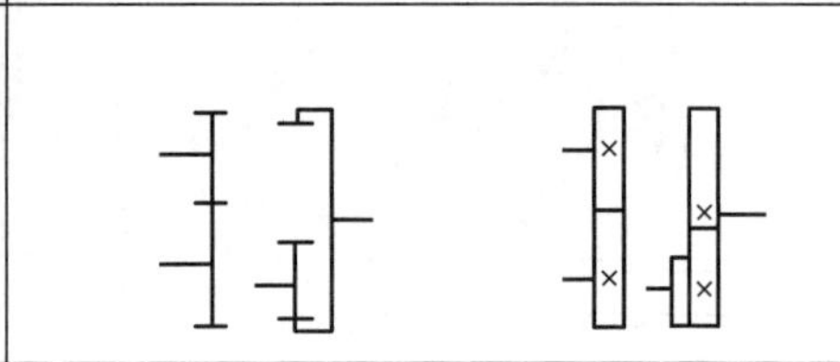
	锥齿轮	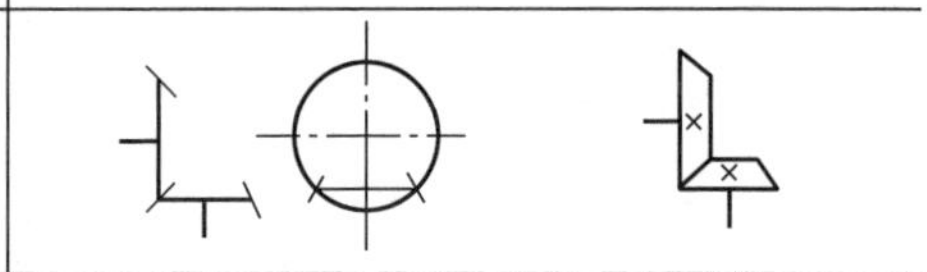
	齿轮齿条	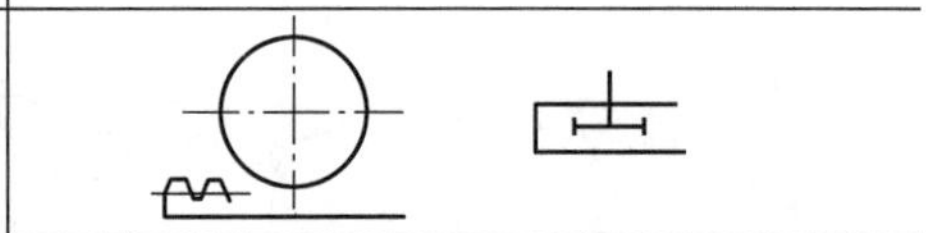
	蜗轮与圆柱蜗杆	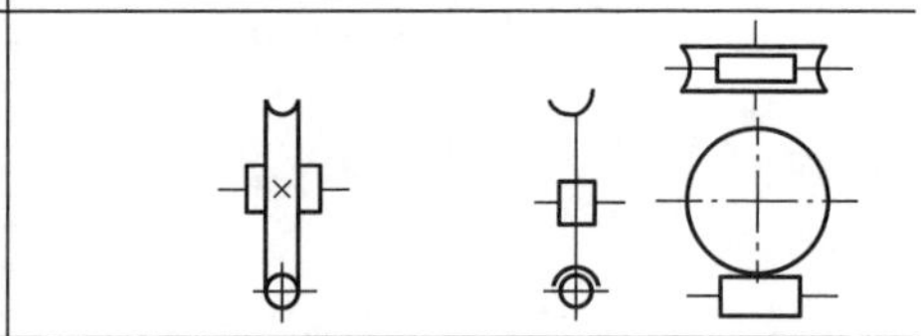
轴承	向心轴承	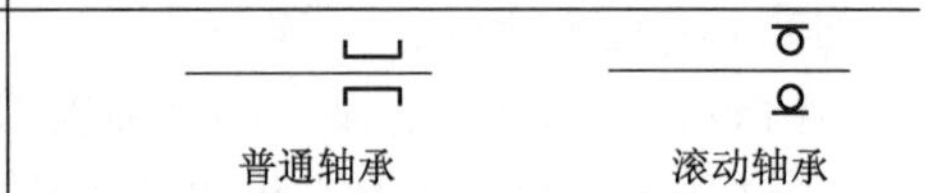 普通轴承　滚动轴承
	推力轴承	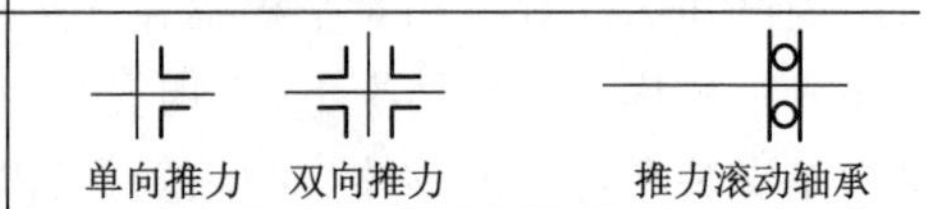 单向推力　双向推力　推力滚动轴承
	向心推力轴承	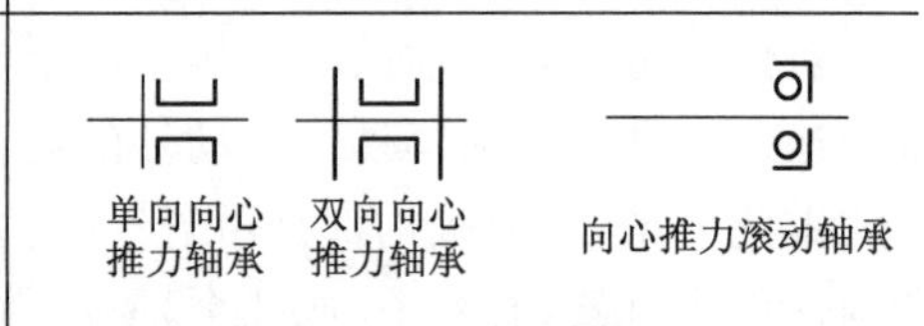 单向向心推力轴承　双向向心推力轴承　向心推力滚动轴承
弹簧		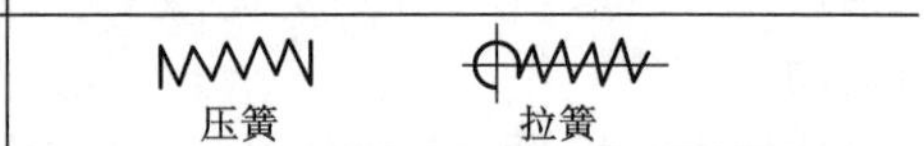 压簧　拉簧
联轴器		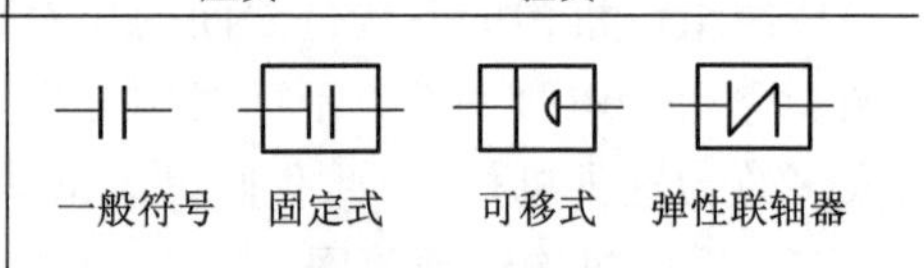 一般符号　固定式　可移式　弹性联轴器
离合器		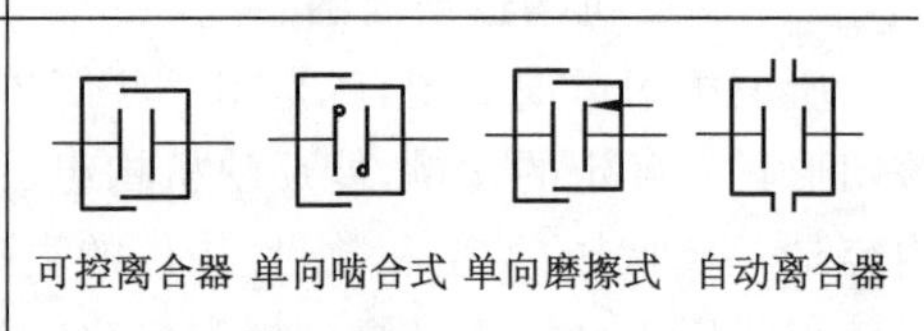 可控离合器　单向啮合式　单向磨擦式　自动离合器
制动器		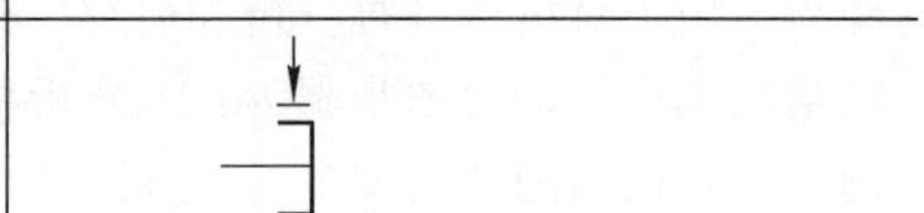
原动机		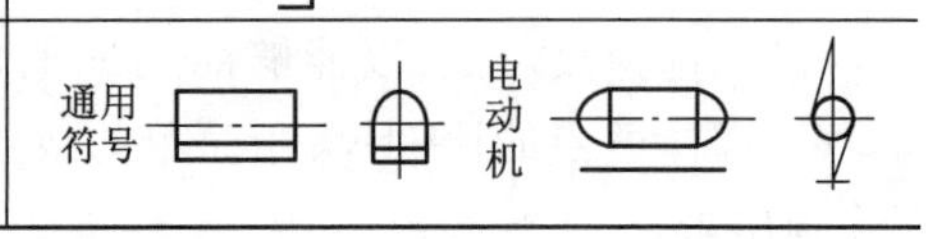 通用符号　电动机

工程上还广泛应用不按严格的比例绘制的运动简图，通常称为机构示意图。在机构示意图上只是定性地表达出机械中各构件之间的运动和动力的传递关系，但绘制较为方便。

【例 5-1】　图 5-7(a)所示为一颚式碎矿机。当曲轴 1 绕轴心 O 连续回转时，动颚板 5 绕轴心 F 往复摆动，从而将矿石轧碎。试绘制颚式碎矿机的机构运动简图。

解：先找出碎矿机的原动部分为曲轴 1，工作部分为动颚板 5，然后按运动传递的路线可看出，此碎矿机是由曲轴 1、构件 2、3、4 及动颚板 5 和机架 6 等构件组成。其中，曲轴 1 和和机架 6 在 O 点构成转动副，曲轴 1 和构件 2 也构成转动副，轴心在 A 点。而构件 2 还与构件 3、4 在 D、B 两点分别构成转动副，构件 3 还与机架 6 在 E 点构成转动副，动颚板 5 与构件 4 和机架 6 分别在 C 点和 F 点构成转动副。将碎矿机的组成情况及运动情况搞清楚后，再选定投影面和比例尺，并定出转动副 O、A、B、C、D、E、F 的位置，即可绘出其机构运动简图，如图 5-7(b)所示。

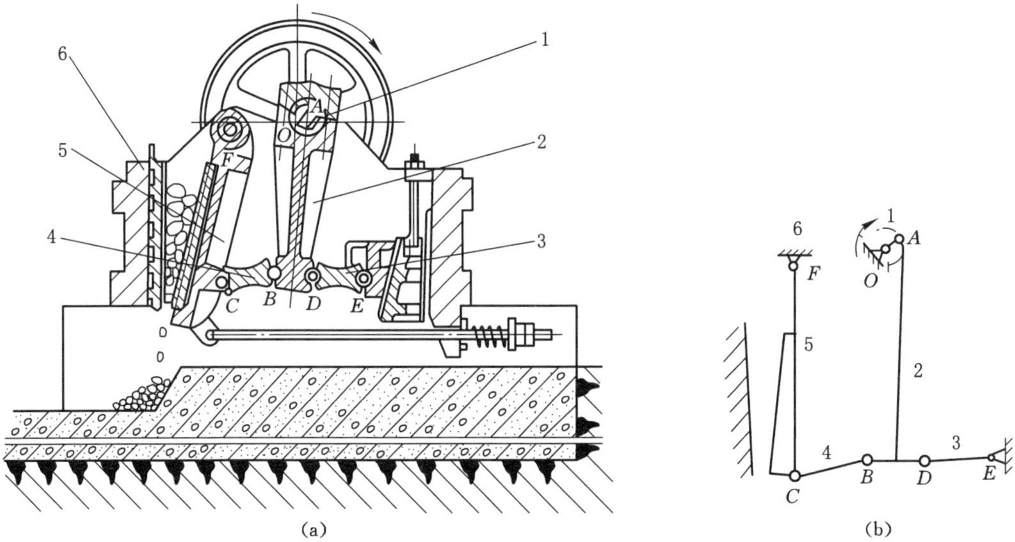

图 5-7　颚式碎矿机及其运动简图

三、平面机构自由度的计算

1. 平面机构自由度计算公式

机构具有确定运动的独立运动参数称为机构的自由度。机构自由度与机构中构件的个数，运动副的个数及类型有关。

一个做平面运动的自由构件具有 3 个独立的运动，如图 5-8 所示。即沿 x 轴、y 轴移动及绕垂直于 xOy 面轴线的转动。构件具有确定运动的独立运动参数称为构件自由度。一个做平面运动的自由构件具有 3 个自由度。当它与另一构件组成运动副后，其运动就受到了约束，其自由度数随之减少，不同类型的运动副带来的约束不同。图 5-3 中转动副限制了构件 2 相对 1 沿 x 轴 y 轴移动，引入两个约束。图 5-4移动副中，限制了构件 2 相对 1 沿垂直于导路的

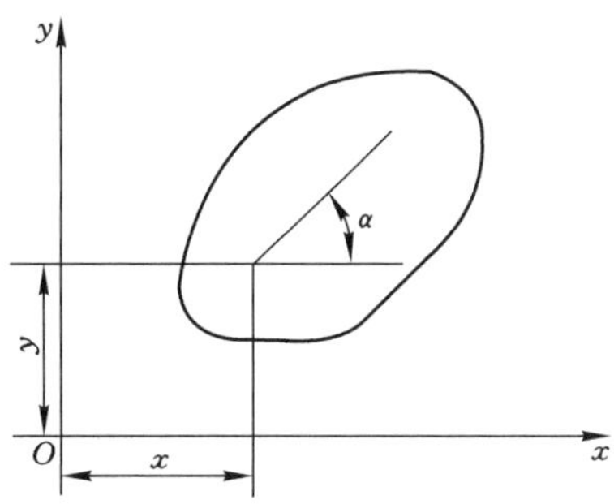

图 5-8　构件的自由度

移动及相对转动，引入两个约束。图 5-5 高副中，限制了构件 2 相对 1 沿法线的移动，引入一个约束。

如设平面机构共有 n 个活动构件（不包括机架），当此机构的各构件尚未通过运动副连接时，显然它们共有 $3n$ 个自由度。当两构件构成运动副之后，它们的运动就将受到约束，其自由度将减少，自由度减少的数目等于运动副引入的约束。因此，如果在该机构中，各构件间共构成了 p_L 个低副和 p_H 个高副，那么它们将共引入（$2p_L+p_H$）个约束。于是，该机构的自由度应为：

$$F = 3n-(2p_L+p_H) = 3n-2p_L-p_H \tag{5-1}$$

2. 机构具有确定运动的条件

为了按照一定的要求进行运动的传递及变换，当机构的原动件按给定的运动规律运动时，其余各构件的运动都应是完全确定的。显然，不能运动或无规则乱动的运动链都不是机构。那么，一个机构在什么条件下才能实现确定的运动呢？下面我们来分析两个例子。

图 5-9 所示为由 4 个构件组成的一个曲柄滑块机构。在此机构中，如果给定一个独立的运动参数，例如，构件 1 角位移规律为 $\varphi_1=\varphi_1(t)$，则不难看出，此时其余各构件的运动是完全确定的。图 5-10 所示为由 5 个构件组成的一个铰链五杆机构。在此机构中，如果也给出一个独立的运动参数。例如，构件 1 的角位移规律为 $\varphi_1=\varphi_1(t)$，此时构件 2,3,4 的运动并不能确定，当构件 1 占有位置 AB 时，构件 2,3,4 可以占有位置 BC,CD 及 CE；也可以占有位置 BC',$C'D'$ 及 $D'E$；或者其他位置。但是，如果再给出另一个独立的运动参数，如构件 4 的角位移规律 $\varphi=\varphi_4(t)$，即同时给定两个独立的运动参数，则不难看出，这时此五杆机构各构件的运动便完全确定了。显然上述曲柄滑块机构的自由度为 1，而铰链五杆机构的自由度为 2。对于自由度为 1 的机构，只要给定一个独立的运动参数，其所有构件的运动便是完全确定的。而对于自由度为 2 的机构，则必须同时给定两个独立的运动参数，其所有构件的运动才是完全确定的。通常机构的原动件都是和机架相连的，对于这样的原动件，一般一个原动件只能给定一个独立的运动参数。综上所述，机构具有确定运动的条件是：机构原动件数等于机构自由度数。

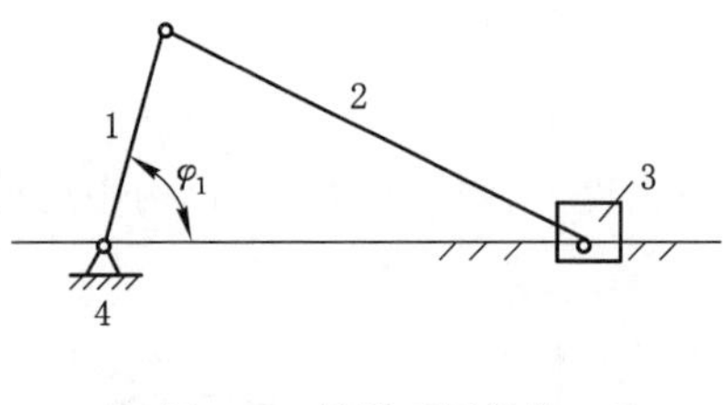

图 5-9 铰链五杆机构

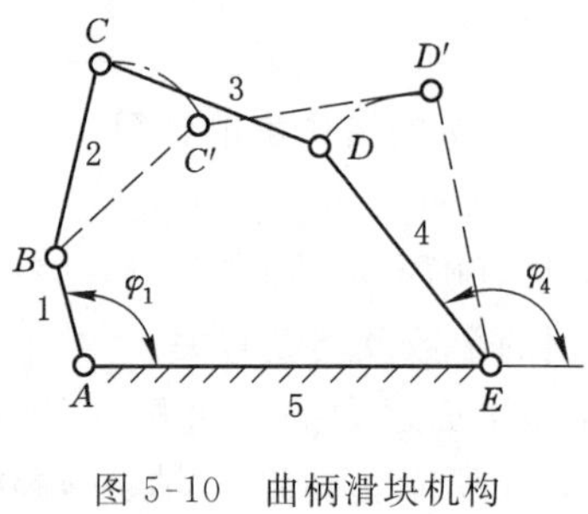

图 5-10 曲柄滑块机构

【例 5-2】 试计算图 5-7 所示鄂式碎矿机的自由度。

解：由其机构运动简图不难看出，此机构共有 5 个活动构件（即构件 1,2,3,4,5），7 个低副（即转动副 O,A,B,C,D,E），没有高副，故根据式(5-1)可求得其自由度为：

$$F=3n-2P_L-P_H=3\times5-2\times7-0=1$$

3. 计算平面机构自由度的注意事项

在计算平面机构的自由度时，有些特殊情况必须加以注意并正确处理；否则，按公式求得的自由度与机构实际的自由度可能不相符。现将这些必须注意的问题简述如下：

（1）复合铰链

两个以上的构件同时在一处以转动副连接，即构成了所谓复合铰链。图 5-11 所示就是 3 个构件在一处以转动副相连接而构成的复合铰链。由图 5-11 可见，这 3 个构件实际上共构成了两个共轴线的转动副。同理若有 m 个构件构成复合铰链，则它们将共构成$(m-1)$个共轴线的转动副。

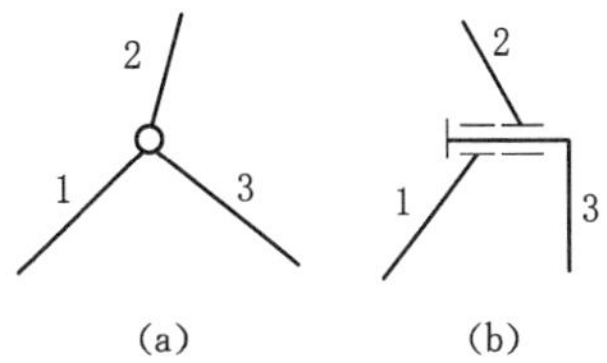

图 5-11　复合铰链

（2）局部自由度

在有些机构中，某些构件所能产生的局部运动的自由度称为局部自由度。例如，在图 5-12(a)所示的凸轮机构中，在推杆 2 上装有一滚子 3，与凸轮 1 保持高副接触。此时，该机构的自由度为：

$$F=3n-2P_L-P_H=3\times3-2\times3-1\times1=2$$

但是，滚子 3 绕其轴 C 的转动显然并不影响其他构件的运动，该机构以凸轮为原动件，便具有确定运动，即自由度数为 1，所以它只是一种局部自由度。如果我们设想将滚子 3 与推杆 2 焊在一起，如图 5-12(b)所示，显然机构的运动与前并无不同，而此时该机构的自由度则为：

$$F=3n-2P_L-P_H=3\times2-2\times2-1\times1=1$$

由此可见，认为此机构实际的自由度为 1。所以，在计算机构的自由度时，如果存在局部自由度，应将其除去不计（将小滚子和与它低副相联构件焊接）。

（3）虚约束

机构中对运动不起作用的约束，称为虚约束。在计算机构自由度时，虚约束应当除去不计。

在图 5-13(a)所示的平行四边形机构中，连杆 2 做平面运动，BC 线上各点的轨迹均为圆心在 AD 线上而半径等于 AB 的圆弧。该机构的自由度为

$$F=3n-2P_L-P_H=3\times3-2\times4-0=1$$

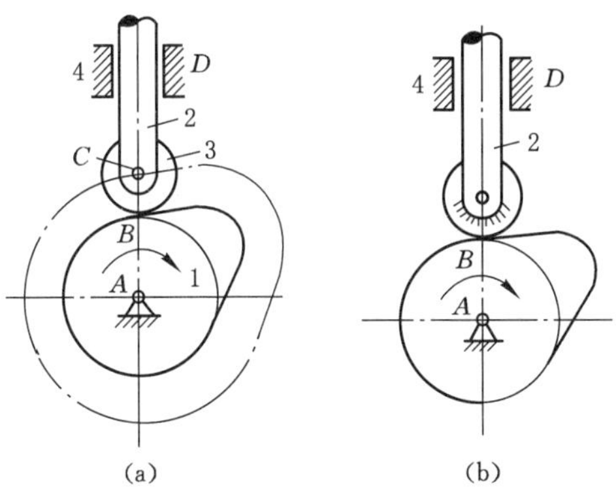

图 5-12　局部自由度

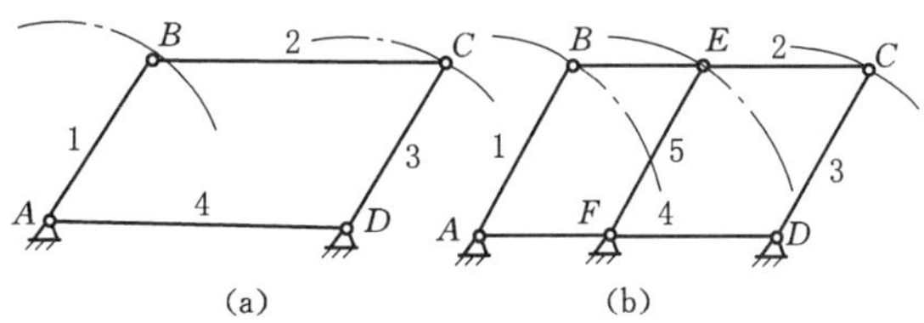

图 5-13　虚约束

如果在该机构上再加上一个构件 5，与构件 1、3 平行而且长度相等，如图 5-13(b)所示，显然这对机构的运动并不会产生任何影响，但此时机构的自由度却变为：

$$F=3n-2P_L-P_H=3\times4-2\times6-0=0$$

这是因为加上构件 5 后，虽然多了 3 个自由度，但却因增加了两个转动副而引入了 4 个约束，即多引入一个约束的缘故。不过，这个约束对机构的运动是不起约束作用的，因而它是一个虚约束，在计算机构的自由度时，应将虚约束除去不计（可将引入此虚约束的构件 5 和两个转动副 E、F 全都除去不计），则该机构的自由度实际仍为 1。

虚约束是构件间几何尺寸满足某些特殊条件的产物。它对运动虽然不起作用，但可以提高构件的刚性，改善受力状况，使机构具有稳定的运动。因此，在结构设计中被广泛使用。虚约束的存在对制造和安装精度要求较高，当不能满足几何条件时，则引入的虚约束就是真约束，“机构”将不能运动。因此，选用虚约束应慎重。

平面机构中的虚约束常出现在下列场合：

① 两构件之间组成多个导路平行的移动副时，只有一个移动副起作用，其余都是虚约束。如图 5-14 所示机构中的移动副 D，D'。

② 两构件在几处配合而构成转动副，且各配合处的轴线重合，只有一个转动副起作用，其余都是虚约束。如图 5-15 所示机构中的转动副 A，A' 及 B，B'，则应只考虑一处所引入的约束，而将其余各处所引入的约束视为虚约束。

③ 功能和尺寸完全相同的构件，只有一组起独立传递运动的作用，其余各组常引入虚约束。如图 5-16 所示行星轮系，为了受力均衡而采用 3 个行星轮对称布置，实际上只需 1 个行星轮便能满足运动要求。在这里，每添加 1 个行星轮（包括 2 个高副和 1 个低副）便引入 1 个虚约束。

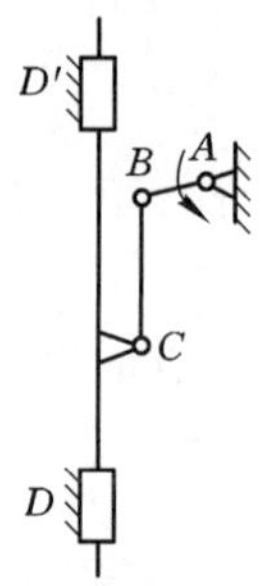

图 5-14 移动副虚约束

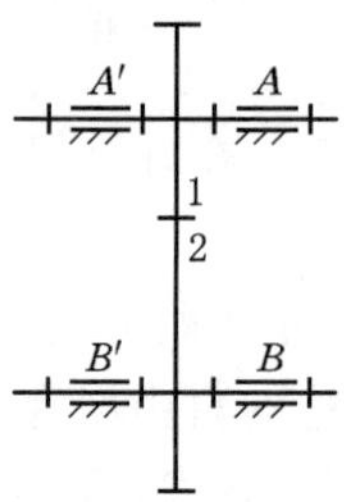

图 5-15 转动副虚约束

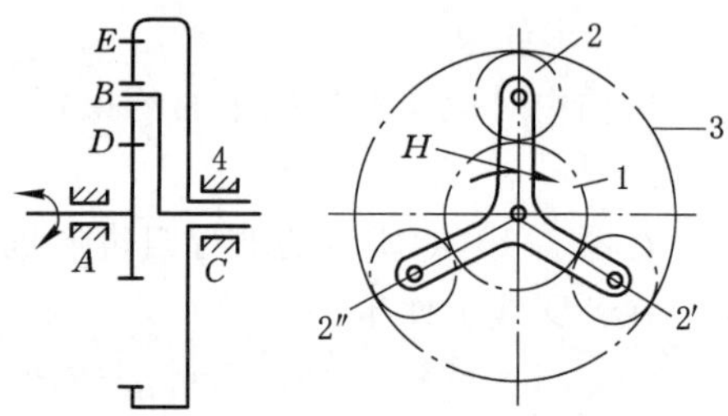

图 5-16 轮系中的虚约束

④ 如果两构件上的两点之间的距离始终保持不变，那么若将此两点以构件相连接，则因此而带入的约束必为虚约束。如图 5-17 所示，在平行四边形机构 $ABCD$ 的运动过程中，构件 2 上的 E 点和构件 4 上的 F 点之间距离始终不变（因为 $\overline{AE}=\overline{DF}$），故当将 E，F 两点以构件 5 相连时引入的约束也必为虚约束。

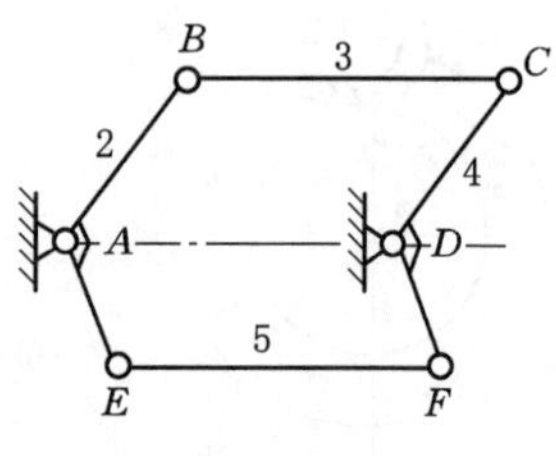

图 5-17 平行四边形机构

【例 5-3】 试计算图 5-18 所示大筛机构的自由度。

解：图中滚子具有局部自由度。E 和 E' 为两构件组成的导路平行的移动副，其中之一为虚约束。C 处为复合铰链。在计算自由度时，将滚子 F 与构件 3 看做是焊接在一起的整体，即消除局部自由度，再去掉移动副 E，E' 中的任一个虚约束，则可得到该机构的可动构件数，$n=7$，低副数 $P_L=9$，高副数 $P_H=1$，按式（5-1）得：

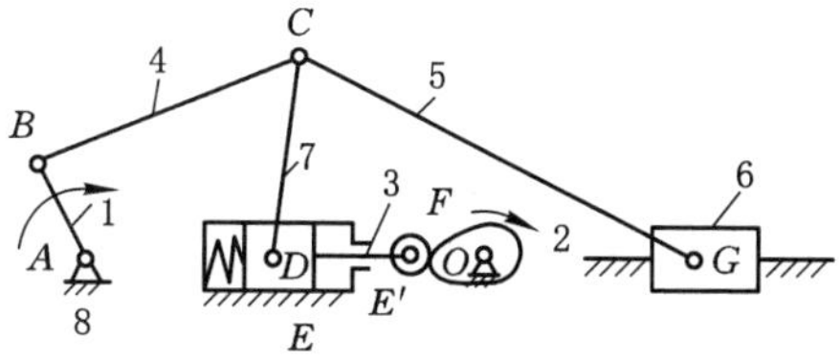

图 5-18　大筛机构

$$F=3n-2P_{L}-P_{H}=3\times7-2\times9-1\times1=2$$

因自由度为 2,所以原动件数为 2,这样机构才有确定运动。

第二节　平面连杆机构

平面连杆机构又称为低副平面机构,是常用机构中最基本的机构,由若干个刚性构件通过低副连接而成。其运动构件都在相互平行的平面内运动,运动构件中带有一个(或多个)作平面运动的构件一连杆。平面连杆机构在各种机器和仪表中获得广泛应用。

一、平面连杆机构的特点

① 能够实现多种运动形式的转换和得到各种复杂的运动轨迹,容易满足生产工艺提出的各种运动要求。

② 运动副的元素为圆柱面或平面,几何形状简单,便于加工制造。

③ 运动副的元素均为面接触,适于传递较大的动力,构件的使用寿命较长。

④ 构件间的相互接触是依靠运动副元素的几何形状来保证的,不需要增添其他附加零件来做运动的工艺保证。

⑤ 当构件数目较多或制造精度较低时,机构的运动累积误差较大,会影响运动准确性。

⑥ 机构中某些构件的运动速度是变化的,产生惯性力,且不易平衡掉,因而会引起冲击或振动。当机构运动速度较高时,这种冲击或振动更为严重。

二、平面连杆机构的类型

根据构件的数目来划分,平面连杆机构可分为二杆机构、三杆机构、四杆机构和多杆机构,如图 5-19、图 5-20、图 5-21 和图 5-22 所示。

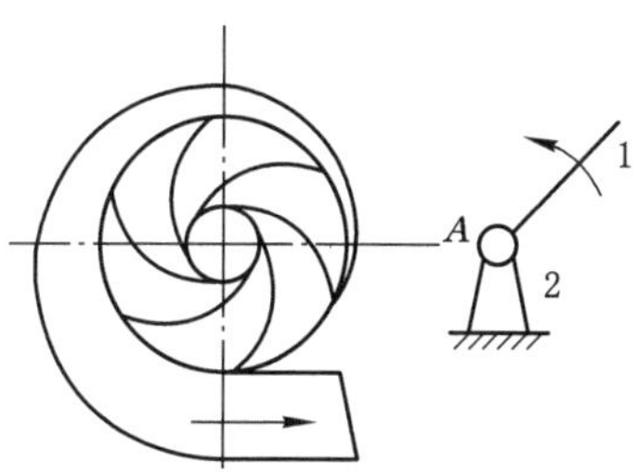

图 5-19　水泵

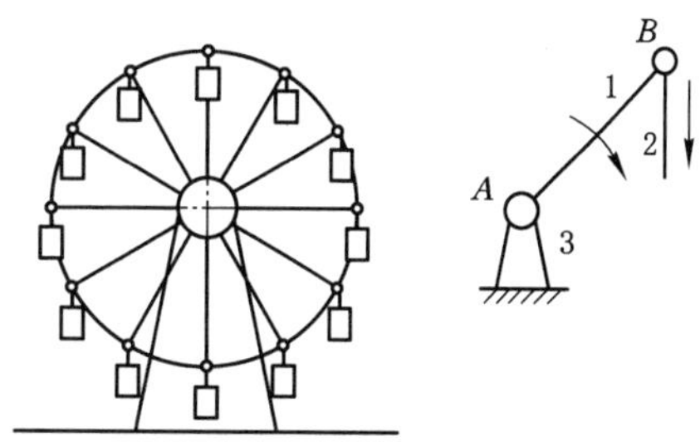

图 5-20　高空观览车

平面二杆机构如工业上常用的水泵(图 5-19)以及砂轮机、电动机等,是平面机构中最简单的形式。平面三杆机构如高空观览车(图 5-20)以及某些抓斗机和高空作业装置,也是比较常见的平面机构。但是,平面二杆机构和平面三杆机构只能采用开式链的形式。在一般机械中,平面连杆机构多为闭式链。所以,平面连杆机构最简单、最基本的形式是平面四杆机构。平面四杆机构是平面多杆机构的基础。

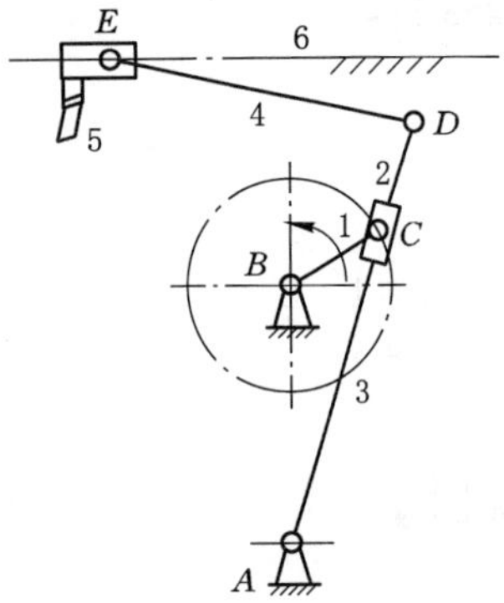

图 5-21　牛头刨床运动简图

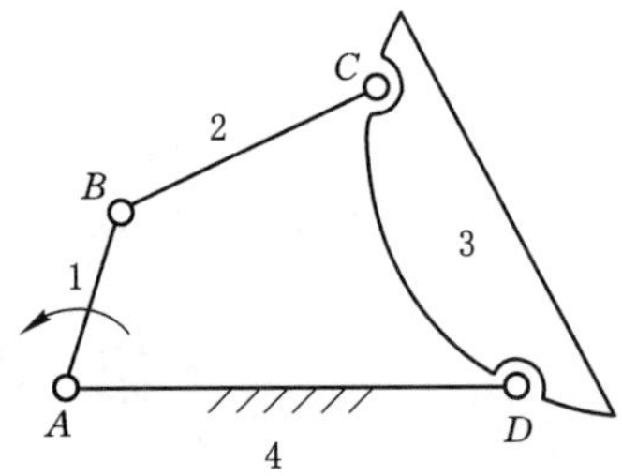

图 5-22　雷达仰角调节机构运动简图

通过改变连杆机构中构件的大小和性状,改变运动副的形状和尺寸可以扩展出形形色色连杆机构,如图 5-23、图 5-24 所示。

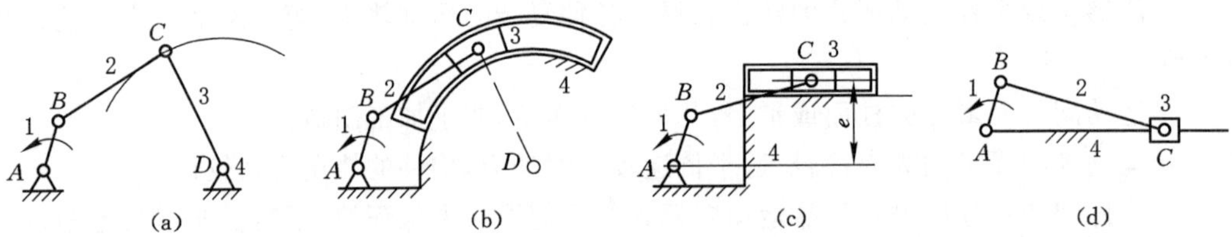

图 5-23　改变构件 3 形状及尺寸四杆机构的演化

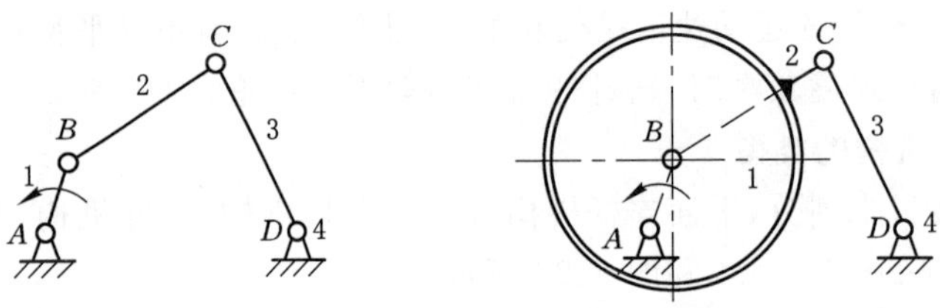

图 5-24　扩大运动副 B 的尺寸四杆机构的演化

三、平面四杆机构的基本特性

1. 铰链四杆机构存在曲柄的条件

若平面四杆机构 4 个低副均为转动副则称其为铰链四杆机构,如图 5-25 所示。其中固定件 4 叫做机架,不直接和机架直接相连的构件叫做连杆(杆 2),和机架直接相连的构件叫做连架杆(杆 1,3),可以整周回转的连架杆叫做曲柄,不可以整周回转的连架杆叫做摇杆。铰链四杆机构可分为 3 种基本类型:有一个曲柄-曲柄摇杆机构;有两个曲柄-双曲柄机构;无曲柄-双摇杆机构。图 5-25 是曲柄摇杆机构,能做 360°相对回转的运动副称为周转副(图 5-25 条件下的 A,B);只能做有限角度摆动的运动副称为摆转副(图 5-25 条件下的 D,C)。

在实际应用中经常需要使用曲柄,满足什么条件才能存在曲柄?

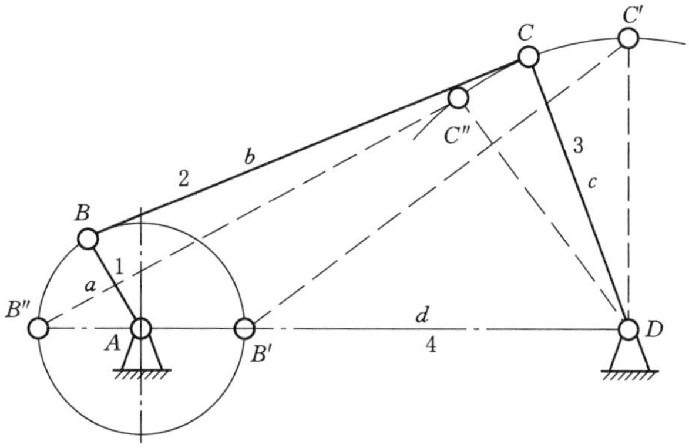

图 5-25 曲柄的存在条件分析

图 5-25 中，杆 1 为曲柄，杆 2 为连杆，杆 3 为摇杆，杆 4 为机架。各杆长度以 a,b,c,d 表示。能做 360°相对回转的运动副 A,B 称为周转副；只能做有限角度摆动的运动副 D,C 称为摆转副。

曲柄 1 为了保证能够整周回转，它必须要顺利通过与机架 4 共线的位置。当曲柄处于 AB' 位置时，形成 $\triangle B'C'D$。根据三角形三边关系可得：

$$b \leqslant (d-a)+c$$

$$c \leqslant (d-a)+b$$

$$a+b \leqslant c+d \tag{5-2}$$

$$a+c \leqslant b+d \tag{5-3}$$

当曲柄处于 AB'' 位置时，形成 $\triangle B''C''D$。可写出以下关系式：

$$a+d \leqslant b+c \tag{5-4}$$

将式(5-2)、式(5-3)、式(5-4)两两相加可得：

$$a \leqslant b\ ,\ a \leqslant c\ ,\ a \leqslant d$$

上述关系说明，a 是最短杆；曲柄存在的必要条件是：机构中最短杆与最长杆长度之和($a+d$)小于或等于其余两杆长度之和（否则运动链中没有周转副，则不存在曲柄）。

在图 5-25 的条件下，既然曲柄 1 可以整周回转，根据相对运动原理，杆 2 和杆 4 相对杆 1 也可以整周回转。同理，由于摇杆 3 只能摆动，则杆 2 和杆 4 相对杆 3 也只能作小于 360°的摆动。因此，当机构最长杆与最短杆长度之和小于或等于其余两杆之和时，取不同杆为机架，就可以得到不同类型的铰链四杆机构：取最短杆相邻的构件（杆 4 或杆 2）为机架时，只有最短杆 1 的一个曲柄，故两种情况下均为曲柄摇杆机构；取最短杆为机架，作连架杆的杆 2 和杆 4 均为曲柄，故为双曲柄机构；取最短杆的对边杆 3 为机架，作连架杆的杆 2 和杆 4 均不能作曲柄，故为双摇杆机构。

由此说明，曲柄存在的充分条件是：连架杆或机架中必须有一个最短杆。

2. 急回特性

以曲柄摇杆机构为例（图 5-26），设曲柄 AB 为原动件，以等角速度 ω 回转；则摇杆 CD 为从动件，在摆角 φ 的范围内摆动。曲柄 AB 在回转时，摇杆 CD 所对应的两个极限位置 C_1D 和 C_2D 恰好运动一个来回。这两个极限位置对应曲柄位置所夹的锐角 θ 称为极位夹角。极位夹角 $\theta \neq 0$ 的平面四杆机构，其摇杆来回两个方向运动的平均速度 v_1 与 v_2 是不相等的，这种特性称为急回运动或急回特性。

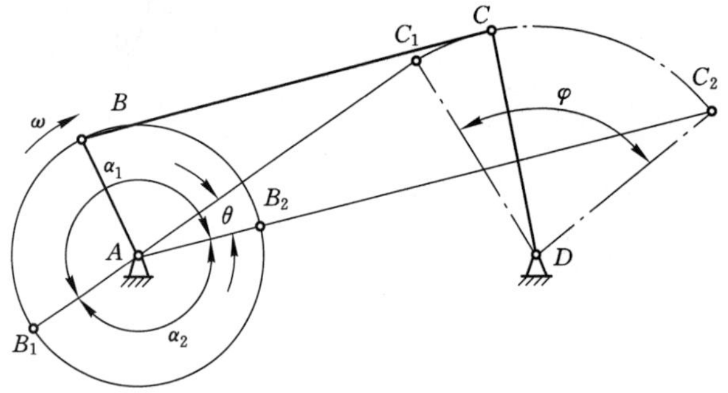

图 5-26　曲柄摇杆机构

用 v_2 与 v_1 的比值即行程速比系数 K 来描述急回程度，则：

$$K=\frac{v_2}{v_1}=\frac{C_2C_1/t_2}{C_1C_2/t_1}=\frac{t_1}{t_2}=\frac{\alpha_1}{\alpha_2}=\frac{180°+\theta}{180°-\theta} \tag{5-5}$$

$$\theta=180°\frac{K-1}{K+1} \tag{5-6}$$

四杆机构有无急回运动，取决于有无极位夹角。当 $\theta=0$ 时无急回运动；当 $\theta\neq 0$ 时则有急回运动，而且 θ 角越大，K 值越大，急回特性越明显。

图 5-27 所示偏置曲柄滑块，图 5-28 所示摆动导杆机构都具有急回运动的特性。对心曲柄滑块机构无极位夹角，故无急回运动。

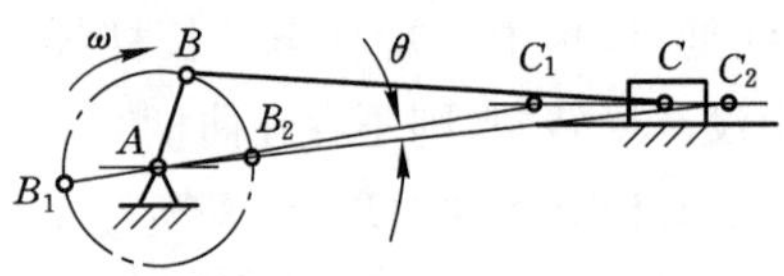

图 5-27　曲柄滑块机构

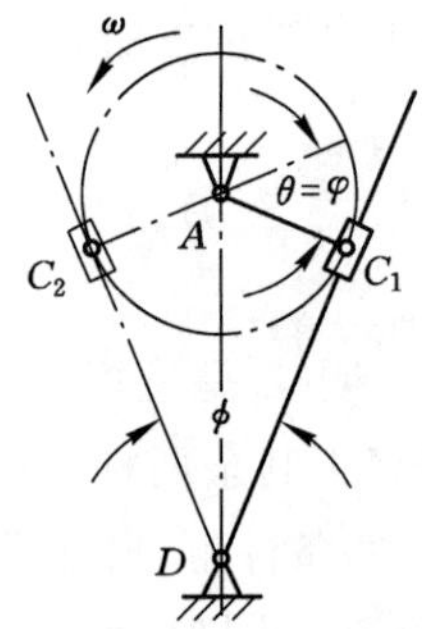

图 5-28　摆动导杆机构

四杆机构的这种急回特性，在机器中可以用来节省空回行程的时间，以提高工作效率。如牛头刨床、往复式输送机等。

3. 压力角和传动角

在图 5-29 所示的曲柄摇杆机构中，曲柄 AB 通过连杆 BC 将作用力传递给摇杆 CD 上，力的作用点是 C 点。

当忽略摩擦和重力时，C 点所受的力 F，是沿 BC 的方向作用的，它可以分解为沿 C 点的线速度方向的分力 F_τ 和沿摇杆 DC 方向的分力 F_n。F_n 只能使铰链 C，D 产生径向压力，而 F_τ 则是推动摇杆运动的有效分力。物体的受力方向与其运动的线速度方向所夹的锐角 α 称为压力角，有效分力的大小等于作用力与压力角余弦值的乘积，即 $F_\tau=F\cos\alpha$。

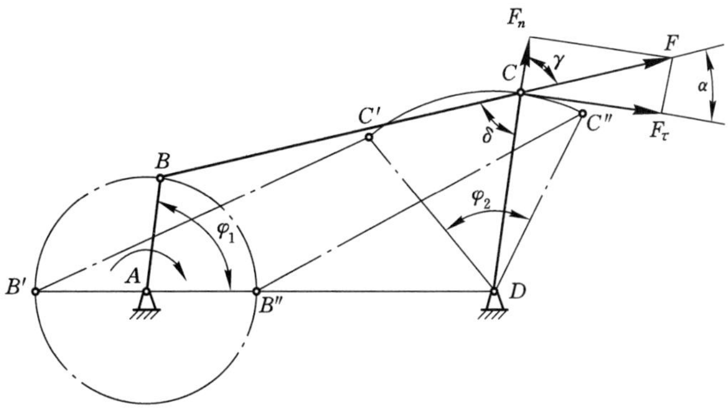

图 5-29　曲柄摇杆机构的压力角和传动角

可见，有效分力 F_τ 的大小取决于压力角 α 的大小，α 越小，F_τ 越大。

在实际应用中，人们通常用传动角来描述机构的传力性能，传动角 γ 是连杆与从动件之间所夹的锐角，即压力角 α 的余角，则：

$$F_\tau = F\cos\alpha = F\sin(90^\circ - \alpha) = F\sin\gamma$$

即 γ 越大，α 越小，F_τ 越大。

曲柄摇杆机构的最小传动角 $\gamma_{\min}$ 只出现在曲柄与机架共线处，即：$\angle B''C''D$ 与($180^\circ - \angle B'C'D$)之间最小者，且 $\gamma_{\min} \geqslant [\gamma]40^\circ \sim 50^\circ$。

4. 死点

图 5-30 所示的四杆机构中，在摇杆 CD 为主动件、曲柄 AB 为从动件的条件下，当摇杆 CD 处于两个极限位置时，连杆 BC 与曲柄 AB 共线(B_1AC_1 和 AB_2C_2)，两点处出现了传动角 $\gamma=0^\circ$ 的情况。机构的这种位置称为死点位置。

在死点位置时，主动件摇杆通过连杆作用于从动件曲柄的力恰好通过曲柄的回转中心，转矩等于 0。

在生产和生活当中，如脚踏砂轮机(图 5-31)、家庭缝纫机等，都不难见到“死点”现象：启动时踏不动或出现“倒车”，需要借助手力搬动转动轮或借助于飞轮使其通过死点位置。

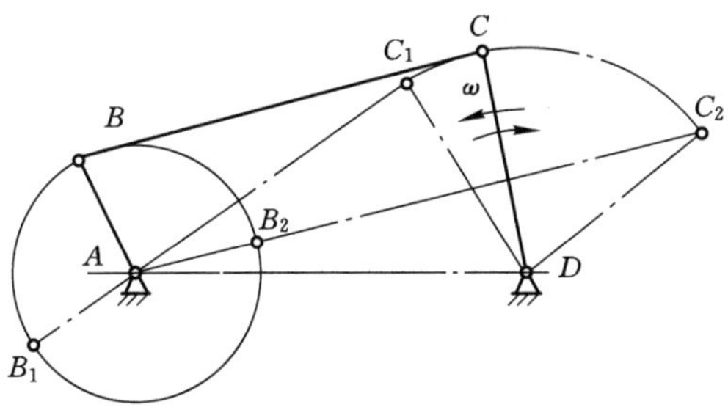

图 5-30　四杆机构的死点

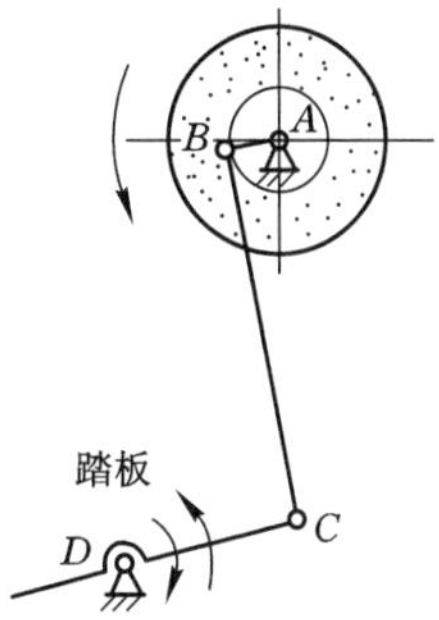

图 5-31　脚踏砂轮机

为了使机构能够顺利通过死点，通常采用多组机构联动的办法，在某组机构处于死点位置时，还有其他驱动装置处在非死点位置正常工作。不宜采用多组机构联动的场合，也可采用安装飞轮加大惯性力的办法，借助惯性作用使机构闯过死点。

工程实践中,常常利用机构的死点位置来实现某些作业要求,如图 5-32 所示的飞机起落架机构,利用死点克服机轮受力,使起落架不会折回;图 5-33 所示的钻床工件夹紧机构,利用死点位置夹紧工件,使工件不会松脱。

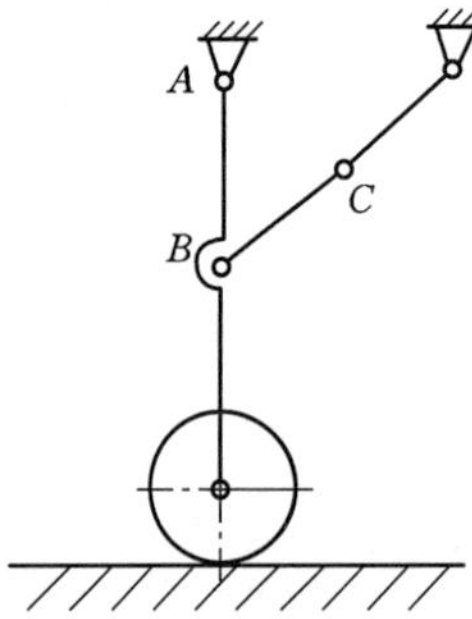

图 5-32　飞机起落架

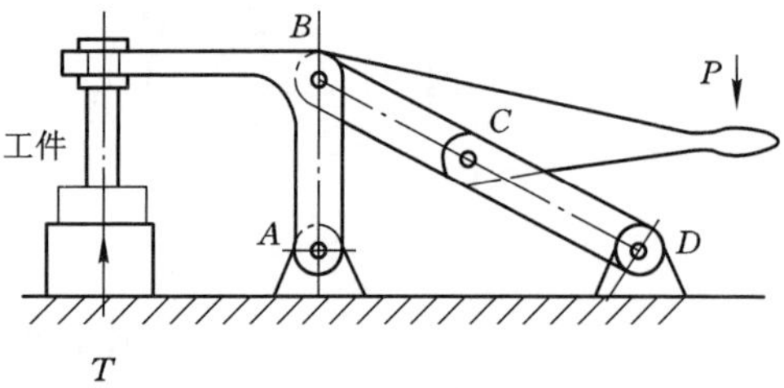

图 5-33　钻床夹紧机构

四、平面四杆机构的设计

平面四杆机构的设计可采用图解法、解析法和实验法,请读者参见相关手册和参考书。

第三节　凸 轮 机 构

凸轮机构是机械中的一种常用高副机构,在自动化、半自动化机械中应用较为广泛。本章主要介绍凸轮机构特点、类型、应用,常用从动件运动规律。

一、凸轮机构特点、应用、类型

1. 凸轮机构的特点

如图 5-34 所示,凸轮机构是由凸轮 1、从动件 2 和机架 3 所组成。当凸轮运动时,可以使从动件得到预定的运动规律。从图中可看出,通过使用不同形状的凸轮轮廓,较容易实现特殊的、不规律的运动,且结构紧凑。但凸轮机构中包含有高副,不宜传递较大的动力,同时由于凸轮具有曲线轮廓,它的加工制造比较复杂。

2. 凸轮机构的应用

图 5-35 所示为内燃机的配气机构,1 为凸轮,2 为气门推杆,3 为机架。当凸轮 1 转动时,由于凸轮轮廓与气门推杆平底保持接触,因此当接触点由凸轮小半径移向大半径时,推杆向下移动,气门开启;当接触点由凸轮大半径移向小半径时,推杆向上移动,气门关闭;当接触点在以凸轮回转中心为圆心的凸轮圆弧的轮廓上移动时,推杆静止不动。由此可见,气门的工作要求是靠凸轮轮廓来保证的。

图 5-36 所示为自动车床上使用的走刀机构,当圆柱凸轮 1 回转时利用其曲线凹槽带动摆杆 2 绕固定轴往复摆动,再通过扇形齿轮和齿条的啮合转动,使刀架 3 按一定的规律运动。刀架的运动规律取决于凸轮凹槽的曲线形状。

此外,凸轮机构还应用于其他自动及半自动机械中,不再一一列举。

3. 凸轮机构的类型

凸轮机构的类型是多种多样的,其基本类型可由凸轮和从动件的不同形式来区分。

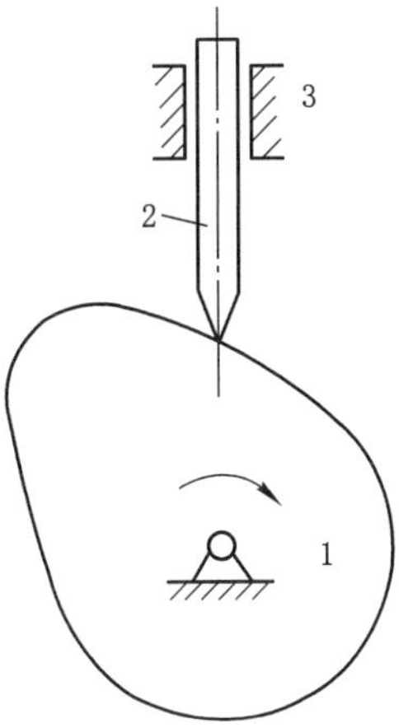

图 5-34　凸轮机构

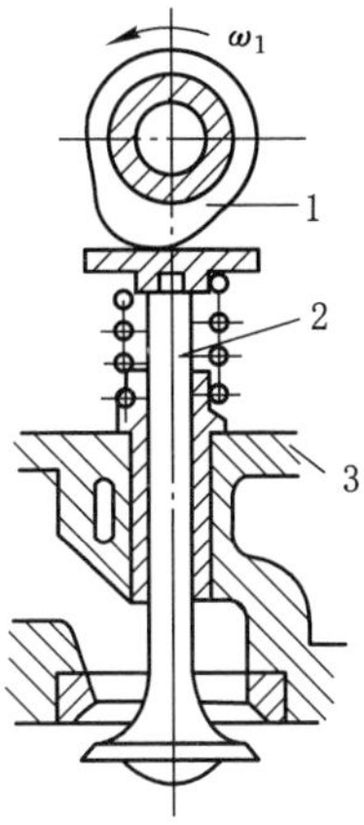

图 5-35　内燃机配气机构

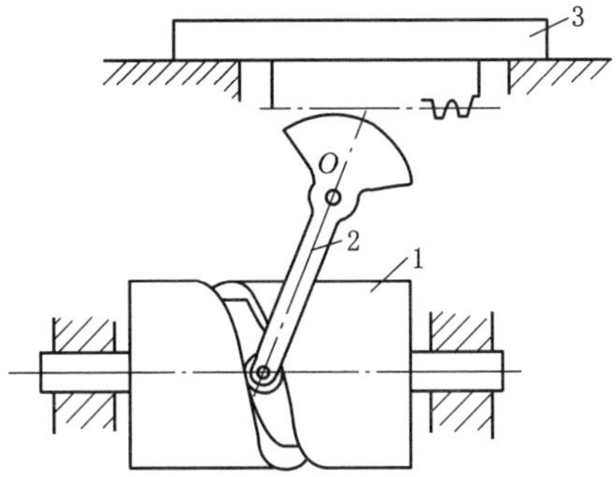

图 5-36　自动车床走刀机构

(1) 按凸轮的形式分

按凸轮形式分，各类凸轮机构如表 5-2 所示。

表 5-2　　凸轮的类型

盘状凸轮		圆柱凸轮		移动凸
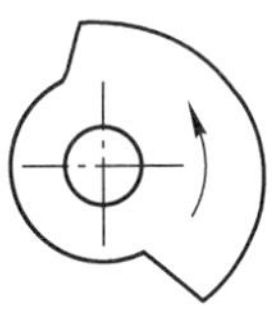		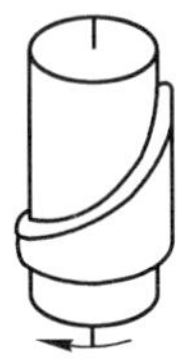		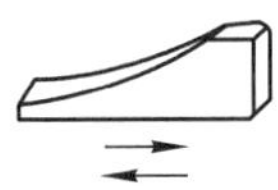
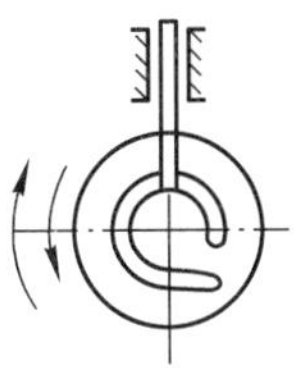	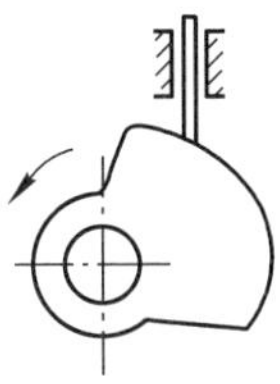	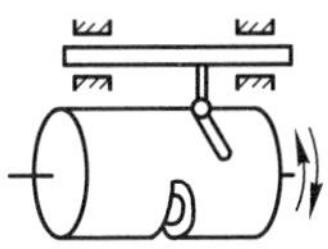	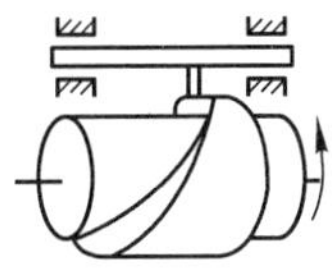	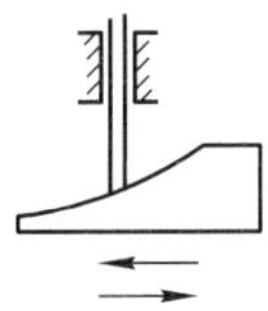
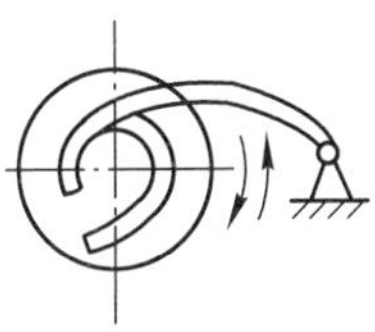	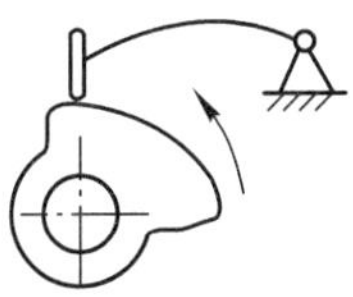	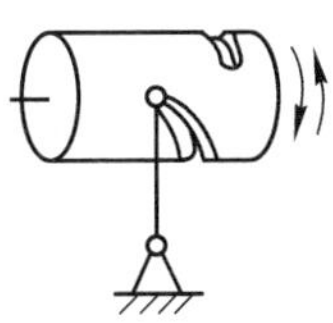	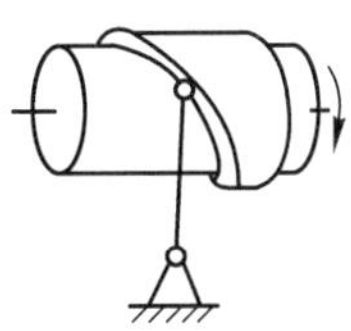	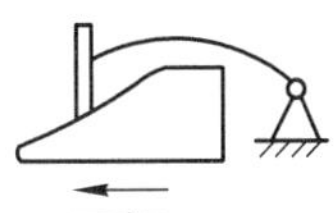

(2) 按从动件的形式分

根据从动件的运动和端部形式区分，基本类型如表 5-3 所示。

表 5-3　　凸轮机构从动件的基本类型

工作端接触形式		尖底	滚子	平底	曲面
运动形式	移动	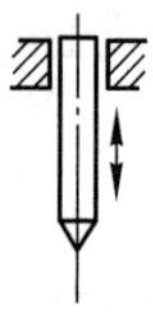	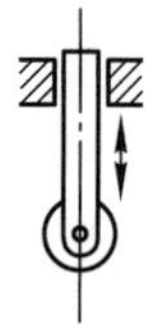	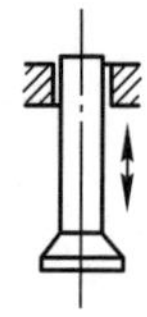	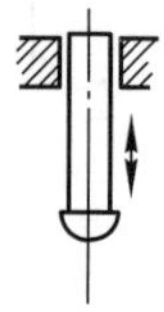
	摆动	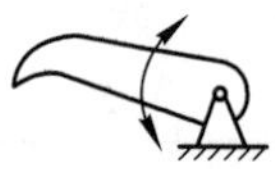	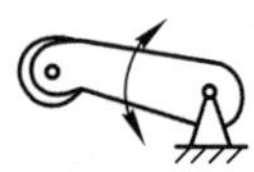	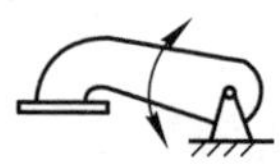	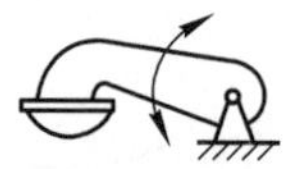

二、凸轮机构的工作过程

图 5-37(a)所示为对心尖顶移动从动件盘形凸轮机构。其中,以凸轮轮廓的最小向径 r_0 为半径所绘的圆称为凸轮的基圆。在图示位置,尖顶与凸轮轮廓上的 A 点(A 点为凸轮轮廓在基圆上的起始点)相接触。此处为从动件上升的起始位置。当凸轮以 ω 等速沿逆时针方向回转 Φ 时,从动件尖顶被凸轮轮廓推动,以一定运动规律由离回转中心最近位置 A 到达最远位置 B 的过程称为推程,这时它所走过的距离 h 称为从动件的升程,而与推程对应的凸轮转角 φ 称为推程运动角。当凸轮继续回转 时,以 O 点为中心的圆弧 BC 与尖顶相作用,从动件在最远位置停留不动,这一过程称为远休止,对应的凸轮转角 Φ_s 称为远休止角。当凸轮继续回转 Φ'时,从动件在弹簧力或重力作用下,以一定运动规律回到起始位置,这个过程称为回程,对应的转角 Φ 称为回程运动角。当凸轮继续回转 Φ'_s 时,从动件在最近位置停留不动,Φ'_s 称为近休止角。当凸轮继续回转 Φ'_s 时,从动件重复上述运动。如果以直角坐标系的纵坐标代表从动件位移 S,横坐标代表凸轮转角 φ(因通常凸轮等速转动,故横坐标同时也代表时间 t),则可以画出从动件位移 S 与凸轮转角 φ 之间的关系曲线,它简称为从动件位移线图,如图5-37(b)所示。

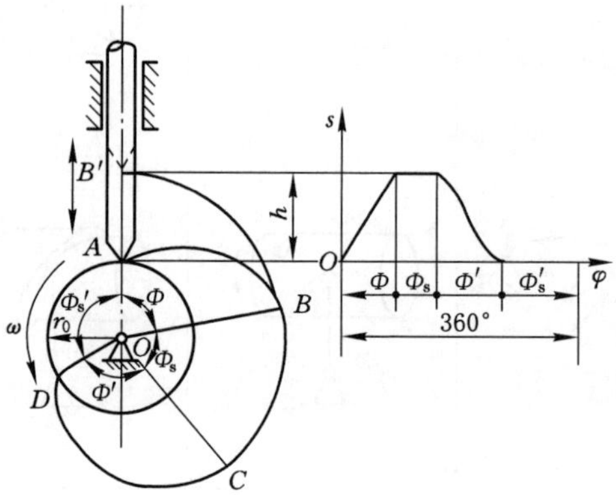

图 5-37　凸轮机构运动过程及位移曲线

由以上分析可知，从动件的位移线图取决于凸轮轮廓曲线的形状。也就是说，从动件的不同运动规律，要求凸轮具有不同的轮廓曲线。因此，设计凸轮时必须首先确定从动件的运动规律。从动件的运动规律通常是根据机械的工作要求确定的，常用从动件的运动规律如下。

（1）等速运动

当凸轮等速回转时，从动件上升或下降的速度为一常数，这种运动称为等速运动。图5-38为从动件等速运动时，其位移 s、速度 v 和加速度 a 随时间 t 变化的曲线（推程）。由于凸轮做等速运动时，$\varphi=\omega t$，故横坐标也可以用 φ 表示；其运动方程见表5-4。

表 5-4　　从动件运动方程

运动规律	运动方程	
	推程 $0°\leqslant\varphi\leqslant\Phi$	回程 $0°\leqslant\varphi\leqslant\Phi'$
等速运动	$s=(h/\Phi)\varphi$ $s=(h/\Phi)\varphi$ $v=h\omega/\varphi$ $a=0$	$s=h-(h/\Phi')\varphi'$ $v=-h\omega/\Phi'$ $a=0$
等加速-等减速运动	$0\leqslant\varphi\leqslant\Phi/2$ $s=(2h/\Phi^2)\varphi^2$ $v=(4h\omega/\Phi^2)\varphi$ $a=4h\omega^2/\Phi^2$	$0\leqslant\varphi'\leqslant(\Phi'/2)$ $s=h-(2h/\Phi^2)\varphi^2$ $v=-(4h\omega/\Phi^2)\varphi$ $a=-4h\omega^2/\Phi'^2$
	$\Phi_0/2\leqslant\varphi\leqslant\Phi$ $s=h-2h(\Phi-\varphi)^2/\Phi^2$ $v=4h\omega(\Phi-\varphi^2)\Phi^2$ $a=-4h\omega^2/\Phi^2$	$\Phi'/2\leqslant\varphi'\leqslant\Phi'$ $s=2h(\Phi'-\varphi')^2/\varphi'^2$ $v=-4h\omega(\Phi'-\varphi')/\Phi'^2$ $a=4h\omega^2/\Phi'^2$
余弦加速度运动 （简谐运动）	$s=h/2[1-\cos(\pi\varphi/\Phi)]$ $v=(\pi h\omega/2\Phi)\sin(\pi\varphi/\Phi)$ $a=(\pi^2h\omega^2/2\Phi^2)\cos(\pi\varphi/\Phi)$	$s=h/2[1+\cos(\pi\varphi'/\Phi')]$ $v=-(\pi h\omega/2\Phi')\sin(\pi\varphi'/\Phi')$ $a=-(\pi^2h\omega^2/2\Phi'^2)\cos(\pi\varphi'/\Phi')$
正弦加速度运动 （摆线运动）	$s=h[\varphi/\Phi'-(1/2\pi)\sin(2\pi\varphi/\Phi)]$ $v=(h\omega/\Phi)[1-\cos(2\pi\varphi/\Phi)]$ $a=(2\pi h\omega^2/\Phi^2)\sin(2\pi\varphi/\Phi)$	$s=h[1-\varphi'/\Phi'+(1/2\pi)\sin(2\pi\varphi'/\Phi')]$ $v=-(h\omega/\Phi')[1-\cos(2\pi\varphi'/\Phi')]$ $a=-(2\pi h\omega^2/\Phi'^2)\sin(2\pi\varphi'/\Phi')$

由于速度 v_0 为常数，所以从动件的速度线图为一平行于横轴的直线。对速度线图积分，可以得到 $s=v_0t$，它是一条斜直线。又由图5-38可知，当速度为常数时，加速度为0，惯性力也等于0，但是在运动开始和终止的瞬间，由于速度突变，此时理论上的加速度为无穷大（由于材料有弹性变形，实际上不能达到无穷大），其惯性力将引起刚性冲击。

(2) 等加速、等减速运动

这种运动规律通常令前半行程作等加速运动,后半行程作等减速运动,其位移 s、速度 v 和加速度 a 随时间 t 变化的曲线如图 5-39 所示。其运动方程见表 5-4。因加速度或减速度的绝对值相等,且等于常数 a_0,故加速度线图为平行于横坐标轴的直线图;因为 $v=a_0t$,所以速度线图为两斜线;因为 $s=(2h/\Phi^2)\varphi^2$,位移与凸轮转角成正比,故位移线图由图示两段抛物线组成,见图 5-39。这种运动规律的特点是:加速度有突变,但为一有限值,因而产生的惯性力也是有限的,结果对凸轮机构产生柔性冲击。

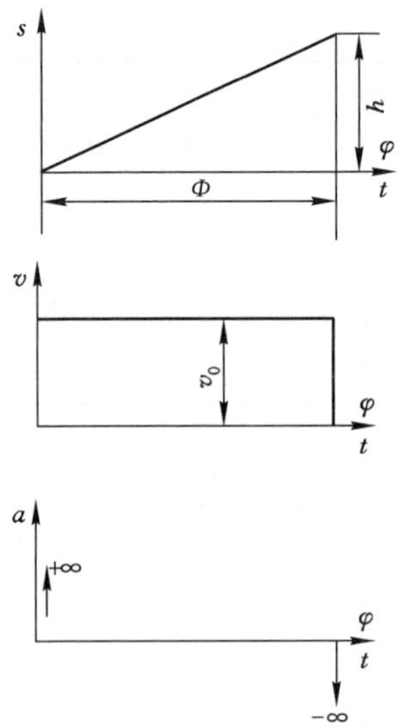

图 5-38　等速运动规律

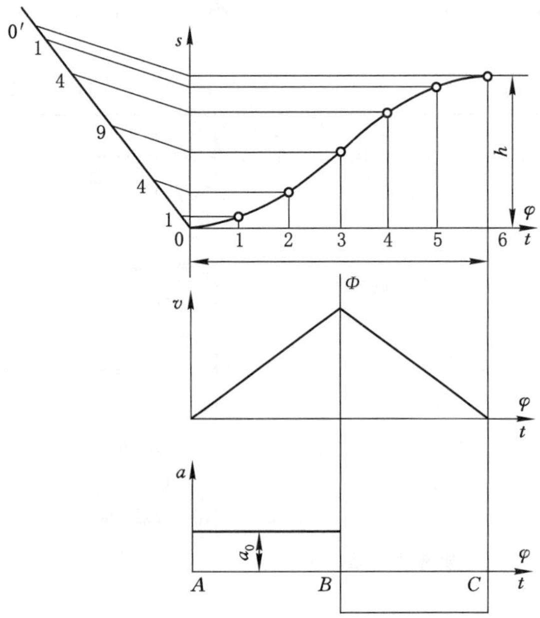

图 5-39　等加速、等减速运动规律

(3) 余弦加速度运动

质点在圆周上做匀速运动,它在这个圆的直径上的投影所构成的运动,加速度符合余弦规律,称为余弦加速度运动,又称简谐运动。其运动方程见表 5-4。

图 5-40 为余弦加速度运动规律图。由加速度线图可知,这种运动规律的从动件在始点、终点有柔性冲击。

(4) 正弦加速度运动

加速度按正弦规律变化的运动称为正弦加速度运动。如图 5-41 所示,其运动方程见表 5-4。

推杆作正弦加速运动时,其加速度没有突变,因而没有冲击,是较理想的变化规律。

(5) 组合运动规律

采用多种运动规律组合可以改善其运动特性。如在工作中要求从动件做等速运动,然而等速运动规律有刚性冲击,这时可在行程始末端拼接正弦加速度运动规律,使其动力性能得到改善,如图 5-42 所示,选择从动件运动规律时,应根据机器的工作要求确定,并考虑动力性能,加工等因素。

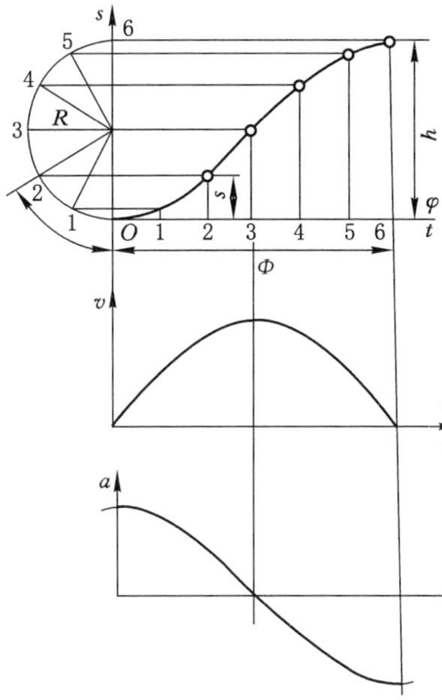

图 5-40 余弦加速度运动

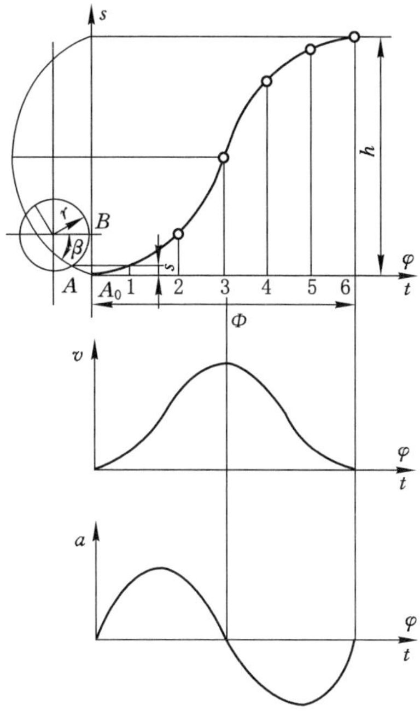

图 5-41 正弦加速度运动

三、凸轮轮廓的设计与加工

当从动件运动规律确定之后，凸轮轮廓曲线便可以用图解法和解析法得到。图解法比较简便、直观、但精度不是很高。用解析法进行设计精度高，计算较复杂，可借助计算机。凸轮轮廓的加工方法通常有两种：

① 铣、锉削加工，应用反转法原理在未淬火凸轮轮坯上通过作图法绘制出轮廓曲线，采用铣床或用手工锉削办法加工而成。必要时可进行淬火处理，但用这种方法则凸轮的变形难以得到修正。此种方法加工的凸轮适用于低速、轻载场合。

② 数控加工，即采用数控线切割机床对淬火凸轮轮坯进行加工，加工时应用解析法，求出凸轮轮廓曲线的 x，y 坐标，并将 xOy 坐标系的原点（即转轴中心）换算成切割时的起点，而滚子半径相当于钼丝半径再加上放电间隙。为方便起见，轴孔和凸轮曲线可在一次安装条件下一起切割而成。此种加工方法是目前常用的一种凸轮加工方法。

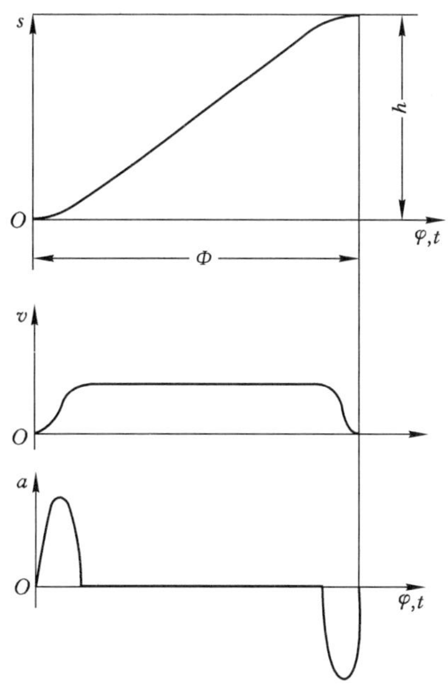

图 5-42 组合型运动规律

第四节　间歇运动机构

在机械中，有时需要将主动件的连续运动转换成从动件的间歇运动。能实现这种运动的机构称为间歇运动机构。间歇运动机构广泛应用于自动机床的进给机构、送料机构、刀架的转位机构以及精纺机的成型机构中，其类型很多，本章只介绍最常用的两种。

一、棘轮机构

1. 棘轮机构的工作原理及类型

如图 5-43(a)所示，棘轮机构主要由棘轮、棘爪和机架组成。棘轮 2 固联在传动轴 4 上，摇杆 1 空套在轴 4 上。当原动杆 1 顺时针方向摆动时，铰接于其上的驱动棘爪 3 便借助弹簧或自重插入棘轮的齿槽内，推动棘轮 2 转过一定的角度。当原动杆 1 逆时针转动时，驱动棘爪 3 在棘轮的齿背上滑过，此时制动棘爪 5 将阻止棘轮做逆时针反转，棘轮静止不动。所以，当原动件 1 做连续的往复摆动时，棘轮 2 只做单向的间歇运动。

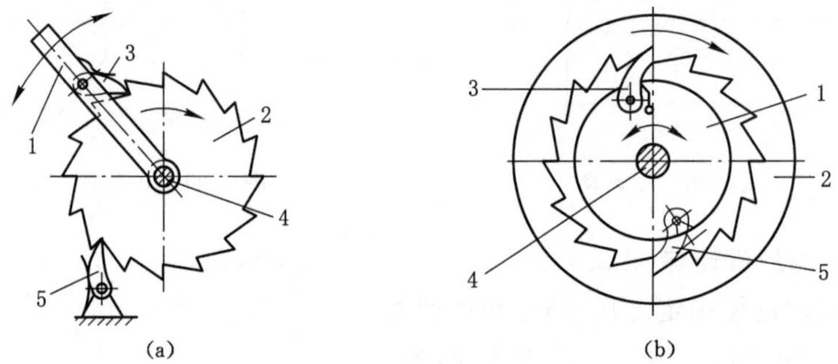

图 5-43　齿式棘轮机构

(a) 外啮合；(b) 内啮合

棘轮机构类型很多。按棘轮啮合方式，可分为外啮合式棘轮机构和内啮合式棘轮机构(图 5-43)；按棘轮可转动方向不同，可分为单向传动棘轮机构和双向传动棘轮机构，如图 5-43、图 5-44 所示；按棘轮传动方式，可分为齿式棘轮机构和摩擦式棘轮机构等，见图5-43、图 5-44。

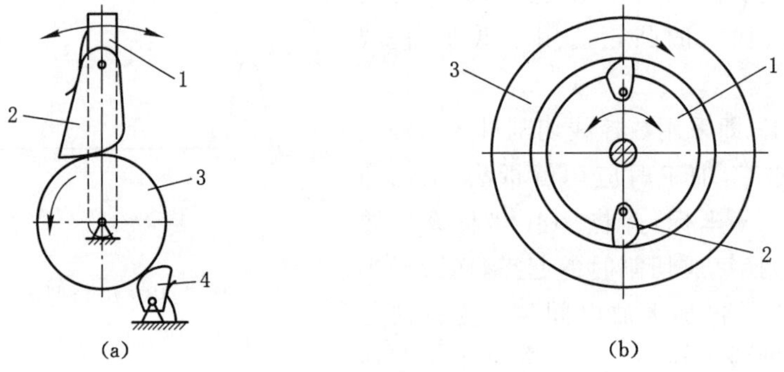

图 5-44　摩擦式棘轮机构

(a) 外摩擦；(b) 内摩擦

图 5-45 为双向传动棘轮机构，棘齿为矩形。当棘爪 2 在实线位置时，摇杆 1 往复摆动可使棘轮 3 做单向逆时针方向转动；当棘爪 2 在虚线位置时，摇杆 1 往复摆动可使棘轮 3 做单向顺时针方向转动。

图 5-46 为双动式棘轮机构，即摇杆 1 来回摆动时都能使棘轮向同一方向转动。驱动摆杆 1 上装有两个主动棘爪 2 和 2′，且驱动摆杆 1 不是绕棘轮 3 中心 O_3 摆动，而是绕 O_1 摆动，在其往复摆动过程中分别带动棘爪 2 和 2′，两次推动棘轮转动。

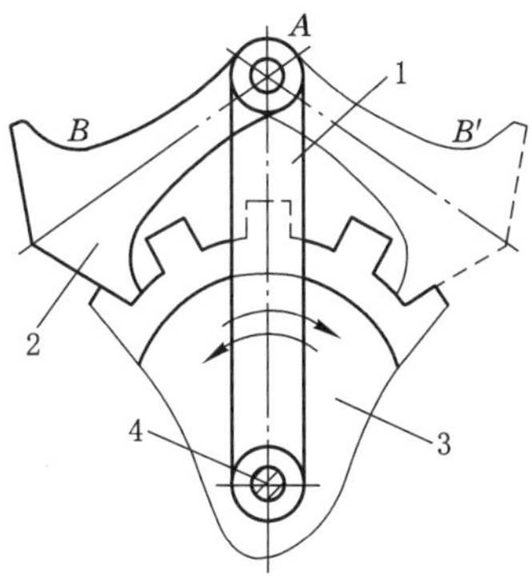

图 5-45 双向传动棘轮机构

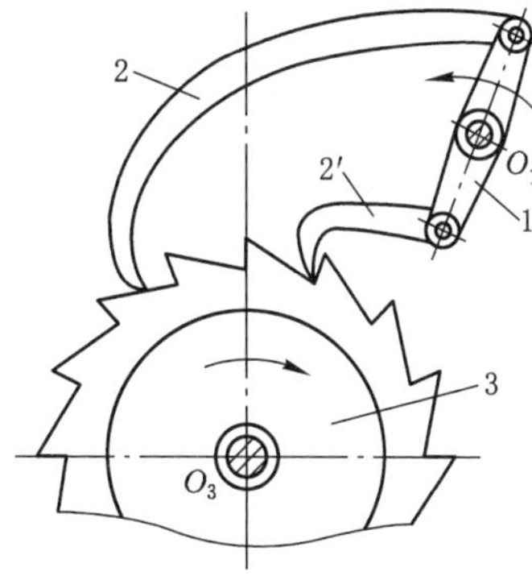

图 5-46 双动式棘轮机构

上述棘轮机构，棘轮的转角都是相邻两齿所夹中心角的倍数。也就是说，棘轮的转角是有级性改变的。如果要实现无级性改变棘轮转角，则可采用如图 5-44 所示的摩擦式棘轮机构。图 5-44(a)中，当摇杆 1 往复摆动时，棘爪 2 和棘轮 3 之间产生摩擦力，带动棘轮 3 做间歇转动，棘爪 4 起止动棘轮反转作用。它克服了齿啮式棘轮机构冲击噪声大的缺点，但其接触表面容易发生滑动，故运动准确性较差。

棘轮机构通常用来防止机构的逆转，称为棘轮停止器或制动器，如图 5-47 所示。这种机构常用在卷扬机、起重提升机等提升或牵引机构中。

棘轮机构具有结构简单、转角大小可调等优点，但传递的动力不大，平稳性较差，一般用于低速和转角不大的场合。

2. 棘爪的工作条件

棘轮机构在设计时要使棘爪顺利插入齿槽并自动压紧齿根而不滑脱。如图 5-48 所示，

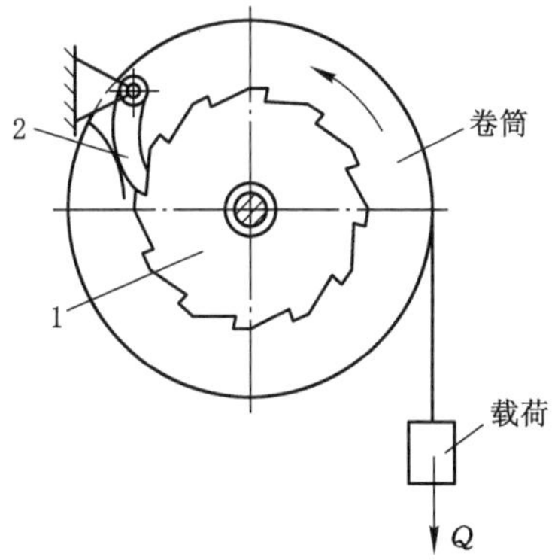

图 5-47 棘轮停止器图

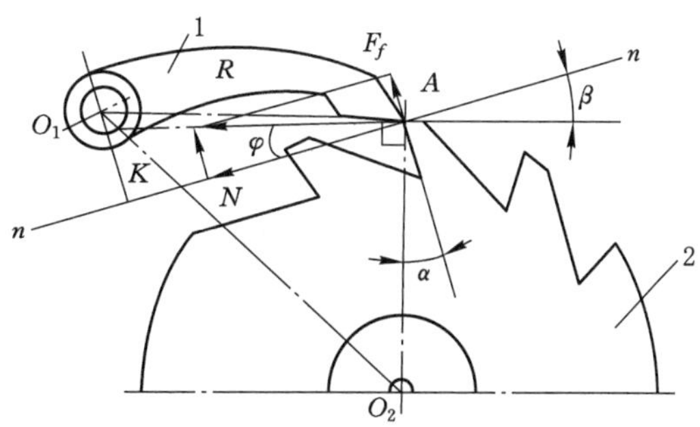

图 5-48 棘轮机构受力分析图

为了使棘爪受力最小，应使棘爪回转中心 O_1 与棘轮齿顶 A 的连线垂直于棘轮半径 O_2A，即 $\angle O_1AO_2=90°$。当棘爪与棘轮的轮齿在 A 点开始接触时，棘爪受到法向反力 N 和摩擦力 F_f 的作用。为了保证棘爪能顺利地进入棘轮地齿根而不向外滑脱，则必须使法向反力 N 对棘爪轴心 O_1 的力矩大于摩擦力 F_f 对轴心 O_1 的力矩，即：

$$N\overline{O_1A}\sin\alpha > F\overline{O_1A}\cos\alpha$$

又
$$F_f=Nf=N\tan\varphi$$

则
$$\tan\alpha>\tan\varphi$$

即
$$\alpha>\varphi \tag{5-7}$$

式中 α——棘轮齿面与棘齿尖顶半径线间夹角，称为工作倾角或棘轮齿面倾斜角；

f——棘爪与棘齿接触面间的摩擦系数，一般 f 取 0.15～0.2；

φ——棘爪与棘齿接触面间的摩擦角，$\varphi=\arctan f$。

3. 棘轮棘爪的几何尺寸

如图 5-49 所示，棘轮机构的主要尺寸如下：

顶圆直径 $da=mz$ (5-8)

根圆直径 $df=da-2h$ (5-9)

齿距 $p=\pi m$ (5-10)

轮宽 $b=(1-4)m$ (5-11)

棘爪长度 L $m\geqslant3$ 时，$L=2p$ (5-12)

$m<3$ 时，按结构确定

其余几何尺寸见机械设计手册。

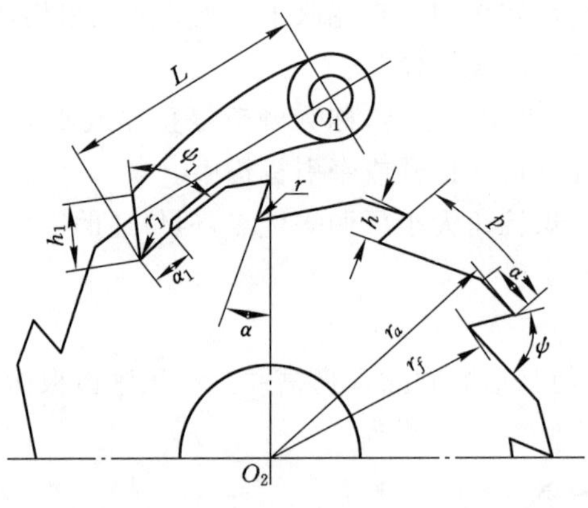

图 5-49 棘轮机构几何尺寸

二、槽轮机构

1. 槽轮机构工作原理及类型

槽轮机构又称为马尔他机构。如图 5-50 所示，槽轮机构主要由拨盘、槽轮和机架组成。拨盘做匀速运动时，驱使槽轮做时转时停的间歇运动。

当拨盘 1 的圆柱销 A 开始进入槽轮 2 的径向槽时，推动槽轮作变速回转，圆柱销从 A 点进入槽轮并转过角 2α 离开径向槽后，槽轮 2 的内凹圆弧表面便被拨盘 1 的外凸圆弧锁住，此时槽轮 2 静止不动。直到圆柱销进入下一个径向槽时又重复上述运动。这样，主动拨

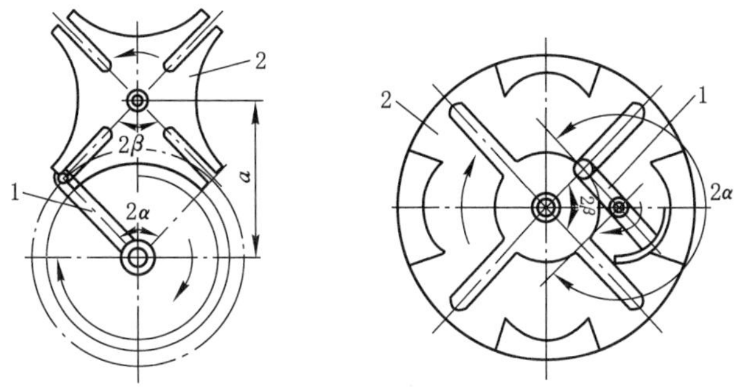

图 5-50 槽轮机构

(a) 外啮合;(b) 内啮合

盘的连续转动就转换为从动件槽轮的间歇运动。当槽轮的停歇位置需要高精度定位时,只靠锁止弧是不能满足要求的,还必须加装其他定位装置。

槽轮机构有两种形式:一种是外啮合槽轮机构,如图 5-50(a)所示,其主动件与从动件转向相反;另一种是内啮合槽轮机构,如图 5-50(b)所示,其主动件与从动件转向相同。通常外啮合槽轮机构应用最广。

槽轮机构结构简单,外形尺寸小,机械效率高,运转较平稳,广泛应用于自动化机械中。但在运动过程中,加速度变化较大,圆柱销与径向槽之间冲击严重,所以不宜用于高速转动的场合。

图 5-51 为六角车床的刀架转位机构,刀架上装有 6 把刀具。它是按照零件加工工艺要求的顺序安装的,与刀架相连的槽轮上有 6 个径向槽拨盘 1 上有一个圆柱销 A。每当拨盘转动一周,圆柱销 A 便进入槽轮一次,带动槽轮 2 转过 60°角,即转过一个工位,将下一道工序所需要的工具转换到工作位置上来。

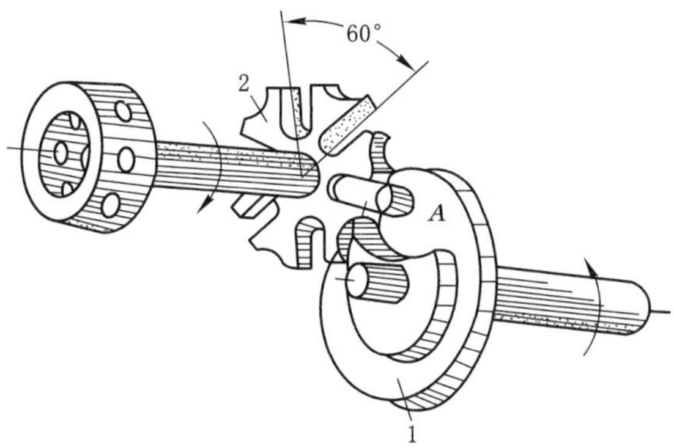

图 5-51 六角车床的刀架转位机构

2. 槽轮机构的运动系数

在一个运动循环中,槽轮 2 的运动时间 t_2 与拨盘 1 的运动时间 t_1 之比,称为槽轮机构的运动系数,用 τ 表示,即:

$$\tau=\frac{t_2}{t_1} \tag{5-13}$$

为了使槽轮在开始转动瞬间和终止转动瞬间的角速度为零以避免刚性冲击，圆柱销 A 开始进入或离开径向槽时，径向槽的中心线应切于圆柱销中心的运动圆周(即 $O_1A\perp O_2A$)。设 Z 为均布的径向槽数目，K 为拨盘上圆柱销数目。则由图 5-50(a)可知，槽轮每转过 2β 的角度，对应于拨盘 1 转角为：

$$2\alpha=\pi-2\beta=\pi-\frac{2\pi}{Z}\tag{5-14}$$

当拨盘作等角速度回转时，槽轮机构的运动系数也可用其转角比来表示，即：

$$\tau=\frac{t_2}{t_1}=\frac{2a}{2\pi}=\frac{\pi-\dfrac{2\pi}{Z}}{2\pi}=\frac{Z-2}{2Z}=\frac{1}{2}-\frac{1}{Z}\tag{5-15}$$

要使槽轮运动，τ 要大于零，所以槽数 Z 至少为 3，一般常用 4～6 个槽。

当圆柱销数为 K 个时，有：

$$\tau=\frac{K(Z-2)}{2Z}\tag{5-16}$$

因 τ 应小于 1，即$\dfrac{K(Z-2)}{2Z}<1$，由此得：

$$K<\frac{2Z}{Z-2}\tag{5-17}$$

由上式可知，槽数 Z 与圆柱销数 K 之间有如下关系：

$Z=3$　　$K=1\sim5$

$Z=4$　　$K=1\sim3$

$Z\geqslant6$　　$K=1\sim2$

同理，可导出内槽轮机构的运动系数为：

$$\tau=\frac{Z+2}{2Z}=\frac{1}{2}+\frac{1}{Z}\tag{5-18}$$

圆柱销数与槽数的关系为：

$$K<\frac{2Z}{Z+2}\tag{5-19}$$

由以上两式可知，内槽轮机构的运动系数 $0.5<\tau<1$，因此，径向槽数 $Z\geqslant3$，圆柱销数 K 只能取 1。

3. 几何尺寸计算

当给定槽数 Z，选定槽轮机构中心距 a 和圆柱销半径 r 后，尺寸计算见表 5-5。

表 5-5　　槽轮机构主要参数计算

序号	参数或项目	符号	外 接	内 接
1	槽数 中心距 圆柱销半径	Z a r	$3\leqslant Z\leqslant18$，Z 多时机构尺寸大，Z 少时动力性能不好，运动系数等机构特性也与 Z 直接相关，故应根据工作要求全面考虑而定；a 和 r 根据结构选定	
2	槽轮每次转位时，主动件 1 的转角	$2\alpha(2\alpha')$	$2\alpha=180°(1-\frac{2}{Z})$	$2\alpha'=180°(1+\frac{2}{Z})$

续表 5-5

序号	参数或项目	符号	外 接	内 接
3	槽间角	2β	$2\beta=\dfrac{360^\circ}{Z}=180^\circ-2\alpha$	$2\beta=\dfrac{360^\circ}{Z}=2\alpha'-180^\circ$
4	主动件圆柱销中心半径	R_1	$R_1=a\sin\beta$	
5	R_1 与 a 的比值	λ	$\lambda=\dfrac{R_1}{a}=\sin\beta$	
6	槽轮外圆半径	R_2	$R_2=\sqrt{(a\cos\beta)^2+r^2}$	
7	槽轮槽深	h	$h\geqslant a(\lambda+\cos\beta-1)+r$	$h\geqslant a(\lambda-\cos\beta+1)+r$
8	主动件轮毂直径	d_0	$d_0<2a(1-\cos\beta)$	按结构选定
9	槽轮轮毂直径	d_k	$d_k<2a(1-\lambda)-2r$	
10	锁止弧半径	R_x	$R_x<R_1-r$	$R_x>R_1+r$
11	锁止凸弧张角	γ	$\gamma=360^\circ-2a$（当 $k=1$ 时）	$\gamma=360^\circ-2a'$
12	圆柱销个数	K	$K<\dfrac{2Z}{Z-2}$	$K=1$
13	动停比（槽轮每次转位时间 t_d 与停歇时间 t_j 之比）	k	$k=\dfrac{Z-2}{\dfrac{2Z}{K}(Z-2)}$（当 K 个圆柱销均布时）	$k=\dfrac{Z+2}{Z-2}>1$

复习思考题

1. 机构具有确定运动的条件是什么？

2. 在计算机构的自由度时，要注意哪些事项？

3. 机构运动简图有什么作用？如何绘制机构运动简图？

4. 计算图示各运动链的自由度，并说明该运动链能否成为机构？（图中标有箭头的构件为原动件）

5. 铰链四杆机构有哪几种形式？

6. 四杆机构具有曲柄的必要条件和充分条件是什么？

7. 何谓曲柄？“曲柄就是最短杆”的说法对否？

8. 何谓行程速比系数？何谓急回特性？何谓极位夹角？三者之间关系如何？

9. 何谓压力角和传动角？四杆机构的 $\gamma_{\min}$ 在何位置发生？

10. 是否所有四杆机构都存在死点？什么情况下出现死点？

11. 根据图中注明判断各铰链四杆机构的类型。

12. 试比较尖顶、滚子和平底从动件的优缺点。

13. 试从冲击的观点来比较等速、等加速等减速、余弦加速度、正弦加速度 4 种常用运动规律。

14. 试述单向传动棘轮机构的工作原理。

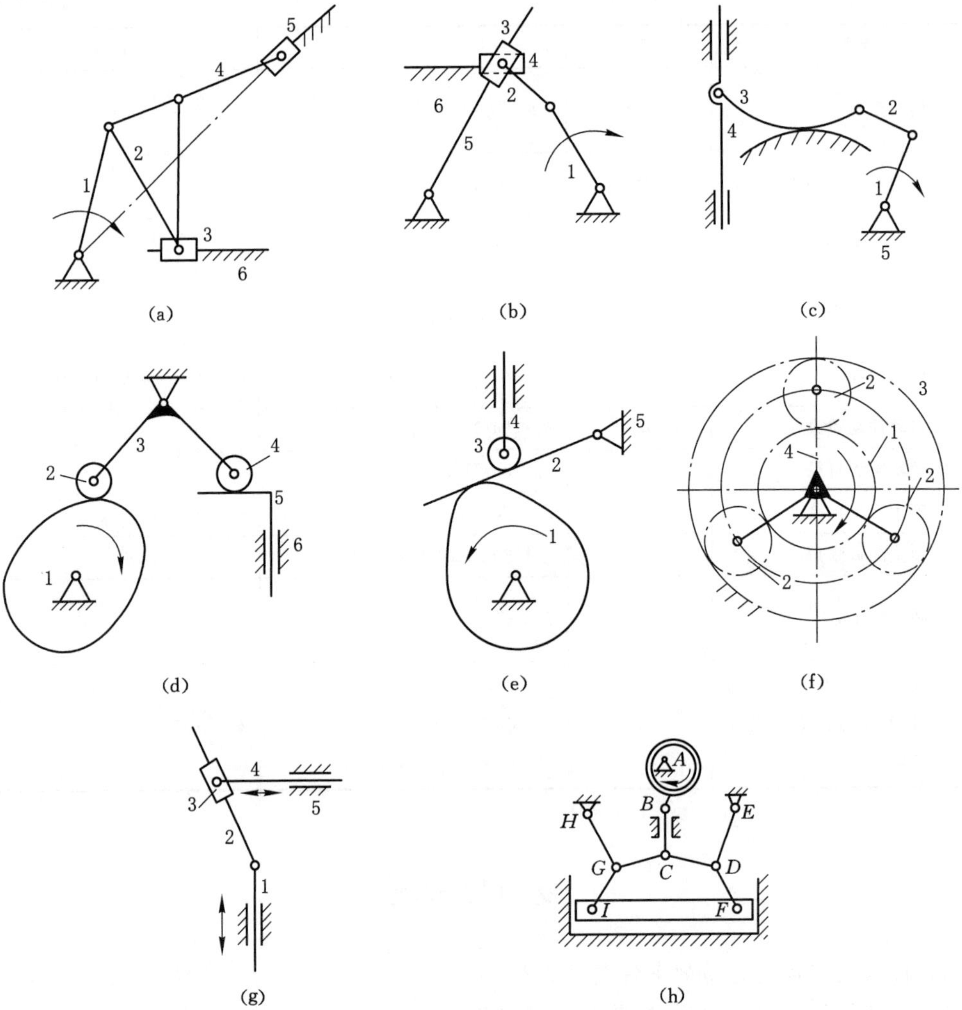

图 5-52　题 4 图

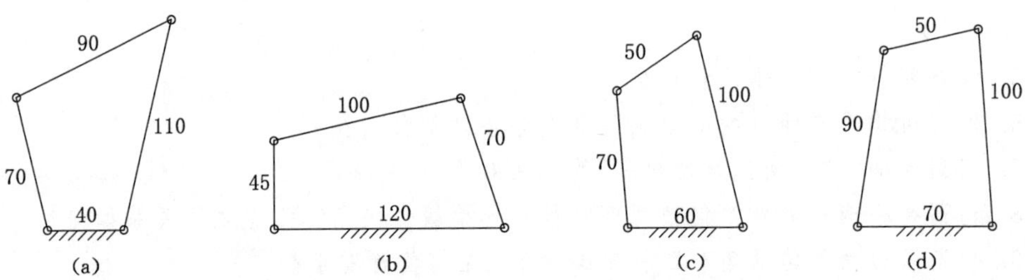

图 5-53　题 11 图

15. 什么是棘轮齿面倾斜角 α？α 应如何选取？

16. 槽轮机构有什么特点？何谓运动系数 τ？为什么 τ 必须大于零而小于 1？

17. 试述单销槽轮机构的工作原理。

第六章
常用机械传动

第一节　带　传　动

一、带传动的工作原理、特点、类型及应用

带传动是通过中间挠性件带与带轮之间的摩擦，将主动轴的运动和转矩传给从动轴。它适用于远距离传动，且结构简单，维护方便、成本低廉等优点，因此在工程上得到了广泛的应用。

1．带传动的类型和特点

带传动通常是由主动轮 1，从动轮 2 和张紧在两轮上的环形带 3 所组成(图 6-1)。由于张紧，静止时带已受到张紧力(初拉力)F_0，在带与带轮的接触面间产生压力。当主动轮回转时，利用带与带轮接触面间产生的摩擦力来传递运动和转矩。

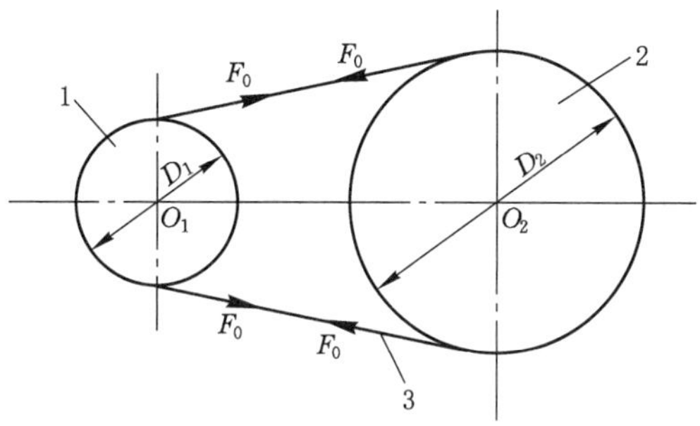

图 6-1　带传动

按照带的截面形状不同，带传动可分为：平带传动、V 带传动、圆带传动和多楔带传动。图 6-2 所示为各种带的截面形状。

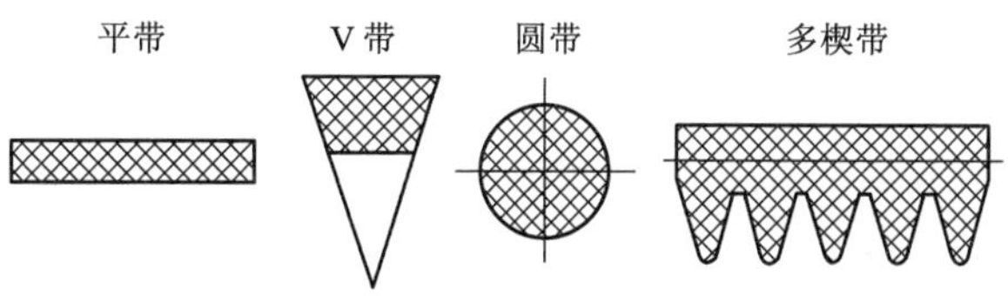

图 6-2　带的截面形状

平带的横截面为扁平矩形，其工作面是与轮面相接触的内表面。平带传动结构最简单，带轮也容易制造，在传动中心距较大的情况下应用较多。

V 带的横截面为等腰梯形，其工作面是与轮槽相接触的两侧面。V 带与轮槽槽底不接触，由于轮槽的楔形效应，张紧力相同时，V 带传动较平带传动能产生更大的摩擦力，故具有较大的拉曳能力。另外，V 带传动允许较大的传动比，结构紧凑，且已标准化等优点，因而目前 V 带传动应用非常广泛。

多楔带以其扁平部分为基体，其工作面是楔的侧面。这种带兼有平带弯曲应力小和 V 带摩擦力大等优点，故常用于传递功率大而又要求结构紧凑的场合。其传动比可达 10，带速可达 40 m/s。

圆带牵引能力小，常用于低速小功率传动中，如仪器和家用器械。

带传动的主要优点：

① 由于带具有良好的挠性和弹性，故带传动可缓冲、吸振，传动平稳，噪声小。

② 过载时带与带轮间会出现打滑，可防止其他零件损坏，具有过载保护作用。

③ 适用于中心距较大的传动。

④ 结构简单、成本低。

带传动的主要缺点：

① 由于带传动存在着弹性滑动，不能保证准确的传动比。

② 传动的外廓尺寸较大。

③ 带的寿命短，传动的效率较低。

④ 不适于高温、易燃及有腐蚀性的场合。

⑤ 需要张紧装置，对轴的压力较大。

2. V 带的类型与结构

通常 V 带制成无接头的环形，由包布、顶胶、抗拉体、和底胶组成(图 6-3)。抗拉体有绳芯结构和帘布芯结构两种，其中帘布结构 V 带制造方便，抗拉强度较高，应用较广；绳心结构 V 带柔性好，抗弯，抗疲劳强度高，多用于转速较高，带轮直径较小的场合。近年来，为了提高拉曳能力，开始使用尼龙绳和钢丝绳抗拉体 V 带。目前国产 V 带多为帘布结构。

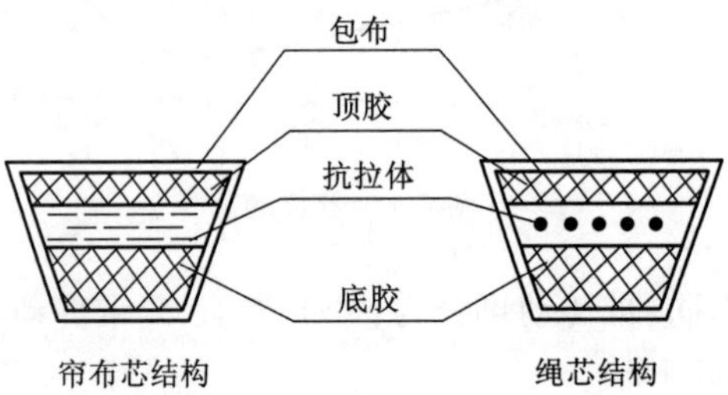

图 6-3　带传动的类型

V 带截面高度 h 与节宽 b_P 的比值约为 0.7，楔角为 40°的 V 带称为普通 V 带，按截面尺寸的不同有 Y,Z,A,B,C,D,E 七种型号，见表 6-1。

V 带受到垂直于其底面的弯曲时，顶胶受拉伸，底胶受压缩，带中长度及宽度尺寸与自由状态时相比保持不变的那个面称为带的节面，节面的宽度称为节宽 b_P。

表 6-1　　普通 V 带的截面尺寸　　单位：mm

型　号	Y	Z	A	B	C	D	E
顶宽 b	6	10	13	17	22	32	38
节宽 b_P	5.3	8.5	11	14	19	27	32
高度 h	4.0	6.0	8.0	11	14	19	25
楔角 θ	40°						
每米胶带质量 q/(kg/m)	0.04	0.06	0.10	0.17	0.30	0.6	0.87

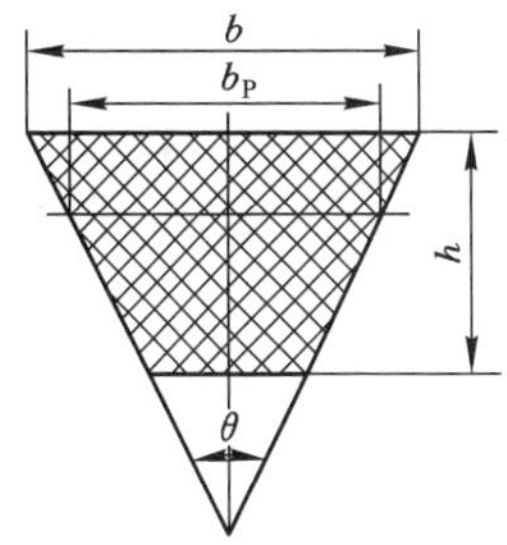

在 V 带轮上，与所配用 V 带的截面宽度 b_P 相对应的带轮直径，称为基准直径 d_d。V 带在规定的张紧力下，位于带轮基准直径上的周长，称为普通 V 带的基准长度 L_d，并以 L_d 表示 V 带的公称长度。各种型号带的基准长度系列和带轮轮槽尺寸见表 6-2 和表 6-3。

表 6-2　　公称普通 V 带的基准长度　　单位：mm

带的型号	Y	Z	A	B	C	D	E
基准长度 L_d	200～500	400～1600	630～2800	1000～5600	800～10000	2800～14000	4500～16000

注：普通 V 带 200 224 250 280 315 355 400 450 500 560 630 710 800 1 000
基准长度系列 1120 1250 1400 1600 1800 2000 2240 2500 2800 3150 3550 4000
4500 5000 5600 7100 8000 9000 10000 11200 12500 14000 16000

表 6-3　　普通 V 带带轮轮槽尺寸　　单位：mm

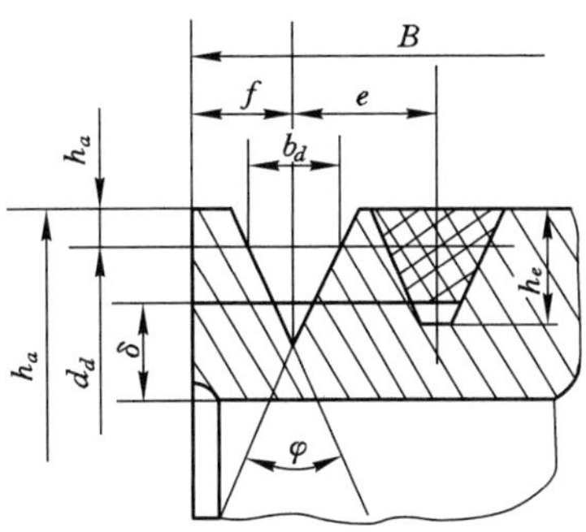

轮槽剖面尺寸			型号 Y	Z	A	B	C	D	E
h_0			6.3	9.5	12	15	20	28	33
h_{amin}			1.6	2.0	2.75	3.5	4.8	8.1	9.6
e			8	12	15	19	25.5	37	44.5
f			7	8	10	12.5	17	23	29
b_P			5.3	8.5	11	14	19	27	32
δ			5	5.5	6	7.5	10	12	15
B			$B=(z-1)e+2f$　z 为带的根数						
φ	32°	d_d	≤60						
	34°			≤80	≤118	≤190	≤315		
	36°		>60				≤475	≤600	
	38°			>80	>118	>190	>315	>475	>600

二、带传动的受力和运动分析

1. 带的受力分析

如图 6-4(a)所示，为使带和带轮的接触面上产生足够的摩擦力，带必须以一定的初拉力 F_0 紧套在带轮上，带传动不工作时，传动带两边的拉力相等，等于 F_0。

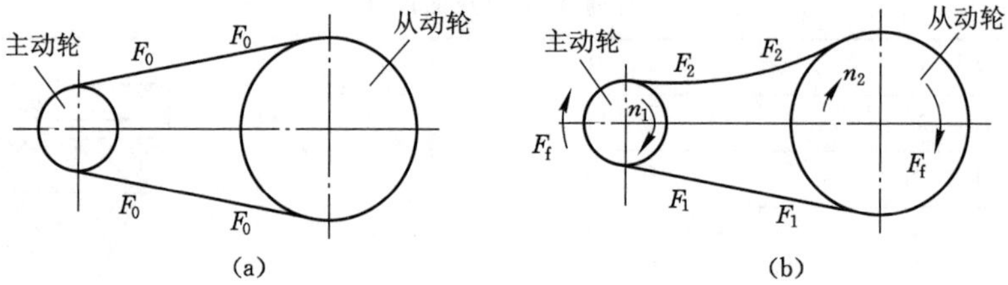

图 6-4　带传动的工作原理

(a) 不工作时;(b) 工作时

如图 6-4(b)所示,带传动工作时,设主动轮以转速 n_1 转动,带与带轮的接触面间便产生摩擦力 F_f,主动轮作用在带上的摩擦力的方向和主动轮的圆周速度方向相同,主动轮即靠此摩擦力驱使带运动;带作用在从动轮上的摩擦力的方向,与带的运动方向相同,同样带靠摩擦力 F_f 而驱使从动轮以转速 n_2 转动。这时传动带两边的拉力也相应地发生了变化:带绕上主动轮的一边被拉紧,叫做紧边,紧边拉力由 F_0 增加到 F_1;带绕上从动轮的一边被放松,叫做松边,松边拉力由 F_0 减少到 F_2。如果近似地认为带工作时的总长度不变,则带的紧边拉力的增加量,应等于松边拉力的减少量,即:

$$F_1 - F_0 = F_0 - F_2 \quad 或 \quad F_1 + F_2 = 2F_0 \tag{6-1}$$

两边拉力之差称为带传动的有效拉力,也就是带所传递的有效圆周力 F_t。而在带传动中,有效拉力 F_t,并不是作用于某固定点的集中力,而是带和带轮接触面上各点摩擦力的总和,故整个接触面上的总摩擦力 F_f 即等于带所传递的有效拉力 F_t,则:

$$F_t = F_f = F_1 - F_2 \tag{6-2}$$

$$P = \frac{F_t v}{1\,000} \tag{6-3}$$

式中　P——传递功率, kW;

V——带速, m/s;

F_t——有效圆周力, N。

将式(6-2)代入式(6-1)可得:

$$F_1 = F_0 + \frac{F_t}{2}; F_2 = F_0 - \frac{F_t}{2} \tag{6-4}$$

由式(6-4)可知,带两边的拉力 F_1 和 F_2 的大小,取决于预紧力 F_0 和带传动的有效拉力 F_t,而由式(6-3)可知,在带传动的传动能力范围内,F_t 的大小又和传动的功率 P 及带的速度有关。当传动的功率增大时,带两边拉力的差值 $F_t = F_1 - F_2$ 也要相应地增大。带的两边拉力的这种变化,反映了带和带轮接触面上摩擦力的变化。显然,当其他条件不变且预紧力 F_0 一定时,这个摩擦力有一极限值(即临界值),这个极限值限制着带传动的传动能力。

当有效圆周力 F_t 大于带与带轮之间的摩擦力时,带就会沿带轮全面滑动,称为打滑。打滑将使传动失效、加剧带的磨损。当带即将打滑时,紧边与松边拉力之间的关系,可用挠性体摩擦的欧拉公式表示为:

$$F_1 = F_2 e^{f\alpha} \tag{6-5}$$

式中　f——带与轮之间的摩擦系数(对于 V 带,用当量摩擦系数 f_v 代替 f);

e——自然对数的底，e≈2.718 3；

α——包角，rad，通常取小带轮的包角。

将式(6-4)代入式(6-5)，整理后可得带所能传递的最大有效圆周力为：

$$F_t = 2F_0 \frac{e^{f\alpha}-1}{e^{f\alpha}+1} = 2F_0 \frac{1-1/e^{f\alpha}}{1+1/e^{f\alpha}} \tag{6-6}$$

式(6-6)表明，带传动所能传递的最大有效圆周力的大小取决于张紧力 F_0，包角 α 和摩擦系数 f。当张紧力 F_0、包角 α 一定时，摩擦系数 f 的值越大，则带所能传递的最大有效圆周力 F_t 也越大。因此，避免打滑的条件是有足够大的 $f\alpha$ 值和 F_0 值。

2. 带的应力分析

带传动工作时，带中的应力有以下几种：

(1) 拉应力

紧边的拉应力　$$\sigma_1 = \frac{F_1}{A}$$

松边的拉应力　$$\sigma_2 = \frac{F_2}{A} \tag{6-7}$$

式中　F_1，F_2——紧边拉力、松边拉力，N；

A——带的横截面面积，mm^2。

带不工作时，由预紧力 F_0 产生的应力 σ_0 为预紧应力：

$$\sigma_0 = \frac{F_0}{A} \tag{6-8}$$

(2) 弯曲应力

带绕在带轮上时要引起弯曲应力，带的弯曲应力为

$$\sigma_b \approx E\frac{h}{d} \tag{6-9}$$

式中　h——带的高度，mm；

d——带轮的计算直径，mm，对于 V 带轮，指它的基准直径；

E——带材料的弹性模量，MPa。

由式(6-9)可见，当 h 越大、D 越小时，带的弯曲应力 σ_b 就越大。故带绕在小带轮上时的弯曲应力 σ_{b1} 大于绕在大带轮上时的弯曲应力 σ_{b2}。为了避免弯曲应力过大，带轮直径不宜过小。

(3) 离心应力

当带以线速度 v 沿带轮轮缘作圆周运动的，带本身的质量将引起离心力。由于离心力的作用，带中产生的离心拉力 F_c 在带的横截面上就要产生离心应力 σ_c，离心力虽然只发生在带做圆周运动的部分，但由此引起的拉力却作用于带的全长。故离心应力为：

$$\sigma_c = \frac{F_c}{A} = \frac{qv^2}{A} \tag{6-10}$$

式中　q——传动带单位长度的质量，kg/m；

A——带的横截面面积，mm^2；

v——带的线速度，m/s。

图 6-5 所示为带工作时的应力分布情况，由图可见，最大应力发生在带的紧边开始绕上

小带轮处，其值为：

$$\sigma_{max}=\sigma_1+\sigma_{b1}+\sigma_c$$

带绕两带轮循环一周时，作用在带上某点的应力是变化的，当应力循环次数达到一定值后，带将产生疲劳破坏。

3. 带传动的运动分析

(1) 带的弹性滑动

带在传动过程中，由于紧边拉力 F_1 大于松边拉力 F_2，所以紧边的弹性变形大于松边。由此可知，传动带在绕过主动轮的过程中会逐渐向后收缩，而绕过从动轮时又逐渐向前伸长。

如图 6-6 所示，如果在时间 t 内主动轮上 A 点绕过 $\widehat{AA'}$ 时，则带上和 A 点相对应的 A_0 点在同一时间内转过 $\widehat{A_0A'_0}$，这说明传动带在后缩。从动轮上，带沿从动轮 $\widehat{BB'}$ 运动时不是缩短而是伸长。这种由于带的弹性变形引起的带与带轮间的滑动，称为弹性滑动。弹性滑动是摩擦带传动不可避免的物理现象。

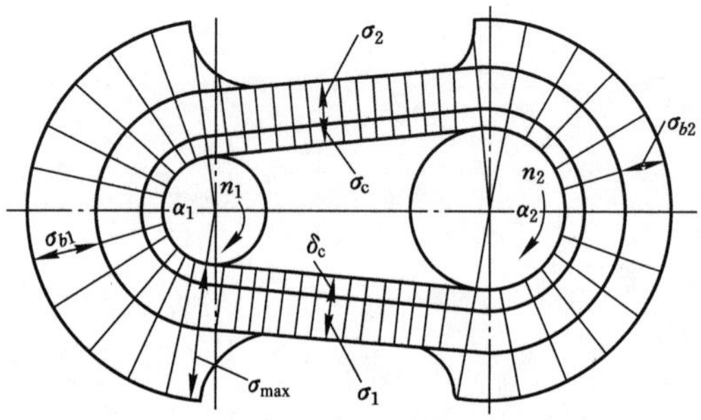

图 6-5　带的工作应力分布

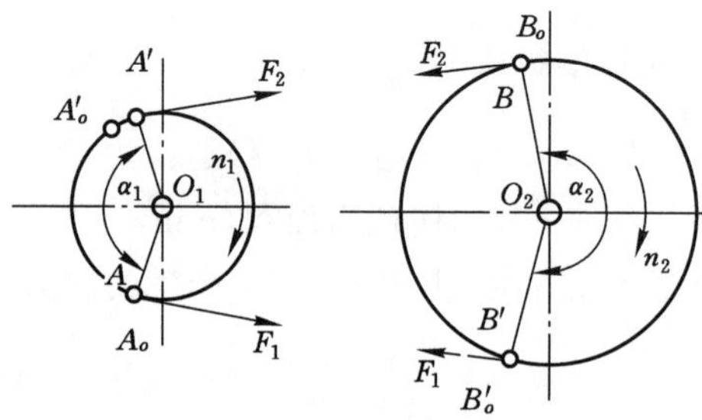

图 6-6　带的弹性滑动

显然，弹性滑动使从动轮圆周速度低于主动轮的圆周速度，其速度变化可用滑动率来表示：

$$\varepsilon=\frac{v_1-v_2}{v_1}\times 100\% \tag{6-11}$$

式中　v_1——主动轮的圆周速度，$v_1=\frac{\pi d_{d1}n_1}{60\times 1\ 000}$；

v_2——从动轮的圆周速度，$v_2=\frac{\pi d_{d2}n_2}{60\times 1\ 000}$。

因此带传动的传动比为：

$$i=\frac{n_1}{n_2}=\frac{d_{d2}}{d_{d1}(1-\varepsilon)} \tag{6-12}$$

式中　n_1、n_2——主、从动轮的转速；

d_{d1}、d_{d2}——主、从动轮的直径。

一般带传动 ε 值很小，故传动比计算可忽略不计。于是有：

$$i=\frac{n_1}{n_2}\approx\frac{d_{d2}}{d_{d1}} \tag{6-13}$$

(2) 打滑

带传动所能产生的摩擦力是有一定限度的。若带传动所能产生的最大摩擦力小于带传动要传递的有效圆周力时，带在轮面上将产生全面的相对滑动，这种现象称为打滑。

带传动一旦出现打滑就不能继续正常工作，从而转速急剧下降，带将严重磨损。因此打滑是必须避免的。

弹性滑动和打滑是两个截然不同的概念。打滑可以避免，而弹性滑动是由拉力差引起的，只要传递圆周力，必然会发生弹性滑动。

带传动的主要失效形式是带在带轮上打滑或带发生疲劳破坏(脱层、撕裂或拉断)。因此，带传动的设计依据是：保证带不打滑并具有一定的疲劳寿命。

带传动不打滑的条件是其传递的有效圆周力不超过所能传递的最大有效圆周力，即：

$$F_t \leqslant F_{t,\max}$$

三、V带轮的材料与结构

对V带带轮的主要要求是：重量轻，质量分布均匀，加工工艺性好，带轮轮槽与带接触的工作表面应精细加工(表面粗糙度一般为1.6)。

带轮的材料通常采用HT150或HT200。对于带轮圆周速度较高的场合，可采用铸钢。为减轻带轮的重量，小功率时也可采用铝合金、工程塑料等。

带轮由轮缘、轮辐、轮毂3部分组成，V带带轮的典型结构见图6-7。

① 实心式带轮，基准直径 $d_d \leqslant (2.5\sim3)d_0$($d_0$ 为轴的直径mm)时采用。

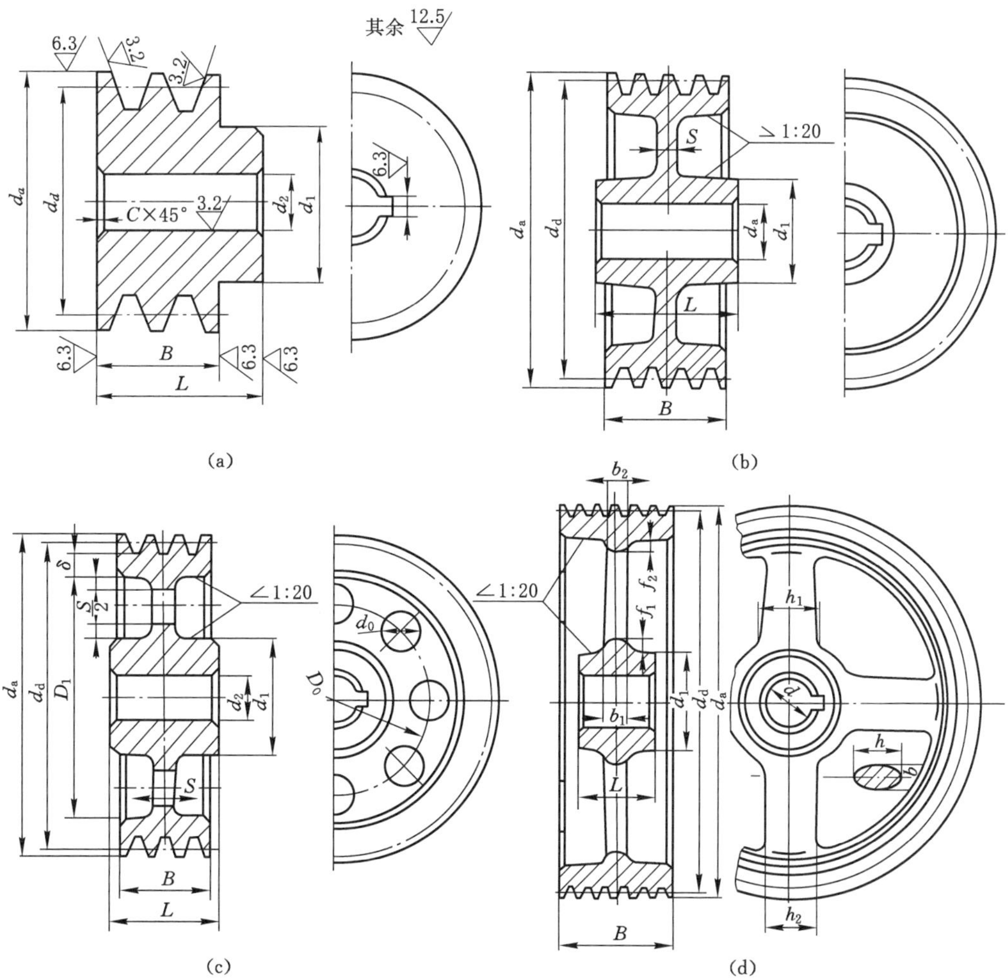

图6-7　带轮结构

(a) 实心式；(b) 腹板式；(c) 孔板式；(d) 椭圆剖面轮辐式

② 辐板式带轮，基准直径 $d_d \leqslant 300$ mm 时采用，当 $d_d - d_1 \geqslant 100$ mm 时，可采用孔板式。

③ 椭圆轮辐式带轮，基准直径 $d_d \geqslant 300$ mm 时采用。

带轮的结构尺寸见表 6-4。

表 6-4 **V 带带轮的结构尺寸** 单位：mm

经验计算公式	经验计算公式
$d_1 = (1.8 \sim 2) d_s$，d_s 为轴的直径 $D_0 = 0.5 (D_1 + d_1)$ $d_0 = (0.2 \sim 0.3)(D_1 - d_1)$	$L = (1.5 \sim 2) d_s$，当 $B < 1.5 d_s$ 时，$L = B$ $h_1 = (F_t d_d / (0.8 z_a))^{\frac{1}{3}}$，$z_a$ 为轮辐数 $h_2 = 0.8 h_1$ $b_2 = 2b_1 = 0.8 h_1$ $f_1 = f_2 = 0.2 h_1$

型号	Y	Z	A	B	C	D	E
S_{min}	6	8	10	14	18	22	28

四、V 带传动的张紧装置

V 带并非完全的弹性体，在初拉力作用下，经过一段时间运转后，就会因塑性变形而松弛，使初拉力下降。为了保证带的传动能力。应定期检查，发现初拉力不足，即应重新张紧。

1. 定期张紧装置

采用定期改变中心距的方法来调节带的预紧力，使带重新张紧。在水平或倾斜不大的传动中，可用图 6-8(a)的方法，将装有带轮的电动机安装在制有滑道的基板 1 上。要调节带的预紧力时，松开基板上各螺栓的螺母 2，旋动调节螺钉 3，将电动机向右推移到所需的位置，然后拧紧螺母 2。在垂直的或接近垂直的传动中，可用图 6-8(b)的方法，将装有带轮的电动机安装在可调的摆架上。

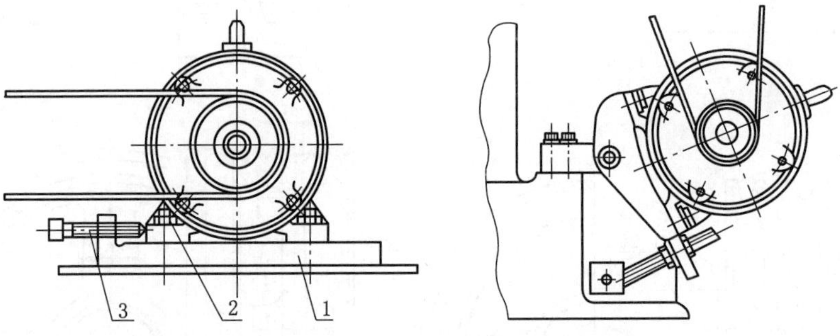

图 6-8 带传动的张紧装置

(a) 滑道式；(b) 摆架式

2. 自动张紧装置

如图 6-9 所示，将装有带轮的电动机安装在一个摆架上，就可以利用电动机的自重来自动改变中心距，保证带所需的张紧力。

3. 张紧轮装置

当中心距不能调节时，可采用张紧轮将带张紧。如图 6-10 所示，张紧轮一般放在松边内侧，使带只受单向弯曲，并靠近大轮，以保证小带轮有较大的包角。其直径宜小于小带轮直径。

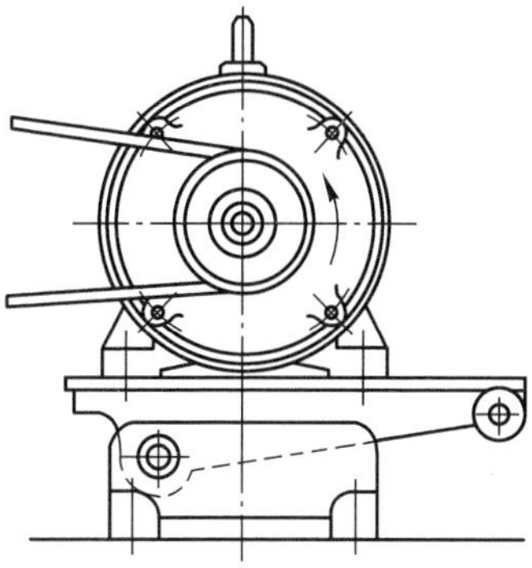

图 6-9　带的自动紧张装置

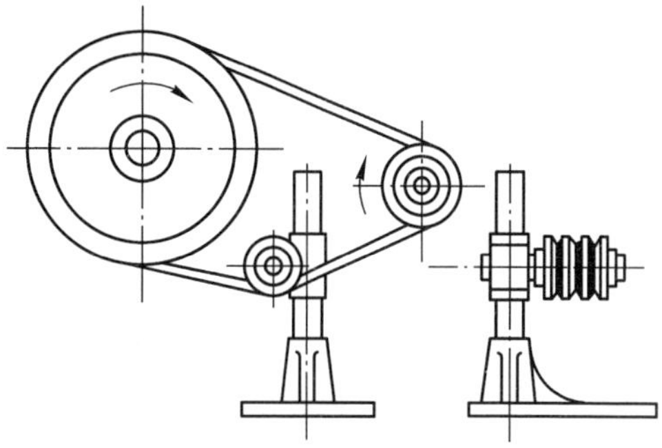

图 6-10　张紧轮装置

第二节　链　传　动

一、链传动的特点、类型及应用

链传动是通过中间挠性件链与链轮之间的啮合传动来传递运动和动力。与带传动相比，链传动无弹性滑动和打滑现象，因而能保持准确的平均传动比，传动效率较高；在同样使用条件下，链传动结构较为紧凑。同时链传动能在高温及速度较低的情况下工作。与齿轮传动相比，链传动的制造与安装精度要求较低，成本低廉；远距离传动时，其结构比齿轮传动轻便得多。

如图 6-11 所示，链传动主要由主动链轮 1、从动链轮 2 和传动链 3 组成。链传动兼有带传动和齿轮传动的特点。与带传动相比，链传动主要特点如下：

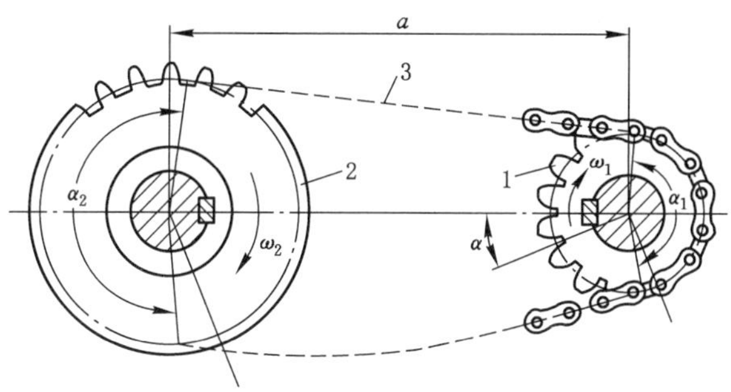

图 6-11　链传动

1——主动链轮；2——从动链轮；3——传动链

(1) 链传动的优点

① 因为是啮合传动，没有弹性滑动及打滑观象，故平均传动比准确，工作可靠。

② 相同承载情况下，结构紧凑。

③ 由于不需要张紧，故作用于轴上的力较小。

④ 能在温度较高、湿度较大、多灰尘、有腐蚀等恶劣环境下工作。

⑤ 与齿轮传动比较，链传动易安装，价格便宜，适用于中心距较大的场合。

(2) 链传动的缺点

① 运转时不能保持恒定的瞬时传动比，传动不够平稳。

② 工作时噪声较大，不宜在载荷变化大和急速反向的传动中应用。

③ 磨损后易发生跳齿；无过载保护作用。

④ 安装精度比带传动要求高。

按用途不同，链可分为传动链、输送链和起重链等。输送链主要用于驱动输送带的运输机械中，起重链主要用于提升重物的起重机械中。而在一般机械传动中，常用的是传动链。传动链按其齿形结构又可分为套筒滚子链（简称滚子链）和齿形链等类型，其中套筒滚子链使应用最广，故本节只讨论套筒滚子链。

链传动因其经济、可靠，广泛应用于农业、矿业、起重、运输、石油、化工等行业的机械传动中。目前，链传动的传动功率一般小于 100 kW，传动速度小于 15 m/s，传动比 $i \leqslant 6$，低速时 i_{max}可达 10，闭式链传动的效率为 $\eta=0.95 \sim 0.98$，开式链传动的效率为 $\eta=0.90 \sim 0.93$。

二、滚子链及链轮

1. 滚子链

如图 6-12 所示，滚子链由滚子 1、套筒 2、销轴 3、内链扳 4 和外链板 5 所组成。销轴与外链板、套筒与内链板之间分别采用过盈配合固联，滚子与套筒、套筒与销轴均为间隙配合，工作时，滚子沿链轮齿廓滚动，这样可减轻齿廓的磨损。另外，为减轻链条的质量，节省材料，并使其各个横截面具有接近相等的抗拉强度.链板大多制成“8”字形。

当传递大功率时，可采用双排链（图 6-13）或多排链。多排链承载能力高，但由于精度的影响，各排链载荷分配不易均匀，故排数不宜过多。

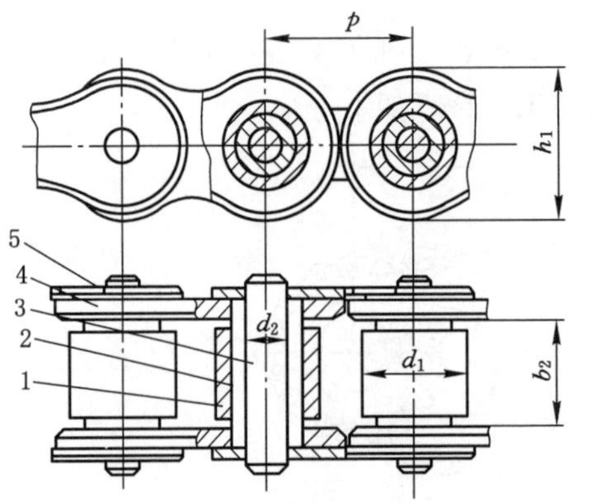

图 6-12　套筒滚子链

1——滚子；2——套筒；3——销轴；
4——内链板；5——外链板

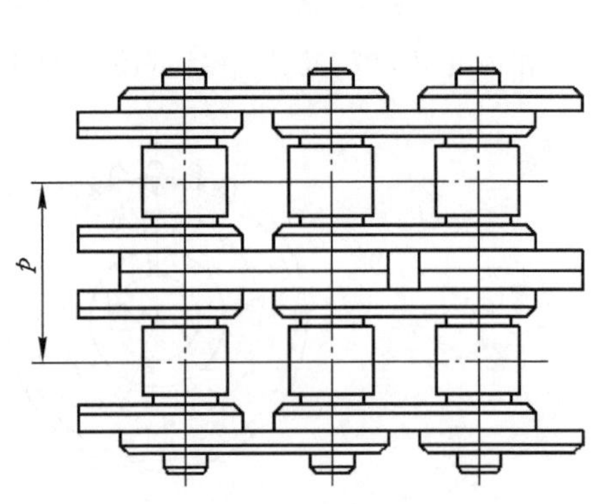

图 6-13　双排链

滚子链的接头一般有 3 种形式：当链节数为偶数时，接头处可用开口销[图 6-14(a)]或弹簧卡片[图 6-14(b)]来固定，一般前者用于大节距，后者用于小节距；当链节数为奇数时，接头处采用过渡链节[图 6-14(c)]。由于过渡链节受有附加弯曲载荷，承载能力降低，所以一般不采用奇数链节。

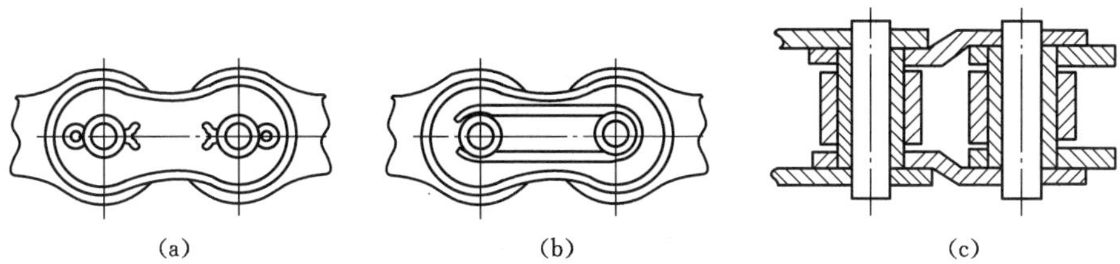

图 6-14　滚子链接头形式

滚子链传动啮合的基本参数是节距 p(即两相邻销轴的中心距)和滚子外径 d_1,其中节距 p 是滚子链的主要参数,节距增大,传递的功率增大,但链条中各零件的尺寸也相应增加。组成链的所有元件均需经过热处理,以提高其强度、耐磨性以及耐冲击性,有利于延长链的使用寿命。

套筒滚子链是标准件,其基本参数和承载能力,见表 6-5,其标记为:

链号一排数×整链链节数 标准编号

例如:08A—1×87 GB 1243.1－83 表示:A 系列、节距为 12.7 mm、单排、87 节的滚子链。

表 6-5　　滚子链规格和主要参数

链号	节距 p	排距 p_t	滚子外径 d_1	内链节内宽 b_1	销轴直径 d_2	内链板高度 h_2	极限拉伸载荷(单排)Q①	每米质量(单排)q
	mm						kN	kg/m
05B	8.00	5.64	5.00	3.00	2.31	7.11	4.4	0.81
06B	9.525	10.24	6.35	5.72	3.28	8.26	8.9	0.40
08B	12.70	13.92	8.51	7.75	4.45	11.81	17.8	0.70
08A	12.70	14.38	7.95	7.85	3.96	12.07	13.8	0.60
10A	15.875	18.11	10.16	9.40	5.08	15.09	21.8	1.00
12A	19.05	22.78	11.91	12.57	5.94	18.08	31.1	1.50
16A	25.40	29.29	15.88	15.75	7.92	24.13	55.6	2.60
20A	31.75	35.76	19.05	18.90	9.53	30.18	86.7	3.80
24A	38.10	45.44	22.23	25.22	11.10	36.20	124.6	5.6
28A	44.45	48.87	25.40	25.22	12.70	42.24	169.0	7.50
32A	50.80	58.55	28.58	31.55	14.27	48.26	222.4	10.10
40A	63.50	71.55	39.68	37.85	19.84	60.33	347.0	16.10
48A	76.20	87.83	47.63	47.35	23.80	72.39	500.4	22.60

注:① 过渡链节取 Q 值的 80%。

2. 滚子链链轮

链轮是链传动的主要零件,链轮齿形已经标准化。链轮设计主要是确定其结构及尺寸,选择材料和热处理方法。

(1) 链轮的基本参数及主要尺寸

链轮的基本参数是配用链条的节距 p,套筒的最大外径 d_1,排距 p_t 及齿数 z。链轮的主要尺寸及计算公式见表 6-6。按标准齿形设计的链轮,其工作图上只需注明链轮的基本参数和主要尺寸,并注明"齿形按 GB 1244—85 制造"即可。

表 6-6　滚子链链轮主要尺寸　单位:mm

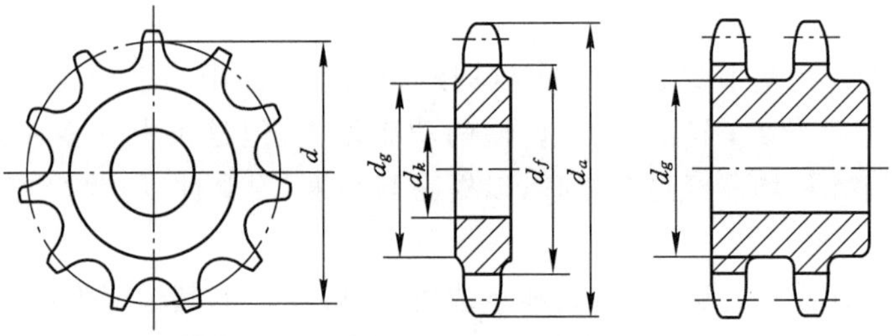

名称	代号	计算公式	备注
分度圆直径	d	$d=p/\sin(180°/z)$	
齿顶圆直径	d_a	$d_{a,max}=d+1.25p-d_1$ $d_{a,min}=d+\left(1-\frac{1.6}{z}\right)p-d_1$ 若为三圆弧一直线齿形,则 $d_a=p\left(0.54+\cot\frac{180°}{z}\right)$	可在 $d_{a,max}$,$d_{a,min}$ 范围内任意选取,但选用 $d_{a,max}$ 时,应考虑采用展成法加工有发生顶切的可能性
分度圆弦齿高	h_a	$h_{a,max}=\left(0.625+\frac{0.8}{z}\right)p-0.5d_1$ $h_{a,min}=0.5(p-d_1)$ 若为三圆弧一直线齿形,则 $h_a=0.27p$	h_a 是为简化放大齿形图的绘制而引入的辅助尺寸 $h_{a,max}$ 相应于 $d_{a,max}$ $h_{a,min}$ 相应于 $d_{a,min}$
齿根圆直径	d_f	$d_f=d-d_1$	
齿侧凸缘(或排间槽)直径	d_g	$d_g\leq p\cot\frac{180°}{z}-1.04h_2-0.76$ h_2——内链板高度(见表 6-5)	

(2) 链轮的结构

小直径的链轮可制成整体式[图 6-15(a)];中等尺寸的链轮可制成孔板式[图 6-15

(b)];大直径的链轮可做成组装式:焊接[图 6-15(c)]或螺栓连接[图 6-15(d)]。

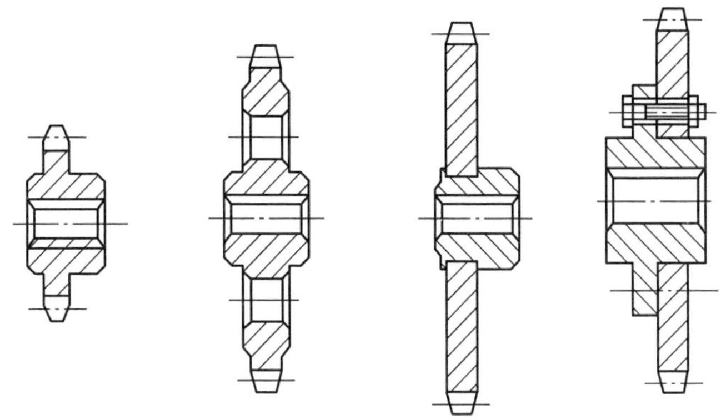

(a)　　(b)　　(c)　　(d)

图 6-15　链轮的结构

(3) 链轮的材料

链轮的材料应能保证轮齿有足够的强度和耐磨性。小轮轮齿啮合次数比大轮多,所受冲击也较严重,其材料应更好一些。常用材料见表 6-7。

表 6-7　　链轮常用的材料及齿面硬度

材 料	热处理	热处理后硬度	应用范围
15、20	渗碳、淬火、回火	50～60HRC	$\zeta \leqslant 25$,有冲击载荷的主、从动链轮
35	正火	160～200HBS	在正常工作条件下,齿数较多($\zeta > 25$)的链轮
40,50,ZG310—570	淬火、回火	40～50HRC	无剧烈振动及冲击的链轮
15Cr,20Cr	渗碳、淬火、回火	50～60HRC	有动载荷及传递较大功率的重要链轮($\zeta < 25$)
35SiMn,40Cr,35CrMo	淬火、回火	40～50HRC	使用优质链条,重要的链轮
Q235,Q275	焊接后退火	140HBS	中等速度、传递中等功率的较大链轮
普通灰铸铁(不低于HT150)	淬火、回火	260～280HBS	$\zeta_2 > 50$ 的从动链轮
夹布胶木	—	—	功率小于 6 kW、速度较高、要求传动平稳和噪声小的链轮

3. 链传动的润滑及布置

(1) 链传动的润滑

良好的润滑有利于缓和冲击,减少摩擦、降低磨损,是延长链条使用寿命和发挥传动能力的最重要因素。闭式链传动的润滑方式可由相关手册确定。开式链传动和不易润滑的链传动,可以定期拆下链条,先用煤油清洗干净,干燥后再浸入油池中,待铰链间充满润滑油后再安装使用。

常用的润滑油有 L-AN22～L-AN46 机械油,温度较低时选黏度低的润滑油,温度较高时选黏度高的润滑油。在低速重载的链传动中可采用沥青含量高的黑油或润滑油,但应定期涂抹和清洗。

(2) 链传动的布置

为使链节和链轮齿能顺畅地进入和退出啮合,应使紧边在上,松边在下。链传动最好作水平布置[图 6-16(a)]。当倾斜布置时,两轮中心线与水平线的夹角应小于 45°[图 6-16(b)]。为防止链的垂度过大造成啮合不良和松边抖动,应安装张紧轮[图 6-16(c)及图 6-16(d)]。

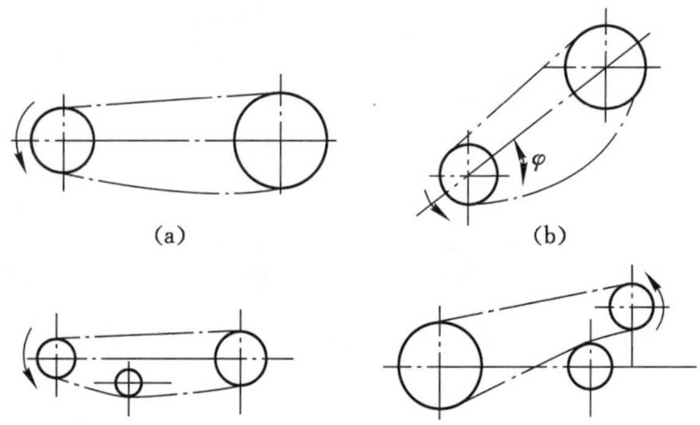

图 6-16 链传动的布置

第三节 齿 轮 传 动

一、齿轮传动的特点和类型

1. 齿轮传动的特点

齿轮传动依靠主动齿轮与从动齿轮的啮合传动来传递运动和动力,是现代机械中应用最广泛的一种传动。与其他传动相比齿轮传动具有以下特点:

其优点是:适用的范围大,可实现任意两轴间的传动;效率高、传动平稳;传动比准确;工作安全可靠、寿命长;结构紧凑。

其缺点是:制造安装精度高,成本高;不适用于距离较远的传动。

2. 齿轮传动的类型

齿轮应用广泛,类型也多,若按照两齿轮传动时的相对运动形式,可将其分为平面齿轮传动和空间齿轮传动两大类,如图 6-17 所示。在平面齿轮传动中除了图 6-17 中所示的外啮合齿轮传动外,还有内啮合齿轮传动(图 6-18)和齿轮齿条传动(图 6-19)。

二、齿廓啮合基本定律

齿轮传动的基本要求之一是其瞬时角速度之比即瞬时传动比必须保持恒定;否则,当主动轮等角速度回转时,从动轮的角速度将发生变化,从而产生惯性力,不仅影响轮齿的传动精度和寿命,而且还将引起机器的振动、冲击和噪声。要保证瞬时传动比恒定不变,则齿轮的齿廓必须符合一定的条件。

图 6-20 为一对相互啮合的齿轮,设齿轮 1 以角速度 ω_1 绕轴 O_1 顺时针方向回转,齿轮 2 受齿轮 1 的驱动,以角速度 ω_2 绕轴 O_2 逆时针方向回转。两轮轮齿的齿廓 C_1、C_2 在任意点 K 接触,它们在 K 点处的线速度分别为:

$$v_{K1} = \omega_1 \overline{O_1K}$$

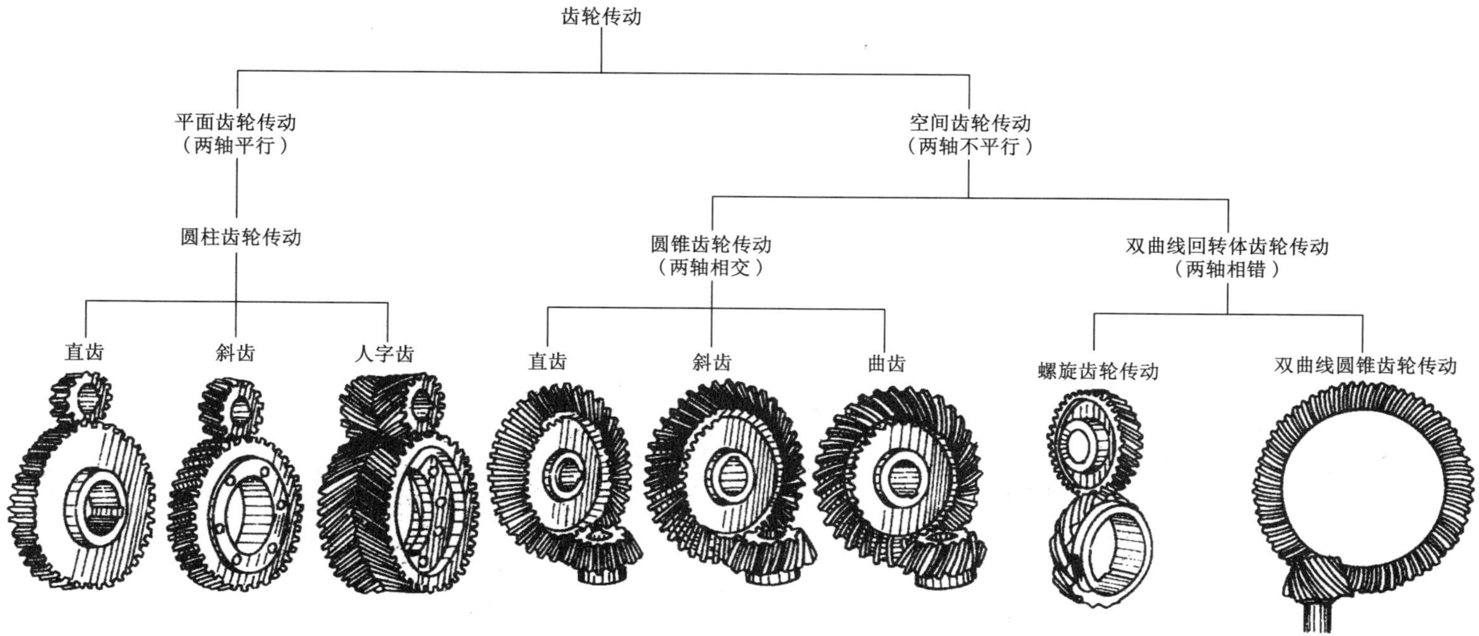

图 6-17 齿轮转动的分类

$$v_{K2} = \omega_2 \overline{O_2 K}$$

过 K 点作两齿廓 C_1、C_2 的公法线 NN。显然，要使这一对齿廓能连续地接触传动，则 v_{K1}、v_{K2} 在公法线 NN 方向上的分速度应相等，否则两齿廓将会压坏或分离，即：

$$v_{K1}\cos\alpha_{K1} = v_{K2}\cos\alpha_{K2}$$

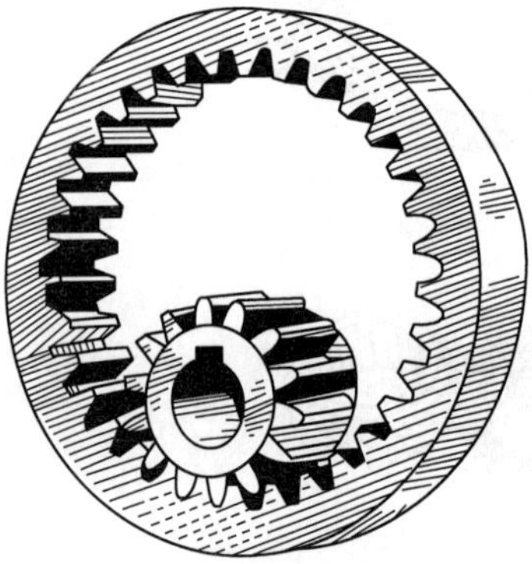

图 6-18　内齿轮传动

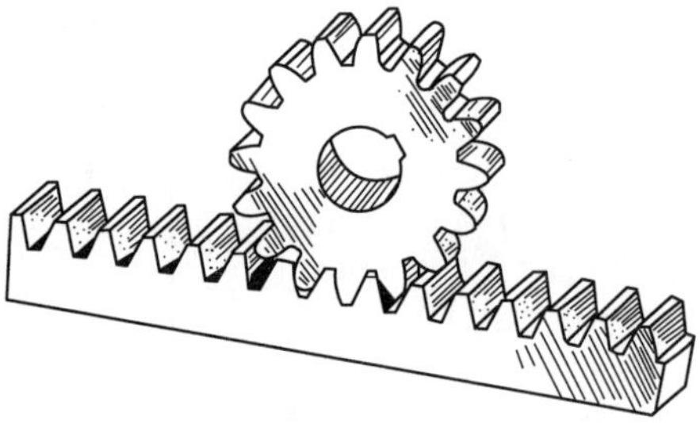

图 6-19　齿轮齿条传动

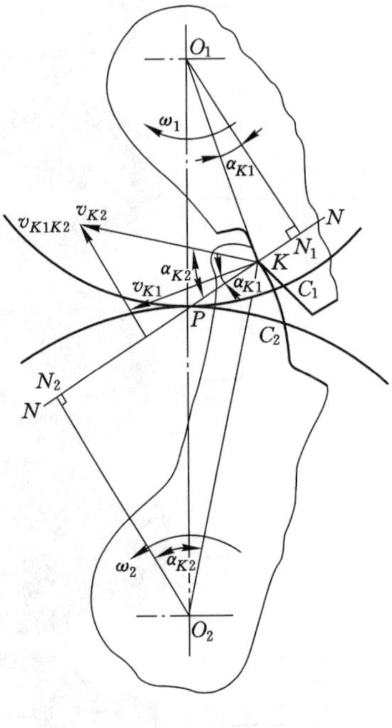

图 6-20　一对相互啮合的齿轮

故得：

$$i_{12} = \frac{\omega_1}{\omega_2} = \frac{\overline{O_2 K}\cos\alpha_{K2}}{\overline{O_1 K}\cos\alpha_{K1}}$$

过 O_1，O_2 分别做公法线 NN 的垂线，交 NN 于 N_1，N_2 两点。则由图可知 $\overline{O_2 K}\cos\alpha_{K2} = \overline{O_2 N_2}$，$\overline{O_1 K}\cos\alpha_{K1} = \overline{O_1 N_1}$。

又因 $\triangle O_1 P N_1 \backsim \triangle O_2 P N_2$，故：

$$i_{12} = \frac{\omega_1}{\omega_2} = \frac{\overline{O_2N_2}}{\overline{O_1N_1}} = \frac{\overline{O_2P}}{\overline{O_1P}} \tag{6-14}$$

上式表明，一对齿轮的传动比与其连心线$\overline{O_1O_2}$被齿廓接触点公法线分割的两线段长度成反比。这就是齿廓啮合基本定律。

可以推论，欲使两齿轮瞬时角速度比恒定不变，必须使点 P 为连心线上一定点。或者说，欲使齿轮保持确定的角速度比，不论齿廓在任何位置接触，过接触点所作的齿廓公法线必须与连心线交于一定点 P(该点又称为节点)。

若以 O_1，O_2 为圆心分别过点 P 所作的圆称为节圆(节圆半径分别为 r_1'，r_2')，传动中两节圆作纯滚动，因为它们的圆周速度相等。

凡能满足齿廓啮合基本定律而相互啮合的一对齿廓，称为共轭齿廓。从理论上讲，共轭齿廓有很多。但能满足制造和强度要求的只有渐开线、摆线和圆弧曲线齿廓，其中渐开线齿廓应用的最广。因此，本章将主要介绍渐开线齿轮。

三、渐开线的形成及其性质

1. 渐开线的形成

如图 6-21 所示，当直线 BK 沿半径为 r_b 圆周作纯滚动，则直线上任一点 K 的轨迹(AK)称为该圆的渐开线。该圆称为渐开线的基圆，半径 r_b 称为基圆半径。直线 BK 称为渐开线的发生线，角 θ_K 称为渐开线 AK 段的展角。

2. 渐开线的性质

根据渐开线形成的过程可知，渐开线具有下列性质：

① 发生线沿基圆滚过的长度，等于基圆与之相应滚过的弧长，即$\overline{BK}=\widehat{AB}$。

② 发生线恒切于基圆，并与渐开线的切线垂直。因此，发生线$\overline{BK}$是渐开线在任一点 K 的法线；反之，渐开线上任一点的法线恒切于基圆。

③ 发生线与基圆的切点 B 是渐开线上 K 点的曲率中心，而线段$\overline{BK}$为其曲率半径。故由图 6-22 可知，渐开线上离基圆越远的部分，其曲率半径越大，渐开线越平直；渐开线上离基圆越近的部分，其曲率半径越小，渐开线越弯曲；渐开线在基圆上起始点处的曲率半径为 0。

④ 渐开线的形状取决于基圆的大小。如图 6-22 所示，基圆越小，渐开线越弯曲；基圆越大，渐开线越平直。当基圆半径为无穷大时，渐开线将变成为直线。

⑤ 基圆内无渐开线。

3. 渐开线方程式

在实际工作中，为了研究渐开线齿轮的啮合理论和几何尺寸计算时，常需要用到渐开线方程式。下面根据渐开线形成过程推导渐开线的数学方程。

如图 6-21 所示，点 A 为渐开线在基圆上的起始点，点 K 为渐开线上任意点，它的向径用 r_b 表示，展角用 θ_K 表示。若用此渐开线作为齿轮的齿廓并且与其共扼齿廓

在 K 点啮合时，则此齿廓在 K 点所受正压力的方向(即齿廓曲线在该点的法线)与 K 点速度方向之间夹角，称为渐开线在 K 点的压力角，用 α_K 来表示。

由∠OBK 可知：

$$r_K = \frac{r_b}{\cos \alpha_K} \tag{6-15}$$

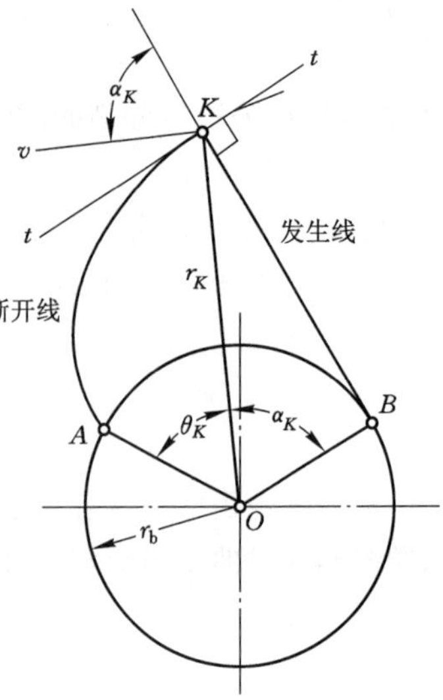

图 6-21　渐开线的形成

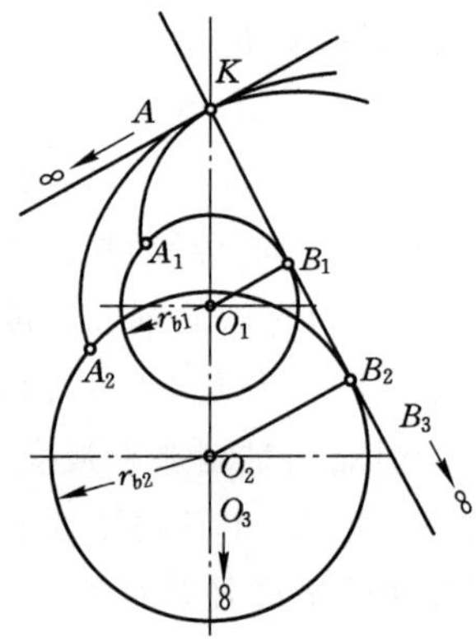

图 6-22　基圆大小渐开线的影响

又
$$\tan\alpha_K=\frac{\overline{BK}}{r_b}=\frac{\overset{\frown}{AB}}{r_b}=\frac{r_b(\alpha_K+\theta_K)}{r_b}=\alpha_K+\theta_K$$

故
$$\theta_K=\tan\alpha_K-\alpha_K$$

由上式可知，展角 θ_K 是随压力角 α_K 的大小而变化的。所以，θ_K 又称为压力角 α_K 的渐开线函数，工程上常用 $\mathrm{inv}\alpha_K$ 表示 θ_K，即：

$$\theta_K=\mathrm{inv}\ \alpha_K=\tan\alpha_K-\alpha_K$$

综上所述，渐开线的极坐标方程为：

$$\begin{cases} r_K=\dfrac{r_b}{\cos\alpha_K} \\ \theta_K=\mathrm{inv}\ \alpha_k=\tan\alpha_K-\alpha_K \end{cases} \tag{6-16}$$

工程中已把不同压力角的渐开线函数值列成函数值表，使用时可查相关手册。

4. 渐开线齿廓啮合特性

(1) 渐开线齿廓满足定传动比要求

如图 6-23 所示，为一对齿轮渐开线齿廓在任意一点 K 啮合情况。过点 K 做这对齿廓的公法线 N_1N_2，根据渐开线性质可知，此公法线 N_1N_2 必同时与两齿廓的基圆相切，即 N_1N_2 为两轮基圆的一条内公切线。它与连心线 O_1O_2 相交于 P 点。N_1N_2 为一条定直线，故其与连心线 O_1O_2 的交点 P 必为一定点，这就说明了渐开线齿廓符合齿轮啮合基本定律，能实现定传动比传动。其瞬时传动比为：

$$i_{12}=\frac{\omega_1}{\omega_2}=\frac{\overline{O_2P}}{\overline{O_1P}}=\text{常数}$$

过定点 P，以 O_1、O_2 为中心，以 $\overline{O_1P}$、$\overline{O_2P}$ 为半径画圆，称为节圆。点 P 称为节点。

由图 6-23 可知，$\triangle O_1N_1P\backsim\triangle O_2N_2P$，因此其瞬时传动比又可写成：

$$i_{12}=\frac{\omega_1}{\omega_2}=\frac{\overline{O_2P}}{\overline{O_1P}}=\frac{r'_2}{r'_1}=\frac{r_{b2}}{r_{b1}} \tag{6-17}$$

式中　r'_1, r'_2——齿轮 1 和齿轮 2 的节圆半径；

r'_{b1}, r'_{b2}——齿轮 1 和齿轮 2 的基圆半径。

上式说明，一对渐开线齿轮的传动比不仅与两节圆的半径成反比，同时也与两基圆的半径成反比。

(2) 渐开线齿廓传动具有可分性

当一对渐开线齿轮制成之后，其基圆半径是不能改变的，因而由式(6-17)可知，即使两轮的中心距发生变化，其角速比仍保持原值不变，这种性质称为渐开线齿轮传动的可分性。实际上，制造安装误差或轴承磨损，常常导致中心距的微小改变，但是由于渐开线齿轮传动具有可分性，故仍能保持良好的传动性能。此外，根据渐开线齿轮传动的可分性还可以设计变位齿轮。

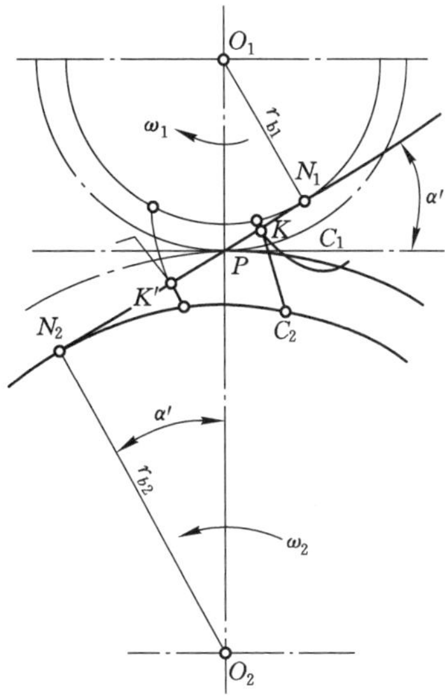

图 6-23　渐开线齿廓满足定传动比要求

(3) 渐开线齿廓间的正压力方向不变

过节点 P 做两节圆的公切线 tt，它与啮合线 N_1N_2 间夹角称为啮合角。由图可见，渐开线齿轮传动中啮合角为常数，由图 6-23 中几何关系可知，啮合角在数值上等于渐开线在节圆上的压力角 α'。啮合角不变表示齿廓间压力方向不变，若齿轮传递的力矩恒定，则轮齿之间、轴与轴承之间的压力大小和方向均不变。

四、齿轮各部分的名称及渐开线标准齿轮的基本尺寸

1. 直齿圆柱齿轮各部分的名称和符号

图 6-24 所示为直齿圆柱外齿轮的一部分，其各部分的名称和符号如下：

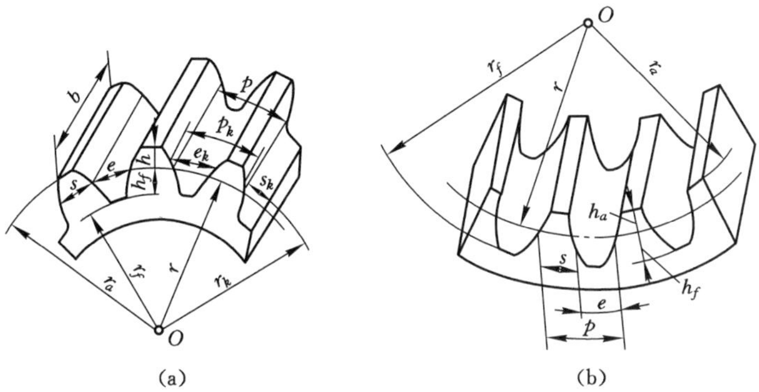

图 6-24　齿轮各部分名称和符号

① 齿顶圆：过所有齿顶的圆称为齿顶圆，其半径、直径用 r_a, d_a 表示。

② 齿根圆：过所有齿槽底的圆称为齿根圆，其半径、直径用 r_f, d_f 表示。由图 6-24 可见，外齿轮的齿顶圆大于齿根圆，内齿轮的齿顶圆小于齿根圆。

③ 齿槽宽：任意圆上齿槽的弧线长度称为该圆周上的齿槽宽，用 e_k 表示。

④ 齿厚：任意圆周上轮齿的弧线长度称为该圆周上的齿厚，用 s_k 表示。

⑤ 齿距：任意圆上相邻两齿上对应点之间的弧长，称为该圆上的齿距(或称周节)，用 p_k

表示。齿距等于任意圆上齿厚与齿槽之和，即：

$$p_k = s_k + e_k$$

⑥ 分度圆：为了计算齿轮各部分尺寸，在齿顶圆与齿根圆之间规定一直径为 d 的圆作为计算齿轮各部分尺寸基准，并把这个圆称为齿轮分度圆。分度圆上的齿厚和齿槽宽分别用 s，e 表示，$s=e=p/2$。

⑦ 齿顶高：轮齿在分度圆和齿顶圆之间的径向高度，用 h_a 表示。

⑧ 齿根高：轮齿在分度圆和齿根圆之间的径向高度，用 h_f 表示。

⑨ 齿全高：齿顶圆与齿根圆之间的径向距离，即齿顶高与齿根高之和称为齿全高，用 h 表示。则：

$$h = h_a + h_f$$

⑩ 齿宽：轮齿在齿轮轴向宽度，用 b 表示。

2. 直齿圆柱基本参数

为了计算齿轮各部分几何尺寸，需要规定若干个基本参数，对于标准齿轮而言，有以下5个基本数：

① 齿数 z。

② 模数 m：分度圆直径显然与齿距 p 和齿数 z 有关。分度圆的周长$=\pi d=pz$，于是得：

$$d = \frac{pz}{\pi}$$

由于 π 是无理数，这将给齿轮的设计、制造和检验带来很多不便。为此，将比值 p/π 人为地规定为一系列标准值，并把这个比值称为模数，用 m 表示，即：

$$m = \frac{p}{\pi} \tag{6-18}$$

其单位为 mm。于是得：

$$d = mz \tag{6-19}$$

模数 m 是决定齿轮尺寸的一个重要参数。齿数相同的齿轮，模数越大，则齿距也越大，轮齿的抗弯能力也越强，所以模数又是齿轮抗弯能力的重要标志。齿轮的模数值已经标准化了。表 6-8 为国标 GB 1357—87 所规定的标准模数系列。

表 6-8　　标准模数系列(GB 1357—87)

第一系列	0.1	0.12	0.15	0.2	0.25	0.3	0.4	0.5	0.6	0.8	1
	1.25	1.5	2	2.5	3	4	5	6	8	10	12
	16	20	25	32	40	50					
第二系列	0.35	0.7	0.9	1.75	2.25	2.75	(3.25)	3.5	(3.75)	4.5	5.5
	(6.5)	7	9	(11)	14	18	22	28	(30)	36	45

说明：① 本标准适用于渐开线圆柱齿轮，对于斜齿圆柱齿轮是指其法面模数 m_n。

② 选用模数时应优先采用第一系列，括号内的模数尽可能不用。

③ 压力角 α。渐开线齿廓上的压力角不应太大，否则不利于传动。为了便于设计、制造和维修，将分度圆上的压力角规定为标准值，即 $\alpha=20°$。其他国家规定压力角除 20°外还有 14.5°，15°和 25°等标准值。由式(6-16)可得：

$$\cos\alpha = \frac{r_b}{r} \text{ 或 } r_b = r\cos\alpha \tag{6-20}$$

因此，可以给分度圆下一个完整定义：分度圆就是齿轮上具标准模数和标准压力角的圆。

④ 齿顶高系数 h_a^*。齿顶高 h_a 用齿顶高系数 h_a^* 与模数 m 的乘积表示，$h_a=h_a^* m$。

⑤ 顶隙系数 c^*。齿根高 h_f 用齿顶高系数 h_a^* 与顶隙系数 c^* 之和与模数 m 的乘积来表示，$h_f=(h_a^*+c^*)m$。

国标规定了齿顶高系数与顶隙系数的标准值：

正常齿制：$h_a^*=1, c^*=0.25$；

短齿制：$h_a^*=0.8, c^*=0.3$。

3. 标准直齿圆柱齿轮几何尺寸的计算

标准直齿圆柱齿轮几何尺寸的计算公式列于表 6-9 中。

表 6-9 标准直齿圆柱齿轮几何尺寸计算公式

名 称	符 号	公 式
模数	m	根据齿轮轮齿的强度或结构条件确定
压力角	α	$\alpha=20°$
分度圆直径	d	$d_1=mz_1 \quad d_2=mz_2$
齿顶高	h_a	$h_a=h_a^* m$
齿根高	h_f	$h_f=m(h_a^*+c^*)$
全齿高	h	$h=h_a+h_f=m(2h_a^*+c^*)$
齿顶圆直径	d_a	$d_{a1}=d_1+2h_a=(z_1+2h_a^*)m$ $d_{a2}=d_2+2h_a=(z_2\pm 2h_a^*)m$①
齿根圆直径	d_f	$d_{f1}=d_1-2h_f=(z_1-2h_a^*-2c^*)m$ $d_{f2}=d_2\mp 2h_f=(z_2\mp 2h_a^*\mp 2c^*)m$①
基圆直径	d_b	$d_{b1}=d_1\cos\alpha \quad d_{b2}=d_2\cos\alpha$
齿距	p	$p=\pi m$
齿厚	s	$s=\frac{\pi m}{2}$
齿槽宽	e	$e=\frac{\pi m}{2}$
标准中心距	a	$a=\frac{1}{2}(d_1\pm d_2)=\frac{1}{2}m(z_1\pm z_2)$①

说明：①外啮合齿轮取上面符号，内啮合齿轮取下面符号。

五、渐开线直齿圆柱齿轮啮合传动

1. 正确啮合条件

齿轮传动时，它的每一对齿仅啮合一段时间便要分离，而由后一对齿接替。如图 6-25 所示，当前一对齿在啮合线上 K 点接触时，其后对齿应在啮合线上另一点 接触，这样，前一对齿分离时，后一对齿才能不中断地接替传动。令 K_1 和 K'_1 表示轮 1 齿廓上的啮合点，K_2 和 K_2' 表示轮 2 齿廓上的啮合点。为了保证前后两对齿有可能同时在啮合线上接触，轮 1

相邻两齿同侧齿廓沿法线的距离相等，即：

$$K_1K'_1 = K_2K'_2$$

由渐开线的性质可知，齿轮的法向齿距与基圆齿距相等。因此，要使齿轮正确啮合，必须使：

$$p_{b1} = p_{b2}$$

而且
$$p_{b1} = p_1\cos\alpha = \pi m_1\cos\alpha$$
$$p_{b2} = p_2\cos\alpha = \pi m_2\cos\alpha$$

故
$$m_1\cos\alpha = m_2\cos\alpha$$

由于齿轮的模数和压力角均已标准化了，所以必有：

$$\begin{cases} m_1 = m_2 = m \\ \alpha_1 = \alpha_2 = \alpha \end{cases} \tag{6-21}$$

上式表明，渐开线齿轮正确啮合条件是两齿轮的模数和压力角必须相等。

2. 连续传动的条件

一对轮齿的啮合过程为：从主动轮 1 的齿根推动从动轮 2 的齿顶开始，到主动轮 1 的齿顶推动从动轮 2 的齿根为止。因此，齿轮 1、2 的齿顶圆与理论啮合线$\overline{N_1N_2}$的交点间的线段$\overline{B_1B_2}$为实际啮合线，且$\overline{B_1B_2} \leqslant \overline{N_1N_2}$。$B_2$ 点为起始啮合点，B_1 点为终止啮合点；N_1，N_2 为极限啮合点。由图 6-26 所示的啮合过程可以看出，要实现齿轮的连续传动，必须在前一对轮齿刚要退出尚未退出啮合之前，后一对轮齿必须刚好或提前进入啮合，即$\overline{B_1B_2} \geqslant p_b$。通常把实际啮合线长度与基圆齿距之比称为重合度，用 ε 表示。齿轮连续传动的条件是：

$$\varepsilon = \frac{\overline{B_1B_2}}{p_b} \geqslant 1 \tag{6-22}$$

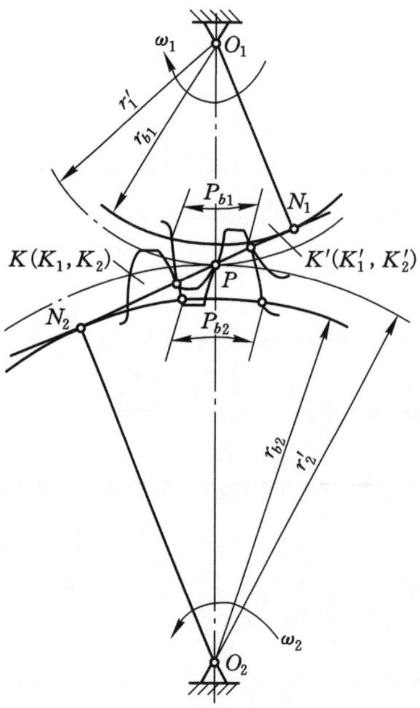

图 6-25　正确啮合条件

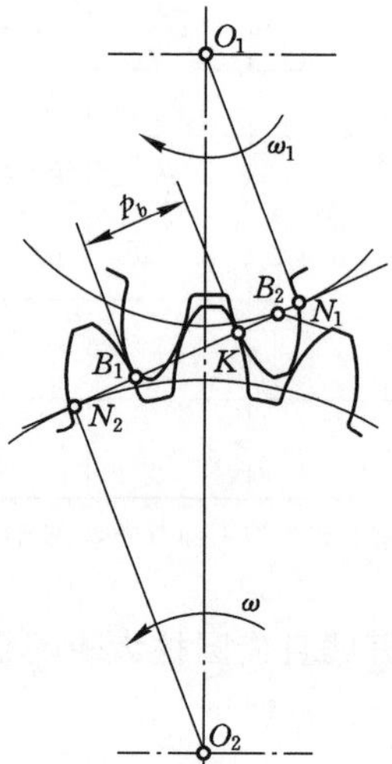

图 6-26　渐开线齿轮啮合传动

为可靠起见，通常要取重合度 $\varepsilon>1$，ε 越大，表示同时啮合的齿数越多，其承载能力也越强，传动也越平稳。

渐开线标准齿轮的重合度恒大于 1。在一般机械中，常取 $\varepsilon=1.1\sim1.4$。重合度的计算，可由图 6-26 推导而得：

$$\varepsilon_\alpha=[z_1(\tan\alpha_{a1}-\tan\alpha')+z_2(\tan\alpha_{a2}-\tan\alpha')]/2\pi \tag{6-23}$$

六、渐开线齿廓的切制原理

齿轮的加工方法很多，目前最常用的是切制法。用切制法加工齿轮齿廓的工艺从其切制原理来看，可概括为仿形法和范成法两种。

1. 仿形法

仿形法是使用与被切制齿轮(轮坯)齿槽相同的成型刀具加工齿轮的齿廓。常用的刀具有盘形铣刀[图 6-27(a)]和指状铣刀[图 6-27(b)]两种。

(a)　　(b)

图 6-27　仿形法加工齿轮

加工时，铣刀绕其轴线旋转，同时轮坯沿齿轮轴线方向直线移动。铣出一个齿槽以后则其退回，将轮坯转 $2\pi/z$ 再铣第二个槽，其余依此类推。

这种切齿方法简单，不需要专用机床，但生产率低，精度差，故仅适用于单件生产及精度要求不高的齿轮加工。

2. 范成法

范成法是利用一对齿轮互相啮合传动时，其共轭齿廓互为包络线的原理加工出齿轮的齿廓曲线。常用的工艺方法有插齿和滚齿两种。

(1) 插齿

图 6-28(a)为用齿轮插刀加工齿轮的原理。齿轮插刀的外形像一个具有刀刃的外齿轮。加工时，插刀沿轮坯的轴线方向做往复运动；同时，插刀与轮坯以恒定的等角速比做缓慢回转运动，犹如一对真正的齿轮互相啮合传动一样，插刀刀刃在各个位置的包络线即为所切轮齿的渐开线齿形[图 6-28(b)]。

由于这种加工方法是利用齿轮啮合原理，故若改变插刀与轮坯的传动比，用一把刀具可加工出不同齿数的齿轮。又因被加工齿轮的模数和压力角等于插齿刀的模数和压力角，故用同一把插齿刀加工不同齿数的齿轮都能得到正确的啮合传动。

当齿轮插刀的齿数增加到无穷多时，齿轮插刀就成为齿条插刀，齿廓也由渐开线曲线变成直线，图 6-29 为用齿条插刀切制齿轮的情形。其切齿原理与齿轮插刀加工齿轮的原理相同。

由于用插齿刀加工齿轮时切削是不连续的，因而生产率较低。但利用齿轮插刀可以很

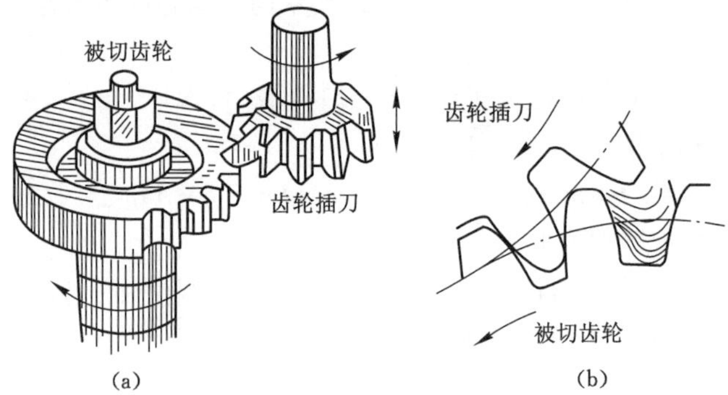

图 6-28 齿轮插刀加工齿轮

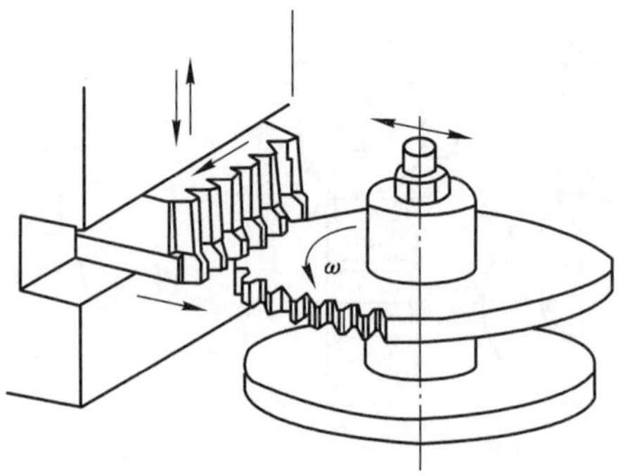

图 6-29 齿条插刀加工齿

方便地切制内齿轮。

(2) 滚齿

不论用齿轮插刀还是齿条插刀加工齿轮,其切削都是不连续的,这就影响了生产率的提高。因此,在生产中更广泛地采用齿轮滚刀来加工齿轮。图 6-30 就是用齿轮滚刀加工齿轮的情形。

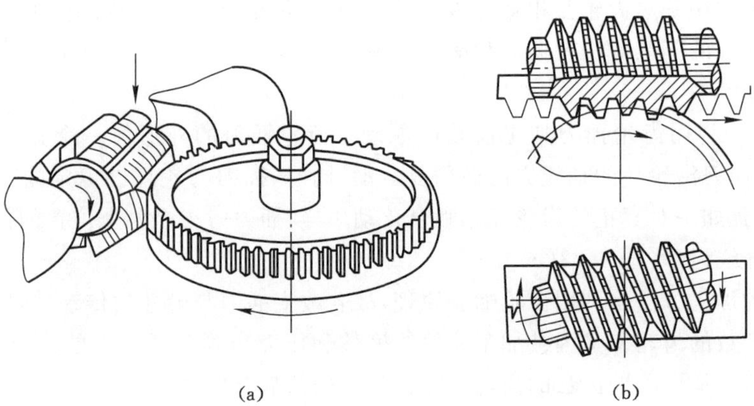

图 6-30 齿轮滚刀加工齿轮

用滚刀加工直齿轮时，滚刀的轴线与轮坯的端面之间的夹角应等于滚刀的螺旋升角 γ。如图 6-30(b)所示。这样，滚刀螺旋的切线方向恰与轮坯的齿向相同。而滚刀在轮坯端面的投影相当于一个齿条，滚刀转动时，一方面产生切削运动，另一方面就相当于这个齿条在移动。所以，用滚刀切制齿轮的原理与齿条插刀的切制齿轮的原理基本相同，不过齿条插刀的切削运动和范成运动，已被滚刀刀刃的螺旋运动所代替，其切削是连续的，因而滚齿加工较之插齿生产率高。为了切制具有一定轴向宽度的齿轮，滚刀在回转的同时，还必须有平行于轮坯轴线的缓慢移动。

用范成法加工齿轮时，只要所选用的刀具与被加工齿轮的模数和压力角相同，则不管被加工齿轮齿数的多少，都可以用同一把刀加工出来，而且生产率较高。因此，大批量生产中多采用这种方法来加工齿轮。

七、斜齿圆柱齿轮传动

1. 渐开线斜齿圆柱齿轮曲面形成及啮合特点

在研究直齿圆柱齿轮传动时，是就齿轮的端面讨论的。考虑到齿轮的宽度，渐开线直齿圆柱齿轮的齿廓曲面，是发生面在基圆柱上做纯滚动时，发生面上一条与基圆柱轴线平行的直线 KK 展出而形成的，如图 6-31 所示。因此，直齿圆柱齿轮在进入啮合和退出啮合时，整个齿宽突然同时进入啮合和退出啮合。因而传动平稳性差，产生冲击和振动。

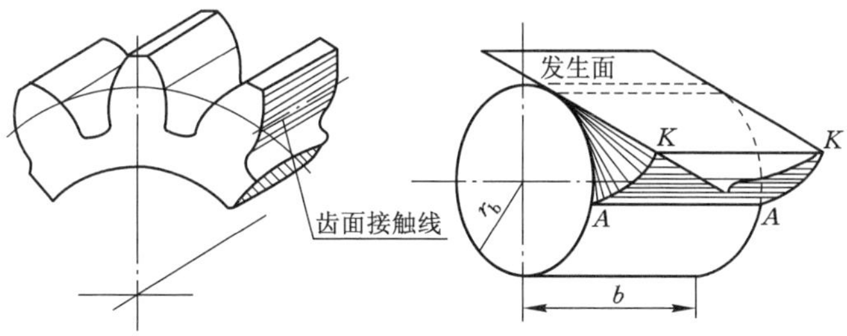

图 6-31　直齿圆柱齿轮的齿廓曲面形成

斜齿轮齿廓曲面的形成原理与直齿轮相类似，如图 6-32 所示，只是发生面上形成渐开线曲面的直线 KK 不平行于基圆柱轴线，而是与其有一个夹角 β_b。当发生面在基圆柱上作纯滚动时，直线 KK 上各点的轨迹即为渐开线螺旋面，该曲面与基圆柱和分度圆柱的交线均为螺旋线，其螺旋角分别用 β_b 和 β 表示。设计时取 $\beta=8^\circ\sim12^\circ$。

当两斜齿轮啮合时，两齿廓曲面的接触线是齿廓曲面与啮合面的交线，它是与齿轮轴线倾斜的直线，且接触线长度是变化的。即由短变长再由长变短，使齿轮的啮合传动沿着整个齿宽逐渐进入和逐渐退出，因此斜齿圆柱齿轮的啮合，载荷是逐渐加上，再逐渐卸掉的，故传动较平稳，冲击和振动较小。

2. 斜齿圆柱齿轮的基本参数和几何尺寸

斜齿轮的端面齿形为渐开线形，而轴向轮齿则呈螺旋形。斜齿轮通常利用加工直齿轮的刀具切齿。加工时，刀具应沿着轮齿螺旋线的切向进刀，故斜齿轮的法面(垂直于轮齿的平面)齿形取决于刀具的参数。斜齿轮在法面上具有标准的参数，但计算端面几何尺寸时，要把法面参数转换为端面参数。

(1) 螺旋角

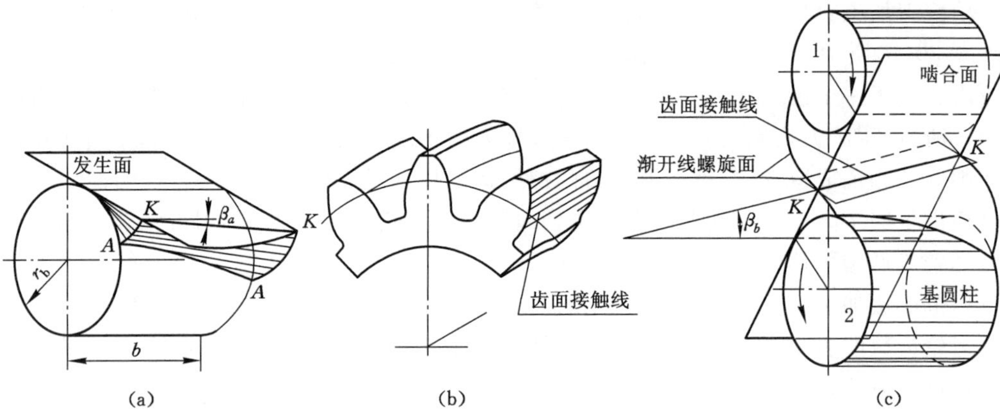

图 6-32 斜齿圆柱齿轮的齿廓曲面形成与啮合过程

斜齿圆柱齿轮的各圆柱面上的螺旋角是不同的，通常所说的斜齿圆柱齿轮螺旋角，如不特别指明，是指分度圆螺旋角，用 β 表示。轮齿螺旋线的方向有左旋、右旋之分，如图 6-33 所示。

（2）模数

由于斜齿圆柱齿轮的齿向是倾斜的，故有端面和法面之分。垂直于轴线的平面称为端面，与分度圆柱螺旋线垂直的平面称为法面。图 6-34 所示为斜齿圆柱齿轮分度圆展开图。

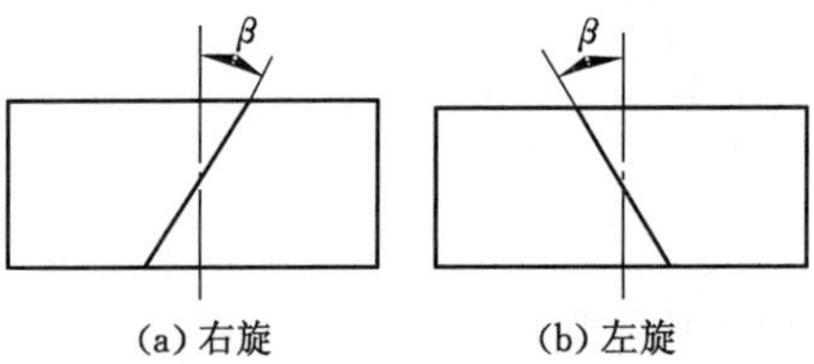

图 6-33 斜齿轮的螺旋线的方向

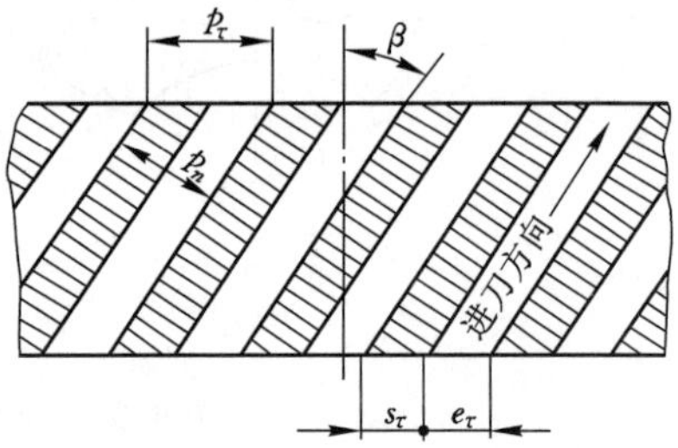

图 6-34 斜齿轮分度圆展开图

从上图可知端面齿距 p_τ 与法面齿距 p_n 的关系为：

$$p_n = p_\tau \cos\beta$$

又因 $p_n = \pi m_n$，$p_\tau = \pi m_\tau$，故有：

$$m_n = m_\tau \cos\beta \qquad (6\text{-}24)$$

（3）压力角

因为斜齿圆柱齿轮和斜齿条啮合时，齿条与斜齿圆柱齿轮的法面压力角 α_n 与端面压力角 α_τ 应分别相等，所以法面压力角和端面压力角的关系可以通过斜齿条得到。

图 6-35 所示为斜齿条的一个齿，平面 ABD 是端面，A_1B_1D 是法面，$\angle ABD = \angle A_1B_1D = \angle BB_1D = 90°$。

由图 6-35 可知，$\tan\alpha_r = \dfrac{\overline{BD}}{\overline{AB}}$，$\tan\alpha_n = \dfrac{\overline{B_1D}}{\overline{A_1B_1}}$，而 $\overline{B_1D} = \overline{BD}\cos\beta$，$\overline{A_1B_1} = \overline{AB}$，故：

$$\tan\alpha_n = \tan\alpha_\tau \cos\beta \qquad (6\text{-}25)$$

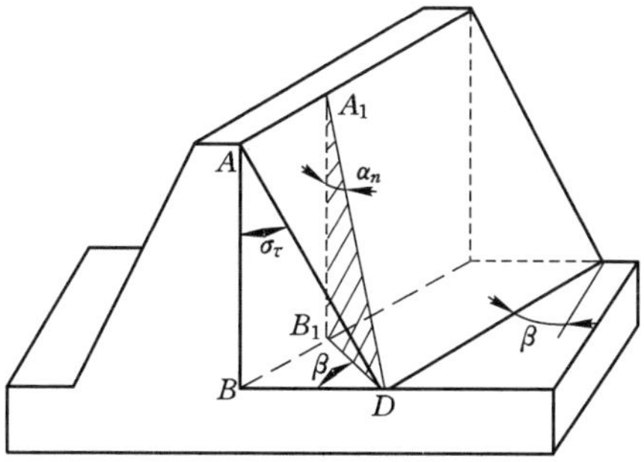

图 6-35　法面压力角和端面压力角关系

3. 端面齿顶高系数和端面顶隙系数

无论从法面来看还是从端面来看，轮齿的齿顶高是相同的，顶隙也是相同的，即：

$$h_{an}^{*}m_n = h_{a\tau}^{*}m_\tau, c_n^{*}m_n = c_\tau^{*}m_\tau$$

将式(6-24)代入上式，得：

$$\begin{cases} h_{a\tau}^{*} = h_{an}^{*}\cos\beta \\ c_n^{*} = c_c^{*}\cos\beta \end{cases} \tag{6-26}$$

斜齿圆柱齿轮的法面参数和端面参数，究竟哪一个是标准值要依加工方法而定。大多数情况下，斜齿圆柱齿轮是用铣刀或滚刀加工的。这时刀具将沿着轮齿分度圆柱螺旋线方向进刀，故刀具的齿形与齿轮法向的齿形相同。因此，国家标准规定斜齿圆柱齿轮的法面参数(m_n，α_n，h_{an}^{*}，c_n^{*})是标准值。

标准斜齿圆柱齿轮几何尺寸计算公式列于表 6-10。

表 6-10　　标准斜齿圆柱齿轮几何尺寸计算公式

名　称	符号	计算公式	名　称	符号	计算公式
螺旋角	β	一般取 8°～20°	法面顶隙系数	c_n^{*}	$c_n^{*}=0.25$
基圆螺旋角	β_b	$\tan\beta_b=\tan\beta\cos\alpha_\tau$	齿顶高	h_a	$h_a=h_{an}^{*}m_n$
法面模数	m_n	(按表 6-2 取标准值)	齿根高	h_f	$h_f=m_n(h_{an}^{*}+c_n^{*})$
端面模数	m_τ	$m_\tau=m_n/\cos\beta$	齿全高	h	$h=h_a+h_f$
法面分度圆压力角	α_n	$\alpha_n=20°$	分度圆直径	d	$d=m_\tau z+m_n z/\cos\beta$
端面分度圆压力角	α_τ	$\tan\alpha_\tau=\tan\alpha_n/\cos\beta$	齿顶圆直径	d_a	$d_a=d+2h_a$
法面齿距	p_n	$p_n=\pi m_n$	齿根圆直径	d_f	$d_f=d-2h_f$
端面齿距	p_τ	$p_\tau=\pi m_\tau=p_n/\cos\beta$	基圆直径	d_b	$d_b=d_b\cos\alpha_\tau$
法面齿顶高系数	h_{an}^{*}	$h_{an}^{*}=1$	中心距	a	$a=\frac{1}{2}(d_1+d_2)=\frac{m_n(z_1+z_2)}{2\cos\beta}$

4. 斜齿轮的正确啮合条件和重合度

(1) 正确啮合条件

一对斜齿圆柱齿轮的正确啮合条件，除了应满足直齿圆柱齿轮的正确啮合条件(两个齿轮的模数及压力角相等)外，为使两轮平行传动，还应保证两齿轮的螺旋角大小相等，方向相

反。因此,斜齿圆柱齿轮的正确啮合条件为:

$$\begin{cases} m_{n1} = m_{n2} \\ \alpha_{n1} = \alpha_{n2} \\ \beta_1 = -\beta_2 \end{cases} \tag{6-27}$$

(2) 重合度

为便于分析斜齿圆柱齿轮传动的连续传动条件,现以端面尺寸相当的一对直齿圆柱齿轮传动与一对斜圆柱齿轮传动进行对比。

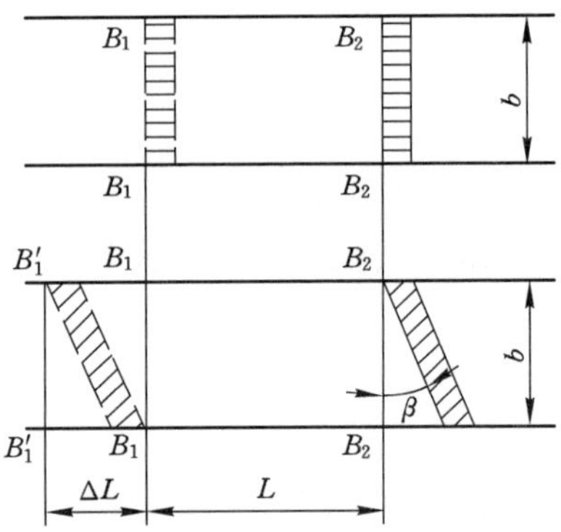

图 6-36 斜齿轮重合度

如图 6-36 所示,对于直齿轮,由$\overline{B_2B_2}$进入啮合,在$\overline{B_1B_1}$退出啮合,啮合是沿整个齿宽同时进行的;而对于斜齿轮,也是由$\overline{B_2B_2}$进入啮合,但不是沿整个齿宽同时进行的,而是由轮齿的一端先进入啮合;在$\overline{B_1B_1}$退出啮合时也是由一端先退出啮合。因此,斜齿轮的啮合线为$\overline{B_2B_1}+\overline{B_1B'_1}$,显然其重合度 ε 要比直齿轮的大,为:

$$\varepsilon = \frac{\overline{B_2B_1}}{p_{b\tau}} + \frac{\overline{B_1B'_1}}{p_{b\tau}} = \varepsilon_\tau + \varepsilon_\alpha \tag{6-28}$$

$$\varepsilon_\alpha = \frac{B_1B'_1}{p_{b\tau}} = \frac{b\tan\beta_b}{\pi m_\tau} = \frac{b\tan\beta}{\pi m_n} \tag{6-29}$$

式中 ε_τ——为端面重合度,与直齿轮相同;

ε_α——为轴向重合度,它随齿宽和螺旋角的增大而增大;

$p_{b\tau}$——端面基节。

5. 斜齿轮的优缺点

与直齿轮相比较,斜齿轮具有以下优点。

① 啮合性能比较好。齿廓接触线是斜线,在传动中,轮齿是逐渐进入啮合和逐渐退出啮合,不但减少制造误差对传动的影响,而且不致产生冲击、振动、所以传动平稳,噪声小。

② 重合度较大。由式(6-29)可知,其重合系数随齿宽 b 和螺旋角 β_b 的增加而增加,故其承载能力较高,运转平稳,适用于高速重载的场合。

③ 采用斜齿轮传动可以得到更为紧凑的齿轮机构。

斜齿轮的主要缺点是在运转时会产生轴向分力。当圆周力为一定值时,轴向分力将随螺旋角的增大而增大,为了不使轴向分力过大,设计时,一般取 $\beta=8°\sim20°$。为了克服上述缺点,可将斜齿轮的轮齿作成左右对称的形状,这种齿轮称为人字齿轮,如图 6-17 所示。因齿轮左右两侧完全对称,故两侧所产生的轴向分力互相抵消,但人字齿轮制造比较麻烦,成本较高。

八、齿轮传动的失效形式、及材料

1. 齿轮的失效形式

齿轮传动的失效主要发生在轮齿部分,其常见失效形式有:轮齿折断、齿面点蚀、齿面胶合、齿面磨损和塑性变形等 5 种,如图 6-37～图 6-41 所示。齿轮其他部分(如齿圈、轮辐、轮毂等)失效很少发生,通常按经验设计。

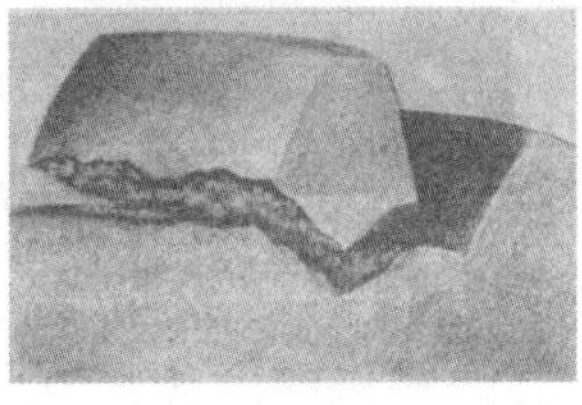

图 6-37 轮齿折断

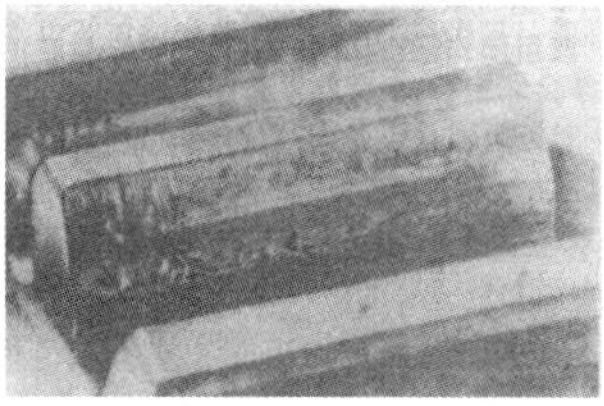

图 6-38　齿面点蚀

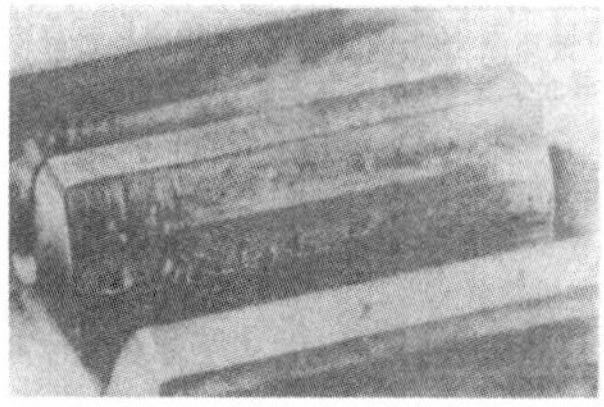

图 6-39　齿面胶合

图 6-40　齿面磨损

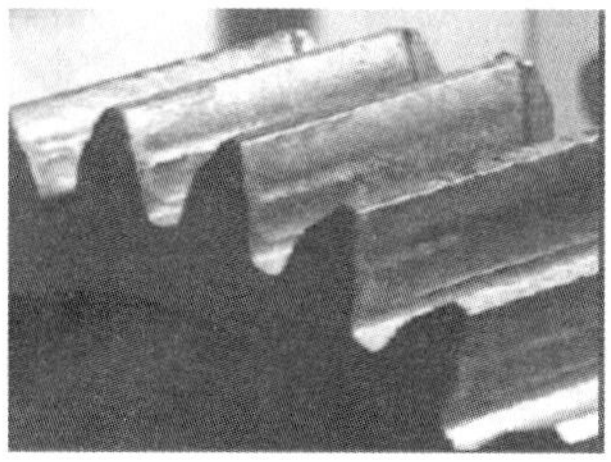

图 6-41　塑性变形

2. 齿轮的材料

由于齿轮的工作条件不同，轮齿的失效形式也不同，因此对于不同的工作条件（载荷的大小及性质、温度变化的范围、介质特性及速度范围等），要选用不同性能的材料。

制造齿轮的材料主要是各种牌号的钢（锻钢、铸钢和合金钢），其次是铸铁（灰铸铁和球墨铸铁），在特殊的条件下，也可用有色金属（黄铜、青铜和合金铝等）或非金属材料（塑料、尼龙等）。

合理选择齿轮材料的基本原则：必须获得足够的硬度以抵抗点蚀、胶合、磨损和塑料变形引起的失效；轮芯应有足够的强度和韧性，以抵抗循环载荷和冲击载荷作用下引起的齿根处的折齿失效。此外，还要有良好的工艺性和低廉的价格。

对于传递载荷较大的齿轮，应选用强度、硬度等综合性能较好的材料（如 45Cr，40Cr）；对于受冲击载荷的齿轮，轮齿受冲击后容易发生折断，应选用韧性较好的材料（如 20Cr）；对于速度较高的齿轮，齿面易于磨损，应选用齿面硬度较高的材料（如 20Cr，40Cr）；对于要求重量较轻的齿轮，可选用塑料或某些轻金属材料（如硬铝）；对于在有害介质等条件下工作的齿轮，可选用耐蚀性较好的材料（如黄铜、青铜等）。

九、圆锥齿轮传动、蜗杆传动简介

1. 圆锥齿轮传动

圆锥齿轮传动是用来传递两相交轴之间的运动和动力。圆锥齿轮轮齿是分布在一圆锥面上（图 6-42），这是圆锥齿轮区别于圆柱齿轮之一。正是由于这个特点，对应于圆柱齿轮中的各有关“圆柱”，在这里都变为“圆锥”，例如齿顶圆锥、分度圆锥和齿根圆锥等。又因圆锥齿轮的轮齿是分布在圆锥面上，所以齿轮两端尺寸的大小是不同的，而为了计算和测量的方便，通常取圆锥齿轮大端的参数为标准值。

一对圆锥齿轮两轴之间的交角 Σ 可根据传动的需要来确定。一般机械中，多采用$\Sigma=90^\circ$。

圆锥齿轮的轮齿有直齿、斜齿及曲齿（圆弧齿、螺旋齿）等多种形式。由于直齿圆锥齿轮的设计、制造和安装均较简便，故应用最为广泛。但与圆柱齿轮相比，其制造误差较大，工作时易产生振动和噪声，故不适宜精密传动和速度很高的场合。

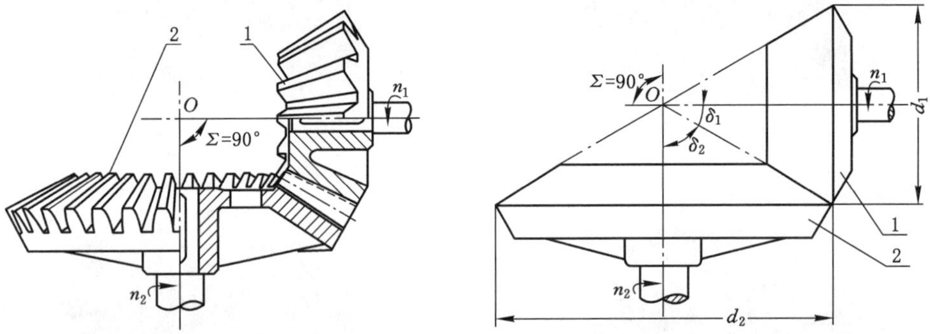

图 6-42 圆锥齿轮传动

2. 蜗杆传动

蜗杆传动是由蜗杆和蜗轮组成的，如图 6-43 所示，它用于传递空间交错轴之间的运动和动力。通常两轴的交错角为 $\Sigma=90°$。传动中一般蜗杆是主动件，蜗轮是从动件。蜗杆传动广泛用于各种机器和仪器中。

蜗杆传动实际是螺旋齿轮传动的一种特例。在螺旋齿轮传动中，如传动比很大，小轮直径做得较小，轴向长度较长，而螺旋角度大，则轮齿将在圆柱面上绕成完整的螺旋齿，称为蜗杆，大齿轮称为蜗轮。为了改善啮合状况，将蜗轮分度圆柱面的母线做成圆弧形，使蜗杆部被包住(图 6-44)，并用与蜗杆形状和参数相同的滚刀范成加工蜗轮，这样齿廓间为线接触，可传递较大的动力。

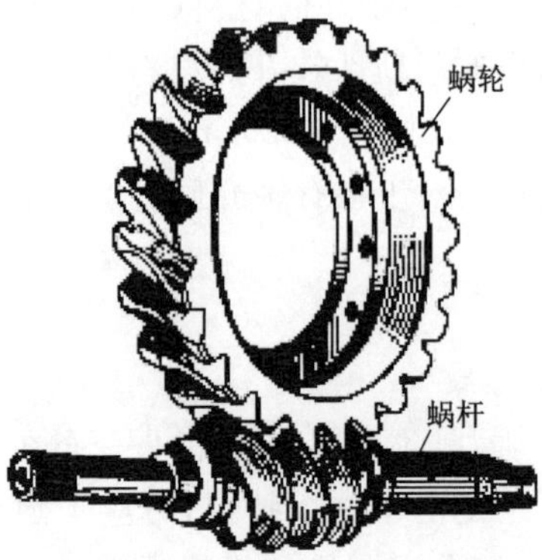

图 6-43 圆柱蜗杆传动

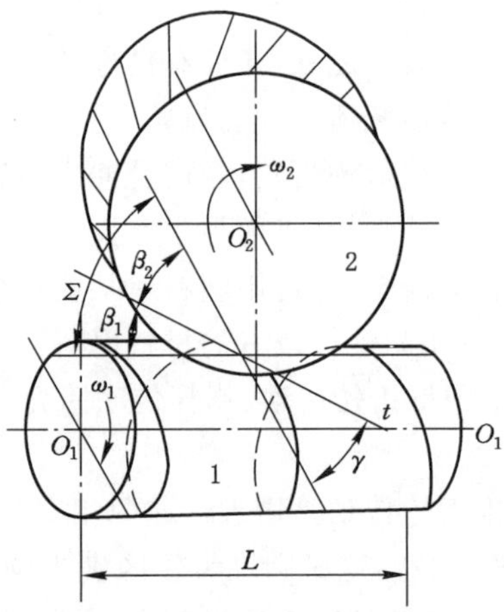

图 6-44 蜗杆蜗轮的形成

蜗杆和螺纹相似，也有左、右旋之分，工程通常采用右旋蜗杆。按照螺旋线的头数又有单头蜗杆和多头蜗杆之分。蜗杆螺旋线与垂直于蜗杆轴线平面之间的夹角称为导程角 γ。由图 6-44 可以看出，蜗杆的导程角与蜗轮的螺旋角是大小相等，方向相同，即 $\gamma=\beta_2$。

蜗杆传动的主要优点是传动比大、结构紧凑、传动平稳和噪声较小等。当蜗杆的导程角小于啮合轮齿间的当量摩擦角时，机构具有自锁性。蜗杆传动的主要缺点是传动效率较低；为了减摩、耐磨，蜗轮齿圈常用青铜制造，成本高。

第四节 轮 系

一、轮系的类型

由一对齿轮组成的齿轮传动是齿轮传动机构中最简单的一种传动形式。在实际机械中，为了满足多种工作需要，常用一系列相互啮合的齿轮(包括圆柱齿轮、圆锥齿轮和蜗杆蜗轮等各种类型的齿轮)组成齿轮传动系统，将主动轴的运动或转矩传递到从动轴，这个由一系列齿轮组成的齿轮传动系统，称为轮系。

轮系可以分为两类型：定轴轮系和周转轮系。

如图 6-45 所示，轮系传动时每个齿轮的几何轴线都是固定的，这种轮系称为定轴轮系。

如图 6-46 所示，轮系齿轮 2 的几何轴线 O_2 的位置不固定。当 H 杆转动时，O_2 将绕齿轮 1 的几何轴线 O_1 转动。这种至少有一个齿轮的几何轴线绕另一齿轮的几何轴线转动的轮系，称为周转轮系。在周转轮系中，自由度为 2 的轮系称为差动轮系。自由度为 1 的轮系称为行星轮系。

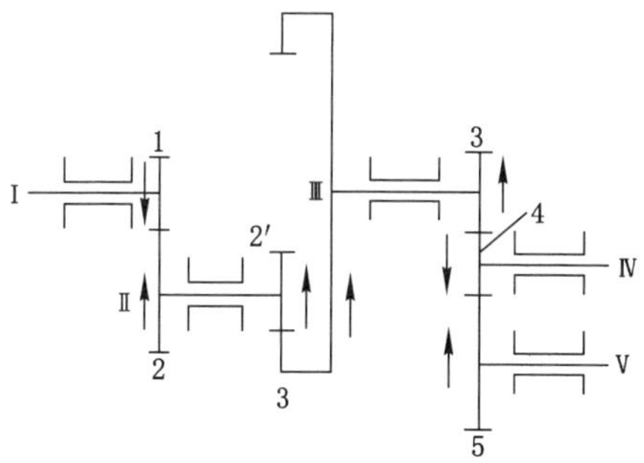

图 6-45 定轴轮系

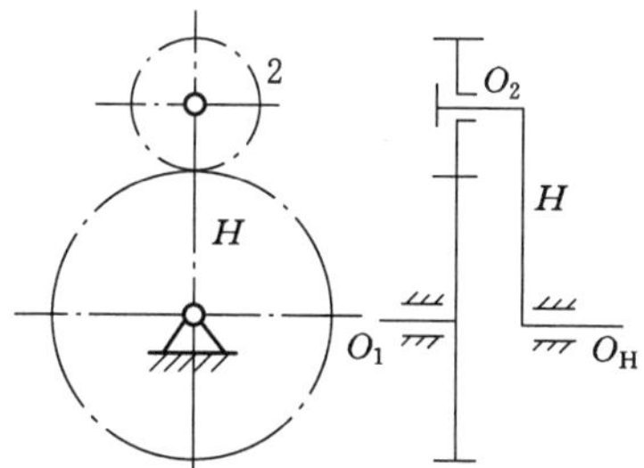

图 6-46 周转轮系

二、轮系的传动比计算

1. 定轴轮系传动比计算

在轮系中，输入轴与输出轴(即轮系中首轮与末轮)的角速度(或转速)之比，称为轮系的传动比，用 i_{ab} 表示。下标 a，b 为首、末轮的代号。计算轮系传动比不仅要确定它的数值，而且要确定两轴的相对转动方向。

对于首、末两轮的轴线相互平行的轮系，由于首、末两轮转动方向不是相同就是相反，所以我们规定：当两轮转向相同时，其传动比为“+”；而当两轮转向相反时，其传动比为“−”。

如图 6-45 所示轮系，若已知各轮齿数，则各级齿轮传动比为：

$$i_{12}=\frac{\omega_1}{\omega_2}=-\frac{z_2}{z_1}$$

$$i_{2'3}=\frac{\omega'_2}{\omega_3}=\frac{\omega_2}{\omega_3}=-\frac{z_3}{z'_2}$$

$$i_{3'4}=\frac{\omega'_3}{\omega_4}=\frac{\omega_3}{\omega_4}=-\frac{z_4}{z'_3}$$

$$i_{4'5}=\frac{\omega_4}{\omega_5}=-\frac{z_5}{z_4}$$

轮系传动比：

$$i_{15}=\frac{\omega_1}{\omega_5}=\frac{\omega_1}{\omega_2}\cdot\frac{\omega_2}{\omega_3}\cdot\frac{\omega_3}{\omega_4}\cdot\frac{\omega_4}{\omega_5}=i_{12}i_{23}i_{34}i_{45}=(-1)^3\frac{Z_2Z_3Z_4Z_5}{Z_1Z'_2Z'_3Z_4}=(-1)^3\frac{Z_2Z_3Z_4Z_5}{Z_1Z'_2Z'}$$

上式表明，定轴轮系为组成轮系的各对齿轮传动比的连乘积，其值等于各对齿轮从动轮齿数的连乘积与各对齿轮主动轮齿数的连乘积之比。此外，在轮系中齿轮 4 既是从动轮又是主动轮，故齿轮 4 对轮系的传动比数值没有影响，在上式齿数 4 可以消去，但该轮却影响轮系传动比的符号，即影响末轮的转向。这种不影响轮系传动比，只影响末轮转向的齿轮，称为惰轮。

根据上述分析，若一定轴系的首轮以 1 表示，末轮以 k 表示，圆柱齿轮外啮合的次数用 m 表示，则轮系传动比为：

$$i_{1k}=\frac{\omega_1}{\omega_k}=\frac{n_1}{n_k}=(-1)^m\frac{\text{各从动轮齿数的乘积}}{\text{各主动轮齿数的乘积}}\tag{6-30}$$

尚需指出，定轴轮系各轮的相对转向还可以通过逐对齿轮标注箭头的方法来确定，如图 6-47 所示。传动比的大小仍使用式(6-30)计算。但对一对传动轴不平行的空间齿轮，不能说其两轮的转向是相同还是相反。因此，式(6-30)中的$(-1)^m$ 不再适用，只能用标注箭头的方法表示各轮的转向。

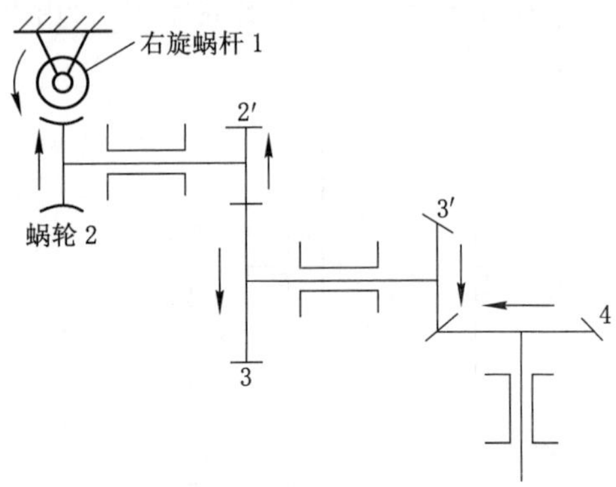

图 6-47　含有空间齿轮的定轴轮系

【例 6-1】 如图 6-45 所示，已知 $z_1=18$，$z_2=36$，$z_{2'}=20$，$z_3=80$，$z_{3'}=20$，$z_4=18$，$z_5=30$，$n_1=1\ 440$ r/min，试求传动比 i_{15}。

解： 按图 6-47 所示规则，从轮 2 开始依次标注出各对啮合齿轮的转动方向。由图可见，1、5 轮的相对转动方向相反，故由式(6-30)得：

$$i_{15}=\frac{n_1}{n_5}=-\frac{z_2z_3z_4z_5}{z_1z_{2'}z_{3'}z_4}=-\frac{36\times80\times18\times30}{18\times20\times20\times18}=-12$$

2. 周转轮系转动比计算

如图 6-48 所示为一简单的周转轮系。齿轮 1 和 3 以及杆 H 各绕固定的互相重合的几何轴线 O_1、O_2 及 O_H 转动，而齿轮 2 则装在杆 H 的小轴上，当 H 转动时，轮 2 一方面绕着自己的几何轴线 O_2 转动(自转)，同时又随 H 杆绕固定几何轴线 O_H 转动(公转)。从前述定义可知，这是一个周转轮系。在周转轮系中，这种既作为自转又作为公转的齿轮，称为行星轮；支持行星轮作自转和公转的构件称为行星架(又称为转臂或系杆)；轴线位置固定的齿轮称为中心轮(太阳轮)。

由于行星轮 2 的运动不是绕固定轴线的简单运动，所以周转轮系各构件间的传动比便不能直接用求解定轴轮系传动比的方法来求解。

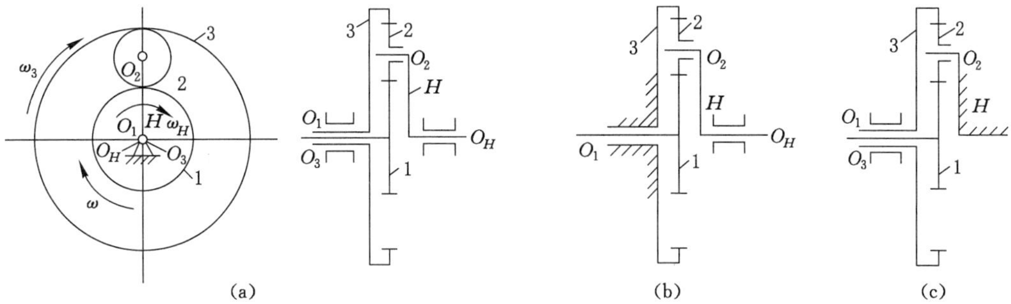

图 6-48　周转轮系及转化轮系

为了解决周转轮系的传动比问题，根据相对运动原理，给整个周转轮系加上一个绕轴线 O_H 转动的，大小为 ω_H 而方向与 ω_H 相反的公共转速($-\omega_H$)后，行星架 H 便静止不动了，而各构件间的相对运动并不改变。这样，所有齿轮的几何轴线的位置全部固定，原来的周转轮系便成了定轴轮系[图 6-48(c)]。这一定轴轮系称为周转轮系的转化轮系。现将各构件转化后的角速度列表 6-11 中。

表 6-11　　各构件在转化轮系中角速度

构　件	原有角速度	在转化轮系中的角速度(即相对于行星架的角速度)
齿轮 1	ω_1	$\omega_1^H=\omega_1-\omega_H$
齿轮 2	ω_2	$\omega_2^H=\omega_2-\omega_H$
齿轮 3	ω_3	$\omega_3^H=\omega_3-\omega_H$
行星架 H	ω_H	$\omega_H^H=\omega_H-\omega_H=0$

既然周转轮系的转化轮系是一个定轴轮系，就可以应用求解定轮系传动比方法，求出其中任意两个齿轮传动比，即：

$$i_{13}^H=\frac{\omega_1^H}{\omega_3^H}=\frac{\omega_1-\omega_H}{\omega_3-\omega_H}=-\frac{z_2z_3}{z_1z_2}=-\frac{z_3}{z_1} \tag{6-31}$$

由式(6-31)可见，在各齿轮的齿数已知的条件下，三个活动构件中只给定了 ω_1、ω_2 及 ω_H 中的任意两个，则另外一个即可求出。于是，原周转轮系里传动比 i_{13}(或 i_{1H}、i_{3H})就可以随之求出。这种周转轮系具有两个自由度称为差动轮系。

如图 6-48(b)所示，若齿轮 3 固定不动，则：

$$i_{13}^H=\frac{\omega_1^H}{\omega_3^H}=\frac{\omega_1-\omega_H}{\omega_3-\omega_H}=\frac{\omega_1-\omega_H}{0-\omega_H}=1-i_{1H}=-\frac{z_3}{z_1}$$

所以：

$$i_{1H}=1-i_{13}^H \tag{6-32}$$

式(6-32)表明，只要已知构件 1 和构件 H 中任一构件的角速度，则另一构件的角速度便可求出。这种周转轮系只具有一个自由度，称为行星轮系。

【例 6-2】　图 6-49 所示行星轮系，当 $z_1=100$，$z_2=101$，$z_{2'}=100$，$z_3=99$ 时，求 i_{H1}。

解：将行星架视为固定，画出转化轮系中各轮的转向，如图 6-49 虚线箭头所示。由式

(6-31)可得：

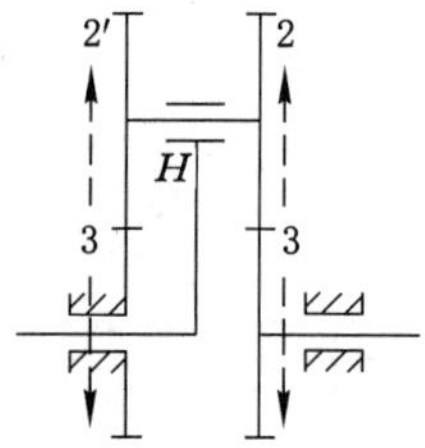

图 6-49　行星轮系

$$i_{13}^{H}=\frac{\omega_1^H}{\omega_3^H}=\frac{\omega_1-\omega_H}{\omega_3-\omega_H}=\frac{z_2z_3}{z_1z_{2'}}$$

代入数值得：

$$\frac{\omega_1-\omega_H}{0-\omega_H}=\frac{101\times 99}{100\times 100}$$

解得：
$$i_{1H}=\frac{\omega_1}{\omega_H}=\frac{1}{10\ 000}$$

故
$$i_{H1}=10\ 000$$

3. 复合轮系传动比计算

实际机械中应用的轮系，除了单一的定轴轮系或单一的周转轮系，有时还采用由这两种基本轮系或几个周转轮系适当组合而成的复合轮系（又称混合轮系）。在运用相对运动原理计算混合轮系传动比时，必须引起注意的是：应该将其定轴轮系部分与周转轮系部分正确划分开来，然后分别列出传动比计算式，最后联立求解出混合轮系传动比。

查找定轴轮系的方法是：如果一系列互相啮合的齿轮的几何轴线是固定不动的，则这些齿轮便组成为一个定轴轮系。

查找周转轮系的方法是：先找出行星轮，即找出那些几何轴线是绕另一几何轴线转动的齿轮。当找到行星轮后，那些支持行星轮的构件就是行星架，然后循行星轮与其他齿轮啮合的线索找中心轮，那么这些行星轮、中心轮和行星架便组成一个周转轮系。

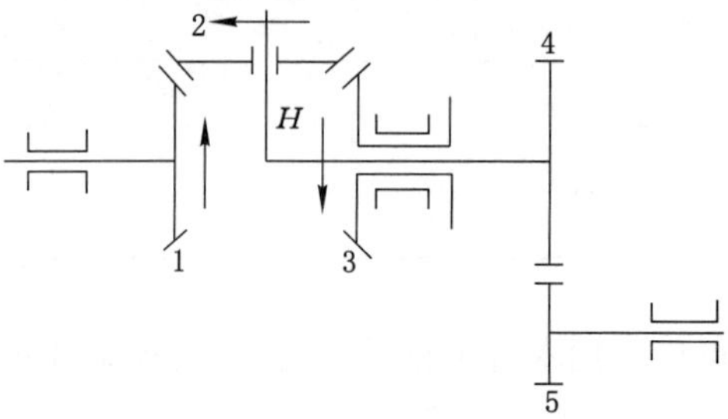

图 6-50　复合轮系

【例 6-3】　图 6-50 所示为一加法机构轮系，已知 $z_1=z_2=z_3=15$，$z_4=30$，$z_5=15$。齿轮 1 和齿轮 3 都是输入运动的主动轮，它们的转速分别为 n_1 和 n_2。试求该轮系输出转速 n_5。

解：由图示机构不难看出 1,2,3 和 H 组成一差动轮系；4,5 组成一定轴轮系。由式(6-31)可以写出：

$$i_{13}^{H}=\frac{n_1^H}{n_3^H}=\frac{n_1-n_H}{n_3-n_H}=-\frac{z_2z_3}{z_1z_2}=-\frac{15\times 15}{15\times 15}=-1$$

对于轴线互相垂直的圆锥齿轮组成的轮系，其齿轮转动方向可用画箭头的方法表示（如图 6-50）所示。由于齿轮 1 和齿轮 3 的箭头方向相反（即转向相反），所以上式中计算其传动比时取负号。

整理上式得：

$$n_H=\frac{1}{2}(n_1+n_2)$$

因 $n_4=n_H$，所以 $n_4=\dfrac{1}{2}(n_1+n_2)$

又因齿轮 4 和齿轮 5 组成定轮系，故：

$$i_{45}=\frac{n_4}{n_5}=-\frac{z_5}{z_4}=-\frac{1}{2}$$

所以
$$n_5=-2n_4=-(n_1-n_2)$$

三、轮系的功用

轮系广泛应用于各种机械中，它的主要功用如下。

1. 相距较远的两轴之间的传动

如图 6-51 所示，当主动轴和从动轴间的距离较远时，如果仅用一对齿轮来传动，(如图双点划线所示)齿轮的尺寸就很大，既占空间，又浪费材料，而且制造、安装等都不方便。若改用轮系来传动如图中单点划线所示，可达到同样的目的，但却避免了上述缺点。

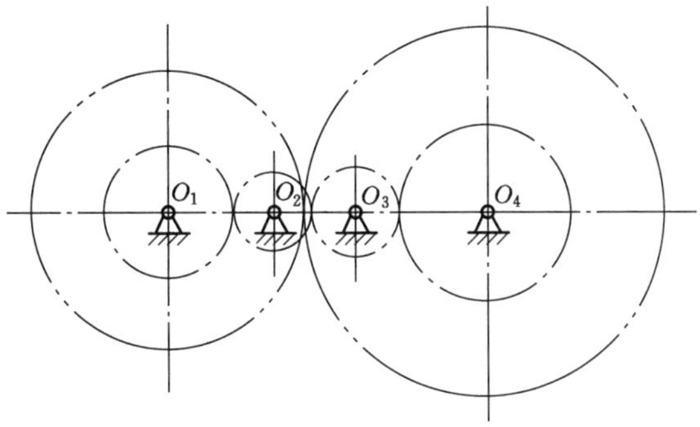

图 6-51 实现较远距离传动轮系

2. 获得大的传动比

当两轴之间需要很大的传动比时，固然可以用多级齿轮组成的定轴轮系来实现，但由于轴和齿轮的增多，会导致结构复杂。若采用行星轮系，则只需要很少几个齿轮就可以获得很大的传动比。例如图 6-49 所示，当行星架 H 为主动轴时，其传动比为 $i_{H1}=10\ 000$。

3. 实现变速传动

当主动轴 O_1 转速不变，要使从动轴 O_2 得到几种不同的转速，仅用一对齿轮是无法实现的。如采用图 6-52 所示轮系，只要移动主动轴上两联齿轮 1—1′，使之分别与从动轴上的齿轮 2 或 2′啮合，便可使从动轴得到两种不同的转速。

4. 实现运动的合成与分解

合成运动是将两个输入运动合成为一个输出运动；分解运动是将一个输入运动分解为两个输出运动。合成运动和分解运动都可用差动轮系实现。

最简单的用作合成运动的轮系如图 6-53 所示，其中 $z_1=z_3$。则：

$$i_{13}^H=\frac{n_1^H}{n_3^H}=\frac{n_1-n_H}{n_3-n_H}=-\frac{z_3}{z_1}=-1$$

解得

$$2n_H=n_1+n_2$$

上式说明，行星架的转速是轮 1，3 转速的合成。这种合成作用在机床、计算机构和补偿装置中得到广泛的应用。

差动轮系不仅能将两个独立的转动合成为一个转动，而且还可以将一个主动构件的转动根据需要分解为两个从动构件的两个不同的转动。例如，汽车后轴的差速器就是一个最好的应用实例。

如图 6-54 所示为汽车后桥差速器，其中由齿轮 1，2，3 和 4(行星架 H)组成的主体部分与图 6-53 所示轮系相同，是差动轮系。当汽车转弯时，它能将发动机传递到齿轮 5 的运动，以不同转速分别传递给左、右两车轮。当汽车直线行驶时，差动轮系各轮之间没有相对运

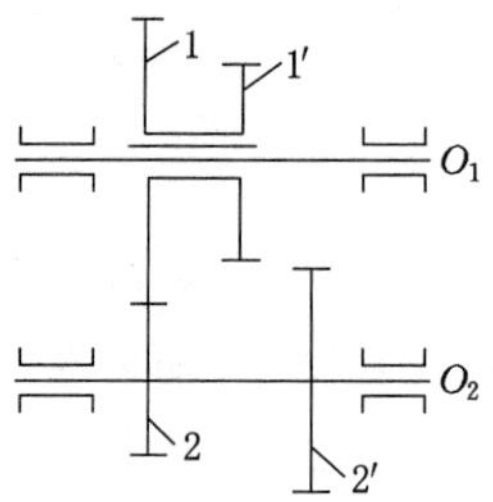

图 6-52　实现变速传动轮系

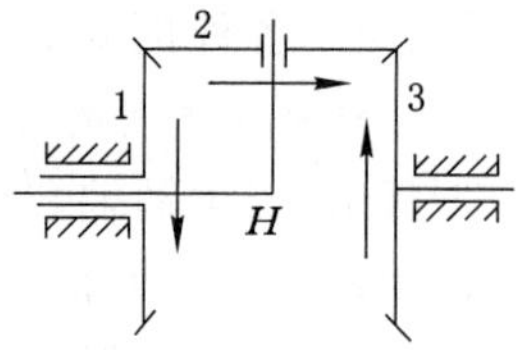

图 6-53　合成运动机构

动，如同一个固联的整体一起转动，则左右车轮转速相同。当汽车转弯时，左、右两车轮由于转弯半径不等，为保证车轮与地面作纯滚动，需使转弯半径大的外侧车轮转速加快。此时，齿轮 1、2、3 和 4 之间产生差动效果。于是，按 $2n_4=n_1+n_3$ 和两车轮转弯半径条件，将齿轮 4（即行星架 H）的转速分配到左、右两个车轮。

5．实现分路传动

利用轮系可以使一个主动轴带动若干从动轴同时旋转，实现多路输出，带动多个附件同时工作。

如图 6-55 所示为机械式钟表轮系机构：在同一主轴带动下，利用轮系可以实现几个从动轴的分路输出运动。

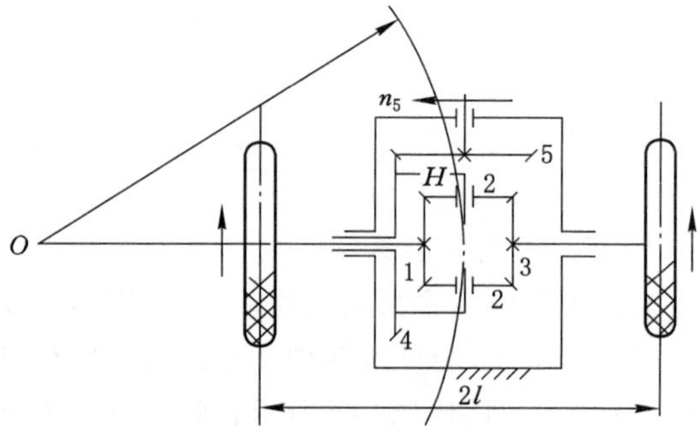

图 6-54　汽车后桥差速器

6．改变从动轴转向

当主动轴方向不变而要求从动轴既能正转也能反转时，也可用适当排列的轮系来实现。如图 6-56 所示的车轮的换向轮，借手柄的旋转可使一个中间轮 2 或两个中间轮 2 和 3 参与啮合。因此，轴 1 的回转方向可以和轴 4 的回转方向相同或相反。

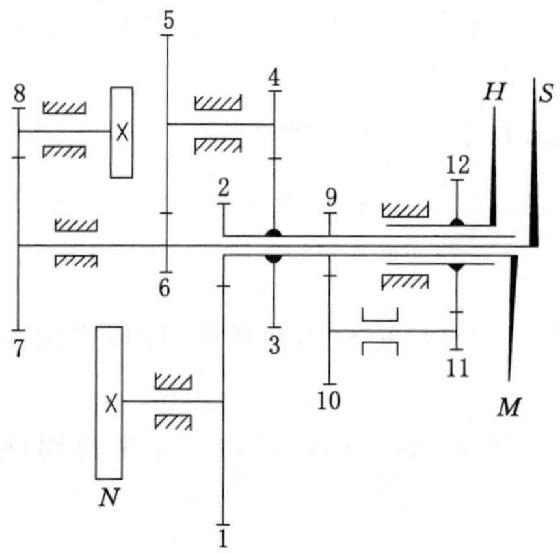

图 6-55　机械式钟表机构

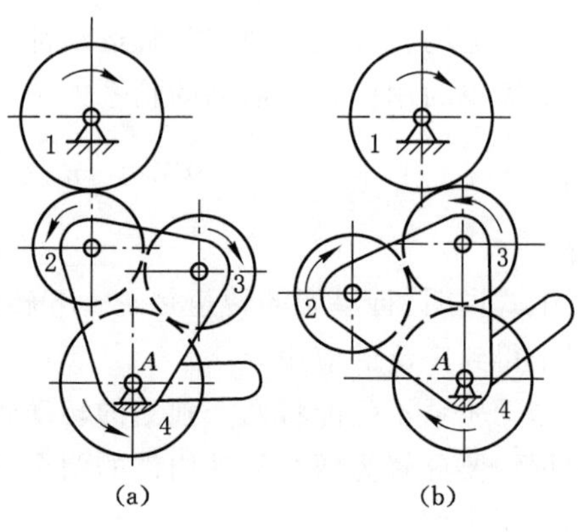

图 6-56　三星轮换向机构

复习思考题

1. 带传动的弹性滑动是如何产生的？在什么情况下发生打滑现象？对带传动有何影响？

2. 带在传动中应力是如何分布的？最大应力发生在何处？等于什么？

3. 带传动、链传动、齿轮传动的失效形式？

4. 链传动与带传动相比较有何特点？

5. 渐开线是怎样形成的？它有哪些性质？

6. 渐开线直齿、斜齿圆柱齿轮传动的正确啮合条件和连续传动条件是什么？

7. 分度圆、节圆、模数、压力角、啮合角、重合度的基本含义是什么？单个齿轮上是否存在节圆？

8. 各种齿轮机构的传动特点是什么？

9. 轮系有哪些功用？

10. 已知一对渐开线标准直齿圆柱齿轮传动 $i=3$，$z_1=30$，$m=5$ mm 。试求中心距、两轮的分度圆、齿顶圆、齿根圆、基圆的直径以及齿距、齿厚和齿槽宽。

11. 已知一对渐开线标准斜齿圆柱齿轮传动齿数 $z_1=27$，$z_2=60$，法面模数 $m=3$ mm，螺旋角 $\beta=15°$。试求两轮的分度圆直径、齿顶圆直径、齿根圆直径和中心距。

12. 如图 6-57 所示计算轮系，已知 $z_1=18$，$z_2=30$，$z'_2=18$，$z_3=54$，$z'_3=18$，$z_4=20$。若 $n_1=1\ 800$ r/min，转向如图所示，试求轮 4 转速及各轮的转向。

13. 如图 6-58 所示轮系中，已知各轮齿数为：$z_1=z_{2'}=z_{3'}=15$，$z_2=25$，$z_3=z_4=30$，$z_{4'}=2$(左旋)，$z_5=60$，$z_{5'}=20$，$m=4$ mm。若 $n_1=500$ r/min，转向如图所示。试求齿条 6 的线速度 v 的大小和方向。

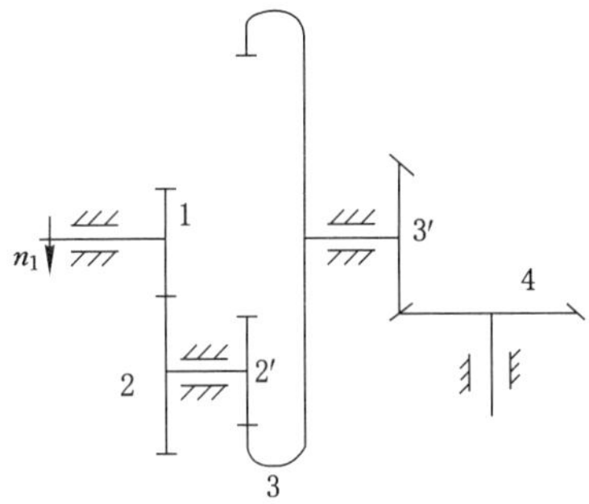

图 6-57　题 12 图

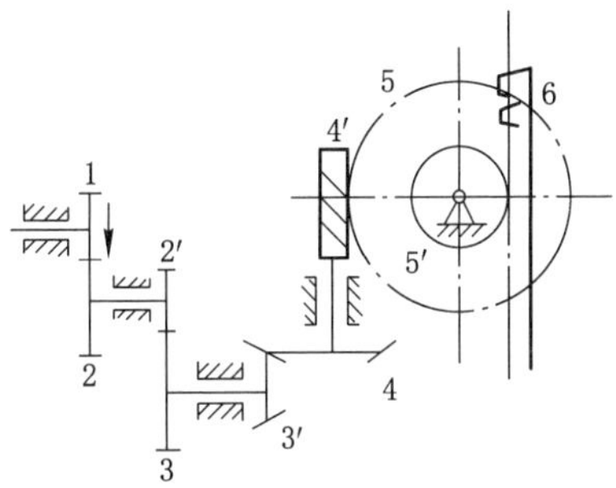

图 6-58　题 12 图

第七章 常用机械零部件

机械中制造的最小单元，称为零件。部件是完成某一特定功能的零件组合。零件分为两大类：一类是通用零件，如轴、齿轮；另一类是专用零件，如汽车中的曲轴、内燃机中的活塞等。本章主要介绍通用零部件，如螺纹连接件、键、销、滑动轴承、滚动轴承、联轴器和离合器。

第一节 螺纹及其连接件

螺纹连接是利用具有螺纹的零件构成的连接。螺纹连接结构简单、装拆方便，工作可靠，应用非常广泛。本节主要研究螺纹形成、螺纹主要参数、连接特点及应用、标准螺纹连接连接件、螺纹连接预紧与防松。

一、螺纹

1. 螺纹形成

将一直角三角形绕于直径为 d_2 的圆柱体上，三角形的底边与圆柱底面对齐，三角形的斜边就在圆柱表面形成一条螺旋线。三角形斜边与底边的夹角称为螺旋线升角，如图 7-1(a)所示。取一平面图形如图 7-1(b)所示，使其沿着螺旋线运动，运动时保持此图形通过圆柱体轴线，则该平面图形在空间形成一个螺旋形体，就得到了螺纹。

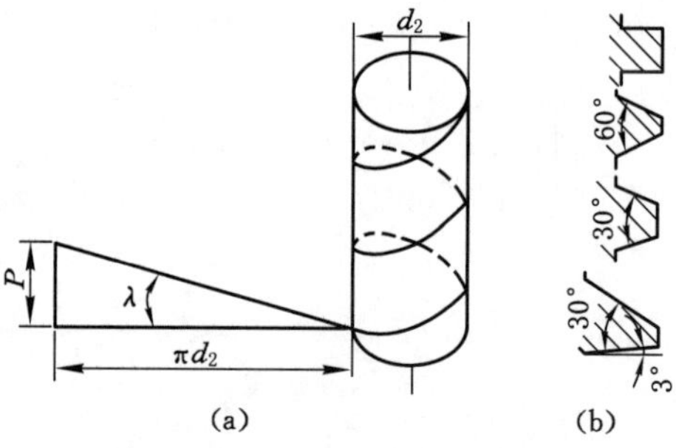

图 7-1　螺纹的形成

按照螺纹轴向剖面的形状，螺纹分为三角形、梯形、矩形、锯齿形等，如图 7-2 所示。按旋向螺纹分为右旋和左旋，一般用右旋螺纹，有特殊要求时才用左旋螺纹，如图 7-3 所示。按螺旋线的线数，螺纹分为单线螺纹和等螺距双线螺纹，如图 7-4 所示。螺纹还有内螺纹和外螺纹之分，二者旋合组成螺纹副。按照母体形状还可分为圆柱螺纹和圆锥螺纹。

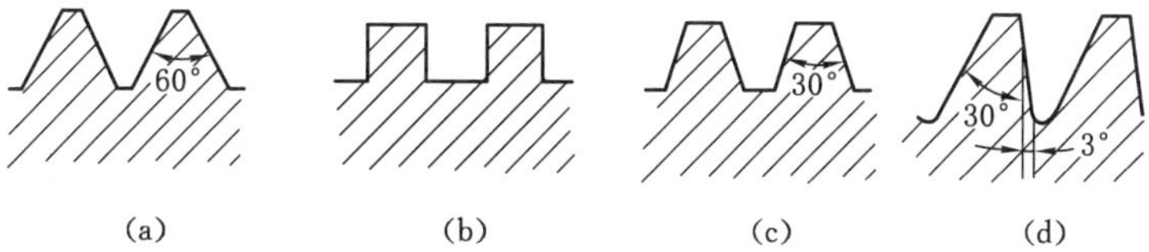

图 7-2　螺纹的牙型

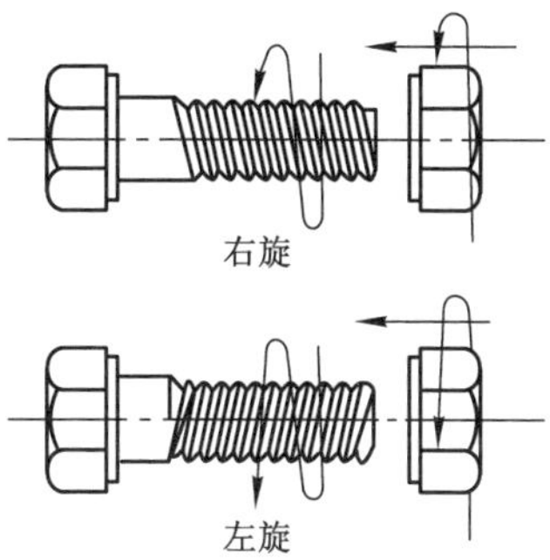

图 7-3　左右旋螺纹

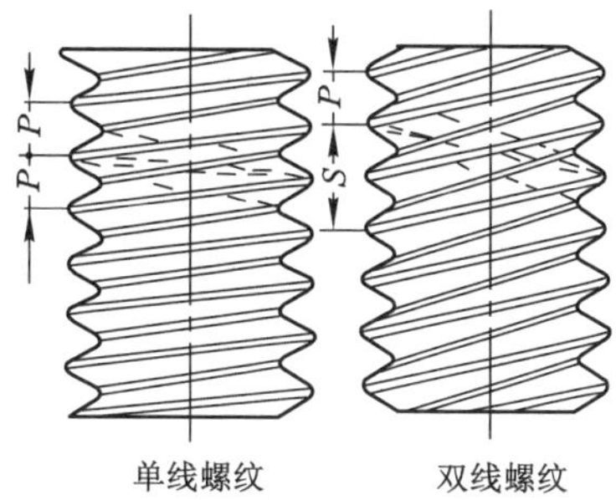

图 7-4　不同线数的右旋螺纹

2. 螺纹主要参数

以圆柱螺纹为例，如图 7-5 所示，螺纹的主要参数如下。

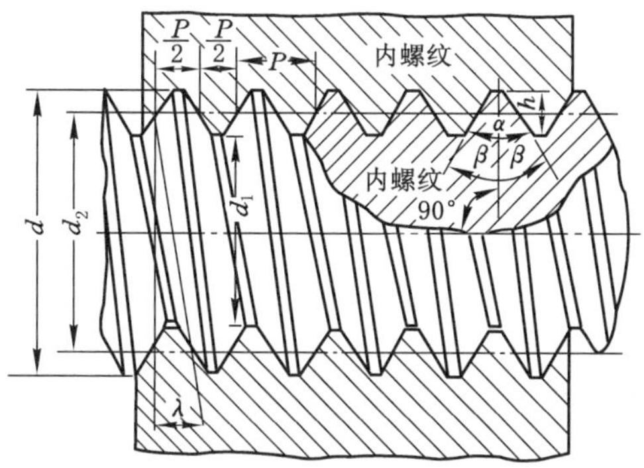

图 7-5　圆柱螺纹的主要几何参数

大径 d——螺纹的最大直径，定义为螺纹的公称直径。

小径 d_1——螺纹的最小直径，是外螺纹危险截面直径。

中径 d_2——螺纹牙间与牙厚相等处的直径。可以这样计算：$d_2=\dfrac{d+d_1}{2}$，称为几何直径。

螺距 P——相邻两牙对应点轴向距离。

导程 S——又称升距，螺纹上任一点沿螺旋线旋转一周移动的轴向距离，$S=nP$，n 为螺旋线数。

螺旋升角 λ—— 在中径圆柱上螺旋线切线与垂直螺纹轴线平面间的夹角。其计算公式为：

$$\tan\lambda = \frac{S}{\pi d_2} \tag{7-1}$$

牙型角 α——螺纹轴向剖面上螺牙两侧边间的夹角。牙型侧边与螺纹轴线的垂线间的夹角称为牙形半角 β。对于对称牙形，$\beta=\alpha/2$。

螺纹副效率为：

拧紧时
$$\eta=\frac{\tan\lambda}{\tan(\lambda+\rho_v)} \tag{7-2}$$

松开时
$$\eta=\frac{\tan(\lambda-\rho_v)}{\tan\lambda} \tag{7-3}$$

自锁条件为
$$\lambda\leqslant\rho_v \tag{7-4}$$

式中　ρ_v——当量摩擦角，可根据摩擦系数和牙型半角 β 确定，$\rho_v=\arctan\dfrac{f}{\cos\beta}$。

一般情况下，$\lambda<6°$就可获得自锁，而普通连接用的三角螺纹升角 $\lambda=1.5°\sim3.5°$，所以在静载荷下都能自锁。

3. 常用螺纹的种类、特点和作用

机械设备中常用螺纹有 4 种：三角形螺纹、矩形螺纹、梯形螺纹和锯齿型螺纹。三角形螺纹用于连接，其他螺纹用于传动。除矩形螺纹外，其他螺纹均已系列化。

(1) 三角形螺纹

三角形螺纹由于牙型角($\alpha=60°$或 $55°$)大，所以当量摩擦系数大、自锁性能好；牙根厚，强度高；但效率低，所以适用于连接。三角形螺纹主要由普通螺纹和管螺纹。前者用于紧固性连接，后者用于紧密型连接。

普通螺纹如图 7-6 (a)所示，其牙型角 $\alpha=60°$，普通螺纹应用最广。根据螺距不同，普通螺纹分为粗牙螺纹和细牙螺纹。两种螺纹的大径相同，只是细牙螺距小，牙高也小，这样螺旋升角 φ 小，则自锁性好，多用于薄壁零件的连接以及受变载荷和冲击的场合。粗牙、细牙普通螺纹的基本尺寸见有关手册。

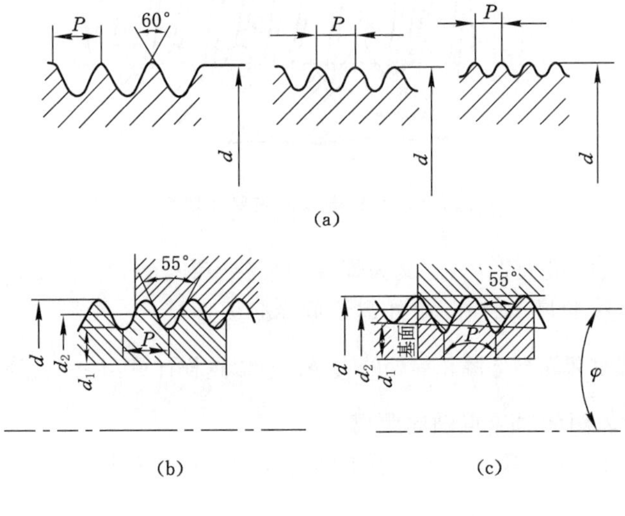

图 7-6　三角形螺纹

管螺纹有牙型角 $\alpha=60°$ 的普通细牙螺纹、$\alpha=55°$ 的圆柱管螺纹和圆锥管螺纹，见图 7-6(b)、(c)和 $\alpha=60°$ 圆锥管螺纹。其公称直径为管子内径(通径)。圆柱管螺纹广泛应用到液体、气体管路系统中。圆锥管螺纹可不用填料即能保证紧密性且连接迅速，适用于密封要求较高的管路连接中。

(2) 矩形螺纹

如图 7-2(b)所示，矩形螺纹牙型角 $\alpha=0°$，摩擦阻力小，效率最高，但牙根强度低，螺纹副磨损后不能补偿增大的间隙，并且实现精加工也比较困难，故未纳入标准，应用也很少。

(3) 梯形螺纹

如图 7-2(c)所示，梯形螺纹牙型角 $\alpha=30°$。这种螺纹虽然效率比矩形螺纹低，但牙根强度高，螺纹副磨损后其径向间隙可补偿(采用剖分螺母去掉垫片再修形)，牙型半角 $\beta=\alpha/2=15°$ 也比矩形螺纹容易切制，因此应用最广。梯形螺纹基本尺寸见有关手册。

(4) 锯齿形螺纹

如图 7-2(d)所示，锯齿形螺纹牙形半角 β 工作边一侧为 3°，非工作边一侧为 30°。这种螺纹效率较矩形螺纹效率略低，牙根强度高，但只适用于单向传动，常应用于受载很大的起重螺旋及螺旋压力机中。

二、螺纹连接的基本类型及螺纹连接件

1. 螺纹连接的基本类型

螺纹连接有螺栓连接、双头螺柱连接、螺钉连接、紧定螺钉连接四种基本类型，分别见图 7-7、图 7-8、图 7-9、图 7-10。

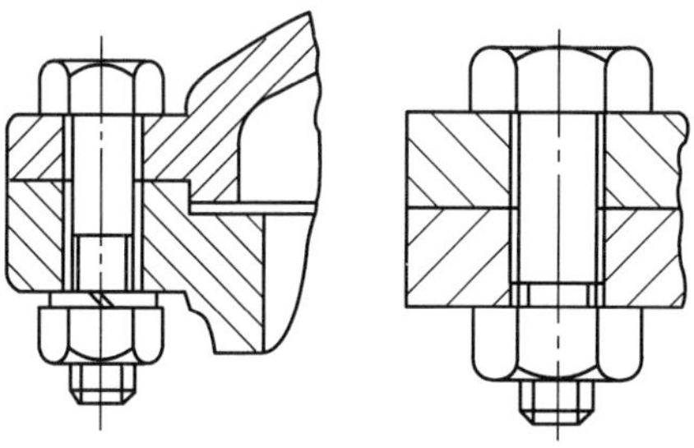

(a) (b)

图 7-7 螺栓连接

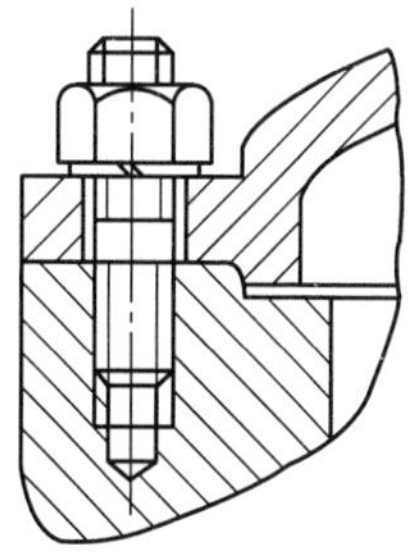

图 7-8 双头螺柱连接

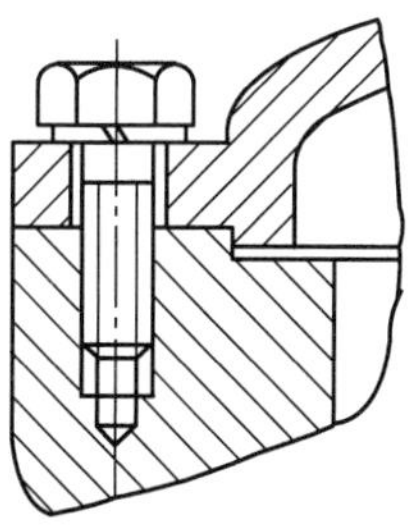

图 7-9 螺钉连接

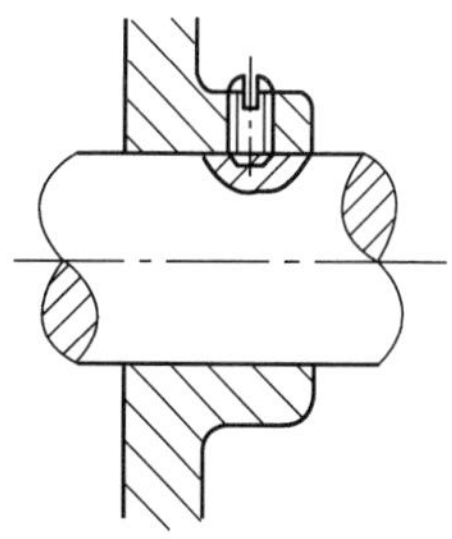

图 7-10 紧定螺钉连接

(1) 螺栓连接

该种连接多用于被连接件不太厚并需经常拆卸的场合。螺栓连接分两种形式:一种为普通螺栓连接,如图 7-7(a)所示;另一种为配合(或铰制孔)螺栓连接,如图 7-7(b)所示。普通螺栓连接的结构特点是螺栓和被连接件(光孔)间有一定间隙,该连接具有装拆方便、成本低的特点,应用最广。采用配合螺栓连接,孔壁和螺栓杆之间无间隙。这类连接只适用于承受横向载荷。它与采用普通螺栓连接相比,螺栓尺寸要小一点,螺栓本身也可以起定位作用,但对被连接件孔加工的要求较高。

(2) 双头螺柱连接

该种连接多用于被连接件之一较厚不便加工通孔且需经常拆卸的场合。在多次装拆过程中为防止厚的被连接盲孔螺纹的磨损,采用双头螺柱拧入厚的被连接件中不动,装拆只通过拧下螺母来实现。

(3) 螺钉连接

该种连接适用被连接件较厚,不经常拆卸的场合。螺钉直接旋入被连接件螺旋孔中,结构简单。

(4) 紧定螺钉连接

该种连接常用来固定两零件的相对位置。利用拧入螺纹孔中的紧定螺钉的末端顶住另一零件的表面或顶入相应的凹坑中,可传递较小的转矩。

2. 螺纹连接件

常用的螺纹连接件品种很多,如各种螺栓、双头螺柱、螺钉、螺母、垫圈等,大都已标准化。选择好规格和型号后,可直接到市场购买。常用的螺纹连接件图例见图 7-11～图 7-16。

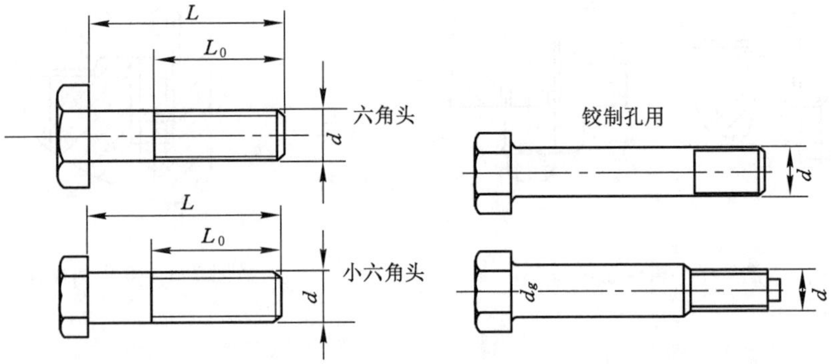

图 7-11　螺栓

3. 螺栓材料和许用应力

螺栓材料采用碳素钢,如 Q235、35、45 钢等,重要的螺栓采用 15Cr、40Cr 等合金钢。

国家标准规定了螺栓的性能等级,有 3.6、4.6、4.8、5.6、5.8、6.8、8.8(>M16)、9.8、(≤M16)、10.9、12.9,共 10 个级别。标记的意义,以 4.6 级为例:

$$\sigma_b = 4\times 100\ \text{N/mm}^2$$

$$\sigma_s = 4\times 6\times 10\ \text{N/mm}^2$$

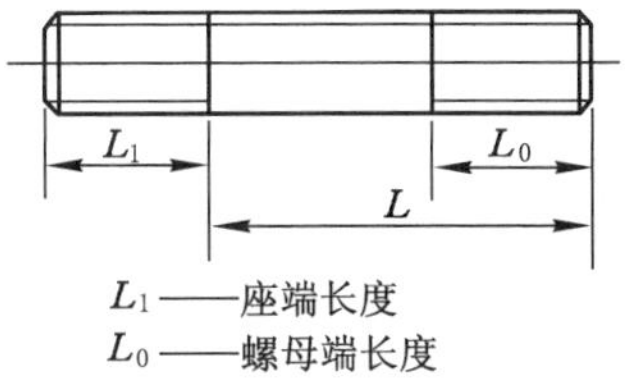

图 7-12　双头螺柱

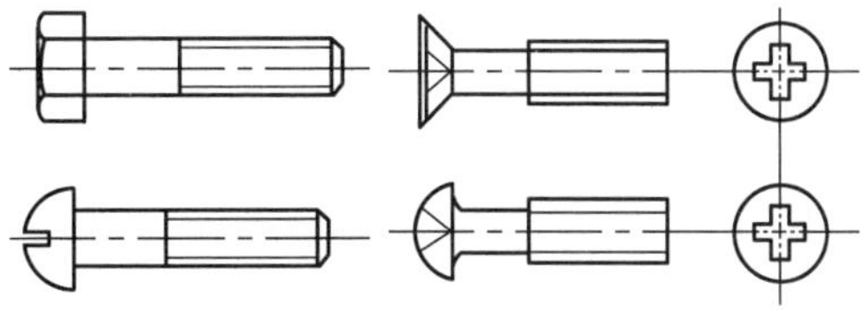

图 7-13　螺钉

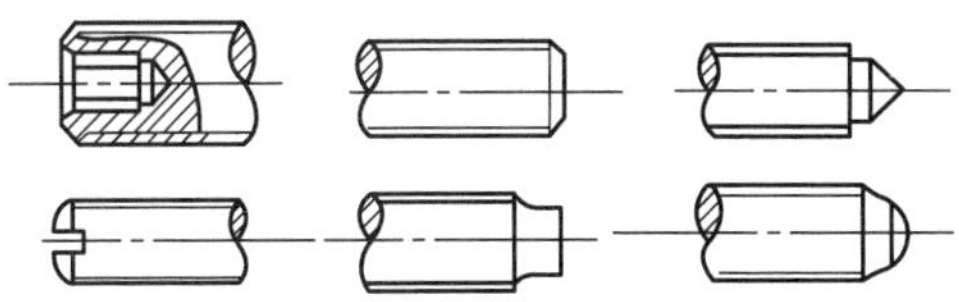

图 7-14　紧定螺钉的头部和尾部

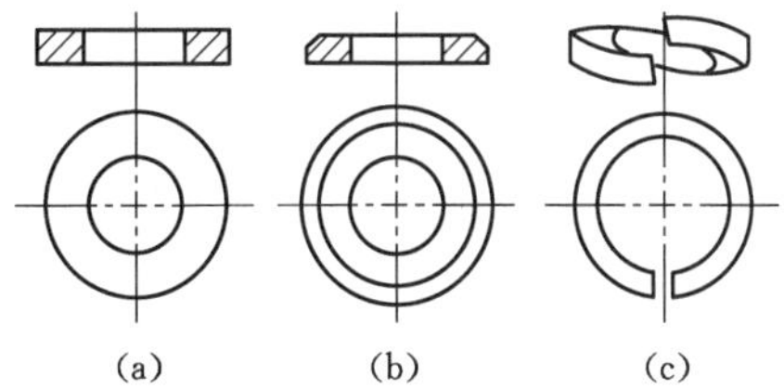

图 7-15　垫片

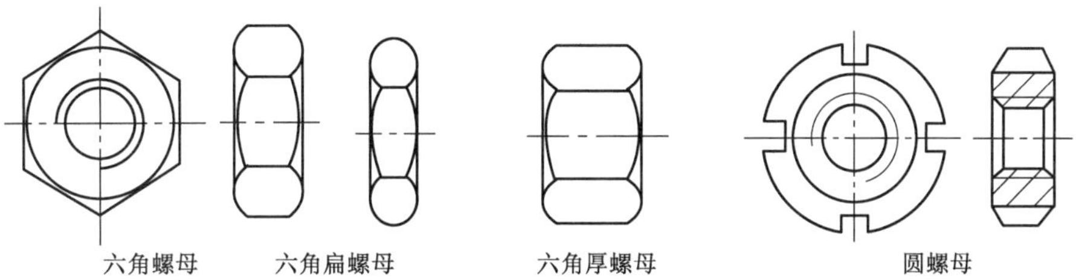

图 7-16　螺母

三、提高螺栓连接强度的措施

一般来说，螺栓连接的强度取决于螺栓强度，影响螺栓强度的因素很多，如结构、材料、应力、特性、制造和装配质量等。下面介绍一些提高螺栓强度的措施。

1. 改善螺纹牙间载荷分布

如图 7-17 (a)所示，各螺纹牙之间载荷分布十分不均匀。螺纹受力第一扣为最大，此处也最易发生疲劳断裂。改善牙间载荷分布不均可用悬置螺母、环槽螺母等方法，分别见图 7-17 (b)、图 7-17(c)。

2. 降低应力集中

降低螺纹与杆、螺杆与帽头交接处的应力集中，也可提高螺栓强度(图 7-18)。

3. 避免或减小附加应力

由于设计、制造或安装的原因，有可能使螺栓受到附加的弯曲应力，如图 7-19 所示。附加弯曲应力可能很大，对螺栓疲劳强度有很大影响，所以要设法避免。如图 7-20 所示，在铸件或锻件等未加工表面加工凸台或鱼眼坑，可改善被连接件与螺栓等连接件接触状况。

4. 改进工艺措施

制造螺栓采用碾压螺纹时，其螺纹是通过材料的塑性变形而形成的，金属纤维不像车削时那样被切断，其次冷镦头部因冷作硬化而使螺纹表面层留有残余压应力，故螺纹的强度比

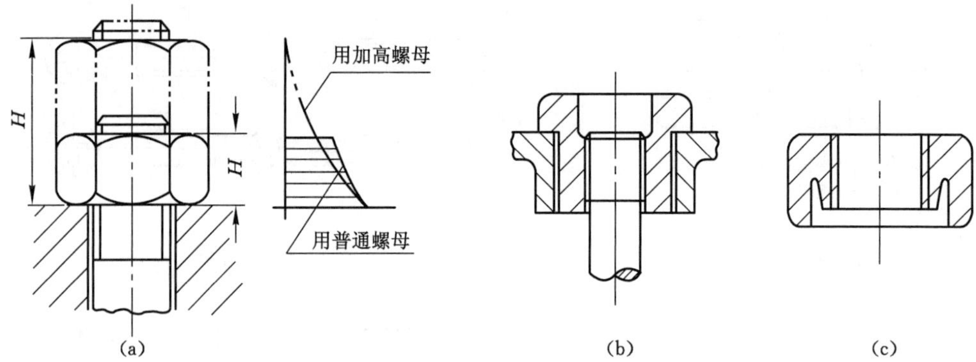

图 7-17　改善螺纹牙间载荷分布

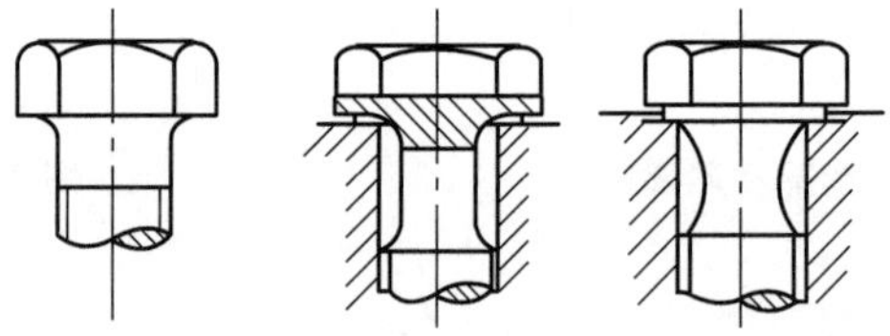

图 7-18　减少螺栓应力集中的方法

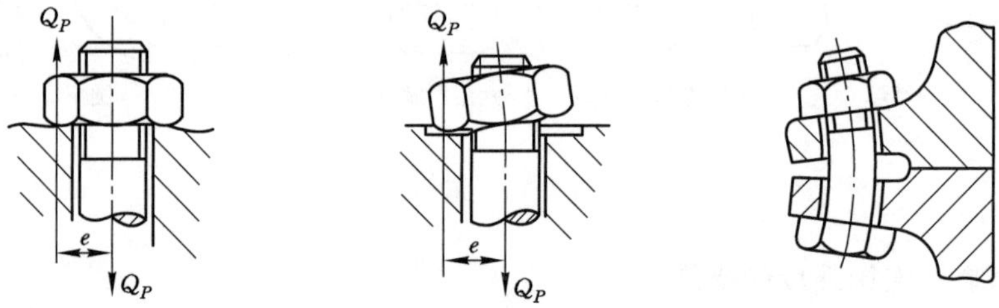

图 7-19　引起附加应力的原因

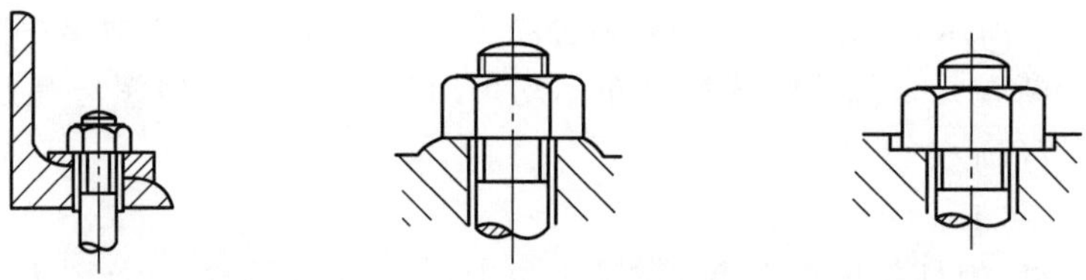

图 7-20　避免附加应力的方法

车削的高。螺栓经过渗碳、液体碳氮共渗、喷丸处理都能提高螺栓的疲劳强度。

四、螺纹连接中的预紧及防松

1. 螺纹连接的预紧

螺纹连接中的连接件在承受工作载荷之前就拧紧称为预紧，预紧时所加的作用力称为预紧力。预紧是为了增强连接的可靠性、密封性和防松能力。重要的螺纹连接的预紧力需要控制，这是因为预紧力的大小对螺纹连接的可靠性、密封性均有很大影响。

一般连接预紧力的大小通常靠经验来控制的，经验预紧时尽量避免采用一把活扳手拧各种规格螺栓的做法。重要的连接要使用测力矩扳手(图 7-21)或者定力矩扳手来控制预紧力的大小。

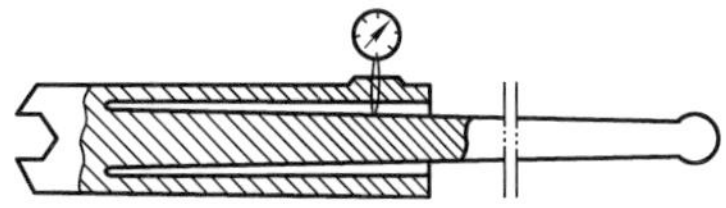

图 7-21 测力矩扳手

为准确达到预紧力 Q_P，施加到扳手上的力矩 T 可按照下式计算：

$$T = 0.2Q_Pd$$

式中 d——螺纹大径。

若无严格的测力措施，为防止由于拧紧力矩过大，将螺栓拉断，不宜采用小于 M12～M16 的螺栓。

2. 螺纹连接的防松

防松即防止螺旋副的相对转动。虽然在静载荷和温度变化不大的情况下，螺纹连接的自锁是可靠的，但在冲击、振动、变载及温度变化大的情况下，就会出现瞬时丧失预紧力、不能自锁而产生自动松脱的现象，所以设计螺纹连接时必须考虑防松问题。

按防松工作原理可分为摩擦防松、机械防松、永久防松三大类。

(1) 摩擦防松

这类防松在螺旋副上施加一种不随外载荷而变化的压力，使螺旋副上产生较大附加摩擦力。但这种方法不十分可靠，故通常只应用到对防松要求不严格的地方。常用的形式有：

① 弹簧垫圈。如图 7-22 所示，形状像一圈弹簧，拧紧螺母后，弹簧垫片被压平，螺纹副间保持有较大压力，从而有较大摩擦力防止松脱。另外，弹簧垫圈为左旋方向，这样垫圈切口尖角也有防止螺母松扣的作用，但弹簧垫圈的尖角也可能刮伤接触表面。此办法结构简单，使用方便，应用较广。

② 双螺母。如图 7-23 所示，在螺栓上拧两个螺母，两螺母对顶拧紧，两螺母间的一段螺栓内产生附加拉应力，这一应力不受外载荷的影响，使螺母与螺杆间保持有较大的摩擦力，起到防松的作用。双螺母结构简单，但质量重，外廓尺寸大，适用于重型机械。

(2) 机械防松

用机械装置将螺母与螺栓联成一体。这种方法可靠，应用较广。常用的形式有：

① 开口销。如图 7-24 所示，开口销穿过槽型螺母的槽和螺栓的横孔中，再分开开口销尾部，使螺栓和螺母成为一体。这种装置工作可靠，装拆方便，故用于有振动的高速机械上。

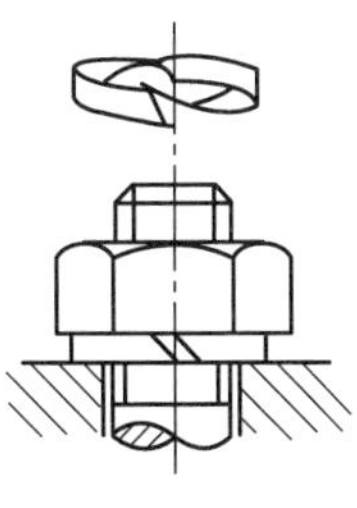

图 7-22 弹簧垫圈

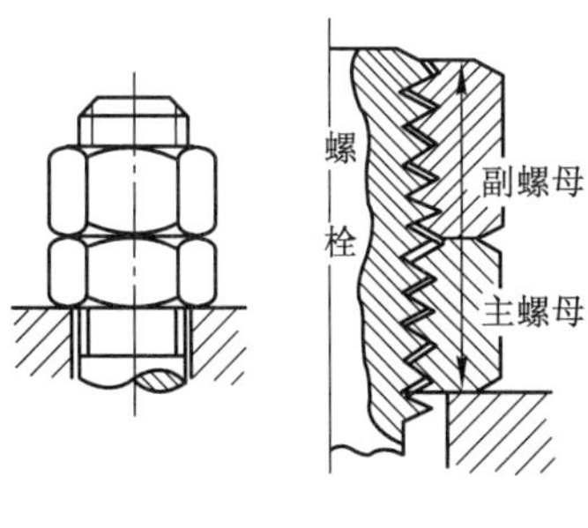

图 7-23 双螺母

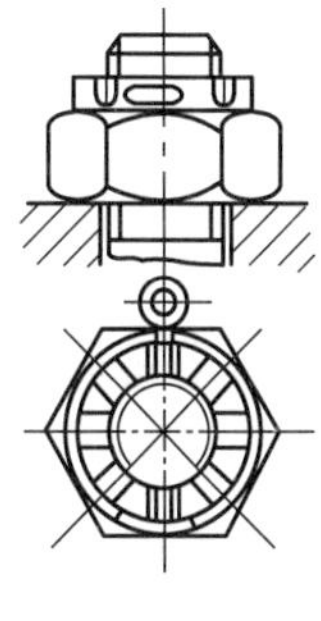

图 7-24 开口销

② 止退垫圈。如图 7-25 所示，止退垫圈有内翅和外翅，内翅和螺栓卡成一体，外翅弯折到圆螺母的沟槽中与螺母成为一体。止退垫圈使螺栓和螺母成一体，达到防松的目的。图7-26为单独使用的止动垫圈，其一边弯到螺母的侧边上，另一边弯到被连接件上，使螺母不能退扣。但要注意螺栓相对螺母松脱。

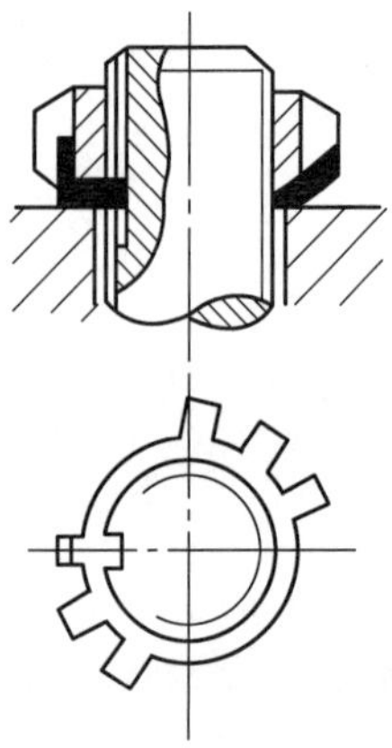

图 7-25　圆螺母止退垫圈

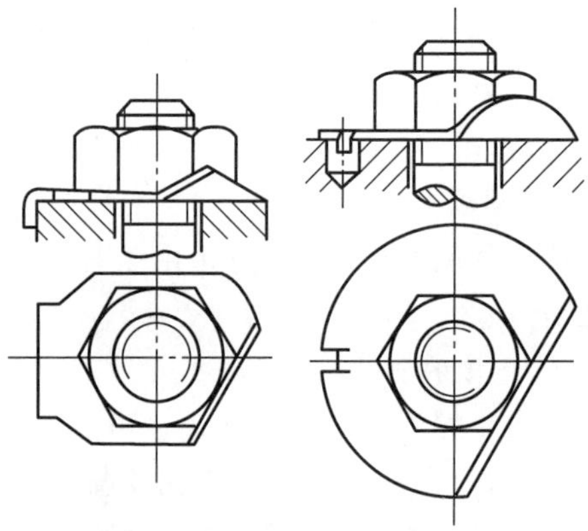

图 7-26　止动垫圈

(3) 永久防松

使螺旋副发生永久性破坏，如将螺旋副焊接等。

五、螺栓组的结构设计

因为单个使用螺栓尺寸太大、不可靠等原因，螺栓连接大都成组使用。进行螺栓组连接设计时，首先进行结构设计，然后确定螺栓组中受力最大的螺栓的受力，对这个螺栓进行强度计算选出螺栓尺寸，查表得到螺栓及相配合零件的规格。在结构设计中要注意以下几个问题：

① 结合面设计成轴对称的简单图形，布置在同一圆周上的螺栓数目取为 4、6、8 等偶数，便于加工。

② 螺栓布置使螺栓受力合理，均匀、力小。

③ 螺栓排列有合理间距、边距，留出扳手空间。

④ 同一组螺栓材料、直径、长度均应相同，便于计算和使用。

第二节　键、销连接

轴毂连接是指轴与轴上传动件如齿轮、蜗轮、带轮以及联轴器等之间的连接。连接的作用是传递力、力矩和运动。常用的有键连接、花键连接、销连接、过盈配合连接等，其中键连接为主要的连接方式。本节将主要介绍平键、销、花键的特点、类型、选用及强度计算。

一、键连接

键连接是用连接零件将轴和轴上零件实现连接的一种连接方式，键连接中的连接零件称为键，键是标准件，可分为平键、半圆键、楔键、切向键 4 种类型。设计时可根据连接的结构特点，使用要求和工作条件查有关手册选用，并进行强度校核。

1. 键连接的类型、特点和应用

(1) 平键连接

平键的工作面为两侧面，键的上表面与轮毂键槽底之间留有空隙，如图 7-27 所示。平键连接具有结构简单、完整性好、装拆方便等特点。常用平键有普通平键、导向平键、滑键。

普通平键有 A 型、B 型、C 型三种，如图 7-27 所示。A 型键两端是圆形，轴上键槽是立铣方式指状铣刀铣出的，A 型键具有在轴上固定稳定，但对轴强度削弱较大的特点，应用最广；B 型键两端是方形，轴上键槽是卧铣方式盘状铣刀铣出来的，具有对轴削弱小但健在轴上固定不稳的特点，常需加键的固定装置；C 型键一端为圆形，另一端为方形，实质是 A 型键，用于轴端连接。普通平键是静连接。导向平键固定在轴上，滑键固定在毂上，两者均可实现动连结，如图 7-28 所示，其中图 7-28(a)为导向平键，图 7-28(b)为滑键。

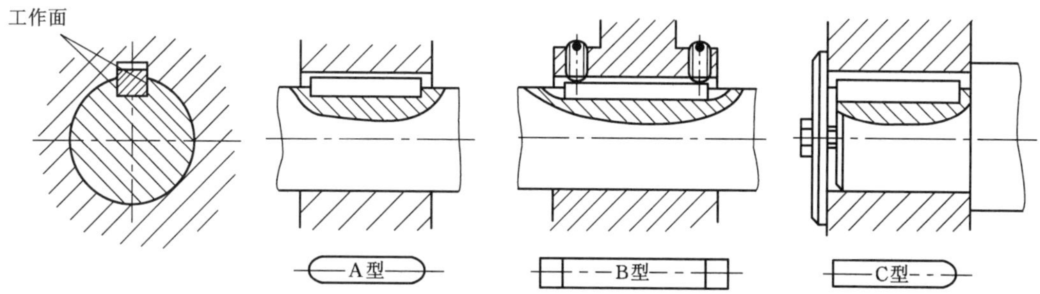

图 7-27　普通平键

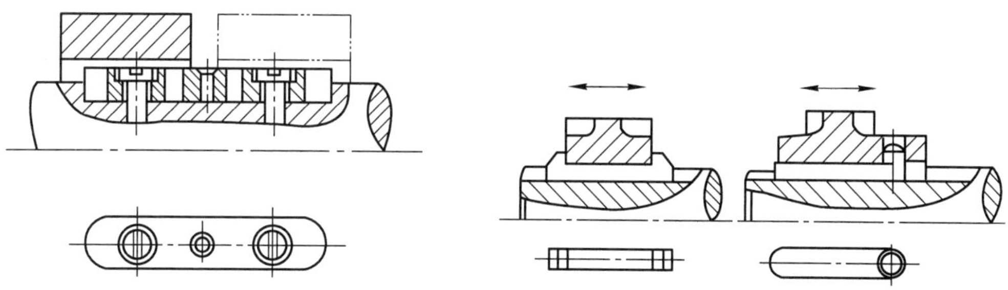

(a)　(b)

图 7-28　导向平键、滑键

(a) 平键；(b) 滑键

普通平键和键槽的尺寸见表 7-1。

表 7-1　　普通平键和键槽的尺寸(摘自 GB 1095—79, GB 1096—79)　　单位:mm

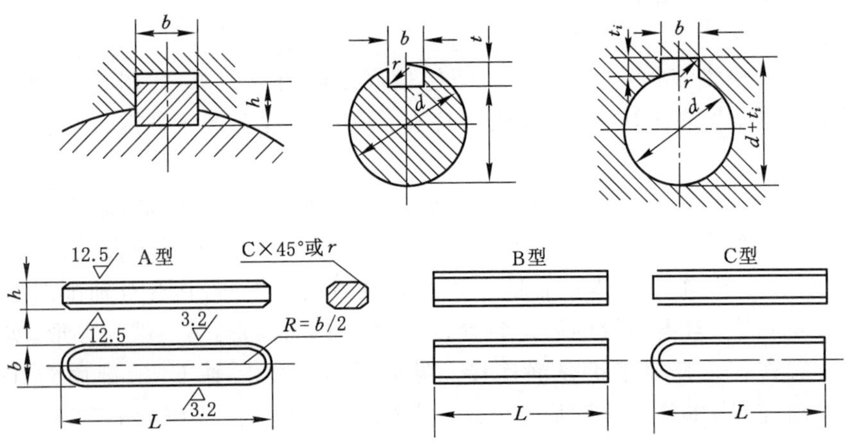

标记示例:

圆头普通平键(A 型)　$b=16$ mm, $h=10$ mm, $L=100$ mm　键 A16×100　GB 1096—79

平头普通平键(B 型)　$b=16$ mm, $h=10$ mm, $L=100$ mm　键 B16×100　GB 1096—79

单圆头普通平键(C 型)　$b=16$ mm, $h=10$ mm, $L=100$ mm　键 C16×100　GB 1096—79

轴的直径 d	键的尺寸				键槽		
	b	h	c 或 r	L	t	t_1	半径 r
自 6～8	2	2	0.16～0.25	6～20	0.2	1	0.08～0.16
>8～10	3	3		6～36	1.8	1.4	
>10～12	4	4		8～45	2.5	1.8	
>12～17	5	5	0.25～0.4	10～56	3.0	2.3	0.16～0.25
>17～22	6	6		14～70	3.5	2.8	
>22～30	8	7		18～90	4.0	3.3	
>30～38	10	8		22～110	5.0	3.3	
>38～44	12	8	0.4～0.6	28～140	5.0	3.3	0.25～0.4
>44～50	14	9		36～160	5.5	3.8	
>50～58	16	10		45～180	6.0	4.3	
>58～65	18	11		50～200	7.0	4.4	
>65～75	20	12	0.6～0.8	56～220	7.5	4.9	0.4～1
>75～85	22	14		63～250	9.0	5.4	

注:① 在工作图中,轴槽深用 $d-t$ 或 t 标注,毂槽深用 $d+t_1$ 标注。

② L 系列为:6,8,10,12,14,16,18,20,22,25,28,32,36,40,45,50,56,63,70,80,90,100,110,125,140,160,180,200,220,250,…

(2) 半圆键连接

半圆键连接如图 7-29 所示,侧面为圆形,横断面为矩形,以两侧面为工作面,具有定心好、能在轴槽中摆动以适应毂槽底面斜度、装拆方便等特点,但对轴削弱大,适于锥形轴端连接及轻载连接。

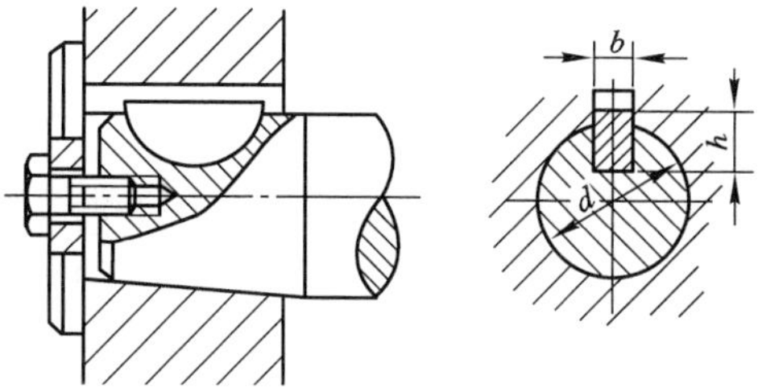

图 7-29　半圆键

(3) 楔键连接

楔键连接如图 7-30(a)所示。楔键的上表面有 1∶100 的斜度,毂键槽底也有 1∶100 的斜度。装配时键被楔紧在键槽中,靠键与键槽的挤压、轴与毂的挤压产生的摩擦力来传递转矩。键的侧面和毂槽侧面有间隙。楔键分为普通楔键和钩头楔键,钩头楔键便于装拆。楔健在周向固定同时,也实现了轴向固定。但由于楔紧作用产生了轴和轮毂的偏心和偏斜,所以只能应用在要求定心精度不高的载荷平稳、低速的连接中。

(4) 切向键连接

切向键是由两个具有 1∶100 斜度的楔键组成如图 7-30(b)所示。其上、下两面(窄面)为工作面,其中一个面在通过径向线的平面内。工作面上的压力沿切线作用,能传递较大转矩。一对切向键只能传递单方向转矩,当双向传递转矩时,需要两对切向键,这两对切向键应布置成 120°～130°。

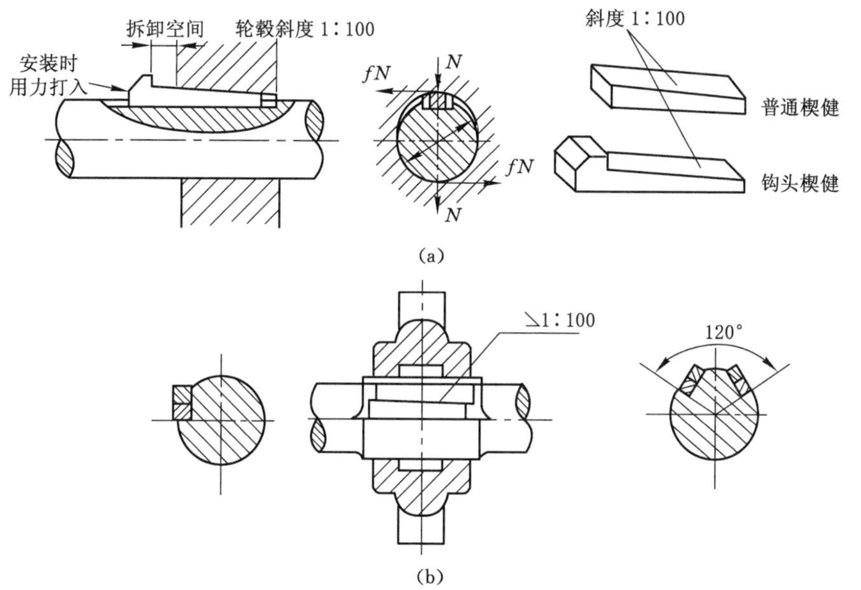

图 7-30　楔键切向键

2. 平键连接的选择及强度校核

当进行键连接设计时,可根据连接的特点、使用要求和工作条件来选择键的类型,根据轴的直径和轮毂长度在标准中选取相应的尺寸。必要时应进行强度校核。

键的材料通常采用 45 钢或强度极限不小于 600 N/mm^2 的碳素钢。当轮毂为非黑色金属材料时，键可用 20 钢或 Q235、Q275 钢。

平键连接的主要失效形式，静连接为键、轴与轮毂上键槽三者中最弱的工作面被压溃，动连接为磨损，只有在严重过载时才会出现键剪断(图 7-31 所示 $A—A$ 面)。

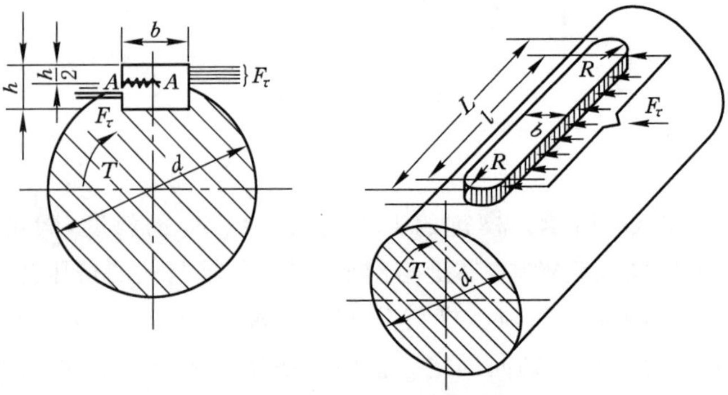

图 7-31　平键强度计算

静连接主要考虑压溃，其条件为限制工作面上的挤压应力小于许用挤压应力：

$$\sigma_p = \frac{4T}{dhl} \leqslant [\sigma_p] \tag{7-5}$$

动连接主要考虑磨损，其条件为限制工作面上的压强小于许用压强：

$$p = \frac{4T}{dhl} \leqslant [p] \tag{7-6}$$

式中　d——轴径，mm；

T——转矩，N·mm；

h——键高度，mm；

l——键工作长度，mm；A 型平键 $l=L-b$，B 型平键 $l=L$，C 型平键 $l=L-b/2$；

$[\sigma_p]$——许用挤压应力，MPa，见表 7-2（材料机械性能弱者）；

$[p]$——许用压强，N/mm^2，见表 7-2。

表 7-2　键连接的许用应力和许用压强　　单位：MPa

许用值	轮毂材料	载荷性质		
		静载荷	轻微冲击	冲击
$[\sigma_p]$	钢	125～150	100～120	60～90
	铸铁	70～80	50～60	30～45
$[p]$	钢	50	40	30

若平键连接强度经校核不够时，可采用以下措施：

① 如果轮毂允许适当加长，可增加键的长度，以提高键连接的强度。但由于传递转矩时键上载荷沿其长度分布不均，故键的长度不宜过大。故一般键长不宜超过(1.6～1.8)d。

②采用双键。从工艺性好坏来考虑，两个键对称分布，考虑到两个键上载荷分配的不均，在强度校核中可按 1.5 个键计算。

【例 7-1】 某一铸铁直齿圆柱齿轮通过键与一钢轴连接。装齿轮处的轴径 $d=60$ mm，轮毂长为 100 mm，键连接传递的转矩 $T=500\times10^3$ N·mm，工作中轻微冲击。试选择此键连接。

解：(1) 选键材料、类型，确定键尺寸 键材料选 45 钢。键类型选普通平键(A 型)。根据轴径 $d=60$ mm，齿轮轮毂长 100 mm，查表，确定键尺寸为：宽 $b=18$ mm，高 $h=11$ mm，键长 $L=90$ mm(较轮毂长度短 10 mm，并取系列尺寸)。

(2) 验算键连接挤压强度(因为静连接) 由于连接中轮毂材料(铸铁)机械性能最弱，所以应按铸铁校核。查表得$[\sigma_p]=53$ MPa，键工作长度$=90-18=72$(mm)。由式(7-5)得：

$$\sigma_p=\frac{4T}{dhl}=\frac{4\times500\times10^3}{60\times11\times72}=42.1\ \text{MPa}<[\sigma_p]$$

满足强度要求。查机械设计手册，选键型号为：平键 18×90 GB 1096—79。

二、花键连接

花键连接是由轴上多个花键齿(外花键)置于相应轮毂(内花键)中，齿侧面为工作面，多齿传递转矩。与键连接比较，花键连接的优点是：能传递较大载荷；对轴的削弱小；对中性、导向性好。其缺点是制造较复杂，适合于定心精度要求高、载荷大、结构要求紧凑、经常滑移的连接。

花键连接按其齿形不同分类，有矩形花键、渐开线花键和三角形花键，如图 7-32 所示。

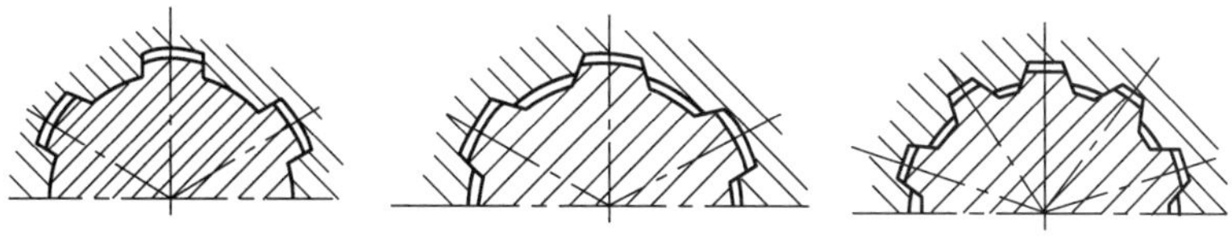

(a)　　(b)　　(c)

图 7-32　花键连接

(a) 矩形花键；(b) 渐开线花键；(c) 三角形花键

矩形花键制造方便，外花键可用成型铣刀或滚刀制出，内花键可拉制或插制。有时为增加花键连接的表面硬度以减少磨损，常采用热处理并磨削。以小径定心较常用。

渐开线花键加工工艺与齿轮相同，易获得较高精度，齿根较厚，强度高。在连接中用齿廓定心具有自动定心的作用，所以渐开线花键适用于载荷大、对中性好、尺寸较大的连接中。

三角形花键齿数多，齿形细小，适用于轻载、直径小或薄壁连接。

三、销连接

销连接主要实现轴与轴上零件的连接，既有周向连接，又有轴上连接，可传递不大载荷。销还可以起定位作用(定位销)，安全作用(安全销)等。

圆柱销、圆锥销、开口销等都是标准件。圆柱销靠过盈固定在孔中，拆装多次会松动。圆锥销有 1∶100 的锥度，有可靠的自锁作用，锁紧后不会自行松动。多次拆装不会损坏其连接性能。销连接的结构见图 7-33。

销的常用材料为 35，45 钢。

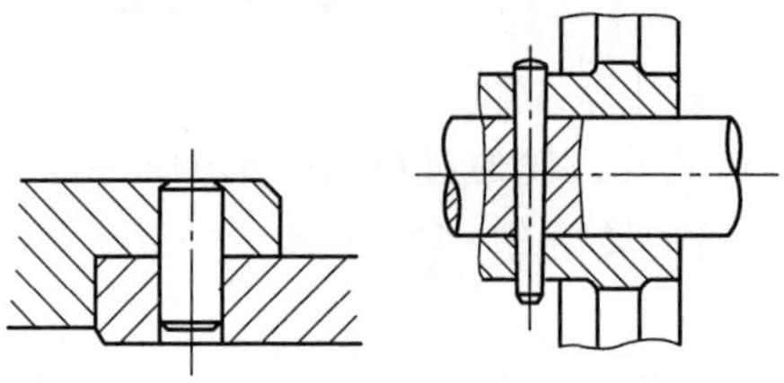

图 7-33　销连接

第三节　轴

轴是机械设备中的重要零件之一，其主要功能是支撑做回转运动的零件，实现运动和动力的传递。本节主要介绍轴的类型、应用和轴的结构设计。

一、轴的类型及应用

轴的类型很多，根据承受载荷的不同，轴可分为：

① 转轴：转轴既传递转矩又承受弯矩，它是机器中最常见的轴，如图 7-34 所示减速器 3 中的各齿轮轴均为转轴。

② 心轴：心轴则只承受弯矩而不传递转矩，心轴又可分为转动心轴和固定心轴，如图 7-35(a)所示为转动心轴，图 7-35(b)所示为固定心轴。

③ 传动轴：传动轴只传递转矩而不承受弯矩或承受很小的弯矩，如图 7-34 所示的 2 轴即为传动轴。

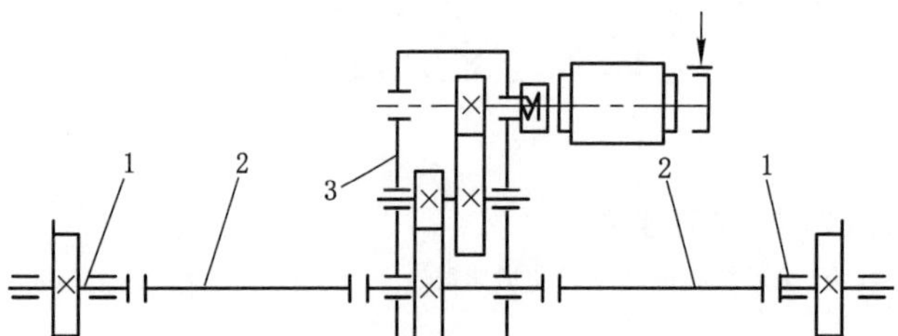

图 7-34　起重机小车运行机构传动示意图

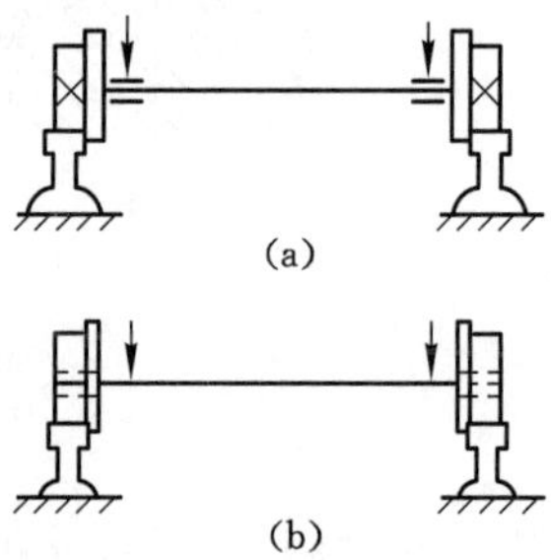

图 7-35　心轴

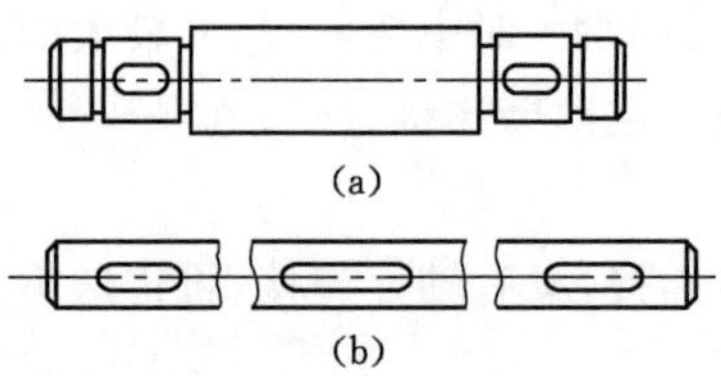

图 7-36　直轴

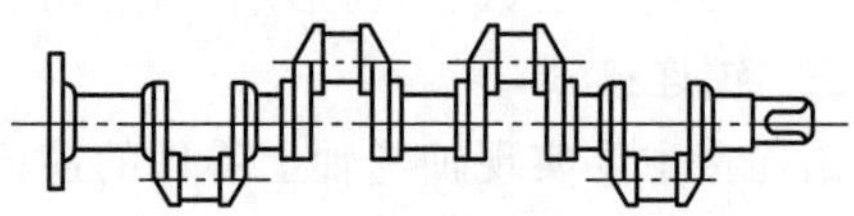

图 7-37　曲轴

按轴径的变化，轴可分为阶梯轴和光轴，如图 7-36 所示。

按轴线的形状，轴还可分为直轴(图7-34～图 7-36)、曲轴(图 7-37)和软轴(图7-38)。

直轴属通用零件，本章只研究直轴，在一般机械中，阶梯轴应用最为广泛。

二、轴的常用材料及设计准则

1. 轴的常用材料

轴工作时产生的应力多为变应力，故轴的破坏主要是疲劳破坏。因此，轴的材料应有足够的疲劳强度，并具有一定的刚度、韧性、耐磨性和抗腐蚀性。

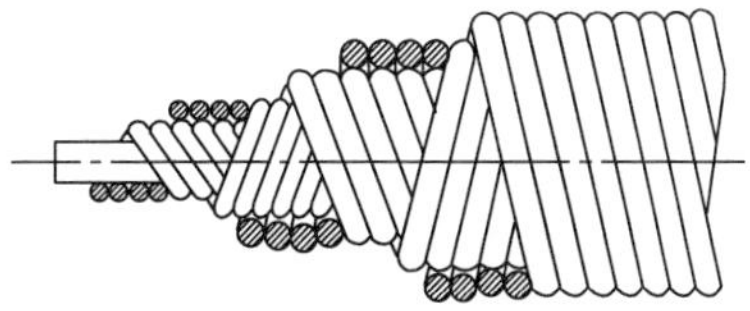

图 7-38 软轴

轴的材料主要采用碳素钢和合金钢。毛坯多用轧制圆钢和锻钢。表 7-3 列出常用轴材料及主要性能。

表 7-3　轴的常用材料及主要机械性能

材料及热处理	毛坯直径/mm	硬度 HB	强度极限 σ_B	屈服极限 σ_S	弯曲疲劳极限 σ_{-1}	应用说明
			N/mm²			
Q235	16～250		460～375	—	—	用于不太重要或载荷不大的轴
35 正火	≤100	149～187	520	270	250	有好的 塑性和适当的强度，可做一般曲轴、转轴
45 正火	≥100	170～217	600	300	275	用于校重要的轴，应用最为广泛
45 调质	≤200	217～255	650	360	300	
40Cr 调质	25		1000	800	500	用于载荷较大而无很大冲击的重要轴
	≤100	241～236	750	550	350	
	100～300	241～266	700	550	340	
40MnB 调质	25		1000	800	485	性能接近于 40Cr，用于重要的轴
	≤100	241～286	750	500	335	
35CrMo 调质	≤100	207～269	750	550	390	用于重载荷的轴
20Cr 渗碳淬火回火	15	表面 HRC 56～62	850	550	375	用于要求强度、韧性及耐磨性均较高的轴
	≤60		600	400	280	

2. 轴的设计准则和设计步骤

轴的设计应当满足结构要求、强度、刚度及振动稳定性等要求，一般按以下步骤进行：

(1) 选材料

根据载荷、工况等来选择轴的材料及热处理方法。

(2) 结构设计

在绘图设计过程中完成轴的几何外形设计，使之满足使用要求。

(3) 轴工作能力校核计算

① 一般工况的轴做疲劳强度校核。

② 短期过载较大的轴，除进行疲劳强度校核外，还要进行尖峰载荷的静强度计算，以防止塑变。

③ 轴弹性变形较大会影响正常工作的轴(机床主轴、跨度较大的蜗杆轴等)，要作疲劳

强度和刚度两项验算。

④ 高速轴，如汽车轮轴，除进行疲劳强度校核外，附加振动稳定性计算，以防共振。

三、轴的结构设计

轴的结构设计就是确定轴的外形和全部结构尺寸，影响轴结构的因素很多，设计时应针对不同情况具体分析。轴的结构设计主要满足如下要求：轴上零件有准确的相对位置（定位）；各零件在受载后仍可靠地固定在预定的位置上（固定）；便于加工、便于装配（制造安装要求）；减小轴上载荷、尽量降低应力集中等。下面分别讨论结构设计的主要要求。

1．轴上零件的定位

轴肩、轴环为常用的轴向定位方法，其定位简单、可靠（图 7-39）。为了保证轴上零件紧靠定位面，轴肩、轴环的圆角半径 r 必须小于相配合零件的倒角 c 或圆角半径 ，轴肩高必须大于 c 或 R（图 7-39 Ⅰ，Ⅲ）。

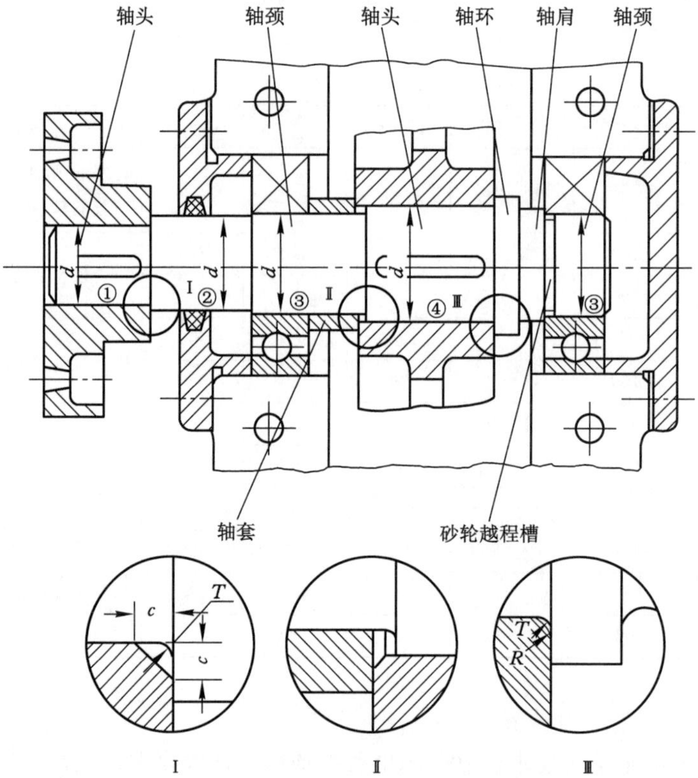

图 7-39　阶梯轴结构图

图 7-39 中的左端轴承采用了轴套定位，这种定位装拆方便，简化了轴的加工。

2．轴上零件的固定

为了防止轴上零件受力时发生沿轴向或周向的相对运动，轴上零件除了有游动或空转的要求，都必须进行周向和轴向固定。

（1）周向固定

周向固定可采用键、花键连接及过盈连接等。

（2）轴向固定

轴肩、轴环作为零件的定位要素，在一个方向上固定了该零件。此外，还有多种轴向固定方法。

① 轴套：图 7-39 中轴套从左面固定了齿轮。

② 螺钉锁紧挡圈：如图 7-40(a)所示，用于方便拆卸或光轴上的零件定位和固定的场合。

③ 弹性挡圈：如图 7-40(b)所示，用于轴向力较小的轴向定位及固定，是标准件。

④ 轴端挡板(又称压板)：如图 7-40(c)所示，适合于轴端零件的轴向固定。

⑤ 圆螺母：如图 7-40(d)所示，通常用于轴端，使用时加防松装置。

⑥ 紧定螺钉：如图 7-40(e)所示，用于轴向力较小的固定及较小的转矩的周向固定。

⑦ 轴端挡板和圆锥形轴端：如图 7-40(f)所示，多在承受冲击或振动载荷时采用。

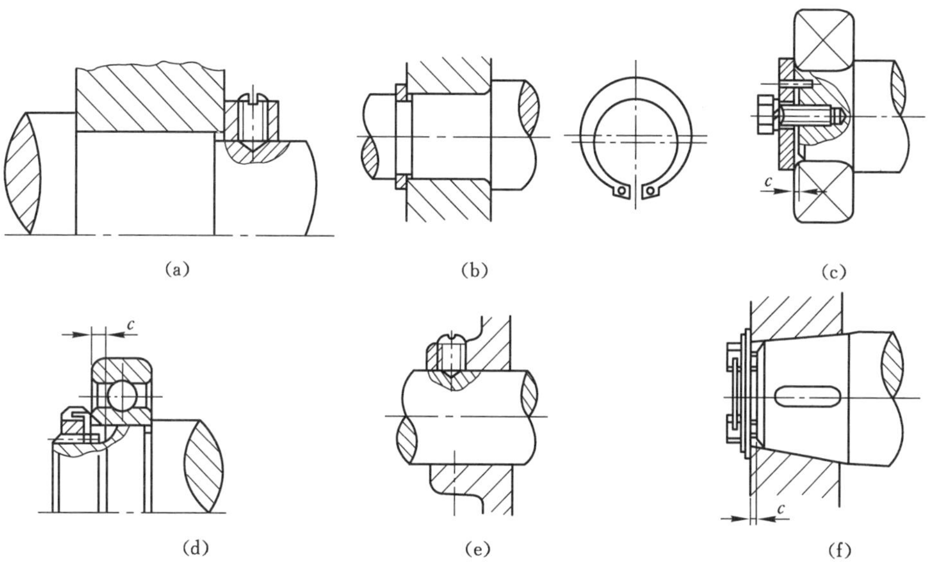

图 7-40　零件的轴向固定方法

3. 制造安装要求

为便于轴上零件的装拆，常采用阶梯轴，如图 7-39 所示。

轴端应制出 45°的倒角，以方便轴上零件的安装并去掉毛刺；需要磨削加工的轴段，应留有砂轮越程槽(图 7-41)；需要切螺纹的轴段，应留有螺纹退刀槽(图 7-41)。它们的尺寸可参看标准或手册。

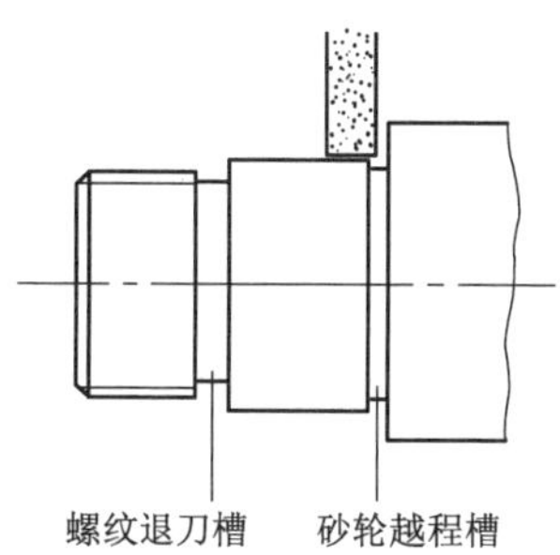

图 7-41　螺纹退刀槽和砂轮越程槽

为了减少装夹工件的时间，同一轴上不同轴段的键槽应布置在轴的同一母线上。为了减少加工刀具种类和提高劳动生产率，轴上直径相近处的圆角、倒角、键槽宽度、砂轮越程槽宽度和退刀槽宽度等应尽可能采用相同的尺寸。

一般地说，轴的结构越简单，工艺性越好。因此，在满足使用要求的情况下，轴的形状和尺寸力求简单，以便于加工。

4. 减少应力集中、改善受力情况

具有较大应力集中的截面常是发生破坏的危险截面，所以应尽量减少应力集中，对合金钢轴尤其是如此。应力集中发生在截面突然变化的地方，所以应避免阶梯轴轴径的突然变化，在重要结构中可采用过渡轴肩[图 7-42(b)]，凹切圆角[图 7-42(c)]，开减载槽[图 7-42(a)]。

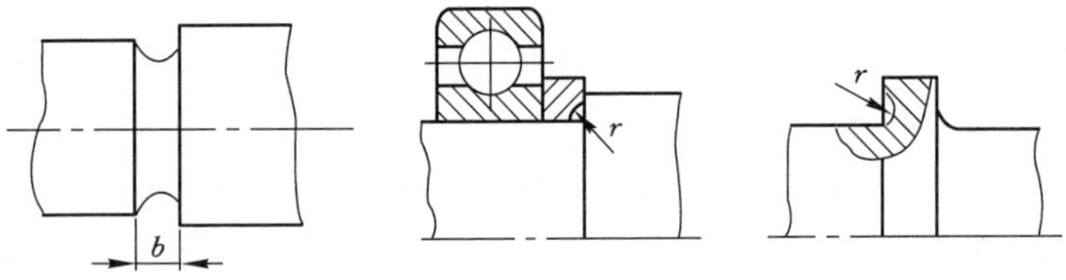

图 7-42　减轻圆角应力集中的结构

合理地布置轴上零件的位置可以改善轴的受力情况。如图 7-43 所示是动力输入轮与输出轮两种不同的布置方案。输入轮布置在两输出轮中间，比输入轮布置在一端的方案，轴所受的转矩小。

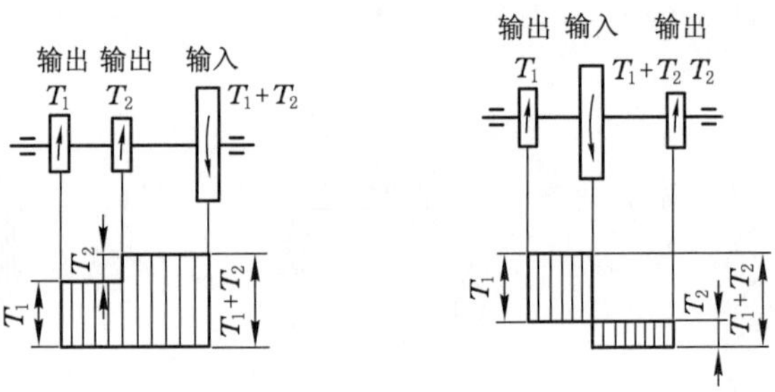

图 7-43　轴的两种布置方案

5. 轴的各段直径和长度的确定

凡有配合要求的轴段，如图 7-39 的④段，应尽量采用标准直径。安装联轴器、密封圈、滚动轴承等标准件的轴径，如图 7-39 的①段、②段和③段，应符合各标准件内径系列的规定。轴套的内径应与相配的轴径相同并采用过渡配合。

采用套筒、圆螺母、轴端挡板、螺钉锁紧挡圈、轴端挡板和圆锥形轴端作轴向固定时，应把装零件轴段的长度做得比零件轮毂短 2～3 mm(图 7-39Ⅱ)，以确保这些固定零件压紧被固定零件。

第四节　滑动轴承

轴承的功用有：一是支承轴及轴上的转动零件，并保持轴的旋转精度；二是减少转轴与支承之间的摩擦和磨损。根据摩擦性质不同轴承分为滚动轴承和滑动轴承两大类。在高速、高精度、重载荷、强冲击、轴承结构要求剖分、径向尺寸要求小等场合下，滑动轴承就显示出它的优异性能。

本节着重介绍滑动轴承摩擦、结构、材料及润滑。

一、滑动轴承摩擦状态

1. 干摩擦

当两摩擦表面间没有任何润滑剂时，在相对滑动中摩擦表面直接接触[图 7-44(a)]，工程上称为干摩擦。在滑动轴承中出现干摩擦时，将损耗大量的功并引起工作面的严重磨损和产生大量的摩擦热，致使轴承的温度升高，严重的会把轴瓦烧毁。

2. 边界摩擦

在两摩擦表面间存有润滑油，吸附作用使摩擦面上形成不到 1 μm 厚的边界油膜，但不能将两摩擦面隔开，在运动时，部分摩擦表面互相搓削。这种摩擦状态称为边界摩擦，如图 7-44(b)所示。在此种摩擦状态下，油膜起到减轻摩擦磨损的作用。其摩擦系数 $f=0.08\sim0.1$。

3. 液体摩擦

在两摩擦表面间有足够的润滑油，又能在一定条件下使两摩擦表面间形成几个微米厚的压力油膜，将相对运动的两摩擦面完全隔开。此种摩擦状态称为液体摩擦，如图 7-44(c)所示这种摩擦状态下的摩擦只发生在液体分子之间，其摩擦阻力仅为润滑油的内摩擦阻力，摩擦系数很小，其值 $f=0.001\sim0.008$。

4. 混合摩擦

在两摩擦表面间处于边界摩擦与液体摩擦的混合状态时，称之为混合摩擦，如图 7-44(d)所示。此时，液体润滑油膜的厚度增大，表面轮廓峰直接接触的数量就要减小，润滑油膜的承载比例也随之增加，因而能有效地降低摩擦阻力，其摩擦系数远比边界摩擦小。但表面轮廓峰直接接触存在，磨损亦存在。

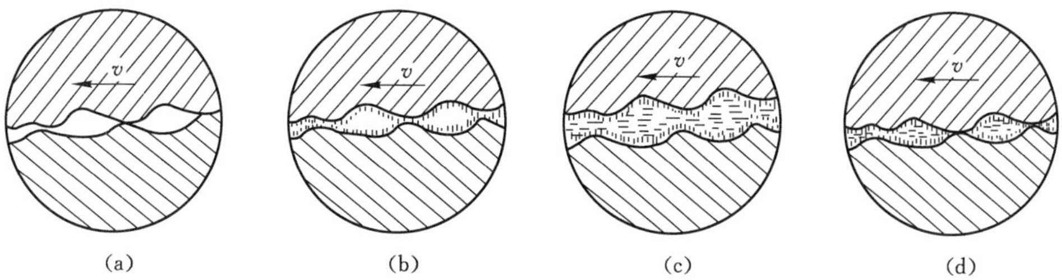

图 7-44　摩擦状态

综上所述，在滑动轴承中应尽量杜绝干摩擦的出现。液体摩擦是最理想的情况，在一般机械中滑动轴承多处于混合摩擦情况。

二、滑动轴承的类型及结构

1. 类型

根据摩擦状态，滑动轴承分为非液体摩擦轴承和液体摩擦轴承两大类。处于液体摩擦状态的滑动轴承称为液体摩擦轴承，处于混合摩擦状态的滑动轴承称为非液体摩擦轴承。根据油膜形成原理不同，液体摩擦轴承又分为动压轴承和静压轴承。动压轴承利用轴的高速转动将润滑油带入轴与轴瓦之间构成的楔形间隙之中而形成动压油膜。因此，动压轴承常用于高速、高旋转精度及载荷、速度变化小的地方；静压轴承是利用油泵将润滑油压入轴与轴瓦的间隙中强制形成静压油膜，由于其油膜的形成与轴转速无关，故可用于低速、起动与停车频繁及载荷或转速变化大而必须保证液体摩擦的场合。

按承受载荷的方向不同，滑动轴承又分为向心滑动轴承、推力滑动轴承和向心推力滑动轴承 3 大类，如图 7-45 所示。

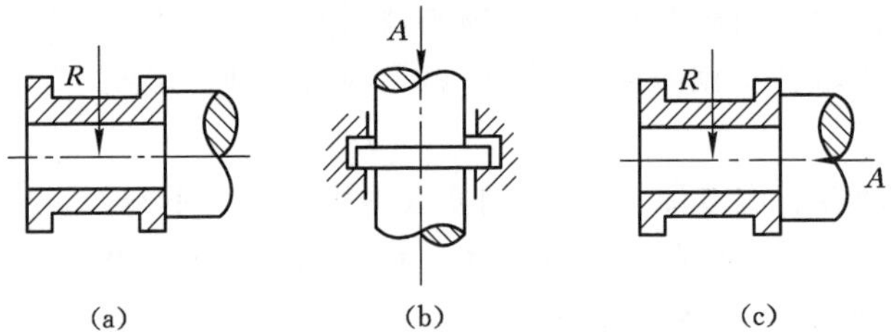

图 7-45　滑动轴承的类型

2. 滑动轴承的结构

常见的滑动轴承，其结构归纳起来，一般都应由 3 部分组成：

① 轴承体—主要是起支承轴瓦的作用。

② 轴瓦或轴套—与轴颈直接接触，保证轴正常工作，其接触表面具有耐摩擦磨损作用，在重要的轴瓦上还要浇铸上轴承衬。

③ 润滑装置—是滑动轴承的润滑系统，它可以将润滑油通过轴瓦上的油孔和油沟导入轴瓦的整个工作表面上，实现轴承润滑和散热的要求。

(1) 向心滑动轴承

① 整体式滑动轴承。如图 7-46 所示，它由轴承体 1 和轴瓦 2 组成的，在速度低、载荷小的不重要场合，可以不用轴瓦。

整体式滑动轴承具有结构简单、成本低等优点；其缺点是装拆时必须沿轴向进行，有时很不方便，使用磨损后无法调节轴颈和轴承孔之间的间隙，所以多用于低速、轻载、间歇工作而又不经常拆卸的地方以及不重要的场合。此类轴承的结构尺寸已经标准化了。

② 剖分式滑动轴承。如图 7-47 所示，它是由轴承座 1、轴承盖 2、上下轴瓦 3 和 4 以及连接螺栓 5 等组成。

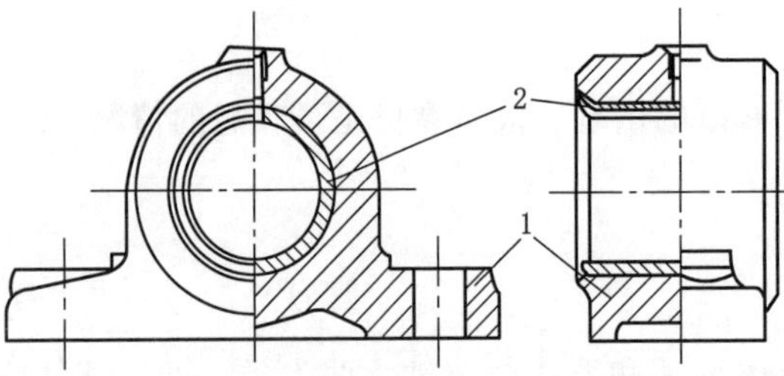

图 7-46　整体式滑动轴承

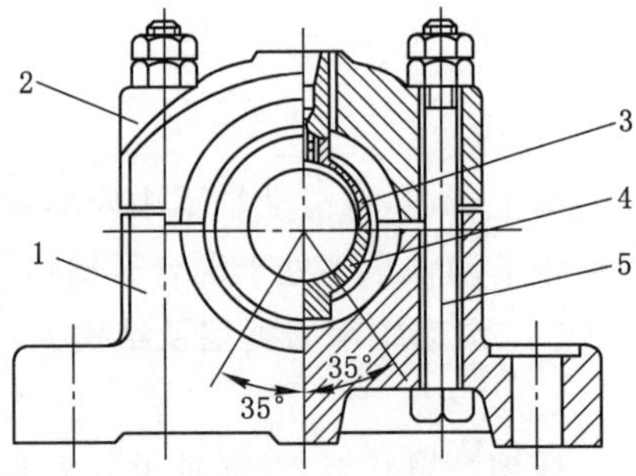

图 7-47　剖分式滑动轴承

为了保证上、下轴瓦的对中，轴承座和轴承盖的剖分面做成阶梯形定位止口。同时止口还能保证连接螺栓不受横向力的作用，而只承受轴线方向上的拉力。装配时，在通过中心的剖分面间放有调整垫片，当轴瓦工作表面磨损后，适当地减少垫片并刮研轴瓦，可调节轴颈和轴瓦的间隙。

在轴承盖上加工出安装油杯或油管的螺纹孔，润滑油可由此通过轴瓦上的油孔、油沟进入轴承的承载工作面，从而达到轴承润滑的目的。

剖分式滑动轴承所能承受径向载荷的方向与剖分面垂线的夹角不超过 35°时。

剖分式滑动轴承的优点是装拆方便，轴承间隙可调，故应用广泛。其结构尺寸已标准化，设计时参考机械设计手册。

③ 调心式滑动轴承。如图 7-48(a)所示，当轴颈较长时(即 $L/d>1.5\sim2.0$)或轴的刚度较小、轴承不是安装在同一刚性的机架上、其同心度难以保证时，易引起轴颈与轴瓦端局部接触而出现严重的磨损，此时应采用调心式轴承，如图 7-48(b)所示。

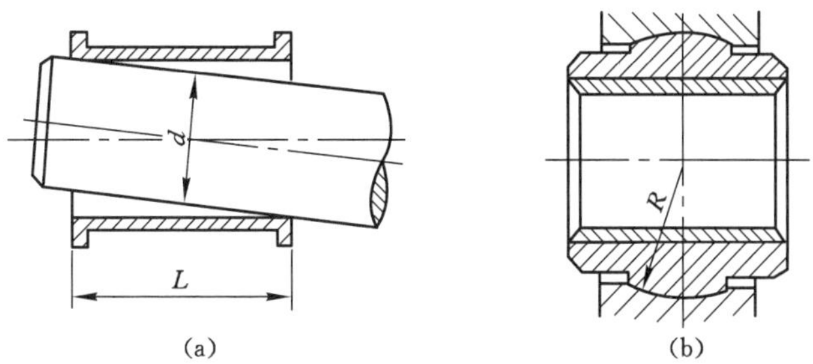

图 7-48　调心式滑动轴承

调心式滑动轴承的结构特点是：轴承体与支承座之间为球面副连接，当轴变形时，轴承可随轴自动调位，从而保证轴与轴瓦均匀接触。

(2) 推力滑动轴承

① 单环支承推力滑动轴承。单环支承推力滑动轴承是由轴承座 1、轴瓦 2、轴承衬 3、推力瓦 4、定位销 5 以及润滑系统组成，如图 7-49 所示。为使推力瓦上的压力均匀，推力瓦底部制成球面形状。润滑油由轴承的底部进入而从上部排出。

② 多环支承推力滑动轴承。多环支承推力滑动轴承是在轴颈上加工出多个轴环，而在轴承上加工出相应的凹槽，并使轴环嵌入凹槽中，该轴承适用于轴向载荷大的地方，如图7-50 所示。

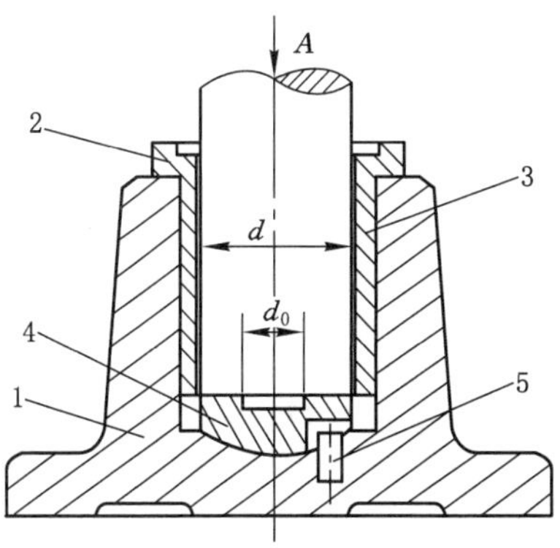

图 7-49　调心式滑动轴承

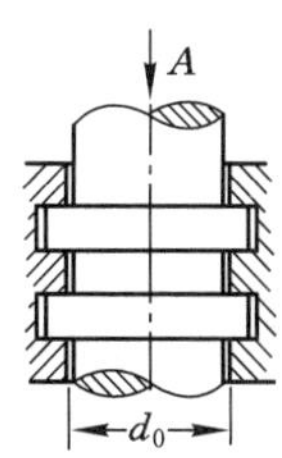

图 7-50　多环支承推力滑动轴承

轴瓦是滑动轴承的重要的零件。轴瓦的结构通常分为整体式和剖分式两种，如图 7-51 所示。

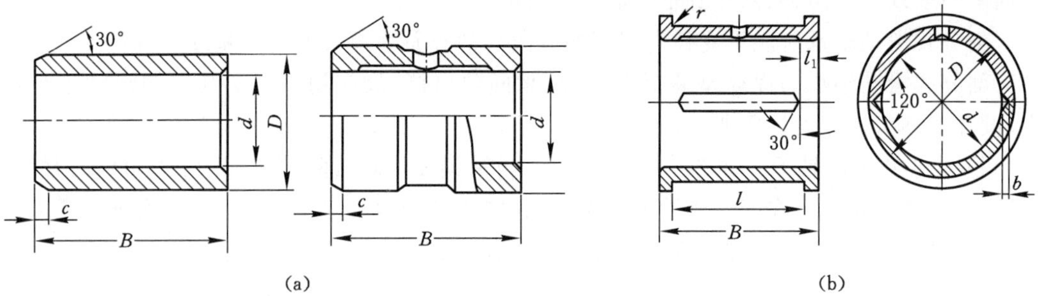

图 7-51　轴瓦结构

(a) 整体式；(b) 剖分式

剖分式轴瓦由上、下两半瓦组成。在轴瓦的两端做出凸肩以防轴向窜动，并能承受一定的轴向力。对于重要的轴承，轴瓦上一般要浇铸 0.5～6 mm 轴承衬。为使轴承衬与轴瓦结合牢固，应在轴瓦上做沟槽，如图 7-52 所示。沟槽的结构尺寸可参见机械设计手册。

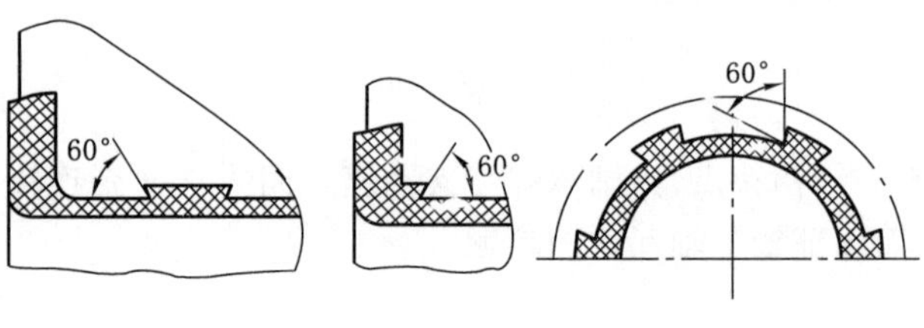

图 7-52　轴承衬与轴瓦结合的沟槽

整体式轴瓦通常称为轴套，为了便于润滑，在轴瓦上要开出油孔和油沟，如图 7-53 所示。一般油孔和油沟应开在非承载区，以保证油膜的连续性。油沟的长度应为轴瓦长度的 0.8 倍以减少润滑油的泄漏。

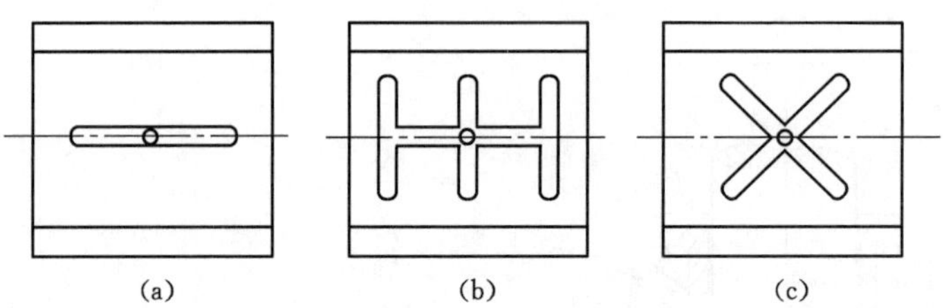

图 7-53　轴瓦上油孔与油沟

轴颈与轴瓦之间的配合为动配合，常用的配合种类为 $\frac{H8}{f7}$，$\frac{H8}{f8}$，$\frac{H9}{f9}$，通常用刮研轴瓦的方法可得到。

三、轴瓦及轴承衬材料

滑动轴承的轴瓦直接与轴颈相配合，轴瓦的工作表面既是承载面又是摩擦面，因此，非液体摩擦滑动轴承的工作能力和使用寿命主要取决于轴瓦材料的选择和结构的合理性。一般对它的性能要求如下：

① 摩擦系数小。

② 导热性好，热膨胀系数小。

③ 耐磨性、耐腐蚀性以及抗胶合的能力强。

④ 具有足够的机械强度和可塑性。

根据使用的要求，轴瓦可由一种材料制成，也可以在轴瓦上浇铸一层金属衬，习惯上称为轴承衬。常用的轴瓦和轴承衬的材料有以下几种：

① 轴承合金(巴氏合金)——轴承合金有锡锑轴承合金和铅锑轴承合金两类。它们的减摩性、耐磨性、跑合性、导热性等都好，而且容易制造，但价格昂贵、强度较低，因此它们不能单独使用，只能作为轴承衬的材料把它们浇铸到由铸铁、钢和青铜等制成的轴瓦的内表面上。此轴承适用于高速、重载的场合。

② 青铜——青铜主要有锡青铜、铝青铜几类。它的减摩性、耐磨性、跑合性等都不如轴承合金好，但价格比轴承合金便宜，是一般机械中常用的轴承材料，适用于中速、重载的轴承。

③ 铸铁——铸铁性能不如轴承合金和青铜，但价格便宜，适用于低速、轻载轴承。

除以上几种材料外，粉末冶金、塑料和尼龙等也可以作轴瓦材料。

常用的几种轴瓦和轴承衬材料及其性能见表 7-4。

表 7-4　常用的轴瓦及轴承衬材料

名　称	代　号	[p]/MPa	[pv]/(MPa·m·s^{-1})	主要应用举例
锡锑轴承合金	ZchSn11-6 ZchSnSb8-4	25 20*	20 15*	用于高速重载的重要轴承，如大型电机的轴承
铅锑轴承合金	ZchPbSb16-16-2 ZchPbSb15-5-3	15 5	50 4	用于中速、中载轴承，不宜受显著冲击可做锡锑轴承代用品
锡青铜	ZCuSn10Pb1 ZCuSn5Pb5Zn5	15 8	20 12	用于中速重载或变载轴承 用于中速中载轴承
铝青铜	ZCuAl9Mn2	<30 15*	<60 12*	最适于润滑充分的低速，重载轴承
铸　铁	HT150 HT200	0.1～6	0.3～4.5	用于低速轻载的不重要轴承，价廉，需良好对中性

注：① 表中[pv]值适用于稳定载荷下的边界摩擦轴承；

② 带 * 的数据可用于冲击载荷。

轴承体是支撑轴瓦正常工作的，它并不与轴颈直接接触，因此通常用铸铁制造，只有在特别重的载荷下和冲击载荷情况中，才使用铸钢来制造。

四、滑动轴承的润滑

滑动轴承润滑的目的旨在减少摩擦磨损、降低功率损耗以及冷却、防尘、防锈和吸振等。为了保证滑动轴承的正常工作，必须合理地选择润滑剂、润滑方法。

1. 润滑剂的选择

按物态的不同，润滑剂可分为气体、液体、半固体、固体润滑剂。其中常见的是液体润滑油和半固体润滑脂。气体和固体润滑剂只在高速、高温和其他特殊场合下使用。

润滑油有植物油、矿物油和合成油(非石油系列，如磷酸酯、硅酮油)等，其中矿物油应用最广。润滑油最重要的物理性能是黏度，它是衡量液体内摩擦大小的指标，也是选择润滑油的主要依据。选择润滑油时，要考虑载荷、速度、温升和工作情况等因素，对载荷大、温升高的轴承宜选择黏度大的润滑油；对载荷小、速度高的轴承宜选择黏度小的润滑油。

润滑脂适用于重载、低速和不易加润滑油的地方以及要求避免油流失的条件下。目前使用最多的是钙基润滑脂。其选择方法是根据轴承的压强 p、圆周速度 v 和最高工作温度查相关手册确定。

2. 润滑方法的选择

润滑剂是通过采用润滑装置不断地送到滑动轴承中的。由于工况不同，所使用的润滑方法也不一样。下面介绍几种常用的润滑方法。

(1) 间断式润滑

此法是定期向轴承中加油或脂。这种润滑方式只适用于低速、轻载和不重要的地方。实现这种润滑的加油方式有手工加油润滑和滴油润滑。手工加油就是定期用油刷、油壶、油枪或油杯向轴承中加油。常用油嘴、压配油杯和旋盖油杯，如图 7-54 所示。滴油润滑就是通过针阀式或油芯式油杯定期或不断地将油滴入轴承，油孔上的针阀式油杯中如图 7-55 所示。

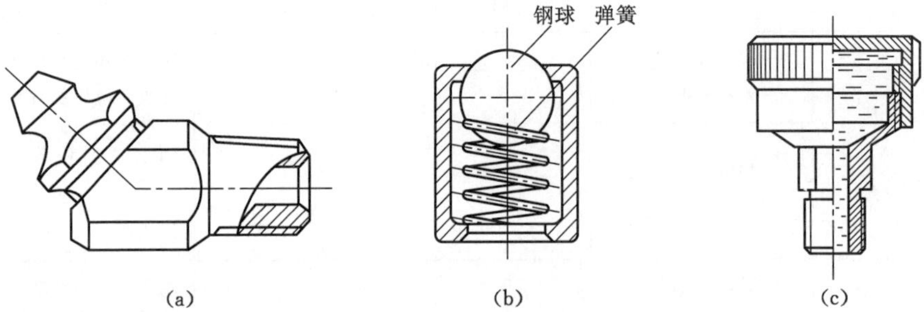

图 7-54　嘴与油杯

(a) 油嘴；(b) 压配油杯；(c) 旋盖油标

(2) 连续润滑

此种润滑是由润滑装置连续不断地供给轴承润滑油。常用的方法有油环润滑、飞溅式油浴润滑和压力油润滑。如图 7-56 所示，其中油环润滑时，油环 2 套在轴颈上，其下部浸入油中，当轴转动时，油环就被带动，油由油环带入轴承中。这种润滑方法适用于转速为 $n=100\times200$ r/min 的水平轴。如果轴承太宽时，在轴承上可采用双油环。其中飞溅式油浴润滑时如图 7-57 所示，当浸入油中的齿轮转动时，把油甩到被润滑的轴承上或利用集油槽把甩在箱体上的油汇集起来导入轴承中，这种润滑方式称为飞溅式润滑。此时要求浸入油中

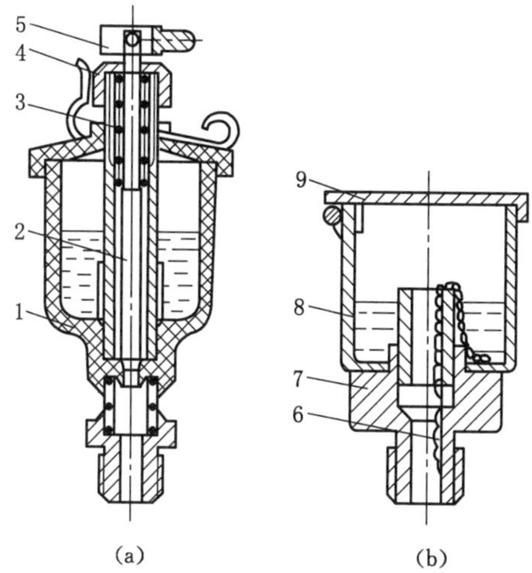

图 7-55　滴油润滑装置

(a) 针阀式油杯；(b) 油芯式油杯

1——杯体；2——针阀；3——弹簧；4——调节螺母；

5——手板；6——油芯；7——接头；8——杯体；9——杯盖

的回转件的圆周速度应大于 2 m/s。如速度小于 2 m/s 时，可利用刮油板把回转件上的油刮下来导入轴承中。油池中的装油量，一般应按 0.45～0.7 L/kW 加入润滑油。装油太少，油中的杂质易被搅起来，影响轴承的润滑效果；装油太多，运动件的搅油功率消耗的就多。这种润滑方式应用十分广泛。其中压力油润滑时，用油泵给油加压，并送到轴承中进行润滑。此种润滑方式适用于高速、重载和要求多处润滑的地方。其缺点必须具备专门的润滑系统，而优点是润滑效果好、散热能力强，可以多处润滑。

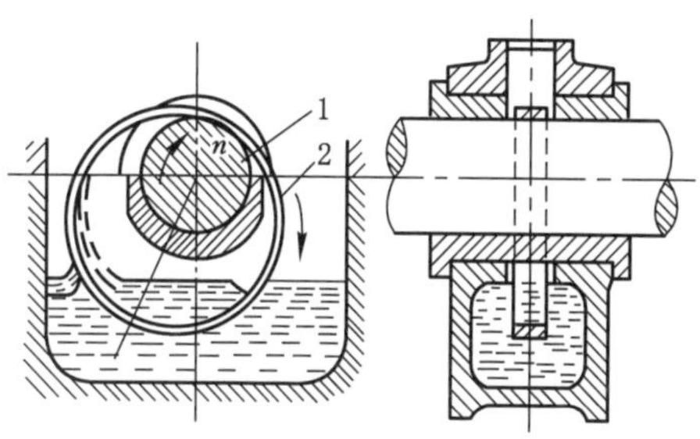

图 7-56　油环润滑

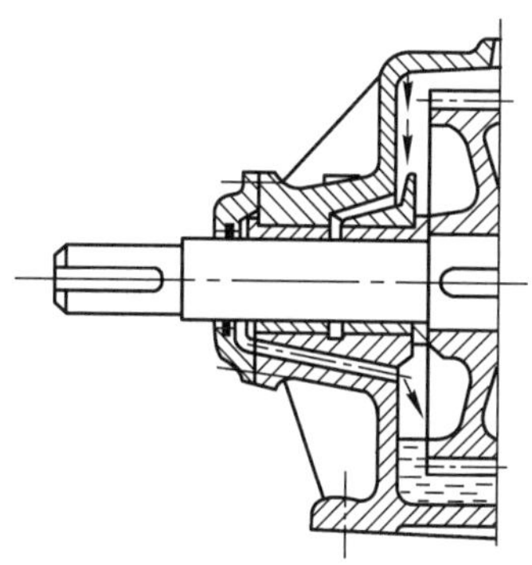

图 7-57　飞溅式油浴润滑

五、滑动轴承的计算

1. 非液体摩擦滑动轴承

非液体摩擦滑动轴承工作时，其失效形式主要是磨损和胶合。对此，目前还没有完善的计算方法，通常采用简化的条件性计算作为滑动轴承的计算方法，即限制轴承的压强 p 小于许用值，以防过度磨损；限制 pv 值小于许用值，防止温升过高而发生胶合。根据轴的强度及结构要求定出轴承的主要尺寸以后，按计算准则进行验算。

2. 液体动压润滑轴承

(1) 液体动压润滑的基本方程

如图 7-58 所示的两板，定板倾斜，动板以速度 v 水平运动，其方向指向倾角顶点。假定：两板间油为层流，且在 z 方向上为无限长；板与油没有滑动，则在两板间的油沿 x 方向运动，贴在动板上的油以速度 v 运动，贴在定板上的油则静止不动；润滑油不可压缩，沿油膜厚度方向（y 向）的压力不变；忽略油层的重力和惯性，润滑油为牛顿流体，其两板内部产生压力，可由一维雷诺方程求出，即：

$$\frac{\partial p}{\partial x}=\frac{6\eta v}{h^3}(h-h_0) \tag{7-7}$$

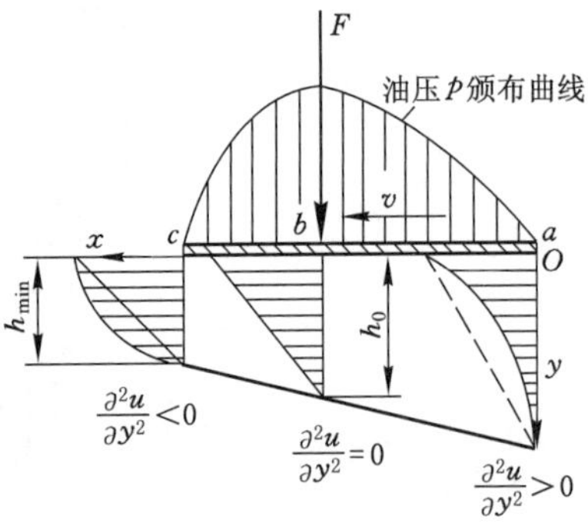

图 7-58 流速及压力分布

由雷诺方程可以看出，形成液体动压润滑的条件是：两摩擦面必须互相倾斜呈楔形；两摩擦面具有一定的相对滑动速度，且其速度方向指向楔形顶点；必须连续地供给充分且具有一定黏度的润滑油。

(2) 动压润滑形成的过程及轴瓦形式

向心动压润滑轴承的轴瓦、轴径间必须具有一定的间隙。在静止时，轴颈处于轴瓦的底部，自然形成了楔形间隙，如图 7-59(a)所示；转动时，轴颈沿轴承孔内壁向上爬行，如图 7-59(b)所示。此时处于边界摩擦状态；随着转速的增加，楔形间隙内形成油膜将轴颈托起而与轴瓦脱离接触，如图 7-59(c)所示，此时形成了动压润滑，但不能持久，因为油膜产生的压力把轴向左推，因而轴颈左移，直到与外载荷平衡为止。如其他条件不变，转速越高轴与轴瓦的偏心量就越小。理论上讲当转速为无穷大时，轴与轴瓦的中心重合，则无楔形存在，故无承载能力。

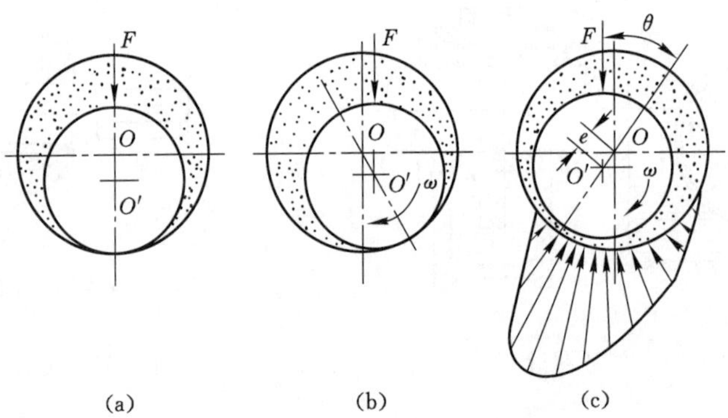

图 7-59 动压润滑的形成过程

3. 液体静压轴承工作原理简介

静压轴承是依靠供油装置将高压油压入轴承间隙中，强制形成油膜使轴浮在轴承中央实现传动。该轴承具有刚度大、承载高、寿命长、抗震性好，一般用于低速、重载或要求精度高的机械中。静压轴承不仅制造精度高。而且又需一套专门的高压供油系统，因此应用不如液体动压轴承普遍。

液体静压向心轴承的工作原理如图 7-60 所示。轴瓦上开有 4 个对称的矩形油腔和 4 个回油槽，油腔外边的圆弧面称为封油面。在油腔中央有一个装有节流器的进油孔，油泵的压力油经节流器进入油腔，而后经过轴与封油面之间的微小间隙返回回油槽，流回油箱形成油路。由于轴与轴承封油面的间隙很小，液体的阻力很大，所以在油腔中保持着液体的压力，使轴浮在轴承中央。在轴上没有外载荷，若不计轴的自重，则轴在 4 个油腔的压力油作用下浮在中央。各油腔的压力为 $p_1=p_2=p_3=p_4$。在轴上受载荷 F 作用时，轴颈向下移，则轴与油腔 3 四周的封油面间隙减小，流量亦随之减少，p_3 亦增大。在油腔 1 处则反之，间隙增大，回油量大，p_1 下降。上、下油腔的压力差与外载荷平衡，而油腔 2、4 中的压力不变，流量不变。各油腔的流量，变与不变均由节流器调节。选择合适的节流器是静压轴承设计的关键。

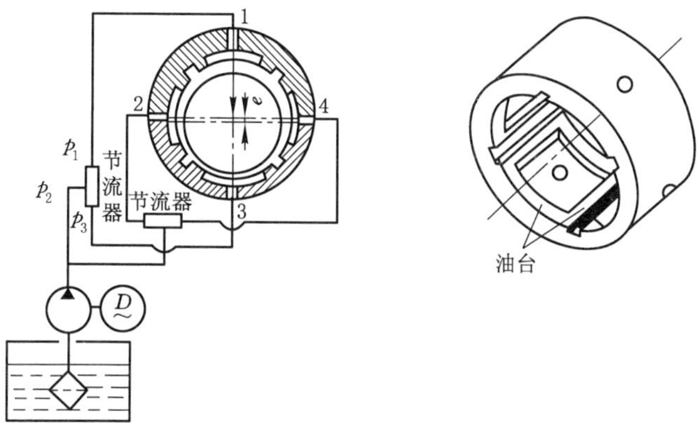

图 7-60　液体静压轴承结构

第五节　滚动轴承

与滑动轴承相比滚动轴承具有摩擦阻力小，启动灵敏、效率高、润滑简便和易于互换等优点，所以获得很广泛应用。它的缺点是抗冲击能力较差，高速时出现噪声，工作寿命也不及液体摩擦的滑动轴承。为了提高它的承载能力、运转精度和互换性能等，已制定出滚动轴承的国家标准，并且由专业化生产厂生产。机械设计者主要是如何熟悉滚动轴承标准、正确合理选用滚动轴承。本节主要介绍滚动轴承的结构、类型和代号；选择计算；组合设计。

一、滚动轴承的结构、类型和代号

1. 滚动轴承的结构

滚动轴承是一个部件，它由外圈 1、内圈 2、保持架 3 和滚动体 4 等组成，如图 7-61 所示。滚动体在内、外圈之间的滚道上滚动。它的形状有球、圆柱滚子、圆锥滚子、球面滚子、螺旋形和滚针等，如图 7-62 所示。保持架将轴承中的滚动体均匀地相互隔开，以改善轴承内部载荷的分配，引导滚动体运动，促使轴承平稳运转。

在推力轴承中，与轴装配在一起的套圈称为内圈，与轴承座或机械部件壳体装配在一起的套圈称为外圈，如图 7-61(b)所示。

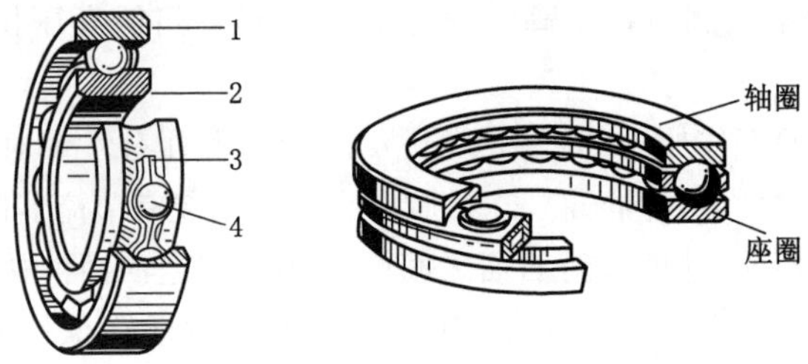

(a) (b)

图 7-61 滚动轴承的结构

(a) 向心轴承；(b) 推力轴承

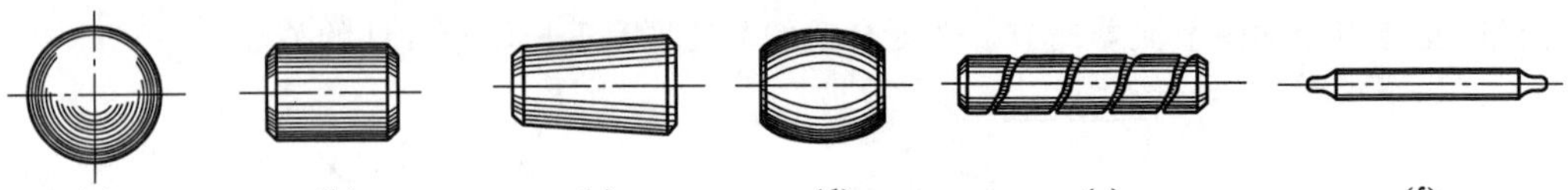

(a) (b) (c) (d) (e) (f)

图 7-62 滚动体

(a) 球；(b) 圆柱滚子；(c) 圆锥滚子；(d) 球面滚子；(e) 螺旋形；(f) 滚针

内、外圈和滚动体均由含铬合金钢（轴承钢）制成。保持架是由低碳钢、有色金属或塑料制成。

2. 滚动轴承的类型

滚动体与外圈接触处的法线与轴承径向平面（垂直于轴承轴心线的平面）之间的夹角称为公称接触角，用 α 表示，见表 7-5。滚动轴承按其所能承受载荷的方向或公称接触角分为两类。

（1）向心轴承

主要用于承受径向载荷，$0^\circ \leqslant \alpha \leqslant 45^\circ$。向心轴承又可分为：

① 径向接触轴承（$\alpha=0^\circ$）；

② 向心角接触轴承（$0^\circ<\alpha \leqslant 45^\circ$）。

（2）推力轴承

主要用于承受轴向载荷，$45^\circ<\alpha \leqslant 90^\circ$。推力轴承又可分为：

① 轴向接触轴承（$\alpha=90^\circ$）；

② 推力角接触轴承（$45^\circ<\alpha<90^\circ$）。

表 7-5　滚动轴承按承受载荷的方向分类

轴承种类	向心轴承		推力轴承	
	径向接触	角接触	角接触	轴向接触
公称接触角 α	$\alpha=0^\circ$	$0^\circ<\alpha \leqslant 45^\circ$	$45^\circ<\alpha<90^\circ$	$\alpha=90^\circ$
图例（以球轴承为例）	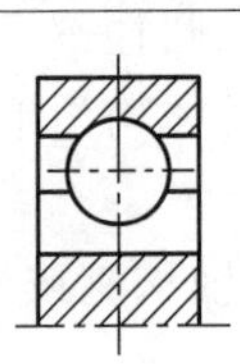	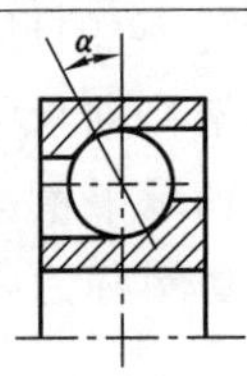	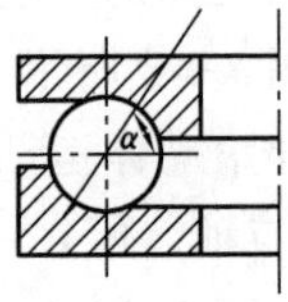	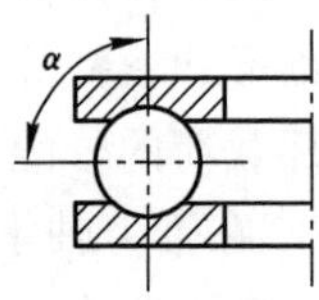

按滚动体的形状和列数，可分为球轴承和滚子轴承（即圆柱滚子、滚针、圆锥滚子、螺旋形和球面滚子轴承），而它们又有单列、双列等之分。

滚动轴承的类型很多，常用滚动轴承的类型和特性见表 7-6。

表 7-6　常用滚动轴承的类型和特性

类型代号	简图	名称	极限转速	允许角偏差	性能特点
1	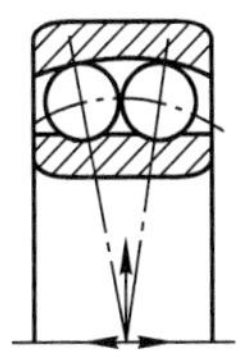	调心球轴承	中	2°～3°	其结构特点为双列球，外围滚道是以轴承中心为中心的球面，故能自动调心，适用于多支点和弯曲刚度不足的轴以及难以对中的轴，主要承受径向载荷，也可承受少量的轴向载荷
2	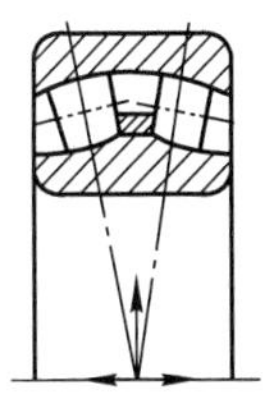	调心滚子轴承	低	1°～2.5°	其结构特点是滚动体为双列球面形滚子，外圈滚道是以轴承中心为中心的球面，故能自动调心，能承受很大的径向载荷和少量的轴向载荷，抗振动、冲击；但加工要求高，用于其他轴承不能胜任的重载且需调心的场合
3	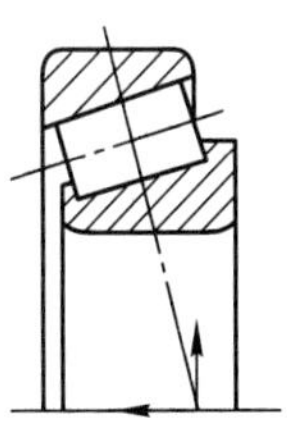	圆锥滚子轴承	中	2′	能同时承受较大的径向载荷和轴向载荷；公称接触角（30000 型，以承受径向载荷为主）和（30000B 型）；外圈可分离，游隙可调，装拆方便，适用于刚性较大的轴，一般成对使用，允许角偏斜较小；在同一支点使用两个相反方向安装的圆锥滚子轴承时，可以通过预紧提高轴承刚度，价格相对较高
4	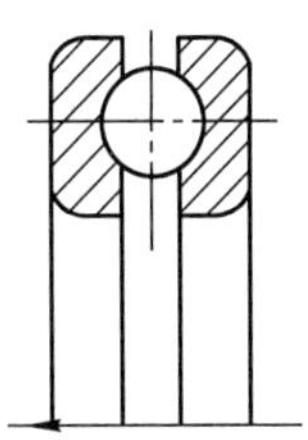	推力球轴承	低	不允许	只能承受轴向载荷，且载荷作用线必须与轴线重合，并与轴承底面垂直； 推力轴承的套圈不分内、外圈，而分轴圈与座圈或统称“垫圈”。轴圈与轴过盈配合并一起旋转，座圈的内径与轴保持一定间隙置于机座中。轴圈、座圈、滚动体是分离的； 高速时，因滚动体离心力大，滚动体与保持架摩擦发热严重，寿命较低，故用于轴向载荷大但转速不高的场合； 推力球轴承高度系列代号为 1，仅承受单向轴向载荷，双向推力球轴承高度系列代号为 2，可承受双向轴向载荷
	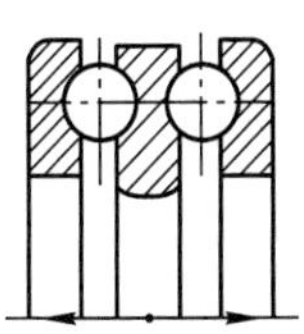	双向推力球轴承			

续表 7-6

类型代号	简　图	名　称	极限转速	允许角偏差	性能特点
5	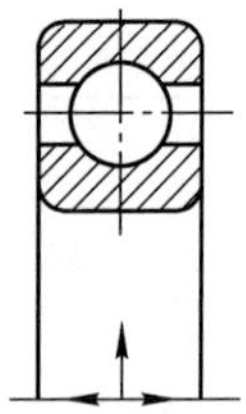	深沟球轴承	高	8′～16′	主要承受径向载荷，也可以承受一定的双向轴向载荷，摩擦系数最小，极限转速高，适于刚性较大和转速较高的轴；在转速较高、轴向载荷不大，而不宜用推力轴承时，可用于承受纯轴向载荷；结构紧凑，重量轻，大量生产价格低，供货方便，是应用最广的一种轴承
6	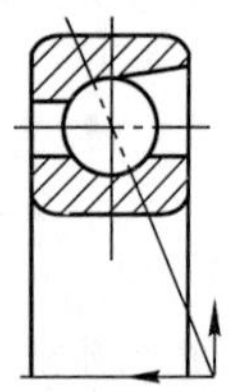	角接触球轴承	高	2′～10′	能承受径向载荷和轴向载荷，也能承受较大的单向轴向载荷；公称接触角 α 有：15°（70000C 型）、25°（70000AC 型）和 40°（70000B 型）三种，α 越大，轴向承载能力也越大，极限转速高，通过预紧提高轴承刚度；通常成对使用，可分别装在两个支点或同一支点上（因为不具有调心性能），用于刚性较大而跨距不大的轴
N	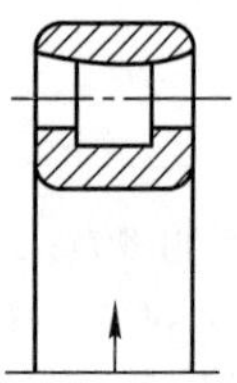	圆柱滚子轴承	高	2′～4′	滚动体是圆柱滚子，径向承载能力是相同内径深沟球轴承的 1.5～3 倍，但不能承受轴向载荷；耐冲击，内外圈可分离，但各轴线允许的偏转角很小；当要求轴能作轴向游动时，这是一种理想的支承结构； 基本结构形式为 N 型，另有内圈无挡边的 NU 型和内圈单挡边的 NJ 型
NA	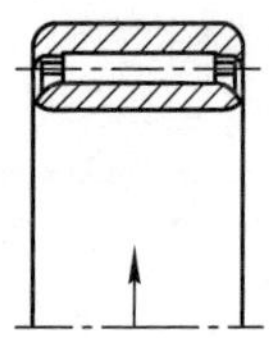	滚针轴承	低	不允许	在内径相同的情况下，与其他轴承相比，其外径最小，因而特别适用于径向尺寸受限制的场合，其基本型号为 NA 型，还有无内圈的（NK、BK 型）和无内、外圈有保持架的 K 型；这类轴承不允许有轴线偏转角，极限转速低

注：极限转速的含义是指同一尺寸系列 0 级公差的各类轴承在脂润滑时，其极限转速与单列深沟球轴承脂润滑时极限转速之比的大小，其中“高”表示：90%～100%；“中”表示：60%～90%；“低”表示：小于 60%；各类轴承的极限转速的具体数值可查手册。

3. 滚动轴承的代号

轴承代号由基本代号、前置代号和后置代号构成，其排列见表 7-7。

基本代号中第一、二位数字表示轴承的内径尺寸。对常用内径 $d=20\sim480$ mm 轴承，内径表示为(04～96)×5 mm；内径为 10 mm，12 mm ，15 mm 和 17 mm，用代号 00，01，02 和 03 表示。第三、四位数字则表示轴承的尺寸系列代号，见表 7-8，直径系列的对比见图 7-63。第五位数字或字母则表示轴承的类型代号，见表 7-6。关于滚动轴承详细的代号方法可查阅 GB/T 272—93。

表 7-7　　滚动轴承代号的构成

基本代号	基本代号					后置代号							
轴承的分部件代号	五	四	三	二	一	内部结构代号	密封与防尘结构代号	保持架及其材料代号	特殊轴承材料代号	公差等级代号	游隙代号	多轴承配置代号	其他代号
	类型代号	尺寸系列代号		内径代号									
		宽度系列代号	直径系列代号										

表 7-8　　常用的尺寸系列代号

代号	7	8	9	0	1	2	3	4	5	6
宽度系列	—	特窄	—	窄	正常	宽	特宽			
直径系列	超特轻	超轻		特轻		轻	中	重	—	

注：① 宽度系列代号为 0 时，可不标出，但调心滚子轴承和圆锥滚子轴承应标出；

② GB/T 272—93 中规定，宽度系列代号为 1 和 2 时可以省略；

③ 特轻、轻、中、重以及窄、正常、宽为旧标准中的相应名称。

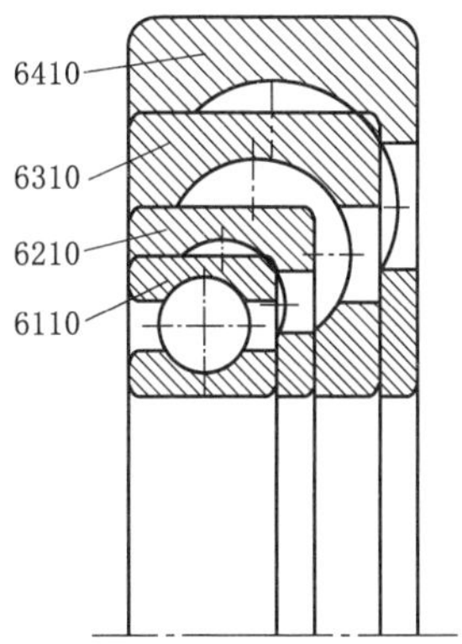

图 7-63　直径系列的对比

公差等级代号：用/P2，/P4，/P5，/P6，/P6x 和/P0 表示轴承的精度等级，即为 2 级、4 级、6 级、6x 级和 0 级，共 6 个级别，依次由高级到低级。公差等级中，6x 级仅适用于圆锥滚子轴承；0 级为普通级（在轴承代号中不标出），是最常用的轴承公差等级。

【例 7-2】　试说明滚动轴承代号 62203 和 7312AC/P62 的含义。

解：(1) 6——深沟球轴承，22——轻宽系列，03——内径 $d=17$ mm。

(2) 7——角接触球轴承，(0)3——中窄系列，12——内径 $d=60$ mm，AC——接触角 $\alpha=25°$，/P6—6 级公差，2——第 2 组游隙 C2，当游隙与公差同时表示时，符号 C 可省略。

二、滚动轴承的失效形式和选择

1. 滚动轴承的失效形式

(1) 疲劳点蚀

在安装、润滑、维护正常的情况下，对于一般转速($n>10$ r/min)的轴承，在滚动体与内、外圈的接触表面上将产生交变的接触应力。当应力循环次数达到一定值时，接触表面发生疲劳点蚀，进而引起失效。疲劳点蚀是正常的失效形式，它决定了轴承的疲劳寿命。

(2) 静强度失效

对于静止、缓慢摆动或缓慢旋转($n\leqslant 10$ r/min)的轴承，在过大的静载荷或冲击载荷作用下，滚动体与内、外圈滚道接触处的接触应力超过材料的屈服极限，而产生过大的塑性变形。这是一种静强度不足的失效。

此外，由于安装维护的不好、润滑密封不良等原因，还将引起磨损、胶合、内外圈与保持架破坏等失效现象。

2. 滚动轴承的选择

滚动轴承的选择计算是在轴承组合设计的基础上进行的。组合设计,则要初步选定轴承的类型和尺寸。这要根据轴承工作情况,如载荷的大小、方向、性质、回转速度的高低、轴承所占的空间、轴对调心性能以及其他使用要求等,同时还要考虑供应情况和经济性,合理确定之。选择轴承类型时可参考以下几点:

① 球轴承为点接触,承受载荷的能力低、抗冲击能力差,但旋转精度和极限转速高,摩擦系数小,适用于轻载、高速和要求精度高的装置。

② 滚子轴承为线接触,承受载荷的能力高,抗冲击能力强,但精度和极限转速比同类球轴承低,多用于重载或有冲击的地方,并要求轴的刚性好。

③ 如果既有径向载荷又有较大的轴向载荷时,一般应选用圆锥滚子轴承。但当轴向载荷比径向载荷大得多时,可以把深沟球轴承和推力球轴承组合起来使用。

④ 角接触球轴承和圆锥滚子轴承应成对使用,安装时使之成对称形,可装在轴的两端,也可以放在一端,而另一端用深沟球轴承或圆柱滚子轴承。有时可以把它们同向安装使用。

⑤ 如果轴承孔的同心度难以保证或轴的挠曲变形大、支点多时,可选择调心轴承。滚动轴承的尺寸是由型号表示,当选定类型并确定型号后,其结构尺寸可由滚动轴承产品样本查得。

三、滚动轴承的组合设计

为了保证轴承的正常工作,除了正确地选择轴承类型、型号外,还应正确地进行轴承的组合设计。轴承的组合设计主要是合理解决轴承轴向位置固定、与其他零件配合、间隙调整、装拆和润滑密封等问题。

1. 轴承的固定

(1) 双支点单向固定

如图 7-64 所示,每个轴承内、外圈沿轴向只有一个方向受约束,故称为双支点单向固定,也叫做两端固定。这种固定方式结构简单、安装方便,但只适用于跨度较小($L<350$ mm)、温升不高($t<70$ ℃)的轴。

当工作温度升高时轴将伸长,为使轴的伸长不至于引起附加载荷,对于深沟球轴承应使外圈与轴承压盖之间留有间隙 $\Delta=0.2\sim0.4$ mm,对于圆锥滚子轴承则应保持一定的内部轴向游隙 Δ,其值可查设计手册。该间隙靠装配时增减调整垫片确定。

(2) 单支点双向固定

如图 7-65 所示,左端为固定支承,轴承的内、外圈双向都固定和锁紧,轴承受双向轴向载荷;右端为游动支承,轴承内圈与轴锁紧,外圈双向都不固定,且与机座孔为动配合,当轴受热膨胀时,能沿孔自由游动而不受限制。称为单支点双向固定方式。这种固定方式适用于轴的跨距较大($L>350$ mm)、工作温升高($t>70$ ℃)的轴。

(3) 两支点全游动

如图 7-66 所示,两个支承均无轴向约束,每个轴承内、外圈沿轴向只有一个方向受约束,称为两支点全游动的人字齿轮传动。由于加工不易使人字齿轮左、右螺旋角角度相同,因而在啮合时,两轴向力不能完全抵消,将使轴向两侧移动,故必须使两支承点的轴承都游动。为了保证传动件的确定位置,则必须使从动大齿轮轴的轴承采用双支点单向固定。

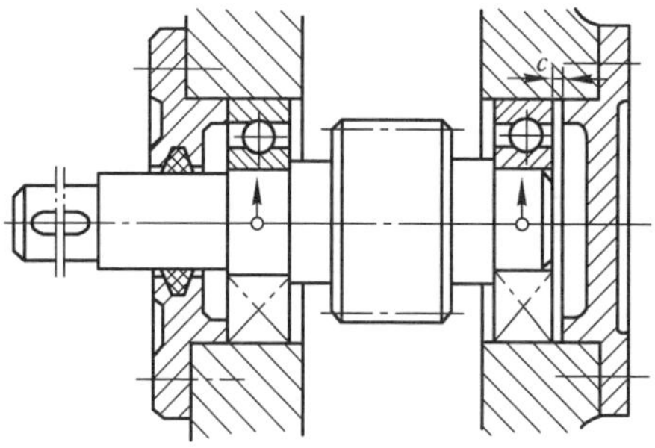

图 7-64　双支点单向固定

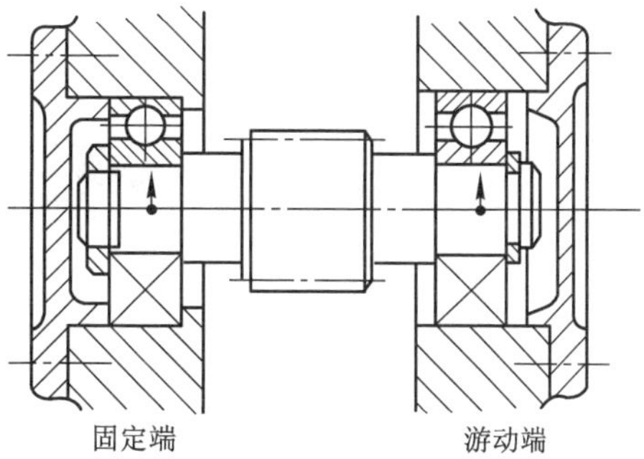

图 7-65　单支点双向固定

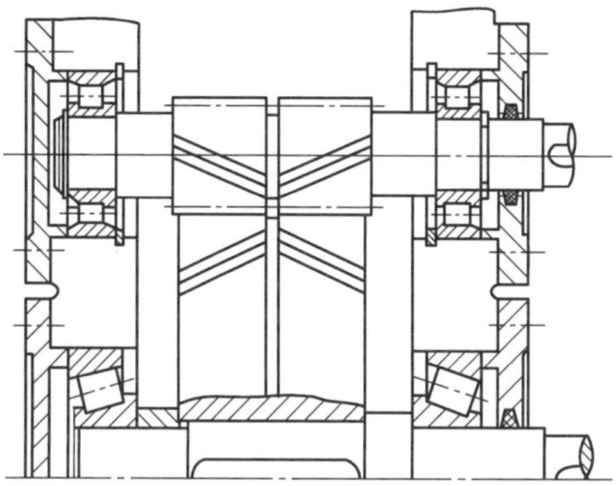

图 7-66　全游动支承

不论采用何种支承固定方式，都是通过轴承与轴及箱体轴承孔间的固定和锁紧而实现的。下面介绍几种常用的轴承内圈在轴上锁紧方法和轴承外圈在轴承孔中的固定方法。其中轴承内圈与轴的锁紧方式：① 图 7-67(a)所示，它是利用轴肩与弹性挡圈锁紧，用于轴向载荷不大及转速不高的轴承。② 图 7-67(b)所示，它是利用轴肩与轴端挡圈锁紧，用于高速和中等轴向载荷的轴承。③ 图 7-67(c)所示，它是利用轴肩与圆螺母、止动垫圈锁紧，用于高速和轴向载荷大的轴承。④ 图 7-67(d)所示，它是利用开口圆锥紧定套、止动垫圈、圆螺母锁紧，适用于转速不高轴向力不大的调心轴承与光轴的锁紧。

轴承外圈在机座轴承孔中的轴向固定方式：① 如图 7-68(a)所示，是利用嵌入轴承座孔内的孔用弹性挡圈固定。它主要用于轴向力不大且需要减小轴承组合尺寸的场合。② 如图 7-68(b)所示，它用止动环嵌入轴承外圈止动槽内固定。用于轴承座孔不便做凸轴肩或外壳为剖分式结构，能承受不大的轴向双向载荷。③ 图 7-68(c)所示，用轴承盖固定，用于转速高、轴向力大的各类向心轴承和推力轴承。

2. 轴承的调整

(1) 轴承间隙的调整

图 7-69(a)所示的轴系部件是靠加减端盖与机座间的垫片调整轴承间隙的。图 7-69(b)所示的结构，调整螺钉 1 将压盖 3 推到合适的位置后拧紧锁紧螺母 2 即可。

(2) 轴承的预紧

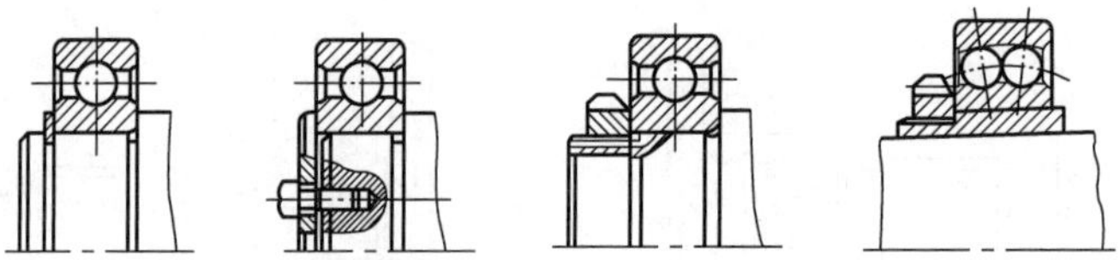

图 7-67 轴承内圈与轴的锁紧方式

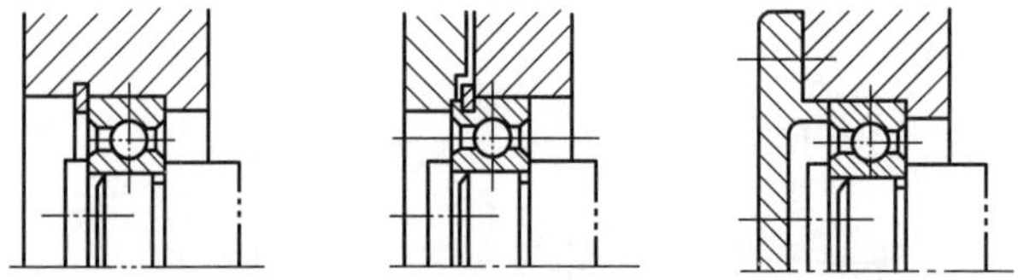

图 7-68 轴承外圈固定方式

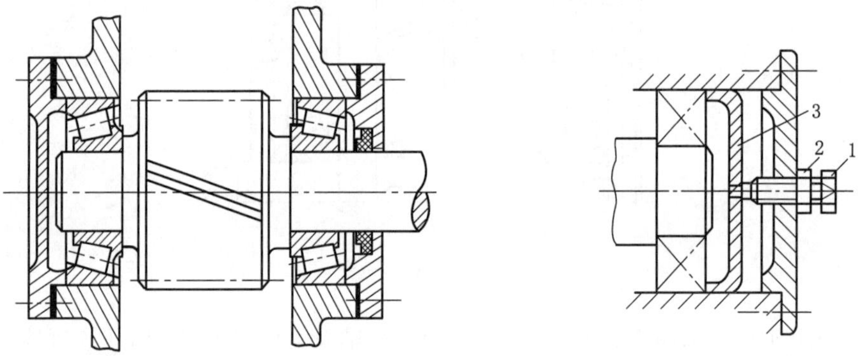

图 7-69 轴承间隙高速

在安装时，可以向 30000 和 70000 型轴承施加一定的轴向预紧力，使内、外圈相对靠近，使套圈和滚动体接触处产生弹性变形，因而消除一定的游隙，提高轴的旋转精度和刚度。此法称为轴承的预紧。预紧力的获得，可以利用在两轴承的内圈或外圈之间加减金属垫片的方法，如图 7-70(a)所示；也可以将两轴承的内圈或外圈磨窄一些，如图 7-70(b)所示。

(3) 轴承组合位置的调整

轴承组合位置的调整，既要获得合理的轴承间隙，又要使轴上的传动件(如齿轮、蜗轮、蜗杆)等具有准确的工作位置。如图 7-71 所示，透盖 1 与套杯 2 间的垫片用于调整轴承间隙，套杯 2 与机座 3 之间的垫片用于调整圆锥齿轮的轴向位置，使之与相啮合的圆锥齿轮节圆锥顶点相重合。

3. 轴承的配合和装拆

轴承的配合是指内圈与轴径和外圈与机座孔的配合。前者为基孔制，即以轴承内孔的尺寸为基准；后者为基轴制，即以轴承的外径尺寸为基准。其公差带不同于圆柱公差带。圆

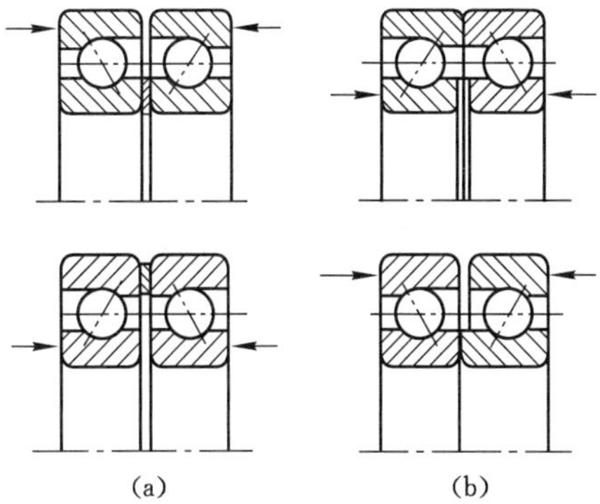

图 7-70 轴承的预紧

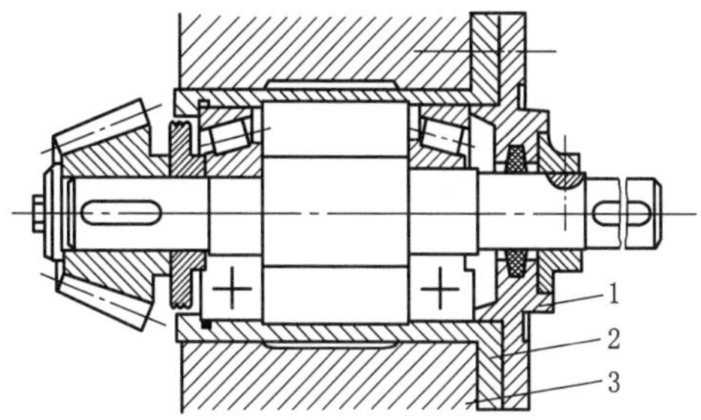

图 7-71 轴承组合位置调整

柱公差标准中一些过渡配合、动配合对于轴承内圈来讲已成了过盈配合和过渡配合。所以，选择轴承的配合应根据表 7-9 或滚动轴承产品样本来确定。

表 7-9 基本组游隙轴承的配合

轴承类型	轴	外壳
球轴承	j5…k5	J6
滚子轴承和滚针轴承	k5…m5	K6

选择轴承的配合时，应考虑轴承的类型、尺寸、转速、载荷大小、方向和性质以及使用条件等因素。当载荷方向不变时，动圈应比定圈的配合紧一些。一般内圈随轴一起转动，外圈固定不动，故内圈与轴的配合较紧，外圈与孔的配合较松。当为游动支承时，外圈与孔的配合为间隙配合。

轴承组合设计时，应考虑轴承的装拆，以使在装拆过程中不致损坏轴承和其他零件。安装轴承时，常用手锤把轴承打入轴颈上。内圈上垫上铜管或软钢管，如图 7-72 所示，也可用压力机把轴承压在轴颈上。对尺寸大的轴承应采用热装，即把轴承在油中煮至 80～100 ℃，对大型轴承也不应超过 120 ℃，然后把轴承套在轴颈上。

拆卸时，常用拆卸器或压力机把轴承从轴上拆下来，为便于拆卸应使轴承内圈与轴肩、外圈与轴承孔的台肩留有足够的拆卸高度 e，如图 7-73 所示。e 值可由设计手册中查得。

四、滚动轴承的润滑和密封

润滑和密封，对滚动轴承的使用寿命具有重要的意义。

润滑的主要目的是减小摩擦、减轻磨损。润滑所形成的油膜还可以吸收振动、散热、减噪、防止锈蚀等。

密封的目的是防止润滑剂的泄漏和灰尘、水汽或其他的污物侵入。

1. 滚动轴承的润滑

滚动轴承的润滑剂可以是润滑脂、润滑油或固体润滑剂。一般情况下，滚动轴承采用润滑脂润滑，但在轴承附近已经具有润滑油源时，也可采用润滑油润滑。具体选择可按速度因数 dn 值来定。d 代表轴承内径(mm)，n 代表轴承套圈的转速(r/min)，dn 值间接地反映了轴颈的圆周速度，当 $dn<(1.5\sim2)\times10^5$ mm · r/min 时，一般滚动轴承可采用润滑脂润滑，

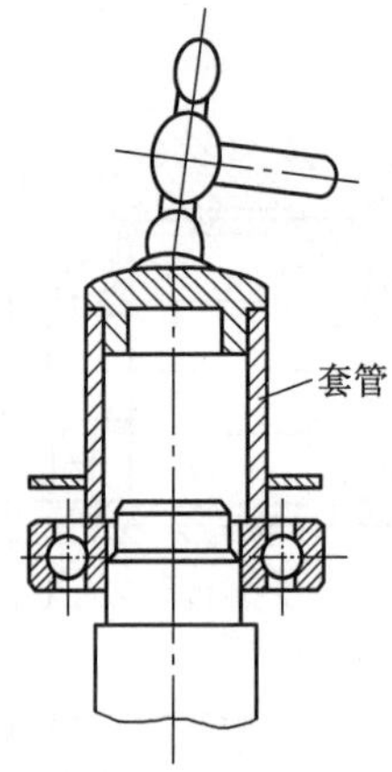

图 7-72　轴承的安装

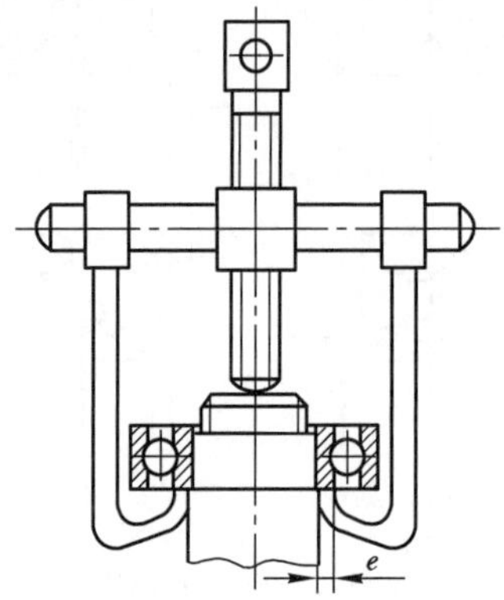

图 7-73　轴承的拆卸

超过这一范围宜采用油润滑。表 7-10 中列出了各类轴承在不同润滑剂和润滑方式下的 dn 许用值，由此可确定滚动轴承适用的润滑剂及润滑方式。

油润滑中又有浸油、滴油、喷雾和油雾润滑等。若浸油润滑时，油面高度应不超过最低滚动体的中心，以免产生过大的搅油损耗和热量。高速轴承通常采用喷油或油雾润滑。

表 7-10　　各种润滑方式下滚动轴承的允许 *dn* 值　　单位：mm · r/min

轴承类型	脂润滑	油润滑			
		油浴润滑	滴油润滑	循环油润滑	喷雾润滑
深沟球轴承	160 000	250 000	400 000	600 000	>600 000
调心承球轴承	160 000	250 000	400 000		
角接触球轴承	160 000	250 000	400 000	600 000	>600 000
圆柱滚子轴承	120 000	250 000	400 000	600 000	
圆锥滚子轴承	100 000	160 000	230 000	300 000	
调心滚子轴承	80 000	120 000		250 000	
推力球轴承	40 000	60 000	120 000	15 0000	

2. 滚动轴承的密封

滚动轴承的密封方法的选择与润滑的种类、工作环境、温度、密封表面的圆周速度有关。密封方法分接触式和非接触式两类。

(1) 接触式密封

接触式密封是在轴承透盖上装上密封件，使之与轴直接接触而起密封作用。这种密封要求与密封件接触的轴表面硬度大于 40HRC，而表面粗糙度 $Ra<0.3$ m。按使用的密封件不同可分为毛毡密封、皮碗密封等。

① 毛毡密封：主要用于脂润滑、工作环境比较干净的轴承密封。一般接触处的圆周速度 $v\leqslant 4\sim 5$ m/s，允许工作温度可达 90 ℃。如果轴表面经过抛光，毛毡质量较好，圆周速度 $v=7\sim 8$ m/s。其结构形式如图 7-74(a)所示。

② 皮碗密封：皮碗密封圈用耐油橡胶制成，用于脂润滑或油润滑的轴承密封中。接触

处的圆周速度 $v \leqslant 7$ m/s，适用于温度 −40～100 ℃。为了保持密封圈的压力，皮碗用弹簧圈紧箍在轴上。皮碗密封唇面向轴承，主要用于防止润滑油的泄漏；皮碗密封唇背向轴承，主要用于阻止灰尘杂物的侵入，如图 7-74(b)所示。如果同时采用两个皮碗相背安装既能防止润滑油泄漏，又能防止灰尘杂物的侵入。

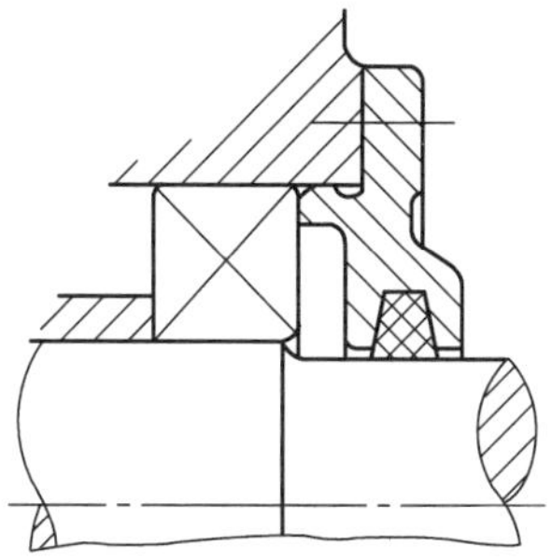

(a)　　(b)

图 7-74　接触式密封

(2) 非接触式密封

如图 7-75 所示，密封件与轴没有直接接触，对轴颈没有摩擦，多用于速度较高、干燥、清洁的场合。这种密封可分为油沟式、迷宫式和组合式密封等。

① 油沟式密封：如图 7-75(a)所示，在透盖配合面上开有 3 个以上宽为 3～4 mm、深为 4～5 mm 的沟槽，充满润滑脂以提高密封效果。

② 迷宫式密封：如图 7-75(b)所示，由透盖和套组成轴向、径向间隙，以构成迷宫曲路实现密封。

③ 组合式密封：如图 7-75(c)所示，由油沟与甩油环组成。这种密封除了油沟起密封作用外，甩油环可以把向外流的油甩在透盖上，流回油池。这样可以达到更好的密封效果。

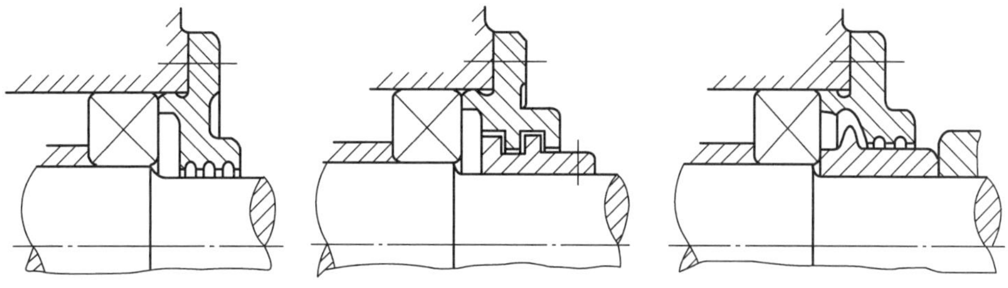

(a)　　(b)　　(c)

图 7-75　非接触式密封

第六节　联轴器和离合器

联轴器和离合器主要用于轴与轴之间的连接，使它们一起回转并传递转矩。用联轴器连接的两根轴，只有在机器停车后才能拆卸。用离合器连接的两根轴在机器运转过程中就能使两轴连接或分离，如图 7-76 所示，联轴器、离合器的结构形式很多，常用的大部分已经标准化，本章仅介绍几种常用类型的结构特点、适用场合及选择。

一、联轴器

联轴器所连接的两轴由于机器制造及安装误差、运转时零件的变形、机座下沉和轴承磨损等原因往往不能保证两轴线对中，被连接的两轴可能发生相对位移或偏斜的情况，如图 7-77 所示。如果这些位移得不到补偿，将会在轴、轴承、联轴器上引起附加载荷。因此，应采用不同类型联轴器。

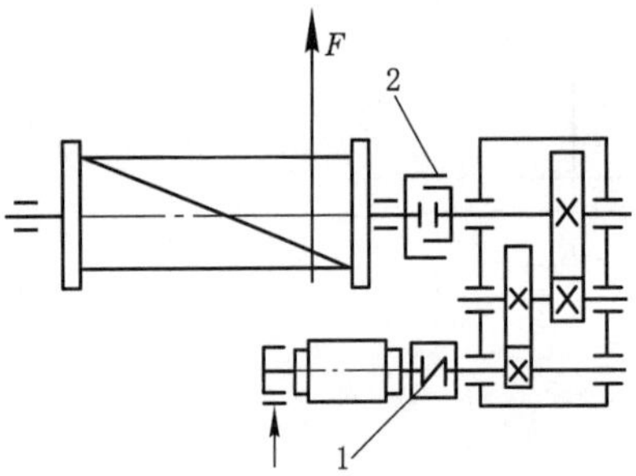

图 7-76 卷扬机示意图

1——联轴器；2——离合器

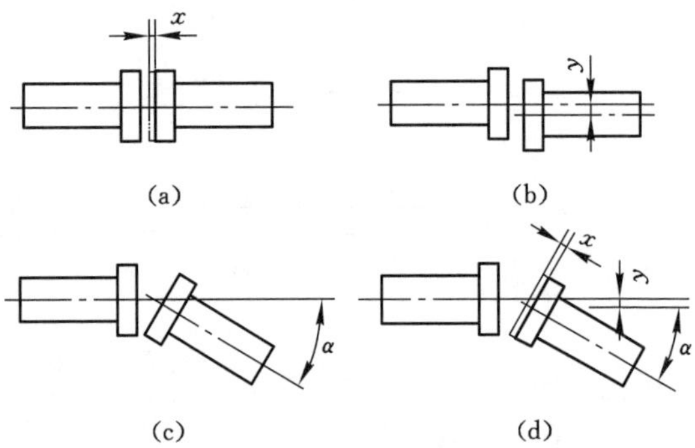

图 7-77 两轴的相对位移

根据被连接两轴的相对位置关系，联轴器可分为固定式和可移式两类。固定式联轴器用在两轴能严格对中，工作时不发生相对位移的场合；可移式联轴器则用在两轴有偏斜或工作中有相对位移的场合。在可移式联轴器中，根据补偿位移方法的不同，又分为两类：刚性可移式联轴器，即利用联轴器的结构和工作零件间的间隙来实现补偿；弹性可移式联轴器，即利用联轴器中弹性元件的变形来补偿。

1. 类型

(1) 固定式联轴器

① 套筒联轴器。如图 7-78 所示，套筒联轴器是由连接两轴端的套筒和连接套筒与轴的键或销钉组成。这种联轴器结构简单、径向尺寸小、成本低，适用于轴对中性好、低速、无冲击、安装精度高的场合。

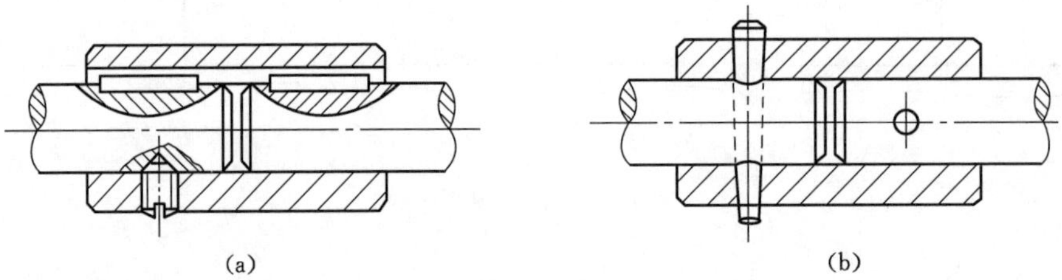

图 7-78 套筒联轴器

② 凸缘联轴器。凸缘联轴器是把两个带有凸缘的半联轴器用键分别与两轴连接，然后用螺栓把两个半联轴器连成一体，如图 7-79 所示。按对中方式不同，这种联轴器有两种结

构形式:图 7-79(a)所示为Ⅰ型,此种结构用凸肩和凹槽对中,并用普通螺栓连接,螺栓与孔间存在间隙,靠两半联轴器接触面间的摩擦力传递转矩,装拆时需移动轴。图 7-79(b)所示为Ⅱ型,此种结构用铰制孔螺栓对中,螺栓与孔壁间略有过盈的紧密配合,靠螺栓承受挤压和剪切来传递转矩,装拆时不需移动轴。尺寸相同时,Ⅱ型比Ⅰ型传递转矩大,但Ⅱ型加工麻烦。

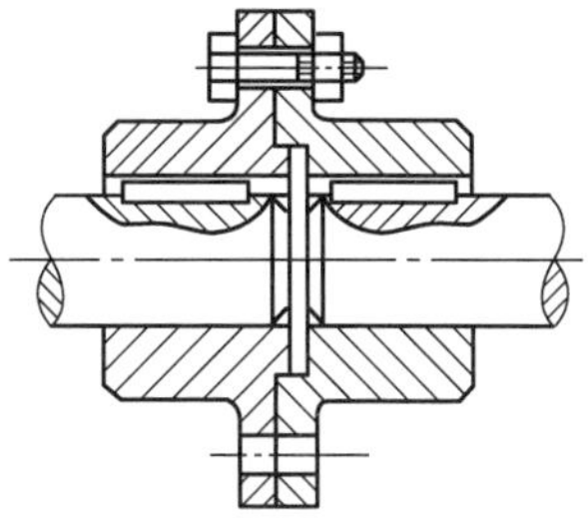

(a) (b)

图 7-79 凸缘联轴器

凸缘联轴器对两轴对中性的要求很高,当两轴有相对位移存在时,就会在机件内引起附加载荷,使工作情况恶化,这是它的主要缺点。但由于结构简单、成本低、能传递较大转矩,故当转速低、无冲击、轴的刚性大、对中性好时常采用。

(2) 刚性可移式联轴器

① 十字滑块联轴器。如图 7-80 所示,十字滑块联轴器是由两个端面带凹槽的半联轴器 1,3 和一个两端面带有十字交叉凸块的中间盘 2 组成。安装时中间盘 2 的凸块分别嵌装在 1,3 的凹槽中。因凸块可在凹槽中滑动,故可补偿安装及运转时相轴间的相对位移。它所允许的两轴的径向位移 $y \leqslant 0.04d$(d 为轴径,mm),角位移 $\alpha \leqslant 30'$。

这种联轴器径向尺寸较小,结构简单,适用于转矩大、两轴间相对位移量较大、转速不高且无剧烈冲击的场合。

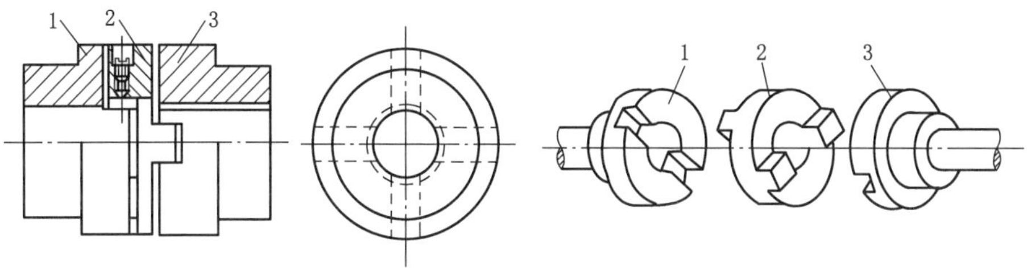

(a) (b)

图 7-80 十字滑块联轴器

② 万向联轴器。如图 7-81(a)所示,万向联轴器是由两个叉形零件 1、2 和一个十字形零件 3 以及轴所组成。这样就构成了一个可动的连接。允许连接的两轴间有较大的角偏移,最大可达 45°。当两轴线不同轴时,主动轴等角速度回转,而从动轴角速度在某一范围内作周期性变化,因而在传动中产生附加动载荷。为改善这种情况,常将万向联轴器成对使用,如图 7-81(b)所示。

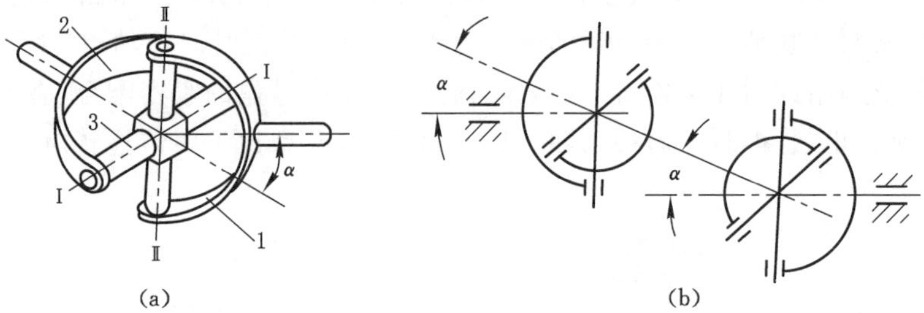

图 7-81　万向联轴器

③ 齿式联轴器。齿式联轴器是两个带有内齿及凸缘的外套筒和两个带有外齿的内套筒所组成，如图 7-82 所示。两个内套筒分别用键与两轴相连接，两个外套筒用螺栓连接，依靠内外齿相啮合传递转矩。内、外齿的齿廓为渐开线，齿形角一般为 20°齿数通常为 30～80 个，外齿轮的齿顶做成球面(球面中心应位于轴线上)。啮合时因有较大的齿侧和齿顶间隙，故具有补偿综合位移的能力。

这种联轴器外部尺寸紧凑，能传递较大转矩，且工作可靠，但结构复杂，制造成本高。在重型机械中应用较广，不适用于立轴传动。

(3) 弹性联轴器

① 弹性套柱销联轴器。弹性套柱销联轴器的构造与凸缘联轴器相似，只是用套有弹性套的柱销代替了连接螺栓，弹性套用橡胶制成，如图 7-83 所示。工作时依靠弹性套的变形来补偿两轴线的偏移，并有缓冲和吸振作用。但弹性套易损坏，寿命较低，适用于经常正反转、启动频繁、载荷平稳和高速运转的传动中。

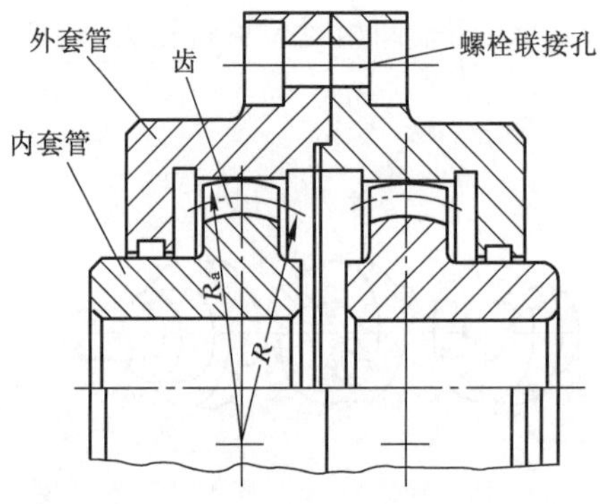

图 7-82　齿式联轴器

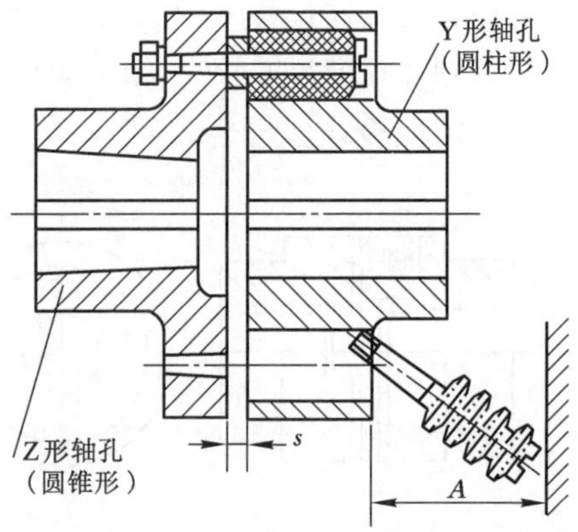

图 7-83　弹性套柱销联轴器

② 弹性柱销联轴器。弹性柱销联轴器是由一组木销或尼龙销将两半联轴器连接在一起，为防止脱销，柱销两端用螺钉固定了挡板，如图 7-84 所示。这种销联轴器制造容易，耐久性好，安装维护方便，传递转矩大；可代替弹性套柱销联轴器使用。适用于轴向位移大，正、反转或启动频繁的传动。采用尼龙柱销时，温度控制在－20～＋70 ℃之间。

③ 轮胎式联轴器。如图 7-85 所示，轮胎式联轴器是由橡胶或橡胶织物制成的特型轮

胎用压板和螺栓把半联轴器连接而成。两半联轴器分别用键与两轴相连，通过轮胎传递转矩。轮胎式联轴器富有弹性，具有良好的消振能力，能有效地降低动载荷和补偿较大的轴向位移，而且绝缘性能好，运转时无噪声。其缺点是径向尺寸较大；当转矩大时，会因过大扭转变形而产生附加轴向载荷，故适用于潮湿，多尘，冲击大，正、反转次数多及启动频繁场合，起重机械多用。

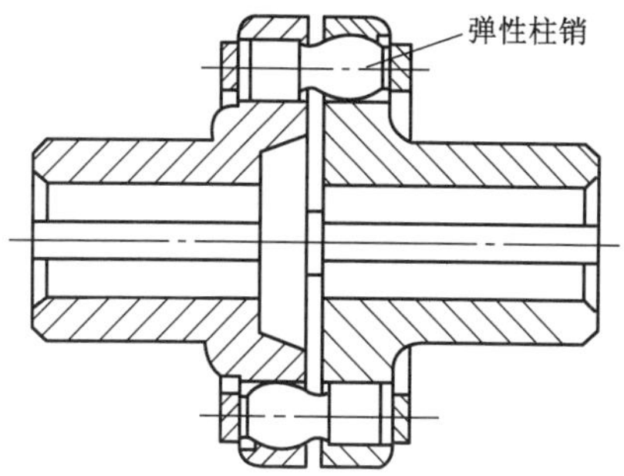

图 7-84　弹性柱销联轴器

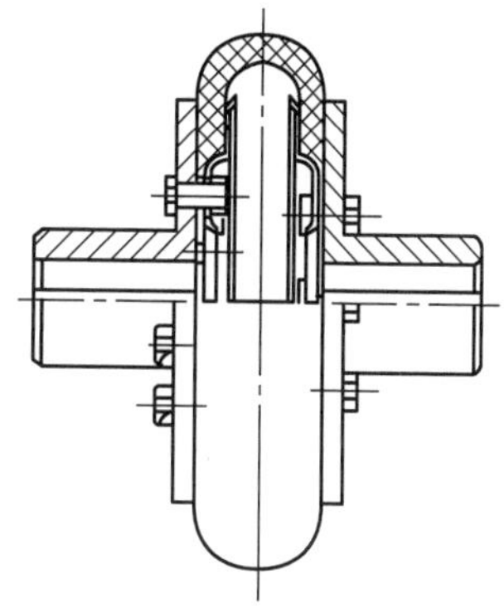

图 7-85　轮胎式联轴器

④ 联轴器的选择。绝大多数联轴器均已标准化或规格化(见有关手册)。一般机械设计者的任务主要是选用，而不是设计。联轴器的选择包括类型选择和尺寸选择。

2. 选择

(1) 类型选择

在选择联轴器类型时，主要考虑的因素有：被连接两轴的对中性，载荷大小和特性，工作温度。当两轴心线能保证同轴时，可选用固定式联轴器，若不能保证两轴同心或工作中可能发生各种偏移时，应选择有补偿能力的可移式联轴器；若机器频繁启动，制动或载荷变化大时，应选用弹性联轴器。当工作环境温度较高时，一般不使用具有橡胶或尼龙等弹性元件的联轴器。此外，还要考虑其装拆、维护和更换方便。

(2) 尺寸选择

在选定联轴器类型后，可按轴的直径、启动转矩和转速从有关手册中选择适合的型号，使轴的直径，工作转矩和转速在该尺寸结构联轴器的允许范围内。

多数情况下，每一型号联轴器适用的轴的直径均有一个范围。标准中或者给出轴直径的最大值和最小值，或者给出适用直径的尺寸系列，被连接两轴的直径应当在此范围之内选取。

考虑机械在启动和制动时惯性力及工作过程中过载等因素的影响，在选择和校核联轴器时，应以计算转矩 T_C 为依据，即：

$$T_C = K_A \cdot T \tag{7-8}$$

式中　T——联轴器传递的名义转矩，N · mm；

K_A——工作情况系数，见表 7-11。

表 7-11　　工作情况系数 K_A

工作机		K_A			
		原动机			
分类	工作情况举例	电动机 汽轮机	四缸和四缸 以上内燃机	双缸 内燃机	单缸 内燃机
Ⅰ	转矩变化很小，如发电机、小型通风机、小型离心泵	1.3	1.5	1.8	2.2
Ⅱ	转矩变化小，如透平压缩机、木工机床、运输机	1.5	1.7	2.0	2.4
Ⅲ	转矩变化中等，如搅拌机、增压泵、冲床	1.7	1.9	2.2	2.6
Ⅳ	转矩变化和冲击载荷中等，如织布机、拖拉机	1.9	2.1	2.4	2.8
Ⅴ	转矩变化和冲击载荷较大，如造纸机、起重机	2.3	2.5	2.8	3.2
Ⅵ	转矩变化大并有极强烈冲击载荷，如压延机、重型初轧机	3.1	3.3	3.6	4.0

二、离合器

根据工作原理的不同，离合器可分为牙嵌式和摩擦式两大类。

1. 牙嵌离合器

如图 7-86 所示，牙嵌离合器是由两个端面带有牙的半离合器组成，半离合器 1 用平键与主动轴固定，半离合器 2 利用导向平键或花键与从动轴连接，操纵机构 4 可使其沿轴向移动，以实现离合器中，从动轴可在对中环 3 内自由转动。

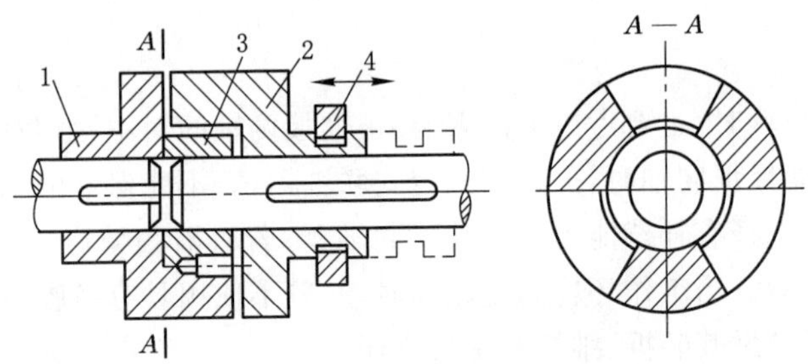

图 7-86　牙嵌式离合器

牙嵌离合器常用的牙型如图 7-87 所示，三角形牙[图 7-87(a)]容易接合和分离，用于传递小转矩；矩形牙[图 7-87(b)]不便于接合，分离也困难，磨损后无法补偿，应用较少；梯形牙[图 7-87(c)]强度高，能传递较大转矩，并可补偿磨损产生的齿侧间隙，接合与分离比较容易，故应用较广；锯齿形牙[图 7-87(d)]强度高，传递转矩能力大，多在重载情况下应用，但只能单向工作。

牙嵌式离合器结构简单，尺寸紧凑，并能传递较大转矩，由于它是刚性啮合，齿面间无相对滑动，可实现准确的运动传递。但在运动中结合时有冲击，故只能在低速和静止状态下结合。

2. 摩擦离合器

摩擦离合器靠两接触工作面间的摩擦力来传递转矩，其工作面可做成圆盘形、圆锥形等。圆盘摩擦离合器又可以分为单盘式和多盘式两种。图 7-88 所示为单盘摩擦离合器。其主动盘 1 固定在主动轴 2 上，从动盘 3 用导向平键连在从动轴 4 上，操纵机构 5 可使其在从动轴上移动。接合时以力 F_A 作用在从动盘上，主动轴上的转矩是由两盘接触面间产生的摩擦力矩传到从动轴上。

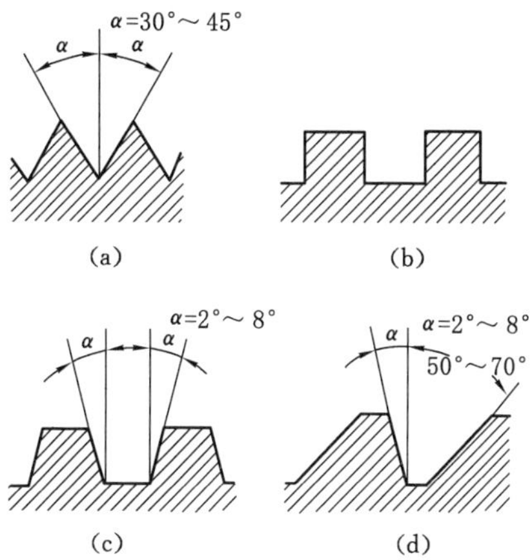

图 7-87　牙嵌离合器牙形图

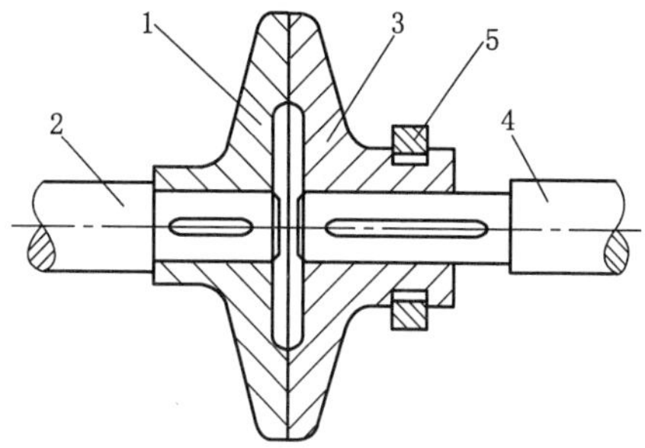

图 7-88　单盘摩擦离合器

图 7-89 所示为多盘摩擦离合器，其主动轴 1 与外壳 2 相连，从动轴 3 与套筒 4 相连。外壳与一组外摩擦片 5 通过花键连接，随外壳一起回转，它的内孔不与任何零件接触。套筒与另一组内摩擦片 6 也通过花键连接。当滑环 7 向左移动时，杠杆 8 通过压板 9 将所有内、外摩擦片紧压在调节螺母 10 上，离合器接合。当滑环 7 向右移动时，杠杆 8 在弹簧的作用下绕支点逆时针转动，摩擦片分开，离合器分离。

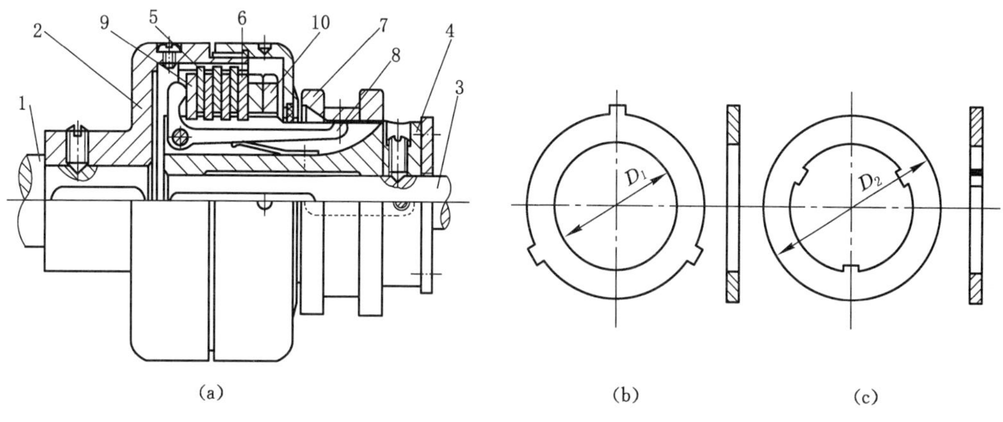

图 7-89　多盘摩擦离合器

摩擦离合器和牙嵌离合器相比，有下列优点：不论在何种速度，两轴都可以结合或分离；结合过程平稳，冲击、振动较小；从动轴的加速时间和所传递的最大转矩可调节；过载时可发生打滑。基缺点为外部尺寸较大，结构复杂，成本高，磨损大，当产生滑动时不能保证两轴精确同步转动。

复习思考题

1. 为什么连接螺纹一般为三角形螺纹？而传动螺纹是梯形、矩形、锯齿形螺纹？

2. 试画出螺栓、双头螺柱的连接结构草图。

3. 提高螺栓强度的措施有哪些？

4. 平键工作原理是什么？主要失效形式是什么？平键尺寸如何确定？

5. 楔键工作原理是什么？特点是什么？应用在什么场合？

6. 花键连接与键连接相比有何优缺点？

7. 若经强度校核一个平键或一个切向键不能满足强度要求需增加为两个键时，这两个键的相对位置如何摆放？

8. 已知轴直径为 $d=50$ mm，试选一 A 型平键，并绘出键与轴槽和毂槽连接的横剖面图

9. 轴按受载情况可分几类？自行车三根轴（前、中、后）属何种轴？每种轴应力性质是什么？

10. 轴设计的基本步骤是什么？结构设计解决的主要问题是什么？

11. 指出图 7-90 中结构设计中的错误，并改正之。

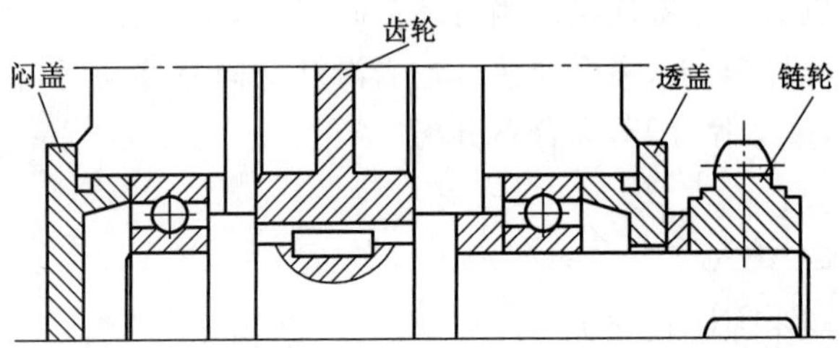

图 7-90　题 11 图

12. 滑动轴承是如何分类的？

13. 非流体润滑滑动轴承的结构形式有几种？各有什么特点？

14. 滑动轴承的润滑方式有哪几种？各有什么特点？对应的润滑装置如何选择？

16. 分析动压轴承形成液体动压润滑的过程。

17. 非流体润滑滑动轴承的失效形式及设计准则？

18. 滚动轴承与滑动轴承的根本区别是什么？

19. 滚动轴承的主要类型有哪些？各有何特点？

20. 指出下列轴承代号的含义：6208，7310 和 31311。

21. 滚动轴承的失效形式有哪些？如何进行选择计算？

22. 滚动轴承的类型如何选择？如何对它们进行组合设计？

23. 滚动轴承的润滑、密封方式如何确定？如何选择润滑剂？

24. 固定式联轴器和可移式联轴器的区别是什么？各适用在什么场合？

25. 刚性联轴器和弹性联轴器的区别是什么？各适用在什么场合？

26. 联轴器与离合器的相同点和不同点？

第四篇　机械制造技术基础

任何机械产品都是由许许多多的零件构成的，要制造出产品，首先就必须把构成它的零件全部制造出来，然后经过装配、调试，最后形成产品。本篇主要介绍机械零件的制造工艺及设备和产品的装配技术。

第八章

金属切削基础知识

利用刀具和工件之间的相对运动，从坯件或半成品件切去多余的金属，以获得所需要的几何形状、尺寸精度和表面粗糙度的零件，这种加工方法称为金属切削加工，又称冷加工。

第一节　切削运动及切削要素

一、切削运动

切削运动就是使切削过程得以进行的运动，切削运动有工件的运动、刀具的运动或者是二者的合成运动。单一的运动一般是直线和回转两种简单的运动，这些简单运动的不同组合，就构成了各种不同的切削运动，如车削、铣削、钻削等都是由一个回转运动和一个直线运动组合而成。图 8-1 所示为几种常见的切削加工的运动形式。

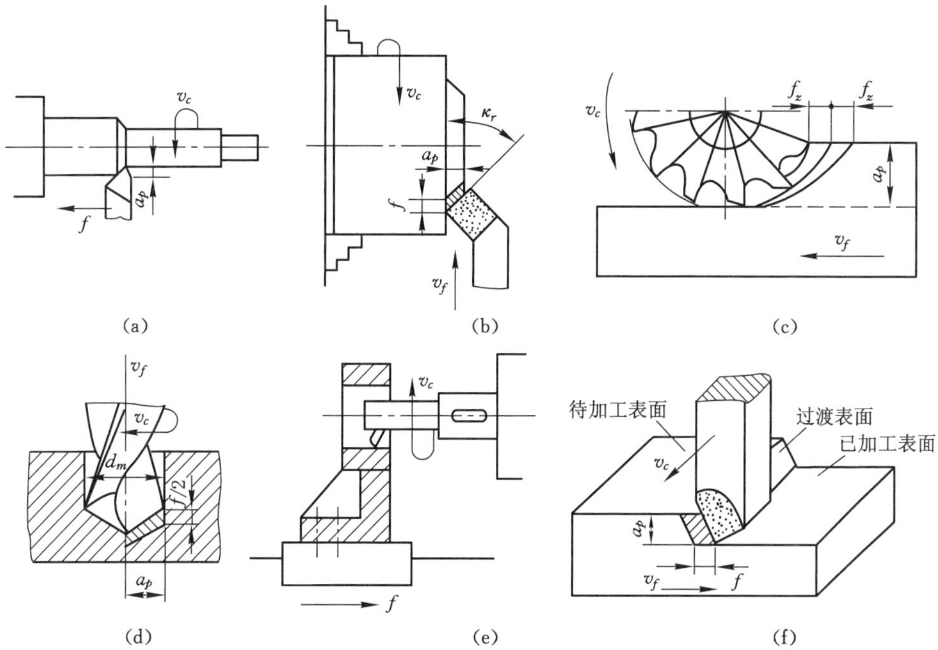

图 8-1　几种常见的切削加工的运动形式

(a) 车外圈；(b) 车端面；(c) 铣削；(d) 钻削；(e) 镗削；(f) 刨削

切削运动可分为主运动和进给运动。图 8-2 所示为切削运动、切削层及工件上形成的表面。

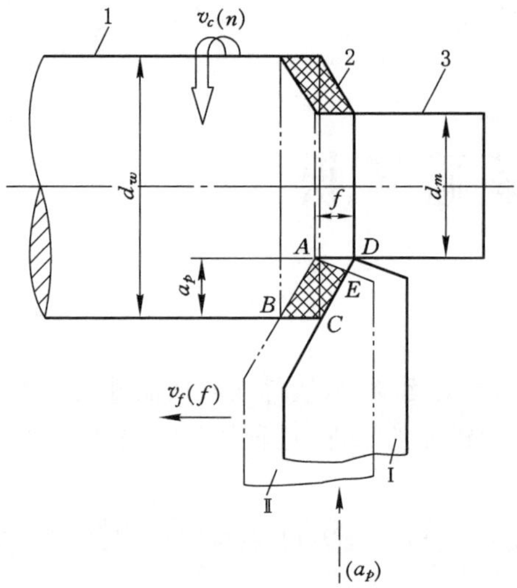

图 8-2 切削运动

1. 主运动

切削过程中使工件形成新的表面、速度最高、消耗功率最大的运动称为主运动，如车削时工件的回转运动、钻削时钻头的回转运动、拉削时拉刀的直线运动等都是主运动。

2. 进给运动

连续或间断地把金属层不断投入切削从而加工出完整表面所需的运动称为进给运动，如车削时，车刀的纵向或横向移动。钻削时，钻头的轴向移动等都是进给运动。

一般切削加工中的主运动只有一个，而进给运动则可能是一个或几个。

二、切削用量

切削用量用来衡量切削运动量的大小。在一般的切削加工中，切削用量包括切削速度、进给量和背吃刀量三要素。

1. 切削速度 v_c

切削刃上选定点相对于工件主运动的瞬时速度称为切削速度，用 v_c 表示，单位为 m/s 或 m/min。

若主运动为旋转运动，切削速度一般为选定点线速度，v_c 按下式计算：

$$v_c = \frac{\pi dn}{1\,000} \tag{8-1}$$

式中 d——工件或刀具选定点的旋转直径，mm；

n——工件或刀具的转速，r/s 或 r/min。

若主运动为往复直线运动（如刨削、插削等），则常以其平均速度为切削速度 v_c，按下式计算：

$$v_c = \frac{2Ln_r}{1\,000} \tag{8-2}$$

式中　L——往复行程长度，mm；

n_r——主运动每秒或每分钟的往复次数，st/s 或 st/min。

2. 进给量

刀具在进给运动方向上相对工件的位移量称为进给量。不同的加工方法，由于所用刀具和切削运动形式不同，进给量的表述和度量方法也不相同。

用单齿刀具(如车刀、刨刀等)加工时，进给量常用刀具或工件每转或每行程，刀具在进给运动方向上相对工件的位移量来度量，称为每转进给量或每行程进给量，以 f 表示，单位为 mm/r 或 mm/s。

用多齿刀具(如铣刀、钻头等)加工时，进给运动的瞬时速度称进给速度，以 v_f 表示，单位为 mm/s 或 mm/min。刀具每转或每行程中每齿相对工件在进给运动方向上的位移量，称每齿进给量，以 f_z 表示，单位为 mm/z。

f_z，f，v_f 之间有如下关系：

$$v_f = fn = f_z zn \tag{8-3}$$

式中　n——刀具或工件转速，r/s 或 r/min；

z——刀具的齿数。

3. 背吃刀量 a_p

在通过切削刃上选定点并垂直于该点主运动方向的切削层尺寸平面中垂直于进给运动方向测量的切削层尺寸，称为背吃刀量，以 a_p 表示，单位为 mm。车外圆时 a_p 可用下式计算：

$$a_p = \frac{d_w - d_m}{2} \tag{8-4}$$

式中　d_w——工件待加工表面直径，mm；

d_m——工件已加工表面直径，mm。

三、切削层参数

切削层是指切削过程中，由刀具切削部分的一个单一动作(如车削时工件转一圈，车刀主切削刃移动一段距离)所切除的工件材料层。它决定了切屑的尺寸及刀具切削部分的载荷。切削层的尺寸和形状，通常是在切削层尺寸平面中测量的(图 8-3)。

① 切削层公称横截面积 A_D：在给定瞬间，切削层在切削层尺寸平面里的实际横截面积，单位为 mm。

② 切削层公称宽度 b_D：在给定瞬间，作用主切削刃截形上两个极限点间的距离，在切削层尺寸平面中测量，单位为 mm。

③ 切削层公称厚度 h_D：在同一瞬间的切削层公称横截面积与其公称宽度之比，单位为 mm。

由定义可知：

$$A_D = b_D h_D \tag{8-5}$$

因 A_D 不包括残留面积，而且在各种加工方法中 A_D 与进给量和背吃刀量的关系不同，所以 A_D 不等于 f 和 a_p 的乘积。只有在车削加工中，当残留面积很小时才能近似地认为它们相等，即：

$$A_D \approx fa_p \tag{8-6}$$

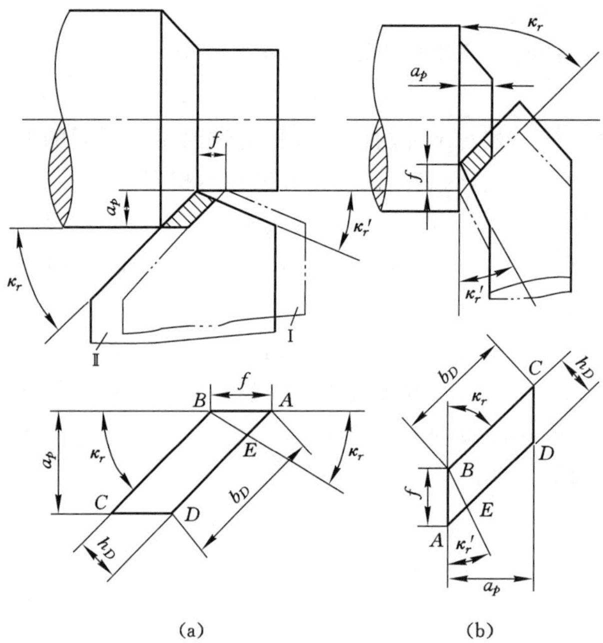

图 8-3 切削层参数

(a) 车外圆时；(b) 车端面时

第二节 金属切削刀具

一、刀具材料

切削过程中，刀具的切削部分是在较大的切削力、较高的切削温度和剧烈的摩擦条件下进行的。刀具材料的选择是否恰当，直接影响着刀具的寿命、切削效率及零件的加工质量。

1. 刀具材料应具备的基本性能

① 较高的硬度。刀具材料的硬度必须高于工件材料的硬度，常温硬度一般在 60HRC 以上。

② 足够的强度和韧度。刀具材料必须有足够的强度和韧性，以承受切削过程中切削力、冲击和振动。

③ 较好的耐磨性。刀具材料耐磨性要好，以抵抗切削过程中的磨损，维持一定的切削时间。

④ 较高的耐热性。刀具材料应有较高温下保持其原有硬度基本不变的能力，以便在高温下仍能保持较高硬度，又称为红硬性或热硬性。

⑤ 较好的工艺性。刀具材料具备的便于加工的性能，以便于制造各种刀具。工艺性包括锻造、轧制、焊接、切削加工、磨削加工和热处理性能等。

目前尚没有一种刀具材料能全面满足上述要求。因此，必须了解常用刀具材料的性能和特点，以便根据工件材料的性能和切削要求。选用合适的刀具材料。同时，应进行新型刀具材料的研制。

2. 常用的刀具材料

目前，在切削加工中常用的刀具材料有：碳素工具钢、合金工具钢、高速钢、硬质合金及陶瓷材料等。

(1) 碳素工具钢（如 T10A）和合金工具钢（如 9SiCr）

由于刀具材料的耐热性较低，常用来制造一些切削速度不高的手工工具，如锉刀、锯条、铰刀等，较少用于制造其他刀具。

(2) 高速钢

高速钢是含 W、Cr、V 等合金元素较多的合金工具钢。与合金工具钢相比，它不仅具有更高的硬度（室温时为 63～70 HRC）、耐磨性、抗弯强度和冲击韧性，尤为可贵的是具有较高的热硬性（600 ℃），因而它允许的切削速度要比合金工具钢高数倍。

(3) 硬质合金

它是以高硬度、高熔点的金属碳化物（WC、TiC 等）作为基体，以金属 Co 等作为黏结剂，用粉末冶金的方法制成的一种合金。它的硬度高，耐磨性好，耐热性高，尤其是热硬性可达 800～1 000 ℃，因此它允许的切削速度为高速钢的 4～6 倍。

① 钨钴类（YG 类）：由 WC 和 Co 组成的钨钴类（YG 类，相当于 ISO 标准的 K 类），硬质合金塑性较好.但切削塑性材料时，耐磨性较差，因此它适于加工铸铁、青铜等脆性材料。

② 钨钛钴类（YT 类）：由 WC、TiC 和 Co 组成的钨钛钴类（YT 类，相当于 ISO 标准的 P 类）比 YG 类硬度高、耐热性好，并且在切削韧性材料时较耐磨，但韧性较小，适于加工钢件。

(4) 陶瓷材料

它的主要成分是 Al_2O_3。陶瓷刀片的硬度高，耐磨性好，耐热性高，允许用较高的切削速度，但陶瓷材料性脆怕冲击，切削时容易崩刃。

二、刀具切削部分的几何参数

1. 刀具切削部分的组成

刀具种类繁多，其切削部分的形状也各不相同，但是，他们的几何形状与参数，有很多共性。下面以普通车刀为例，来介绍组成刀具切削部分各要素的定义（图 8-4）。

① 前面（前刀面）$A\gamma$：切屑流出时经过的刀面。

② 后面（后刀面）A_α：对着工作切削表面的刀面。

③ 副后面（副后刀面）A'_α：对着工件已加工表面的刀面。

④ 主切削刃 S：前面与后面的交线，它担任对工件的主要切削工作。

⑤ 副切削刃 S'：前面与副后面的交线，它配合主切削刃完成切削工作。

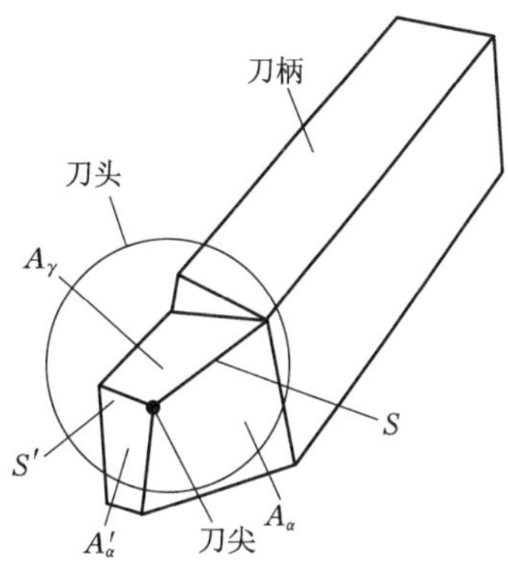

图 8-4　车刀的构造要素

⑥ 刀尖：主、副切削刃汇交的一小段切削刃。为了强化刀尖，许多刀具都在刀尖处磨出直线或圆弧形过渡刃。

2. 确定刀具角度的正交平面参考系

表示刀具角度的正交参考系主要包括基面、切削平面和正交平面等（图 8-5）。

① 基面：过切削刃选定点，垂直于该点假定主运动方向的平面，以 p_r 表示。

② 切削平面:过切削刃选定点,与切削刃相切,并垂直于基面的平面,主切削平面以 p_s 表示,副切削平面以 p_s 表示。

③ 正交平面:过切削刃选定点,并同时垂直于基面和切削平面的平面,以 p_0 表示。

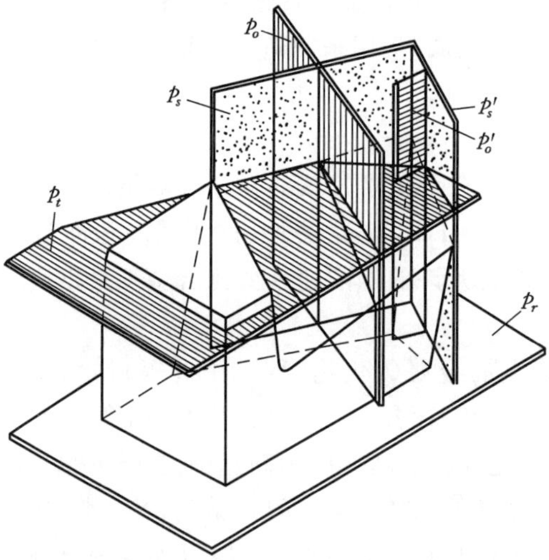

图 8-5 刀具的正交平面参考系

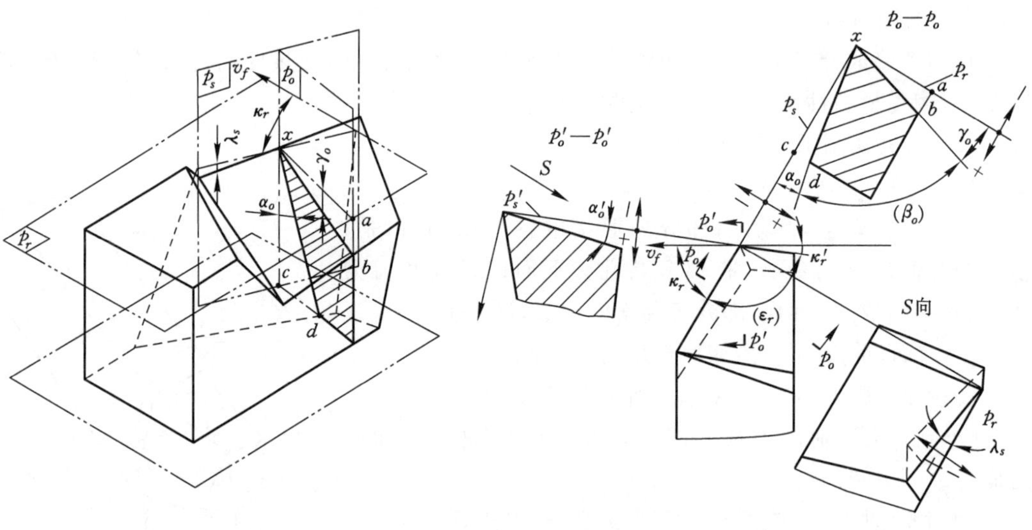

(a)　　(b)

图 8-6 车刀的主要角度

(a) 立体图;(b)平面图

3. 车刀的标注角度

刀具的标注角度是制造和刃磨刀具所需要的,并在刀具设计图上予以标注的角度。刀具的标注角度主要有 5 个。

① 前角 γ_0:主剖面 p_0 内测量的前刀面与基面之间的夹角。前角越大,切削刃越锋利,

切削时越省力，切削力也小。但当前角过大时，切削刃强度降低影响刀具寿命。切削塑性材料时，一般 $\gamma_0=15^\circ\sim30^\circ$；切削脆性材料，一般 $\gamma_0=5^\circ\sim15^\circ$

② 后角 α_0：在主剖面 p_0 内测量的主后刀面与切削平面之间的夹角。后角的主要作用是减少刀具后刀面与工件表面间的摩擦，并配合前角改变切削刃的锋利与强度。后角越大，摩擦越小，切削刃越锋利。但后角过大，将使切削刃强度降低。粗加工时，$\alpha_0=6^\circ\sim8^\circ$。精加工时，$\alpha_0=8^\circ\sim12^\circ$。

③ 主偏角 K_r：在基面内测量的主切削刃在基面上的投影与进给运动方向的夹角。主偏角主要影响切削层截面的形状和几何参数，影响切削分力的变化

④ 副偏角 K'_r：在基面内测量的副切削刃在基面上的投影与进给运动反方向的夹角。副偏角影响已加工表面粗糙度并减小副切削刃和副后刀面与已加工表面摩擦的作用。

⑤ 刃倾角 λ_s：在切削平面内测量的主切削刃与基面之间的夹角。当刀尖为主切削刃最低点时，λ_s 为负值；当刀尖为主切削刃上最高点时，λ_s 为正值。刃倾角主要影响刀头的强度、切削分力和排屑方向。

第三节　金属切削过程的基本规律

一、切屑形成过程及切屑种类

1. 切屑形成过程

实质上是工件材料受到挤压产生剪切变形最后分离的过程。金属的切削过程实际上与金属的挤压过程很相似。切削塑性金属时，材料受到刀具的作用以后，开始产生弹性变形。随着刀具继续切入，金属内部的应力、应变继续加大。当应力达到材料的屈服点时，产生塑性变形。刀具再继续前进，应力进而达到材料的断裂强度，金属材料被挤裂，并沿着刀具的前刀面流出而成为切屑。整个过程如图 8-7 所示。

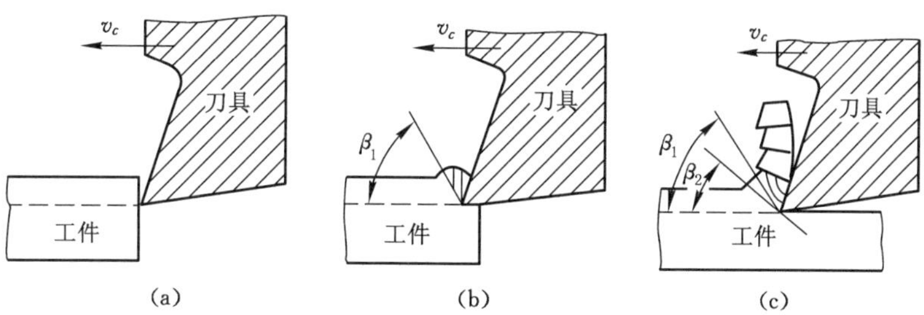

图 8-7　切屑形成过程

(a) 弹性变形；(b) 塑性变形；(c) 形成切屑

2. 切屑的种类

由于工件材料的塑性不同、刀具的前角不同或采用不同的切削用量等，会形成不同类型的切屑，并对切削加工产生不同的影响。常见的切屑有如下几种(图 8-8)：

① 带状切屑。在用大前角的刀具、较高的切削速度和较小的进给量切削塑性材料时，容易得到带状切屑[图 8-8(a)]。形成带状切屑时，切削力较平稳，加工表面较光洁，但切屑连续不断，不太安全或可能刮伤已加工表面，因此要采取断屑措施。

② 节状切屑。在采用较低的切削速度和较大的进给量粗加工中等硬度的钢材时，容易得到节状切屑[图 8-8(b)]。形成这种切屑时，金属材料经过弹性变形、塑性变形、挤裂和切离等阶段，是典型的切削过程。由于切削力波动较大，因此工件表面较粗糙。

③ 崩碎切屑。在切削铸铁和黄铜等脆性材料时，切削层金属发生弹性变形以后，一般不经过塑性变形就突然崩落，形成不规则的碎块状屑片，即为崩碎切屑[图 8-8(c)]。产生崩碎切屑时，切削热和切削力都集中在主切削刃和刀尖附近，刀尖容易磨损，并容易产生振动，影响表面质量。

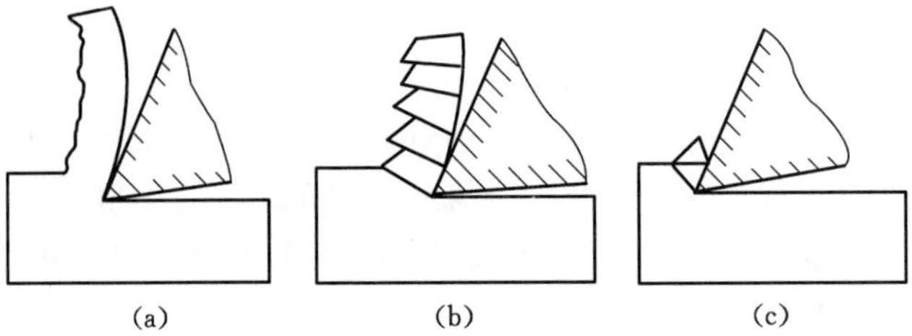

图 8-8 切屑种类

(a) 带状切屑；(b) 节状切屑；(c) 崩碎切屑

二、切削力和切削功率

1. 切削力

金属切削时，刀具切入工件，使被加工材料发生变形并成为切屑所需的力，称为切削力。切削力来源于 3 个方面：

① 克服被加工材料对弹性变形的抗力。

② 克服被加工材料对塑性变形的抗力。

③ 克服切屑对前刀面的摩擦力和刀具后刀面对过渡表面与已加工表面之间的摩擦力。

2. 切削力的分解

实际加工中，总切削力的方向和大小都不易直接测定，也没有直接测定它的必要。为了适应设计和工艺分析的需要，一般不是直接研究总切削力，而是研究它在一定方向上的分力。

以车削外圆为例，总切削力 F 一般常分解为以下 3 个互相垂直的分力，如图 8-9 所示。

① 切削力 F_c。总切削力 F 在主运动方向上的分力，大小约占总切削力的 80% ～ 90%。F_c 消耗的功率最多，约占总功率的 90%以上，是计算机床动力、主传动系统零件和刀具强度及刚度的主要依据。当 F_c 过大时，可能使刀具损坏或使机床发生“闷车”现象。

② 进给力 F_f。总切削力 F 在进给运动方向上的分力，是设计和校验进给机构所必需的数据。进给力也做功，但只占总功的 1%～5%。

③ 背向力 F_p。总切削力 F 在垂直于工作平面方向上的分力。因为切削时这个方向上的运动速度为零，所以 F_p 不消耗功率。但它一般作用在工件刚度较弱的方向上，容易使工件变形，甚至可能产生振动，影响工件的加工精度。

如图 8-9 所示，这三个切削分力与总切削力 F 有如下关系：

$$F = \sqrt{F_c^2 + F_f^2 + F_p^2} \tag{8-7}$$

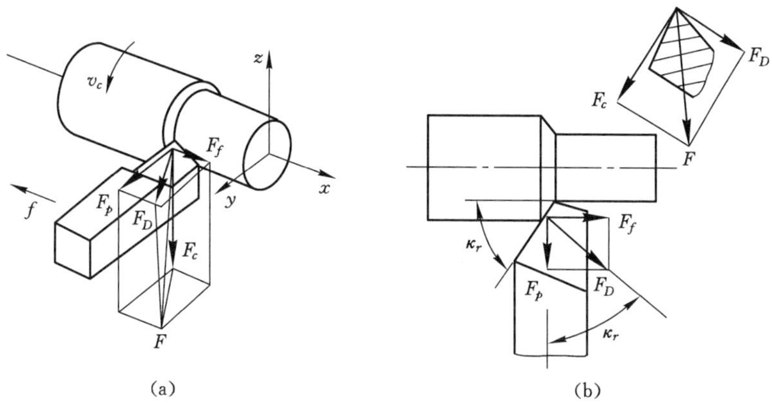

图 8-9　切削时切削合力及其分力

3. 切削功率

切削功率 P_c 应是三个切削分力消耗功率的总和，但背向力 消耗的功率为 0。因此，切削功率 P_c 可用下式计算：

$$P_c = \left(F_c v_c + \frac{F_f n_w f}{1\,000 \times 60}\right) \times 10^3 \tag{8-8}$$

式中　F_c——切削力，N；

v_c——切削速度，m/s；

F_f——进给力，N；

n——工件转速，r/min；

f——进给量，mm/r。

由于进给力 F_f 消耗的功率很小，一般可忽略不计。因此，切削功率 P_c 可用下式计算：

$$P_c = F_c v_c \times 10^3 \tag{8-9}$$

三、切削热和切削温度

1. 切削热的产生、传出及对加工的影响

在切削过程中，由于绝大部分的切削功都转变成热量，所以有大量的热产生，这些热称为切削热。切削热的主要来源有 3 个：

① 切屑变形所产生的热量，是切削热的主要来源。

② 切屑与刀具前刀面之间的摩擦所产生的热量。

③ 工件与刀具后刀面之间的摩擦所产生的热量。

随着刀具材料、工件材料、切削条件的不同，3 个热源的发热量亦不相同。切削热产生以后，由切屑、工件、刀具及周围的介质（如空气）传出。各部分传出的比例取决于工件材料、切削速度、刀具材料及刀具几何形状等。实验结果表明：车削时的切削热主要是由切屑传出的。

用高速钢车刀及与之相适应的切削速度切削钢料时，切削热传出的比例是：切屑传出的热为 50%～86%；工件传出的热为 40%～10%；刀具传出的热为 9%～3%；周围介质传出的热为 1%。

传入切屑及介质中的热量越多，对加工越有利。

传入刀具的热量虽不是很多,但由于刀具切削部分体积很小,因此刀具的温度可达到很高(高速切削时可达 1 000 ℃以上)。温度升高以后,会加速刀具的磨损。

传入工件的热,可能使工件变形,产生形状和尺寸误差。

在切削加工中,如何设法减少切削热的产生、改善散热条件以及减少高温对刀具和工件的不良影响,有着重大的意义。

2. 切削温度及其影响因素

切削温度一般是指切削区的平均温度。切削温度的高低,除了用仪器进行测定外,还可以通过观察切屑的颜色大致估计出来。例如,切削碳钢时,随着切削温度的升高,切屑的颜色也发生相应的变化:淡黄色约为 200 ℃,蓝色约为 320 ℃。

切削温度的高低取决于切削热的产生和传出情况,它受切削用量、工件材料、刀具材料及几何形状等因素的影响。

切削速度增加时,单位时间产生的切削热随之增加,对温度的影响最大。

进给量和背吃刀量增加时,切削力增大,摩擦也大,所以切削热会增加。但是在切削面积相同的条件下,增加进给量与增加背吃刀量相比,后者可使切削温度低些。原因是当增加背吃刀量时;切削刃参加切削的长度随之增加,这将有利于热的传出。

工件材料的强度及硬度愈高,切削中消耗的功愈大,产生的切削热愈多。切钢时发热多,切铁时发热少,因为钢在切削时产生塑性变形所需的功大。

导热性好的工件材料和刀具材料,可以降低切削温度。主偏角减小时,切削刃参加切削的长度增加.传热条件好.可降低切削温度。前角的大小直接影响切削过程中的变形和摩擦,前角大时,产生的切削热少,切削温度低。但当前角过大时,会使刀具的传热条件变差,反而不利于切削温度的降低。

刀具、切屑和工件的切削温度分布如图 8-10 所示。

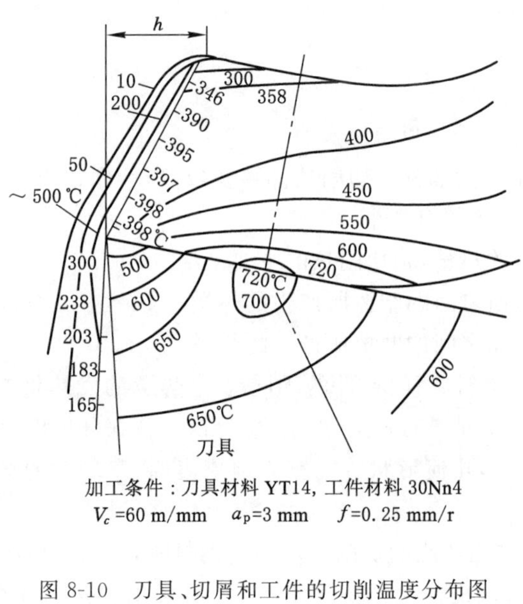

图 8-10　刀具、切屑和工件的切削温度分布图

四、刀具磨损和刀具耐用度

1. 刀具磨损的形态与过程

刀具正常磨损时，按其发生的部位不同可分为三种形式，即后刀面磨损、前刀面磨损、边界磨损，如图 8-11 所示。

刀具的磨损过程如图 8-12 所示，可分为三个阶段：

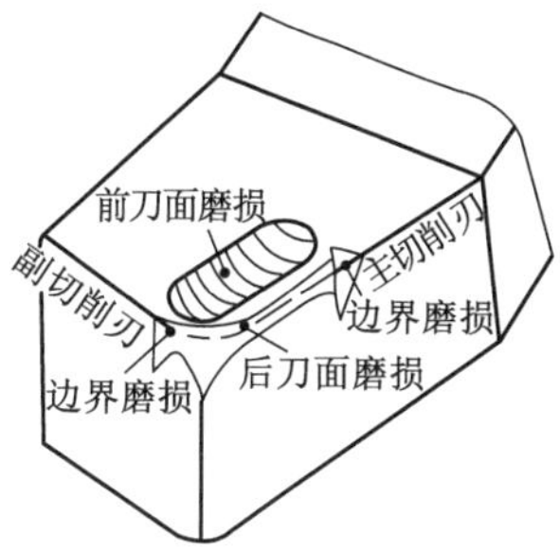

图 8-11　刀具的磨损形态

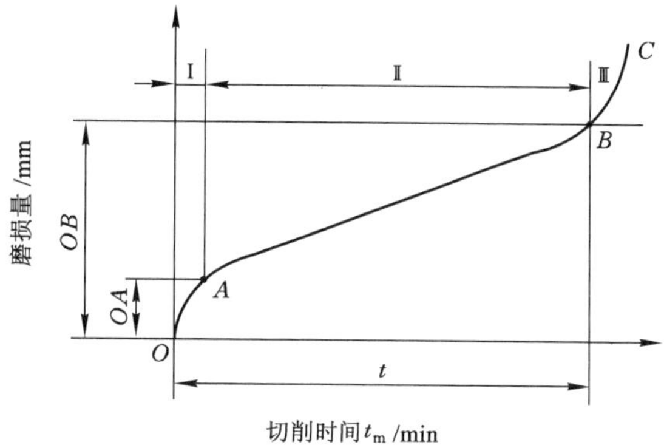

图 8-12　刀具的磨损过程

第一阶段（OA 段）称为初期磨损阶段；第二阶段（AB 段）称为正常磨损阶段；第三阶段（BC 段）称为急剧磨损阶段。

经验表明，在刀具正常磨损阶段的后期、急剧磨损阶段之前，换刀重磨为最好。这样既可保证加工质量，又能充分利用刀具材料。

2. 影响刀具磨损的因素

如前所述，增大切削用量对切削温度随之增高，将加速刀具磨损。在切削用量中，切削速度对刀具磨损的影响最大。

此外，刀具材料、刀具几何形状、工件材料以及是否使用切削液等，也都会影响刀具的磨损。例如，耐热性好的刀具材料，就不易磨损；适当加大刀具前角，切削力减小，可减少刀具的磨损。

3. 刀具耐用度（刀具寿命）

刀具的磨损限度，通常用后刀面的磨损程度作为标准。但是，生产中不可能用经常测量后刀面磨损的方法，来判断刀具是否已经达到容许的磨损限度，而常是按刀具进行切削的时间来判断。一把新刀（或重新刃磨过的刀具）从开始切削至磨损量达到磨钝标准为止所经历的实际切削时间，称为刀具的耐用度，用 t(min)表示，又称为刀具寿命。

粗加工时，多以切削时间表示刀具耐用度。例如，目前硬质合金焊接车刀的耐用度大致为 60 min，高速钢钻头的耐用度为 80～120 min，硬质合金端铣刀的耐用度为 120～180 min，齿轮刀具的耐用度为 200～300 min。

精加工时，常以走刀次数或加工零件个数表示刀具的耐用度。

复习思考题

1. 试说明下列加工方法的主运动与进给运动：

① 车端面；② 在车床上钻孔；③ 在车床上检孔；④ 在钻床上钻孔；⑤ 在镗床上镗孔；⑥ 在牛头刨床上刨平面；⑦ 在龙门刨床上刨平面；⑧ 在铣床上铣平面；⑨ 在平面磨床上磨平面；⑩ 在内圆磨床上磨孔。

2. 试说明车削的切削用量(包括名称、定义、代号和单位)。

3. 何谓切削层、切削层公称宽度、切削层公称横截面积和切削层公称厚度？

4. 对刀具材料的性能有哪些基本要求？

5. 高速钢和硬质合金在性能上的主要区别是什么？各适合制造何种刀具？

6. 简述车刀前角、后角、主偏角、副偏角和刃倾角的作用。

7. 试分析车外圆时切削分力的作用和影响。

8. 切削热对切削加工有什么影响？

9. 何谓刀具耐用度？粗、精相加工时各以什么来表示刀具耐用度？

10. 车外圆时，已韧工件转速 $n=3\ 200$ r/min，车刀进给速度 $v_f=64$ mm/min，其他条件如图 8-13 所示，试求切削速度 v_c、进结量 f、背吃刀量 a_p、切削层公称横截面积 A_D、切削层公称宽度 b_D 和厚度 h_D。

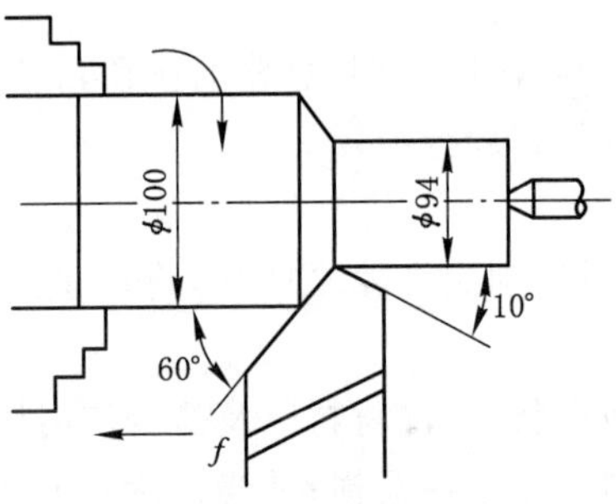

图 8-13　题 10 图

11. 切削层公称横截面积与实际的切削面积有何区别？它们之间的差值对工件已加工表面粗糙度有何影响？哪些因素影响其差值？

第九章
金属切削机床与常用加工方法

金属切削机床是对金属工件进行切削加工的机器，是用来制造机器的机器，故又称为“工作母机”，简称为机床。机床是机械制造业的基本加工装备，它的品种、性能、质量和技术水平直接影响着其他机电产品的性能、质量及成本。

第一节　机床的类型和基本构造

一、机床的类型

机床的分类方法很多，最基本的是按机床的主要加工方法、所用刀具及其用途进行分类。根据我国制定的机床型号编制方法，机床共分为 11 类：车床、钻床、镗床、磨床、齿轮加工机床、螺纹加工机床、铣床、刨插床、拉床、锯床和其他机床。在每一类机床中，又按工艺范围、布局形式和结构性能等，分为 10 个组，每一组又分为若干系（系列）。

按加工工件大小和机床质量，可分为仪表机床、中小机床、大型机床（10～30 t）、重型机床（30～100 t）和超重机床（100 t）以上。

按机床使用范围，可分为通用机床、专门化机床和专用机床。

按加工精度（指相对精度），可分为普通精度级机床、精度级机床和高精度机床。

还有其他一些分类方法，不再一一举例。

二、机床的型号

机床的型号是机床产品的代号，用以表明机床的类型、通用和结构特性，主要技术参数等。《金属切削机床型号编制方法》(GB/T 15375—94)规定，我国的机床型号由汉语拼音字母和阿拉伯数字按一定规律组合而成。

1. 机床的类别代号

机床的类别代号，用该类机床名称汉语拼音的第一个字母（大写）表示（表 9-1），磨床有分类代码用阿拉伯数字代表，作为型号的首位。

表 9-1　普通机床的类别代号

类别	车床	钻床	镗床	磨床			齿轮加工机床	螺纹加工机床	铣床	刨插床	拉床	锯床	其他机床
代号	C	Z	T	M	2M	3M	Y	S	X	B	L	G	Q
读音	车	钻	镗	磨	二磨	三磨	牙	丝	铣	刨	拉	割	其

2. 通用机床的型号表示方法

通用机床型号由基本部分和辅助部分组成，中间用“/”隔开，读作“之”。通用机床型号的表示：

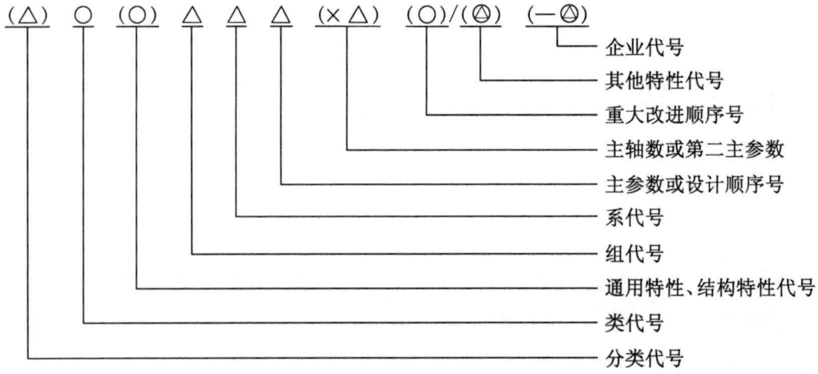

注：1. 有“( )”的代号或数字，无内容时，可不表示；若有内容则不带括号。
2. 有“○”符号者，为大写的汉语拼音字母。
3. 有“△”符号者，为阿拉伯数字。
4. 有“◎”符号者，为大写的汉语拼音字母或阿拉伯数字，或两者兼有。

3. 机床的通用特性代号、结构特性代号

机床的通用特性代号用汉语拼音字母表示，各类机床的通用特性代号及划分见表 9-2。

表 9-2　通用特性代号及划分

通用特性	高精度	精密	自动	半自动	数控	加工中心（自动换刀）	仿形	轻型	加重型	简式或经济型	柔性加工单元	数显	高速
代号	G	M	Z	B	K	H	F	Q	C	J	R	X	S
读音	高	密	自	半	控	换	仿	轻	重	简	柔	显	速

结构特性代号　为区别主参数相同而结构不同的机床，在型号中用汉语拼音字母区分。

如：CA6140 中的“A”。

4. 机床的组别和系别代号

每类机床划分为 10 个组，每组又划分为 10 个系，都用一位阿拉伯数字表示。在同类机床中，主要布局或使用范围基本相同机床即为一组。在同一组机床中，主参数相同，主要结构及布局形式相同的机床，即为同一系。各类机床组的代号及划分见表 9-3，系的划分可参阅有关手册。

5. 机床的主参数、设计顺序号和第二主参数

① 机床主参数：代表机床规格的大小，在机床型号中，用数字给出主参数的折算数值(1/10 或 1/150)。

② 设计顺序号：当无法用一个主参数表示时，则在型号中用设计顺序号表示。

③ 第二主参数：一般是主轴数，最大跨距，最大工作长度，工作台工作面长度等，它也用折算值表示。

表 9-3　通用机床组的代号及划分

类别		组别 0	1	2	3	4	5	6	7	8	9
车床 C		仪表车床	单轴自动、半自动车床	多轴自动、半自动车床	回轮、转塔车床	曲轴及凸轮轴车床	立式车床	落地及卧式车床	仿形及多刀车床	轮、轴、辊、锭及铲齿车床	其他车床
钻床 Z			坐标镗钻床	深孔钻床	摇臂钻床	台式钻床	立式钻床	卧式钻床	铣钻床	中心孔钻床	
镗床 T				深孔镗床		坐标镗床	立式镗床	卧式铣镗床	精镗床	汽车、拖拉机修理用镗床	
磨床	M	仪表磨床	外圆磨床	内圆磨床	砂轮机	坐标磨床	导轨磨床	刀具刃磨床	平面及端面磨床	曲轴、凸轮轴、花键轴及轧辊磨床	工具磨床
	2M		超精机	内圆研磨机	外圆及其他研磨机	抛光机	砂带抛光及磨削机床	刀具刃磨及研磨机床	可转位刀片磨削机床	研磨机	其他磨床
	3M		球轴承套圈沟磨床	滚子轴承套圈滚道磨床	轴承套圈超精机床		叶片磨削机床	滚子加工机床	钢球加工机床	气门、活塞及活塞环磨削机床	汽车、拖拉机修磨机床
齿轮加工机床 Y		仪表齿轮加工机		锥齿轮加工机	滚齿及铣齿机	剃齿及研齿机	插齿机	花键轴铣床	齿轮磨齿机	其他齿轮加工机	齿轮倒角及检查机
螺纹加工机床 S					套丝机	攻丝机		螺纹铣床	螺纹磨床	螺纹车床	
铣床 X		仪表铣床	悬臂及滑枕铣床	龙门铣床	平面铣床	仿形铣床	立式升降台铣床	卧式升降台铣床	床身铣床	工具铣床	其他铣床
刨插床 B			悬臂刨床	龙门刨床			插床	牛头刨床		边缘及模具刨床	其他刨床
拉床 L				侧拉床	卧式外拉床	连续拉床	立式内拉床	卧式内拉床	立式外拉床	键槽及螺纹拉床	其他拉床
锯床 G				砂轮片锯床		卧式带锯床	立式带锯床	圆锯床	弓锯床	锉锯床	
其他机床 Q		其他仪表机床	管子加工机床	木螺钉加工机		刻线机	切断机				

6. 机床的重大改进顺序号

当机床性能和结构布局有重大改进时，在原机床型号尾部，加重大改进顺序号 A,B,C,等等。

7. 其他特性代号

用以反映各类机床的特性，用字母或阿拉伯数字来表示。

8. 企业代号

生产单位为机床厂时，由机床厂所在城市名称的大写汉语拼音字母及该厂在该城市建立的先后顺序号，或机床厂名称的大写汉语拼音字母表示。

通用机床的型号编制举例：

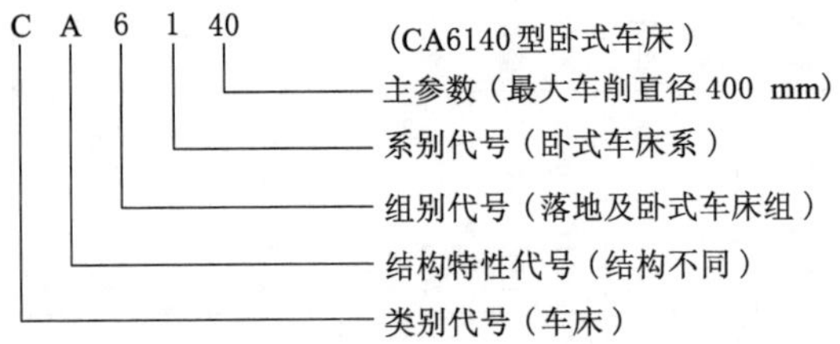

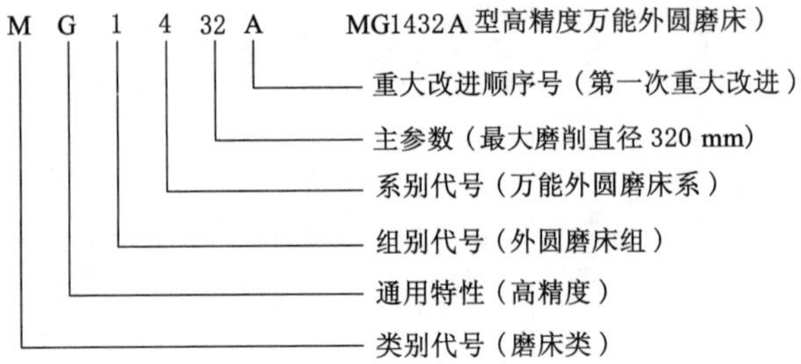

三、机床的基本构造

在各类机床中，车床、钻床、刨床、铣床和磨床是 5 种最基本的机床，图 9-1～图 9-5 分别为它们构造的示意图。尽管这些机床的外形、布局和构造各不相同，但归纳起来，它们都是由以下几个主要部分组成的。

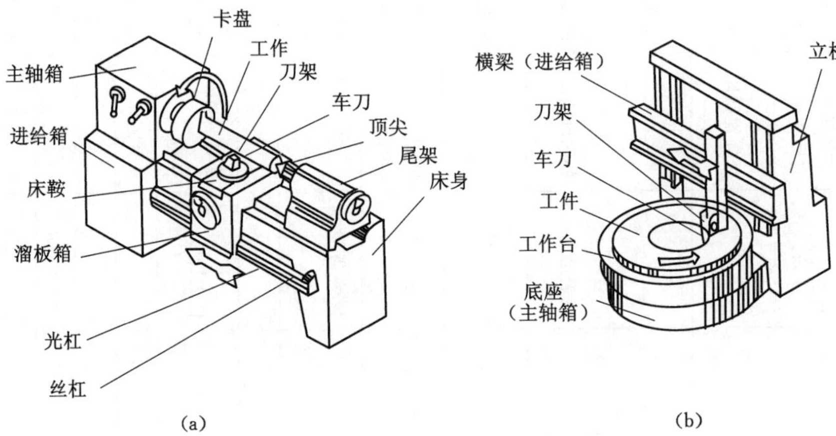

图 9-1　车床

(a) 卧式车床；(b) 立式车床

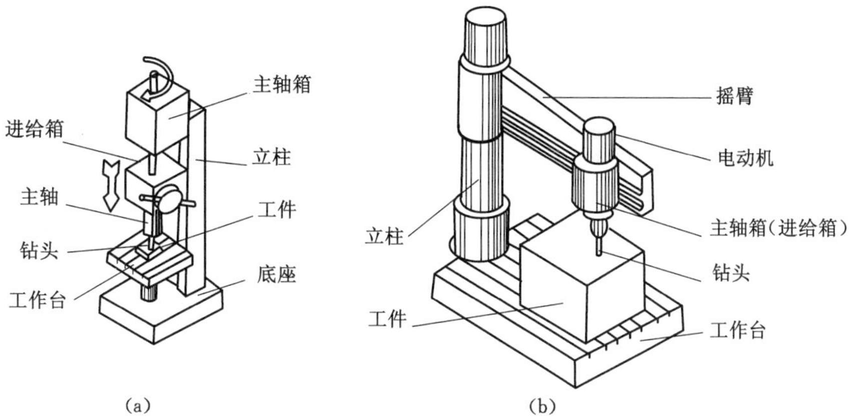

图 9-2　钻床

(a) 立式钻床；(b) 摇臂钻床

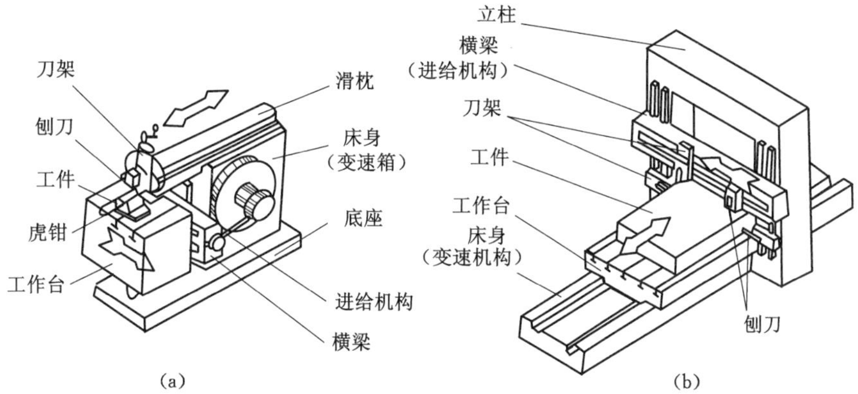

图 9-3　刨床

(a) 牛头刨床；(b) 龙门刨床

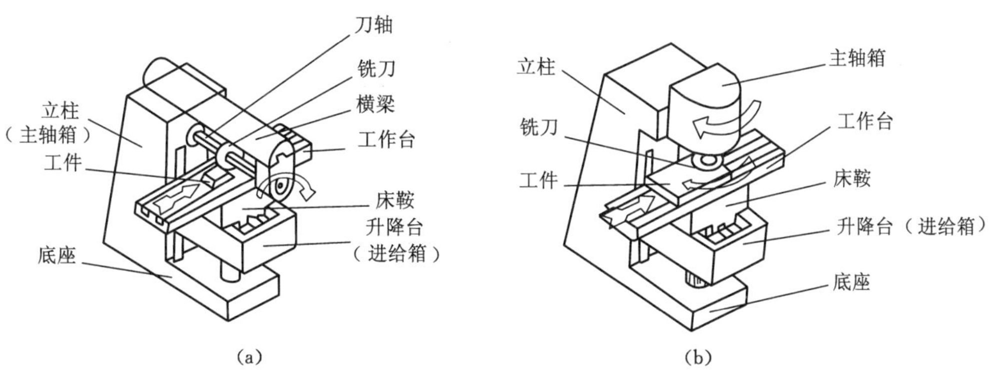

图 9-4　铣床

(a) 卧式升降台式铣床；(b) 立式升降台式铣床

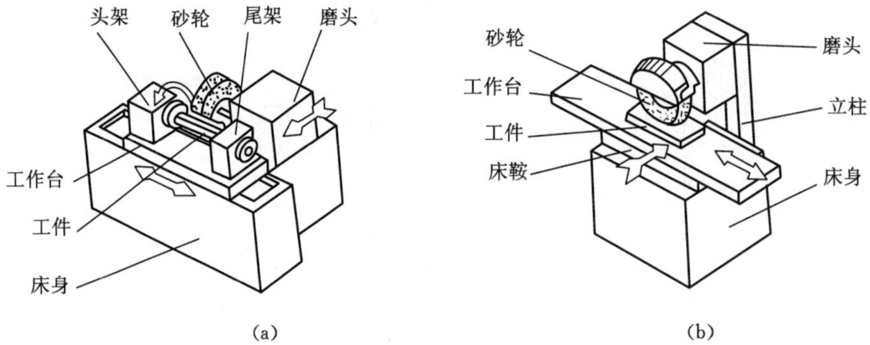

图 9-5　磨床

(a) 外圆磨床;(b) 平面磨床

① 主运动部件。用来实现机床的主运动,如车床、钻床、铣床的主轴箱,刨床的变速箱和磨床的磨头等。

② 进给传动部件。主要用来实现机床的进给运动,也用来实现机床的调整、退刀及快速运动等,如车床的进给箱、溜板箱,钻床、铣床的进给箱,刨床的进给机构,磨床的液压传动装置等。

③ 工件安装装置。用来安装工件,如卧式车床的卡盘和尾架,钻床、刨床、铣床和平面磨床的工作台等。

④ 刀具安装装置。用来安装刀具,如车床、刨床的刀架,钻床、立式铣床的主轴,卧式铣床的刀轴,磨床磨头的砂轮轴等。

⑤ 支承件。用来支承和连接机床的各零部件,是机床的基础构件,如各类机床的床身、立柱、底座、横梁等。

⑥ 动力源。为机床运动提供动力,如电动机。

其他类型机床的基本构造与上述机床类似,可以看做是它们的演变和发展。

四、机床技术性能指标

机床的技术性能指标是根据使用要求确定的,通常包括以下内容:

1. 机床的工艺范围

机床的工艺范围是指机床上可以完成的工序种类,能加工的零件类型,使用的刀具,所能达到的加工精度和表面粗糙度,适用的生产规模等。

2. 机床的技术参数

机床的技术参数主要包括:尺寸参数(几何参数)、运动参数和动力参数。

① 尺寸参数。是指机床能够加工工件的最大几何尺寸。例如,对于卧式车床的主参数为床身上最大工件回转直径,第二主参数为最大工件长度;对于矩台平面磨床,主参数为工作台面宽度,第二主参数为工作台面长度。

② 运动参数。是指机床加工工件时所能提供的运动速度,包括主运动的速度范围、速度数列和进给运动范围、进给量数列,以及空行程的速度等。对做回转运动的机床,主运动参数是主轴转速;对做直线运动的机床,主运动参数是机床工作台或滑枕的每分钟往复次数。大部分机床(如车床、钻床)的进给量,用工件或刀具每转的位移(mm/r)来表示。直线

往复运动的机床(如刨床、插床)的进给量,以每一往复的位移量来表示。铣床和磨床的进给量,以每分钟的位移量(mm/min)来表示。

③ 动力参数:是指机床驱动主运动、进给运动和空行程运动的电动机额定参数(如额定功率、额定转速等)。有些机床还给出主轴允许承受的最大转矩等其他内容。

3. 机床的精度与刚度

(1) 机床精度

机床精度包括几何精度和运动精度。

① 机床几何精度指机床在未受外载荷和静止(或运动速度很低)时的原始精度,包括机床各主要零部件的制造精度及其相互之间的位置精度和运动轨迹精度。例如,工作台面的平面度、导轨的直线度、主轴锥孔轴线的径向圆跳动、溜板运动对主轴轴线的平行度或垂直皮等。

② 机床运动精度 指机床主要工作部件在工作速度下运动时的各项精度。例如,主轴的回转精度、机床传动精度、刀具相对于工件的运动精度,以及低速运动时速度的均匀性等。

(2) 机床刚度

机床刚度是指机床在受力作用下抵抗变形的能力,包括静刚度和动刚度两个方面:

① 机床静刚度指机床在静载荷作用下抵抗变形的能力。其数值等于机床所受静载荷与在静载荷作用下所产生的综合位移的比值。

② 机床动刚度指机床在受到一定频率的交变载荷(激振力)作用时所表现的刚度,其数值等于机床产生单位振幅所需的动态力的幅值。机床动刚度是衡量机床抗震性的主要指标。

第二节　车床及车削加工

一、车床

车床是完成车削加工必备的加工设备。它为车削加工提供特定的位置(刀具、工件相对位置)环境及所需运动及动力。由于大多数机械零件上都具有回转面,加之机床较广的通用性,所以车床的应用极为广泛,在金属切削机床中占有比重最大,为机床总数的20%～35%。

1. 车床的种类

① 立式车床的主轴处于垂直位置,在立式车床上,工件安装和调整均较为方便,机床精度保持性也好。因此,加工大直径零件比较适合采用立式车床。

② 转塔车床上多工位的转塔刀架上可以安装多把刀具,通过转塔转位可使不同刀具依次对零件进行不同内容的加工。因此,可在成批加工形状复杂的零件时获得较高生产率。由于转塔车床上没有尾座和丝杠,故只能采用丝锥、板牙等刀具进行螺纹的加工。

③ 如图 9-6 所示,卧式车床在通用车床中应用最普遍、工艺范围最广。但卧式车床自动化程度加工效率不高,加工质量亦受到操作者技术水平的影响较大。卧式车床主要用于轴类零件和直径不太大的盘类零件的加工,故采用卧式布局。

2. 卧式车床结构及组成

① 床身。它是用于支承和连接车床上其他各部件并带有精确导轨的基础件。溜板箱和尾座可沿导轨移动。床身由床脚支承,并用地脚螺栓固定在地基上。

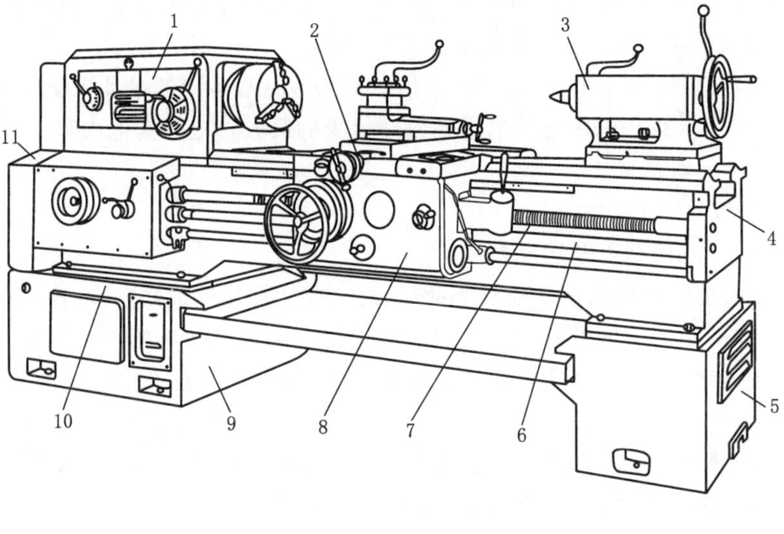

图 9-6 卧式车床外形

1——主轴箱；2——刀架；3——尾座；4——床身；5，9——床腿；6——光杠；
7——丝杠；8——溜板箱；10——进给箱；11——挂轮变速机构

② 主轴箱。它是装有主轴部件及其变速机构的箱形部件，安装于床身左上端。速度变换靠调整变速手柄位置来实现。主轴端部可安装卡盘，用于装夹工件，亦可插入顶尖。

③ 进给箱。它是装有进给变换机构的箱形部件，安装于床身的左下方前侧，箱内变速机构可帮助光杠、丝杠获得不同的运动速度。

④ 溜板箱。它是装有操纵车床进给运动机构的箱形部件，安装在床身前侧拖板的下方，与拖板相连。它带动拖板、刀架完成纵横进给运动、螺旋运动。

⑤ 刀架部件。刀架部件为一多层结构。刀架安装在拖板上，刀具安装在刀架上，拖板安装在床身的导轨上，可带刀架一起沿导轨纵向移动，刀架也可在拖板上横向移动。

⑥ 尾座。尾座安装在床身的右端尾座导轨上，可沿导轨纵向移动调整位置。它用于支承工件和安装刀具。

二、车削加工与刀具

1. 车削加工的工艺范围

是机械加工方法中应用最广泛的方法之一，主要用于回转体零件上回转面的加工，如各轴类、盘套类零件上的内外圆柱面、圆锥面、台阶面及各种成型回转面等。采用特殊的装置或技术后，利用车削还可以加工非圆零件表面，如凸轮、端面螺纹等；借助于标准或专用夹具，在车床上还可完成非回转零件上的回转表面的加工。车削加工的主要工艺类型如图9-7所示。

车削加工时，以主轴带动工件的旋转做主运动，以刀具的直线运动为进给运动。车削螺纹表面时，需要机床实现复合运动——螺旋运动。

车削加工是在由车床、车刀、车床夹具和工件共同构成的车削工艺系统中完成的。根据所用机床精度不同，所用刀具材料及其结构参数不同及所采用工艺参数不同，能达到的加工精度及表面粗糙度不同，车削一般可以为粗车、半精车、精车等。如在普通精度的卧式车床上，加工外圆柱表面，可达 IT7～IT6 级精度，表面粗糙度达 $Ra=1.6\sim0.8\ \mu m$；在精密和高

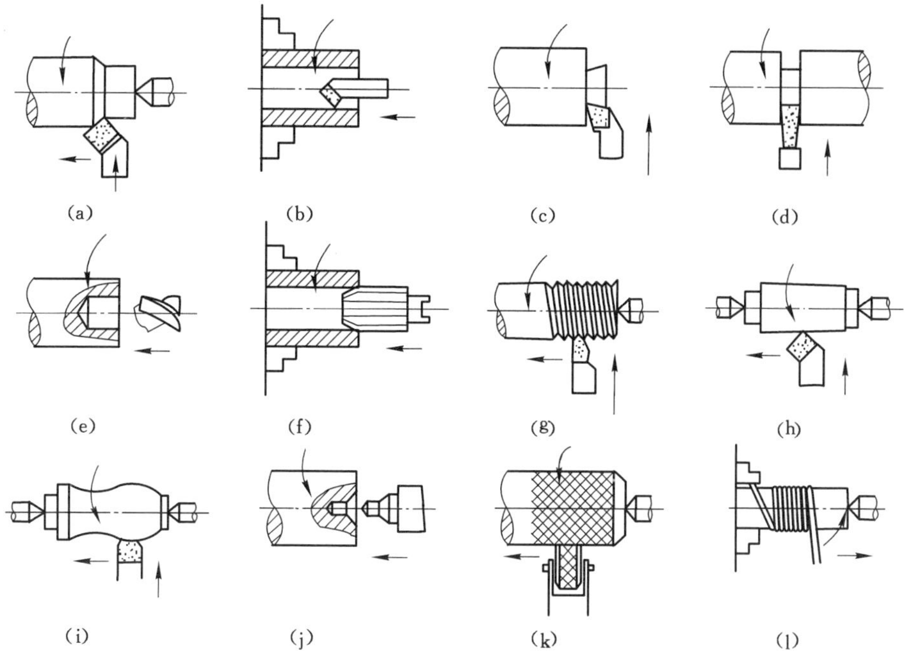

图 9-7　车削加工的主要工艺类型

(a) 车外圆;(b) 车孔;(c) 车端面;(d) 切断;(e) 钻孔;(f) 铰孔;
(g) 车螺纹;(h) 车锥面;(i) 车成形面;(j) 钻中心孔;(k) 滚花;(l) 绕弹簧

精密机床上,利用合适的工具及合理的工艺参数,还可完成对高精度零件(如计算机硬盘的盘基)的超精加工。

2. 车刀种类及应用

根据不同的车削内容,需不同种类车刀。常用车刀有外圆车刀、端面车刀、切断刀、内孔车刀、圆头刀、螺纹车刀等,其应用状况(图 9-8)。如 90°偏刀可用于加工工件的外圆、台阶面和端面;45°弯头刀用来加工工件的外圆、端面和倒角;切断刀可用于切断或切槽;圆头刀(R 刀)则可用于加工工件上成型面;内孔车刀可车削工件内孔;螺纹车刀则用于车削螺纹。

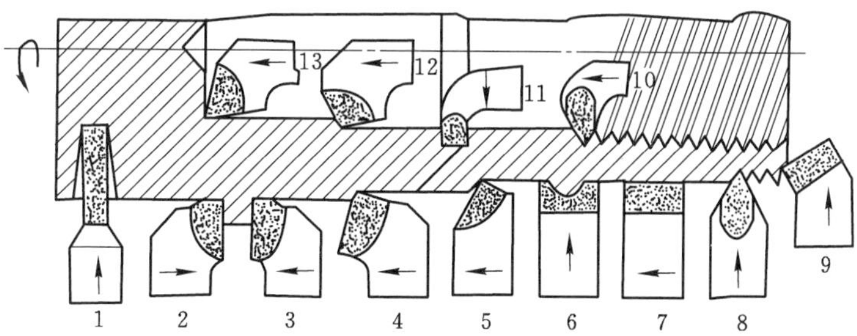

图 9-8　常用车刀及其应用

1——切断刀;2——90°左偏刀;3——90°右偏刀;4——弯头车刀;5——直头车刀;6——成型车刀;7——宽刃槽车刀;8——外螺纹车刀;9——端面车刀;10——内螺纹车刀;11——内切槽车刀;12——通孔车刀;13——盲孔车刀

三、车削加工的工艺特点

① 易于保证工件各加工面的位置精度。车削时，工件绕某一固定轴线回转，各表面具有同一的回转轴线，故易于保证加工面位置精度。

② 切削过程比较平稳。一般情况下，车削过程是连续进行的，切削力稳定，故加工过程比较平稳。

③ 刀具简单。车刀是刀具中最简单的一种，制造、刃磨和安装均较方便。

④ 车削加工多用于粗加工和半精加工，可用于有色金属零件的精加工。

⑤ 车削加工的经济精度为IT11～IT7，最高可达IT6，表面粗糙度 Ra=12.5～0.8 μm。

第三节　铣床及铣削加工

一、铣床

铣床的类型很多，主要以布局形式和适用范围加以区分。铣床的主要类型有：卧式升降台铣床、立式升降台铣床、龙门铣床、工具铣床、圆台铣床、仿形铣床和各种专门化铣床。

(1) 万能升降台铣床

万能升降台卧式铣床应用非常广泛，以XA6132型万能升降台铣床为代表，该机床结构合理，刚性好，变速范围大，操作比较方便。

XA6132型万能升降台铣床的外形、结构布局如图9-9所示。机床的床身安放在底座上，床身内装有主传动系统和孔盘变速操纵机构，可方便地选择十八种不同转速；床身顶部有燕尾形导轨，供横梁调整滑动；机床的空心主轴的前端带有7∶24锥孔，装有两个端面键，用于安装刀杆并传递扭矩；机床升降台安装于床身前面的垂直导轨上，用于支承床鞍、工作台和回转盘，并带动它们一起上、下移动；升降台内装有进给电机和进给变速机构；机床的床鞍可做横向移动，回转盘处于床鞍和工作台之间，它可使工作台在水平面上回转±45°；可以让工作台斜向进给加工螺旋槽。万能回旋头铣床除具备一个水平主轴外，还有一个可在一定空间内进行任意调整的主轴，其工作台和升降台分别可在3个方向运动，而且还可以在相互垂直的平面内回转，故有更广泛的工艺范围，但机床结构复杂，刚性较差。

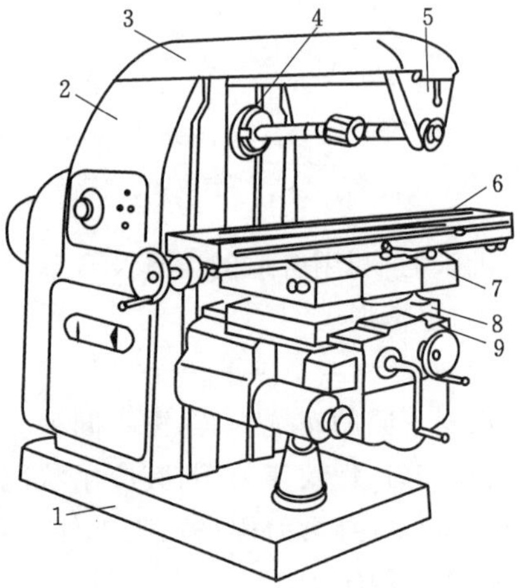

图9-9　XA6132型万能升降台铣床外形

1——底座；2——床身；3——悬梁；4——主轴；5——刀轴支架；6——工作台；7——回转盘；8——床鞍；9——升降台

(2) 立式铣床

立式铣床的主轴是垂直安装的。立铣头取代了卧铣的主轴悬梁、刀杆及其支承部分，且可在垂直面内调整角度。立式铣床适用于单件及成批生产中的平面、沟槽、台阶等表面的加工；还可加工斜面；若与分度头、圆形工作台等配合，还可加工齿轮、凸轮及铰刀、钻头等的螺旋面，在模具加工中，立式铣床最适合加工模具型腔和凸模成型表面。立式升降台铣床的外形如图 9-10 所示。

(3) 龙门铣床

龙门铣床是一种大型高效能的铣床,如图 9-11 所示。它是龙门式结构布局,具有较高的刚度及抗震性。在龙门铣床的横梁及立柱上均安装有铣削头,每个铣削头都是一个独立部件,其中包括单独的驱动电机、变速机构、传动机构、操纵机构及主轴部件等。在龙门铣床上可利用多把铣刀同时加工几个表面,生产率很高。所以,龙门铣床广泛应用于成批、大量生产中大、中型工件的平面、沟槽加工。

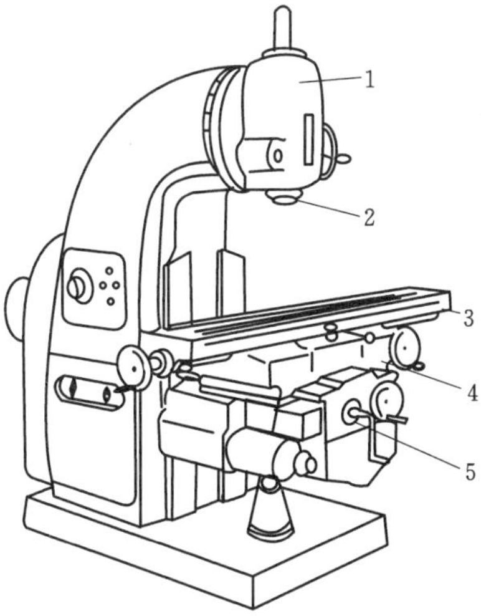

图 9-10　立式升降台铣床

1——铣头;2——主轴;3——工作台;4——床鞍;5——升降台

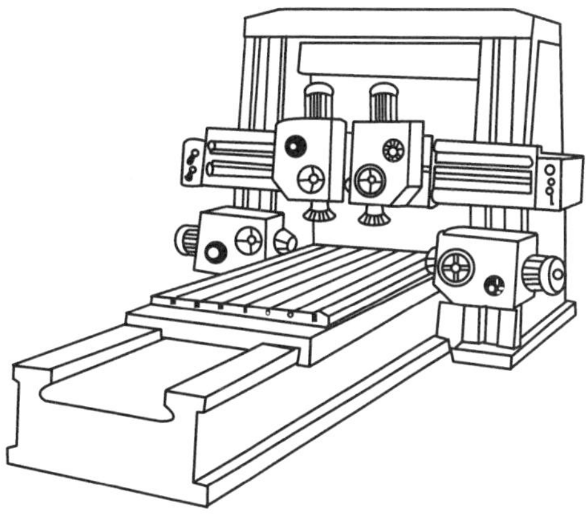

图 9-11　龙门铣床

二、铣削加工

铣削加工是在铣床上用旋转的铣刀对各种平面的加工。铣削加工在机械零件切削和工具生产中占相当大比重,仅次于车削。铣削加工的适应范围很广,可以加工各种零件的平面、台阶面、沟槽、成型表面、型孔表面、螺旋表面等,如图 9-12 所示。

铣削加工中,铣刀的旋转为主运动,由机床主电机提供转速 n(r/min),铣削速度 v_c 为铣刀旋转的线速度($v_c=\pi dn/1\,000$,m/min);铣刀或工件沿坐标轴方向的直线运动或回转运动为进给运动,刀具切入工件的深度有背吃刀量 a_p(在工作平面方向上的吃刀量,mm)和侧吃刀量 a_e(垂直于铣刀轴线测量的切削层尺寸,mm)之分,如图 9-13 所示。铣刀进给量也有每转进给量 f,每齿进给量 a_f 和进给速度 v_f,其关系如下:

$$v_f = fn = a_f nz \tag{9-1}$$

式中　z——铣刀刀齿数。

三、铣削方式

1. 周铣法

用圆柱铣刀的圆周刀齿加工平面,称为周铣法,它又可分为逆铣和顺铣(图 9-14)。在切削部位刀齿的旋转方向和工件的进给方向相反时,为逆铣;相同时,为顺铣。

(1) 顺铣

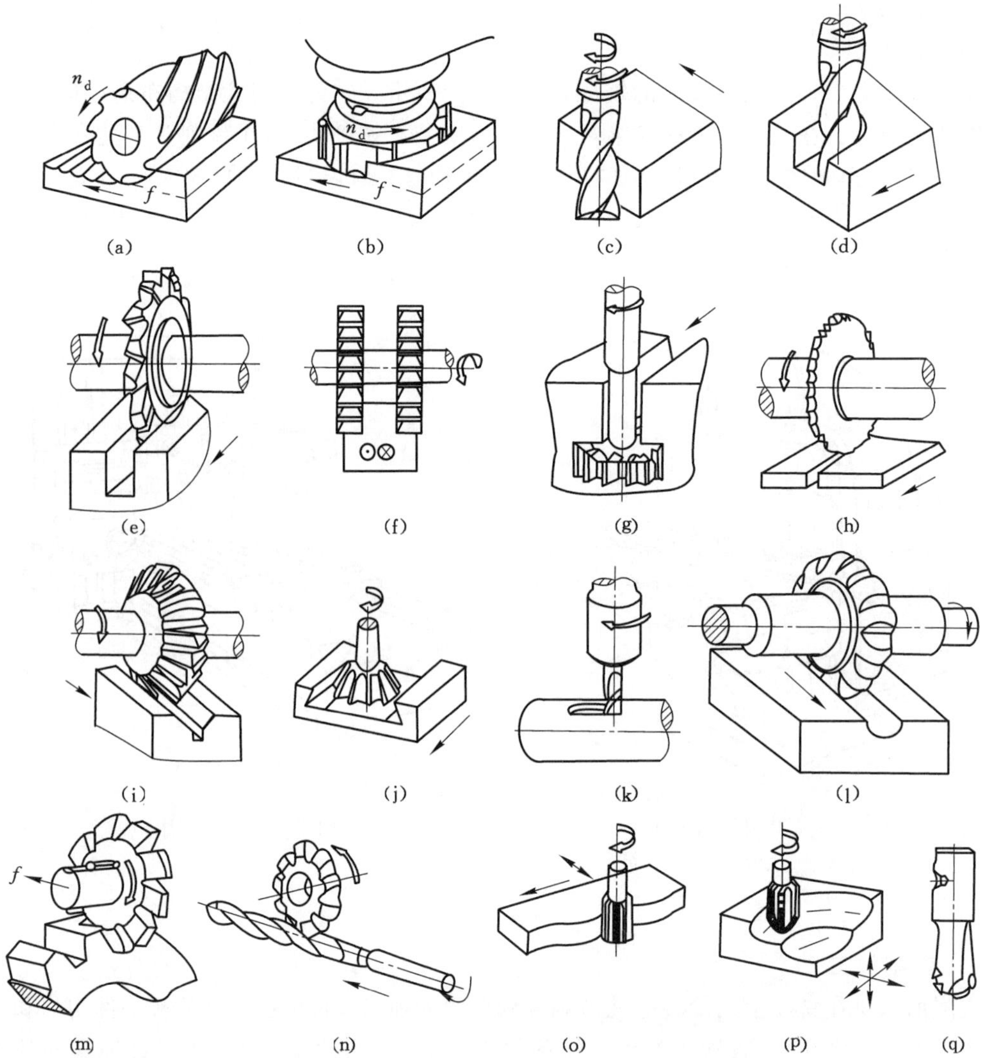

图 9-12 铣削加工应用范围

(a) 铣平面;(b) 铣平面;(c) 铣平面;(d) 铣沟槽;(e) 铣沟槽;(f) 铣台阶;(g) 铣 T 形槽;(h) 切断;(i) 铣角度槽;(j) 铣角度槽;(k) 铣键槽;(l) 铣键槽;(m) 铣齿形;(n) 铣螺旋槽;(o) 铣曲面;(p) 铣立体曲面;(q) 球头铣刀

铣削力的水平分力与工件的进给方向相同,工件台进给丝杠与固定螺母之间一般有间隙存在,因此切削力容易引起工件和工作台一起向前窜动,使进给量突然增大,引起打刀。在铣削铸件或锻件等表面有硬度的工件时,顺铣刀齿首先接触工件硬皮,加剧了铣刀的磨损。顺铣时,铣削力将工件压向工作台,减少了工件振动的可能性,尤其铣削薄而长的工件时,更为有利。

(2) 逆铣

可以避免顺铣时发生的窜动现象。逆铣时,切削厚度从零开始逐渐增大,因而刀刃开始经历了一段在切削硬化的已加工表面上挤压滑行的阶段,加速了刀具的磨损,也使表面质量

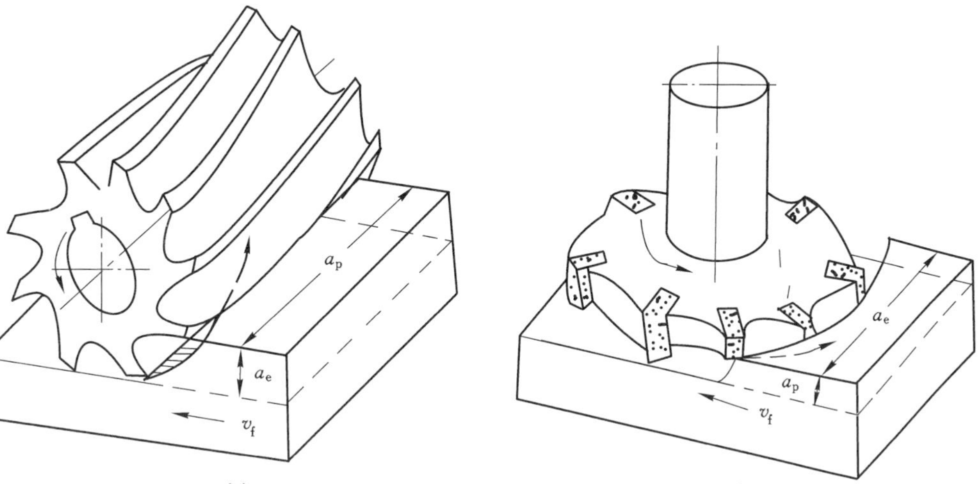

图 9-13　铣削用量要素

(a) 周铣;(b) 端铣

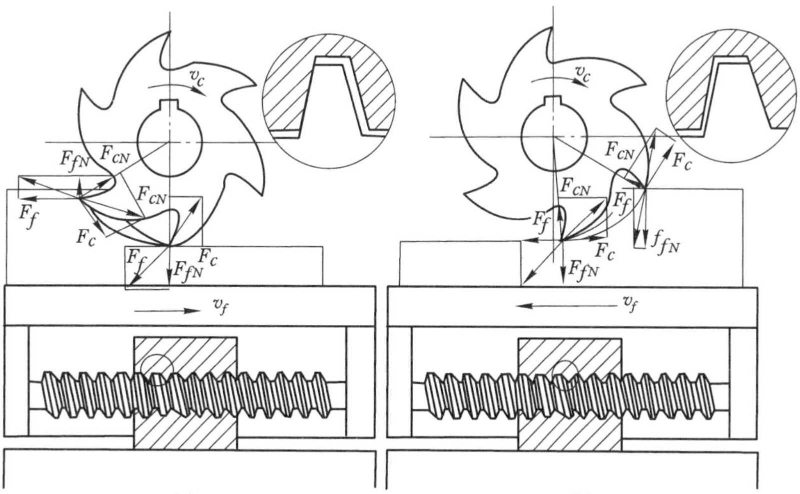

图 9-14　逆铣和顺铣

(a) 逆铣;(b) 顺铣

下降。同时,逆铣时,铣削力将工件上抬,易引起振动,这是逆铣的不利之处。

综上所述,逆铣和顺铣各有利弊,一般情况下采用逆铣,在切削用量较小,工作表面质量要求较高及机床有消除螺纹传动副侧隙装置时,可采用顺铣。

2. 端铣法

用端铣刀的端面切削刃加工工件,称为端铣法。根据铣刀和工件相对位置的不同,端铣法可以分为对称铣削法和不对称铣削法(图 9-15)。

端铣法可以通过调整铣刀和工件的相对位置,调节刀齿切入和切出时的切削层厚度,从而达到改善铣削过程的目的。

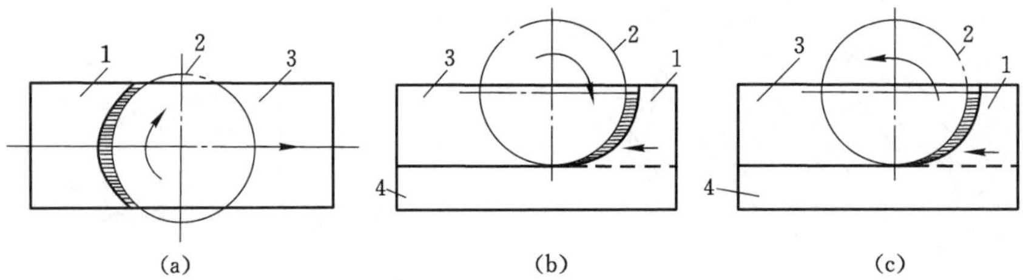

图 9-15　端铣的方式

(a) 对称端铣面;(b) 不对称铣顺铣台阶面;(c) 不对称锐逆铣台阶面

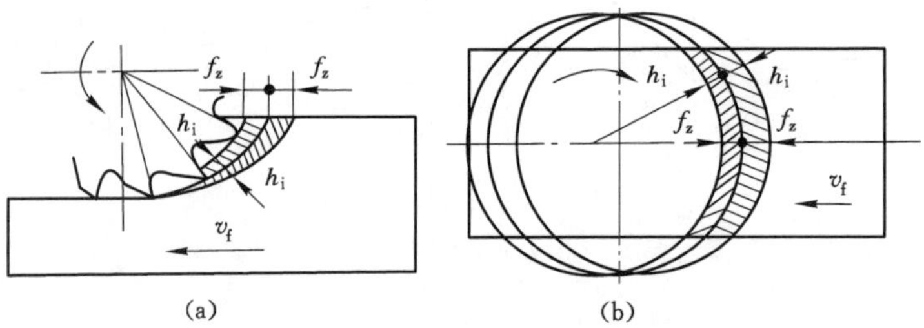

图 9-16　铣削时切削层厚度的变化

(a) 周铣;(b) 端铣

3. 周铣法与端铣法的比较

(1) 端铣的加工质量比周铣高

如图 9-16 所示,采用周铣时,通常只有 1～2 个刀齿同时参加切削,而端铣时有较多的刀齿同时工作。因此,端铣的切削过程比周铣时平稳,有利于提高加工质量。端铣刀的刀齿切入和切出工件时,虽然切削层厚度较小,但不像周铣时切削层厚度变为 0,从而改善了刀具后刀面与工件的摩擦状况,提高了刀具耐用度,并可减小表面粗糙度。此外,端铣时还可利用修光刀齿修光已加工表面,因此端铣可达到较小的表面粗糙度。

(2) 端铣的生产率比周铣高

端铣刀直接安装在铣床的主轴端部,悬伸长度较小,刀具系统的刚度较好,而圆柱铣刀安装在细长的刀轴上,刀具系统的刚度远不如端铣刀。同时,端铣刀可方便地镶装硬质合金刀片,而圆柱铣刀多采用高速钢制造。所以,端铣时可以采用高速铣削,不仅大大提高了生产效率,也提高了已加工表面质量。

由于端铣法具有以上优点,所以在平面的铣削中,目前大都采用端铣法。但是,周铣法的适应性较广,可以利用多种形式的铣刀,除加工平面外还可较方便地进行沟槽、齿形和成型面等的加工,生产中仍常采用。

四、铣削的工艺特点

① 生产率较高。铣刀是典型的多齿刀具,铣削时有几个刀齿同时参加工作,并且参与切削的切削刃较长:铣削的主运动是铣刀的旋转,有利于高速铣削。因此,铣削的生产率比刨削高。

② 容易产生振动。在铣削过程中铣削力是变化的,切削过程不平稳,容易产生振动,这

就限制了铣削加工质量和生产率的进一步提高。

③ 刀齿散热条件较好。铣刀刀齿在切离工件的一段时间内，可以得到一定的冷却，散热条件较好。但是，切入和切出时热和力的冲击将加速刀具的磨损，甚至可能引起硬质合金刀片的碎裂。

④ 铣削加工主要用于平面和沟槽的粗加工和半精加工。铣削加工的经济精度一般可达 IT8～IT7，最高可达 IT6，经济表面粗糙度为 $Ra=6.3\sim3.2\ \mu m$。

第四节　钻、镗床及钻、镗削加工

大多数的机械零件上都存在内孔表面。根据孔与其他零件的相对连接关系的不同，孔有配合孔与非配合孔之分；根据孔几何特征的各异，孔也有通孔、盲孔、阶梯孔、锥孔等之分；按其形状，孔还有圆孔和非圆孔等不同。

由于孔在各零件中的作用不同，孔的形状、结构、精度及技术要求不同，为此生产中亦有多种不同的孔加工方法与之适应，可对实体材料直接进行孔加工，亦能对已有孔进行扩大尺寸及提高质量的加工。孔加工主要在钻床、镗床以及车床等设备上进行。

一、钻、镗床

1. 钻床

钻床是进行孔加工的主要机床之一。其主运动是主轴的旋转运动，主轴向工件的移动为进给运动，加工中工件不动。钻床种类较多，主要有立式钻床、台式钻床、摇臂钻床、深孔钻床、中心孔钻床、数控钻床等。

(1) 立式钻床

立式钻床由垂直布置的主轴、主轴箱、立柱、水平布置的工作台等组成。主轴与工作台间距离可沿立柱导轨调整上、下位置以适应不同高度的工件，主轴轴线位置固定，加工中靠近移动工件位置使主轴对准孔的中心，主轴可机动或手动进给。在立式钻床上可对中、小型工件完成钻孔、扩孔、铰孔、攻螺纹、锪沉头孔、锪孔口端面等工作。

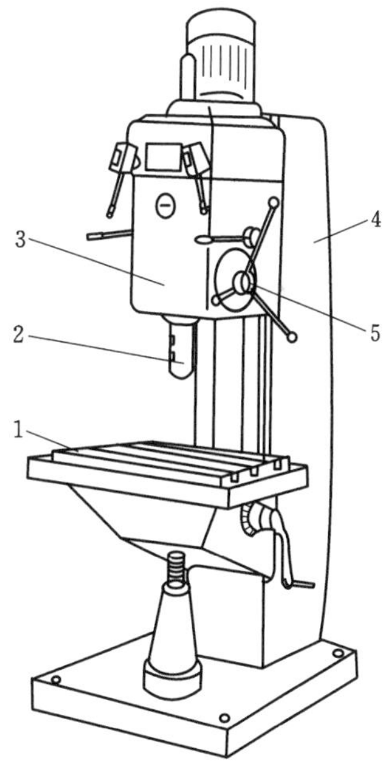

图 9-17　立式钻床

1——工作台；2——主轴；3——主轴箱
4——立柱；5——进给操作机构

(2) 台式钻床

台式钻床简称“台钻”，实质上是加工小孔的小型立式钻床，钻孔直径一般小于 16 mm，最小可以加工十分之几毫米的孔。

台钻结构简单、小巧灵活、使用方便，适合于加工单件小批量的小型零件上的小孔。但是，自动化程度低，通常用手动进给、工人劳动强度太大。在大批量生产中不采用这种机床。

(3) 摇臂钻床

立柱回转的摇臂上，并可沿摇臂水平移动，摇臂还可以沿立柱调整高度以适应不同的工件。加工中,工件固定于工作台或底座,钻头与孔轴线的对准,依据灵活的主轴箱位置调整加以实现。

2. 镗床

镗床主要用于加工重量、尺寸较大工件上的大直径孔系,尤其是有较高位置、形状精度要求的孔系加工。镗床的主要类型有卧式镗床、坐标镗床、金刚镗床等。

(1) 卧式镗床

卧式镗床是一种应用较广泛的镗床,如图 9-20 所示。前立柱 7 固定连接在床身 10 上,在前立柱 7 的侧面轨道上,安装着可沿立柱导轨上下移动的主轴箱 8 和尾筒 9,主轴箱中装有主运动和进给运动的变速及其操纵机构;可做旋转运动的平旋盘 5 上铣有径向 T 形槽,供安装刀夹或刀盘;平旋盘端面的燕尾形导轨槽中可安装径向刀架,装在径向刀架上的刀杆座可随刀架在燕尾导轨槽中做径向进给运动;镗轴 4 的前端有精密模式锥孔,也可用于安装刀具或刀杆;后立柱 2 和工作台部件 3 均能沿床身导轨做纵向移动,安装于后立柱上的支架 1 可支撑悬伸较长的镗杆,以增加其刚度;装于工作台上除能随下滑座 11 沿轨道纵向移动外,还可在上滑座的环形导轨上绕垂直轴转动。由以上可知,在卧式镗床上可实现多种运动:

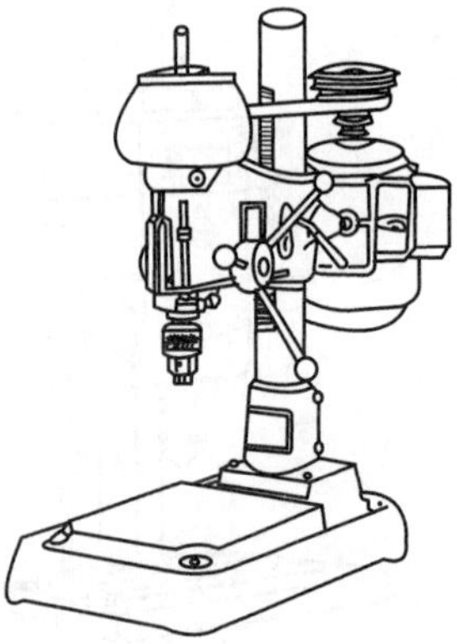

图 9-18 台钻

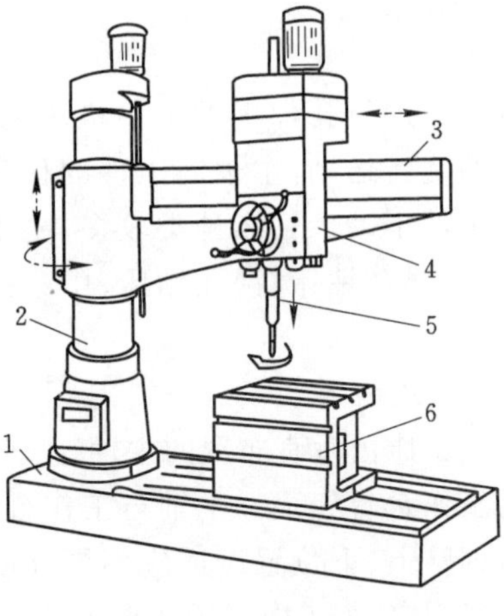

图 9-19 摇臂钻床外形图

1——底座;2——立柱;3——摇臂;4——主轴箱;5——主轴;6——工作台

① 镗轴 4、平旋盘 5 的旋转运动。二者独立,并分别由不同的传动机构驱动,均为主运动。

② 镗轴 4 的轴向进给运动;工作台 3 的纵向进给运动;工作台的横向进给运动;主轴箱 8 的垂直进给运动;平旋盘 5 上径向刀架的径向进给运动。

③ 主轴 4、主轴箱 8 及工作台 3 在进给方向上的快速调位运动;后立柱 2 的纵向调位运动;后支架 1 的垂直调位移动;工作台 3 的转位运动等构成卧式镗床上各种辅助运动,它们可以手动,也可以由快速电动机传动。

由于卧式镗床能方便灵活地实现以上多种运动,所以卧式镗床的应用范围较广。

(2) 坐标镗床

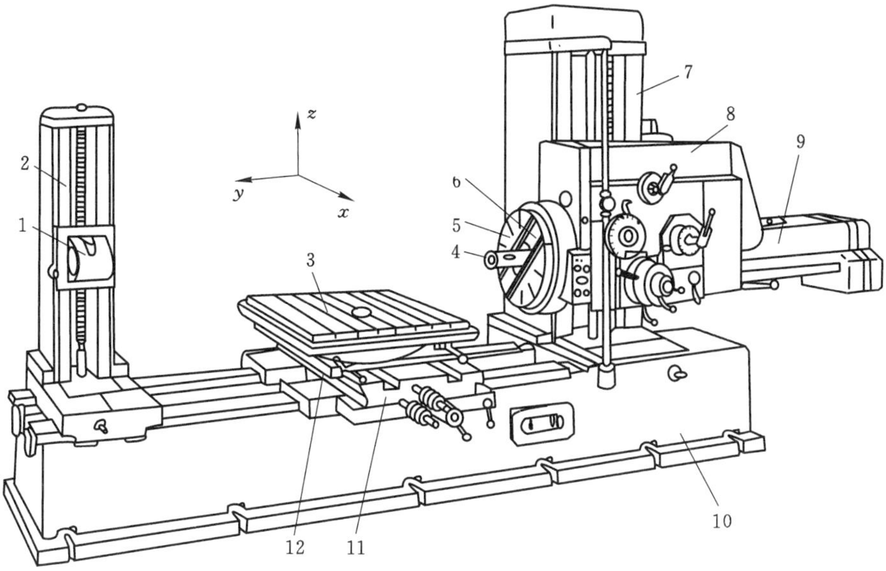

图 9-20　卧式镗床

1—— 支架；2——后立柱；3——工作台；4——镗轴；5——平旋盘；6——溜板；7——前立柱；8——主轴箱；9——后尾筒；10——床身；11——下滑座；12——上滑座

因机床上具有坐标位置的精密测量装置而得名。在加工孔时，可按直角坐标来精密定位，因此坐标镗床是一种高精密机床，主要用于镗削高精度的孔，尤其适合于相互位置精度很高的孔系，如钻模、镗模等孔系的加工，也可用作钻孔、扩孔、铰孔以及较轻的精铣工作；还可用于精密刻度、样板划线、孔距及直线尺寸的测量等工作。

坐标镗床有立式、卧式之分。立式坐标镗床适宜加工轴线与安装基面垂直的孔系和铣顶面；卧式坐标镗床则宜于加工轴线与安装基面平行的孔系和铣削侧面。立式坐标镗床还有单柱和双柱之分。图 9-21 所示为卧式坐标镗床，它具有较好的工艺特性：工件高度不受限制，且安装方便，利用精密回转工作台转过 90°或 180°，可在工件一次安装中，完成几个面上的孔与平面等的加工。

二、钻、镗削加工

在实体工件上加工出孔采用钻削加工；对已有孔进行扩大尺寸并提高精度及光度采用铰削、镗削加工，对孔进行精加工，生产中主要采用磨削；而进一步提高孔的表面质量还需采用精细镗、研磨、珩磨、滚压等光整加工方法。

1. 钻削加工

（1）钻孔

在钻床上以钻头的旋转做主运动，钻头向工件的轴向移动做进给运动，在实体工件上加工出孔为钻削。按孔的直径、深度的不同，生产中有各种不同结构的钻头。其中，麻花钻(图 9-22)最为常用。采用麻花钻钻孔时，轴向力很大，定心能力较差，孔易引偏；加工中摩擦严重，加之冷却润滑不便，加工表面较为粗糙。故麻花钻钻孔的精度较低，一般为 IT13～IT12，表面粗糙 $Ra=12.5\sim6.3\ \mu m$，生产效率也不高。所以，钻孔主要用于 $\phi80$ 以下孔径的粗加工。如加工精度、粗糙度要求不高的螺钉孔，注油孔或对精度、粗糙度要求较高的孔

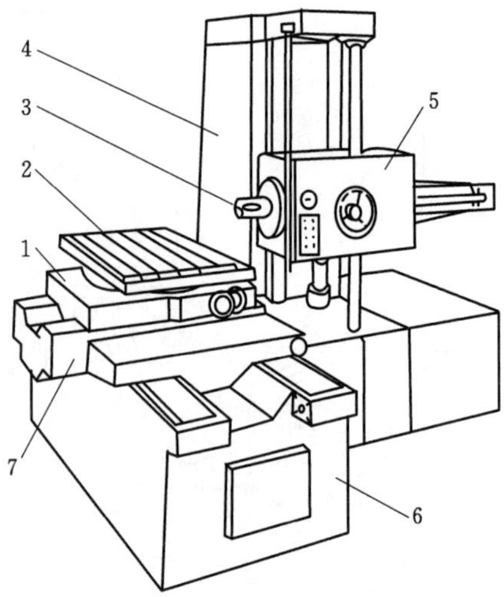

图 9-21　卧式坐标镗床

1——上滑座；2——回转工作台；3——主轴；4——立柱；5——主轴箱；6——床身；7——下滑座

作预加工。生产中为提高孔的加工精度、生产效率和降低生产成本，广泛使用钻模，多轴钻或组合机床进行孔的加工。

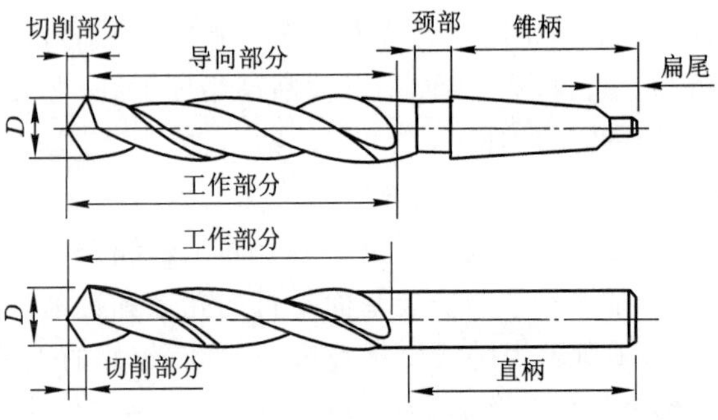

图 9-22　麻花钻的构造

(2) 扩孔

当工件上已有预孔(如铸孔、锻孔或已加工孔)时，可采用扩孔钻进行孔径扩大的加工，称为扩孔(图 9-23)。扩孔亦属钻削范围，但精度，质量在钻孔基础上均有所提高，一般扩孔精度达 IT12～10，表面粗糙度 Ra=6.3～3.2 μm，故扩孔除可用于较高精度的孔的预加工外，还可使一些精度要求不高的孔达到加工要求。加工孔径范围一般不超过 ϕ100。

2. 铰削加工

铰削是对中小直径的已有孔进行精度、质量提高的一种常用加工方法。铰削时，采用的切削速度较低，加工余量较小(粗铰时一般为 0.15～0.35 mm，精铰为 0.05～0.15 mm)校准部分长，铰削过程中虽挤压变形较大，但对孔壁有修光熨压作用。因此，铰削通过对孔壁薄层余量的去除使孔的加工精度、表面质量得到提高。一般铰孔加工精度可达 IT9～IT6，表面粗糙度 Ra=0.4～1.6 μm，但铰孔对位置精度的保证不够理想。

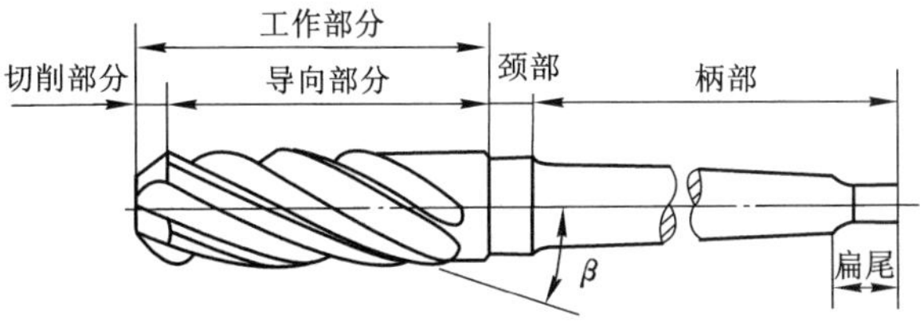

图 9-23　扩孔钻的构造

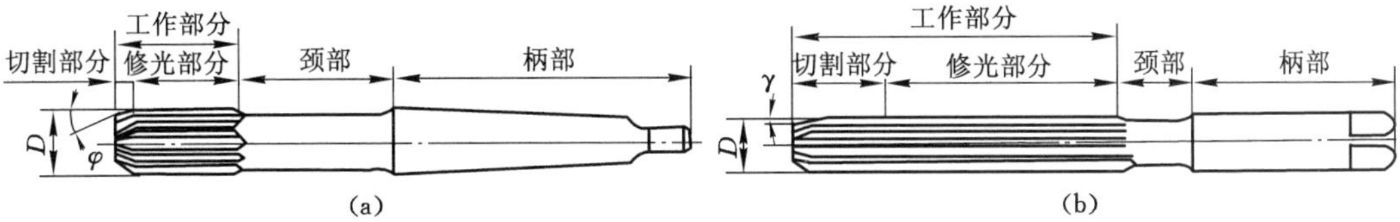

图 9-24　铰刀

(a) 机用铰刀;(b) 手用铰刀

铰孔既可用于加工圆柱孔,亦可用于加工圆锥孔,既可加工通孔,亦可加工盲孔。铰孔前,被加工孔应先经过钻削或钻、扩孔加工,铰削余量应合理,既不能过大也不能过小,速度与用量也应合适,才能保证铰削质量。另外,铰削中,铰刀不能倒转,铰孔后,应先退铰刀后停车。

3. 镗削加工

在镗床上以镗刀的旋转为主运动,工件或镗刀移动做进给运动,对孔进行扩大孔径及提高质量的方法为镗削加工。镗削加工能获得较高的加工精度,一般可达 IT8～IT7,较高的表面粗糙度,一般 $Ra=1.6\sim0.8\ \mu m$。但要保证工件获得高的加工质量,除与所用加工设备密切相关外,还对操作技术水平要求较高,加工中调整机床、刀具时间较长,故镗削加工生产率不高,但镗削加工灵活性较大,适应性强。

生产中,镗削加工一般用于加工机座、箱体、支架及非回转体等外形复杂的大型零件上的较大直径的孔,尤其是有较高位置精度要求的孔与孔系;对外圆、端面、平面也可采有镗削进行加工,且加工尺寸可大可小;当配备各种附件、专用镗杆和相应装置后,镗削还可以用于加工螺纹孔、孔内沟槽、端面、内外球面,锥孔等。

镗刀有单刃镗刀和多刃镗刀之分。由于它们的结构和工作条件不同,因此它们的工艺特点和应用也有所不同。

(1) 单刃镗刀镗孔

单刃镗刀刀头结构与车刀类似(图 9-25),用它镗孔时,有如下特点:

① 适应性较广,灵活性较大 单刃镗刀结构简单、使用方便,既可粗加工,也可半精加工或精加工。一把镗刀可加工直径不同的孔,孔的尺寸主要由操作来保证,而不像钻孔、扩孔或铰孔那样,是由刀具本身尺寸保证的,因此它对操作者技术水平的依赖性也较大。

② 可以校正原有孔的轴线歪斜或位置偏差。由于镗孔质量主要取决于机床精度和操作者的技术水平,所以预加工孔如轴线歪斜或有不大的位置偏差,利用单刃镗刀镗孔可予以校正。这一点若用扩孔或铰孔是不易达到的。

③ 生产率较低。单刃镗刀的刚度比较低,为了减少镗孔时镗刀的变形和振动,不得不较小的切削用量,加之仅有一个主切削刃参加工作,所以生产率比扩孔或铰孔低。

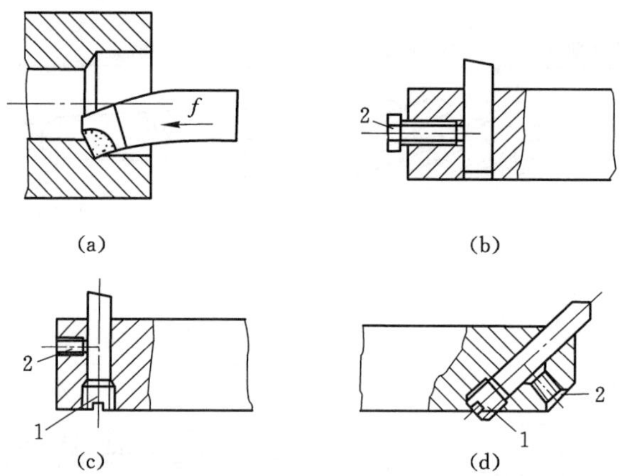

图 9-25　单刃镗刀

(a) 整体式；(b) 用于镗通孔及阶梯孔；(c) 用于镗通孔及阶梯孔；(d)用于镗盲孔

基于以上特点，单刃镗刀镗孔比较适用于单件小批生产。

(2) 双刃镗刀镗孔

双刃镗刀有两个分布在中心两侧同时切削的刀齿，由于切削时产生的径向力互相平衡，可加大切削用量，生产效率高。双刃镗刀按刀片在镗杆上浮动与否分为浮动镗刀和定装镗刀。浮动镗刀适用于孔的精加工。它实际上相当于铰刀，能镗削出尺寸精度高和表面光洁的孔，但不能修正孔的直线性偏差。为了提高重磨次数，浮动镗刀常制成可调结构[图 9-26(b)]。调节镗刀片的尺寸时，先松开螺钉，再旋螺钉，将刀齿的径向尺寸调好后，拧紧螺钉把刀齿固定。镗孔时，镗刀片不是固定在镗杆上，而是插在镗杆的长方孔中，并能在垂直于镗杆轴线的方向上自由滑动，由两个对称的切削刃产生的切削力，自动平衡其位置。这种镗孔方法具有如下特点：

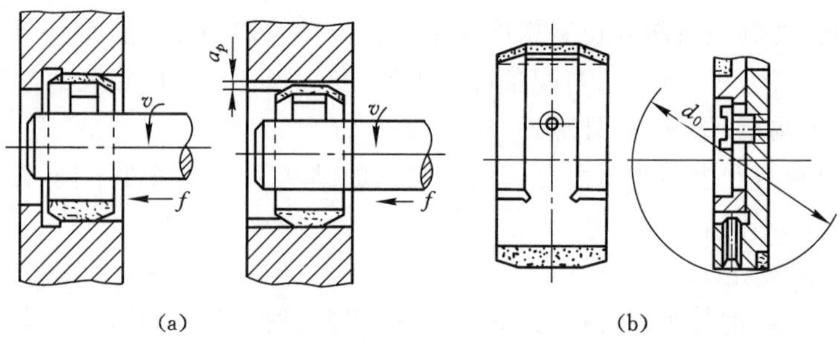

图 9-26　浮动镗刀

(a) 浮动镗刀镗孔；(b) 可调浮动镗刀块

① 加工质量较高。由于镗刀片在加工过程中的浮动，可抵偿刀具安装误差或镗杆偏摆所引起的不良影响，提高了孔的加工精度。较宽的修光刃可修光孔壁，减小表面粗糙度。但是，它与铰孔类似，不能校正原有孔的轴线歪斜或位置偏差。

② 生产率较高。浮动镗刀片有两个主切削刃同时切削，并且操作简便。

③ 刀具成本较单刃镗刀高。浮动镗刀片结构比单刃镗刀复杂，刃磨费时。

由于以上特点，浮动镗刀片镗孔主要用于批量生产、精加工箱体类零件上直径较大的孔。

第五节　刨(插、拉)床及刨(插、拉)削加工

一、刨床和插床

刨床类机床的主运动是刀具或工件所做的直线往复运动(刨床又被称为直线运动机床)，刨削中刀具向工件(或工件向刀具)前进时切削，返回时不切削并抬刀以减轻刀具损伤和避免划伤工件加工表面，与主运动垂直的进给运动由刀具或工件的间歇移动完成。

刨床类机床主要有牛头刨床和龙门刨床。

图 9-27 所示为牛头刨床，它由刀架、转盘、滑轮、床身、横梁及工作台组成。主运动由刀具完成，间歇进给运动由工作台带动工件完成。牛头刨床按主运动传动方式有机械和液压传动两种。机械传动采用曲柄导杆机构最常见，此时滑枕往复运动速度均为变值。该机构结构简单，传动可靠，维修方便，应用很广。液压传动时，滑枕往复运动速度为定值，可实现六级调速，运动平稳，但结构复杂，成本高，一般用于大规格牛头刨床。牛头刨床上适合加工中、小型零件。

图 9-28 所示为龙门刨床，它由左右侧刀架、横梁、立柱、顶梁、垂直刀架、工作台和床身组成。龙门刨床的主运动是由工作台沿床身导轨做直线往复运动完成；进给运动则由横梁上刀架横向或垂直移动(及快移)完成；横梁可沿立柱升降，以适应不同高度工件的需要。立柱上左、右侧刀架可沿垂直方向作自动进给或快移；各刀架的自动进给运动是在工作台完成一次往复运动后，由刀架沿水平或垂直方向移动一定距离，直至逐渐刨削出完整表面。龙门刨床主要应用于大型或重型零件上各种平面、沟槽及各种导轨面的加工，也可在工作台上一次装夹数个中、小型零件进行多件加工。

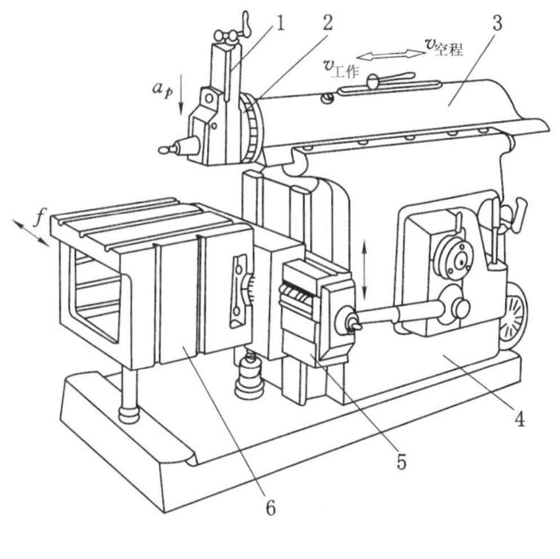

图 9-27　牛头刨床

1—— 刀架；2——转盘；3——滑枕；4——床身；5——横梁；6——工作台

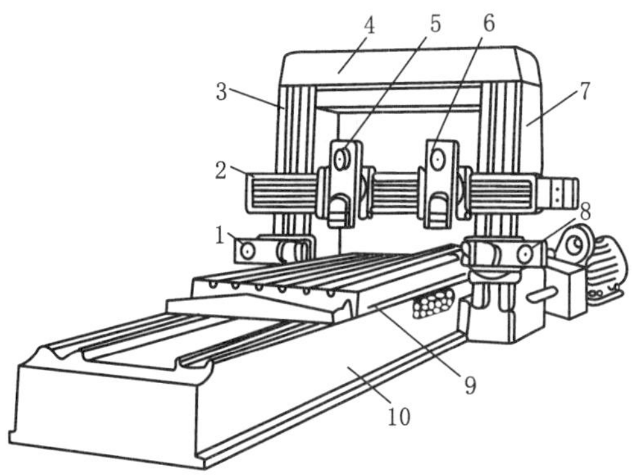

图 9-28　龙门刨床

1、8——左、右侧刀架；2——横梁；3、7——立柱；4——顶梁；5、6——垂直刀架；9——工作台；10——床身

图 9-29 所示为插床，实质上是立式刨床，其主运动由滑枕带动插刀沿垂直方向所做的直线往复运动，滑枕向下运动为工作行程，向上为空行程。滑枕导轨座可以绕销轴在小范围内调整角度，以便加工倾斜面及沟槽。床鞍及溜板可分别做横向及纵向进给，回转工作台可绕垂直轴线回转完成圆周进给或进行分度，回转工作台在上述各方向的进给运动也是在滑枕空行程结束后的短时间内进行的，回转工作台的分度是用分度装置实现的。插床主要用于加工工件的内表面，如内孔键槽及多边形等，有时也用于加工成型内外表面。

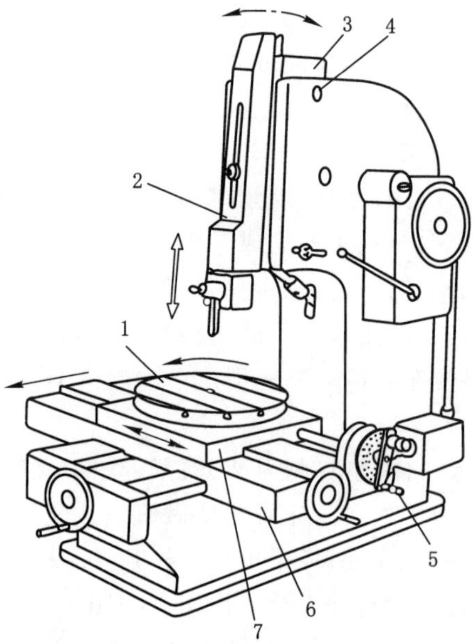

图 9-29　插床

1——圆工作台；2——滑枕；3——滑枕导轨座；4——销轴；
5——分度装置；6——床鞍；7——溜板

二、刨(插)削加工

1. 刨削加工的应用

刨削是指在刨床上利用刨刀与工件在水平方向上的相对直线往复运动和工作台或刀架的间隙进给运动实现的切削加工。刨削主要用于水平平面、垂直平面、斜面、T 形槽、V 形槽、燕尾槽等表面的加工，其应用范围如图 9-30 所示。

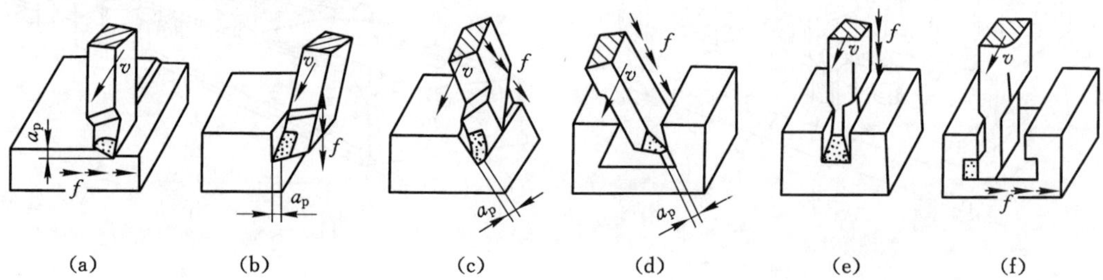

图 9-30　刨削的应用

(a) 刨平面；(b) 刨垂直面；(c) 刨斜面；(d) 刨燕尾槽；(e) 刨直槽；(f) 刨 T 形槽

插削加工即垂直方向刨削，工件装夹在能分度的回转工作台上，插刀装在机床滑枕下部的刀杆上，可伸入工件的孔内插削内孔键槽、花键孔、非圆截面孔、尤其是可加工盲孔。若采用成型刨刀、仿形装置等辅助装置，它还能加工曲面齿轮、齿条等成型表面。

2. 刨削加工的工艺特点

① 刨削加工是单行程工作，返程时不切削，故生产效率低。

② 刨削为间歇切削，每一行程的始末有冲击，易使刀具发生崩刃等损坏，故刨削的切削速度较低。

③ 由于刨削速度低，所产生的切削热不多，故除精刨外，一般无需浇注冷却液。

④ 刨削主要用于各种平面和沟槽的粗加工和半精加工，其经济精度可达 IT9～IT8，经济的表面粗糙 $Ra=6.4\ \mu m$。

⑤ 精刨可获得更高的精度和较低的表面粗糙度。

三、拉床

拉床是用拉刀加工工件各种内外成型表面的机床。拉削时机床只有拉刀的直线运动，它是加工过程的主运动，进给则靠拉刀本身的结构来实现。按工作性质的不同，拉床可分为内拉床和外拉床。拉床一般都是液压传动，它只有主运动，结构简单。拉床的主参数是额定拉力。如 L6120 型卧式内拉床的最大额定拉力为 20×10^3 kg。卧式内拉床如图 9-31 所示，用于内表面加工。加工时，工件端面紧靠工件支承座的平面上（或用夹具安装），护送夹头支承拉刀并让拉刀穿过工件预制孔将其柄部装入拉刀夹头，由机床内液动力拉动拉刀向左移动，对工件进行加工。

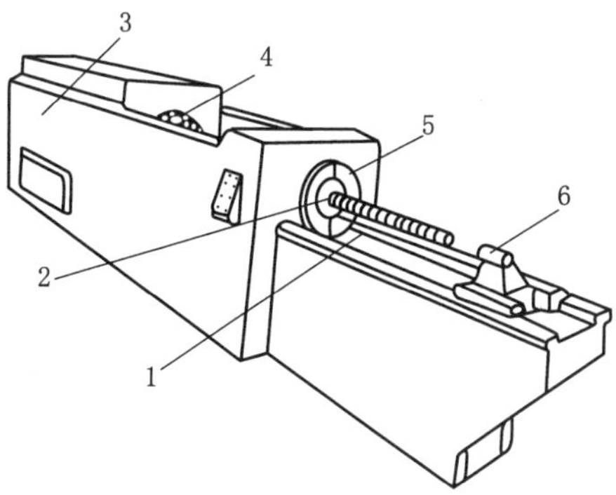

图 9-31　卧式内拉床

1——拉刀；2——工件；3——床身；4——液压缸；5——固定支承；6——后托架

四、拉削加工的过程及特点

拉削加工是在拉床上用拉刀切削材料的高精度、高效率加工方法。拉刀是以阶梯分层或分段组合特征的多齿结构刀具，拉削加工可拉平面、齿形及在已有孔上拉出各种形状的孔，如图 9-32 所示。

拉削时由于后一个刀齿直径大于前一个刀齿直径，从而能够一层层切除工件上的金属。图 9-33 所示为圆孔拉刀的结构及拉削过程，拉削时拉刀的直线移动为主运动，而没有进给运动。拉削用量包括拉削速度和齿升量。目前，普通拉床的拉削速度小于 11 m/min，高速拉床的最高拉削速度达到 100 m/min 以上，常用拉床的拉削速度为 36 m/min 左右。拉削的连续切削是有后齿对前齿的齿升量实现的。拉刀的齿升量对加工表面粗糙度、拉刀磨损和切削力都增大，与其他切削方法相比，拉削具有以下特点：

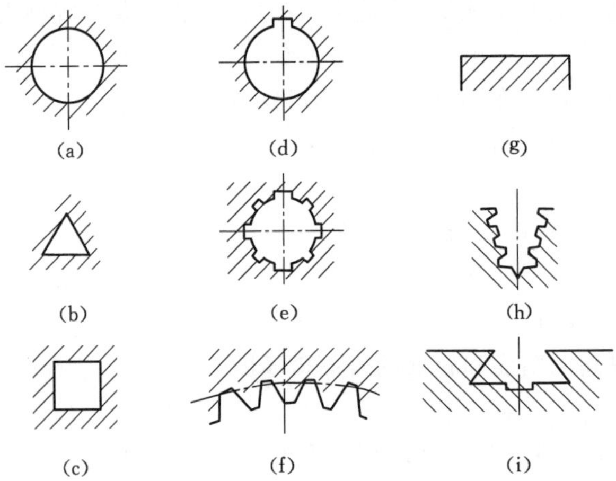

图 9-32　拉削加工的典型工件截面形状

(a) 圆孔；(b) 三角形孔；(c) 方孔；(d) 键槽；(e) 花键孔；(f) 内齿孔；(g) 平面；(h) 榫槽；(i) 燕尾槽

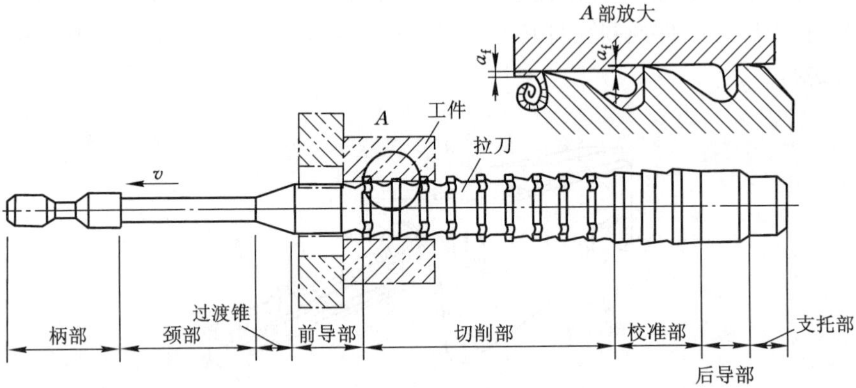

图 9-33　圆孔拉刀的结构及拉削过程

① 生产率高。由于拉刀同时工作的刀刃多，且可在一次拉削行程中完成工件的粗、精加工，故生产率高。

② 加工精度高，表面粗糙度低。拉削精度一般为 IT9～IT7，表面粗糙度 $Ra=1.6\sim0.8\ \mu m$。最低可达 $0.2\ \mu m$。

③ 拉削适合于加工短孔，当长度超过孔径 3～5 倍时，不宜采用拉削，盲孔阶梯孔以及薄壁零件的孔也不能采用拉削加工。

④ 拉刀制造工艺复杂，成本高，大多用于大批量生产。

⑤ 大批量生产时成本低。

⑥ 机床结构和操作都比较简单。

第六节　磨床及磨削加工

一、磨床

用砂轮或其他磨具进行切削加工的机床,都属于磨床类。磨削加工能有效地提高零件的加工精度和降低表面粗糙度,特别是能磨削淬硬钢以及其他金属切削工具所不能加工的坚硬材料。由于现代机械对零件精度和使用寿命的要求不断提高,各种高硬度材料的应用日益增多,同时由于毛坯精化工艺的发展,因此磨削除了广泛用作精加工外,还可用作粗加工。所以,在机械制造业中,磨床在机床总量中所占比例很大,而且还在上升。

为满足各种不同表面加工的需要,以及满足不同生产批量的要求,磨床有多种类型。除生产中常用的外圆磨床、内圆磨床、平面磨床外,还有各种专门化的磨床等。

1. 万能外圆磨床

万能外圆磨床(图 9-34)主要用于磨削外圆柱面和外圆锥面。万能外圆磨床的工艺范围较宽,除了同普通外圆磨床一样,能磨削外圆柱面、外圆锥面和台阶面外,还可以利用内圆磨头磨削内圆柱面和内圆锥面等。万能外圆磨床适用于单件小批和中批生产。

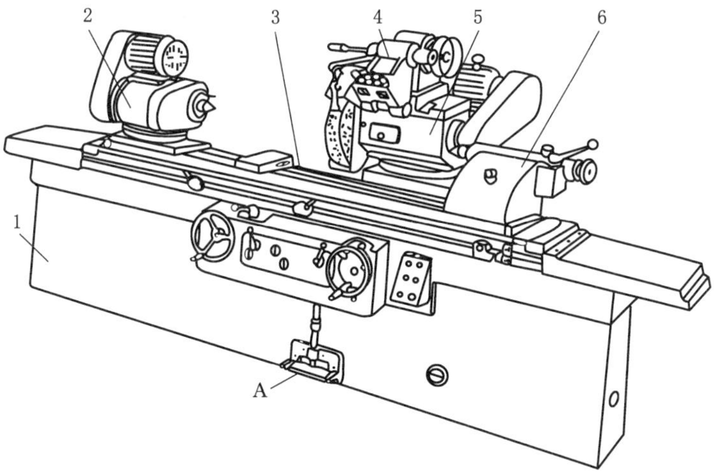

图 9-34　M1432A 万能外圆磨床

1——床身;2——头架;3——工作台;4——内圆磨装置;5——砂轮架;6——尾座;A——脚踏操纵板

2. 无心外圆磨床

无心外圆磨床(图 9-35)的特点是:工件既不用顶尖支承,也不用卡盘装夹,而是把工件放置在磨削轮与导轮之间的托板上进行磨削。所以,它是一种生产效率高、易于实现自动化的一种磨削设备,适用于成批及大量生产。无心外圆磨削有贯穿法和切入磨削法两种方法。

无心外圆磨床导轨架装在托板上,能做横向进给,导轮架相对导轮架座在垂直平面内可倾斜一个 α 角度(这时需用导轮修正器把导轮修整成回转双曲面,使工件与导轮在磨削时能成线接触),这样就在工件轴线方向上产生一个轴向进给力。贯穿磨削时,工件一边回转一边沿轴向进给,可以连续进行纵向进给磨削,切入磨削时,轴向力使工件顶住定位挡板,得到可靠的轴向定位。

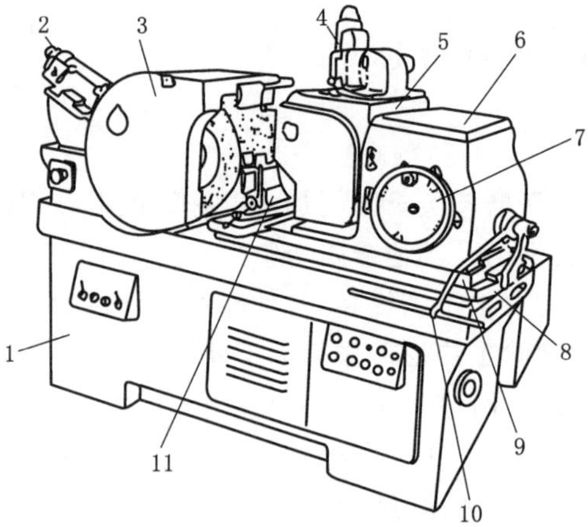

图 9-35　无心外圆磨床

1——床身；2——砂轮修整器；3——砂轮架；4——砂轮修整器；5——转动体；6——座架；7——微量进给手轮；8——底座；9——拖板；10——手柄；11—— 托架

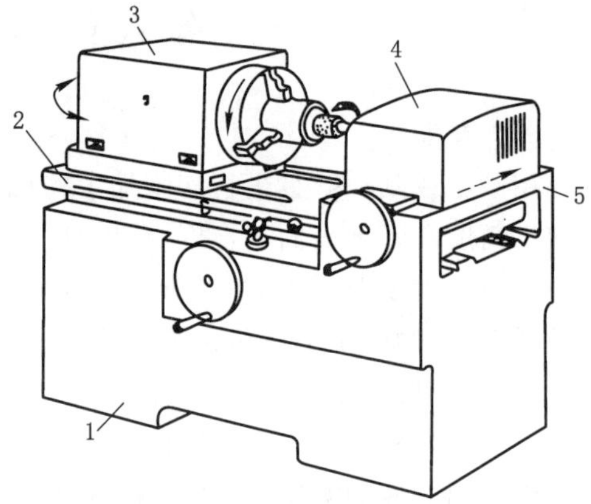

图 9-36　普通内圆磨床

1——床身；2——工作台；3——床头箱；4——砂轮架；5——横拖板

3. 内圆磨床

内圆磨床主要用于磨削圆柱孔和圆锥孔，它的类型有普通内圆磨床、无心内圆磨床及行星式内圆磨床等。其中，普通内圆磨床应用最广。下面介绍普通内圆磨床(图 9-36)，床头箱 3 固定在工作台 2 上，由工作台 2 带动床头箱沿床身 1 的导轨作纵向往复运动，其行程长度，由调节工作台前侧面的挡块来控制。工作台往复运动一次，砂轮架 4 横向进给一次。床头箱 3 可相对于工作台 2 的导轨偏转一个角度，用于磨削锥孔。

内圆磨削时因直径受工件孔径限制，只能采用较小直径的砂轮。目前，我国一般内圆磨头的转速在 10 000～20 000 r/min，所以砂轮的线速度较低。另外，因为砂轮轴细而长，刚性差，砂轮与工件内孔接触面积大，因此，内圆磨削的生产效率较低，大多用于单件小批量生产。

4. 平面磨床

平面磨削一般有两种形式：一种是用砂轮的周边进行磨削，简称周磨；另一种是用砂轮的端面进行磨削，简称端磨。端磨时因为砂轮与工件的接触面积大，即同时参加切削的磨粒数多，因此它的生产效率较周边磨削高。但端磨时砂轮与工件的接触面积大，磨削热量高，冷却和排屑困难，磨粒磨损不均匀，而周磨不存在端磨时的不利因素，所以磨削质量较高，适合精磨。

按磨削方式和机床布局的不同，平面磨床主要有卧轴矩台平面磨床、立轴矩台平面磨床、卧轴圆台平面磨床和立轴圆台平面磨床 4 种类型。下面介绍使用最为广泛的卧轴矩台平面磨床(图 9-37)。

卧轴矩台平面磨床一般由床身 10、工作台 8、砂轮架 2 及机械、液压传动机构等部分组成。在工作台 8 上装置有电磁吸盘，用来装夹工件，工作台 8 可沿床身 10 的顶面导轨做纵向往复运动，砂轮架 2 沿横拖板 3 的导轨做周期横向进给运动。横拖板 3(带着砂轮架 2)可沿立柱 6 的导轨做周期的垂直进给运动。

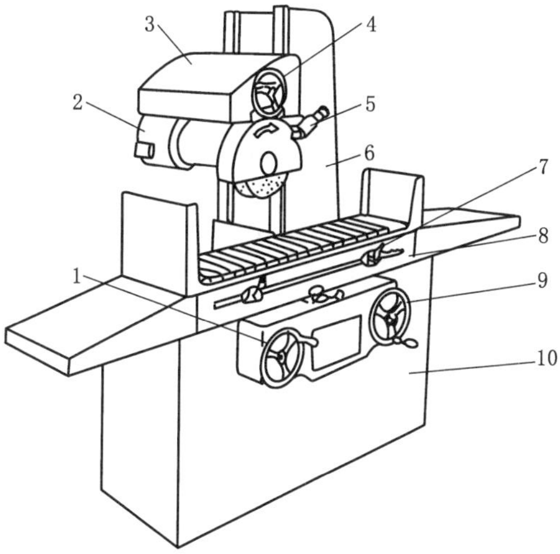

图 9-37 卧轴矩台平面磨床

1——纵向移动手轮；2——砂轮架；3——横拖板；4——横向移动手轮；5——砂轮修正器；6——立柱；7——行程挡块；8——工作台；9——垂直进给手轮横；10——床身

二、砂轮及其特性要素

1. 砂轮

磨削用的砂轮是由许多细小且极硬的磨料微粒与黏合剂混合压制成型后烧结而成的多孔体，具有一定的孔隙。砂轮表面布满磨粒，可以将其看做具有很多刀齿的多刃刀具。磨削过程是众多高低不平、形状各异的磨粒在高速旋转运动中，对工件表面进行切削、刻画、划擦以及抛光的综合作用。

2. 砂轮的特性要素

砂轮切削性能由磨料、粒度、结合剂、硬度和组织等要素决定的。

(1) 磨料

磨料即砂轮中的硬质颗粒，它担负主要的切削工作，因此磨料应具备很高的硬度、耐磨性、耐热性和韧性，还要具有比较锋利的形状才能切下切屑。常用的磨料有刚玉类、碳化硅和超硬材料类。表 9-4 为常用磨料的特性及应用范围。

表 9-4　常用磨料的特性及应用范围

系　别	刚玉类		碳化硅类		超硬磨料类	
磨料名称	棕刚玉	白刚玉	黑碳化硅	绿碳化硅	氮化硼	人造金刚石
代号	A	WA	C	GC	CBN	D
主要成分	$W_{Al_2O_3}$ 95% $W_{TiO_2}=2\%\sim3\%$	$W_{Al_2O_3}>99\%$	$W_{SiC}>95\%$	$W_{SiC}>99\%$	氮化硼	碳结晶体
颜　色	褐色	白色	黑色有光泽	绿色	黑色	乳白色

续表 9-4

系　别	刚玉类		碳化硅类		超硬磨料类	
特　性	硬度大韧性大，价廉适应性稳定，2 100 ℃熔融	硬度高于 A，韧性低于 A，其余相同 A	硬度高于 WA 性脆而锋利，导热抗导电性好，与铁有反应＞1 500 ℃氧化	硬度脆性高于 C，其余同 C	硬度低于 D 耐磨性好发热量小高温时与水碱反映＞1 300 ℃稳定	硬度高，比天然的略脆，耐磨性好，高温与水和碱反应，＞700 ℃石墨化
应用范围	碳钢、合金钢、铸铁	淬火钢、高速钢、高碳及其合金钢	铸铁、黄铜、铝耐火材料及非金属材料	硬质合金、宝石、玉石、陶瓷、玻璃	硬质合金，高速钢，高合金钢，不锈钢，高温合金	硬质合金，宝石，光学材料、石材、陶瓷、半导体

(2) 粒度

粒度是指磨料颗粒的大小。制造砂轮用的较大磨粒用筛选法来区分颗粒大小，以每英寸长度内筛孔的数目来表示其粒度号，所以粒度号越大，磨粒实际尺寸越小。粒度的选择主要影响表面粗糙度和生产率，一般粗磨应选用较粗的磨粒，精磨应选用较细的磨粒。

(3) 结合剂

砂轮中用来粘结磨料的物质称为结合剂，结合剂的性能决定了砂轮的强度、耐冲击性、耐腐蚀性和耐热性，同时对磨削温度，磨削表面质量也有一定的影响。常用结合剂有陶瓷结合剂(代号 V)、树脂结合剂(代号 B)、橡胶结合剂(代号 R)和金属结合剂(代号 M)。

(4) 硬度

砂轮的硬度是指在磨削力作用下，磨粒从砂轮表面脱落的难易程度。磨粒粘结牢固，砂粒不易脱落的，称之为硬，反之称为软。当硬度选择合适时砂轮具有自锐性，即磨粒磨钝后因磨削力增加而自行脱落，使新的锋利磨粒露出表面，从而保持砂轮的正常切削能力。砂轮的硬度对磨削质量和生产率影响很大，磨硬材料应选软砂轮，磨软材料一般应选择硬砂轮。

(5) 组织

砂轮组织指磨料、结合剂和气孔三者的体积比例关系，用来表示砂轮结构紧密或疏松的程度。按照磨粒在砂轮中所占的体积比例，砂轮组织可分为 0～14 号，号码越大越疏松，5～8 号为中等组织，最常用。磨削塑性材料、软金属及大面积磨削时，应选择组织疏松的砂轮；而精磨、成型磨削时，应选择组织紧密的砂轮。

(6) 砂轮形状、尺寸

为适应不同类型的磨床和各种工件，砂轮有许多形状和尺寸规格。砂轮形状用代号表示。砂轮的基本特性参数一般印在砂轮端面上，其代号顺序是形状—尺寸—磨料—粒度号—硬度—组织号—结合剂—最高工作线速度。如标记“1-600×75×203-WA54Y8B-60”是指平形砂轮，外径 600 mm，厚度 75 mm，孔径 203 mm，白刚玉，粒度号为 54#，超硬硬度，8 号组织，树脂结合剂，最高工作线速度为 60 m/s。

三、磨削加工

1. 磨削加工方法及应用

磨削加工的适应性很广，几乎能对各种形状的表面进行加工。按工件表面形状和砂轮与工件间的相对运动，磨削可分为外圆磨削、内圆磨削、平面磨削及无心磨等几种主要加工类型。

(1) 外圆磨削

外圆磨削是以砂轮旋转作主要运动，工件旋转、移动(或砂轮径向移动)做进给运动，对工件的外回转面进行的磨削加工，它能磨削圆柱面、圆锥面、轴肩端面、球面及特殊形状的外表面。

① 纵磨法。采用纵磨法磨外圆时，以工件随工作台的纵向移动做进给运动[图 9-38(a)]，每次单行程或往复行程终了时，砂轮做周期性的横向切入进给，逐步磨出工件径向的全部余量。纵磨法每次的切入量少，磨削力小，散热条件好，且能以光磨的次数来提高工件的磨削精度和表面质量，是目前生产中使用最广泛的一种外圆磨削方法。

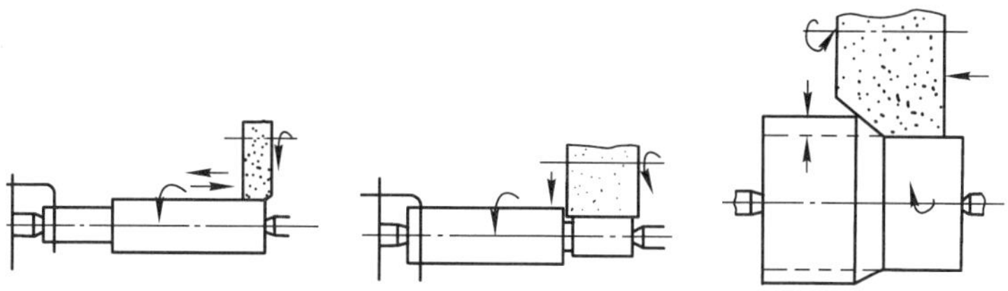

(a)　(b)　(c)

图 9-38　外圆磨削工艺范围

(a) 纵磨法；(b) 横磨法；(c) 深磨法

② 横磨法。采用横磨法磨外圆时，工件不动，砂轮宽度大于工件磨削表面宽度，以砂轮缓慢连续(或不连续)地沿工件径向的移动做进给运动，工件则不需要纵向进给[图 9-38(b)]，直到达到工件要求的尺寸为止。横磨法可在一次行程中完成磨削过程，加工效率高，适合于大批大量加工刚性好的工件，特别适用于成型磨削。横磨法中砂轮与工件接触面积大，磨削力大，因此，要求磨床刚性好，动力足够；同时，磨削热集中，需要充分的冷却，以免影响磨削表面质量。

③ 深磨法。如图 9-38(c)所示，磨削时，采用较小的纵向进给量(一般取 1～2 mm/r)较大的吃刀量(一般为 0.1～ 0.35 mm/r)在一次行程中切除全部磨削余量，因此生产率高。由于沿工件纵向进给方向的砂轮后半部与纵磨法一样可视为修光刃磨削，故磨削精度和表面质量比横磨法好。但磨削力较大，深磨法只适用于大批量生产中加工刚度较大的工件，且被加工的工件表面两端要有较大的距离，允许砂轮切入和切出。

④ 无心外圆磨削。无心磨外圆时，工件不用夹持于卡盘或支承于顶尖，而是直接放于砂轮与导轮之间的托板上，以外圆柱面自身定位，如图 9-39 所示。磨削时，砂轮旋转为主运动，导轮旋转带动工件旋转和工件轴向移动(因导轮与工件轴线倾斜一个 α 角度，旋转时将产生一个轴向分速度)为进给运动，对工件进行磨削。

无心磨外圆也有贯穿磨法(图 9-39)用于不带台阶的光轴零件，加工时工件由机床前面送至托板，工件自动轴向移动磨削后从机床后面出来；切入磨法可用于带台阶的轴加工，加工时先将工件支承在托板和导轮上，再由砂轮做横向切入磨削工件。

无心外圆磨是一种生产率很高的精加工方法，且易于实现生产自动化，但机床调整费时，故主要用于大批量生产。由于无心磨以外圆表面自身作为定位基准，故不能提高零件位

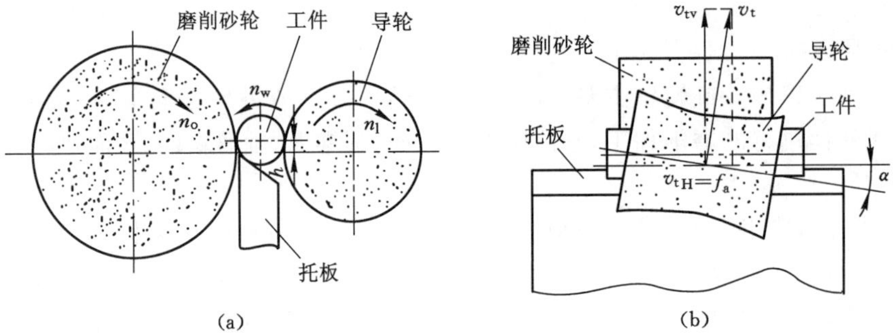

图 9-39　无心外圆磨削

置精度。当零件加工表面与其他表面有较高的同轴要求或加工表面不连续(如有长键槽)时,不宜采用无心外圆磨削。

(2) 内圆磨削

普通内圆磨削的主运动仍为砂轮的旋转,工件旋转为圆周进给运动,砂轮(或工件)的纵向移动为纵向进给。同时,砂轮做横向进给,可对零件的通孔、盲孔及孔口端面进行磨削,如图 9-40 所示。内圆磨削也有纵磨法与切入法之分。

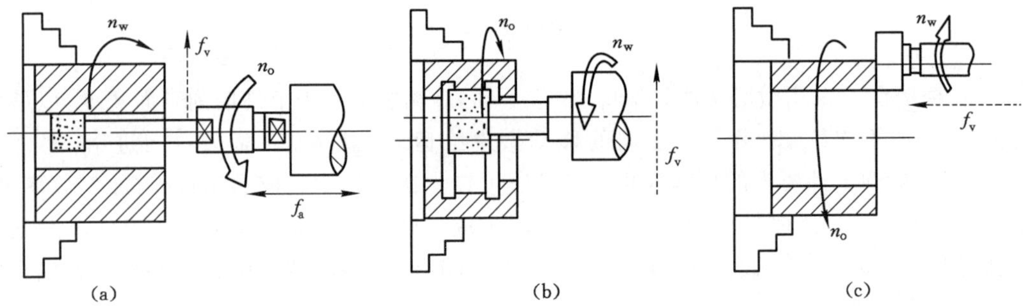

图 9-40　内圆磨削工艺范围

(a) 纵磨法磨内孔;(b) 切入法磨内孔;(c) 磨端面

与外圆磨削相比,因受孔径限制,砂轮及砂轮轴直径,转速高,砂轮与工件接触面积大,发热量大,冷却条件差,工件热易变形,砂轮轴刚度差,易振动易弯曲变形。因此,在类似工艺条件下内圆磨的质量会低于外圆磨。

(3) 平面磨削

平面磨削的主运动虽是砂轮的旋转,但根据砂轮是利用周边还是利用端面对工件进行磨削,有不同的磨削形式;另外,根据工件是随工作台做纵向往复运动还是随转台做圆周进给,也有不同的磨削形式,如图 9-41 所示。砂轮沿轴向做横向进给,并周期性地沿垂直于工件磨削表面方向做进给,直至达到规定的尺寸要求。

图 9-41(a),(b)所示属于圆周磨削,砂轮与工件接触面积小,磨削力小、排屑及冷却条件好,工件受热变形小,砂轮磨损均匀,加工精度高;但砂轮主轴呈悬臂状态,刚性差,不能采用较大的磨削用量,生产率较低。

图 9-41(c),(d)所示属于端面磨削,砂轮与工件接触面积大,主轴轴向受力,刚性好,可

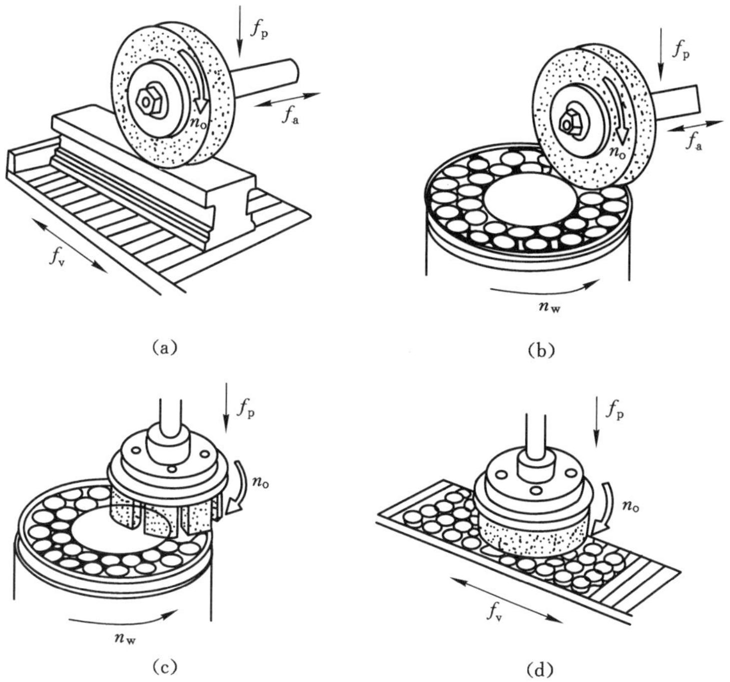

图 9-41　平面磨削工艺范围

(a) 卧轴矩台平面磨床磨削；(b) 卧轴圆台平面磨床磨削；
(c) 立轴圆台平面磨床磨削；(d) 立轴矩台平面磨床磨削

采用较大磨削用量，生产率高。但磨削力大，生热多，冷却、排屑条件差，工件受热变形大，而且，砂轮端面各点因线速度不同，砂轮磨损不均匀，所以这种磨削方法加工精度不高。

2. 磨削加工的工艺特点

① 能加工硬度很高的工件。磨削能加工车、铣等其他方法所不能加工的各种硬材料，如淬硬钢、冷硬材料、硬质合金、宝石、玻璃和超硬材料氮化硅等。

② 能加工出精度高、表面粗糙度很低的表面。磨削通常尺寸精度可达 IT7～IT5，表面粗糙度 $Ra=0.8\sim0.2\ \mu m$。

③ 磨削温度高。由于磨削过程中产生的切削热多，而砂轮本身的传热性较差，使得磨削区的温度高。所以在磨削过程中，为避免工件被烧伤和变形，应施以大量的切削液进行冷却。

④ 磨削的径向分力大。磨削时径向分力 F_y 很大，约为切削力 F_z 的 1.6～3.2 倍。在 F_y 作用下，工艺系统易产生弹性变形，使得实际磨削深度比名义磨削深度小，因此在磨去主要加工余量后，随着磨削力的减小，工艺系统的弹性变形恢复，应继续光磨（即无进给磨削）数次，直至磨削火花消失。光磨对于提高磨削精度和表面质量具有重要意义。

第七节　数控机床简介

数控机床是一种装有程序控制系统（数控系统）的自动化机床。该系统能够逻辑地处理具有使用号码，或其他符号编码指令（刀具移动轨迹信息）规定的程序。具体地讲，把数字化了的刀具移动轨迹的信息输入到数控装置，经过译码、运算，从而实现控制刀具与工件相对运动，加工出所需要的零件的机床，即为数控机床。

一、数控机床的工作原理及基本组成

1. 数控机床的工作原理

按照零件加工的技术要求和工艺要求，编写零件的加工程序，然后将加工程序输入到数控装置，通过数控装置控制机床的主轴运动、进给运动、更换刀具，以及工件的自动装夹，冷却、润滑泵的开与关，使刀具、工件和其他辅助装置严格按照加工程序规定的顺序、轨迹和参数进行工作，从而加工出符合图纸要求的零件。

2. 数控机床结构

数控机床主要由控制介质、数控装置、伺服系统和机床本体 4 个部分组成，如图 9-42 所示。

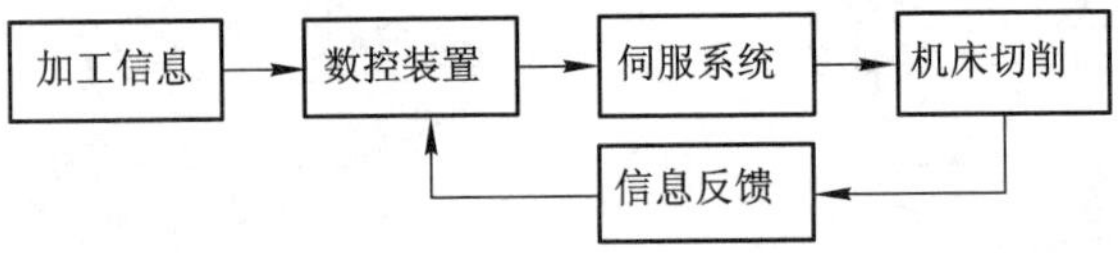

图 9-42 数控机床的加工过程

① 控制介质。控制介质以指令的形式记载各种加工信息，如零件加工的工艺过程、工艺参数和刀具运动等，将这些信息输入到数控装置，控制数控机床对零件切削加工。

② 数控装置。数控装置是数控机床的核心，其功能是接受输入的加工信息，经过数控装置的系统软件和逻辑电路进行译码、运算和逻辑处理，向伺服系统发出相应的脉冲，并通过伺服系统控制机床运动部件按加工程序指令运动。

③ 伺服系统。伺服系统由伺服电机和伺服驱动装置组成，通常所说数控系统是指数控装置与伺服系统的集成，因此说伺服系统是数控系统的执行系统。数控装置发出的速度和位移指令控制执行部件按进给速度和进给方向位移。每个进给运动的执行部件都配备一套伺服系统，有的伺服系统还有位置测量装置，直接或间接测量执行部件的实际位移量，并反馈给数控装置，对加工的误差进行补偿。

④ 机床本体。数控机床的本体与普通机床基本类似，不同之处是数控机床结构简单、刚性好，传动系统采用滚珠丝杠代替普通机床的丝杠和齿条传动，主轴变速系统简化了齿轮箱，普遍采用变频调速和伺服控制。

二、数控机床的种类

数控机床的种类很多，分类的原则也有多种。

1. 按工艺用途分类

① 金属切削类数控机床。这类机床和传统的通用机床品种一样，由数控车床、数控铣床、数控磨床、数控镗床以及加工中心等。加工中心是带有自动换刀装置，在一次装夹后可以进行多种工序加工的数控机床。

② 金属成型类数控机床。这类机床如数控折弯机、数控弯管、数控回转头压力机等。

③ 数控特种加工及其他类型数控机床。这类机床如数控线切割机床、数控电火花加工机床、数控激光切割机床、数控火焰切割机床等。

2. 按运动的方式分类

① 点位控制数控机床:被控对象只能由一个点到另一个点做精确定位。定位精度和定位速度是该类系统的两个基本要求。这类被控对象在移动时并不进行加工,所以移动的路径并不重要,而达到定位点后才进行各种加工。使用这类系统的数控设备的有坐标镗床、数控钻床和数控冲床等。

② 直线控制数控机床:被控对象不仅要实现由一个位置到另一个位置的按直线轨迹精确移动,而且在移动过程中,同时要加工。因此,要求该类系统移动速度均匀。它的伺服系统均要求有足够的功率、宽的调速范围和优良的动态特性。这类数控设备有数控车床、数控镗床、加工中心等。

③ 轮廓控制数控机床:该系统能对两个或两个以上的坐标轴同时进行控制,实现任意坐标平面内的曲线或空间曲线的加工,它不仅能控制数控设备移动部件的起点与终点坐标,而且能控制整个加工过程每一点的速度和位移量,能控制加工轨迹。这种系统在加工过程中需要不断地进行插补运算,并进行相应的速度与位移控制。这类数控设备由数控铣床、数控磨床等。

3. 按伺服系统的类型分类

按伺服系统工作原理可分为开环控制系统、半闭环控制系统和闭环控制系统等。

① 开环控制系统:用功率步进电动机作为执行机构。开环系统具有结构简单、成本低廉、调整维护方便等优点。但开环控制系统由于不能对传动误差进行补偿而精度比较低。

② 半闭环控制系统:在驱动电动机轴上装有角位移检测装置,并将角位移检测器和驱动电动机做成一个整体。通过监测驱动电动机的转角间接的测量移动部件的直线位移,并反馈至数控装置中。这种系统实用性强,正在广泛应用。

③ 闭环控制系统:在控制设备运动部件位置上直接装上位置检测装置,并将检测到的实际位移值反馈到数控装置中,与输入的指令位移值进行比较,用偏差值进行伺服系统的控制。闭环系统能够补偿各种误差,有高的精度。

三、数控机床加工的特点和应用

数控机床加工主要有如下优点:

① 柔性(可变性、适应性)大。数控机床加工对象灵活,通过更换零件加工程序,可以很容易地在一定范围内从一种零件的加工变为另一种零件的加工,可显著地缩短多品种生产中的设备调整和生产准备时间,并可节省许多专用工装夹具。

② 利用率高。数控机床一方面因为设备调整和生产准备时间短,另一方面数控机床可配备各种类型的监控、诊断和在机检测装置等,所以能实现长时间连续稳定的自动加工。

③ 加工质量稳定。数控机床按预定的程序自动进行加工,加工过程中一般不需要人工干预,而且数控机床还有在机检阅装置和软件补偿功能,可靠地保证了加工质量的稳定性。

④ 生产率高。数控机床加工显著地缩短了辅助时间,并可优化切削用量,充分发挥了机床的加工能力,生产率一般比非数控机床高 1～3 倍。尤其对一些复杂零件的加工,可提高3～5 倍,甚至十几倍。

由于数控机床具有上述的特点,必将减少在制品零件的批量,缩短生产周期,节省流动资金,并且在生产系统中还便于实现计算机集成管理,故使综合经济效益大大提高。

对批量小、品种多、产品更新频繁、要求生产周期短的飞机、宇宙飞船以及新研制产品的零件加工，数控机床加工具有很大的优越性。尤其是对于某些具有复杂型面的零件，如透平叶片、船用螺旋桨、模具等，用非数控机床难以完成加工，而用数控机床则能完成。虽然数控机床价格高，初期投资大，但通过提高利用率可较快回收投资。

数控机床的使用范围，原则上可以不受什么限制，但在实际应用时必须充分考虑其经济效果。由于这类机床技术上较复杂，成本又高，在目前阶段还只比较适用于单件和中小批量生产中精度高、尺寸变化大、形状比较复杂的零件的加工，或者在试制中需要多次修改设计的零件的加工。因为这样可以减少或省去制作大量样板、模具等工艺装备，缩短生产准备周期，提高加工精度和劳动生产率，降低加工成本，减轻工人的劳动强度。

目前数控机床的使用还不很普遍.但随着数控技术的普及和数控装置造价的降低，应用会越来越广，并将成为实现多品种、中小批量生产自动化的重要途径之一。

四、数控车床

数控车床是将编好的加工程序输入到数控系统中，由数控系统通过车床 X,Z 坐标轴的伺服电动机去控制车床进给运动部件的运动顺序、移动量和进给速度，再配以主轴的转速和转向，便能加工出各种形状不同的轴类或盘类回转体零件。数控车床是目前使用较为广泛的数控机床，数控车床与卧式车床一样，也是用来加工轴类或盘类的回转体零件。但是，由于数控车床是自动完成内外圆柱面、圆锥面、圆弧面、端面、螺纹等工序的切削加工，所以数控车床特别适合加工形状复杂的轴类或盘类零件。

数控车床具有加工灵活、通用性强、能适应产品的品种和规格频繁变化的特点，能够满足新产品的开发和多品种、小批量、生产自动化的要求，因此被广泛应用于机械制造业，如汽车制造厂、发动机制造厂等。图 9-43 所示数控车床为两坐标连续控制的卧式车床，主要用来加工轴类零件的内外圆柱面、圆锥面、螺纹表面、成型回转体表面等。对盘类零件可进行钻孔、扩孔、铰孔、镗孔等加工，机床还可以完成车端面、切槽、倒角等加工。

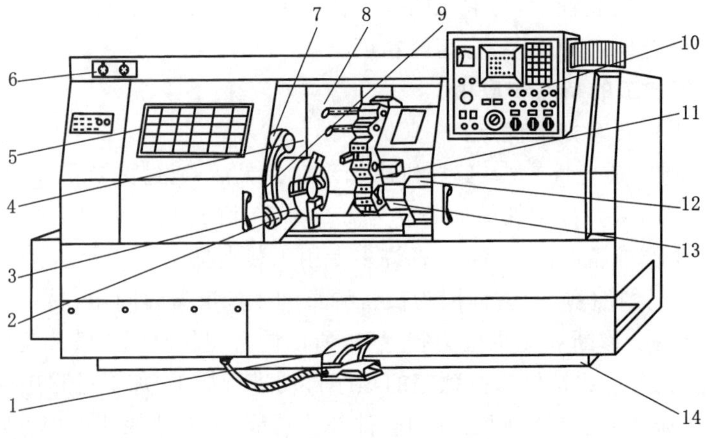

图 9-43 数控车床

1——脚踏开关；2——对刀仪；3——主轴卡盘；4——主轴箱；5——防护门；6——压力表；7、9——对刀仪转臂；8——防护罩；10——操作面板；11——回转刀架；12——臂尾座；13——滑板；14——床身

五、加工中心

加工中心是备有刀库，并能自动更换刀具，对工件进行多工序加工的数字控制机床。工

件经一次装夹后，数字控制系统能控制机床按不同工序自动选择和更换刀具，自动改变机床主轴转速、进给量和刀具相对工件的运动轨迹及其他辅助机能，依次完成工件几个面上多工序的加工。加工中心由于工序的集中和自动换刀，减少了工件的装夹、测量和机床调整等时间，使机床的切削时间达到机床开动时间的 80%左右(普通机床仅为 15～20%)；同时也减少了工序之间的工件周转、搬运和存放时间，缩短了生产周期，具有明显的经济效果。加工中心适用于零件形状比较复杂、精度要求较高、产品更换频繁的中小批量生产。

第一台加工中心是 1958 年由美国卡尼－特雷克公司首先研制成功的。它在数控卧式镗铣床的基础上增加了自动换刀装置，从而实现了工件一次装夹后即可进行铣削、钻削、镗削、铰削和攻丝等多种工序的加工。20 世纪 70 年代以来，加工中心得到迅速发展，出现了可换主轴箱加工中心，它备有多个可以自动更换的装有刀具的多轴主轴箱，能对工件同时进行多孔加工。这种多工序集中加工的形式也扩展到了其他类型数控机床，如车削中心，它是在数控车床上配置多个自动换刀装置，能控制 3 个以上的坐标，除车削外，主轴可以停转或分度，而由刀具旋转进行铣削、钻削、铰孔和攻丝等工序，适于加工复杂的旋转体零件。

加工中心按主轴的布置方式分为立式(图 9-44)和卧式两类。卧式加工中心一般具有分度转台或数控转台，可加工工件的各个侧面；也可做多个坐标的联合运动，以便加工复杂的空间曲面。立式加工中心一般不带转台，仅作顶面加工。此外，还有带立、卧两个主轴的

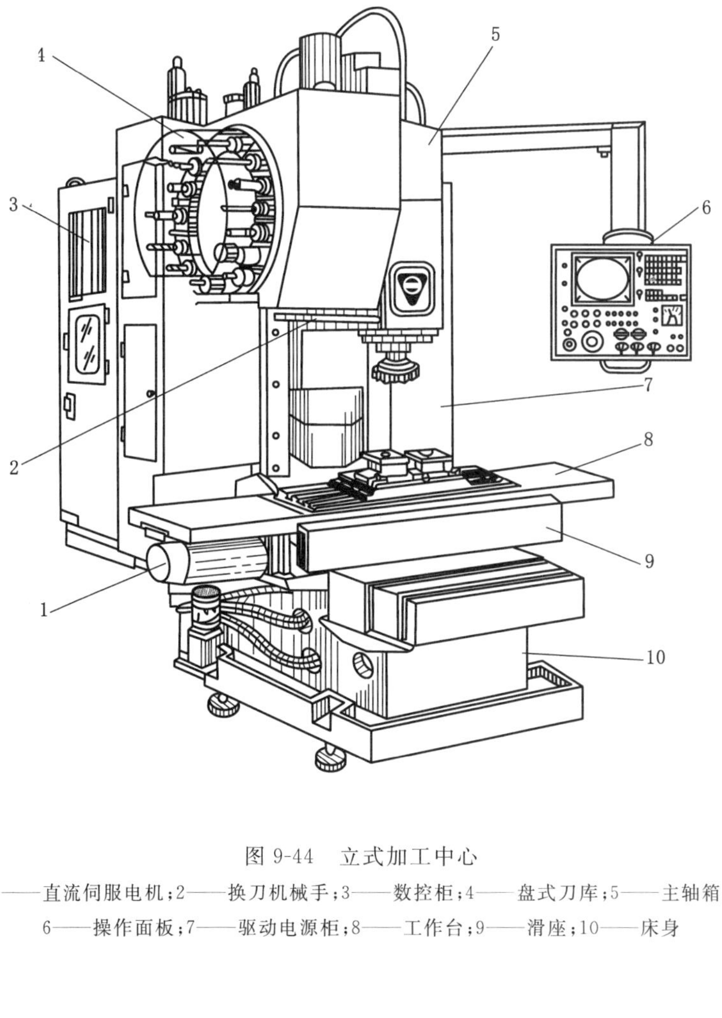

图 9-44　立式加工中心

1——直流伺服电机；2——换刀机械手；3——数控柜；4——盘式刀库；5——主轴箱；6——操作面板；7——驱动电源柜；8——工作台；9——滑座；10——床身

复合式加工中心，和主轴能调整成卧轴或立轴的立卧可调式加工中心，它们能对工件进行5个面的加工。

加工中心的自动换刀装置由存放刀具的刀库和换刀机构组成。刀库种类很多，常见的有盘式和链式两类。链式刀库存放刀具的容量较大。换刀机构在机床主轴与刀库之间交换刀具，常见的为机械手；也有不带机械手而由主轴直接与刀库交换刀具的，称为无臂式换刀装置。为了进一步缩短非切削时间，有的加工中心配有两个自动交换工件的托板。一个装着工件在工作台上加工，另一个则在工作台外装卸工件。机床完成加工循环后自动交换托板，使装卸工件与切削加工的时间相重合。

复习思考题

1. 车床适于加工何种表面？为什么？

2. 卧式车床、立式车床、转塔车床和自动车床各适用于什么场合？

3. 台式钻床、立式钻床和摇臂钻床各适用于什么场合？

4. 镗孔与钻、扩、铰孔比较，有何特点？

5. 镗床镗孔与车床镗孔有何不同，各适用于什么场合？

6. 一般情况下，刨削的生产率为什么比铣削低？

7. 拉削加工有哪些特点？适用于何种场合？

8. 用周铣法铣平面时，顺铣、逆铣各有哪些特点？

9. 为什么磨削能够达到较高的精度和较小的表面粗糙度？

10. 平面磨削常见的有哪几种方式？

11. 加工要求精度高、表面粗糙度小的紫铜或铝合金轴件外圆时，应选用哪种加工方法？为什么？

12. 若用周铣法铣削带黑皮铸件或锻件上的平面，为减少刀具磨损，应采用顺铣还是逆铣？为什么？

13. 拉削加工的质量好、生产率高，为什么在单件小批生产中却不宜采用？

14. 磨孔和磨平面时，由于背向力 F_P 的作用，可能产生什么样的形状误差？为什么？

15. 用无心磨法磨削带孔工件的外圆面，为什么不能保证它们之间同轴度的要求？

16. 铣削为什么比其他加工容易产生振动？

17. 加注切削液，磨削加工比对其他切削加工更为重要，为什么？

第十章
特种加工简介

特种加工是近几十年发展起来的新工艺。特种加工方法是指区别于传统切削加工方法,利用化学、物理(电、声、光、热、磁)或电化学方法对工件材料进行加工的加工方法。这些加工方法主要包括:电火花成型加工、电火花线切割加工、电解加工、电解磨削、超声波加工、激光束加工等。

第一节　电火花加工

一、电火花加工的原理

电火花加工是在20世纪40年代中期发展起来的,其基本原理就是利用工件和工具电极之间所产生的火花放电现象,在火花放电的瞬间,会产生约1万摄氏度的高温,从而使金属熔化、汽化而被去除,不断的火花放电,就会不断地蚀去金属,最终达到加工成型的目的。

如图10-1所示,电火花加工原理:工件和工具电极都置于流动工作液中,并分别与脉冲电源的正、负极相接,通过脉冲发生器,使工件与工具电极间产生脉冲火花放电现象,由于放

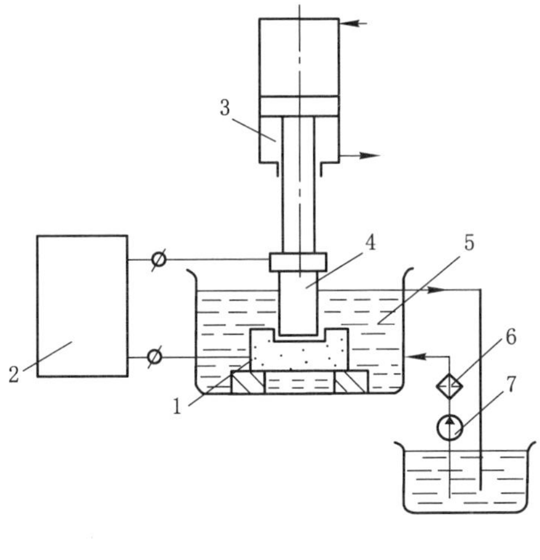

图10-1　电火花加工原理

1——工件;2——脉冲电源;3——自动进给系统;4——工具;
5——工作液;6——过滤器;7——工作液泵

电时间很短，且发生在放电区的小点上，所以能量高度集中，放电区的电流密度很大，引起金属材料的熔化和汽化，使工件和工具电极表面被腐蚀成一个小凹坑，多次火花放电的结果，使工件和工具电极的表面有无数小凹坑组成，工具电极不断下降，工件表面不断地被蚀去，流动的工作液将腐蚀下来的金属带离工作区，这样工具电极的轮廓形状便可复印在工件上，从而达到电火花加工的目的。

二、电火花加工的特点

电火花加工具有以下特点：

① 可以在淬火以后进行加工，因而免除了淬火变形对工件尺寸和形状的影响。

② 由于加工中电极和工件不接触，没有机械加工的切削力，所以可加工刚性低等复杂形状的零件。

③ 工件和电极材料必须是导电材料，加工速度慢，有电极损耗的存在，所以对加工精度有影响。

三、电火花加工的分类及应用

电火花加工按其工艺方法可分为以下几种：

① 电火花成型加工。电极与工件之间只有一个相对的伺服进给运动，电极为成型电极，与被加工表面具有相同的截面形状，主要用于型腔加工和穿孔加工。

② 电火花线切割加工。电极为沿轴线移动的线电极，工件作 X、Y 方向的进给运动，主要用于各种通孔、异形通孔的加工。

③ 电火花内、外圆成型磨削。电极与工件相对旋转，电极与工件有径向和轴向的进给，主要用于加工高精度和低的表面粗糙度的小孔。

④ 电火花高速小孔加工。电极为大于 0.3 mm 的细管，管内冲高压工作液，且电极一边旋转一边做垂直进给运动，主要用于线切割预穿丝孔的加工。

⑤ 电火花同步共轭回转加工。电极与工件都做旋转运动，电极相对工件可做纵、横向进给运动，主要用于加工异形齿轮、螺纹环规、内外回转体等。

⑥ 电火花表面强化。电极在工件表面一边上下振动，一边相对移动，每一次振动都和工件接触一次，主要用于模具刃口、刀量刃具表面的强化和镀覆。

⑦ 其他电火花加工。例如电火花表面刻字等。

四、电火花线切割加工

在线切割加工中，用连续移动的金属丝(也称电极丝)代替电火花穿孔加工中的电极，故称为线切割加工。工件与高频脉冲电源的正极相连接，电极丝与脉冲电源的负极相连接，利用电极丝与工件在液体介质中产生的火花切除工件上的金属，工件按预定的轨迹进行运动从而加工出形状复杂的金属零件，就像木工用钢线锯锯木板一样。电火花线切割只能加工以直线为母线的曲面。图 10-2 所示为电火花线切割工作原理，工作时电极丝沿其轴线运动，电极丝和工件之间注入工作液介质，工件安放在坐标工作台上，随工作台按预定的控制程序沿 X,Y 两个坐标方向运动，从而合成各种曲线轨迹，将工件切割成型。

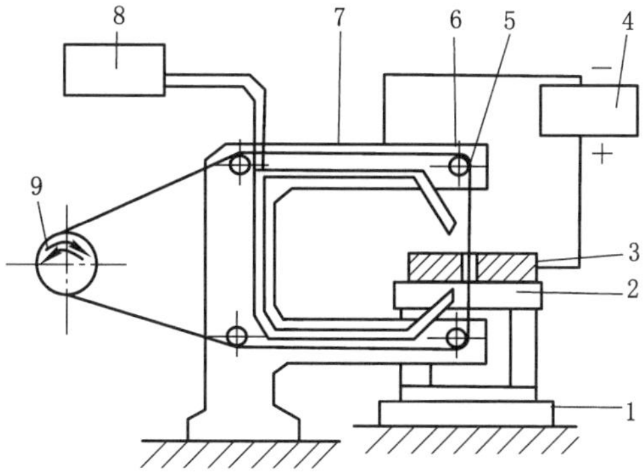

图 10-2 电火花线切割机床工作原理图

1——坐标工作台；2——夹具；3——工件；4——脉冲电源；
5——电极丝；6——导轮；7——丝架；8——工作液；9——储丝筒

第二节 电化学加工

电化学加工是利用电化学作用对金属进行加工的方法，按其作用可分为 3 类：一类是利用电化学阳极溶解来进行加工，如电解加工、电解抛光等；第二类是利用电化学阴极镀覆进行加工，如电铸、电镀等；第三类是电化学加工和其他加工方法相结合的电化学复合加工，如电解磨削等。

一、电解加工的原理

电解加工是利用金属在电解液中发生电化学阳极溶解的原理进行的。图 10-3 所示为电解加工的原理示意，工具电极接负极，工件接正极，工件和电极之间保持一定的间隙(0.1～1 mm)，在间隙中通过具有一定压力(0.49～1.96 MPa)和速度(75 m/s)的电解液。当工具电极以一定的进给速度(0.4～1.5 mm/min)向工件靠近，并在工件和工具电极之间接上直流电压(6～24 V)，则工件表面和工具电极之间距离最近的地方，通过的电流密度可达 10～70 A/cm^2，产生阳极溶解，金属变成氢氧化物沉淀而被电解液冲走。随着工具的不断进给，逐渐将工具的形状复印到工件上，使工件得到所需的形状和尺寸。

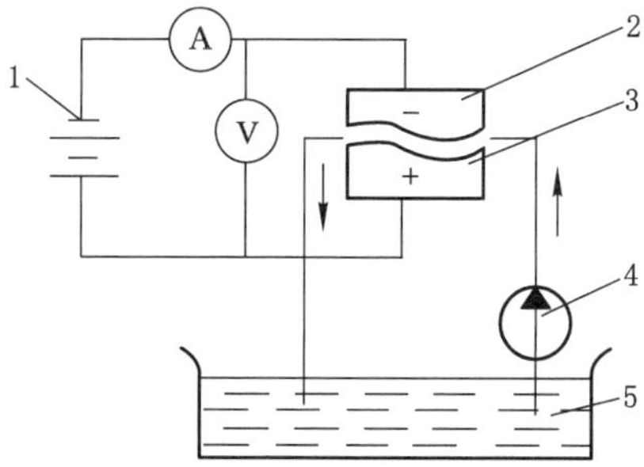

图 10-3 电解加工原理图

1——直流电源；2——工具电极；3——工件；4——电解液泵；5——电解液

二、电解加工的特点

① 电解加工与被加工材料的硬度、强度、韧性等无关，故可加工任何金属材料。常用于加工高温合金、钛合金、不锈钢、淬火钢和硬质合金等难切削材料。

② 能以简单的直线进给运动，一次加工出复杂的型腔、型孔(如锻模、叶片等)。

③ 电解加工的生产率较高，约为电火花加工的 5～10 倍，在某些情况下甚至比切削加工的生产率还高，而且加工生产率不直接受加工精度和表面粗糙度的限制。

④ 加工表面质量好，无毛刺和变质层。表面粗糙度 $Ra=1.25\sim0.2\ \mu m$ ；加工精度为 ±0.1 mm 左右。

⑤ 加工过程中阴极工具在理论上不会损耗，可长期使用。

电解加工的主要弱点和局限性如下：

① 不易达到较高的加工精度和加工稳定性，也难以加工出棱角，一般圆角半径都大于 0.2 mm。

② 电解加工设备投资大，占地面积大；设备的锈蚀也严重；单件小批量生产时成本比较高。

③ 电解产物必须进行妥善处理，否则将污染环境。

三、电解加工的应用

电解加工是一种比较成熟的特种加工方法，在制造业中得到广泛应用。可进行深孔扩孔加工、型孔的加工、型腔的加工、套料加工、叶片加工、电解倒棱去毛刺、电解刻字、电解抛光等。

四、电解磨削

电解磨削属于电化学机械加工的范畴，电解加工具有较高的生产率，但加工精度不易控制。电解磨削是由电解腐蚀作用和机械磨削作用相结合进行加工的，比电解加工具有较好的加工精度和表面粗糙度，比机械磨削有较高的生产率。与电解磨削相近似的还有电解珩磨和电解研磨。

图 10-4 所示为电解磨削原理，导电砂轮与直流电源的阴极相接，被加工工件(硬质合金)机械磨削的双重作用下，车刀的后刀面很快就被磨光。图 10-5 所示为电解磨削加工过程原理，电流从工件通过电解液而流向磨轮，形成通路，于是工件(阳极)表面的金属在电流和电解液的作用下发生电解作用(电化学腐蚀)，被氧化成为一层极薄的氧化物或氢氧化物薄膜，一般称它为阳极薄膜。但刚形成的阳极薄膜迅速被导电砂轮中的磨料刮除，在阳极工件上又露出新的金属表面并被继续电解。这样，由电解作用和刮除薄膜的磨削作用交替进行，使工件连续地被加工，直至达到一定的尺寸精度和表面粗糙度。

电解磨削过程中，金属主要是靠电化学作用腐蚀下来，砂轮起磨去电解产物阳极钝化膜和整平工件表面的作用。电解磨削与机械磨削比较，具有以下特点：

① 范围广，加工效率高。由于它主要是电解作用，因此只要选择合适的电解液，就可以用来加工任何高硬度与高韧性的金属材料，例如磨削硬质合金时，与普通的金刚石砂轮磨削相比较，电解磨削的加工效率要高 3～5 倍。

② 提高加工精度及表面质量。因为砂轮并不主要磨削金属，磨削力和磨削热都很小，不会产生磨削毛刺、裂纹、烧伤现象，一般表面粗糙度 $Ra<0.16\ \mu m$，而加工精度与机械磨削相近。

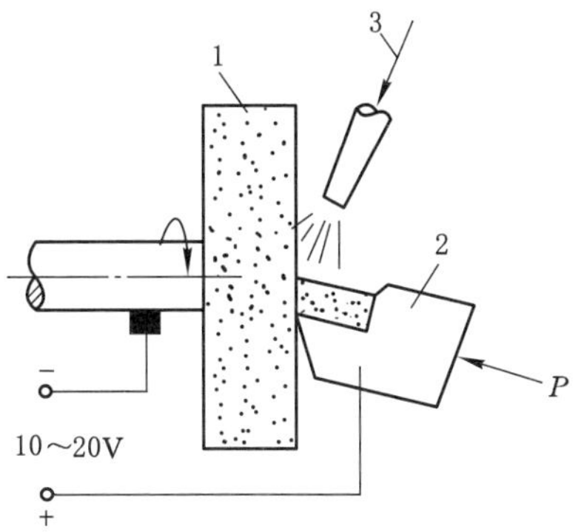

图 10-4　电解磨削原理图
1——导电砂轮；2——工件；3——电解液

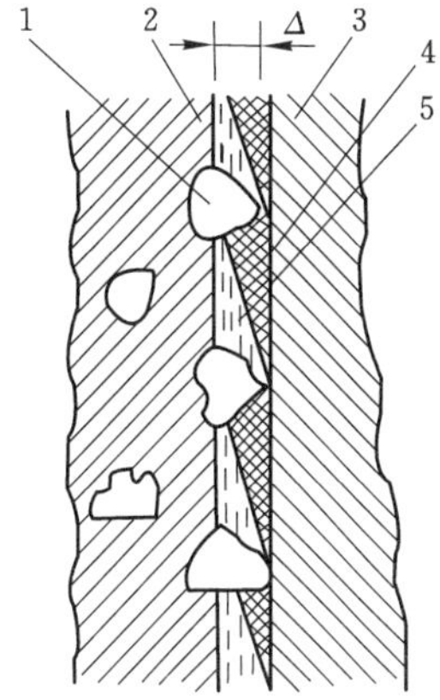

图 10-5　电解磨削加工过程原理图
1——磨粒；2——结合剂；3——工件；
4——阳极薄膜；5——电极间隙及电解液

③ 砂轮的磨损量小。如磨削硬质合金时，用普通机械磨削，碳化硅砂轮的磨损量为磨损掉硬质合金重量的 400%～600%；用电解磨削，砂轮的磨损量只有磨损掉硬质合金重量的 50%～100%。砂轮的磨损量小，有利于提高加工精度。

电解磨削与机械磨削比较，也有不足之处，如加工刀具等刃口不易磨得非常锋利；机床、夹具等要采取防蚀防锈措施。

电解磨削由于集中了电解加工和机械磨削的优点，在生产中主要用来磨削难加工材料，如电解磨削硬质合金刀具，不但生产率高，而且加工质量好；另外，利用电解磨削原理进行电化学机械抛光，抛光效果好，操作方便灵活，速度可达 0.5～2cm/min，表面粗糙度 $Ra=0.8\sim0.4\ \mu m$。

第三节　激 光 加 工

一、激光加工的原理

激光加工是利用光的能量经过透镜聚焦后在焦点上达到很高的能量密度，然后靠光热效应来加工各种材料。人们利用透镜将太阳光聚焦，使纸张木材燃烧，这说明光本身具有能量，经过聚焦之后，在焦点附近集中，使温度达 300 ℃以上。但由于太阳光的能量密度不高，再加上是多种不同波长的多色光，聚焦后不在同一平面内，不能聚焦成直径只有几十微米的小光点，这样就不可能在焦点附近获得很大的能量和极高的温度来加工工件。

所谓激光，是指可控的单色光，具有一般光的共性，也有它的特性。它强度高，方向性好，能量密度大。由于激光的发散角小和单色性好，所以可以聚焦到尺寸与光的波长相近的微米或亚微米）小斑点上，加上它本身强度高，故在焦点处可以达到 $10^7\sim10^{11}$ W/cm 的功率密度，温度可达 10 000 ℃以上。在这样的温度下，任何材料都将被熔化和汽化，并爆炸地高速喷射出来，同时产生方向性很强的冲击波。工件材料就在高温和冲击波的同时作用下被去除，从而达到加工的目的。

如图 10-6 所示，激光加工由激光器、电源、光学系统及机械系统四大部分构成，由激光器电源根据加工工艺的要求，在电压控制、时间控制、储能电容组及触发器等的作用下，为激光器提供所需要的能量；激光器把电能转变成光能，并产生所需的激光束；光学系统将激光引向聚焦物镜并聚焦在工件上，通过焦点位置调节及其观察显示系统，使激光束准确的聚焦在加工位置；机械系统有床身、坐标工作台及机电控制系统等，以实现激光加工。

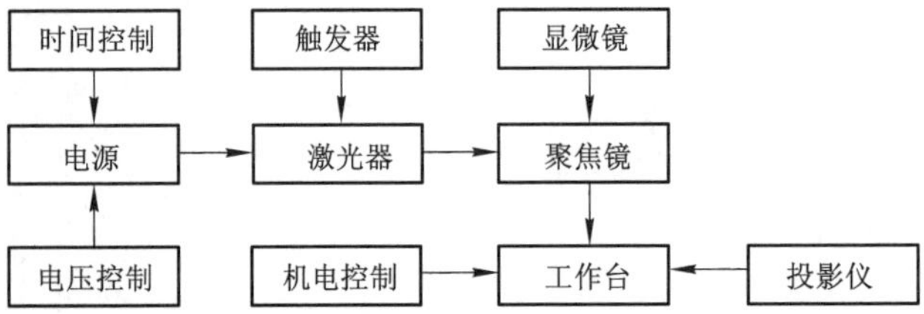

图 10-6　激光加工机构工作原理

图 10-7 所示为固体激光器的结构示意，它包括工作物质、光泵、玻璃套管和滤光液、冷却水、聚光器等部分。光泵是供给工作物质光能用的，一般都用氙灯作为光泵；聚光器把氙灯发出的光能聚集在工作物质上；通过滤光液和玻璃套管滤去氙灯发出的紫外线成分，最后通过部分反射镜发出激光束。

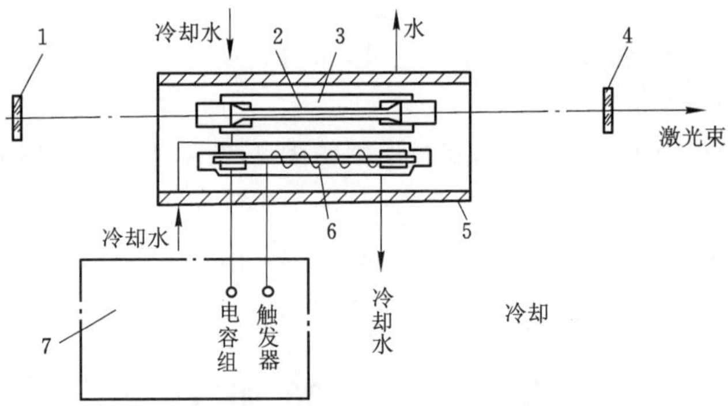

图 10-7　固体激光器结构示意

1——全反射镜；2——工作物质；3——玻璃套管；4——部分反射镜；
——聚光器；6——光泵(氙灯)；7——激光器电源(包括电容器及触发器等)

二、激光加工的特点

① 由于它的功率密度高，几乎可以加工任何材料。高硬度材料、耐热合金，陶瓷、石英、金刚石等硬脆材料都能加工。

② 激光光斑大小可以聚焦到微米级，输出功率可以调节，因此可用以精密微细加工。

③ 加工所用工具是激光束，是非接触加工，所以没有明显的机械力，没有工具损耗问题。加工速度快、热影响区小，容易实现加工过程自动化。还能通过透明体进行加工，如对真空管内部进行焊接加工等。

④ 激光加工是一种热加工，影响因素很多，因此精微加工时的精度，尤其是重复精度和表面粗糙度不易保证。必须进行反复试验，寻找合理的参数，才能达到一定的加工要求。由

于光的反射作用，对于表面光泽或透明材料的加工，必须预先进行色化或打毛处理。

⑤ 加工中产生的金属气体及火星等飞溅物，要注意通风抽走，操作者应戴防护眼镜。

三、激光加工的应用

① 激光打孔。利用激光几乎可以在任何材料上打微型小孔。已应用于火箭发动机和柴油机的燃料喷嘴加工，化学纤维喷丝板打孔，钟表及仪表中的宝石轴承打孔等，直径可小于 0.01 mm。

② 激光切割。激光切割的原理和激光打孔的原理基本相同，所不同的是工件与激光束有相对移动，在实际生产中一般都是工件移动。激光可用于切割各种各样的材料，由于对被切割的材料几乎不产生机械冲击和压力，所以特别适合于切割玻璃、陶瓷和半导体等既硬又脆的材料，加上激光斑点小、切缝窄，且便于自动控制，所以更便于对细小部件做精密切割。

③ 激光微调。激光微调就是利用激光照射电阻膜表面，将一部分电阻膜汽化去除，以减小导电膜的截面积来增加阻值，主要用于调整厚膜及薄膜电路中的电阻、电容，同时可进行多种功能微调。

④ 激光焊接。激光焊接与激光打孔的原理稍有不同，焊接时不需要那么高的能量密度使工件材料汽化蚀除，因此通常可减小激光输出功率来实现，使工件材料在加工区熔融而黏合在一起。

⑤ 激光热处理。激光热处理的过程是将激光束扫射零件表面，其红外光能量被工件表面吸收而迅速达到极高的温度，使金属产生相变，随着激光束离开工件表面，工件表面的热量迅速向内部传递而形成极高的冷却速度，使工件表面相变硬化。因此，激光热处理实际上是一种表面处理技术。

第四节　超声波加工

一、超声波加工的原理

超声波加工是利用工具端面做超声频振动，通过磨料悬浮液加工脆硬材料的一种成型方法。超声波加工原理如图 10-8 所示。加工时，在工具和工件之间加入液体（水或煤油等）和磨料混合的悬浮液，并使工具以很小的力 F 轻轻压在工件上。超声换能器产生 16 000 Hz 以上的超声频纵向振动，并借助于变幅杆把振幅放大 0.05～0.1，驱动工具端面做超声振动，迫使工作液中悬浮的磨粒以很大的速度和加速度不断地撞击、抛磨被加工表面，把被加工表面的材料粉碎成很细的微粒，从工件上被打击下来。虽然每次打击下来的材料很少，但由于每秒钟打击的次数多达 16 000 次以上，所以仍有一定的加工速度。与此同时，工作液受工具端面超声振动作用而产生的高频、交变的液压正负冲击波和“空化”作用，促使工作液钻入被加工材料的微裂缝处，加剧了机械破坏作用。所谓空化作用，是指当工具端面以很大的加速度离开工件表面时，加工间隙内形成负压和局部真空，在工作液体内形成很多微空腔，当工具端面以很大的加速度接近工件表面时，空泡闭合，引起极强的液压冲击波，可以强化加工过程。此外，正负突变的液压冲击也使悬浮工作液在加工间隙中强迫循环，使变钝了的磨粒及时得到更新。

由此可见，超声加工是磨粒在超声振动作用下的机械撞击和抛磨作用以及超声空化作用的综合结果，其中磨粒的撞击作用是主要的。超声加工是基于局部撞击作用，因此越是脆

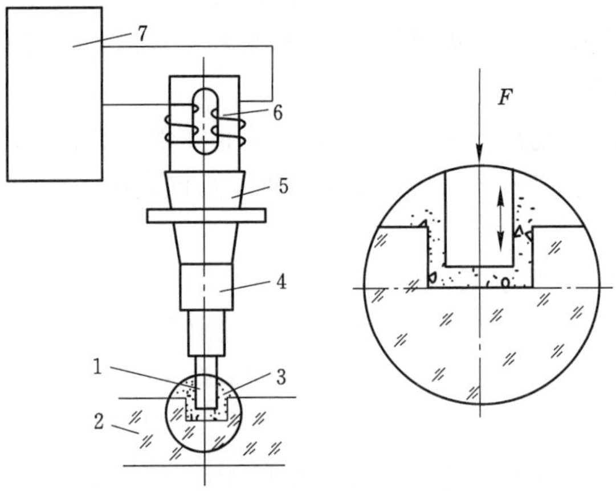

图 10-8　超声波加工原理图

1——工具;2——工件;3——磨料悬浮液;4,5——变幅杆;6——换能器;7——超声波发生器

硬的材料,受撞击作用遭受的破坏越大,越易超声加工。相反,脆性和硬度不大的韧性材料,由于它的缓冲作用而难以加工。据此,人们可以合理选择工具材料,使之既能撞击磨粒,又不致使自身受到很大破坏,如用 45 钢做工具即可满足上述要求。

二、超声加工的特点

① 适合于加工各种硬脆材料,特别是不导电的非金属材料,如玻璃、陶瓷(氧化铝、氮化硅等)、石英、锗、硅、石墨、玛瑙、宝石、金刚石等。对于导电的硬质金属材料(如淬火钢、硬质合金等)也能进行加工,但加工生产率较低。

② 由于工具可用较软的材料做成较复杂的形状,故不需要使工具和工件做比较复杂的相对运动,因此超声加工机床的结构比较简单,操作、维修方便。

③ 由于去除加工余量是靠极小的磨料瞬时局部的撞击作用,所以工具对工件加工表面宏观作用力小,热影响小,不会引起变形和烧伤。表面粗糙度 $Ra=1\sim0.1\ \mu m$ 或更低,加工精度可达 0.01～0.02 mm,而且可以加工薄壁、窄缝、低刚度的工件。

三、超声加工的应用

① 型孔、型腔加工。超声加工的生产率比电火花、电解加工等低,但加工精度和表面粗糙度较好,用于脆硬材料的圆孔、型孔、型腔、微细孔等的加工。

② 切割加工。目前主要用普通机床对脆硬材料进行切割加工较困难,通常可用超声加工的方法进行切割,如切割单晶硅片、陶瓷等脆硬材料。

③ 复合加工。为了提高生产率,降低工具的损耗,可以把超声加工和其他加工方法结合起来进行复合加工。采用超声加工和电化学或电火花加工相结合,加工喷嘴、喷丝板上的小孔或窄缝,可以大大提高加工速度和加工质量,其方法是在普通电火花加工时引入超声波,使工具电极端面做超声振动。还可以利用工具与工件之间的相对运动,进行研磨抛光,从而改善工件的表面粗糙度。利用导电油石或镶嵌金刚石颗粒的导电工具对工件表面进行电解超声复合光整抛光加工,$Ra=0.15\sim0.17\ \mu m$。在切削加工中引入超声振动,可降低切削力,改善表面粗糙度,延长刀具寿命和提高加工速度等。

④ 超声清洗。超声振动被广泛用于对喷油嘴、喷丝板、微型轴承、仪表齿轮、手表整体

机芯、印刷电路板、集成电路微电子器件等的清洗，可滤除污物，获得高的净化度。

⑤ 焊接加工。超声焊接的原理是利用超声振动作用，去除工件表面的氧化膜，显露出新的本体表面，在两个被焊接的工件表面分子的高速振动撞击下，摩擦发热并亲和粘接在一起。

复习思考题

1. 试说明电火花加工、电解加工、超声加工的基本原理。
2. 试说明激光加工的基本原理。
3. 特种加工有哪些共同特点？
4. 电火花加工、电解加工、超声加工、激光加工各适用于何种场合？
5. 电火花、电解、超声加工的工具都可以用硬度较低的材料制造，试分析有何不同点？

第十一章 机械加工工艺规程

机械加工工艺规程是规定零件机械加工工艺过程的技术文件，简称工艺规程。

制定机械加工工艺规程是机械制造企业工艺设计人员的一项主要工作内容，它要求工艺规程制订者具有一定的生产实践知识和专业基础知识。

在实际生产中，由于零件的结构形状、几何精度、技术条件和生产数量等要求不同，一个零件往往要经过一定的加工过程才能将其由图样变成成品零件。因此，机械加工工艺人员必须从工厂现有的生产条件和零件的生产数量出发，根据零件的具体要求，在保证加工质量、提高生产效率和降低生产成本的前提下，对零件上的各加工表面选择适宜的加工方法，合理地安排加工顺序，科学地拟订加工工艺过程，才能获得合格的机械零件。

第一节 基本概念

一、生产过程和工艺过程

1. 生产过程

生产过程是指由原材料到成品制造出来的所有劳动过程的总和。机械工厂的生产过程包括原材料的运输保管、毛坯制造、零件加工、机器装配、检验、试车、油漆、包装等。

一种产品的生产过程往往由许多工厂或工厂的许多车间联合完成，这有利于专业化生产，提高生产率、保证产品质量、降低生产成本。

工厂的生产过程又可按车间分为若干车间的生产过程。某一车间的成品往往是另一车间的原材料

2. 工艺过程

生产过程中，直接改变原材料（或毛坯）的形状、尺寸或性能，使之变为成品的过程，称为工艺过程。例如，毛坯的铸造、锻造和焊接，改变材料性能的热处理，零件的切削加工等，都属于工艺过程。用机械加工的方法直接改变毛坯的形状、尺寸和表面质量，使之成为零件或部件的那部分生产过程，称为机械加工工艺过程。

二、机械加工工艺过程的组成

在机械加工工艺过程中，针对零件的结构特点和技术要求，要采用不同的加工方法和装备，按照一定的顺序进行加工，才能完成由毛坯到零件的过程。组成机械加工工艺过程的基本单元是工序。

1. 工序

一个(或一组)工人,在一个固定的工作地点(一台机床),对一个(或一组)工件所连续完成的那部分工艺过程,称为工序。它是工艺过程的基本单元,又是生产计划和成本核算的基本单元。

工序又可细分为安装、工位、工步、走刀等组成部分。

划分工序的主要依据是:工作地点是否改变和加工过程是否连续,零件加工的加工地点变动后,即构成另一工序。图 11-1 所示的阶梯轴的大批量加工,其工艺过程可划分为表 11-1所示的 5 道工序。

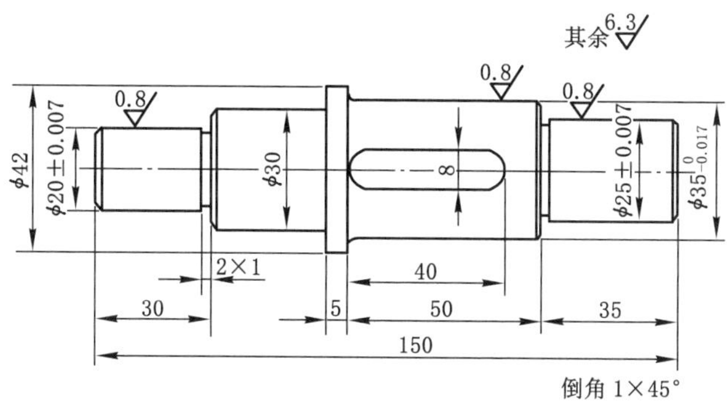

图 11-1 阶梯轴

表 11-1 阶梯轴加工工艺过程

工序号	工序名称	工作地点
1	车端面,钻中心孔	专用车床
2	车外圆	车床
3	铣键槽	立式铣床
4	去毛刺	钳工台
5	磨外圆	磨床

2. 安装

工件在加工前,在机床或夹具中相对刀具应有一个正确的位置并给予固定,这个过程称为装夹。一次装夹所完成的那部分加工过程称为安装。

每一个工序可能有一次安装,也可能有几次安装。如表 11-1 中第一工序,若对一个工件的两端连续进行车端面、钻中心孔,就需要两次安装(分别对两端进行加工),每次安装有两个工步(车端面和钻中心孔)。

在同一工序中,安装次数应尽量少,既可以提高生产效率,又可以减少由于多次安装带来的安装误差。

3. 工位

为减少工序中的装夹次数,常采用回转工作台或回转夹具,使工件在一次安装中,可先后在机床上占有不同的位置进行连续加工,每一个位置所完成的那部分工序,称为一个工位。使工件在一次安装中,先后处于几个不同的位置进行加工,称为多工位加工。图 11-2

所示为一利用回转工作台，在一次安装中依次完成装卸工件、钻孔、扩孔、铰孔 4 个工位加工的例子。采用多工位加工，既可以减少安装次数，提高加工精度和生产率。

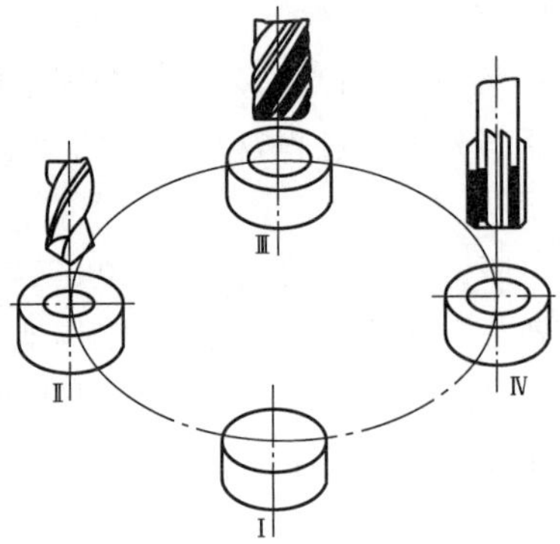

图 11-2 多工位加工

Ⅰ——装卸工件；Ⅱ——钻孔

Ⅲ——扩孔；Ⅳ——铰孔

4. 工步

加工表面不变、切削刀具不变、切削用量中的进给量和切削速度基本保持不变的情况下所连续完成的那部分工序内容，称为工步。一般来说，以上 3 个不变因素中只要有一个因素改变，即成为新的工步。每道工序包括一个或几个工步。

为简化工艺文件，对于那些连续进行的几个相同的工步，通常可看做一个工步。如图 11-3 所示，在工件上钻 4 个孔 $\phi15$ 的孔，写成一个工步：钻 $4\times\phi15$ 孔。

为了提高生产率，常将几个待加工表面用几把刀具同时加工，这种由刀具合并起来的工步，称为复合工步，复合工步在工艺规程中也写成一个工步。如图 11-4 所示，用两把车刀、一个钻头同时加工一个零件的复合工步。

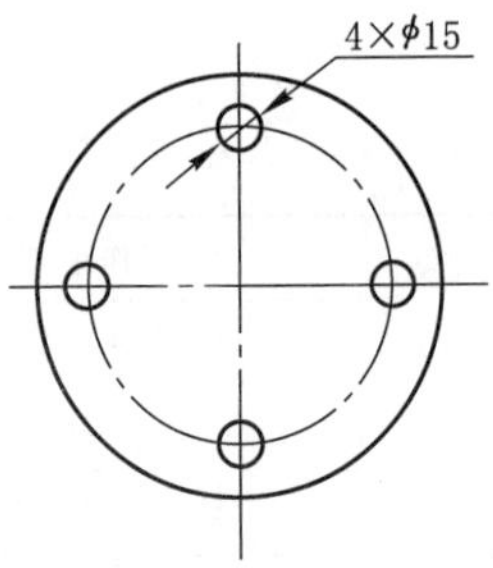

图 11-3 连续工步

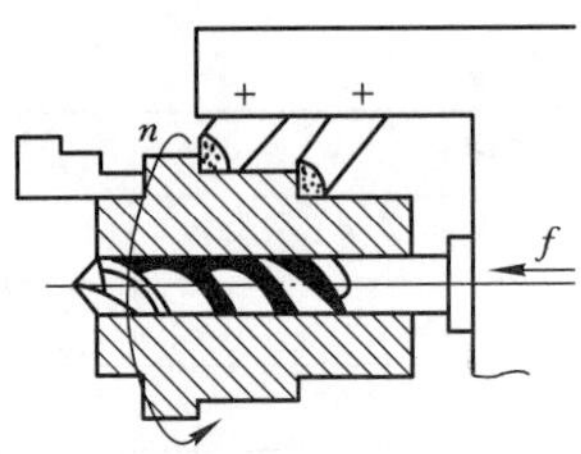

图 11-4 复合工步

5. 走刀

在一个工步中，若需切去的金属层很厚，则可分为几次切削。则每进行一次切削就是一次走刀。一个工步可以包括一次或几次走刀。

三、生产类型及其工艺特征

1. 生产纲领

生产纲领是指企业在计划期内应当生产的产品产量和进度计划。计划期通常为 1 年，所以生产纲领也称为年产量。

对于零件而言，产品的产量除了制造机器所需要的数量之外，还要包括一定的备品和废品，因此零件的生产纲领应按下式计算：

$$N = Qn(1+a)(1+b) \tag{11-1}$$

式中 N——零件的年产量，件/a；

Q——产品的年产量，台/a；

n——每台产品中该零件的数量，件/台；

a——该零件的备品率，%；

b——该零件的废品率，%。

2. 生产类型

生产类型是指企业生产专业化程度的分类。按照产品的生产纲领、大小和复杂程度，可分为3种不同类型。

① 单件生产。单个生产不同结构和尺寸的产品，很少重复甚至不重复，这种生产称为单件生产。例如，新产品试制、维修车间的配件制造和重型机械制造等都属此种生产类型。其特点是：生产的产品种类较多，而同一产品的产量很小，工作地点的加工对象经常改变。

② 成批生产。一年中周期性制造几种不同的产品，每种产品均有一定的数量，工作地点的加工对象周期性地重复，这种生产称为成批生产。例如，一些通用机械厂、某些农业机械厂等的生产即属这种生产类型。其特点是：产品的种类较少，有一定的生产数量，加工对象周期性地改变，加工过程周期性地重复。

同一产品（或零件）每批投入生产的数量称为批量。根据批量的大小又可分为大批量生产、中批量生产和小批量生产。小批量生产的工艺特征接近单件生产，大批量生产的工艺特征接近大量生产。

③ 大量生产。同一产品的生产数量很大，大多数工作地点经常按一定节奏重复进行某一零件的某一工序的加工，这种生产称为大量生产。如自行车生产和一些链条厂、轴承厂等专业化生产即属此种生产类型。其特点是：同一产品的产量大，工作地点较少改变，加工过程重复。

生产类型和生产纲领的关系随产品的大小和复杂程度而不同，表11-2列出了大致范围。

表11-2　生产类型和生产纲领的关系

生产类型		生产纲领（件/a或台/a）		
		重型（>2 000 kg）	中型（100～2 000 kg）	轻型（<100 kg）
单件生产		<5	<10	<100
批量生产	小批量生产	5～100	10～200	100～500
	中批量生产	100～300	200～500	500～5 000
	大批量生产	300～1 000	500～5 000	5 000～50 000
大量生产		>1 000	>5 000	>50 000

3. 各种生产类型及工艺特征

不同生产类型的制造工艺有不同特征，各种生产类型的工艺特征见表11-3。

表11-3　各种生产类型的工艺特点

工艺特点	单件生产	批量生产	大量生产
毛坯的制造方法	铸件用木模手工造型，锻件用自由锻	铸件用金属模造型，部分锻件用模锻	铸件广泛用金属模机器造型，锻件用模锻

续表 11-3

工艺特点	单件生产	批量生产	大量生产
零件互换性	无需互换、互配零件可成对制造，广泛用修配法装配	大部分零件有互换性，少数用修配法装配	全部零件有互换性，某些要求精度高的配合，采用分组装配
机床设备及其布置	采用通用机床；按机床类别和规格采用“机群式”排列	部分采用通用机床，部分专用机床；按零件加工分“工段”排列	广泛采用生产率高的专用机床和自动机床；按流水线形式排列
夹 具	很少用专用夹具，由划线和试切法达到设计要求	广泛采用专用夹具，部分用划线法进行加工	广泛用专用夹具，用调整法达到精度要求
刀具和量具	采用通用刀具和万能量具	较多采用专用刀具和专用量具	广泛采用高生产率的刀具和量具
对技术工人要求	需要技术熟练的工人	各工种需要一定熟练程度的技术工人	对机床调整工人技术要求高，对机床操作工人技术要求低
对工艺文件的要求	只有简单的工艺过程卡	有详细的工艺过程卡或工艺卡，零件的关键工序有详细的工序卡	有工艺过程卡、工艺卡和工序卡等详细的工艺文件

第二节　机械加工工艺规程概述

一、机械加工工艺规程的概念

机械加工工艺规程是根据生产条件，规定产品或零部件制造工艺过程和操作方法等的并以表格形式制成的工艺文件，具体包括零件加工工艺流程、加工工序内容、切削用量、采用设备及工艺装备、工时定额等。

二、机械加工工艺规程的作用

机械加工工艺规程是机械制造工厂最主要的技术文件，是工厂规章制度的重要组成部分。其作用主要有：

① 它是组织和管理生产的基本依据。工厂进行新产品试制或产品投产时，必须按照工艺规程提供的数据进行技术准备和生产准备，以便合理编制生产计划，合理调度原材料、毛坯和设备，及时设计制造工艺装备，科学地进行经济核算和技术考核。

② 它是指导生产的主要技术文件。工艺规程是在结合本厂具体情况，总结实践经验的基础上，依据科学的理论和必要的工艺实验后制订的，它反映了加工过程中的客观规律，工人必须按照工艺规程进行生产，才能保证产品质量，才能提高生产效率。

③ 它是新建和扩建工厂的原始资料。根据工艺规程，可以确定生产所需的机械设备、技术工人、基建面积以及生产资源等。

④ 它是进行技术交流，开展技术革新的基本资料。典型和标准的工艺规程能缩短生产的准备时间，提高经济效益。先进的工艺规程必须广泛吸取合理化建议，不断交流工作经验，才能适应科学技术的不断发展。工艺规程则是开展技术革新和技术交流必不可少的技

术语言和基本资料。

三、机械加工工艺规程的格式及内容

在机械制造工厂里最常用的工艺文件是机械加工工艺过程卡片和机械加工工序卡片，其格式如表 11-4、表 11-5 所示。

(1) 机械加工工艺过程卡片

以工序为单位，简要地列出整个零件加工所经过的工艺路线(包括毛坯制造、机械加工和热处理等)。它是制订其他工艺文件的基础，也是生产准备、编排作业计划和组织生产的依据。

(2) 机械加工工序卡片

用来具体指导工人操作的一种最详细的工艺文件，卡片上要画出工序简图，注明该工序的加工表面及应达到的尺寸精度和粗糙度要求、工件的安装方式、切削用量、工装设备等内容。

单件小批量生产由于生产的分工较粗，通常只需说明零件的加工工艺路线(即其加工工序顺序)，填写工艺过程卡。

对于大批量生产，因其生产组织严密、分工细致，工艺规程应尽量详细，要求对每道加工工序的加工精度、操作过程、切削用量、使用的设备及刀、夹、量具等均作出具体规定。因此，除了工艺过程卡外，还应有相应的加工工序卡。此外，必要时还需要检验工序卡和机床调整卡。

四、制订工艺规程的原则和依据

1. 制订工艺规程的原则

制订工艺规程时，必须遵循以下原则：

① 必须充分利用本企业现有的生产条件。

② 必须可靠地加工出符合图纸要求的零件，保证产品质量。

③ 保证良好的劳动条件，提高劳动生产率。

④ 在保证产品质量的前提下，尽可能降低消耗、降低成本。

⑤ 应尽可能采用国内外先进工艺技术。

由于工艺规程是直接指导生产和操作的技术文件，因此工艺规程还应做到清晰、正确、完整和统一，所用术语、符号、编码、计量单位等都必须符合相关标准。

2. 制订工艺规程的主要依据

制订工艺规程时，必须依据如下原始资料：

① 产品的全套装配图和零件的工作图。

② 产品的生产纲领。

③ 毛坯资料。

④ 本企业现有的生产条件，包括毛坯的生产条件或协作关系、工艺装备和专用设备及其制造能力、工人的技术水平以及各种工艺资料和标准等。

⑤ 产品验收的质量标准。

⑥ 国内外同类产品的新技术、新工艺及其发展前景等的相关信息。

五、制订工艺规程的步骤

制订机械加工工艺规程的步骤大致如下：

表 11-4

机械加工工艺过程卡

	机械加工工艺过程卡片	产品型号		零(部)件图号			
		产品名称		零(部)件名称		共( )页	第( )页

材料牌号		毛坯种类		毛坯外型尺寸		每毛坯可制件数		每台件数		备注	

	工序号	工序名称	工序内容	车间	工段	设备	工艺装备	时间定额 准终	时间定额 单件
描图									
描校									
底图号									
装订号									

										设计(日期)	审核(日期)	标准化(日期)	会签(日期)	
标记	处数	更改文件号	签字	日期	标记	处数	更改文件号	签字	日期					

表 11-5 机械加工工序卡

	机械加工工序卡片	产品型号		零(部)件图号			
		产品名称		零(部)件名称		共( )页	第( )页

车间	工序号	工序名称	材料牌号	
毛坯种类	毛坯外型尺寸	每毛坯可制件数	每台件数	
设备名称	设备型号	设备编号	同时加工件数	
夹具编号		夹具名称	切削液	
工位辅具编号		工位辅具名称	工序时间	
			准终	单件

	工步号	工步内容	刀具、量具	主轴转速 r/min	切削速度 m/s	进给量 mm/r	背吃刀量 mm	进给次数	工步时间	
									机动	辅助
描图										
描校										
底图号										
装订号										

										设计（日期）	审核（日期）	标准化（日期）	会签（日期）	
标记	处数	更改文件号	签字	日期	标记	处数	更改文件号	签字	日期					

① 熟悉和分析制订工艺规程的主要依据，确定零件的生产纲领和生产类型。

② 分析零件工作图和产品装配图，进行零件结构工艺性分析。

③ 确定毛坯类型及其制造方法。

④ 拟订工艺路线。

⑤ 确定工序余量、工序尺寸及其公差。

⑥ 确定各工序需用的设备及工艺装备。

⑦ 确定各工序的切削用量和时间定额，并进行技术经济分析，选择最佳工艺方案。

⑧ 确定各主要工序的技术要求及检验方法。

⑨ 填写工艺文件。

第三节　毛坯的选择

正确选择毛坯不仅直接影响毛坯的制造工艺及费用，而且对零件的加工质量、材料消耗和加工工时有很大影响。显然，毛坯的尺寸和形状越接近成品零件，机械加工的劳动量就越少，但是毛坯的制造成本就越高，所以应根据生产纲领，综合考虑毛坯制造和机械加工的费用来确定毛坯，以求得最好的经济效益。

一、毛坯选择时应考虑的因素

合理选择毛坯主要考虑以下几个因素：

1. 零件材料的工艺特性

在选择毛坯制造方法时，首先要考虑材料的工艺特性，如可锻性、可铸性和可焊性等。例如铸铁和青铜不能锻造，对这类材料只能选择铸件。通常当设计人员设计零件并选好材料后，也就大致确定了毛坯的种类。重要的钢制零件为使其具有良好的力学性能，不论其结构复杂或简单，均应选用锻件为毛坯，而不宜直接选用轧制型材。

2. 生产纲领的大小

生产纲领的大小在很大程度上决定了毛坯的制造方法。当大批量生产时，应采用精度及生产率都较高的毛坯制造方法，其设备和工装方面的较大投资可通过材料消耗的减少和机械加工费用的降低而取得回报。例如，铸件应采用金属模机器造型，锻件应采用模锻及其他如精锻、冷挤压和冷轧等。单件小批生产时则应选择设备和工装投资都较小的毛坯制造方法，如自由锻造和砂型铸造等。

3. 零件的结构形状与尺寸大小

零件的结构形状和尺寸大小对毛坯的选择有较大的影响。常用的各种阶梯轴，如各阶直径相差不大，可直接选用棒料；若各界直径相差较大，宜选锻件毛坯，以节省材料、减少机械加工的工作量。箱体、机体、支架类等结构复杂的零件宜采用铸件；对于大型零件，一般都采用砂型铸造、自由锻造及焊接等制坯方法；对一些外形较特殊的小零件，由于机械加工困难，常采用压铸、精密铸造等方法。

4. 现有的生产条件

在选择毛坯时应从本厂或协作单位的现有设备和技术水平出发考虑其可能性和经济性。

5. 充分利用新工艺、新技术、新材料

为节约材料和能源，提高机械加工生产率，应充分考虑精密铸造、精锻、冷轧、冷挤压、粉末冶金、异型钢材及工程塑料等在机械中的应用，可大大减少机械加工量，甚至不需要进行加工，经济效益非常显著。

二、毛坯的形状和尺寸

从减小机械加工工作量和节约金属材料出发，毛坯应尽可能接近零件形状。凡需进行机械加工的表面，都要留有加工余量。余量的大小由毛坯的精度、零件的加工要求和零件的结构特征等因素决定。

有些零件为了加工时安装方便，常在毛坯上作出工艺搭子，如图 11-5(a)所示。零件加工完后一般应将其去除，有的将分离的零件做成一个毛坯，如图 11-5(b)所示机床开合螺母，就是将其毛坯做成整体，待加工到一定阶段后再切割分离。对一些小而简单的零件常采用一坯多件，有利于毛坯制造和机械加工，能提高生产效率和减少材料消耗。

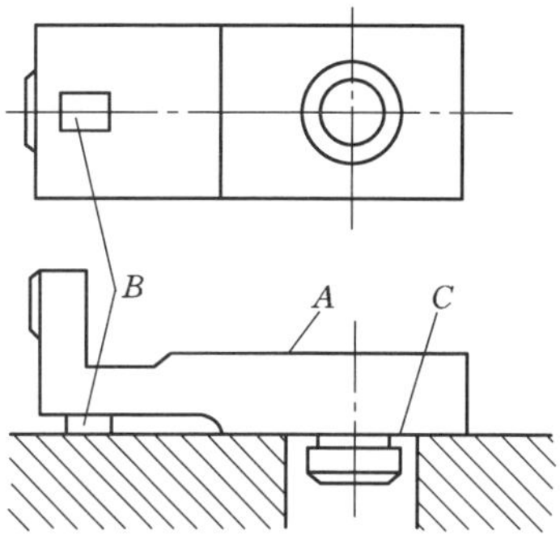

(a)

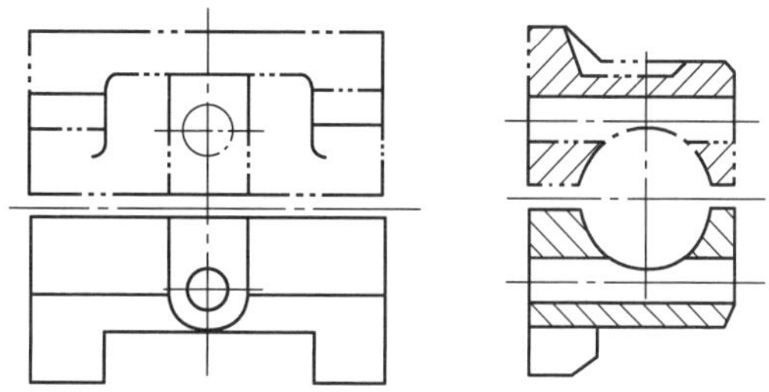

(b)

图 11-5　毛坯的形状

(a) 具有工艺搭子的毛坯；(b) 分离零件做成整体毛坯

A——加工面；B——工艺搭子面；C——定位面

第四节　基准及其选择

一、基准及其分类

在零件图上或实际的零件上，用来确定一些点、线、面位置时所依据的那些点、线、面称为基准。根据基准的不同功能，可分为设计基准和工艺基准两大类。

1. 设计基准

设计基准是设计图样上所采用的基准。图 11-6(a)所示零件对尺寸 30 mm 而言，B 面是 A 面的设计基准，A 面是 B 面的设计基准，它们互为设计基准；图 11-6(b)所示零件的 $\phi30$ 外圆对 $\phi50$ 外圆有同轴度要求，$\phi50$ 外圆的轴线就是 $\phi30$ 的设计基准，对轴向尺寸，端面 E 是端面 F，G 的设计基准。

2. 工艺基准

零件在加工、测量、装配等工艺过程中所使用的基准统称为工艺基准，包括以下 4 个方面：

① 工序基准。在工序图上确定被加工表面尺寸(称工序尺寸)和相互位置关系的基准称为工序基准。如图 11-7 所示为钻孔工序的工序图,分别表示两种不同的工序基准和相应的工序尺寸。

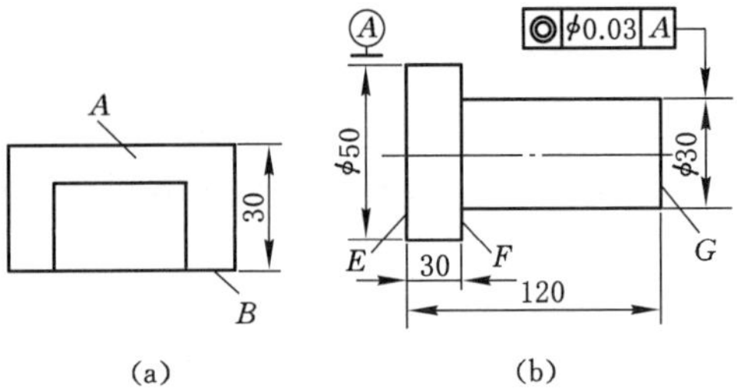

图 11-6　设计基准示例

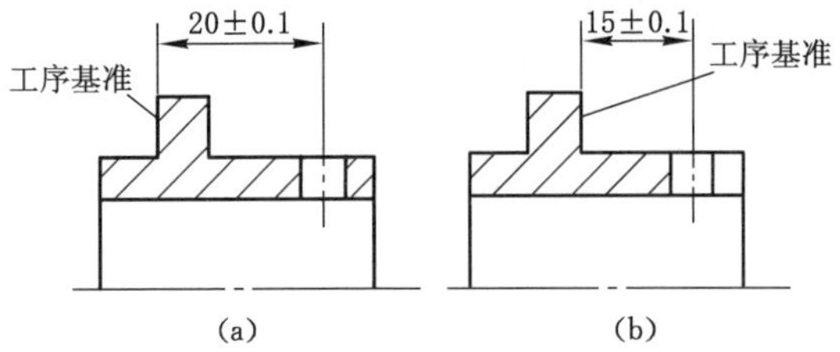

图 11-7　工序基准示例

② 定位基准。用于确定工件在机床上或夹具中正确位置所依据的基准。

③ 测量基准。用来测量加工表面位置和尺寸而使用的基准。

④ 装配基准。装配过程中用以确定零件或部件在部件或机器中位置的基准。

二、定位基准的选择

对毛坯开始进行机械加工时,第一道工序只能以毛坯表面定位,这种基准面称为粗基准,用已经加工过的表面作为定位基准,则称为精基准。

1. 粗基准的选择

选择粗基准的原则是要保证所有加工表面都具有足够的加工余量,而且各加工表面对不加工表面具有一定的位置精度。具体原则如下:

① 以不加工的表面作粗基准。为了保证加工表面与不加工表面之间的相互位置要求,一般应选择不加工表面为粗基准。如图 11-8 所示,以不加工的外圆表面作为粗基准,既可在一次安装中把绝大部分要加工的表面加工出来,又能够保证外圆面与内孔同轴以及端面与孔轴线垂直。如果零件上有多个不加工的表面,则应选择与加工表面相互位置精度要求高的表面作粗基准。

② 以要求加工余量均匀的重要表面为粗基准。这样可以保证作为粗基准的表面加工时,余量均匀。例如车床床身(图 11-9),要求导轨面耐磨性好,希望在加工时只切去较小而均匀的一层余量,使其表层保留均匀一致的金相组织和物理力学性能。若先选择导轨面作粗基准,加工床腿的底平面[图 11-9(a)],然后再以床腿的底平面为基准加工导轨面[图 11-9(b)],就能达到此目的。

对于所有表面都要加工的零件,应选择余量和公差最小的表面作粗基准,以避免余量不足而造成废品。如图 11-10 所示阶梯轴,大、小端余量不同且有偏心,加工时应选择加工余量较小的 ϕ55 外圆为粗基准。如果选择 ϕ108 外圆为粗基准加工 ϕ55 外圆,由于存在偏向量 3 mm,而 ϕ55 外圆的单边余量仅有 2.5 mm,在加工时因余量不足导致工件报废。

③ 选表面光洁、平整、面积大的平面做粗基准,以保证定位准确、夹紧可靠。

④ 粗基准应避免重复使用。在同一尺寸方向上粗基准通常只允许使用一次,这是因为粗基准一般都很粗糙,重复使用同一粗基准加工,由于定位误差较大使得两次装夹加工出来的表面之间位置精度较低,因此粗基准应避免重复使用。如图 11-11 所示的阶梯轴,用 B 面

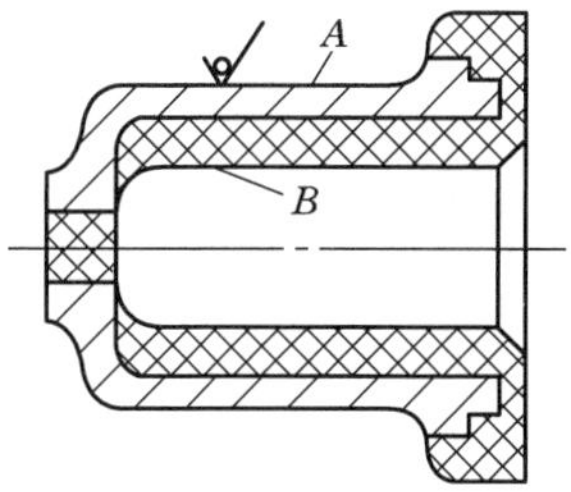

图 11-8　以不加工表面作粗基准

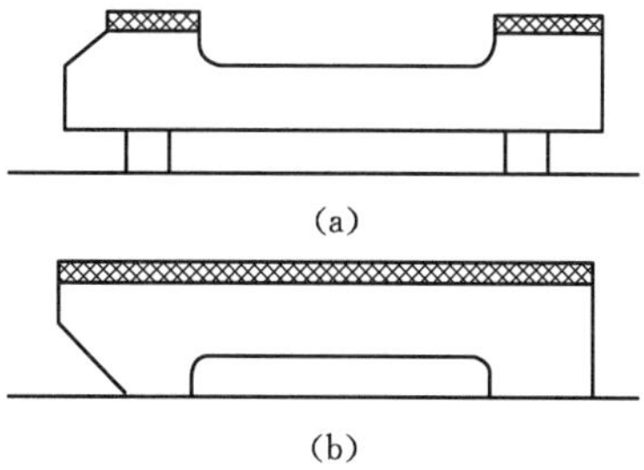

图 11-9　床身加工的粗基准

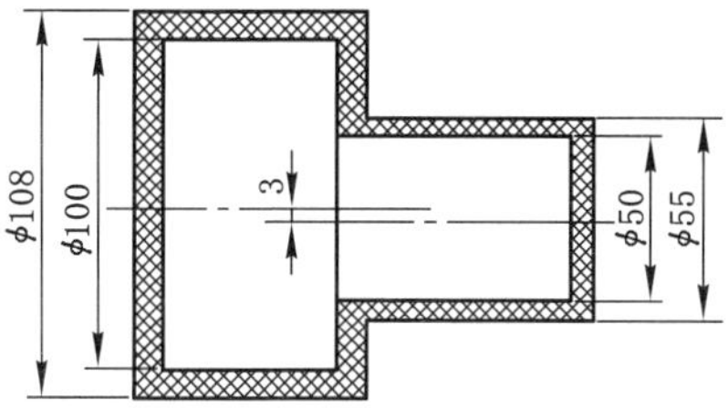

图 11-10　阶梯轴加工的粗基准选择

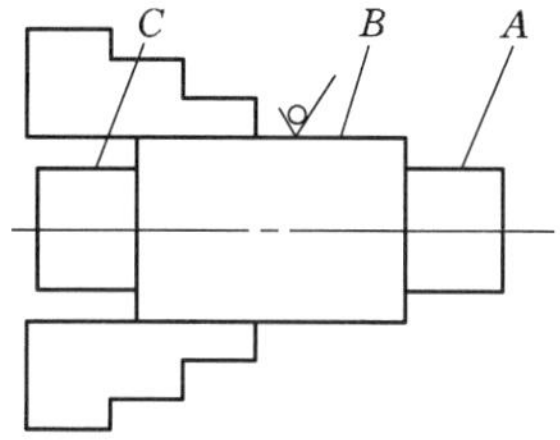

图 11-11　重复使用粗基准造成较大同轴度误差

为粗基准加工 A 面，若掉头后仍用 B 面定位加工 C 面，则会因毛坯面 B 两次定位造成 A 面与 C 面有较大的同轴度误差。

2. 精基准的选择

选择精基准时，应重点考虑所选用的精基准应有利于保证加工精度，并使加工过程操作方便。其选择原则如下：

① 基准重合原则。选用设计基准作为定位基准，这样可以避免定位基准与设计基准不重合而引起的定位误差。因此，选择定位基准时，应尽量使它与设计基准重合，否则必然会因基准不重合而产生定位误差，增加加工的困难，甚至造成零件尺寸超差。如图 11-12(a)所示零件，A 面和 B 面已加工好，C 面的设计基准 A 面。如果采用基准重合原则，铣 C 面应用 A 面定位，使定位基准与设计基准重合。

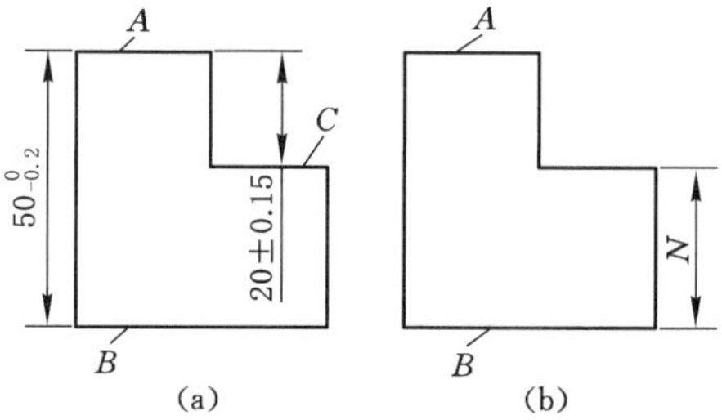

图 11-12　设计基准和定位基准

② 基准统一原则。位置精度要求较高的某些表面加工时，尽可能选用相同的定位基准，这样有利于保证各加工表面的位置精度。例如轴类零件，常用顶尖孔为统一基准加工外

圆表面，这样可保证各表面之间同轴度；一般箱体常用一个平面和两个距离较远的孔作为精基准；盘类零件常用一个端面和一个端孔为统一精基准完成各工序的加工。采用基准统一原则可避免基准变换产生的误差，简化夹具设计和制造。

③ 互为基准原则。对于两个表面间相互位置精度要求很高，同时其自身尺寸与形状精度都要求很高的表面加工，常采用“互为基准、反复加工”原则。一般适用于精加工和光磨加工中。如机床主轴前端锥孔，与轴颈外圆的加工，常以锥孔为基准加工外圆轴颈，再以外圆轴颈为基准加工内锥孔，以保证二者间的位置精度。

④ 自为基准原则。以加工表面自身作为定位基准的原则，如浮动镗孔、拉孔。这主要是提高加工表面的形状精度和表面质量，位置精度有先行工序保证。

对于加工精度要求很高，余量小而且均匀的表面，加工中常用加工表面自身作为定位基准。例如磨削机床床身导轨面时，为保证导轨面上切除余量均匀，以导轨面本身找正定位磨削导轨面。

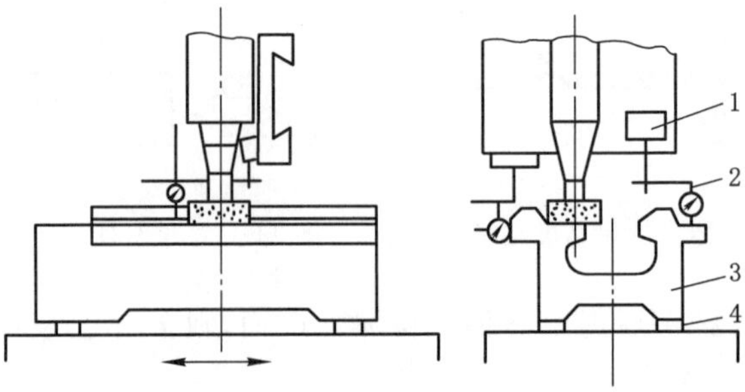

图 11-13　在导轨磨床上磨削机床床身导轨面

1——表座；2——百分表；3——工件（床身）；4——楔铁

⑤ 便于装夹原则。所选精基准应保证工件装夹稳定可靠，夹具结构简单，操作方便。

在实际工作中，定位基准的选择要完全符合上述所有的原则，有时会相互矛盾。因此，应根据具体工作要求进行分析，全面考虑，选出最佳的定位基准。

第五节　工艺路线的拟定

拟定加工工艺路线是工艺规程设计中的关键性工作，其主要任务是解决表面加工方法的选择，加工顺序的安排以及整个工艺过程中工艺工序的数量。

一、表面加工方案的选择

根据被加工表面的加工要求、材料性质等，选择合适的加工方法及加工路线。在具体选择时应综合考虑下列几方面的因素：

1. 经济加工精度及表面粗糙度求

在正常加工条件下（采用符合质量标准的设备、工艺装备和标准技术等级工人、不延长加工时间）所能保证的加工精度，即经济加工精度。表 11-6～表 11-8 分别给出分别列出了外圆、内孔和平面的加工方案及经济精度和经济粗糙度。

表 11-6　　外圆表面加工方案

序号	加工方案	经济精度级	$Ra/\mu m$	适用范围
1	粗车	IT11～IT13	12.5～50	用于淬火钢以外的各种金属
2	粗车—半精车	IT8～IT10	3.2～6.3	
3	粗车—半精车—精车	IT7～IT8	0.8～1.6	
4	粗车—半精车—精车—滚压(或抛光)	IT7～IT8	0.025～0.2	
5	粗车—半精车—磨削	IT7～IT8	0.4～0.8	主要用于淬火钢，也可用于未淬火钢，但不宜加工有色金属
6	粗车—半精车—粗磨—精磨	IT6～IT7	0.1～0.4	
7	粗车—半精车—粗磨—精磨—超精加工(或轮式超精磨)	IT5	0.1～Rz0.1	
8	粗车—半精车—精车—金刚石车	IT6～IT7	0.025～0.4	主要用于要求较高的有色金属加工
9	粗车—半精车—粗磨—精磨—超精磨或镜面磨	IT5 级以上	0.025～Rz0.05	极高精度的外圆加工
10	粗车—半精车—粗磨—精磨—研磨	IT5 级以上	0.1～Rz0.05	

表 11-7　　孔加工方案

序号	加工方案	经济精度级	$Ra/\mu m$	适用范围
1	钻	IT11～IT12	12.5	加工未淬火钢及铸铁的实心毛坯，也可用于加工有色金属(但表面粗糙度稍大，孔径为 15～20 mm)
2	钻—铰	IT9	1.6～3.2	
3	钻—铰—精铰	IT7～IT8	0.8～1.6	
4	钻—扩	IT10～IT11	6.3～12.5	同上，但孔径为 15～20 mm
5	钻—扩—铰	IT8～IT9	1.6～3.2	
6	钻—扩—粗铰—精铰	IT7	0.8～1.6	
7	钻—扩—机铰—手铰	IT6～IT7	0.1～0.4	
8	钻—扩—拉	IT7～IT9	0.1～1.6	大批大量生产
9	粗镗(或扩孔)	IT11～IT12	6.3～12.5	除淬火钢外各种材料，毛坯上已有孔
10	粗镗(粗扩)—半精镗(精扩)	IT8～IT9	1.6～3.2	
11	粗镗(扩)—半精镗(精扩)—精镗(铰)	IT7～IT8	0.8～1.6	
12	粗镗(扩)—半精镗(精扩)—精镗—浮动镗刀精镗	IT6～IT7	0.4～0.8	
13	粗镗(扩)—半精镗—磨孔	IT7～IT8	0.2～0.8	主要用于淬火钢也可用于未淬火钢，但不宜用于有色金属
14	粗镗(扩)—半精镗—粗磨—精磨	IT6～IT7	0.1～0.2	
15	粗镗—半精镗—精镗—金钢镗	IT6～IT7	0.05～0.4	主要用于精度要求高的有色金属加工

续表 11-7

序号	加工方案	经济精度级	$Ra/\mu m$	适用范围
16	钻—(扩)—粗铰—精铰—珩磨；钻—(扩)—拉—珩磨；粗镗—半精镗—精镗—珩磨	IT6～IT7	0.025～0.2	精度要求很高的孔
17	以研磨代替上述方案中的珩磨	IT6 级以上		

表 11-8　平面加工方案

序号	加工方案	经济精度级	$Ra/\mu m$	适用范围
1	粗车—半精车	IT9	3.2～6.3	
2	粗车—半精车—精车	IT7～IT8	0.8～1.6	端面
3	粗车—半精车—磨削	IT8～IT9	0.2～0.8	
4	粗刨(或粗铣)—精刨(或精铣)	IT8～IT9	1.6～6.3	不淬硬平面
5	粗刨(或粗铣)—精刨(或精铣)—刮研	IT6～IT7	0.1～0.8	精度要求较高的不淬硬平面；批量较大时宜采用宽刃精刨方案
6	以宽刃刨削代替上述方案刮研	IT7	0.2～0.8	
7	粗刨(或粗铣)—精刨(或精铣)—磨削	IT7	0.2～0.8	精度要求高的淬硬平面或不淬硬平面
8	粗刨(或粗铣)—精刨(或精铣)—粗磨—精磨	IT6～IT7	0.02～0.4	
9	粗铣—拉	IT7～IT9	0.2～0.8	大量生产，较小的平面
10	粗铣—精铣—磨削—研磨	IT6 级以上	0.1～Rz0.05	高精度平面

2. 工件材料的性质

例如，淬硬钢零件的精加工要用磨削的方法；有色金属零件的精加工应采用精细车或精细镗等加工方法，而不应采用磨削。

3. 工件的结构和尺寸

例如，对于 IT7 级精度的孔采用拉削、铰削、镗削和磨削等加工方法都可。但是箱体上的孔一般不用拉或磨，而常常采用铰孔和镗孔，直径大于 60 mm 的孔不宜采用钻、扩、铰。

4. 生产率和经济性

选择加工方法要与生产类型相适应。大批大量生产应选用生产率高和质量稳定的加工方法。例如，平面和孔采用拉削加工。单件小批生产则采用刨削、铣削平面和钻、扩、铰孔。又如，为保证质量可靠和稳定，保证较高的成品率，在大批大量生产中采用珩磨和超精加工工艺加工较精密零件。大批大量生产应选用高效率的加工方法，采用专用设备。例如，平面和孔可用拉削加工，轴类零件可采用半自动液压仿形车床加工，盘类或套类零件可用单能车床加工等。

5. 本厂的现有设备和生产条件

不能脱离现有设备状况和工人技术水平，要充分利用本厂现有资源，挖掘生产潜力。

二、加工阶段的划分

对于加工质量要求较高或比较复杂的零件，整个工艺路线要划分为以下几个阶段来进行：

1. 粗加工阶段

粗加工阶段的主要任务是切除各加工表面上的大部分加工余量，使毛坯在形状和尺寸上尽量接近成品。因此，此阶段的主要目的是提高生产率。

2. 半精加工阶段

半精加工阶段的任务是为主要表面的精加工做好准备，切去的余量介于粗加工和精加工之间，并达到一定的精度和粗糙度值，为精加工留有一定的余量。在此阶段还要完成一些次要表面的终加工，如钻孔、攻丝、铣键槽等。

3. 精加工阶段

精加工阶段的任务是保证各主要表面达到图样规定要求。

4. 光整加工阶段

对于表面粗糙度要求很细和尺寸精度要求很高的表面，还需要进行光整加工阶段。这个阶段的主要目的是提高表面质量，一般不能用于提高形状精度和位置精度。常用的加工方法有金刚车(镗)、研磨、珩磨、超精加工、镜面磨、抛光等。

划分加工阶段的原因：

1. 保证加工质量

粗加工时切削余量大，切削力、切削热、夹紧力也大，毛坯本身具有内应力，加工后内应力将重新分布，工件会产生较大变形。划分加工阶段后，粗加工产生 的误差和变形，通过半精加工和精加工予以纠正，并逐步提高零件的精度和表面质量。

2. 合理使用设备

粗加工要求采用刚性好、效率高而精度较低的机床，精加工则要求机床精度高。划分加工阶段后，可避免“以精干粗”，可以充分地发挥机床的性能，延长使用寿命。

3. 便于组织生产

各加工阶段要求的生产条件不同，如精密加工要求恒温洁净的生产环境。划分加工阶段后，可在各阶段之间安排热处理工序。对精密零件，粗加工后安排去应力时效处理，可减少内应力对精加工的影响；半精加工后安排淬火不仅容易达到零件的性能要求，而且淬火变形可通过精加工工序予以修正。

4. 及时发现毛坯的缺陷

粗加工时去除了加工表面的大部分余量，当发现有缺陷时可及时报废或修补，可避免精加工工时的损失。

5. 精加工安排在最后，可防止或减少已加工表面的损伤

加工阶段的划分不是绝对的，必须根据工件的加工精度要求和工件的刚性来决定。一般来说，工件精度要求越高、刚性越差，划分阶段应越细；当工件批量小、精度要求不太高、工件刚性较好时也可以不分或少分阶段；重型零件由于输送及装夹困难，一般在一次装夹下完成粗精加工，为了弥补不分阶段带来的弊端，常常在粗加工工步后松开工件，然后以较小的夹紧力重新夹紧，再继续进行精加工工步。

三、加工顺序的安排

合理地安排切削加工工序、热处理工序、检验工序和其他辅助工序的先后顺序，顺序不同，将会得到不同的技术经济效果，甚至加工质量也难以保证。

1. 机械加工工序的安排

① 基面先行：用作精基准的表面，要先加工。所以，第一道工序一般是进行定位面的粗加工和半精加工（有时包括精加工），然后再以精基面定位加工其他表面。例如，轴类零件顶尖孔的加工。

② 先主后次：先安排零件的装配基面和工作表面等主要表面的加工，后安排如键槽、连接用的光孔和螺纹孔等次要表面的加工。由于次要表面加工工作量小，又常与主要表面有位置精度要求，所以一般放在主要表面的半精加工之后，精加工之前进行。

③ 先粗后精：先安排粗加工，中间安排半精加工，最后安排精加工和光整加工。

④ 先面后孔：对于箱体、支架、连杆、底座等零件，先加工用作定位的平面和孔的端面，然后再加工孔。这样可使工件定位夹紧稳定可靠，利于保证孔与平面的位置精度，减小刀具的磨损，同时也给孔加工带来方便。

2. 热处理工序的安排

热处理工序在工艺路线中的位置，主要取决于工件的材料及热处理的目的和种类，大致分为预备热处理和最终热处理

① 预备热处理。有正火、退火、时效和调质等。正火和退火的目的是改善金属的切削性能以及消除毛坯制造时的内应力，一般安排在机械加工之前进行。时效处理的目的是消除内应力、减少工件变形。需要进行的次数不等，一般安排在粗加工和半精加工前、后；调质能消除内应力、改善加工性能并能获得较好的综合力学性能。作为预备热处理一般安排在粗加工之后。

② 最终热处理。有调质、淬火、渗碳淬火和渗氮等，目的是提高零件的强度、表面硬度和耐磨性，调质可使工件获得较好的综合力学性能，安排在粗加工之后，淬火和渗碳淬火会引起工件一定的变形，一般安排在精加工（磨削）之前；渗氮由于热处理温度较低，零件变形很小，也可以安排在最后精加工和光整加工之前。

3. 辅助工序的安排

检验工序是主要的辅助工序，除每道工序由操作者自行检验外，在粗加工之后，精加工之前，零件转换车间时，以及重要工序之后和全部加工完毕、进库之前，一般都要安排检验工序。除检验外，其他辅助工序有：表面强化和去毛刺、倒棱、清洗、防锈等。正确地安排辅助工序是十分重要的。如果安排不当或遗漏，将会给后续工序和装配带来困难，甚至影响产品的质量，所以必须给予重视。

四、加工序尺寸的确定和工艺尺寸的计算

1. 加工余量的确定

为了保证零件某一表面的精度和表面质量，需要从其毛坯表面切去全部多余的金属层，这一金属层的总厚度称为该表面的加工总余量，它等于毛坯尺寸与零件图上设计尺寸之差。工件某一表面相邻两工序尺寸之差称为工序余量。工件某一表面总余量等于该表面所有工序余量之和。

工序余量有单边余量和双边余量之分。零件的非对称结构的非对称表面，其加工余量

一般为单边余量；如图 11-14(a)单一平面的加工余量为单边余量。零件对称结构的对称表面，其加工余量为双边余量；如图 11-14(b)、图 11-14(c)回转体表面(内、外圆柱表面)的加工余量为双边余量，其实际切除的金属层的厚度为加工余量的 1/2。

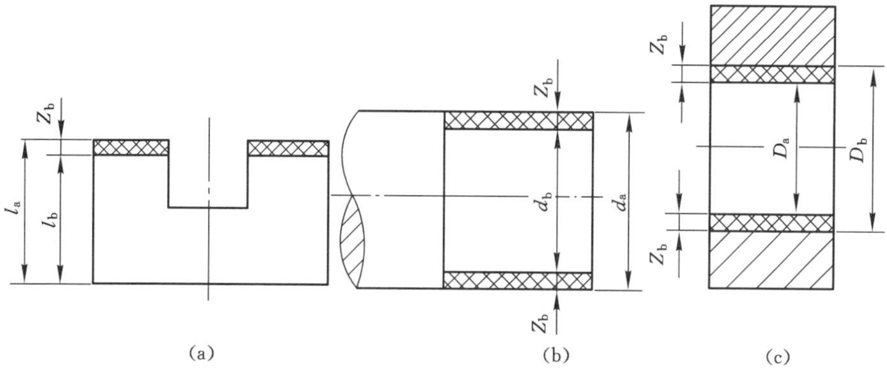

图 11-14　单边余量与双边余量

正确规定加工余量的大小非常重要，毛坯上所留的加工余量不应过大或过小。过大，则费料、费工、增加工具的消耗，有时还不能保留工件最耐磨的表面层；过小，则不能保证切去工件表面的缺陷层，不能纠正上一道工序的加工误差，有时还会使刀具在不利的条件下切削，加剧刀具的磨损。

决定工序余量的大小时，应考虑在保证加工质量的前提下使余量尽可能地减小。由于各工序的加工要求和条件不同，余量的大小也不一样。一般来说，越是精加工，工序余量越小。

目前，确定加工余量的方法有分析计算法、经验估计法、查表修正法 3 种。因为查表修正法方便、可靠，本身就是大量生产实践和试验研究的总结和积累，所以应用最广泛。

2. 工序尺寸及其公差的确定

零件图上所标注的尺寸公差是零件加工最终所要求达到的尺寸要求，工艺过程中许多中间工序的尺寸公差，必须在设计工艺规程中予以确定。工序尺寸及其公差的确定涉及工艺基准与设计基准、工艺基准与设计基准不重合两种情况。

(1) 基准重合时，工序尺寸及其公差的计算

当工序基准、定位基准或测量基准与设计基准重合，表面多次加工时，工序尺寸及其公差的计算相对来说比较简单。其计算顺序是：先确定各工序的加工方法，然后确定该加工方法所要求的加工余量及其所能达到的精度，再由最后一道工序逐个向前推算，即由零件图上的设计尺寸开始，一直推算到毛坯图上的尺寸。工序尺寸的公差都按各工序的经济精度确定，并按“入体原则”确定上、下偏差。

【例 11-1】　某箱体上一主轴孔工序尺寸及公差的确定，设计要求为 $Ra=0.8\ \mu m$。加工工序为：粗镗—半精镗—精镗—浮动镗。试确定各个工序的工序尺寸与公差。

解：先查表并根据工厂实际作适当调整，确定各工序的加工余量，再根据工序加工方法的经济精度确定其公差，最后由终加工工序向前逐个算出各工序尺寸并得到各工序尺寸及公差，具体数值见表 11-9。

表 11-9　　主轴孔工序尺寸及公差的确定

工序名称	工序余量/mm	工序的经济精度/mm	工序基本尺寸/mm	工序尺寸及公差/mm
浮动镗	0.1	$H7(^{0.035}_{0})$	100	$\phi100^{+0.035}_{0}$, $Ra=0.8\ \mu m$
精镗	0.5	$IT9(^{0.087}_{0})$	100－0.1＝99.9	$\phi99.9^{+0.087}_{0}$, $Ra=1.6\ \mu m$
半精镗	2.4	$IT11(^{0.22}_{0})$	99.9－0.5＝99.4	$\phi99.4^{+0.22}_{0}$, $Ra=6.3\ \mu m$
粗镗	5	$IT13(^{+0.54}_{0})$	99.4－2.4＝97	$\phi97^{0.54}_{0}$, $Ra=12.5\ \mu m$
毛坯孔	8	(±1.2)	97－5＝92	$\phi92\pm1.2$

（2）基准不重合时，工序尺寸及其公差的计算

当零件加工过程中多次转换工艺基准，引起测量基准、定位基准或工序基准与设计基准不重合时，需利用工艺尺寸链原理进行工序尺寸及其公差的计算。

3. 工艺尺寸的计算

（1）尺寸链的基本概念

在零件加工和机器装配过程中，由相互连接的尺寸形成的封闭尺寸组，称为尺寸链。组成尺寸链的每一个尺寸，称为尺寸链的环。封闭环是在加工过程中最后形成的一环，它的大小是由组成环间接保证的。如图 11-15 中的 A_0；每个尺寸链中只能有一个封闭环。尺寸链中凡属通过加工直接得到的尺寸称为组成环，图 11-15 所示尺寸链中 A_1 与 A_2 都是通过加工直接得到的尺寸，A_1、A_2 都是图 11-15 所示尺寸链的组成环。组成环按其对封闭环的影响又可分为增环和减环。

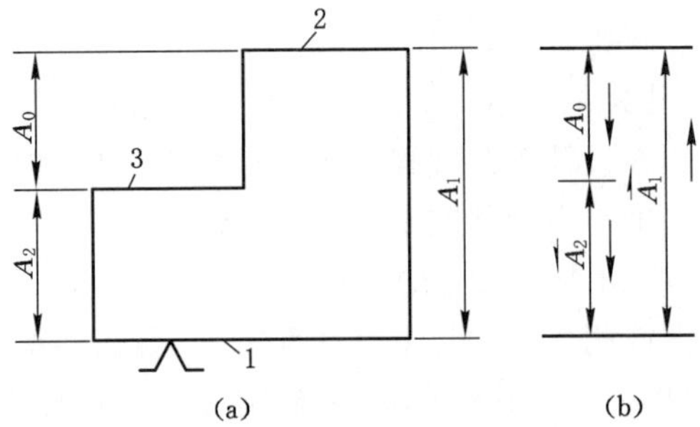

图 11-15　工艺尺寸链示例

① 增环。若该组成环增大引起封闭环增大，该环减小引起封闭环减小。则该组成环为增环；在图 11-15 所示尺寸链中 A_1 是增环。

② 减环。若该组成环增大引起封闭环减小，该环减小引起封闭环增大减小。则该组成环为减环；在图 11-15 所示尺寸链中 A_2 是减环。

工艺尺寸链一般都用工艺尺寸链图表示。建立工艺尺寸链时，应首先对工艺过程和工艺尺寸进行分析，确定间接保证精度的尺寸，并将其定为封闭环，然后再从封闭环出发，按照

零件表面尺寸间的联系，用首尾相接的单向箭头顺序表示各组成环，即尺寸链图。根据上述定义，利用尺寸链图即可迅速判断组成环的性质，凡与封闭环箭头方向相同的环即为减环，而凡与封闭环箭头方向相反的环即为增环。

(2) 尺寸链基本计算公式

工艺尺寸链的计算方法有两种，即极值法和概率法，这里仅介绍生产中常用的极值法。

① 封闭环的基本尺寸：封闭环的基本尺寸等于增环的基本尺寸之和减去减环基本尺寸之和，即：

$$A_0 = \sum_{i=1}^{m} \overrightarrow{A_i} - \sum_{j=m+1}^{n-1} \overleftarrow{A_j} \tag{11-2}$$

式中　A_0——封闭环的尺寸；

$\overrightarrow{A_i}$——增环的基本尺寸；

$\overleftarrow{A_i}$——减环的基本尺寸；

m——增环的环数；

n——包括封闭环在内的尺寸链的总环数。

② 封闭环的极限尺寸：封闭环的最大极限尺寸等于所有增环的最大极限尺寸之和减去所有减环的最小极限尺寸之和，即：

$$A_{0,\max} = \sum_{i=1}^{m} \overrightarrow{A}_{i,\max} - \sum_{j=m+1}^{n-1} \overleftarrow{A}_{j,\min} \tag{11-3}$$

封闭环的最小极限尺寸等于所有增环的最小极限尺寸之和减去所有减环的最大极限尺寸之和，即：

$$A_{0,\min} = \sum_{i=1}^{m} \overrightarrow{A}_{i,\min} - \sum_{j=m+1}^{n-1} \overleftarrow{A}_{j,\max} \tag{11-4}$$

③ 封闭环的上偏差 与下偏差 ：封闭环的上偏差等于所有增环的上偏差之和减去所有减环的下偏差之和，即：

$$ES(A_0) = \sum_{i=1}^{m} ES(\overrightarrow{A_i}) - \sum_{j=m+1}^{n-1} ES(\overleftarrow{A_j}) \tag{11-5}$$

封闭环的下偏差等于所有增环的下偏差之和减去所有减环的上偏差之和，即：

$$ES(A_0) = \sum_{i=1}^{m} ES(\overrightarrow{A_i}) - \sum_{j=m+1}^{n-1} ES(\overleftarrow{A_j}) \tag{11-6}$$

④ 封闭环的公差 $T(A_0)$：封闭环的公差等于各组成环公差之和，即：

$$T(A_0) = \sum_{i=1}^{n-i} T(A_i) \tag{11-7}$$

由式(11-6)可知，封闭环的公差比任何一个组成环的公差都大。

(3) 工艺尺寸及其公差的计算实例

定位基准与设计基准不重合时工序尺寸公差的计算。

【例 11-2】 加工如图 11-15(a)所示工件，设 1，3 面已加工好，达到了设计尺寸 $A_1 = 60^{0}_{-0.1}$ mm，现以 1 面定位加工 2 面，设计尺寸 $A_0 = 25^{+0.25}_{0}$ mm 由加工后间接保证，试求工序尺寸 A_2。

解：① 确定封闭环并画出尺寸链图。1，3 面已加工好，尺寸 $A_1 = 60^{0}_{-0.1}$ mm 由加工直接保证。本工序以 A 面定位加工 2 面，调整机床须按尺寸 A_2 进行。2 面的设计基准是 2 面，与其定位基准 1 不重合。需进行尺寸换算。，设计尺寸 A_0 为封闭环。尺寸链图如图 11-15(b)所示。

② 判断增环、减环。A1 为增环，A2 为减环。

③ 计算工序尺寸及其偏差：

按式(11-1)有：$A_0=A_1-A_2$；

代入 $25=60-A$，得 $A_2=35$ mm；

按式(12-4)有：$ES(A_0)=ES(A_1)-EI(A_2)$；

代入 $0.25=0-EI(A_2)$，得 $EI(A_2)=-0.25$ mm；

按式(12-5)有：$EI(A_0)=EI(A_1)-ES(A_2)$；

代入 $0=-0.1-ES(A_2)$，得 $ES(A_2)=-0.1$ mm；

所求工序尺寸 $A_2=35_{-0.25}^{-0.1}$ mm。

④ 验算，按式(11-6)有：

$$T(A_0)=T(A_1)+T(A_2)=0.1+0.15=0.25\ (\text{mm})$$

故计算正确。

中间工序尺寸及其公差的计算。

【例 11-3】 一带有键槽的内孔要淬火及磨削，其设计尺寸如图 11-16 所示，内孔及键槽的加工顺序是：

① 镗内孔至中 $\phi39.6_0^{+0.1}$；

② 插键槽至尺寸 A；

③ 淬火；

④ 磨内孔，同时保证内孔直径 $\phi40_0^{+0.05}$ 和键槽深度 $43.6_0^{+0.34}$ 两个设计尺寸的要求(假定淬火后内孔没有胀缩)。

试确定工序尺寸 A 及其公差。

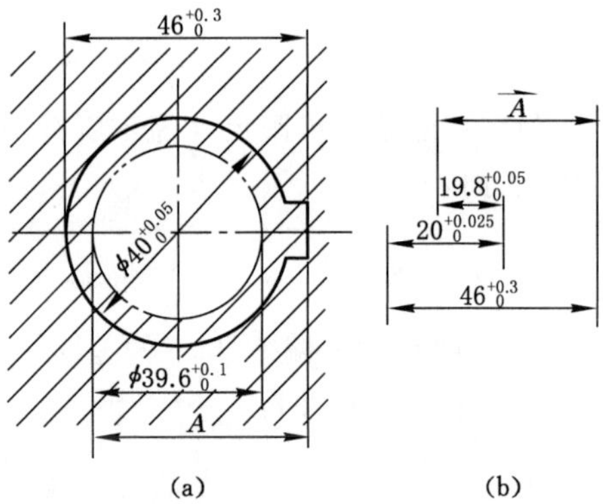

图 11-16　孔及键槽加工的工艺尺寸链

解：① 确定封闭环并画出尺寸链图。从以上加工顺序分析可得出，$\phi39.6_0^{+0.1}$、A 及 $\phi40_0^{+0.05}$ 都是加工时直接获得的尺寸，而键槽尺寸 $\phi43.6_0^{+0.34}$ 是在磨好内孔后间接保证的，所以是封闭环。其工艺尺寸链图如图 11-16(b)所示(为便于计算，孔磨削前后的尺寸均用半径表示)。

② 判断增环、减环。磨孔后的半径尺寸 $20_0^{+0.025}$ mm、插键槽尺寸 A 为增环，镗孔后的半径尺寸 $19.8_0^{+0.05}$ 为减环。

③ 计算基本尺寸及其极限偏差。

43.6 mm$=20+A-19.8$ mm，得 A$=43.4$ mm；

$+0.34$ mm$=+0.025$ mm$+ES(A)-0$，得 $ES(A)=+0.315$ mm；

$0=0+EI(A)-0.05$ mm，得 $EI(A)=+0.05$ mm；

所求工序尺寸 $A=43.4_{+0.05}^{0.315}$ mm，若按“入体原则”标注，则 $A=43.45_0^{+0.27}$ mm。

④ 验算。按式(11-6)有：

$$T(A_0)=0.025+0.05+0.27=0.34\ (\text{mm})$$

故计算正确。

复习思考题

1. 何谓生产过程、工艺过程、工序？

2. 生产类型有哪几种？不同生产类型对零件的工艺过程有哪些主要影响？

3. 何谓工序余量、总余量？它们之间是什么关系？

4. 确定加工余量的原则是什么？目前确定加工余量的方法有哪几种？

5. 何谓基准？根据作用的不同，基准分为哪几种？

6. 何谓粗基准？其选择原则是什么？

7. 何谓精基准？其选择原则是什么？

8. 切削加工工序安排的原则是什么？

9. 常用的工艺文件有哪几种？各适用于什么场合？

10. 拟订零件的工艺过程时，应考虑哪些主要因素？

11. 如图 11-17 所示小轴 30 件，毛坯为 $\phi32\times104$ mm 的圆钢料，若用两种方案加工：

① 先整批车出 $\phi28$ 一端的端面和外圆，随后仍在该台车床上整批车出 $\phi16$ 一端的端面和外圆；

② 在一台车床上逐件进行加工，即每个工件车好 $\phi28$ 的一端后，立即调头车 $\phi16$ 的一端。

试问这两种方案分别是几道工序？哪种方案较好？为什么？

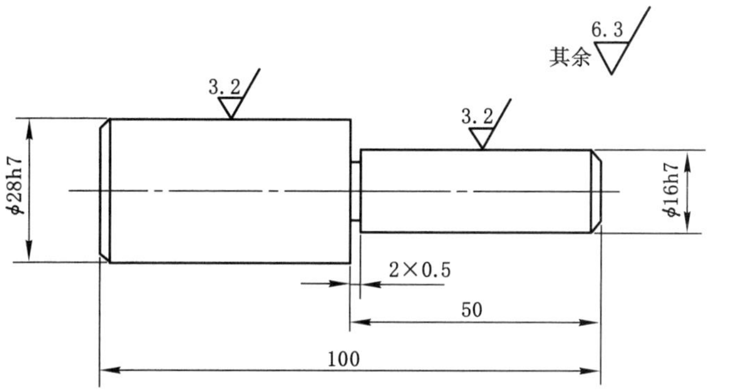

图 11-17　题 11 图

12. 下列各种情况下，零件加工的总余量分别应取较大值还是取较小值？为什么？

① 大批大量生产；② 零件的结构和形状复杂；③ 零件的精度要求高，表面粗糙度小。

13. 如图 11-18 所示工件，$A_1=70^{-0.025}_{-0.050}$ mm，$A_2=60^{0}_{-0.025}$ mm，$A_3=20^{+0.16}_{0}$ mm，当外圆各部加工完毕后加工内孔时，$A_3=20^{+0.16}_{0}$ mm 尺寸不便测量，试给出新的测量尺寸及上、下偏差。

14. 如图 11-19 所示，小轴加工的部分工序为：车外圆至 $\phi30.5^{0}_{-0.1}$；铣键槽，深度为 H；热处理；磨外圆至 $\phi30^{+0.02}_{+0.01}$。磨后键槽需保证 $4^{+0.2}_{-0}$ mm，试求尺寸 H 及其上、下偏差。

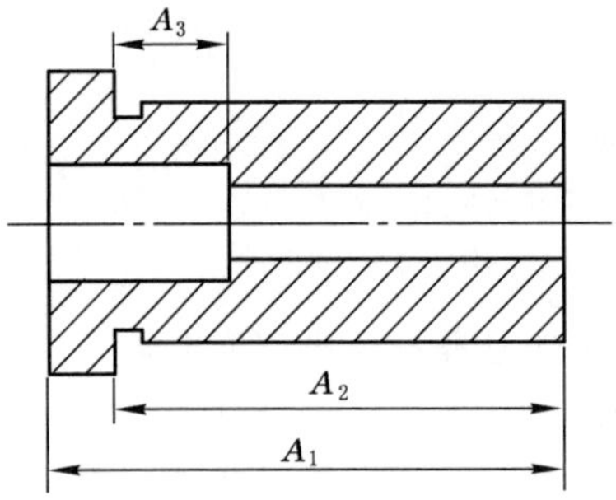

图 11-18　题 13 图

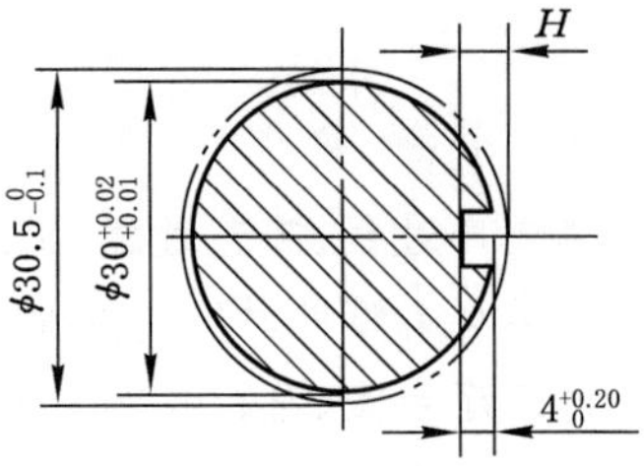

图 11-19　题 14 图

第十二章 机械装配工艺基础

第一节　机械装配概述

任何机械产品往往是由许多零件和部件装配而成，装配就是根据规定的技术要求，将零件或部件进行配合和连接，使之成为半成品或成品的过程，称为装配。机器的装配是机器制造过程中最后一个环节，产品的质量(从产品设计、零件制造到产品装配)最终通过装配得到保证和检验。因此，装配是决定产品质量的关键环节。研究制订合理的装配工艺，采用有效的保证装配精度的装配方法，对进一步提高产品质量有着十分重要的意义。

一、机械装配的基本概念

为保证有效地组织装配，必须将产品分解为若干个能进行独立装配的装配单元。

零件是组成产品的最小单元，它由整块金属(或其他材料)制成。机械装配中，一般先将零件装成套件、组件和部件，然后再装至成产品。

套件是在一个基准零件上，装上一个或若干个零件而构成，它是最小的装配单元。为套件而进行的装配称为套装。套件一般分成零件制造，但在装配中作为一个零件，不再分开，如双联齿轮。

组件是在一个基准零件上，装上若干套件及零件而构成。为形成组件而进行的装配称为组装(图 12-1)。组件中也可以没有套件，即由一个基准零件加若干个零件组成，如机床主轴箱中的主轴组件。

部件是在一个基准零件上，装上若干组件、套件和零件而构成。部件中唯一的基准零件用来连接各个组件、套件和零件，并决定它们之间的相对位置。为形成部件而进行的装配称为部装(图 12-2)。部件在产品中能完成一定的完整的功用，如机床中的主轴箱。

在一个基准零件上，装上若干部件、组件、套件和零件就成为整个产品。同样一部产品中只有一个基准零件，作用与上述相同。为形成产品的而进行的装配称为总装(图 12-3)。如卧式车床便是以床身作为基准零件，装上主轴箱、进给箱、溜板箱等部件及其他组件、套件、零件构成。

二、机械装配基本工作内容

1. 清洗

清洗的主要目的是去除零件表面或部件中的油污及机械杂质，并使零件具有一定的防锈能力。清洗对轴承、配偶件、密封件、传动件等特别重要。清洗的方法有擦、浸、喷和超声

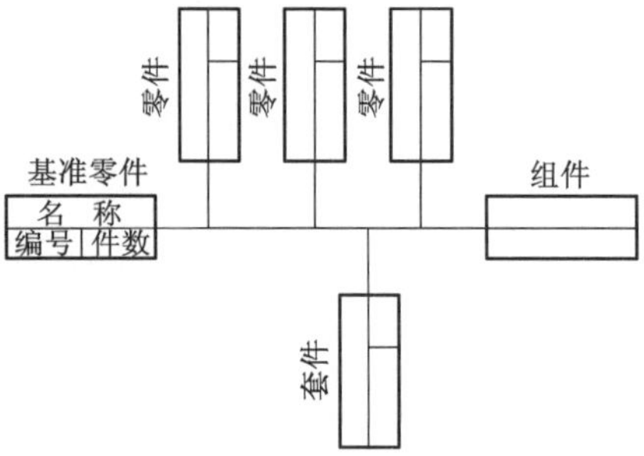

图 12-1　组件装配工艺系统图

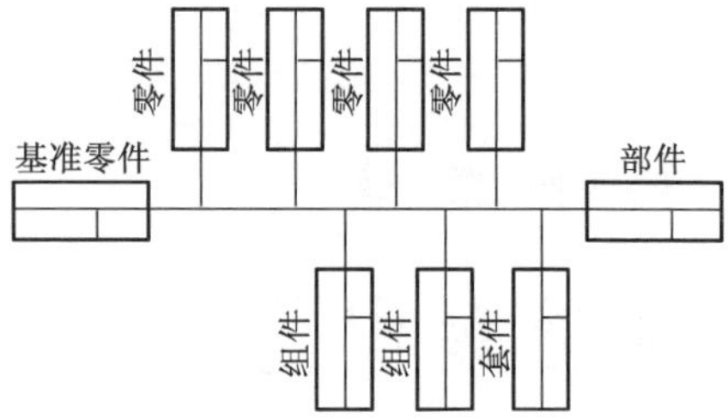

图 12-2　部件装配工艺系统图

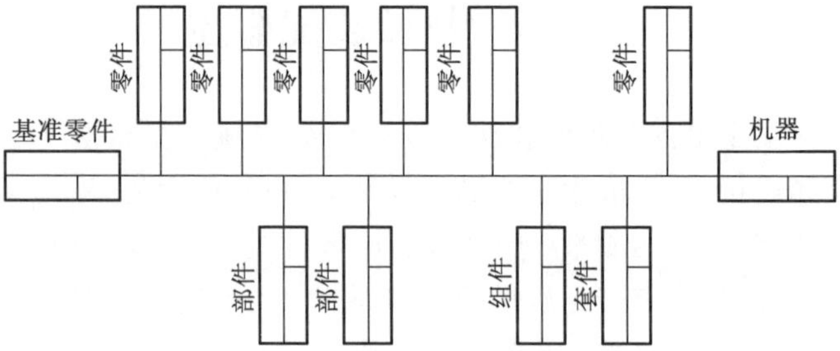

图 12-3　总装装配工艺系统图

波振动等。常用的清洗液有煤油、汽油、碱液和化学清洗液等。

2. 连接

装配中的连接方式往往有两类:可拆连接和不可拆连接。可拆连接指在装配后可方便拆卸而不会导致任何零件的损坏,拆卸后还可方便地重装。如螺纹连接、键连接等。不可拆连接指装配后一般不再拆卸,若拆卸往往损坏其中的某些零件,如焊接、铆接等。

3. 校正、调整与配做

在机器装配过程中,特别是在单件小批生产条件下,完全靠零件互换装配以保证装配精度往往是不经济的,甚至是不可能的,所以在装配过程中常需做校正、调整与配做工作。

校正是指相关零(部)件间相互位置的找正、找直、找平及相应的调整工作,如床身导轨扭曲的校正,卧式车床主轴中心与尾座套筒中心等高的校正等。

调整是指相关零(部)件间相互位置的调节工作,如轴承间隙、导轨副间隙的调整等。

配做是指几个零件配钻、配铰、配刮和配磨等,这是装配中间附加的一些钳工和机械加工工作。配钻和配铰要在校正、调整后进行。配刮和配磨的目的是为增加相配表面的接触面积和提高接触刚度。

4. 平衡

对转速较高、旋转平稳性要求较高的机器,如精密磨床、电动机和高速内燃机等,为了防止运转中发生振动,应对其旋转零(部)件进行平衡。平衡有静平衡和动平衡两种。对于直径较大、长度较小的零件如飞轮、带轮等,一般采用静平衡法,以消除质量分布不均所造成的静力不平衡;对于长度较大的零件如机床主轴、电动机转子等,需采用动平衡法,以消除质量分布不均所造成的力偶不平衡。

旋转体的不平衡可用以下方法校正：

① 用补焊、铆接、粘接或螺纹连接等方面在超重处对面加配质量。

② 用钻、锉和磨等方法在超重处去除质量。

③ 在预置的平衡槽内改变平衡块的位置和数量(砂轮静平衡常用此法)。

5. 试验与验收

机器装配后必须按规定的性能指标逐项检验，并进行试运转，全部合格后才可出厂。

三、装配的组织形式

装配的组织形式一般分为固定式装配和移动式装配两种。

① 固定式装配：全部装配工作在一固定的地点进行，产品的位置不变，装配过程中所需的零(部)件都汇集在固定场地的周围。工人进行专业分工，按装配顺序进行装配，适用于单件小批生产和体积、重量大的设备的装配。

② 移动式装配：将产品置于装配线上，通过连续或间歇的移动使其顺序经过各装配工位以完成全部装配工作。适用于大批量生产。一般用于大批大量生产。对于大批大量的定型产品还可采用自动装配线进行装配。

四、机械装配精度

1. 装配精度内涵

装配精度指产品装配后几何参数实际达到的精度。一般包含如下内容。

① 尺寸精度。指相关零(部)件间的距离精度及配合精度。如某一装配体中有关零件间的间隙；相配合零件间的过盈量；卧式车床前后面顶尖对床身导轨的等高度等。

② 位置精度。指相关零件的平行度、垂直度、同轴度等，如卧式铣床刀轴与工作台面的平行度；立式钻床主轴对工作台面的垂直度；车床主轴前后轴承的同轴度等。

③ 相对运动精度。指产品中有相对运动的零(部)件间在运动方向及速度上的精度。如滚齿机滚入垂直进给运动和工作台旋转中心的平行度；车床拖板移动相对于主轴轴线的垂直度；车床进给箱的传动精度等。

④ 接触精度。指产品中两配合表面、接触表面和连接表面间达到规定的接触面积大小和接触点的分布情况。如齿轮啮合、锥体配合以及导轨之间的接触精度等。

2. 影响装配精度的因素

机械产品及其部件均由零件装配而成的。各相关零件的误差的累积将反映于装配精度。因此，产品的装配精度首先受到零件(特别是关键零件)的加工精度的影响。零件间的配合与接触质量影响到整个产品的精度，尤其是刚度及抗震性，因此，提高零件间配合面的接触刚度亦有利于提高产品装配精度。另外，零件在加工和装配中的变形对装配精度也会产生很大的影响。

另外，产品装配中的装配方法对装配精度也有很大的影响，尤其是在单件小批量生产及装配要求较高了时，仅采用提高零件加工精度的方法往往不经济和不易满足装配要求，而通过装配中的选配、调整和修配等手段(合适的装配方法)来保证装配精度非常重要。

总之，机械产品的装配精度依靠相关零件的加工精度和合理的装配方法共同保证。

第二节　保证装配精度的工艺方法

为保证一定的装配精度，应根据产品的结构特点、性能要求、生产纲领和生产条件，采用不同的装配方法。常用的装配方法有互换法、选配法、修配法和调整法。

一、互换法

完全检验合格的零件，在装配时不经任何调整和修配就可达到装配精度要求的装配方法为互换法。根据互换程度的不同，又分完全互换法和不完全互换法。

1. 完全互换法

完全互换法指装配中的每个待装的合格零件不需挑选、修配和调整，装配后就能达到装配精度要求。这种方法是依靠控制零件的制造精度来保证产品装配精度的。

采用完全互换法进行装配，装配过程简单、效率高；对工人的技术水平要求低；便于组织流水作业及实现自动化装配；容易实现零（部）件的专业协作，组织专业化生产，降低成本；便于备件供应及机械维修工作。因此，只要能满足零件加工的经济精度要求，无论在任何生产类型下，都应首先考虑采用完全互换法装配。

由于完全互换法采用极值法计算尺寸链，因此，当组成环数多时，组成环的公差就较小，零件加工精度要求提高，可能使加工发生困难，甚至不可能达到。因此，完全互换装配法多用于少环装配尺寸链或精度要求不太高的多环装配尺寸链。

2. 不完全互换法

机器或部件的所有合格零件，在装配时无须选择、修配或改变其大小或位置，装入后即能使绝大多数装配对象达到装配精度的装配方法，称为不完全互换法（又称为部分互换）。

当机器的装配精度较高，组成环零件的数目较多时，用极值法来分析各组成环的公差势必很小，难于满足零件的经济加工精度的要求。因此，大批量的生产条件下采用概率法计算装配尺寸链，其实质是零件按经济精度制造，公差适当放大，零件加工容易，成本降低，同时保证装配精度要求，但会使少数产品装配精度达不到要求，但这是小概率事情，总体经济可行。

不完全互换法多用于大批量生产中，装配精度要求较高而组成环数较多的装配尺寸链中。

二、选配法

在大批量生产中，装配那些精度要求特别高同时又不便于采用调整装置的机器结构，若用互换装配法装配，组成环的制造公差过小，加工很困难或很不经济，此时可以采用选配法装配。选配法是将组成环的公差放大到经济可以的程度，然后选择合适的零件进行装配，以保证规定的装配精度要求。选配法又分直接选配法、分组装配法、复合选配法 3 种。

1. 直接选配法

直接选配法是由装配工人从许多待装零件中，凭经验挑选合适的零件通过试凑装配并保证装配精度。这种方法简单，但劳动量大，并且装配精度在很大程度上取决于工人的技术水平和测量方法。故不宜用于大批量的流水线装配。

2. 分组装配法

分组装配法是将组成环公差增大若干倍（一般为 2～4 倍），使组成环零件可以按经济精度进行加工，然后再将各组成环按实际尺寸大小分为若干组，各对应组进行装配，同组零件具有互换性，并保证全部装配对象达到规定的装配精度，这就是分组法。分组越多，获得的装配质量越好。

分组装配法优点：扩大了组成环的制造公差，零件加工精度要求不高，但可获得高的装配精度。其缺点是增加了零件测量、分组、存储、运输的工作量。

分组装配法应用于装配精度要求很高但相关零件较少的大批量生产。

现以汽车发动机活塞、活塞销和连杆组装为例，对分组装配法进行分析。图 12-4(a)所示为发动机活塞、活塞销和连杆的组装简图，其中活塞销与活塞销孔为过盈配合，活塞销与连杆孔为间隙配合。根据装配技术要求，活塞销孔直径 D 与活塞销直径 d 在冷态装配时，应有 0.002 5～0.007 5 mm 的过盈量，若采用完全互换法装配，则销与销孔的平均极值公差仅为 0.002 5 mm，设活塞销直径为 $d=\phi 28^{0}_{-0.002\,5}$，销孔直径为 $D=\phi 28^{-0.0050}_{-0.0075}$，显然加工是十分困难的。

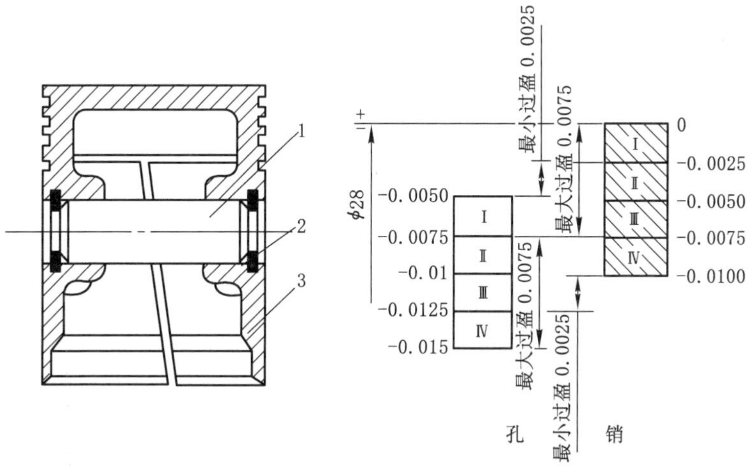

(a)　　　(b)

图 12-4　活塞、活塞销分组装配实例

(a) 装配关系；(b) 分组尺寸公差带

1——活塞；2——连杆；3——活塞销；4——挡圈

现将它们的公差都按同方向放大 4 倍，放大后：$d=\phi 28^{0}_{-0.010}$，$D=\phi 28^{-0.005\,01}_{-0.015}$。这样可采用高效率的无心磨和金刚镗分别加工活塞销外圆和活塞销孔，然后用精密量仪进行测量，并按尺寸大小分成 4 组，涂上不同颜色便于分组装配，见表 12-1。

表 12-1　　**活塞销、活塞销孔直径分组**　　单位：mm

组别	标志颜色	活塞销直径 $D=\phi 28^{0}_{-0.010}$	活塞销孔直径 $D=\phi 28^{-0.005}_{-0.015}$	配合情况	
				最小过盈	最大过盈
Ⅰ	红	$\phi 28^{0}_{-0.002\,5}$	$\phi 28^{-0.005\,0}_{-0.007\,5}$	0.002 5	0.007 5
Ⅱ	白	$\phi 28^{-0.002\,5}_{-0.005\,0}$	$\phi 28^{-0.007\,8}_{-0.010}$		
Ⅲ	黄	$\phi 28^{-0.005\,0}_{-0.007\,5}$	$\phi 28^{-0.0100}_{-0.012\,5}$		
Ⅳ	绿	$\phi 28^{-0.007\,5}_{-0.010}$	$\phi 28^{-0.012\,5}_{-0.015\,0}$		

将表 12-1 所示互配零件加工尺寸的公差带放大并分组后的情况用图 12-4(b)表示。可见,虽然互配零件的公差扩大了 4 倍,但只要用对应组的零件进行互配,其装配精度完全符合设计要求。

3. 复合选配法

复合选配法是上述两种方法的综合。即先将待装零件测量分组,装配时再对各组内零件由工人凭经验直接选配。这种方法的特点是配合件公差可以不等、装配质量高、装配速度快,能满足一定的生产节拍要求。

三、修配法

在单件小批量生产中,当装配精度要求很高且相关零件数很多时,各组成环先按经济精度制造,而对其中某一组成环(称为补偿环或修配环)预留一定修配量,在装配时用钳工(或其他加工)方法修去修配量,达到装配精度要求。这种为修配法。

修配法有如下 3 种:

1. 单件修配法

单件修配法是在装配尺寸链中,选择一个相关零件作为修配环,通过修配加工,达到装配精度要求。选择修配环时,应选择易修配加工的零件作为修配环,修配环要能有充分的修配量以满足要求。

2. 合并加工修配法

合并加工修配法是将两个或多个零件合并在一起进行加工修配,合并加工所得的尺寸作为一个修配环,合并一起的零件作为"一个零件"参与装配,相当于减小了组成环的数目,亦相应减小了修配的带动量。合并修配法在装配中不能互换,相配零件要打上号码以便对号装配,给装配工作的组织管理带来不便。因此,合并装配多用于单件小批量生产中。

3. 自身加工修配法

在机床制造中,对一些装配精度要求,在总装时利用机床本身的加工能力,将预留在修配环零件上的修配量去除,从而达到要求。

修配法的特点是各组成环零(部)件的公差可扩大,按经济精度加工,从而使制造容易,成本降低。装配时可利用修配件的有限修配量达到较高装配精度要求。但是,装配中零件不能互换,装配劳动量大,生产率低,难组织流水生产,装配精度依赖于工人的技术水平。因此,修配法适用于单件和成批生产中精度要求较高的装配。

四、调整法

调整法中的各组成环零件亦按经济精度要求加工,由于组成环公差扩大而出现的部分超差的装配件在装配时用改变调整零件的位置或选用合适的调整件来达到装配精度要求。

调整法在补偿原则上相似于修配法,但与修配法不同上,调整法不靠去除金属,而是利用补偿件的位置或更换补偿件来保证装配精度。

根据补偿件的调整特征,调整法又有如下几种:

1. 可动调整法

选择装配尺寸链中某个零件作调整环,按装配精度要求,改变调整环的位置(移动、旋转或两者同时进行)达到装配要求为可动调整法。

可动调整法调整中不用拆卸零件,调整方便,并能获得较高精度,而且可以补偿因磨损和变形等引起的误差,如图 12-5、图 12-6 所示。所以,在一些传动机械或易磨损机构中,常用可动调整法。

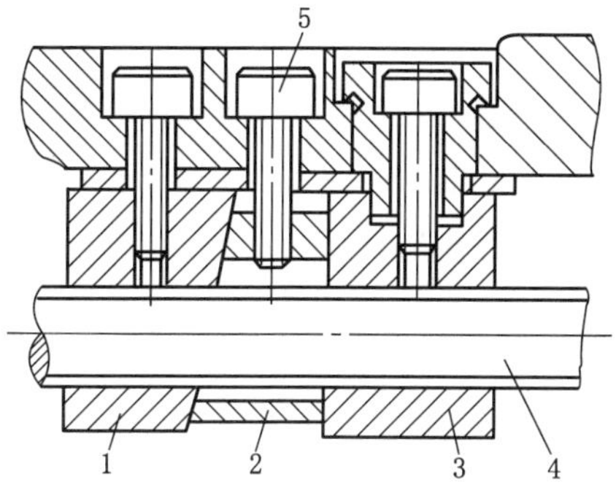

图 12-5　丝杠螺母副轴向间隙的调整

1,3——螺母,2——楔块;4——丝杠;5——调节螺钉

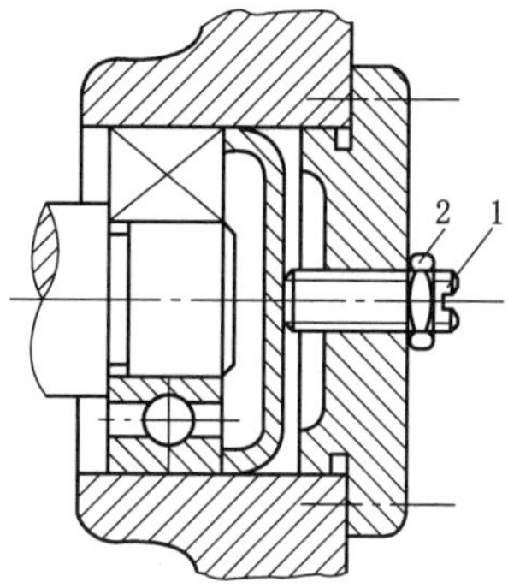

图 12-6　轴承间隙的调整

1——螺钉;2——螺母

2. 固定调整法

选择装配尺寸链中某零件作为调整环,该调整环零件按一定尺寸间隔制成一组零件,装配时根据封闭环超差大小,从中选出某一尺寸的调整环作为补偿,以满足装配精度要求,此称为固定调整法。用作调整环的零件应加工容易拆卸方便,常用的调整件有:垫片、垫圈、轴套等。

图 12-7 所示的车床主轴大齿轮的装配中,加入一个厚度为 A_k 的调节垫片就是加入一个零件作为调节件的实例。待 A_1、A_2、A_3、A_4 装配后,测量其轴向间隙值 A_s(即弹性挡圈 A_4 右端面至大齿轮 A_3 左端面之间的尺寸),然后拆下弹性挡圈,选择一个适当厚度的调整件装入,再重新装上 A_4,即可保证所需的装配精度。

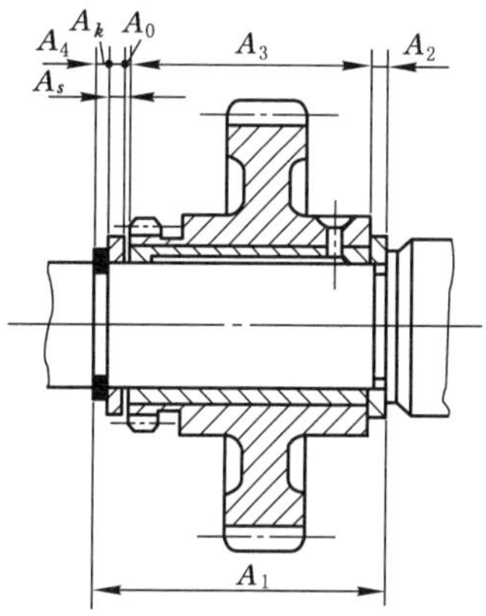

图 12-7　车床主轴大齿轮装配

3. 误差抵消调整法

误差抵消调整法是在装配时通过调整某些相关零件误差的方向,使其误差互相抵消或减小来保证装配精度的方法。

采用这种方法可放宽对相关零件的精度要求,经济性好,同时可获得较高装配精度。但在每一产品装配时均需测出优势误差的大小、方向,辅助时间增加,生产效率受到影响,对工人技术水平要求高。因此,除单件小批量生产的工艺装备和精密机床采用此方法外,一般很少使用。

以上四种装配法,一般应优先选用互换法;当生产批量较大、组成环较多时,可考虑采用不完全互换法;当装配精度要求较高,相关零件较少时,可采用选配法;只有在用上述方法造成对零件制造精度要求高、加工困难或经济性差时,特别是在单件小批量生产时才宜采用修配法或调整法。

第三节 装配工艺规程的制定

装配工艺规程是规定产品或部件装配工艺规程和操作方法等的工艺文件，是制订装配计划和技术准备，指导装配工作和处理装配工作问题的重要依据。它对保证装配质量，提高装配生产效率，降低成本和减轻工人劳动强度等都有积极的作用。

一、制订装配工艺规程的原则

在制订装配工艺规程时应遵循优质高效低成本的原则，具体内容如下：

① 保证产品的装配质量，力求提高装配质量。

② 尽量减少钳工装配工作量。

③ 缩短装配周期，提高装配效率。

④ 尽量减少装配成本，减少装配占地面积。

二、制订装配工艺规程的方法及步骤

1. 产品分析

从产品的总装图、部装图了解产品结构，明确零部件间的装配关系；分析并审查产品的结构的装配工艺性；分析并审核产品的装配精度要求和验收技术条件；研究装配方法并划分装配单元；掌握装配中的技术关键并制订相应的装配工艺措施；进行必要的装配尺寸链计算，确保产品装配精度。

2. 确定装配的组织形式

根据产品的生产纲领，结构特点及现有生产条件确定生产组织形式。单件小批量，尺寸大，质量大的产品用固定装配的组织形式，其余用移动装配的组织形式。装配的组织形式确定以后，装配方式、工作地点的布置也就相应确定。每道工序的具体内容也根据装配的组织形式而确定。

3. 装配工艺过程的确定

① 确定装配工作的具体内容。根据产品的结构和装配精度的要求可以确定各装配工序的具体内容。

② 确定装配工艺方法及其设备。为了进行装配工艺，必须选择合适的装配方法及所需的设备、工具、夹具和量具等。

③ 确定装配顺序。各级装配单元装配时，首先要确定一个装配基准件先进入装配。然后根据具体情况安排其他单元进入装配的顺序：如车床装配时，床身是一个基准件先进入总装，其他的装配单元再依次进入装配。

从保证装配精度及装配工作顺利进行的角度出发，安排的装配顺序为：先下后上，先里后外，先难后易，先重大后轻小，先精密后一般。

④ 确定工时定额及工人的技术等级。目前装配的工时定额都根据实践经验估计，工人的技术等级并不做严格规定。但必须安排有经验的技术熟练的工人在关键的装配岗位操作，以把好质量关。

4. 编写装配工艺文件

装配工艺文件主要有装配工艺过程卡片和装配工序卡片两种，其编写方法与机械加工的工艺过程卡和工序卡基本相同。在单件小批生产中，一般只编写工艺过程卡，对关键工艺

才编写工序卡。在生产批量较大时，除编写工艺过程卡外还需编写详细的工序卡及工艺守则。

在装配单元系统图上，补充工序内容.操作要点等文字注解后，就成为工艺系统图。它对指导装配，分析编制工艺规程均十分有利。

复习思考题

1. 装配精度包括哪些内容？它与零件精度之间有什么关系？

2. 保证装配精度有哪几种方法？各适用什么场合？

3. 什么是分组选配法？其适用条件如何？如果相配合的工件公差不相等，能否用分组装配？

4. 什么是修配法？其适用条件如何？

5. 说明制订装配工艺规程的基本原则。

6. 装配组织形式可分为哪几种？

7. 机械产品一般可分解为哪几种可以独立进行装配的装配单元？

8. 什么是装配工艺流程图？它在装配过程中所起的作用是什么？

第十三章 先进制造技术概述

第一节　柔性制造系统

一、柔性制造系统的定义及组成

柔性制造系统(Flexible Manufacturing System,FMS)的定义很多，在我国有关标准中的定义为“柔性制造系统是由数控加工设备、物料运储装置和计算机控制系统组成的自动化制造系统,它包括多个柔性制造单元,能根据制造任务或生产环境的变化迅速进行调整,适用于多品种、中小批量生产。”简单地说,FMS是由若干数控设备、物料运贮装置和计算机控制系统组成的并能根据制造任务和生产品种变化而迅速进行调整的自动化制造系统。

一个FMS通常包括三部分,即多工位数控、自动化的物料储运系统和计算机控制的信息系统,如图13-1所示。

① 加工系统:主要由数控机床或加工中心或柔性制造单元等组成,用以自动地完成多种工序的加工。

② 运储系统:用以实现工件及工装夹具的自动供给和装卸,以及完成工序间的自动传送、调运和存储工作,包括各种传送带、自动导引小车、工业机器人及专用起吊运送机等。

③ 计算机控制系统：用以处理FMS的各种信息,输出控制CNC机床和物料系统等自动操作所需的信息。它通常采用三级(设备级、工作站级、单元级)分布式计算机控制系统,其中单元级控制系统(单元控制器)是FMS的核心;还包括以确保FMS有效地适应中小批量多品种生产的管理、控制及优化工作,包括设计规划软件、生产过程分析软件、生产过程调度软件、系统管理和监控软件。

除此之外,FMS还包括冷却系统、排屑系统、刀具监控和管理等附属系统。

二、柔性制造系统的特点

① 高柔性:即具有较高的灵活性、多变性,能在不停机调整的情况下,实现多种不同工艺要求的零件加工和不同型号产品的装配,满足多品种,小批量的个性化加工需求。

② 高效率:能采用合理的切削用量实现高效加工,同时使辅助时间和准备终结时间减小到最低的程度。

③ 高度自动化:加工、装配、检验、搬运、仓库存取等,使多品种成组生产达到高度自动化,自动更换工件、刀具、夹具,实现自动装夹和输送,自动监测加工过程,有很强的系统软件功能。

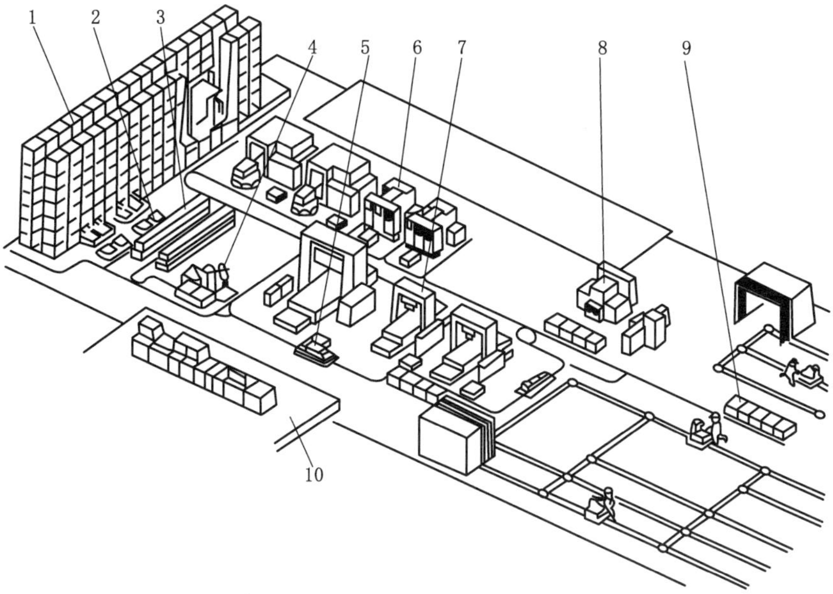

图 13-1　FMS 构成示意图

1——自动仓库；2——装卸站；3——托盘站；4——检验机器人；5——自动小车；6——卧式加工中心；
7——立式加工中心；8——磨床；9——组装交付站；10——计算机控制室

④ 经济效益好：柔性化生产可以大大减少机床数目、减少操作人员、提高机床利用率，可以缩短生产周期、降低产品成本，可以大大削减零件成品仓库的库存、大幅度地减少流动资金、缩短资金的流动周期，因此可取得较高的综合经济效益。

第二节　计算机辅助工程技术

一、计算机辅助设计与制造技术(CAD/CAM)

1. CAD/CAM 技术的定义

CAD/CAM 是“Computer Aided Designing and Computer Aided Manufacturing”的缩写，是一项利用计算机协助人完成产品的设计与制造的现代技术。这种技术是传统设计与制造技术与现代计算机技术的有机结合，它将传统设计与制造彼此相对分离的任务作为一个整体来规划和开发，实现信息处理的高度一体化。

计算机辅助设计(CAD)是指工程技术人员以计算机为辅助工具，完成产品设计构思和论证，产品总体设计，技术设计，零部件设计，有关零件的强度、刚度、热、电、磁的分析计算和绘图等工作，它表示了在产品设计和开发时直接或间接使用计算机的活动之总和。

计算机辅助制造(CAM)是指计算机在制造领域有关应用的统称，它又可分为广义 CAM 和狭义 CAM。广义 CAM 一般是指利用计算机辅助完成从毛坯到产品制造过程的直接和间接的各种活动，包括工艺准备、生产作业计划、物流过程的运行控制、生产控制、质量控制等主要方面；而狭义的 CAM 通常指工艺准备，或者是其中某些、某个活动中应用计算机。CAM 通常指计算机辅助数控加工程序的编制，包括刀具路径规则、刀位文件生成，刀具轨迹仿真，NC 代码生成以及数控机床数控装置的软件接口等。

CAD/CAM 系统的集成有信息集成、过程集成和功能集成。把 CAD、CAM 等各种功能软件有机地结合在一起，用统一的执行程序来控制和组织各功能软件信息的提取、转换和共享，从而达到系统内信息的畅通和系统协调运行的目的。如图 13-2 所示为 CAD/CAM 集成系统模式。

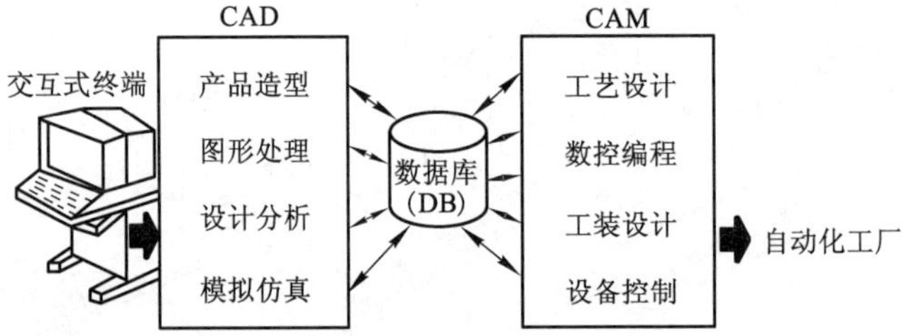

图 13-2　CAD/CAM 集成系统模式

2. CAD/CAM 的组成

CAD/CAM 系统一般由硬件系统和软件系统两部分构成。

硬件系统由以下几部分组成：

① 计算机主机。

② 输入装置：包括键盘、鼠标、数字化仪、图形扫描仪等。

③ 输出装置：包括图形显示器、打印机、绘图仪等。

④ 存储装置：包括硬盘、软盘、磁带、光盘等。

⑤ 生产设备：包括数控机床、机器人、物料装置、检测装置等。

⑥ 网络：用以将上述各个硬件连接起来，实现一定程度硬、软件共享和其他计算机系统的通信。

软件系统包括以下几个部分：

① 系统软件：用于计算机的管理、维护和控制以及计算机程序的翻译、装入和运行。

② 支撑软件：CAD/CAM 系统的核心，主要有工程分析软件、图形处理软件、数据库管理软件和计算机网络工作软件。

③ 应用软件：在系统软件、支撑软件基础上，针对某一个专门应用领域而研制的软件。

二、成组技术(GT)

成组技术（Group Technology，GT）是一门生产技术科学，它研究如何识别和发掘生产活动中有关事务的相似性，并对其进行充分利用。即把相似的问题归类成组，寻求解决这一组问题相对统一的最优方案，以取得所期望的经济效益。成组技术应用在机械加工方面，乃是将多种零件按其工艺的相似性分类成组以形成零件族，把同一零件族中零件分散的小生产量汇集成较大的成组生产量，从而使小批量生产能获得接近于大批量生产的经济效果。这样，成组技术就巧妙地把品种多转化为“少”，把生产量小转化为“大”，由于主要矛盾有条件地转化，这就为提高多品种、小批量生产的经济效益提供了一种有效的方法。

成组技术可以作为指导生产的一般性方法，是一种公认的生产哲理。实际上，人们很早以来就在应用成组技术的哲理指导生产实践，诸如生产专业化、零(部)件标准化等皆可以认为是成组技术在机械工业中的应用。现代发展了的成组技术已广泛应用于设计、制造和管理等各个方面，并取得了显著的效益。

三、计算机辅助工艺过程设计(Computer Aided Process Planning, CAPP)

在产品生产中，要把产品的设计方案变成真正的产品，需要制订零件的加工工艺规程，把设计的零件图变成一系列加工制造指令，将毛坯变成合格的零件，再进一步组装成合格助产品。因此，工艺规划是设计和制造之间的桥梁，是由工艺设计人员完成的。与人工设计工艺规程相比，采用 CAPP 显然可以缩短工艺规划设计时间。CAPP 是连接 CAD 和 CAM 的中间环节，CAD 数据库信息只有经过 CAPP 系统才能变成 CAM 的加工信息，计算机辅助生产管理和计划调度也必须依靠 CAPP 系统的输出数据。因此，CAPP 还是 CAD/CAM 与 MRP—II 或 ERP 之间的桥梁。

CAPP 系统一般具有以下功能：输入设计信息，选择工艺路线，决定工序、机床、刀具，决定切削用量，估算工时与成本，输出工艺文件等。

CAPP 系统按其工作原理可分为三种类型：检索式、派生式和创成式。现有的 CAPP 系统大多数属于检索式或派生式系统，创成式 CAPP 系统是比较先进辅助工艺规划设计方法。

第三节　计算机集成制造系统

一、概述

计算机集成制造系统(Computer Integrated Manufacturing Systen，CIMS)是基于 CIM 哲理而组成的系统，在信息技术自动化技术与制造的基础上，通过计算机技术把分散在产品设计制造过程中各种孤立的自动化子系统有机地集成起来，形成适用于多品种、小批量生产，实现整体效益的集成化和智能化制造系统。集成化反映了自动化的广度，它把系统的范围扩展到了市场预测、产品设计、加工制造、检验、销售及售后服务等的全过程。智能化则体现了自动化的深度，它不仅涉及物资流控制的传统体力劳动自动化，还包括信息流控制的脑力劳动的自动化。

因此，CIMS 的实质就是借助于计算机的硬件、软件技术，综合运用现代管理技术、制造技术、信息技术、自动化技术、系统工程技术，将企业生产全部过程中有关人、技术、经营管理三要素及其信息流、物流有机地集成并优化运行，以改进企业产品(P)开发的 T(时间)、Q(质量)、C(成本)、S(服务)、E(环境)，从而提高企业的市场应变能力和竞争能力。

当前，CIMS 已经改变为“现代集成制造(Contemporary Integrated Manufacturing)与现代集成制造系统(Contemporary Integrated Manufacturing System)”。它已在广度与深度上拓展了原 CIMS 的内涵。

二、CIMS 的系统构成

CIMS 的系统一般包括 4 个应用子系统和 2 个支持分系统。其中 4 个应用子系统也构成了 CIMS 的功能，图 13-3 为 CIMS 组成框图。

① 管理信息应用分系统(MIS)：具有生产计划与控制、经营管理、销售管理、采购管理、财会管理等功能，处理生产任务方面的信息。

② 技术信息应用分系统(CAD & CAPP)：由计算机辅助设计、计算机辅助工艺规程编

制和数控程序编制等功能组成，用以支持产品的设计和工艺准备，处理有关产品结构方面的信息。

③ 制造自动化应用分系统（CAM）：也可称为计算机辅助制造分系统，它包括各种不同自动化程度的制造设备和子系统，用来实现信息流对物流的控制和完成物流的转换，它是信息流和物流的接合部，用来支持企业的制造功能。

④ 计算机辅助质量管理应用分系统（CAQ）：具有制订质量管理计划、实施质量管理、处理质量方面信息、支持质量保证等功能。

⑤ 数据管理支持分系统：用以管理整个CIMS的数据，实现数据的集成与共享。

⑥ 网络支持分系统：用以传递CIMS各分系统之间和分系统内部的信息，实现CIMS的数据传递和系统通信功能。

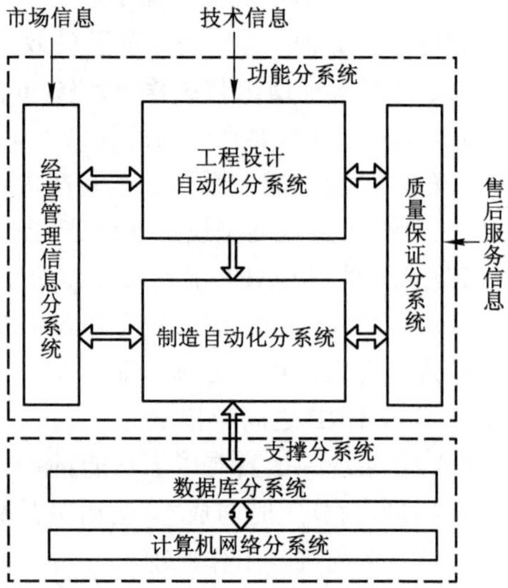

图 13-3　CIMS组成框图

第四节　其他先进制造技术

一、并行工程

并行工程（Concurrent Engineering，CE）又称为同步工程或周期工程，是针对传统的产品串行生产模式而提出一个概念，一种哲理和方法，至今关于并行工程的定义国际上尚未统一。目前普遍采用R. I. Winner在国际分析研究所（IDA）R-388研究报告中的定义：并行工程是对产品及其相关过程（包括制造过程和支持过程）进行并行、一体化设计的一种系统化的工作模式。这种工作模式力图使产品开发人员从设计一开始就考虑产品整个生命周期中从概念形成到产品报废的所有因素。包括质量、成本、进度与用户需求。CE包括4个方面的内容，称为CE的4“C”，即并行性、约束性、协调性和一致性。它有2个基本点：一是要求设计和制造过程的多项计划同时并行交叉进行；二是在设计阶段很早就考虑到这一项产品的所有要素。

并行工程与传统生产方式之间的本质区别在于并行工程把产品开发的各个活动看做是一个集成的过程，并从全局优化的角度出发，对集成过程进行管理与控制，同时对已有产品开发过程进行不断的改进与提高，以克服传统串行产品开发过程大反馈造成的长周期与高成本等缺点，增强企业产品的竞争能力。图13-4所示为串、并行工程时序的比较。

综上所述，CIMS作为制造系统为并行工程的应用提供了理想的集成环境，并行工程作为CIMS的一种补充，从而能更好地解决产品串行开发过程的问题。

二、敏捷制造

敏捷制造（Agile Manufacturing，AM）是一种哲理，其思想的出发点是基于对多元化和个性化发展趋势的分析。敏捷制造的目标是制造系统有高的柔性和快速响应能力（即敏捷

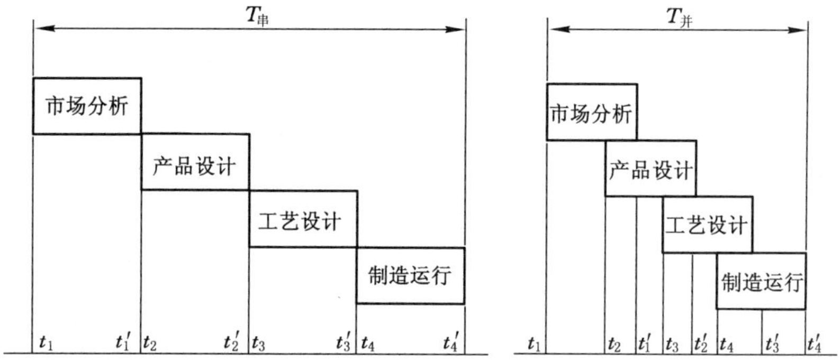

图 13-4　串、并行工程时序的比较

性)，能在尽可能短的时间内向市场提供适销对路的产品，使之能在变幻莫测、竞争激烈的市场中具有高的竞争能力。

敏捷制造是改变传统的大批量生产，利用先进制造技术和信息技术对市场的变化做出快速响应的一种生产方式；通过可重用、可重组的制造手段与动态的组织结构和高素质的工作人员的组成，获得企业的长期经济效益。

敏捷制造的基本原理为：采用标准化和专业化的计算机网络和信息集成基础结构，以分布式结构连接各类企业，构成虚拟制造环境：以竞争合作为原则在虚拟制造环境内动态选择成员，组成面向任务的虚拟公司进行快速生产；系统运行目标是最大限度满足客户的需求。

三、虚拟制造技术

虚拟制造技术(Virtual Manufacture Technology，VMT)代表了一种全新的制造体系和模式。在虚拟制造中，产品开发是基于数字化的虚拟产品开发方式(Virtual Product Development)，以用户的需求为第一驱动，并将用户需求转化为最终产品的各种功能特征，VPD保证了产品开发的效率和质量，提高了企业的快速响应和市场开拓能力.

虚拟制造技术是用虚拟的方法利用计算机对产品从设计、制造到装配的全过程进行全面的仿真，它是制造领域中的虚拟现实技术。虚拟制造是对制造过程中的各个环节，包括产品的设计、加工、装配，乃至企业的生产组织管理与调度进行统一建模，形成一个可运行的虚拟制造环境，以软件技术为支撑，借助于高性能的硬件，在计算机局域/广域网络上，生成数字化产品，实现产品设计、性能分析、工艺决策、制造装配和质量检验。它是数字化形式的广义制造系统，是对实际制造过程的动态模拟。所谓“虚拟”，是相对于实物产品的实际制造系统而言的，强调的是制造系统运行过程的计算机化。

由于计算机软硬件技术和网络技术的广泛应用，虚拟制造技术具有以下几个特点：

① 无须制造实物样机就可以预测产品性能，节约制造成本，缩短产品开发周期。

② 产品开发中可以及早发现问题，实现及时的反馈和更正。

③ 以软件模拟形式进行产品开发。

④ 企业管理模式基于 Intranet 或 Internet，整个制造活动具有高度的并行性。

四、快速原型制造技术

快速原型制造(Rapid Prototype Manufacturing，RPM)技术完全是顺应快速开发产品的客观需要而产生的。快速原型技术与虚拟制造技术一起，被称为未来制造业的两大支柱技术。快速原型技术能大大缩短产品开发周期、降低新产品的开发成本，这在产品更新换代十分频繁的今天具有十分重要的意义。所以，这一技术一出现就得到制造业的极大响应。目前，快速原型技术的发展十分迅速，应用也越来越广泛。

快速原型技术是综合利用 CAD/CAM 技术、数控技术、激光加工技术和材料技术来实现从零件设计到三维实体原型制造的机电一体化系统技术。

快速原型制造技术最基本的特征是“分层制造”，即三维实体均可以由一系列连续的二维薄切片堆叠而成。采用快速原型制造不需要刀具、磨具、工装和模样，只需先设计出零件的三维 CAD 模型；再利用软件对三维模型进行离散化处理，接下来是用 CAM 软件对三维模型进行切片分层，得到一系列厚度为 0.1～0.8mm 的二维薄切片；最后将每层切片的几何信息和生成该切片的最佳扫描路径信息直接存入控制数控系统的命令文件中。通过计算机控制三维数控系统，用激光烧结或其他方法将原材料按最佳扫描路径逐层加工出来，并自动堆积(即“渐增生长”)，从而快速制造出复杂零件的原型(即实物模型)或零件。

立体印刷(Stereo Lithugmphy Appartus ,SLA)又称液态光敏树脂选择性固化。其工艺是基于液态光敏树脂的光聚合反应原理工作的，首先利用 LM 系统设计出零件的三维模型，将三维模型分层“切片”；接着，紫外激光束在数控装置的驱动下，根据计算机给出的扫描路径对工作台面上的一层液态光敏材料逐点扫描，被扫描部分固化后粘在工作台面上，未被照射的部分仍是液态树脂。一层固化后，升降架下降，使固化层的表面又覆盖一层新的液态光敏树脂，然后再用紫外激光束进行第二层扫描，使之成为新的固化层并牢固地粘在前一层上。如此重复，直到制造出所需零件的三维实体原型为止(图 13-5)。

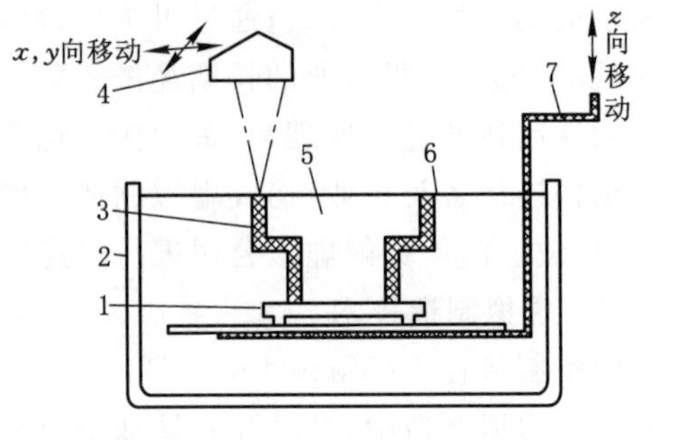

图 13-5　立体印刷工作原理

1——工作面；2——容器；3——制成的零件；4——紫外激光器；5——液态光固化树脂；6——液面；7——升降台

目前已广泛采用计算机立体模型和 RM 原型制造技术，用高温有机复合材料来制造齿轮箱体、传动轴、齿轮和轴承等零件的原型，也能直接得到塑料制品；此外，还可用光敏树脂制成模样代替蜡模直接用于精密铸造。该方法获得的原型和制品表面粗糙度小，尺寸精度较高。不足之处是必须有支撑结构，否则成型过程中截面结构无法定位。光敏材料有气味，污染空气，对有的人会产生皮肤过敏等。

复习思考题

1. 试述 FMS 的特点与组成。
2. 试述 CIMS 系统与并行工程二者之间的关系。
3. 简述 RPM 技术的特点。
4. 说明 AM 与 VMT 技术的主要特征。

参考文献

[1] 朱熙然.工程力学[M].上海:上海交通大学出版社,1999.
[2] 刘思俊.工程力学[M].北京:机械工业出版社,2001.
[3] 于泓等.机械工程材料[M].北京:北京航空航天大学出版社,2007.
[4] 马鹏飞,张松生.机械工程材料与加工工艺[M].北京:化学工业出版社,2008.
[5] 崔占全,孙振国.工程材料[M].北京:机械工业出版社,2003.
[6] 曾光廷.现代新型材料[M].北京:中国轻工业出版社,2006.
[7] 陈积伟.工程材料[M].北京:机械工业出版社,2006.
[8] 赵程,杨建民.机械工程材料[M].北京:机械工业出版社,2003.
[9] 蒲永峰,梁耀能.机械工程材料[M].北京:清华大学出版社,2005.
[10] 冯鹤敏,陈彩凤.机械工程基础[M].北京:化学工业出版社,2005.
[11] 曾宗福.机械基础[M].北京:化学工业出版社,2003.
[12] 苏猛,李凤平,屈振生,等.机械图学[M].沈阳:东北大学出版社,2000.
[13] 王春华,何凡,王琦,等.机械设计基础[M].杭州:浙江大学出版社,2008.
[14] 杨可桢,程光蕴.机械设计基础[M].北京:高等教育出版社,2005.
[15] 李德锡,洪淳赫.机械原理[M].沈阳:东北大学出版社,1993.
[16] 孙恒.机械原理[M].北京:人民教育出版社,1993.
[17] 孙志礼,冷兴聚,魏延刚,等.机械设计[M].沈阳:东北大学出版社,2000.
[18] 濮良贯,纪名刚.机械设计[M].北京:高等教育出版社,1996.
[19] 孙德志,王春华,董美华,等.机械设计基础课程设计[M].沈阳:东北大学出版社,2000.
[20] 蔡春源.新编机械设计手册[M].沈阳:辽宁科学技术出版社,1996.
[21] 电机工程手册编辑委员会.机械工程手册:机械制造工艺及设备[M].北京:机械工业出版社,1996.
[22] 邓文英,宋力宏.金属工艺学(下册)[M].北京:高等教育出版社,2005.
[23] 卢秉恒.机械制造技术基础[M].北京:机械工业出版社,2005.
[24] 顾崇衔,等.机械制造工艺学.(第2版)[M].西安:陕西科学技术出版社,1987.
[25] 吴恒文.机械加工工艺基础[M].北京:高等教育出版社,1990.
[26] 陆建中.金属切削原理与刀具[M].上海:上海科学技术出版社,1986.
[27] 吴圣庄,等.金属切削机床概论[M].北京:机械工业出版社,1985.

[28] 戴曙.金属切削机床[M].北京:机械工业出版社,2001.
[29] 田坤.数控机床与编程[M].武汉:华中科技大学出版社,2001.
[30] 王贵成,等.精密与特种加工[M].武汉:武汉理工大学出版社,2001.
[31] 刘晋春,等.特种加工[M].北京:机械工业出版社,2000.
[32] 赵万生,等.特种加工技术[M].北京:高等教育出版社,2001.
[33] 盛晓敏,等.先进制造技术[M].北京:机械工业出版社,2004.
[34] 刘极峰,等.计算机辅助设计与制造[M].北京:高等教育出版社,2004.
[35] 杨叔子.机械加工工艺师手册[M].北京:机械工业出版社,2002.